露莎美容美体中心
LUSHA COSMETOLOGY CENTER
减肥科技应用单位
中国美容养生行业最具竞争力企业
国内最具规模的养生机构
中国美容行业教育服务最佳企业
追求美丽
放松心情的空间
减肥 塑身 美白 保湿 改善肤色 皮肤护理 收缩毛孔
美丽热线：8989898

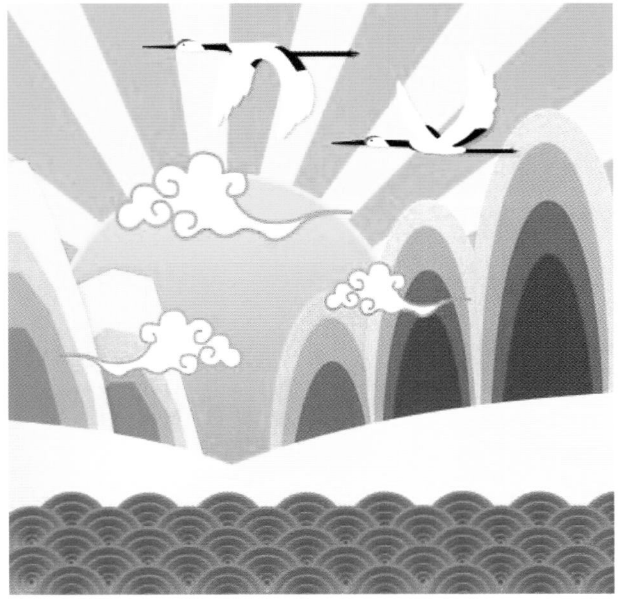

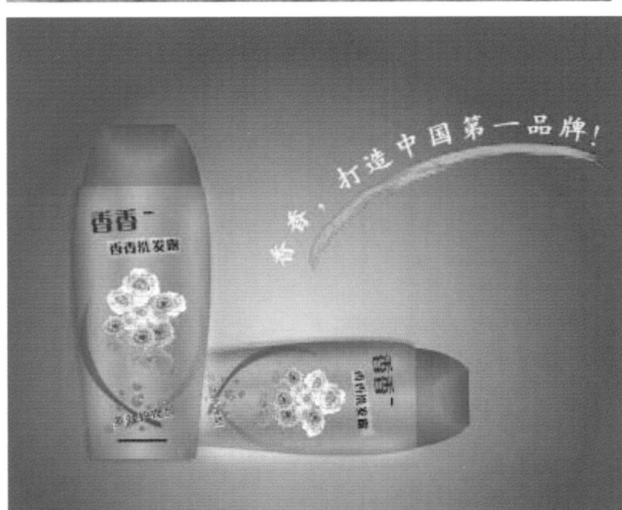
香香，打造中国第一品牌！
香香

激情绽放
冰爽一夏

缤纷水果

关于装饰——创意空间 时尚理念

创意概念

室内设计大师

A4

农家小院
地址:新乡万庄36号大街
电话：021-02513685

新开业
大放送
欢乐礼更多
上海女人花精品女鞋馆

Spring
春姿绽放

挑战
舞林巅峰

惊喜不断!

惊喜不断!

绿叶 仅售 300

MANDIXIU
蔓迪秀
水能量洁面乳
抢先
体验
【国内首款】
动态跟踪黄金走势软件

Kiss

THE TREND OF CLOTHING
BRIGHT ART
FASHION SIMPLICITY
EXTRAORDINARY BEAUTY

Fashion
时尚女装精品

激情绽放
冰爽一夏

LIMT

低碳环保
时尚生活
低碳，是一种态度，是我们应该提倡并去实践的生活方式；
绿色，是一个梦想，是我们无时无刻努力追求的美好生活。
坚持小习惯，创造新生活。

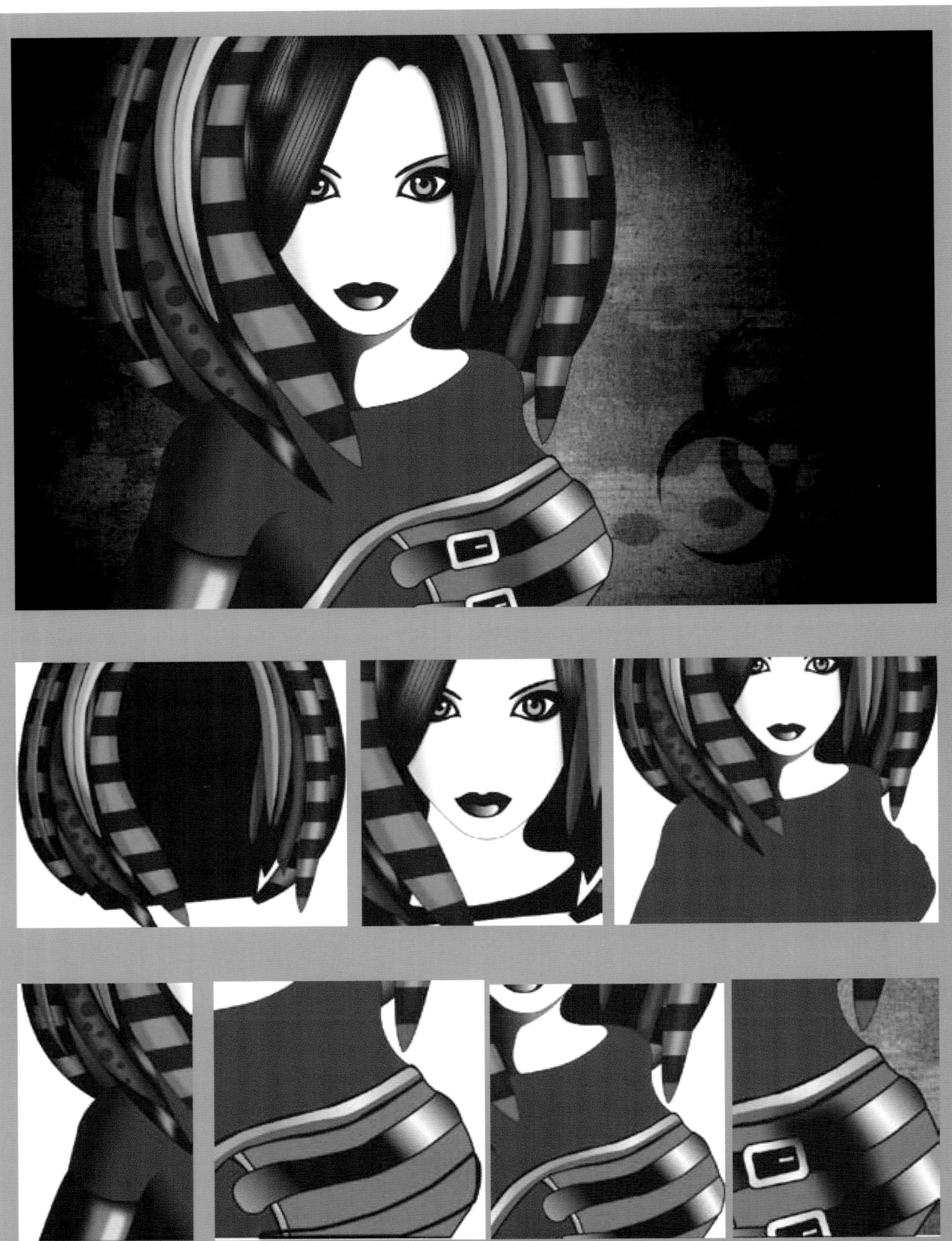

◆平面设计与制作◆

突破平面

王新颖 / 编著

CorelDRAW X5 设计与制作深度剖析

清华大学出版社

北京

内 容 简 介

本书通过近 50 个精彩案例，详细解读了 CorelDRAW 的各种功能和使用技巧，解密设计项目的创作和表现过程。案例类型涵盖基本绘图、特效字、艺术字、插画、写实绘画、工业产品设计、广告设计、报版设计、包装设计、海报设计、企业 VI 设计等众多应用领域。光盘中包含了主要案例的视频教学文件。

本书基本包含了所有 CorelDRAW 的重要功能和主要应用领域，是初学者通过实例学习 CorelDRAW 的最佳教程，也适合从事平面设计、网页设计、包装设计、插画设计、动画设计的人员学习使用，还可以作为高等院校相关设计专业的教材或参考用书。

图书在版编目（CIP）数据

突破平面CorelDRAW X5设计与制作深度剖析/王新颖编著.—北京：清华大学出版社，2013.1（2018.1重印）
ISBN 978-7-302-29601-0

Ⅰ.①突… Ⅱ.①王… Ⅲ.①平面设计—图形软件 Ⅳ.①TP391.41

中国版本图书馆CIP数据核字（2012）第179838号

责任编辑：陈绿春
封面设计：潘国文
版式设计：北京水木华旦数字文化发展有限责任公司
责任校对：胡伟民
责任印制：宋　林

出版发行：清华大学出版社
网　　址：http://www.tup.com.cn，　http://www.wqbook.com
地　　址：北京清华大学学研大厦A座　　**邮　　编：**100084
社 总 机：010-62770175　　**邮　　购：**010-62786544
投稿与读者服务：010-62776969, c-service@tup.tsinghua.edu.cn
质量反馈：010-62772015, zhiliang@tup.tsinghua.edu.cn
印 刷 者：北京嘉实印刷有限公司
经　　销：全国新华书店
开　　本：203mm×260mm（附DVD1张）　**印　张：**20.75　**插页：**4　**字　　数：**608千字
版　　次：2013年1月第 1 版　　**印　　次：**2018年1月第3次印刷
印　　数：7001 ~ 8000
定　　价：66.00元

产品编号：045068-01

前　言

QIANYAN

Corel 软件具有自己独特的品牌特色。

富创造力：Corel 鼓励个人追求新观念及不同的思考、创作和沟通方式。

自由精神：Corel 提供不同的选择与支援，让您用自己的方式抓住机会，迎向新挑战。

独立自主：Corel 鼓励个人自我发挥，从工具选择到最终作品，逐步带您表达自我。

灵活多元：Corel 提供最完整的产品、工具与技术选择，满足您多样需求。

表现能力强：Corel 产品就是要让您轻松捕捉灵感，与人分享交流。

有效率：Corel 产品范围广泛，每个软体的设计都是为了协助您提升工作效率。

自信：Corel 产品屡屡获奖，深受使用者信赖，各项功能同时适用于初学者与专业人士。无论程度高低，都能创作出可引以为傲的作品。

本书是一本深入剖析 CorelDRAW 软件各项功能的实力著作。涵盖了 12 章各种图形、图像、文字等制作方法，几十个精彩案例被精心分布到各个章节。每章的内容由浅入深延展思维，循序渐进。软件的各种工具操作技巧其实非常简单，但是如何创作出各种各样精彩的效果，就值得读者在练习本书提供案例的同时，延伸思考。如何绘制简单的草莓造型，那么这个造型中的草莓轮廓是如何绘制出来的，如何通过为图形填充不同的颜色从而达到草莓的质感。只要在练习的同时思考做这步的目的是什么，自然就会获得必要的软件知识及自我的创造能力。

读者读懂本书中各种精彩案例的操作技法，并分解其中的奥妙，自然可以重新组合，并可以将这些效果直接运用到合适的平面设计中，充实自己的创意作品。

本书以通俗易懂、分步图解的方式，介绍了如何创作各种精彩的平面作品，本书的内容包括 12 章，其分布的内容为：第 1 章，初识 CorelDRAW X5；第 2 章，CorelDRAW X5 的基本操作；第 3 章，基本绘图技巧；第 4 章，插画绘图技巧；第 5 章，写实绘图技巧；第 6 章，文字排版与设计；第 7 章，标志与 VI 设计；第 8 章，宣传单设计；第 9 章，商业包装设计；第 10 章，宣传海报设计；第 11 章，商业网页设计；第 12 章，户外广告设计。

本书的案例具有很强的代表性，内容丰富多彩，深入浅出并通俗易懂，希望能够对读者朋友有一定的帮助，本书适合平面设计人员、广告设计人员、艺术院校学生、计算机爱好者，以及有志于深入学习图像处理的人士自学，也可以作为各计算机培训机构与大中专院校的培训教材使用。

本书由王新颖主笔，参加编写工作的还包括李少勇、刘孟辉、周轶、徐正坤、谢良鹏、郑庆荣、郑秀兰、田昭月、郑庆军、郑衍荣、刘锋、张建军、郑福英、田春英、郑庆龙、郑新元、田敏杰、郑衍卫、董明明、马志坚、潘瑞红、潘瑞旺、任根盈、史绪亮、田莉、徐进勇、杨志永、张桂莲、张国华、张艳群、郑桂英、刘志珍、唐红连、尹承红、唐文杰、刘传梁、范子刚、冯福仁、韩淑青、金海锚、王海燕、王宜美等。另外特别感谢德州职业技术学院在本书编写中提供的帮助。

编 者

目 录

第01章 初识CorelDRAW X5

第02章 CorelDRAW X5的基本操作

EXTREME
BEAUTY

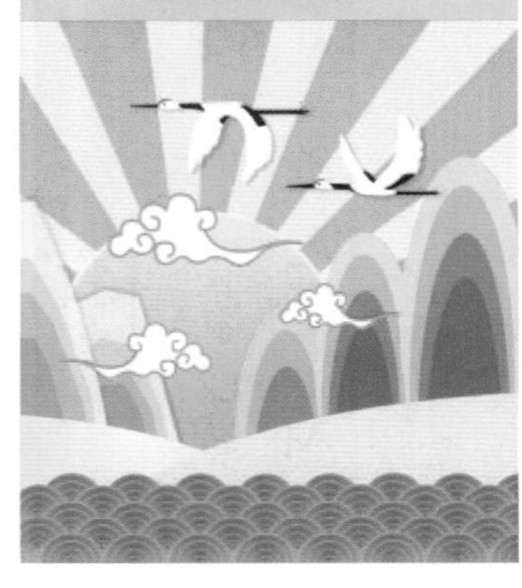
CLOTHING
FASHION

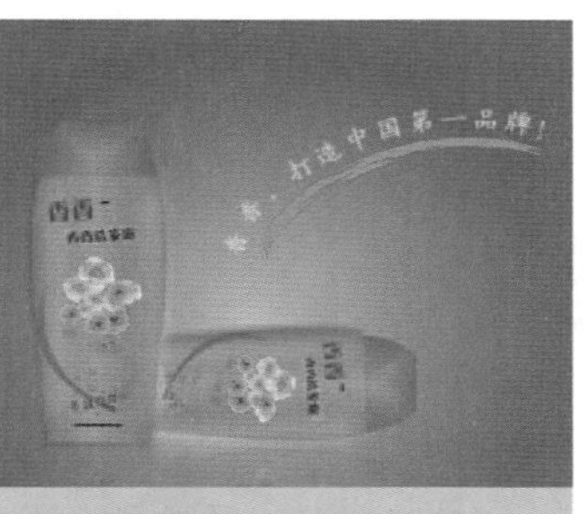
打造中国第一品牌！

MANDIXIU

无眼激情
INFINITE PASSION

挑战

买电脑就到
易嘉电脑城
经营范围：
销售品牌电脑、笔记本电脑、组装电脑、电脑配件、电脑桌椅、监控设备、无线上网卡及电脑维修和网络布线等。
品牌
台式机
精美
笔记本电脑
地址：青岛市静海大道169号
咨询电话：1717171

第01章

初识CorelDRAW X5

本章将重点讲解 CorelDRAW X5 的基础知识。其中包括数字化图形的基础知识、软件的启动与退出、基本操作界面、文件的基本操作、页面辅助功能的介绍等。为后面更好地学习 CorelDRAW 打下坚固的基础。

1.1 了解数字化图形

在使用 CorelDRAW X5 绘制图形之前，我们首先了解数字化图形的一些基础知识，这样可以帮助我们在以后的设计和创作中按照需要选择相应格式的图像。

1.1.1 矢量图与位图

计算机图形主要分为两类，一类是矢量图形，另外一类是位图图像。CorelDRAW 是典型的矢量图软件，但它也包含有位图处理功能，了解两类图形间的差异，对于创建、编辑制作和导入图片是非常有帮助的。

1. 矢量图

矢量图由经过精确定义的直线和曲线组成，这些直线和曲线称为“向量”，通过移动直线调整其大小或更改其颜色时，不会降低图形的品质。

矢量图与分辨率无关，也就是说，可以将它们缩放到任意尺寸，可以按任意分辨率打印，而不会丢失细节或降低清晰度。因此，矢量图最适合表现醒目的图形，这种图形（例如徽标）在缩放到不同大小时必须保持线条清晰，如图 1–1–1 所示。

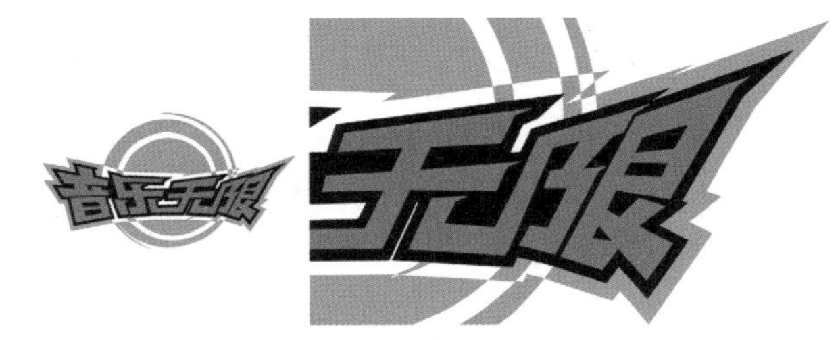

图1-1-1　矢量图

矢量图的另外一个优点是占用的存储空间相对于位图要小很多。由于计算机的显示器只能在网格中显示图像，因此，我们在屏幕上看到的矢量图形和位图图像均显示为像素。

2. 位图

位图图像在技术上称为“栅格图像”，它由网格上的点组成，这些点称为“像素”，如图 1–1–2 所示。在处理位图图像时，编辑的是像素，而不是对象或形状。位图图像是连续色调图像（如照片或数字绘画）最常用的电子媒介，因为它们可以表现出阴影和颜色的细微层次。

图1-1-2　位图

位图图像的特点是可以表现色彩的变化和颜色的细微过渡，从而产生逼真的效果，并且可以很容易地在不同软件之间交换使用。由于受到分辨率的制约，位图图像包含固定的像素数量，在对其进行旋转或缩放时，很容易产生锯齿。

当缩放位图图像时，它们可能会丢失细节，因为位图图像与分辨率有关，它们包含固定数量的像素，并且为每个像素分配了特定的位置和颜色值。如果在打印位图图像时采用的分辨率过低，位图图像的边缘可能会呈锯齿状，因为此时增加了每个像素的大小。

1.1.2 图像分辨率

在后面的实例制作中，当需要将矢量图转换为位图时，会涉及到分辨率的设置。下面简单介绍一下分辨率的基本知识。

分辨率是指单位长度内包含的像素数量，它的单位通常为“像素”/英寸（ppi）。如96ppi表示每英寸包含96个像素，300ppi表示每英寸包含300个像素，分辨率决定了位图图像细节的精细程度。通常情况下，图像的分辨率越高，所包含的像素就越多，图像就越清晰，印刷的质量就越好。例如，如图1-1-3所示为分辨率是96像素/英寸的图像，如图1-1-4所示为分辨率是200像素/英寸的图像，相同打印尺寸但不同分辨率的两幅图像，可以看到低分辨率的图像有些模糊，而高分辨率的图像就非常清晰。

图1-1-3 96像素/英寸

图1-1-4 200像素/英寸

分辨率越高，图像的质量越好，但也会增加文件占用的存储空间，只有根据图像的用途设置合适的分辨率才能取得最佳的使用效果。如果图像用于屏幕显示或网络传输，可以将分辨率设置为72像素/英寸（ppi），这样可以减小文件的大小，提高传输和浏览速度；如果图像用于喷墨打印，可以将分辨率设置为100～150像素/英寸（ppi）；如果图像用于印刷，则应设置为300像素/英寸（ppi）。

提示：分辨率的表示方法

由于输入、输出和显示设备的差异，分辨率有很多种表示方式。在前面介绍的是图像分辨率，除此之外，较为常用的还有显示器分辨率、扫描分辨率和打印机分辨率等。

- 显示器分辨率：显示器分辨率是指显示器上单位长度内显示的像素数量，通常以“点/英寸”（dpi）来表示。例如，将显示器分辨率设置为1024×768，就表示在显示器的宽度上有1024像素，高度上有768像素。显示器的最大分辨率一般是由计算机显示卡的性能决定的。
- 扫描仪分辨率：扫描仪分辨率是指扫描图像时设定的分辨率，一般也以“点/英寸”（dpi）来表示。一般的台式扫描仪的分辨率可以分为两种规格，一种是光学分辨率，它是指扫描仪所能移真正扫描到的图像分辨率，另一种是输出分辨率，它是通过软件强化和插值之后产生的分辨率，大约为光学分辨率的3～4倍。
- 打印机分辨率：打印机分辨率又称为“输出分辨率”，通常以“点/英寸”（dpi）来表示，它代表了每英寸可打印的油墨点数。一般来说，每英寸的油墨点越多，输出的效果就越好。打印机的分辨率不同于图像分辨率，但与图像分辨率相关，要在喷墨打印机上打印出高质量的照片，图像分辨率至少为220ppi。

1.1.3 颜色模式

颜色模式决定显示和打印电子图像的色彩模型（简单地说，色彩模型是用于表现颜色的一种数学算法），即一幅电子图像用什么样的方式在计算机中显示或打印输出。

CorelDRAW X5常用的颜色模式包括CMYK（表示青、洋红、黄、黑）模式、RGB（表示红、绿、蓝）

模式和灰度模式等，这几种模式的图像描述、重现色彩的原理及所能显示的颜色数量是不同的。

1. CMYK 模式

CMYK 是一种基于印刷油墨的颜色模式，具有青色、洋红、黄色和黑色 4 个颜色通道，如图 1–1–5 所示。每个通道的颜色是 8 位的，即 256 种亮度级别，4 个通道组合使每个像素具有 32 位的颜色容量。由于目前的制造工艺还不能造出高纯度的油墨，CMYK 相加的结果实际上是一种暗红色，因此还需要加入一种专门的黑墨来中和。

CMYK 模式以打印纸上的油墨的光线吸收特性为基础，当白光照射到半透明油墨上时，色谱中的一部分被吸收，而另一部分被反射回眼睛。理论上，青色（C）、洋红（M）和黄色（Y）混合将吸收所有的光线并生成黑色，因此，CMYK 模式是减色模式，即为最亮（高光）颜色指定的印刷油墨颜色百分比较低，而为较暗（暗凋）颜色指定的百分比较高。例如，亮红色可能包含 2% 青色、93% 洋红、90% 黄色和 0% 黑色。因为青色的互补色是红色（洋红和黄色混合即能产生红色），减少青色的百分含量，其互补色红色的成分也就越多，因此，CMYK 模式是靠减少一种通道颜色来加亮它的互补色，这显然符合物理原理。

在减色模型（如 CMYK）中，颜色（即油墨）会被添加到一种表面上，如白纸。颜色会减少表面的亮度。 当每一种颜色成分（C、M、Y）的值都为 100 时，所得到的颜色即为黑色。当每种颜色成分的值都为 0 时，即表示表面没有添加任何颜色，因此表面本身就会显露出来，在这个例子中白纸就会显露出来。出于打印目的，颜色模型会包含黑色（K），因为黑色油墨会比调和等量的 C、M 和 Y 得到的颜色更中性，色彩更暗。黑色油墨能得到更鲜明的结果，特别是打印的文本。此外，黑色油墨比彩色油墨更便宜。

2. RGB 模式

RGB 颜色模式使用 RGB 色彩，对于彩色图像中的每个 RGB（红色、绿色、蓝色）分量，为每个像素指定一个 0（黑色）~ 255（白色）的强度值。例如，亮红色可能 R 值为 246，G 值为 020，B 值为 50。

不同的图像中 RGB 的各个成分也不尽相同，可能有的图中 R（红色）成分多一些，有的 B（蓝色）成分多一些。在计算机中，RGB 的所谓“多少”就是指亮度，并使用整数来表示。通常情况下，RGB 各有 256 级亮度，用数字表示为从 0 ~ 255。

提示：

虽然数字最高是255，但0也是数值之一，因此共有256级。当这3种颜色分量的值相等时，结果是中性灰色。

当所有分量的值均为 255 时，结果是纯白色。如图 1–1–6 所示。

当所有分量的值都为 0 时，结果是纯黑色。如图 1–1–7 所示。

图1-1-5　CMYK颜色

图1-1-6　RGB白色

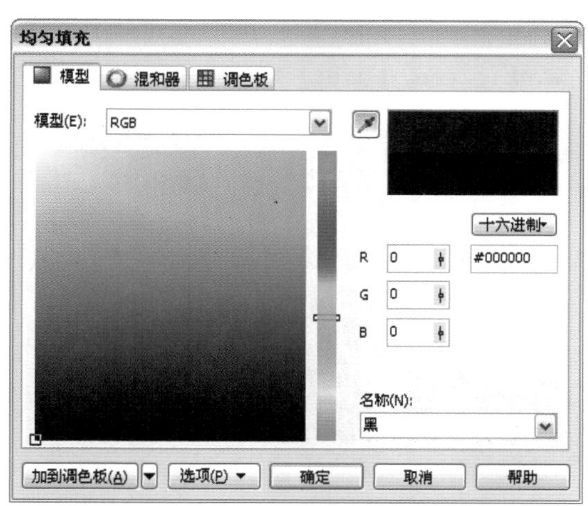

图1-1-7 RGB黑色

在加色颜色模型中，如 RGB，颜色是通过透色光形成的。因此 RGB 被应用于监视器中，对红色、蓝色和绿色的光以各种方式调和来产生更多种颜色。当红色、蓝色和绿色的光以其最大强度组合在一起时，眼睛看到的颜色就是白色。理论上，颜色仍为红色、绿色和蓝色，但是在监视器上这些颜色的像素彼此紧挨着，用眼睛无法区分出这 3 种颜色。当每一种颜色成分的值都为 0 时，即表示没有任何颜色的光，因此眼睛看到的颜色就为黑色。

3. CMY 模式

CMY 颜色模式和 RGB 颜色模式是相对的，CMY 青色（C）、洋红（M）和黄色（Y）3 种颜色的简写，如图 1–1–8 所示。是相减混色模式，用这种方法产生的颜色之所以称为“相减色”，乃是因为它减少了为视觉系统识别颜色所需要的反射光。由于彩色墨水和颜料的化学特性，用 3 种基本色得到的黑色不是纯黑色，因此在印刷术中，常常加一种真正的黑色（Black ink），这种模型称为 CMYK 模型，广泛应用于印刷。每种颜色分量的取值范围为 0 ~ 100；CMY 常用于纸张彩色打印方面。

4. HSB 模式

HSB 颜色模型使用色度（H）、饱和度（S）和亮度（B）作为定义颜色的成分，如图 1–1–9 所示。HSB 也称为 HSV（包含成分色度、饱和度和纯度）。色度描述颜色的色素，用度数表示在标准色轮上的位置。例如，红色是 0°、黄色是 60°、绿色是 120°、青色是 180°、蓝色是 240°，而品红色是 300°。

饱和度描述颜色的鲜明度或阴暗度。饱和度值的范围是 0 ~ 100，表示百分比（值越大，颜色就越鲜明）。亮度描述颜色中包含的白色量。和饱和度值一样，亮度值的范围也是从 0 ~ 100，表示百分比（值越大，颜色就越鲜艳）。

5. HLS 模式

HLS 色彩模式是工业界的一种颜色标准，是通过对色调（H）、亮度（L）、饱和度（S）3 个颜色通道的变化以及它们相互之间的叠加来得到各式各样颜色的，如图 1–1–10 所示。HLS 即是代表色调、亮度、饱和度 3 个通道的颜色，这个标准几乎包括了人类视力所能感知的所有颜色，是目前运用最广的颜色系统之一。

图1-1-8 CMY颜色

图1-1-9 HSB白色

图1-1-10　HLS黑色

6. 灰度模式

灰度颜色模型只使用一个组件（即亮度）来定义颜色，用 0 ~ 255 的值来测量。如图 1-1-11 所示每种灰度颜色都有相等的 RGB 颜色模型的红色、绿色和蓝色组件值。将彩色文件更改为灰度设置可创建黑白颜色文件。

7. Lab 模式

Lab 色彩模型是由亮度（L）和有关色彩的 a、b，3 个要素组成，如图 1-1-12 所示。L 表示亮度（Luminosity），a 表示从洋红色至绿色的范围，b 表示从黄色至蓝色的范围。L 的值域为 0 ~ 100，L=50 时，就相当于 50% 的黑；a 和 b 的值域都是 +127 ~ –128，其中 +127 a 就是洋红色，渐渐过渡到 –128 a 的时候就变成绿色；同样原理，+127 b 是黄色，–128 b 是蓝色。所有的颜色就以这 3 个值交互变化所组成。例如，一块色彩的 Lab 值是 L = 89，a = –73, b = 81, 这块色彩就是绿色。如图 1–1–13所示。

图1-1-11　灰度模式

图1-1-12　Lab颜色

图1-1-13　Lab绿色

1.1.4　图像格式

要确定想要的图像格式，必须首先考虑图像的使用方式，例如，用于网页的图像一般使用 JPEG 和 GIF 格式，用于印刷的图像一般要保存为 TIFF 格式。其次要考虑图像的类型，最好将具有大面积平淡颜色的图像存储为 GIF 或 PNG–8 图像，而将那些具有颜色渐变或其他连续色调的图像存储为 JPEG 或 PNG–24 文件。

在没有正式进入主题之前，首先讲一下有关计算机图形图像格式的相关知识，因为它在某种程度上将决定设计创作的作品输出质量的优劣。另外在制作影视广告片头时，会用到大量的图像以用于素材、材质贴图或背景。当一个作品完成后，输出的文件格式也将决定作品的播放品质。

下面将对日常中所涉及到的图像格式进行简单介绍。

1. PSD 格式

PSD 是 Photoshop 软件专用的文件格式，它是 Adobe 优化格式后的文件，能够保存图像数据的每一个细小部分，包括图层、蒙版、通道及其他的少数内容，但这些内容在转存成其他格式时将会丢失。另外，因为这种格式是 Photoshop 支持的自身格式文件，所以 Photoshop 能比其他格式更快地打开和存储这种格式的文件。

该格式惟一的缺点是图像文件特别大，尽管 Photoshop 在计算的过程中已经应用了压缩技术，但是因为这种格式不会造成任何的数据流失，所以在编辑的过程中最好还是选择这种格式存储，直到最后编辑完成后再转换成其他占用磁盘空间较小、存储质量较好的文件格式。在存储成其他格式的文件时，有时会合并图像中的各图层及附加的蒙版通道，这会给再次编辑带来不少麻烦，因此，最好在存储一个 PSD 的文件备份后再进行转换。

PSD 格式支持所有的可用图像模式（位图、灰度、双色调、索引色、RGB、CMYK、Lab 和多通道等）、参考线、Alpha 通道、专色通道和图层（包括调整图层、文字图层和图层效果等）等属性。

2. AI 格式

AI 格式文件是一种矢量图形文件，适用于 Adobe Illustrator 软件的输出格式，与 PSD 格式文件相同，AI 文件也是一种分层文件格式，用户可以对图形内所存在的层进行操作，所不同的是 AI 格式文件是基于矢量输出，可在任何尺寸大小下按最高分辨率输出，而 PSD 文件是基于位图输出的。与 AI 格式类似基于矢量输出的格式还有 EPS、WMF、CDR 等。

3. CDR 格式

CDR 格式文件是 CorelDraw 软件中的一种图形文件格式。CDR 文件属于 CorelDraw 专用文件存储格式，必须使用匹配软件才能打开浏览，由于 CorelDRAW 是矢量图形绘制软件，所以 CDR 可以记录文件的属性、位置和分页等。与 AI 格式文件可以相互导入导出。

4. TIFF 格式

TIFF 格式直译为“标签图像文件格式”，由 Aldus 为 Macintosh（苹果计算机）开发的文件格式。

TIFF 用于在应用程序之间和计算机平台之间交换文件，被称为“标签图像格式”，是 Macintosh 和 PC 机上使用最广泛的文件格式。它可以采用无损压缩方式，与图像像素无关。TIFF 常被用于彩色图片色扫描，它以 RGB 的全彩色格式存储。

TIFF 格式支持带 Alpha 通道的 CMYK、RGB 和灰度文件，支持不带 Alpha 通道的 Lab、索引色和位图文件，也支持 LZW 压缩。

存储 Adobe Photoshop 图像为 TIFF 格式，可以选择存储文件为 IBM–PC 兼容计算机可读的格式或 Macintosh 可读的格式。要自动压缩文件，可勾选“LZM 压缩”选项。对 TIFF 文件进行压缩可减少文件大小，但会增加打开和存储文件的时间。

TIFF 是一种灵活的位图图像格式，实际上被所有的绘画、图像编辑和页面排版应用程序所支持，而且几乎所有的桌面扫描仪都可以生成 TIFF 图像。Photoshop 可以在 TIFF 文件中存储图层，但是如果在另一个应用程序中打开该文件，则只有拼合图像是可见的。Photoshop 也能够以 TIFF 格式存储注释、透明度和分辨率数据，TIFF 文件格式在实际工作中主要用于印刷。

5. JPEG 格式

JPEG 是常用的存储类型，但是，无论是从 Photoshop、Painter、Illustrator 等平面软件，还是在 3Ds Max 中都能够开启此类格式的文件。

JPEG 格式是所有压缩格式中最卓越的。在压缩前，可以从对话框中选择所需图像的最终质量，这样，就有效地控制了 JPEG 在压缩时的损失数据量。并且可以在保持图像质量不变的前提下，产生惊人的压缩比率，在没有明显质量损失的情况下，它的体积能降到原 BMP 图片的 1/10。这样，可不必再为图像文件的质量及硬盘的大小而头疼苦恼了。

另外，用 JPEG 格式，可以将当前所渲染的图像输入到 Macintosh 机上做进一步处理。或将 Macintosh 制作的文件以 JPEG 格式再现于 PC 机上。总之 JPEG 是一种极具价值的文件格式。

6. GIF 格式

GIF 是一种压缩的 8 位图像文件。正因为它是经过压缩的，而且又是 8 位的，所以这种格式的文件大多用在网络传输上，速度要比传输其他格式的图像文件快得多。

此格式的文件最大缺点是最多只能处理 256 种色彩。它绝不能用于存储真彩的图像文件。也正因为其体积小而曾经一度被应用在计算机教学、娱乐等软件中，也是人们较为喜爱的 8 位图像格式。

7. PDF 格式

PDF 格式被用于 Adobe Acrobat 中，Adobe Acrobat 是 Adobe 公司用于 Windows、Mac OS、UNIX 和 DOS 操作系统中的一种电子出版软件。使用在应用程序 CD-ROM 上的 Adobe Reader 软件可以查看 PDF 文件。与 PostScript 页面一样，PDF 文件可以包含矢量图形和位图图形，还可以包含电子文档的查找和导航功能，如电子链接等。

PDF 格式支持 RGB、CMYK、索引色、灰度、位图和 Lab 等颜色模式，但不支持 Alpha 通道。PDF 格式支持 JPEG 和 ZIP 压缩，但位图模式文件除外。位图模式文件在存储为 PDF 格式时采用 CCITT Group4 压缩。在 Photoshop 中打开其他应用程序创建的 PDF 文件时，Photoshop 会对文件进行栅格化。

1.2 CorelDRAW X5的启动与退出

CorelDRAW X5 程序安装完成后，即可启动该软件进行图像绘制等操作了。完成操作并对文件进行存储后，即可退出 CorelDRAW X5。

1.2.1 CorelDRAW X5的启动

在 Windows 工作界面下，单击屏幕左下角的"开始"按钮，在弹出的菜单中选择 CorelDRAW X5 应用程序，如图 1-2-1 所示。此时即可弹出 CorelDRAW X5 启动界面，如图 1-2-2 所示。

提示：

双击CorelDRAW文件或者桌面快捷方式图标也可以启动CorelDRAW X5。

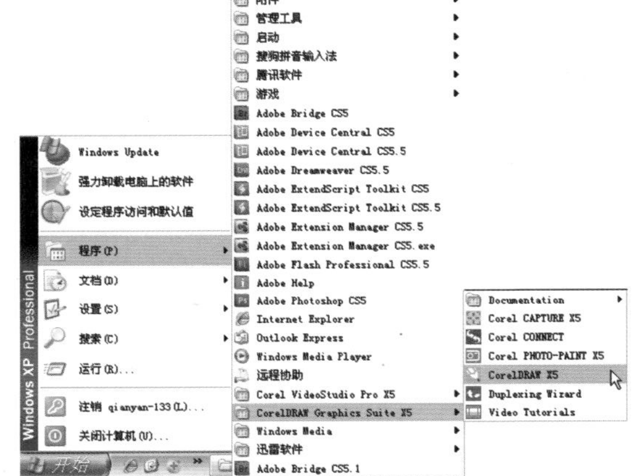

图1-2-1　启动出CorelDRAWX5

1.2.2 CorelDRAW X5的退出

当结束在 CorelDRAWX5 中的操作后，就要退出该软件。在 CorelDRAW X5 的标题栏右上角单击"关闭"☒按钮，即可退出 CorelDRAW X5。

提示：

执行"文件" | "关闭"命令，如图1-2-3所示，退出CorelDRAW X5程序。

图1-2-2　启动界面　　图1-2-3　Lab "关闭"命令

1.3 CorelDRAW X5的基本操作界面

操作界面也就是工作界面，是 CorelDRAW X5 为用户提供工具、信息及命令的区域。在使用 CorelDRAW X5 进行操作之前，首先要熟悉操作界面的分布和功能，方便在后期的工作中提高工作效率和质量。

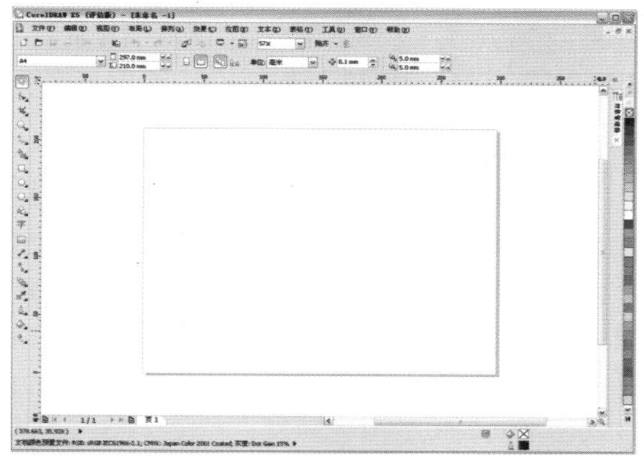

图1-3-1 CorelDRAW X5操作界面

1.3.1 CorelDRAW X5的操作界面

CorelDRAW X5 的工作界面主要由标题栏、菜单栏、工具栏、属性栏、标尺栏、工具箱、绘图窗口（包括绘图页和草稿区）、状态栏和调色板等组成，如图 1–3–1 所示。

1. 标题栏

CorelDRAW X5 的标题栏左边包含一个弹出式菜单按钮，可以控制程序窗口，如图 1–3–2 所示。右侧则包含了“最小化”、“最大化”和“关闭”3 个按钮，通过这 3 个按钮也可以对程序窗口进行控制。

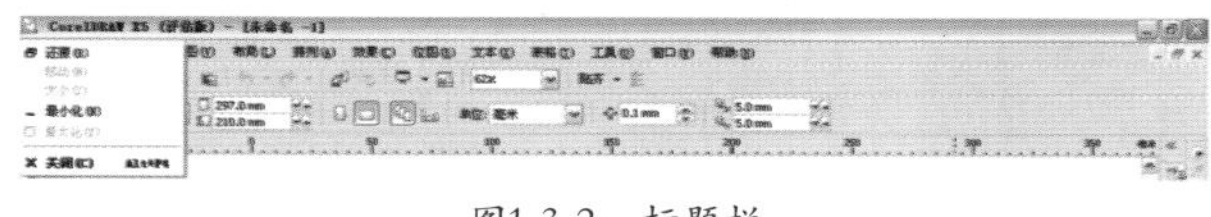

图1-3-2 标题栏

2. 菜单栏

在 CorelDRAW X5 中共有 12 个菜单，分别是文件、编辑、视图、布局、排列、效果、位图、文本、表格、工具、窗口和帮助，如图 1–3–3 所示。通过各种不同的菜单，可以执行各种不同的命令。

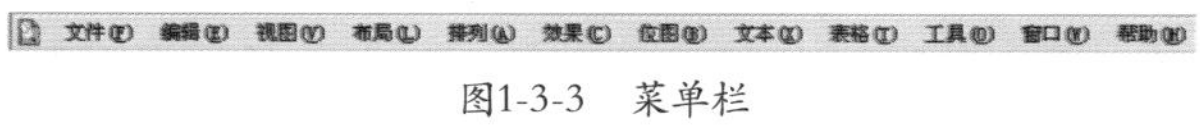

图1-3-3 菜单栏

3. 工具栏

工具栏位于菜单栏下方，包含了菜单中经常使用的命令快捷按钮，如图 1–3–4 所示。使用该栏中的快捷按钮可以简化操作步骤，提高工作效率。

提示：

工具栏默认为锁定状态，在该栏中单击鼠标右键，在弹出的菜单中执行“锁定工具栏”命令，可以将工具栏取消锁定，如图1–3–5所示。在工具栏中单击拖曳即可将其移动至任意位置，方便我们的操作。同时该操作也取消了其他栏的锁定，也可以和工具栏一样进行移动。

图1-3-4 工具栏

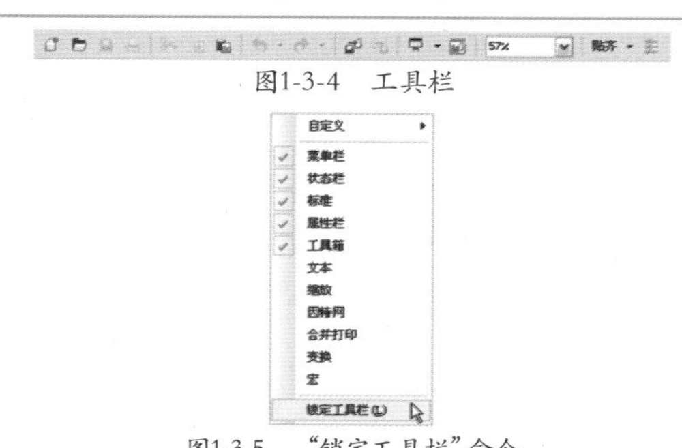

图1-3-5 “锁定工具栏”命令

4. 属性栏

属性栏位于工具栏下方，其中包含了当前使用工具或选择对象的常用属性参数，如图 1–3–6 所示。可以根据需要对参数进行更改，属性栏中的内容会根据所选择的工具或对象的不同而改变。掌握好属性栏的使用方法对以后的工作非常有利。

5. 工具箱

工具箱位于操作界面的最左侧，这里集合了 CorelDRAW X5 中的大量使用工具，带有黑色三角的按钮表示该按钮下还包括其他工具，按住该按钮不放，则可以展开其他工具选项。如图 1–3–7 所示。

图 1-3-6 “创建新文档”对话框

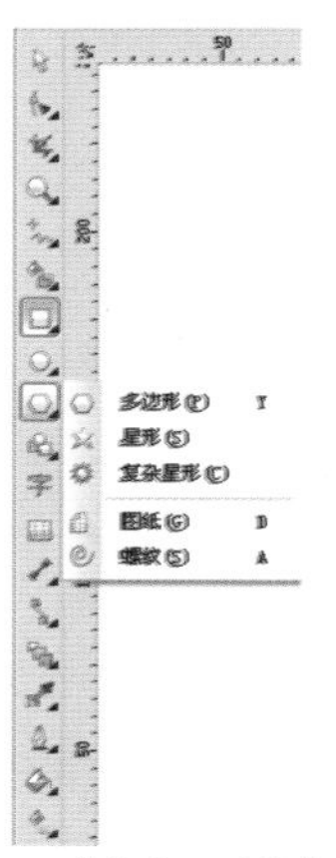

图 1-3-7 “锁定工具栏”命令

6. 标尺栏

标尺栏位于上部和左侧，用于使用标尺时为标尺提供参照数据。

7. 绘图窗口

绘图窗口也是工作区，在该区域中可以进行绘图操作，在工作区中滑动鼠标滚轮可以进行放大或缩小操作，方便对绘制图形的查看。如图 1–3–8 所示为 18% 的显示比例，如图 1–3–9 所示为 37% 的显示比例。

提示：

在工具栏中调整缩放级别也可以对工作区显示比例进行调整。

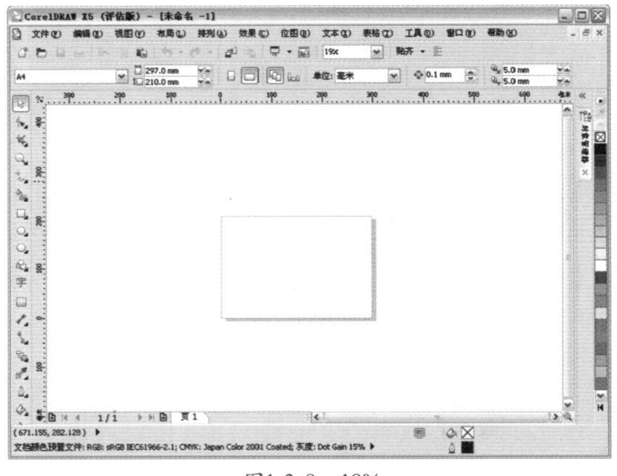

图1-3-8　18%

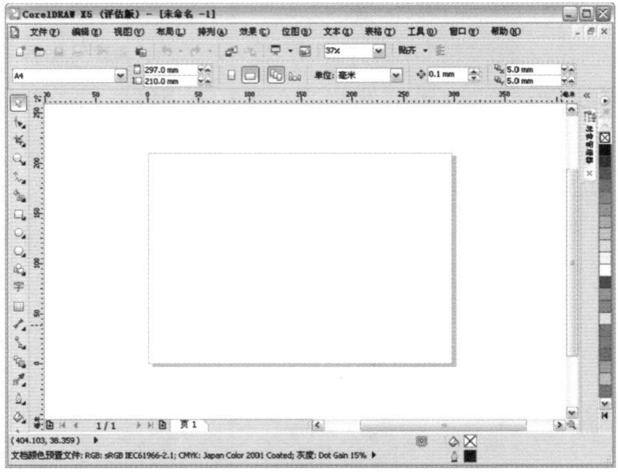

图1-3-9　37%

8. 状态栏

状态栏位于窗口下方，主要显示相关元素信息，例如，元素的轮廓颜色、填充颜色及所在图层等。如图 1–3–10 所示。

图1-3-10　状态栏

9. 调色板

CorelDRAW X5 调色板中颜色信息与其他软件的最大区别在于是根据四色印刷（CMYK）模式的色彩比例进行设定的，有别于其他软件中 RGB 色彩模式。通过单击调色板中向上或向下按钮可以显示更多颜色，在某一颜色上单击鼠标不放，则会显示该颜色不同明度的颜色梯度，如图 1–3–11 所示。

提示：

在“窗口”|“调色板”子菜单中可以选择不同类型调色板，并将其打开，如图1–3–12所示。

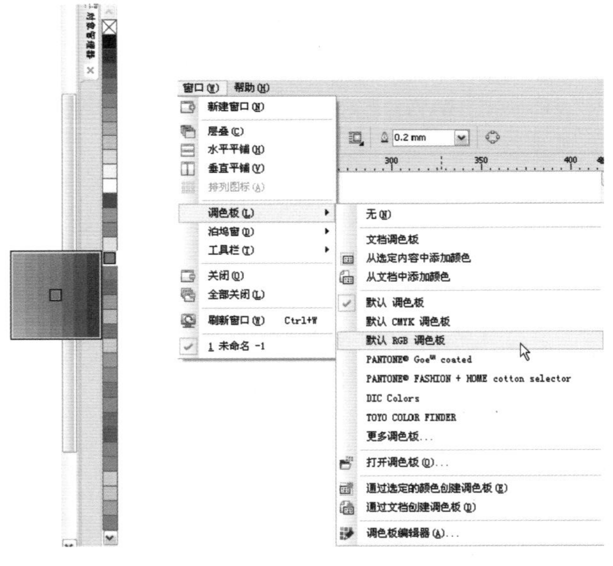

图1-3-11　调色板　　图1-3-12　调色板菜单

1.3.2 CorelDRAW X5的帮助系统

对于初学者而言，一时难以掌握软件的各个操作及各个命令和工具所代表的含义，此时可以利用软件自带的帮助系统来解决所遇到的问题。

在“帮助”菜单中列出了诸多命令，如图 1–3–13 所示。可以根据需要选择所需内容查看帮助提示，例如，执行“主题”命令后，会弹出“CorelDRAW 帮助”对话框，如图 1–3–14 所示。

图1-3-13 “帮助”菜单

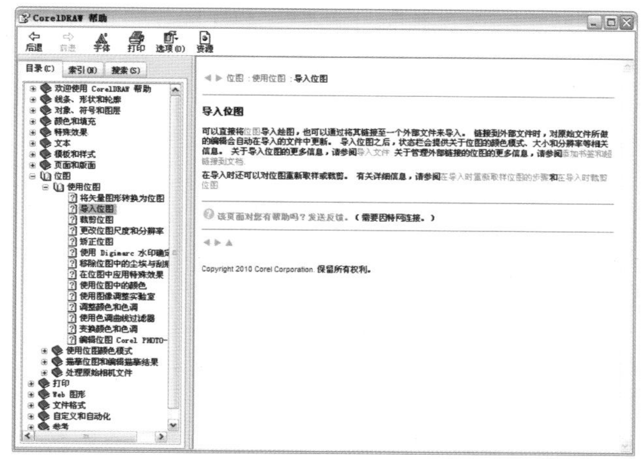

图1-3-14 “CorelDRAW帮助”对话框

1.4 CorelDRAW X5的基本操作

本节将介绍CorelDRAW X5的一些基本操作——新建、打开、保存、关闭等，同时对于用到的对话框及按钮会进行说明，通过学习本节可掌握CorelDRAW X5的基本操作。

1.4.1 新建文件

在使用CorelDRAW进行绘图前，必须新建一个文件，用它来作为操作的平台，新建会有不同的方法，在CorelDRAW X5中就包括“新建空白文档”与“从模板新建”两种新建方式，下面分别对它们进行介绍。

提示：

在第一次启动CorelDRAW X5程序时会显示“欢迎屏幕”窗口，如果用户此时取消“启动时显示这个欢迎屏幕”复选框的勾选，则不会在下次启动CorelDRAW X5时显示“欢迎屏幕”窗口。

1. 新建空白文档

执行“文件”|“新建”命令，如图1-4-1所示。弹出“创建新文档”对话框，如图1-4-2所示。单击“确定”按钮即可创建空白文档。除此之外还可以在工具栏中单击“新建”按钮或按快捷键Ctrl+N，也会弹出“创建新文档”对话框。

图1-4-1 “新建”命令

图1-4-2 “创建新文档”对话框

2. 从模板新建

CorelDRAW X5提供了多种预设模板，这些模板已经添加了各种图形或对象，可以将它们建立成一个新的图形文件，并对文件进行更深一层的编辑处理，以便更快、更好地达到预期效果。

执行“文件”|“从模板新建”命令，如图1-4-3所示。此时会弹出“从模板新建”对话框，在“从模板新建”对话框中提供了多种类型的模板文件，通过它们可以选择不同类型的模板文件，这里选择的是“名片”下的“英国儿童保育－名片2”模板，单击“打开”按钮，如图1-4-4所示。即可创建一个由该模板新建的文件，如图1-4-5所示。

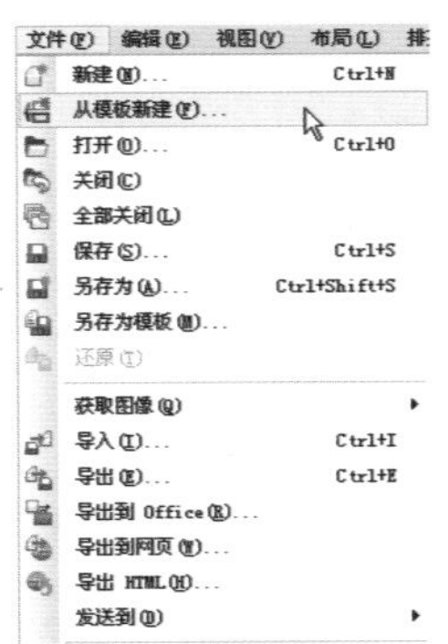

图1-4-3 “从模板新建”命令

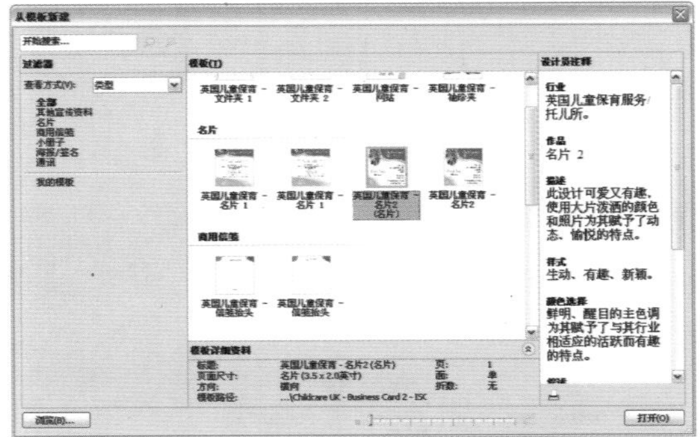

图1-4-4 “从模板新建”对话框

图1-4-5 创建模板文件

1.4.2 打开文件

如果需要编辑一些已存在的文件，或者一些图形素材，但它们又不在程序窗口中时，即可执行“打开”命令来打开计算机中已存在的图形文件，执行“文件”|“打开”命令，如图1-4-6所示。此时会弹出“打开绘图”对话框，在该对话框中选择需要打开的文件，并单击“打开”按钮即可，如图1-4-7所示。

提示：

除上述方法外，在工具栏中单击“打开”按钮或按快捷键Ctrl+O，也可打开“打开绘图”对话框。

图1-4-6 “新建”命令

图1-4-7 “打开绘图”对话框

提示：

如果要同时打开多个连续的图形文件时，可以选择第一个要打开的文件，并在按住Shift键的同时选择需要打开的最后一个文件，单击“打开”按钮，若目标文件比较分散时，可以按住Ctrl键同时选择所需文件即可。若不打开任何文件，则单击“取消”按钮即可。

1.4.3 保存文件

用户制作完成文件后，必须将其保存起来以便日后使用。在绘制图形的过程中，应当养成经常保存的好习惯。这样可以避免因电源故障或发生其他意外事件时出现数据丢失的问题。CorelDRAW X5程序支持多种文件格式，用户可以根据自己的需要将文件以不同的形式进行保存。

选择需要保存的文件，执行“文件”|“保存”

命令，如图 1-4-8 所示。此时会弹出如图 1-4-9 所示的“保存绘图”对话框。在该对话框的“保存在”下拉列表中选择要存放的路径，在“文件名”文本框中输入文件的名称，并在“保存类型”下拉列表中选择保存类型，最后单击“保存”按钮即可对文件进行保存。

图1-4-8 “保存”命令

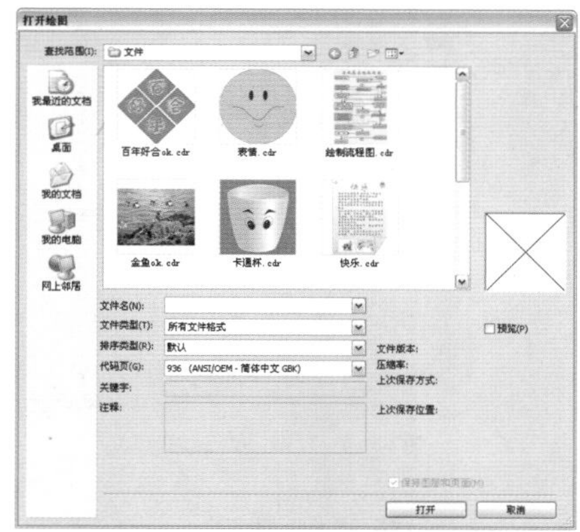

图1-4-9 “保存绘图”对话框

提示：

在“保存图形”对话框的右下方还提供了“高级”按钮，单击即可弹出“选项”对话框，并展示多项“保存”设置选项，如图1-4-10所示，有需要的话可以自行设置。

如果当前的图形已被保存过，那么再执行“文件”|“保存”命令时将不会出现“保存图形”对话框，只会自动保存该图形的相关编辑处理，新的修改会添加到保存的文件中。

如果要将目前图形保存为一个新图形，而且不影响原图时，可以执行“文件”|“另存为”命令、或按快捷键 Ctrl+Shift+S，再次打开“保存图形”对话框，用一个新名称、类型或新路径来另存该文件。

提示：

新建空白文件后并未进行任何编辑辑操作时，或者对图像进行保存后而又未再次编辑时，“保存”命令为灰色显示，表示该命令处于不可用状态，如图1-4-11所示。

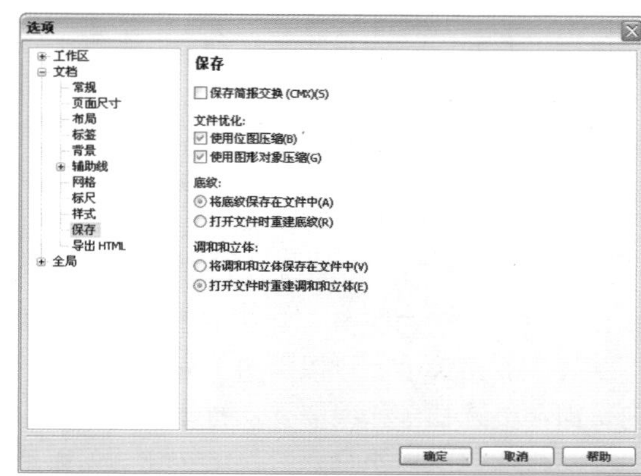

图1-4-10 “选项”对话框

图1-4-11 “保存”命令不可用状态

1.4.4 关闭文件

当文件保存完成后且不再使用软件时，就要对文件进行操作，执行“文件”|“关闭”命令或在绘图窗口的标题栏中单击“关闭”按钮，即可将文件关闭。

如果文件经过编辑后，但并未进行保存，执行“文件”|“关闭”命令后会弹出警告对话框，如果需要保存编辑后的内容，单击“是”按钮；如果不需要保存编辑后的内容，单击“否”按钮；如果不想关闭文件单击“取消”按钮。

1.5 使用页面的辅助功能

页面辅助功能可以在绘制图形时提供辅助帮助，以便更好、更快地进行绘图操作。掌握好各种辅助功能的使用和设置方式，是本节重点内容。

1.5.1 页面大小与方向设置

执行“布局”|“页面设置”命令，如图 1–5–1 所示。此时会弹出“选项”对话框，在“选项”对话框的左侧中选择“页面尺寸”选项，此时在右侧就会显示与它相关的设置，如图 1–5–2 所示。用户可以在“大小”下拉列表中选择所需的预设页面大小，如图 1–5–3 所示；也可以在“宽度”与“高度”文本框中输入所需的数值，自定页面大小；如果只需调整当前页面大小，可以勾选“只将大小应用到当前页面”复选框；如果需要从打印机设置，可以单击“从打印机获取页面尺寸”按钮；如果需要添加页框，可以单击“添加页框”按钮；如果要将页面设为横向，可以单击“横向”按钮。

提示：

用户也可以在属性栏中设定页面的大小与方向，在“页面大小” A4 下拉列表中选择所需的预设页面大小；在“页面度量”文本框中可以输入所需的纸张大小；单击“纵向”按钮，可以将页面设为纵向；单击“横向”按钮，可以将页面设为横向。

图1-5-1 “页面设置”命令

图1-5-2 “页面尺寸”选项

图1-5-3 “布局”选项

1.5.2 页面版面设置

在“选项”对话框左侧选择“布局”选项，就会在右侧显示它的相关设置。可以在其中的“布局”下拉列表中选择所需的版式，如果需要对开页，可以勾选“对开页”复选框。

1.5.3 设置辅助线

辅助线是可以放置在绘图窗口中任何位置的线条，用来帮助放置对象。辅助线分为 3 种类型：水平、垂直和倾斜。可以显示或隐藏添加到绘图窗口的辅助线。添加辅助线后可对辅助线进行选择、移动、旋转、锁定或删除操作。具体操作如下。

① 打开素材文件，移动鼠标到水平标尺上，向下单击拖曳，如图 1–5–4 所示。

② 释放鼠标即可创建一条水平辅助线，完成后的效果，如图 1–5–5 所示。

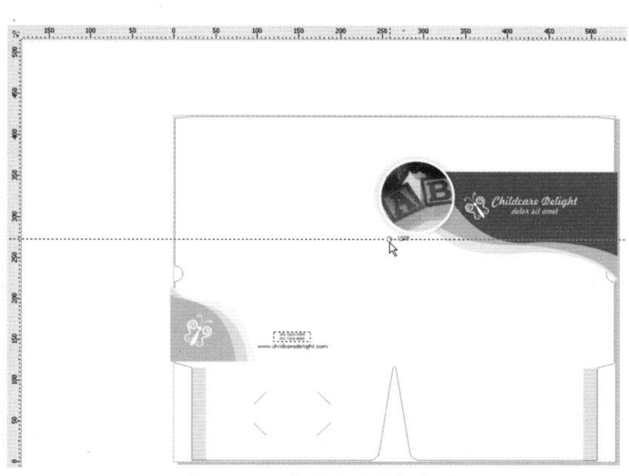

图1-5-4 “页面尺寸”选项

图1-5-5 “布局”选项

3 如果需要对辅助线进行设置，在“选项”对话框选择“辅助线”选项，单击选项前的“+”按钮可以展开其他选项，选择需要设置的选项在右侧进行设置，如图 1–5–6 所示。

4 如果需要对辅助线进行移动，选择“选择工具”，并移动鼠标到辅助线上，此时鼠标呈现如图 1–5–7 所示的双箭头形状。

5 单击拖曳，释放鼠标即可完成辅助线的移动，完成后的效果，如图 1–5–8 所示。

图1-5-6 “页面尺寸”选项

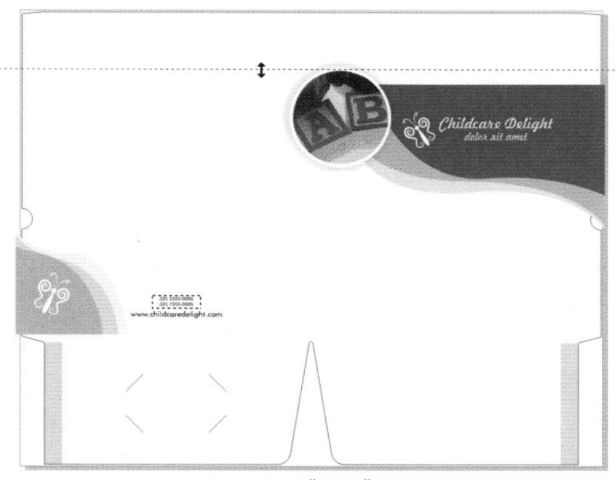

图1-5-7 “布局”选项

图1-5-8 “页面尺寸”选项

提示：

执行“视图”|“辅助线”命令，即可显示或隐藏辅助线。

要删除辅助线，首先选择“选择工具”，在绘图页中选择想要删除的辅助线，待辅助线变成红色后（表示选择了这条辅助线），按 Delete 键即可。

提示：

在“选项”对话框中单击“删除”按钮，也可以将辅助线删除。如果选择多条辅助线，配合Shift键单击辅助线即可。

1.5.4 使用动态辅助线

在 CorelDRAW X5 中可以使用动态辅助线来准确地移动、对齐和绘制对象。动态辅助线是临时辅助线，可以从对象的下列贴齐点中拉出——中心、节点、象限和文本基线。

1. 启用与禁止动态辅助线

执行“视图”|“动态辅助线”命令，如图 1–5–9 所示。可以显示 / 隐藏动态辅助线。当“动态辅助线”命令前有对号时表示已经启用了动态辅助线，如果“动态辅助线”命令前没有对号，则表示已经禁用了动态辅助线，如图 1–5–10 所示。

2. 使用动态辅助线

① 先启用动态辅助线，选择“艺术笔工具”，在属性栏中单击“喷涂”按钮，在喷涂列表中选择一种喷涂样式，并在绘图页中绘制图形，如图 1–5–11 所示。

图1-5-9 启用动态辅助线命令

图1-5-10 禁用动态辅助线命令

图1-5-11 绘制图形

② 确定绘制的图形处于选中状态，沿动态辅助线拖曳对象，可以查看对象与用于创建动态辅助线的贴齐点之间的距离，如图 1–5–12 所示。

③ 释放鼠标完成图形的移动，如图 1–5–13 所示。

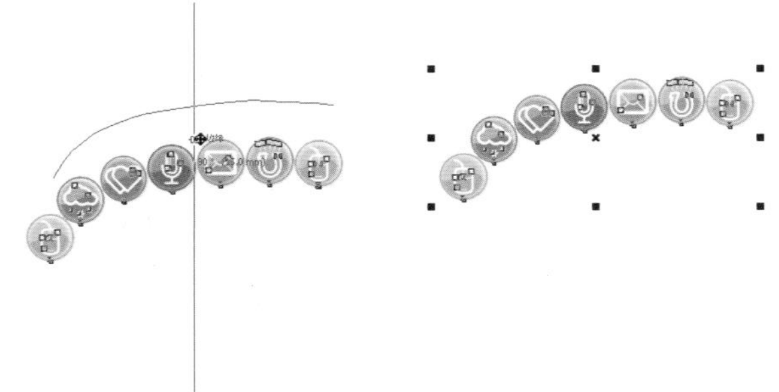

图1-5-12 沿动态辅助线拖曳对象　　图1-5-13 拖曳对象后的效果

1.5.5 设置网格

执行“视图”|“网格”命令，如图 1–5–14 所示，可以显示 / 隐藏网格。如图 1–5–15 所示为显示网格时的状态。

> **提示：**
>
> 在“选项”对话框中选择“网格”选项，如图1–5–16所示，可以对网格进行设置。

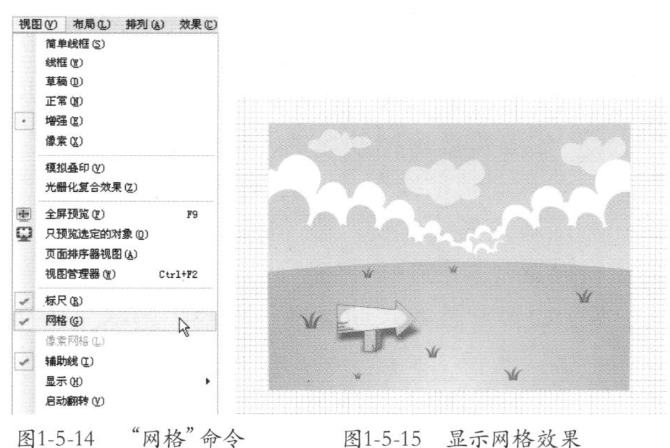

图1-5-14 “网格”命令　　图1-5-15 显示网格效果

图1-5-16 “网格”选项

1.5.6 设置页面背景

在“选项”对话框中选择“背景”选项，会在右侧显示它的相关设置，如图 1–5–17 所示，用户可以在其中选择“纯色”或“位图”单选框来设置所需的背景颜色或图案，默认状态下为无背景。

图1-5-17 “背景”选项

如果选择“纯色”单选框，其后的按钮呈活动状态，此时可以打开调色板，用户可以在其中选择所需的背景颜色，如图 1–5–18 所示，选择好后在“选项”对话框中单击“确定”按钮，即可将页面背景设为如图 1–5–19 所示的颜色。

如果需要将位图图像设为背景，可以选择“位图”单选框，其后的“浏览”按钮呈活动状态，单击该按钮会弹出“导入”对话框，用户可在其中选择要作为背景的文件，如图 1–5–20 所示，选择好后单击“导入”按钮，其中的“来源”选项呈活动状态，并且还显示了导入位图的路径，如图 1–5–21 所示，单击“确定”按钮，即可将选择的文件导入到新建文件中，并自动排列为文件的背景，如图 1–5–22 所示。

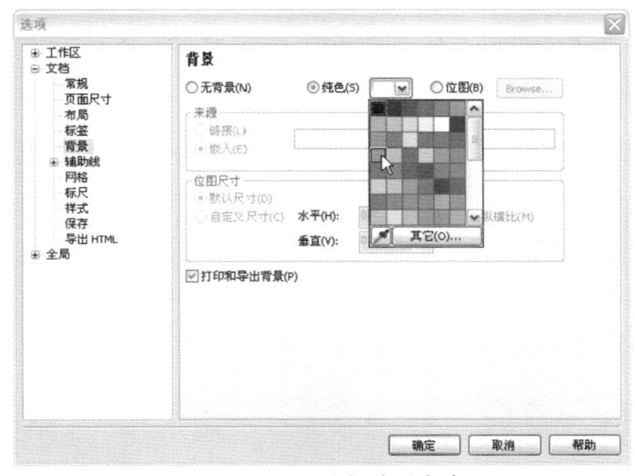

图1-5-18 选择背景颜色

图1-5-19 背景颜色效果

图1-5-20 “位图”单选框

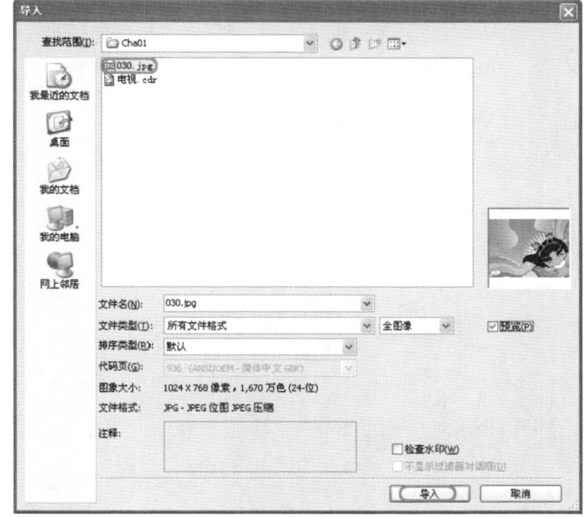

图1-5-21 “导入”对话框

提示：

在“导入”对话框中勾选“预览”复选框，可以对选择的图片进行预览。

设置完背景后的效果，如图 1–5–23 所示。

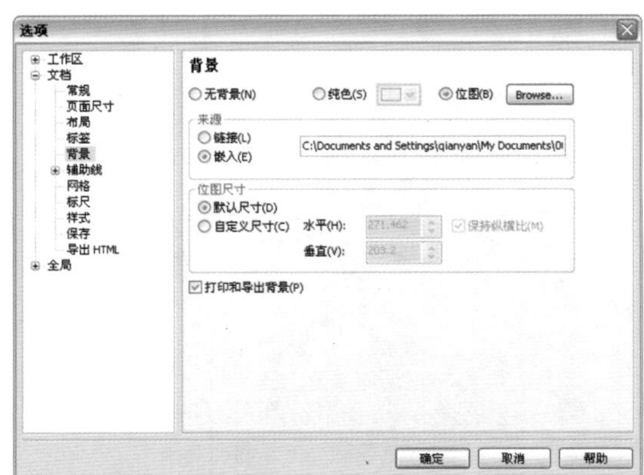

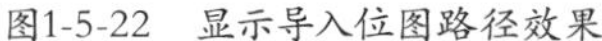
图1-5-22　显示导入位图路径效果

图1-5-23　设置完背景后的效果

本章小结：通过本章的学习，可以很快掌握 CorelDRAW X5 的操作方法，为后面的学习打下坚实的基础，本章的内容都是 CorelDRAW X5 的基本操作知识，应熟练掌握。

第02章

CorelDRAW X5的基本操作

本章将介绍 CorelDRAW X5 的基本操作，其中主要包括常用的绘图工具、文字排版工具、立体化工具、阴影工具等，只有掌握这些工具的使用方法与应用，才能在制作的过程中运用自如，并且能随意地修改制作的效果。

2.1 平面设计常用的绘图工具

在 CorelDRAW 中，用户可以根据需要利用一些形状工具绘制出各种图形、线条、箭头及不同的图案，本节将主要介绍平面设计中一些常用的绘图工具。

2.1.1 使用手绘工具绘制曲线

下面介绍使用“手绘工具”绘制曲线，操作步骤如下。

① 启动 CorelDRAW X5，新建一个空白文档，选择“手绘工具”，如图 2-1-1 所示。

② 在绘图窗口中单击拖曳，得到所需的长度与形状后释放鼠标，即可绘制出一条曲线（同时它还处于选中状态，这样以便于用户对其进行修改），如图 2-1-2 所示。

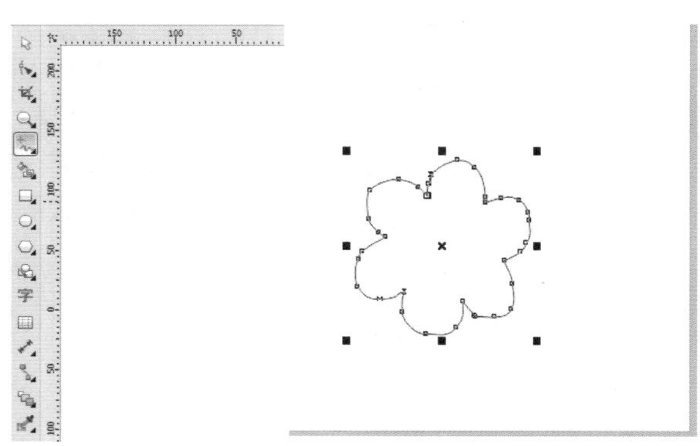

图2-1-1 选择“手绘工具”　　图2-1-2 绘制图形

同样，在 CorelDRAW 中，用户也可以使用“手绘工具”绘制直线或箭头，具体操作步骤如下。

① 启动 CorelDRAW X5，选择“手绘工具”，在绘图窗口中单击鼠标，确定第 1 点，如图 2-1-3 所示。

② 单击鼠标确定第 2 点，并使用同样的方法绘制其他直线，绘制后的效果如图 2-1-4 所示。

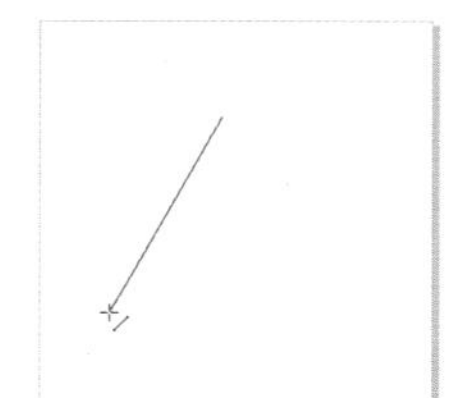

图2-1-3 确定直线的第一点

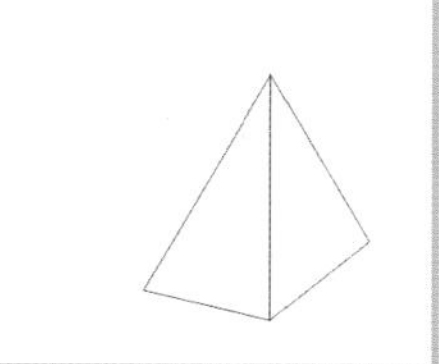

图2-1-4 绘制后的效果

提示：

使用“手绘工具”绘制直线的过程中，如果配合Ctrl键进行绘制，即可将用“手绘工具”创建的线条限制为预定义的角度，称为“限制角度”。绘制垂直直线和水平直线时，此功能非常有用。

下面介绍使用“手绘工具”绘制箭头，其操作步骤如下所述。

① 选择“手绘工具”，在属性栏的“终止箭头”下拉列表中选择所需的箭头，如图 2-1-5 所示。

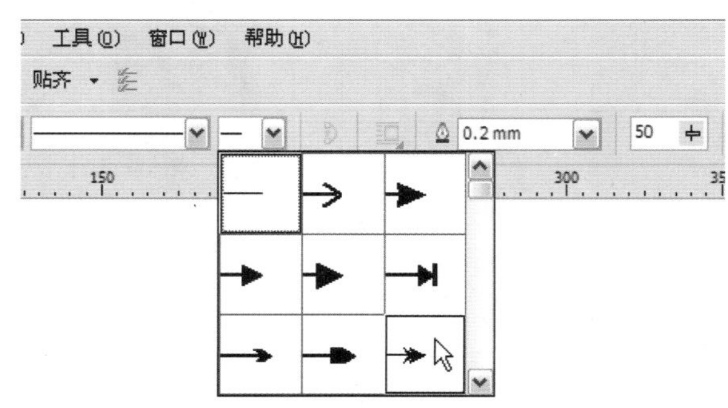

图2-1-5 选择箭头

② 选择好箭头后弹出“轮廓笔”对话框，在该对话框中勾选“图形”复选框，如图 2-1-6 所示。

③ 单击“确定”按钮，在属性栏中将“轮廓宽度”设置为 2.5mm，在弹出的对话框中单击“确定”按钮，在绘图窗口中单击鼠标确定第 1 点，然后再单击鼠标，确定第 2 点，即可绘制箭头，效果如图 2-1-7 所示。

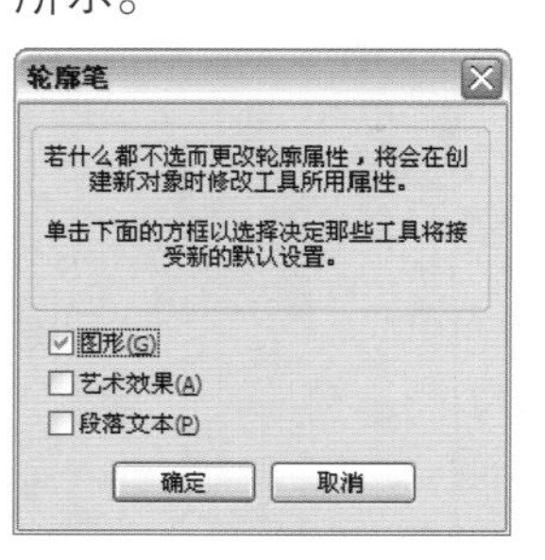

图2-1-6 “轮廓笔”对话框

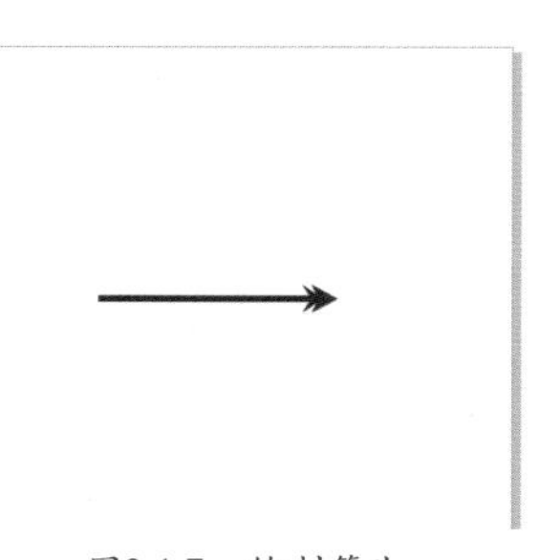

图2-1-7 绘制箭头

2.1.2 钢笔工具

在 CorelDRAW 中，利用“钢笔工具”可以绘制各种各样的直线、曲线，以及更多的复杂图形，如果在选择“钢笔工具”时没有在绘图窗口中选择任何对象，其属性中的部分选项将以灰暗显示，如果在画面中选中了对象，其属性栏中一些不可用的选项将可用，用户可以根据属性栏中的参数来改变选择对象的属性。

使用“钢笔工具”不仅可以绘制直线，还可以绘制曲线，在绘图窗口中单击鼠标确定第 1 个点，然后在单击鼠标确定第 2 点的同时拖曳，即可绘制曲线，同时会显示控制柄和控制点以便调节曲线的属性，双击或按 ESC 键均可结束绘制。

下面将介绍使用“钢笔工具”绘制一些简单的图形，具体操作步骤如下。

1 启动 CorelDRAW X5，执行“文件”|“新建”命令，打开“创建新文档”对话框，设置“宽度”为 408mm，“高度”为 302mm，如图 2–1–8 所示。

2 设置完成后，单击“确定”按钮，单击属性栏上的“导入”按钮，导入素材图片：001.jpg，如图 2–1–9 所示。

图2-1-8 “创建新文档”对话框

图2-1-9 导入素材文件

3 单击“钢笔工具”，在绘图窗口中绘制一个如图 2–1–10 所示的图形。

4 单击工具箱填充工具组中的“均匀填充”按钮，如图 2–1–11 所示。

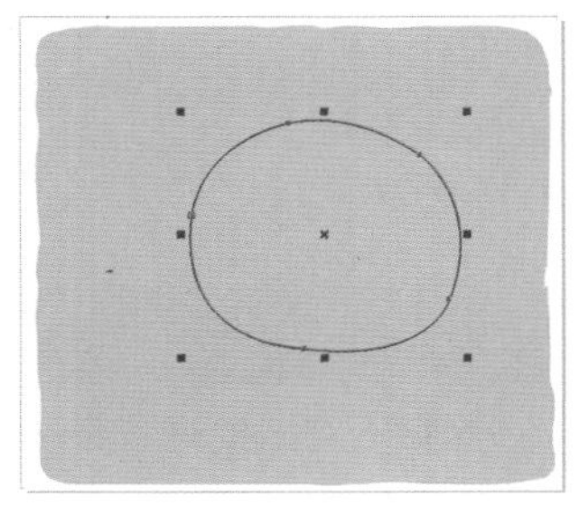

图2-1-10 绘制图形

图2-1-11 选择“均匀填充”命令

5 在弹出的对话框中选择“模型”选项卡，在该选项卡中将“模型”设置为 CMYK，将 CMYK 值设置为 0、0、0、0，如图 2–1–12 所示。

图2-1-12 设置填充颜色

6 设置完成后，单击“确定”按钮，即可填充设置的颜色，填充后的效果，如图 2–1–13 所示。

7 单击“钢笔工具”，在绘图窗口中绘制如图 2–1–14 所示的图形。

8 单击工具箱填充工具组中的“均匀填充”按钮，在弹出的对话框中将 CMYK 值设置为 0、0、0、100，如图 2–1–15 所示。

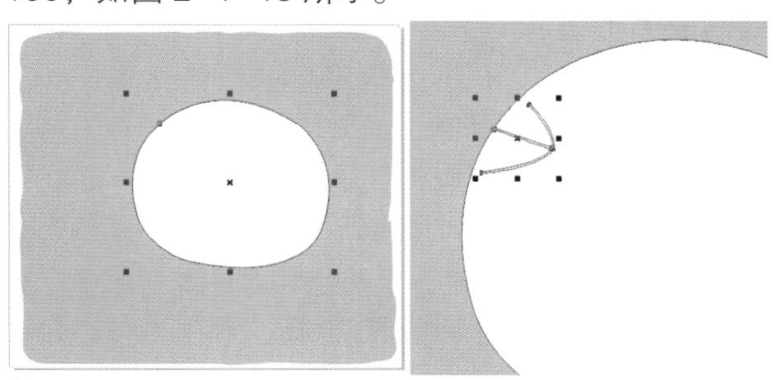

图2-1-13 填充颜色后的效果 图2-1-14 绘制图形

图2-1-15 设置CMYK颜色

9 设置完成后，单击“确定”按钮，填充颜色后的效果，如图 2-1-16 所示。

10 使用同样的方法绘制其他图形并填充颜色，完成后的效果，如图 2-1-17 所示。

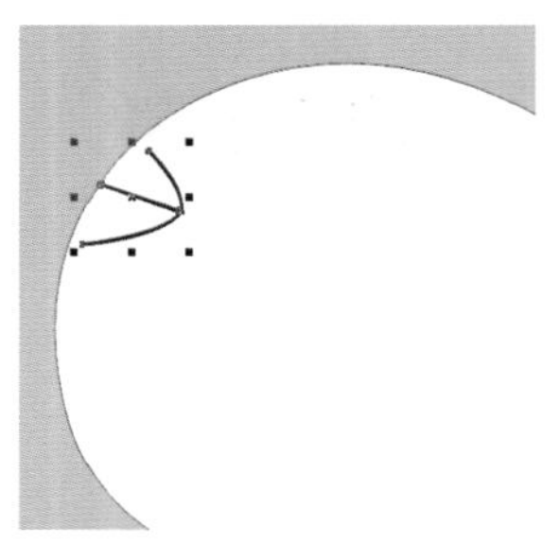

图2-1-16　填充颜色后的效果

图2-1-17　完成后的效果

2.1.3 椭圆工具

在 CorelDRAW 中，用户可以使用“椭圆工具”绘制出各种大小不同的椭圆、圆形、饼形及弧等，如果绘图页中没有选择任何对象，选择“椭圆型工具”，则属性栏中就会显示部分选项。用户可先在其中确定要绘制椭圆、饼图、弧线，以及饼图与弧线的起始和终止角度，并在画面中单击向对角拖曳来绘制所需的图形；也可以直接在绘图页中单击向对角拖曳来绘制所需的图形，如果所绘制的图形形状与大小不满意，可在属性栏中进行更改。

下面将介绍“椭圆工具”的使用方法。

1 继续上面的操作，选择“椭圆型工具”，在绘图窗口中绘制一个椭圆形，如图 2-1-18 所示。

2 单击工具箱填充工具组中的“均匀填充”按钮，在弹出的对话框中选择“模型”选项卡，将 CMYK 值设置为 0、28、13、0，如图 2-1-19 所示。

3 设置完成后，单击“确定”按钮，即可填充设置的颜色，填充后的效果，如图 2-1-20 所示。

图2-1-18　绘制椭圆形

图2-1-19　设置CMYK值

图2-1-20　填充颜色后的效果

4 在工具箱中单击“轮廓笔”按钮，在弹出的菜单中选择“无轮廓”选项，如图 2-1-21 所示。

5 选择该选项后，即可取消轮廓。复制一个相同的椭圆，选中两个椭圆，右击鼠标，在弹出的快捷菜单中执行“排列”|“向后一层”命令，如图 2-1-22 所示。

6 执行该命令后，即可将选中的椭圆形向后移动一层，完成后的效果，如图 2-1-23 所示。

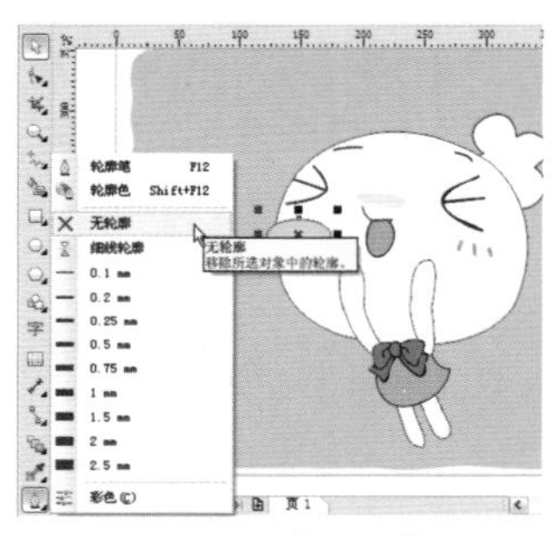

图2-1-21　选择“无轮廓”命令

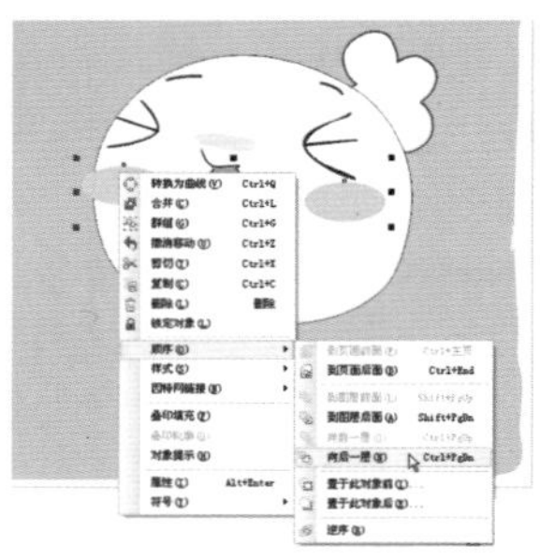

图2-1-22　选择“向后一层”命令

图2-1-23　向后一层后的效果

提示：

当选择“椭圆型工具”时，配合Ctrl键进行绘制，即可绘制正圆形。

2.1.4 星形工具的使用

本节将介绍“星形工具”的使用方法，当在工具箱中选择“星形工具”，如果画面中没有选择任何对象，则属性栏中只有“点数或边数”和“锐度”选项为可用状态，可以在其中指定星形的边数与锐度，也可以直接在绘图窗口中绘制好星形后，在属性栏中更改去大小、边数、位置与锐度等属性。使用“星形工具”的具体操作步骤如下。

① 启动 CorelDRAW X5，按快捷键 Ctrl+N，打开“创建新文档”对话框，设置“宽度”为212mm，“高度”为159mm，如图2-1-24所示。

② 设置完成后，单击“确定”按钮，单击属性栏上的“导入”按钮，导入素材图片：002.jpg，导入后的效果，如图2-1-25所示。

图2-1-24 “创建新文档”对话框

图2-1-25 导入素材文件

③ 在工具箱中单击“星形工具”，在绘图窗口中单击拖曳进行绘制，绘制后的效果，如图2-1-26所示。

④ 单击工具箱填充工具组中的“均匀填充”按钮，在弹出的对话框中选择“模型”选项卡，将CMYK值设置为0、0、100、0，如图2-1-27所示。

图2-1-26 绘制星形

图2-1-27 设置CMYK值

⑤ 设置完成后，单击“确定”按钮，对星形进行复制及调整，效果如图2-1-28所示。

图2-1-28 复制星形后的效果

2.1.5 标题形状工具的使用

本节将介绍“标题形状工具”的使用方法，其具体操作步骤如下。

① 启动 CorelDRAW X5，按快捷键 Ctrl+N，打开“创建新文档”对话框，设置“宽度”为212mm，“高度”为159mm，如图2-1-29所示。

图2-1-29 “创建新文档”对话框

② 设置完成后，单击“确定”按钮，单击属性栏上的“导入”按钮，导入素材图片：003.jpg，导入后的效果，如图2-1-30所示。

③ 单击“标题形状工具”，在属性栏中选择需要的形状，如图2-1-31所示。

④ 在绘图窗口中单击拖曳并进行绘制，释放鼠标后，即可绘制选中的图形，绘制后的效果，如图2-1-32所示。

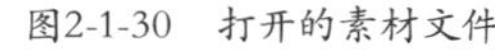

图2-1-30 打开的素材文件

图2-1-31 选择需要的形状

图2-1-32　绘制后的图形

5 在默认的 CMYK 调色板中右击 CMYK 为 0、0、100、0 的色块，将填充颜色设置为黄色，并将轮廓设置为无轮廓，设置后的效果，如图 2–1–33 所示。

6 单击“文本工具”字，在绘制的图形中单击，并输入文字，将输入的文字选中，在属性栏中将字体设置为“方正粗圆简体”，将字体大小设置为 36pt，如图 2–1–34 所示。

7 再次将文字选中，在默认的 CMYK 调色板中右击 CMYK 分别为 0、100、100、0 的色块，然后在属性栏中将“旋转角度”设置为 15，按 Enter 键确认，效果如图 2–1–35 所示。

图2-1-33　填充颜色后的效果

图2-1-34　输入文字后的效果

图2-1-35　旋转角度后的效果

2.2 文字排版工具

CorelDRAW X5 为用户提供了强大的文本排版工具，用户可以通过对文字进行一些简单的修改，即可制作出灵活多变、美观大方的版式。

2.2.1 编辑文本

本节将介绍如何编辑文本，具体操作步骤如下。

1 启动 CorelDRAW X5，按快捷键 Ctrl+N，打开“创建新文档”对话框，设置“宽度”为 344mm，“高度”为 353mm，如图 2–2–1 所示。

2 设置完成后，单击“确定”按钮，单击属性栏上的“导入”按钮，导入素材图片：004.jpg，导入后的效果，如图 2–2–2 所示。

3 单击“文本工具”字，在属性栏中单击“将文本更改为垂直方向”按钮，在绘图窗口中单击，并输入文字，输入文字后的效果，如图 2–2–3 所示。

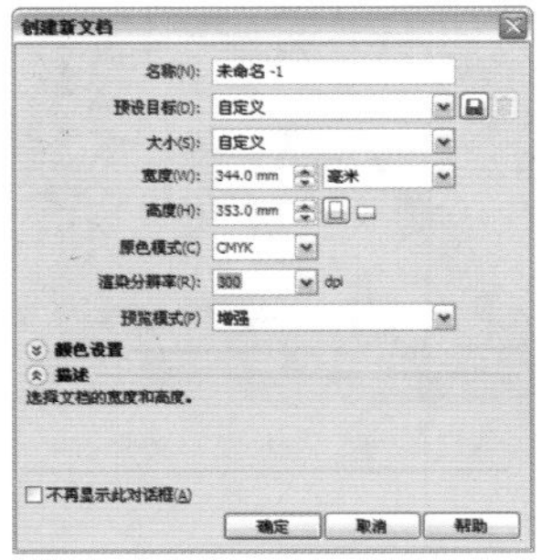

图2-2-1　“创建新文档”对话框

图2-2-2　导入素材文件

图2-2-3　输入文字后的效果

4 在属性栏中单击“编辑文本”按钮，即可打开“编辑文本”对话框，如图 2–2–4 所示。

5 在该对话框中选中要设置的文字，将字体设置为“方正黄草简体”，将字体大小设置为 30pt，如图 2-2-5 所示。

6 设置完成后，单击“确定”按钮，即可对文字进行修改，完成后的效果，如图 2-2-6 所示。

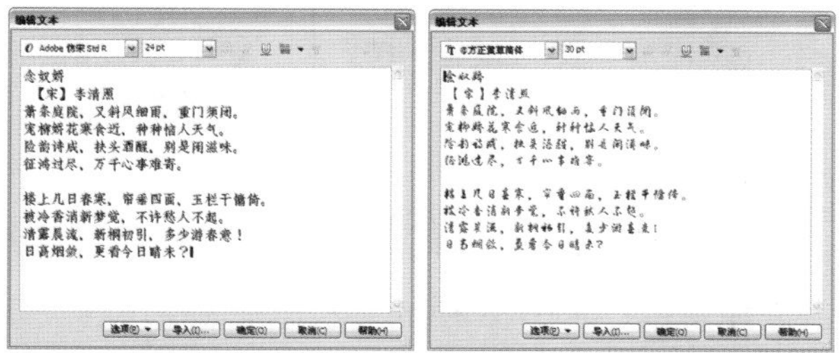

图2-2-4 “编辑文本”对话框　　图2-2-5 设置字体和字号

图2-2-6 设置文字后的效果

2.2.2 段落文本

1. 输入段落文本

为了适应编排各种复杂版面的需要，CorelDRAW 中的段落文本应用了排版系统的框架理念，可以任意地缩放、移动文字框架。

输入段落文本之前必须先画一个段落文本框。段落文本框可以是一个任意大小的矩形，输入的文本受文本框大小的限制。输入段落文本时如果文字超过了文本框的宽度，文字将自动换行。如果输入的文字量超过了文本框所能容纳的大小，那么，超出的部分将会隐藏。输入段落文本的具体操作步骤如下。

1 启动 CorelDRAW X5，新建一个空白文档，导入素材文件：005.jpg，如图 2-2-7 所示。

2 在工具箱中单击“文本工具”字，在绘图窗口中单击拖曳，绘制一个文本框，如图 2-2-8 所示。

图2-2-7 导入素材文件

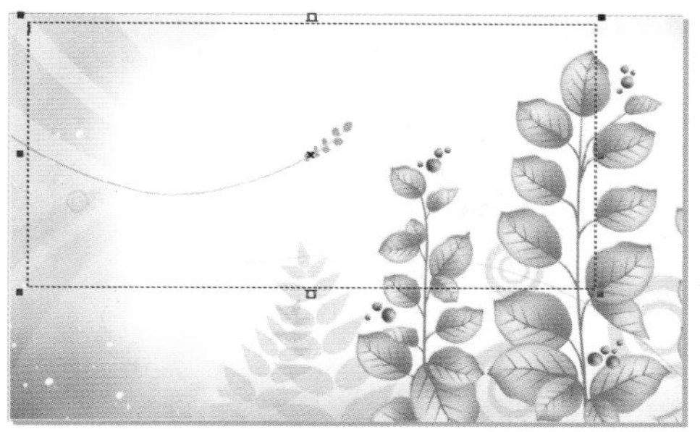

图2-2-8 绘制文本框

3 输入所需要的文本，在此文本框内输入的文本即为段落文本，如图 2-2-9 所示。

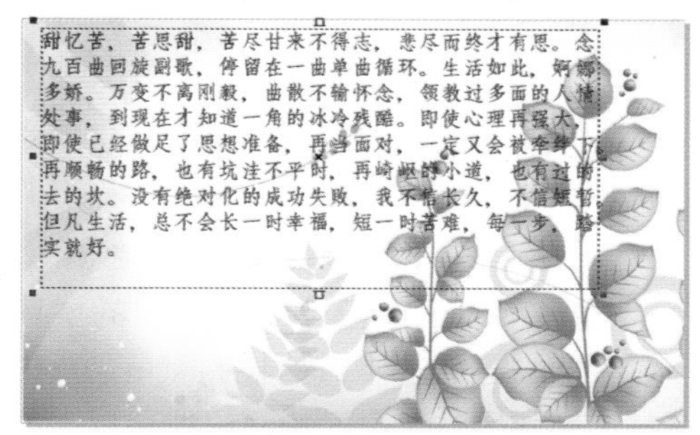

图2-2-9 输入文字

2. 段落文本框架的调整

如果创建的文本框架不能容纳所输入的文字内容，则可通过调整文本框架来解决。具体的操作步骤如下。

1 继续上面的操作，选择工具箱中的“选择工具”后，在绘图窗口中单击段落文本，将文本的框架范围和控制点显示出来。

2 单击文本框架上方的控制点□上下拖曳，即可增加或减少框架的长度，也可以拖曳其他的控制点来调整文本框架的大小。

3 如果文本框架下方正中的控制点变成▣形状，则表示文本框架中的文字没有完全显示出来，如图 2–2–10 所示；若框架下方正中的控制点呈▢形状，则表示文本框架内的文字已全部显示出来了，如图 2–2–11 所示。

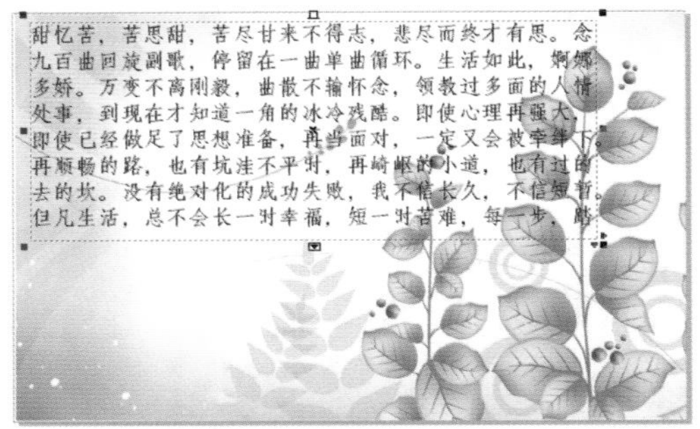

图2-2-10　文字没有完全显示出来的效果

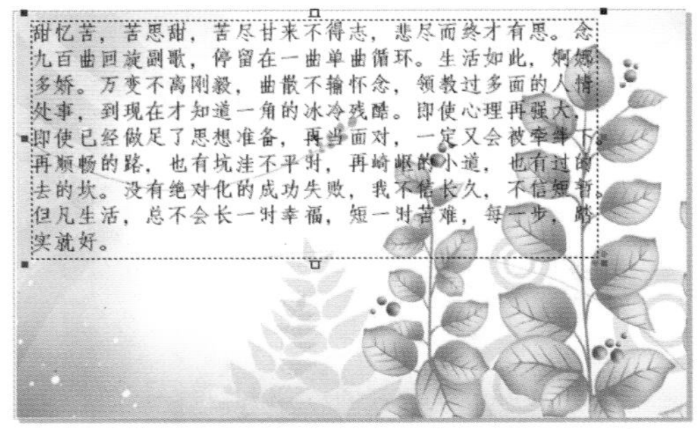

图2-2-11　文字全部显示出来的效果

3. 框架间文字的连接

将一个框架中隐藏的段落文本放到另一个框架中的具体操作步骤如下。

① 输入一段段落文本，并且文本框架没有将文字全部显示出来，单击工具箱中的“选择工具”▢，在文本框架正下方的控制点▢上单击，待指针变成▢形状后，在页面的适当位置单击拖曳出一个矩形，如图2–2–12所示。

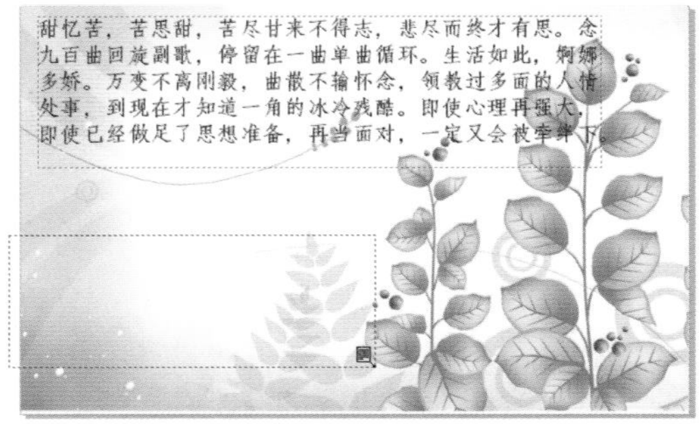

图2-2-12　拖曳出矩形框

② 释放鼠标，此时会出现另一个文本框架，未显示完的文字会自动流入新的文本框架，如图 2–2–13 所示。

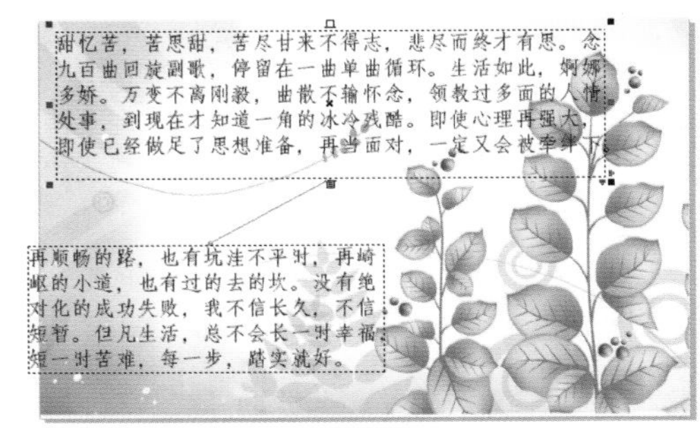

图2-2-13　连接后的效果

2.2.3　使文本适合路径

使用 CorelDRAW 中的文本拥有路径功能，可以将文本对象嵌入到不同类型的路径中，使文字具有更多变的外观。此外，还可以设定文字排列的方式、文字的走向及位置等。

1. 直接将文字填入路径

直接将文字填入路径的操作步骤如下。

① 启动 CorelDRAW X5，单击工具箱中的“基本形状工具”▢，在属性栏中选择需要的图形，如图 2–2–14 所示。

② 在绘图窗口中绘制一个心形，在工具属性栏中将“旋转角度”设置为 13.2，绘制的心形如图 2–2–15 所示。

③ 单击右键弹出快捷菜单，执行“转换为曲线”命令，如图 2–2–16 所示。

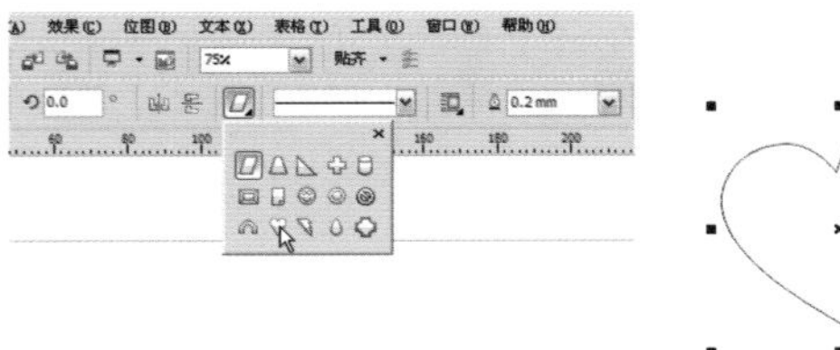

图2-2-14　选择图形　　图2-2-15　绘制的心形

图2-2-16　选择“转换为曲线”命令

4 在工具箱中单击“形状工具”，在文档窗口中对其进行调整，调整后的效果，如图 2-2-17 所示。

5 使用同样的方法绘制另外一个心形，并对其进行调整，调整后的效果，如图 2-2-18 所示。

6 单击右键弹出快捷菜单，执行“合并”命令，如图 2-2-19 所示。

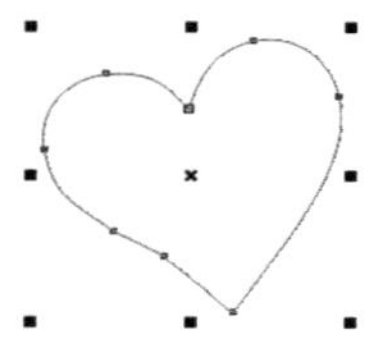

图2-2-17 调整心形形状

图2-2-18 绘制心形

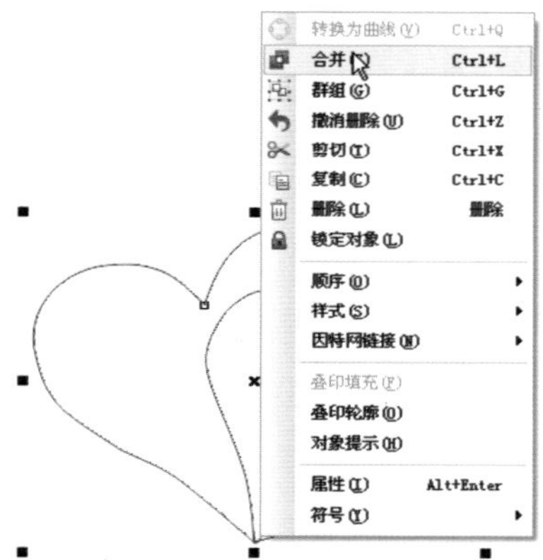

图2-2-19 选择“合并”命令

7 选中合并后的心形，在默认的 CMYK 调色板中右击 CMYK 为 0、100、100、0 的色块，如图 2-2-20 所示。

8 在工具箱中单击“文本工具”，并移动鼠标到心形上，当鼠标指针变为I时单击，然后输入文字，输入文字后的效果，如图 2-2-21 所示。

9 在属性栏中将字体设置为“方正黄草简体”，将字体大小设置为 24pt，设置完成后的效果如图 2-2-22 所示。

图2-2-20 填充颜色

图2-2-21 输入文字

图2-2-22 设置字体后的的效果

2. 用鼠标将文字填入路径

通过单击拖曳右键的方式将文字填入路径的操作步骤如下。

1 继续上面的操作，将在路径中输入的文字删除，在工具箱中单击“文本工具”，在心形的下方输入文字，如图 2-2-23 所示。

2 在工具箱中单击“选择工具”，单击拖曳右键将文字拖曳到心形路径上，如图 2-2-24 所示。

3 释放鼠标，在弹出的快捷菜单中执行“使文本适合路径”命令，如图 2-2-25 所示。

4 将该文字填入路径，效果如图 2-2-26 所示。

图2-2-23 输入文字

图2-2-24 拖曳文字到路径上

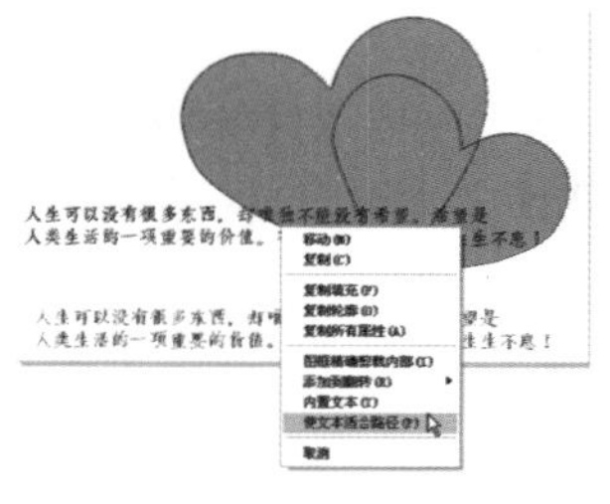

图2-2-25 选择“使文本适合路径”命令

图2-2-26 将文字填入路径后的效果

3. 使用传统方式将文字填入路径

使用传统方式将文字填入路径的操作步骤如下。

1 在工具箱中单击“星形工具”，绘制一个星形，在默认的 CMYK 调色板中右击 CMYK 为 0、0、100、0 的色块，如图 2-2-27 所示。

2 使用“选择工具”选择要填入路径的文字，执行“文本”|“使文本适合路径”命令，如图 2-2-28 所示。

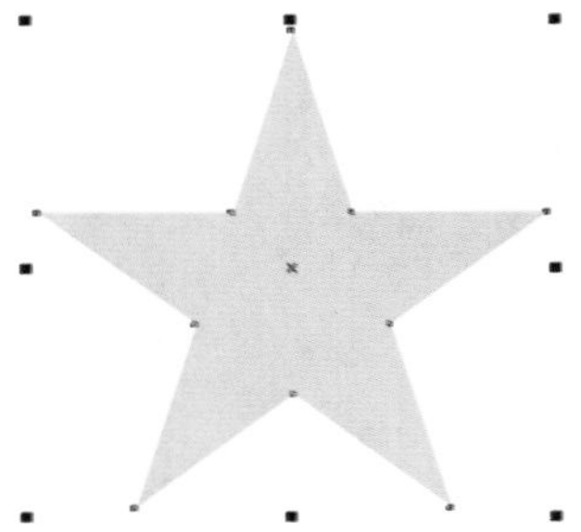

图2-2-27　绘制星形 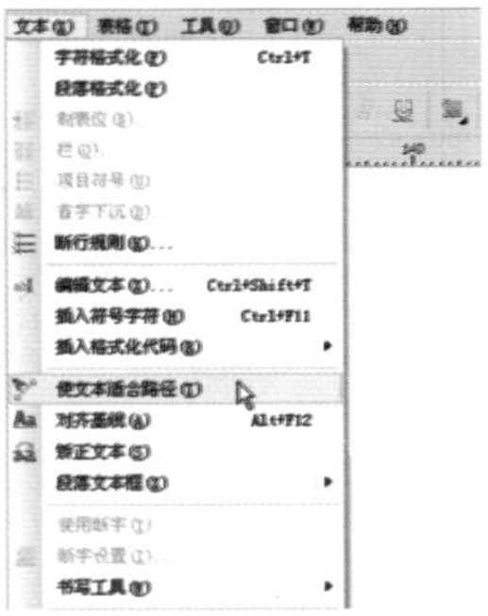　　图2-2-28　选择"使文本适合路径"命令

③ 执行该命令后，在星形上为文字指定与路径之间的距离，如图 2-2-29 所示。

④ 设置好距离后，单击鼠标确认，即可将文字填入路径，完成后的效果，如图 2-2-30 所示。

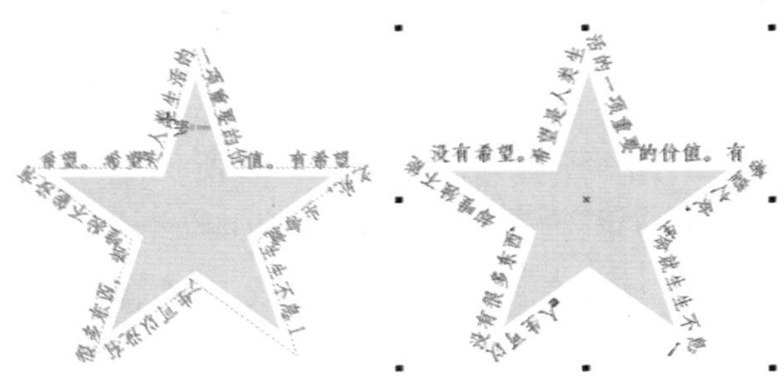

图2-2-29　指定与路径之间的距离　　图2-2-30　完成后的效果

2.2.4　文本适配图文框

当用户在段落文本框或图形对象中输入文字后，其中的文字大小不会随文本框或图形对象的大小而变化。为此可以通过执行"使文本适合框架"命令或调整图形对象来让文本适合框架。

1. 使段落文本适合框架

要使段落文本适合框架，可以通过缩放字体大小使文字将框架填满，也可以用执行"文本"|"段落文本框"|"使文本适合框架"命令来实现。如果文字超出了文本框的范围，文字的字体会自动缩小以适应框架；如果文字未填满文本框，文字会自动放大填满框架；如果在段落文本里使用了不同的字体大小，将保留差别并相应地调整大小以填满框架；如果有链接的文本框，将调整所有的链接文本框中的文字，直到填满这些文本框。具体的操作步骤如下。

① 启动 CorelDRAW X5，创建一个新文档，导入 006.jpg，导入素材后的效果，如图 2-2-31 所示。

② 在工具箱中单击"文本工具"，输入文字，输入文字后的效果，如图 2-2-32 所示。

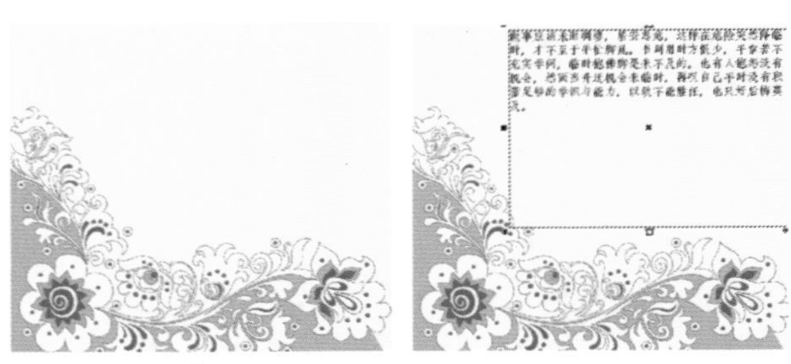

图2-2-31　导入素材文件后的效果　图2-2-32　输入文字后的效果

③ 在工具箱中单击"选择工具"，选中输入的文字后，右击鼠标，在弹出的快捷菜单中执行"使文本合适框架"命令，如图 2-2-33 所示。

④ 执行该命令后，即可将选中的文字调整到合适框架的状态，如图 2-2-34 所示。

图2-2-33　选择"使文本合适框架"命令　　图2-2-34　使文本适合框架

2. 将段落文本置入对象中

将段落文本置入对象中顾名思义就是将段落文本嵌入到封闭的图形对象中，这样可以使文字的编排更加灵活多样。在图形对象中输入的文本对象，其属性和其他的文本对象相同，其具体的操作步骤如下。

① 继续上面的操作，在工具箱中单击"星形工具"，绘制一个星形，如图 2-2-35 所示。

② 在工具箱中单击"选择工具"，选择要置入对象中的段落文本，单击鼠标右键将文本对象拖曳到绘制的星形上，当鼠标变成如图 2-2-36 所示的十字环状后释放鼠标，在弹出的快捷菜单中执行"内置文本"命令，如图 2-2-37 所示。

图2-2-35 绘制星形　　图2-2-36 移动文本

图2-2-37 执行“内置文本”命令

③ 执行该命令后，即可将选中的文本置入到星形中，使用“文本工具”将文字选中，在属性栏中将字体大小设置为 18，完成后的效果，如图 2-2-38 所示。

图2-2-38 完成后的效果

3. 分隔对象与段落文本

将段落文本置入图形对象中后，文字将会随着图形对象的变化而变化。如果不想让图形对象和文本对象一起移动，则可分隔它们。具体的操作步骤如下。

① 继续上面的操作，选中星形，执行“排列”|“拆分路径内的段落文本”命令，如图 2-2-39 所示。

② 执行该命令后，使用“选择工具”选择文本，并将其移动，即可调整文本的位置，效果如图 2-2-40 所示。

图2-2-39 执行“拆分路径内的段落文本”命令

图2-2-40 移动文本后的效果

2.3 立体化工具的使用

使用“立体化工具”可以将简单的二维平面图形转换为立体化（即三维）效果。立体化效果添加额外的表面，将简单的二维图形转换为三维效果。本节将对其进行简单地介绍。

下面来介绍“立体化工具”的属性栏。

- “立体化类型”：可以选择所需的立体化类型。
- “深度”：可以输入立体化的延伸长度。
- “灭点坐标”：可以输入所需的灭点坐标，从而达到更改立化效果的目的。
- “灭点属性”：可以选择所需的选项（例如，“锁到对象上的灭点”、“锁到页上的灭点”、“复制灭点，自……”、“共享灭点”）来确定灭点位置与是否与其他立体化对象共享灭点等。
- “页面或对象灭点”按钮：当“页面或对象灭点”按钮处于当前选择状态时移动灭点，它的坐标值是相对于对象的。
- “立体的方向”按钮：单击该按钮，将弹出一个对话框，用户可以直接拖曳 3 个圆形按钮，调整立体的方向；也可以在其中单击按钮，将自动变成“旋转值”对话框，可以在其中输入所需的旋转值，来调整立体的方向，如果返回到原来的对话框，可再次单击右下方的按钮。

- “立体化颜色”按钮：用户需要更改立体化的颜色，可以单击“立体化颜色”按钮，弹出“颜色”面板，在其中编辑与选择所需的颜色。用户可以在该面板中通过单击“使用对象填充”按钮、“使用纯色”按钮与“使用递减的颜色”按钮来设置所需的颜色。如果选择的立体化效果设置了斜角，则可以在其中设置所需的斜角边颜色。
- “立体化倾斜”按钮：单击该按钮，弹出一个面板，用户可以在其中选择“使用斜角修饰边”选项，并在其中的文本框中输入所需的斜角深度与角度来设定斜角修饰边，也可以勾选“只显示斜角修饰边”复选框，只显示斜角修饰边。
- “立体化照明”按钮：单击该按钮，将弹出一个面板，可以在左侧单击相应的光源来为立体化对象添加光源，也可以设定光源的强度，以及是否使用全色范围。

2.3.1 创建矢量立体模型

下面将介绍立体模型的创建。

① 启动 CorelDRAW X5，执行“文件”|“新建”命令，打开“创建新文档”对话框，设置“宽度”为 184mm，“高度”为 193mm，如图 2-3-1 所示。

② 设置完成后，单击“确定”按钮，单击属性栏上的“导入”按钮，导入素材图片：020.jpg，如图 2-3-2 所示。

③ 单击工具箱中的“文本工具”，在属性栏中将字体设置为“方正舒体”，将字体大小设置为 114，如图 2-3-3 所示。

图2-3-1 “创建新文档”对话框

图2-3-2 导入素材文件

图2-3-3 输入文字

④ 单击工具箱中的“立体化工具”，在绘图窗口中单击拖曳，为文字添加立体化效果，在属性栏中将“深度”设置为 10，如图 2-3-4 所示。

图2-3-4 添加立体化效果后的文字

2.3.2 编辑立体模型

在 CorelDrAW 中，不仅可以创建立体模型，还可以对其进行编辑，下面对创建的立体模型进行编辑，具体操作步骤如下。

① 继续上面的操作，确认文本处于选中状态，并在其属性栏中单击“立体化颜色”按钮，在弹出的“颜色”面板中单击“使用递减的颜色”按钮，如图 2-3-5 所示。

② 在“立体化颜色”下拉列表中将“从”设置为绿色，将“到”设置为黄色，完成后的效果，如图 2-3-6 所示。

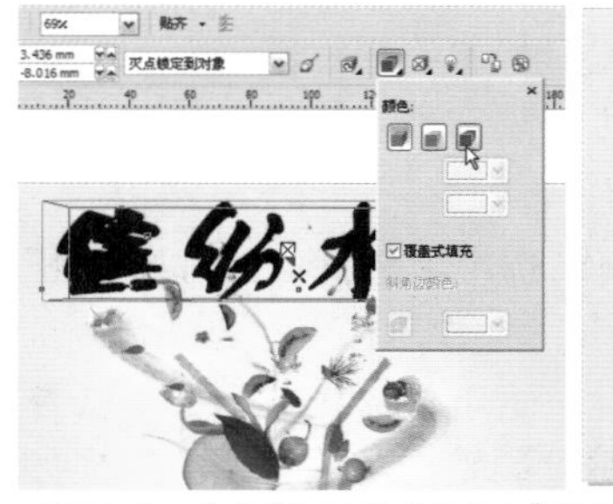

图2-3-5 单击“使用递减的颜色”按钮

图2-3-6 完成后的效果

2.4 为对象添加透视效果

通过缩短对象的一边或两边，可以创建透视效果。这种效果使对象看起来像是沿一个或两个方向后退，从而产生单点透视或两点透视效果。

在对象或群组对象中可以添加透视效果。在链接的群组（例如，轮廓图、调和、立体模型与用“艺术笔工具”创建的对象）中也可以添加透视效果。

在应用透视效果后，可以把它复制到图形中的其他对象中进行调整，或从对象中移除透视效果。

2.4.1 制作立方体

下面通过“立体化工具”制作立方体效果。

1 启动 CorelDRAW X5，新建一个空白文档，单击工具箱中的“矩形工具”，绘制一个高度和宽度均为 29 的矩形，如图 2-4-1 所示。

2 选中合并后的心形，在默认的 CMYK 调色板中右击 CMYK 为 100、0、0、0 的色块，单击工具箱中的“轮廓笔”按钮，在弹出的菜单中选择“0.1mm”选项，如图 2-4-2 所示。

3 使用同样的方法绘制其他矩形，并填充不同的颜色，如图 2-4-3 所示。

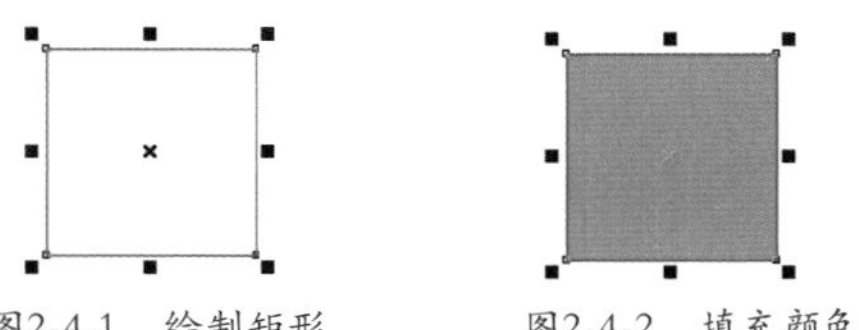

图2-4-1 绘制矩形　　图2-4-2 填充颜色

图2-4-3 绘制其他矩形后的效果

4 选中绘制的矩形，按快捷键 Ctrl+G 将其成组，单击工具箱中的“矩形工具”，沿着成组的矩形绘制一个矩形，如图 2-4-4 所示。

5 在工具箱中选择“立体化工具”，并在创建的正方形中单击拖曳，为上面创建的正方形添加立体化效果，在属性栏的“立体化类型”下拉列表中选择如图 2-4-5 所示的立体化类型，并对立体化图形进行调整，调整后的效果，如图 2-4-6 所示。

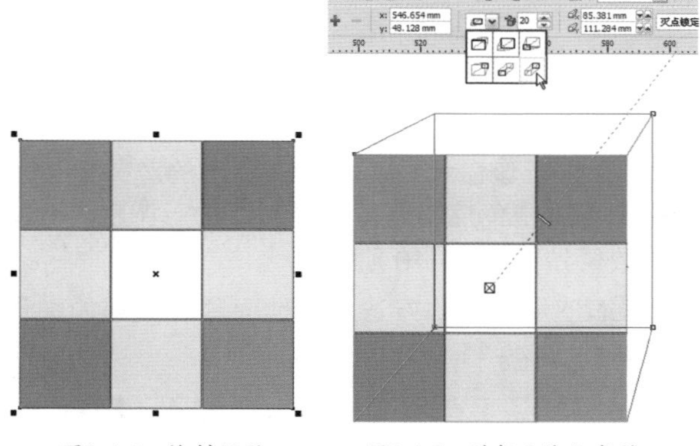

图2-4-4 绘制矩形　　图2-4-5 选择立体化类型

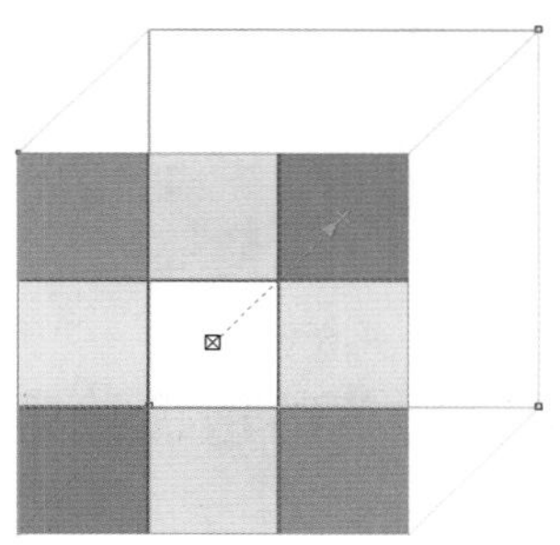

图2-4-6 添加立体化的效果

2.4.2 使用添加透视命令应用透视效果

执行“添加透视”命令，对图形进行调整，制作出立方体效果。

1 继续上面的操作，单击工具箱中的“选择工具”，并选择如图 2-4-7 所示的图形。

2 复制一个相同的图形，使用“选择工具”将其调整到合适的位置上，如图 2-4-8 所示。

3 执行“效果”|“添加透视”命令，如图 2-4-9 所示。

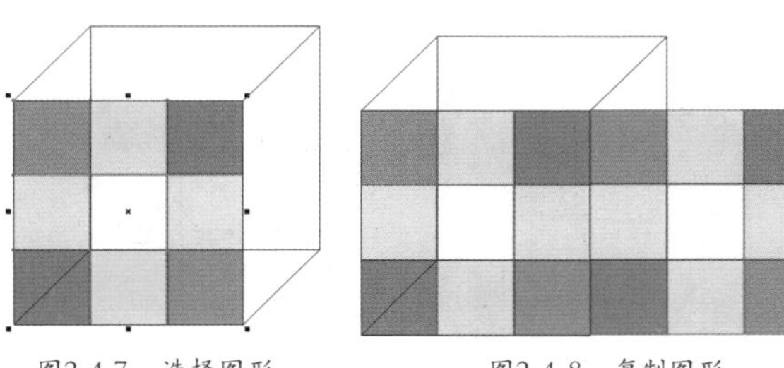

图2-4-7 选择图形　　图2-4-8 复制图形

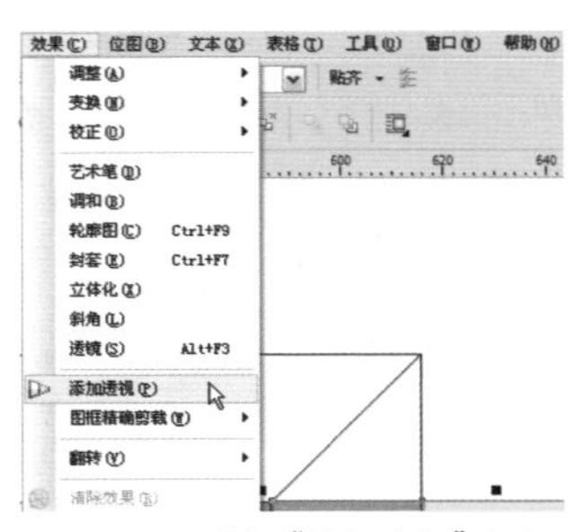

图2-4-9　选择“添加透视”命令

④ 执行该命令后，即可在选中的对象上显示网格，单击拖曳控制点，对控制点进行调整，调整后的效果如图 2-4-10 所示。

⑤ 使用同样的方法为其他面添加成组的图形，效果如图 2-4-11 所示。

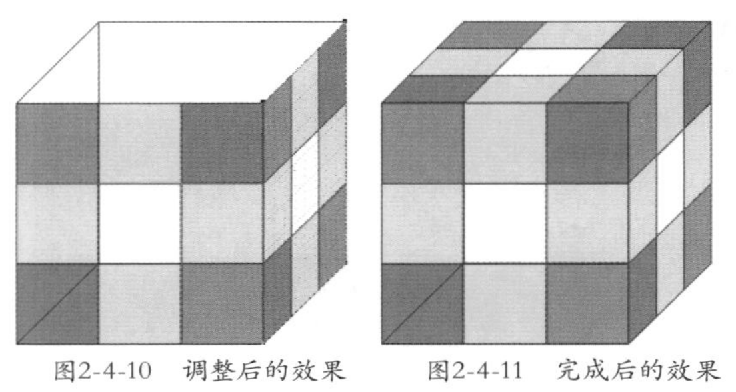

图2-4-10　调整后的效果　　图2-4-11　完成后的效果

2.4.3　复制对象的透视效果

本节将介绍如何复制对象的透视效果，其具体操作步骤如下。

① 继续上面的操作，使用工具箱中的“选择工具”，在正面的图案上右击鼠标，并向右单击拖曳，在合适的位置上释放鼠标，在弹出的快捷菜单中执行“复制”命令，复制后的效果如图 2-4-12 所示。

② 执行“效果”|“复制效果”|“建立透视点自”命令，如图 2-4-13 所示。

③ 执行该命令后，鼠标指针将呈➡状，移动指针到要复制的透视效果上单击，如图 2-4-14 所示。

④ 执行该操作后，即可完成复制透视效果，其效果如图 2-4-15 所示。

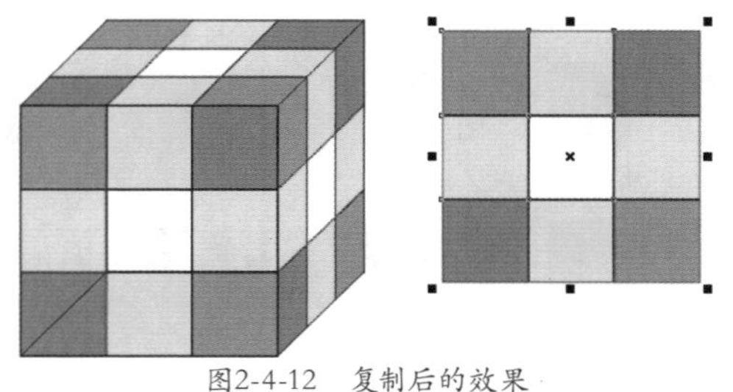

图2-4-12　复制后的效果

图2-4-13　执行“建立透视点自”命令

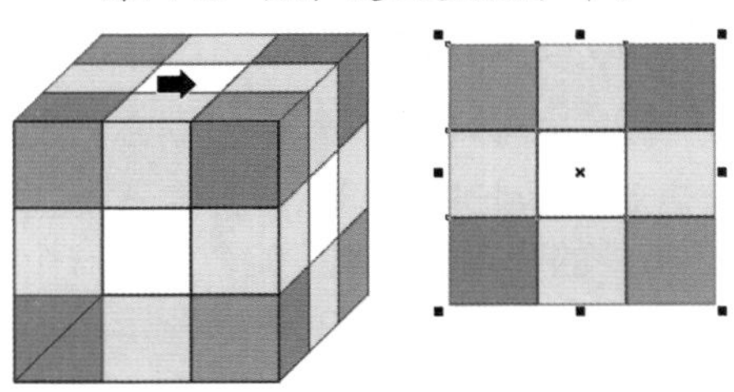

图2-4-14　单击要复制的透视效果

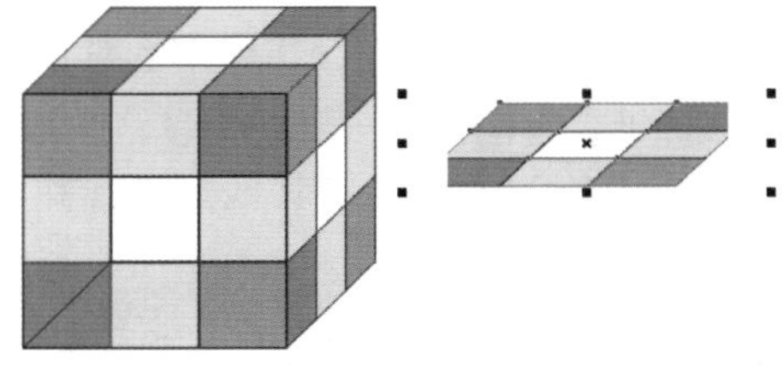

图2-4-15　复制透视效果

2.4.4　清除对象的透视效果

在 CorelDRAW 中，除了可以为对象添加透视效果外，还可以对透视效果进行清除，下面将介绍如何清除对象的透视效果，其具体操作步骤如下。

① 继续上面的操作，选择要清除透视效果的对象，执行“效果”|“清除透视点”命令，如图 2-4-16 所示。

② 执行该命令后，即可清除选中对象的透视效果，完成后的效果，如图 2-4-17 所示。

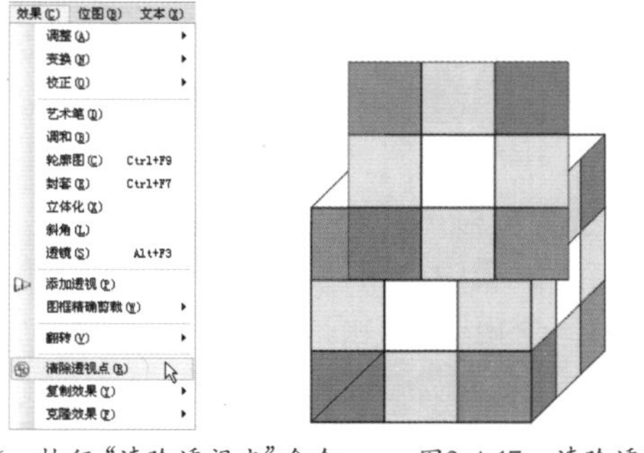

图2-4-16　执行“清除透视点”命令　　图2-4-17　清除透视效果

2.5 阴影工具

在 CorelDRAW 中，可以根据需要使用“交互式阴影工具”为对象添加阴影效果，并模拟光源照射对象时产生的阴影效果，除了可以为对象添加阴影以外，还可以根据需要对阴影进行编辑，本节将介绍“阴影工具”的使用方法。

下面对“交互式阴影工具”的属性栏进行简单的介绍。

- “阴影偏移”选项：当在“预设”列表中选择“平面右上”、“平面右下”、“平面左下”、“平面左上”、“大型辉光”、“中等辉光”与“小型辉光”选项时，该选项呈活动状态，可以在其中输入所需的偏移值。
- “阴影角度”选项：当在“预设列表”中选择“透视右上”、“透视右下”、“透视左上”与“透视左下”选项时，该选项呈活动状态，可以在其中输入所需的阴影角度值。
- “阴影的不透明”选项：可以在其文本框中输入所需的阴影不透明度值。
- “阴影羽化”选项：在其文本框中可以输入所需的阴影羽化值。
- “羽化方向”按钮：可以在其下拉列表中可以选择所需阴影羽化的方向。
- “羽化边缘”按钮：可以在其下拉列表中选择羽化边缘的类型。
- “阴影淡出”选项：在其文本框中可以设置阴影的淡出值，也可以通过拖曳滑块来调整淡出值。
- “阴影延展”选项：在其文本框中可以设置阴影的延伸值，也可以通过拖曳滑块来调整延伸值。
- “透明度操作”选项：在其下拉列表中可以为阴影设置各种所需的模式，例如，“常规”、“添加”、“减少”、“差异”、“乘”、“除”、“如果更亮”、“如果更暗”、“底纹化”、“色度”、“反显”、“和”、“或”、“异或”、“红”、“绿”、“蓝”等。
- “阴影颜色”选项：在其调色板中可以选择与设置所需的阴影颜色。

2.5.1 给对象添加阴影

下面将介绍如何为对象添加阴影效果，其具体操作步骤如下。

① 启动 CorelDRAW X5，按快捷键 Ctrl+O，打开“打开”对话框，打开“2.cdr”素材文件，如图 2-5-1 所示。

② 选择要添加阴影的对象，单击工具箱中的“阴影工具”，单击拖曳为选中的对象添加阴影效果，如图 2-5-2 所示。

图2-5-1 打开素材文件

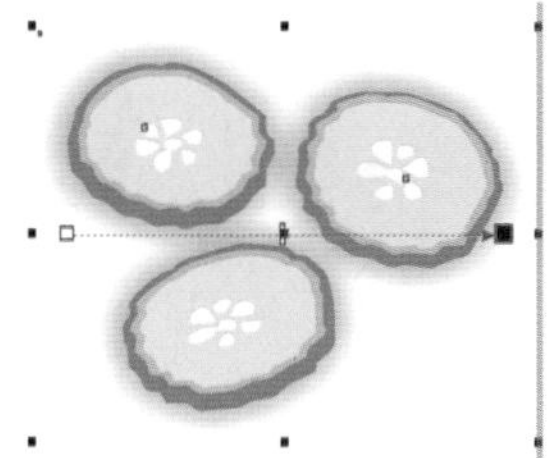

图2-5-2 添加阴影效果

2.5.2 编辑阴影

添加完阴影后，还可以对阴影进行编辑，其具体操作步骤如下。

① 在绘图页中将黑色控制柄向右上方拖曳，调整阴影的位置，如图 2-5-3 所示。

② 在属性栏中单击“羽化方向”按钮，在弹出的“羽化方向”下拉列表中选择“向内”选项，选择羽化方向后的效果，如图 2-5-4 所示。

③ 在属性栏中将“阴影的不透明度”设置为 30，效果如图 2-5-5 所示。

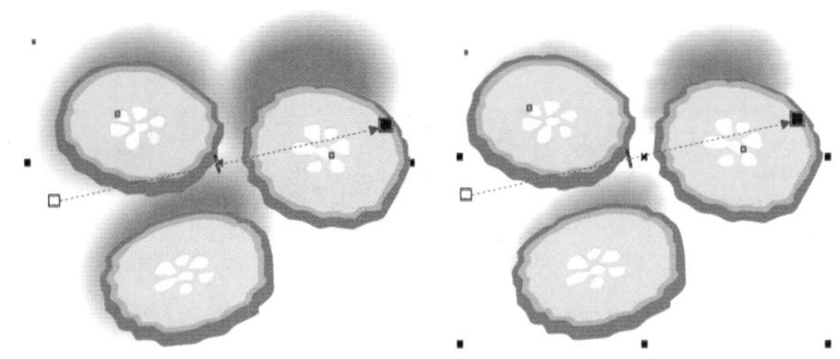

图2-5-3 调整阴影的位置　图2-5-4 选择羽化方向类型后的效果

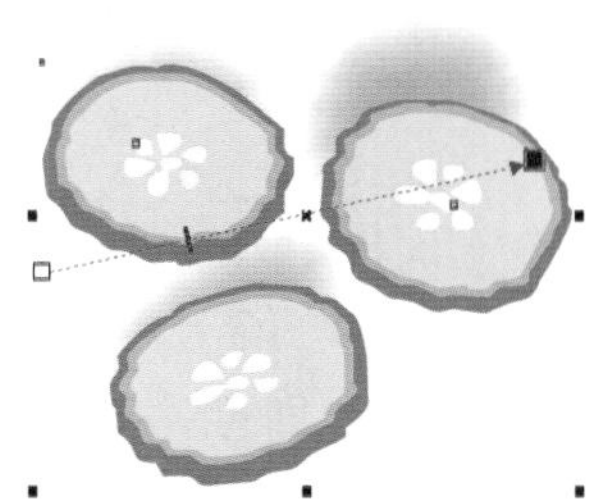

图2-5-5 设置阴影的不透明度

4 在其属性栏中单击“羽化边缘”按钮，在弹出的“羽化边缘”下拉列表中选择“反白方形”选项，选择后的效果，如图 2-5-6 所示。

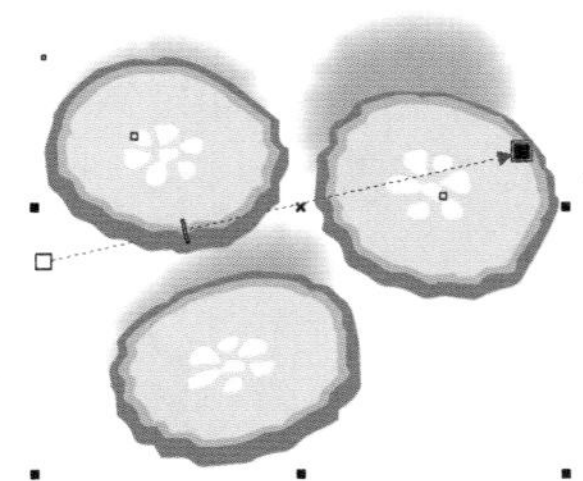

图2-5-6　设置羽化边缘后的效果

5 在属性栏中单击“阴影颜色”右侧的按钮，在弹出的下拉列表中选择“其他”选项，在弹出的对话框中将阴影颜色的 CMYK 参数设置为 0、0、100、0，如图 2-5-7 所示。

6 设置完成后，单击“确定”按钮，在空白处单击，取消对象的选择，更改阴影颜色后的效果，如图 2-5-8 所示。

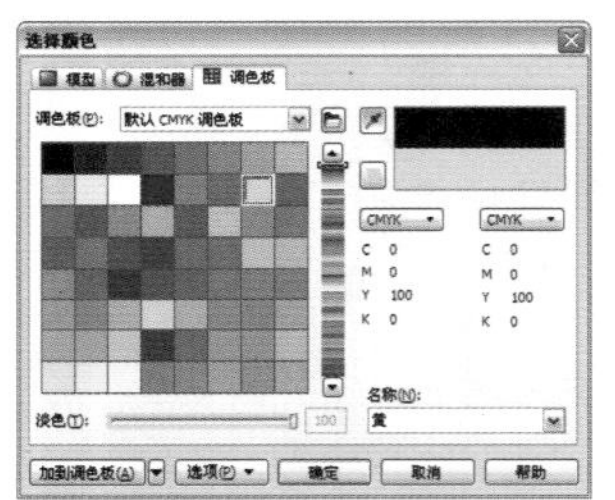

图2-5-7　“选择颜色”对话框　图2-5-8　设置阴影颜色后的效果

2.6 创建符号

符号只需要定义一次即可在多个场景中使用，从而大大提高工作效率，本节将介绍如何创建符号，具体操作步骤如下。

1 启动 CorelDRAW X5，新建一个空白文档，单击属性栏上的“导入”按钮，导入素材图片：02.png，如图 2-6-1 所示。

2 单击工具箱中的“选择工具”，选择要创建符号的对象，执行“编辑”|“符号”|“新建符号”命令，如图 2-6-2 所示。

3 执行该命令后，即可弹出“创建新符号”对话框，在该对话框中将名称命名为“花”，如图 2-6-3 所示。

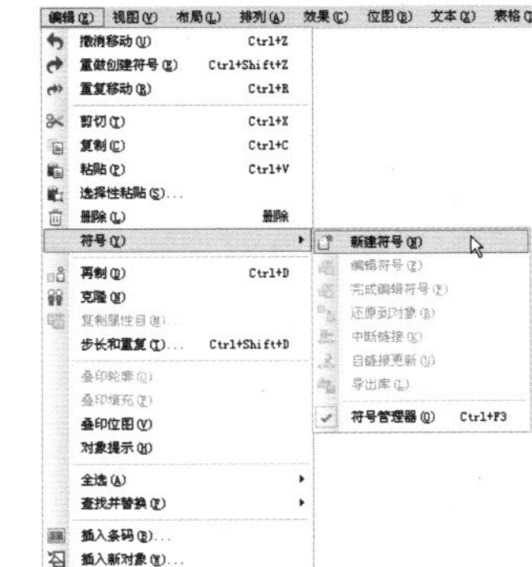

图2-6-1　打开的场景文件　图2-6-2　执行“新建符号”命令

图2-6-3　“创建新符号”对话框

4 设置完成后，单击“确定”按钮，即可将选择的对象定义为符号，如图 2-6-4 所示，此时的选择控制柄呈蓝色显示。

5 执行“窗口”|“泊坞窗”|“符号管理器”命令，如图 2-6-5 所示。

6 在打开的“符号管理器”泊坞窗中可以看到创建的符号，如图 2-6-6 所示。添加完成符号后，可以根据需要在场景中插入该符号。

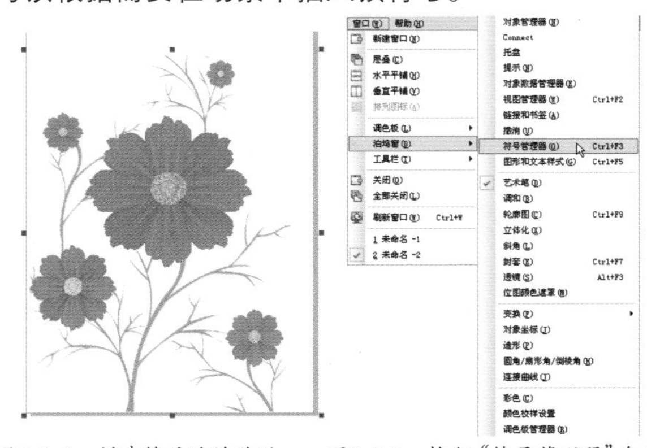

图2-6-4　创建符号后的效果　图2-6-5　执行“符号管理器”命令

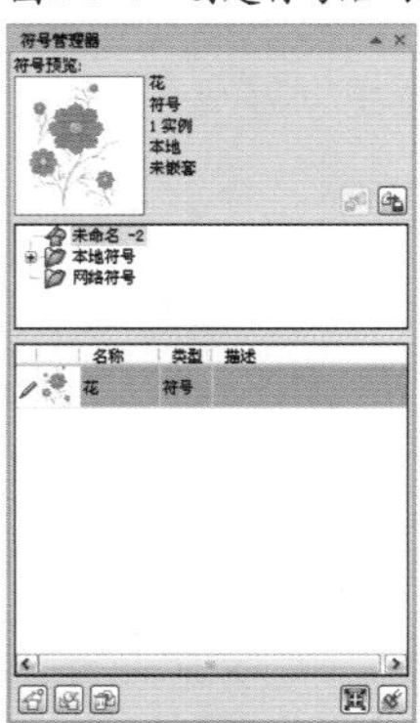

图2-6-6　“符号管理器”泊坞窗

2.7 标准填充

标准填充是 CorelDRAW X5 中最基本的填充方式，它默认的调色板模式为 CMYK 模式。在进行标准填充之前，需要先选中要进行标准填充的对象，并单击调色板中所需的颜色即可完成填充。本节将介绍如何为对象进行标准填充，具体操作步骤如下。

1 按快捷键 Ctrl+O，打开“小象 .cdr”文件，为了方便对象的选择，执行“窗口”|“泊坞窗”|“对象管理器”命令，打开“对象管理器”窗口，如图 2-7-1 所示。

2 单击“对象管理器”窗口中“图层 1”前的“+”按钮，在打开的列表中选择“眼高光”对象，如图 2-7-2 所示。

3 在 CMYK 调色板中单击“白色”色块，即可为选中的对象填充该颜色，在“对象管理器”中选择“图层 1”列表中的“黑眼球”对象，在 CMYK 调色板中单击“黑色”色块，填充颜色后的效果，如图 2-7-3 所示。

图2-7-1　打开“对象管理器”窗口　　图2-7-2　选择填充对象

图2-7-3　填充颜色

4 按住 Ctrl 键在“对象管理器”中选择“图层 1”列表中的“耳朵和脚掌”和“左耳”对象，如图 2-7-4 所示。

5 在 CMYK 调色板中单击颜色为 C：0；M：40；Y：20；K：0 的色块，填充颜色后的效果，如图 2-7-5 所示。

图2-7-4　选择对象

图2-7-5　填充颜色

提示：

在“窗口”|“调色板”子菜单中集合了全部的CorelDRAW调色板。从中选择一项后，调色板就会立即出现在窗口的右侧。

2.8 使用“均匀填充”对话框

当调色板中没有所需要的颜色时，可以根据需要在“均匀填充”对话框中设置所需的颜色，下面介绍如何使用“均匀填充”对话框为对象填充颜色。

2.8.1 “模型”选项卡

用户可以在“模型”选项卡中随意地选择所需的色彩为图形填充。

1 继续上面的操作，按住 Ctrl 键在“对象管理器”中选择“图层 1”列表中的“右腿”、“曲线 00”、“左臂”、“象轮廓”对象，如图 2-8-1 所示。

2 单击工具箱填充工具组中的“均匀填充”■按钮，打开“均匀填充”对话框，选择“模型”选项卡，设置颜色为浅粉色（C:7，M:20，Y:20，K:0），如图 2-8-2 所示。

3 设置完成后，单击“确定”按钮，即可为选中的对象填充颜色，如图 2-8-3 所示。

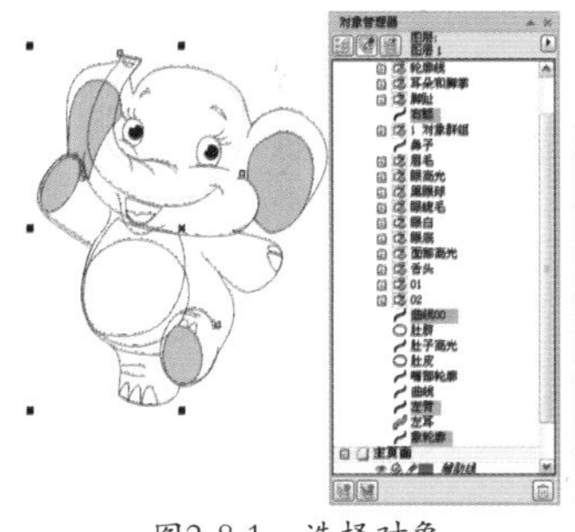
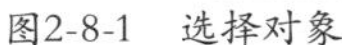

图2-8-1 选择对象　　图2-8-2 设置填充颜色

图2-8-3 填充颜色后的效果

4 在“对象管理器”中选择“图层 1”列表中的“舌头”对象，如图 2-8-4 所示。

5 按快捷键 Shift+F11，打开“均匀填充”对话框，设置颜色为梅红色（C:0，M:75，Y:11，K:0），如图 2-8-5 所示。

6 设置完成后，单击“确定”按钮，即可为选中的对象填充所设置的颜色，效果如图 2-8-6 所示。

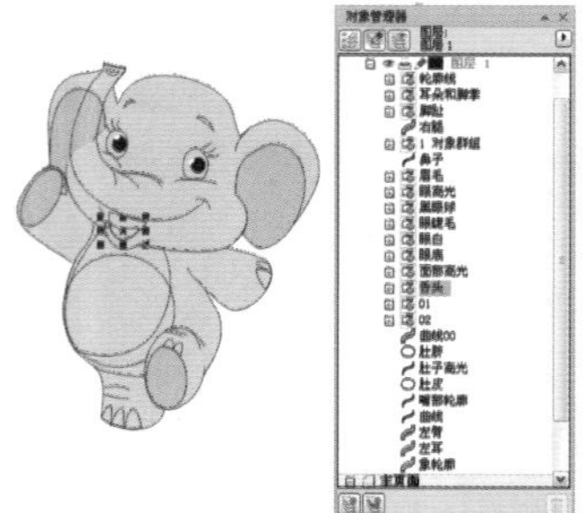

图2-8-4 选择对象　　图2-8-5 设置填充颜色

图2-8-6 设置颜色后的效果

2.8.2 “混合器”选项卡

下面将介绍如何使用“混合器”选项卡设置填充颜色，具体操作步骤如下。

1 继续上面的操作，在“对象管理器”中选择“图层 1”列表中的“脚趾”对象，如图 2-8-7 所示。

2 按快捷键 Shift+F11，在弹出的对话框中选择“混合器”选项卡，在“色度”下拉列表中选择所需的选项，在这里使用默认选项；拖曳“大小”滑块可以改变上方调色板的大小，拖曳小圆点或在调色板中单击，选择所需的颜色，如图 2-8-8 所示。

3 设置完成后，单击“确定”按钮，即可为选中的对象填充所设置的颜色，效果如图 2-8-9 所示。

4 按住 Ctrl 键在“对象管理器”中选择“图层 1”列表中的“眼底”和“眼眉”对象，如图 2-8-10 所示。

5 按快捷键 Shift+F11，在弹出的对话框中选择“混合器”选项卡，在“色度”下拉列表中选择所需的选项，在这里使用默认选项；拖曳小圆点或在调色板中单击来选择所需的颜色，如图 2-8-11 所示。

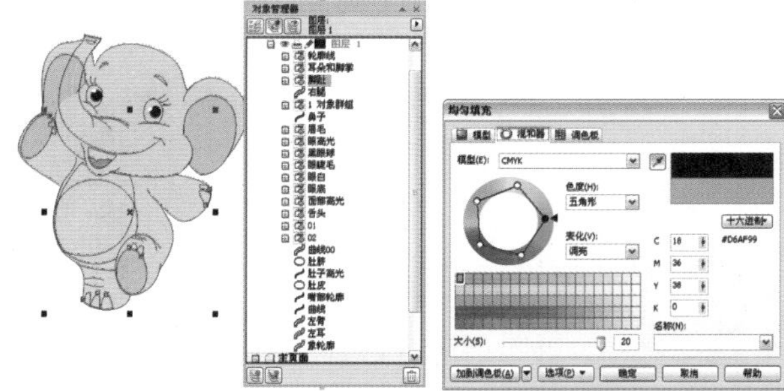

图2-8-7 选择对象　　图2-8-8 设置填充颜色

图2-8-9 填充颜色后的效果

6 设置完成后，单击“确定”按钮，即可为选中的对象填充所设置的颜色，效果如图 2-8-12 所示。

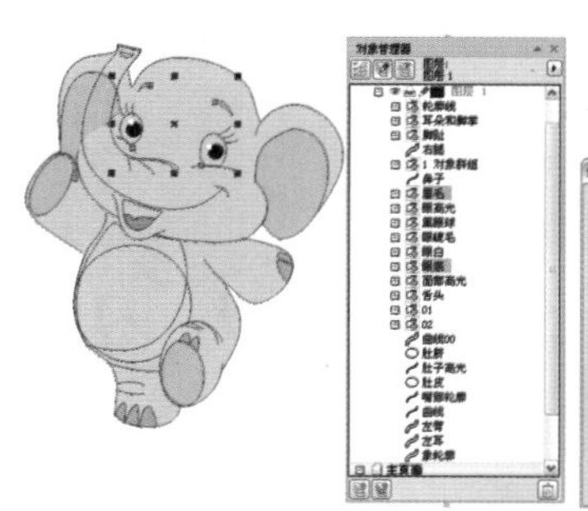
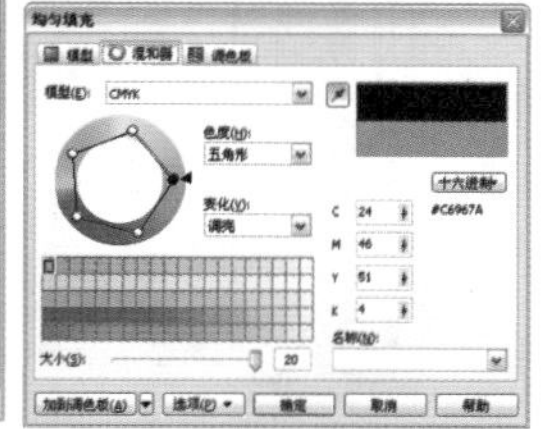

图2-8-10 选择对象　　图2-8-11 设置填充颜色

图2-8-12 填充颜色后的效果

2.8.3 “调色板”选项卡

本节将介绍如何使用“调色板”选项卡设置填充颜色，“调色板”选项卡和“混和器”选项卡基本相似。但多了“淡色”属性。具体操作步骤如下。

① 继续上面的操作，在“对象管理器”中选择“图层 1”列表中的“01”对象，如图 2–8–13 所示。

② 按快捷键 Shift+F11，在弹出的对话框中选择“调色板”选项卡，在色谱上拖曳滑块至适当位置，并在调色盒中选择一种颜色，或在“名称”文本框中输入 PANTONE 208 C，如图 2–8–14 所示。

③ 设置完成后，单击“确定”按钮，即可为选中的对象填充所设置的颜色，效果如图 2–8–15 所示。

④ 使用同样的方法为其他对象填充颜色，填充后的效果，如图 2–8–16 所示。

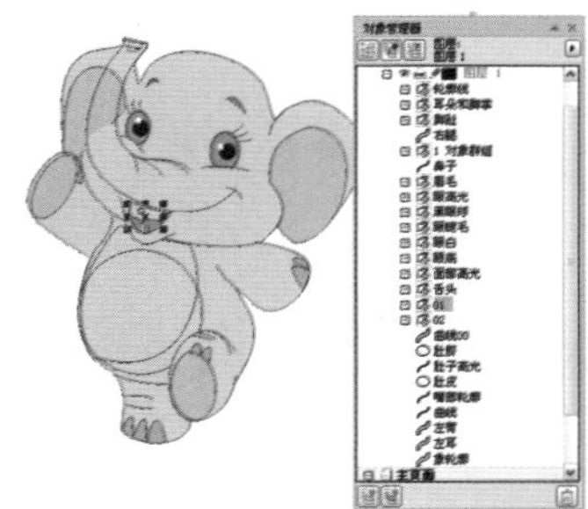
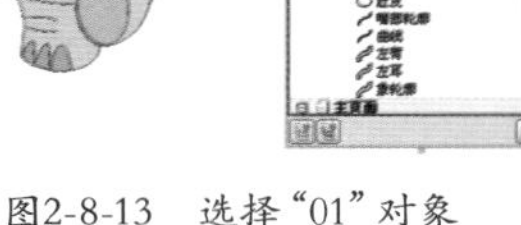
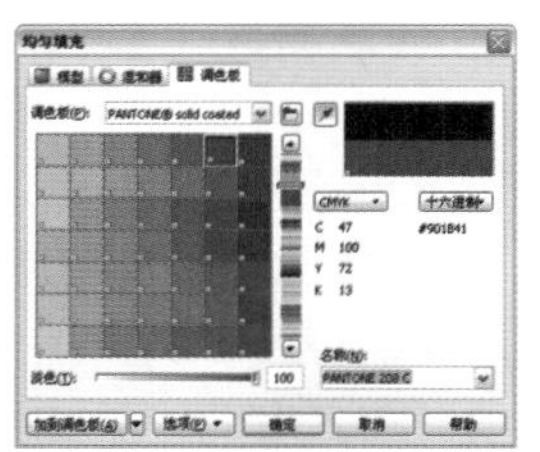

图2-8-13 选择“01”对象　　图2-8-14 设置颜色

图2-8-15 填充颜色后的效果　图2-8-16 为其他对象填充颜色后的效果

2.9 渐变填充

本节将介绍渐变填充的使用方法，渐变填充是给对象增加深度的两种或多种颜色的平滑渐变。渐变填充有 4 种类型：线性渐变、辐射渐变、圆锥渐变和正方形渐变。线性渐变填充沿着对象作直线流动；辐射渐变填充从对象中心向外辐射；圆锥渐变填充产生光线落在圆锥上的效果；正方形渐变填充则以同心方形的形式从对象中心向外扩散。

可以为对象应用预设渐变填充、双色渐变填充和自定义渐变填充。自定义渐变填充可以包含两种或两种以上颜色，用户可以在填充渐进的任何位置定位这些颜色。创建自定义渐变填充之后，可以将其保存为预设。

应用渐变填充时，可以指定所选填充类型的属性；例如，填充的颜色调和方向、填充的角度、边界和中点。还可以通过指定渐变步长值来调整渐变填充的打印和显示质量。

2.9.1 使用“双色”渐变填充

下面将介绍如何使用双色简便填充，其具体操作步骤如下。

① 按快捷键 Ctrl+O，打开素材：植物 .cdr，执行“窗口”|“泊坞窗”|“对象管理器”命令，打开“对象管理器”窗口，如图 2–9–1 所示。

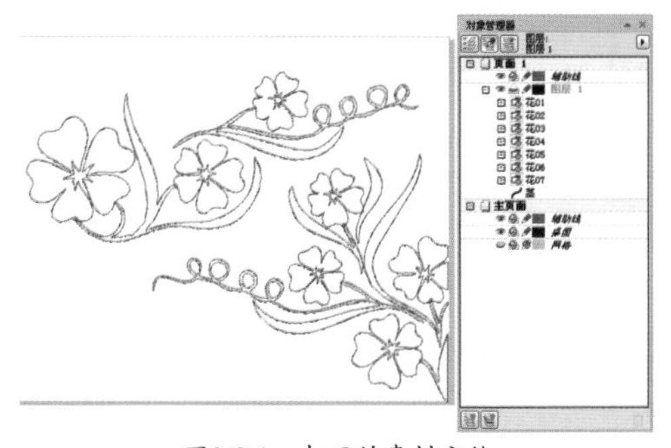

图2-9-1 打开的素材文件

② 单击“对象管理器”窗口中“图层 1”前的“+”按钮，在打开的列表中选择“茎”对象，如图 2-9-2 所示。

③ 选择“渐变工具”，打开“渐变填充”对话框，设置“类型”为辐射，分别设置“从”颜色为深绿色（C：77；M：51；Y：99；K：13），“到”的颜色为浅绿色（C：47；M：4；Y：82；K：0），“中点”为 50，如图 2-9-3 所示。

④ 设置完成后，单击“确定”按钮，填充渐变色后，右键单击调色板上的“透明色”按钮⊠，取消轮廓颜色，效果如图 2-9-4 所示。

图2-9-2　选择“茎”对象

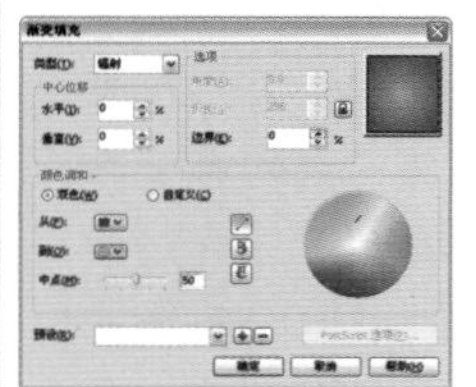

图2-9-3　设置渐变颜色

图2-9-4　填充渐变颜色后的效果

2.9.2　使用“预设”渐变填充

下面将介绍如何使用系统中预设的渐变颜色对对象进行填充，其具体操作步骤如下。

① 继续上面的操作，在“对象管理器”中选择“图层 1”列表中的“花 01”对象，按 F11 键打开“渐变填充”对话框，在“预设”下拉列表框中选择“柱面 – 紫色”选项，如图 2-9-5 所示。

② 单击“确定”按钮，填充渐变色后，右键单击调色板上的“透明色”按钮⊠，取消轮廓颜色，效果如图 2-9-6 所示。

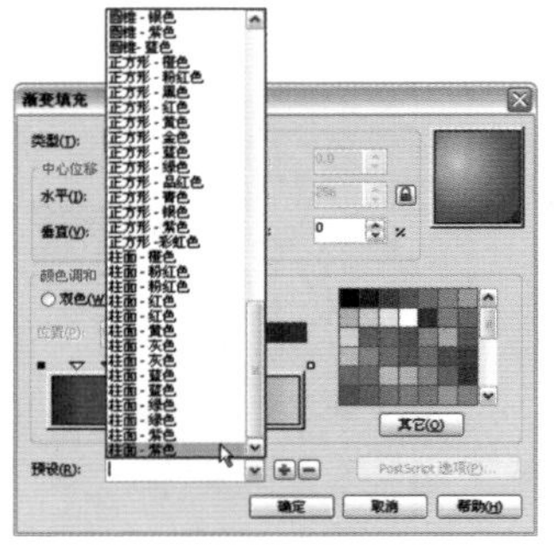

图2-9-5　选择“柱面-紫色”选项　图2-9-6　设置渐变颜色后的效果

③ 在“对象管理器”中选择“图层 1”列表中的“花 02”对象，按 F11 键打开“渐变填充”对话框，在“预设”下拉列表中选择“01 – 异域天空”选项，如图 2-9-7 所示。

④ 单击“确定”按钮，填充渐变色后，右键单击调色板上的“透明色”按钮⊠，取消轮廓颜色，效果如图 2-9-8 所示。

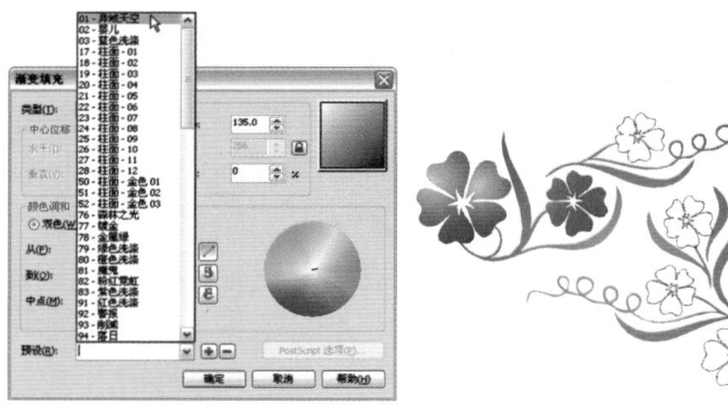

图2-9-7　选择“01 - 异域天空”选项　图2-9-8　填充渐变色后的效果

2.10　图样填充

在 CorelDRAW X5 中提供预设的图样填充，可以直接应用于对象，也可以更改图样填充的平铺大小。还可以通过设置平铺原点来准确指定这些填充的起始位置，本节将简单介绍图案填充的使用方法，其具体操作步骤如下。

① 继续上面的操作，在“对象管理器”中选择“图层 1”列表中的“花 03” ~ “花 07”对象，如图 2-10-1 所示。

② 单击工具箱填充工具组中的“图案填充”按钮，打开“图案填充”对话框，选择“全色”选项，在其右侧的下拉列表中选择如图 2-10-2 所示的图案。

图2-10-1 选择对象

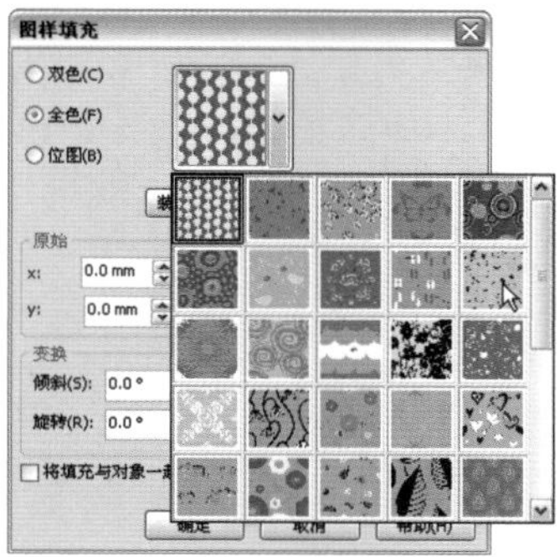

图2-10-2 选择图案

③ 设置完成后单击“确定”按钮，右键单击调色板上的“透明色”按钮⊠，取消轮廓颜色，效果如图 2-10-3 所示。

图2-10-3 填充图案

2.11 底纹填充

在 CorelDRAW 中，用户可以根据需要为对象添加底纹填充，使用底纹填充可以赋予对象自然的外观，在 CorelDRAW 中提供了许多预设的底纹填充，而且每种底纹均有一组可以更改的选项。可以在“底纹填充”对话框中使用任意颜色或调色板中的颜色来自定义底纹填充，底纹填充只能包含 RGB 颜色。

具体操作步骤如下

① 启动 CorelDRAW X5，新建一个空白文档，单击工具箱中的“矩形工具”，绘制一个矩形，如图 2-11-1 所示。

② 单击工具箱填充工具组中的“底纹填充”按钮，打开“底纹填充”对话框，设置“底纹库”为样本 9，在底纹列表中选择“水蟒”，设置“底纹 #”为 2,235、“# 环数”为 17，“最小环宽”为 9、“最大环宽”为 76，色调为浅蓝色（R：10；G：194；B：255），亮度为白色，亮度为 0，如图 2-11-2 所示。

③ 设置完成后，效果如图 2-11-3 所示。

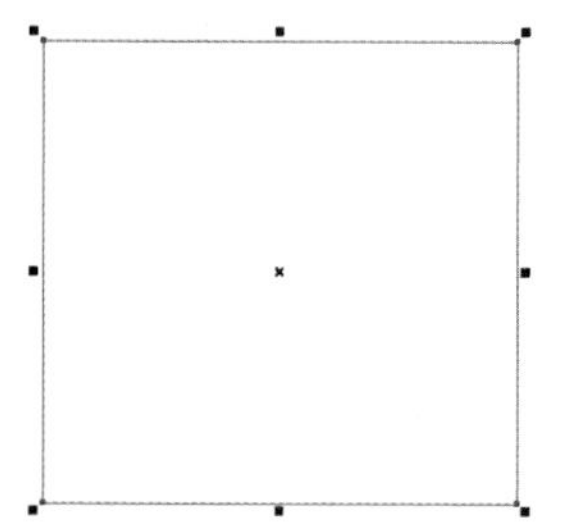

图2-11-1 绘制矩形

图2-11-2 设置底纹

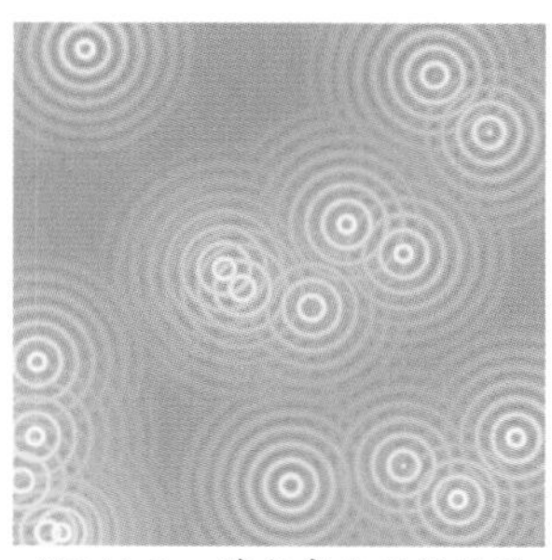

图2-11-3 填充底纹后的效果

2.12 交互式填充工具

使用“交互式填充工具”可以进行标准填充、双色图样填充、全色图样填充、位图图样填充、底纹填充和 PostScript 填充等。本节将介绍使用“交互式填充工具”为对象填充颜色，具体操作步骤如下。

① 按快捷键 Ctrl + N，打开“创建新文档”对话框，设置“宽度”为 177mm，“高度”为 128mm，如图 2-12-1 所示。

② 设置完成后，单击“确定”按钮，单击属性栏上的“导入”按钮，导入素材图片：鱼 .jpg，效果如图 2-12-2 所示。

图2-12-1　“新建文档”对话框

图2-12-2　导入素材文件

③ 单击工具箱中的“文本工具”，输入文字,选中输入的文字。在属性栏中将字体设置为“华文隶书”，将字体大小设置为 100，调整文字的位置，如图 2-12-3 所示。

④ 单击工具箱中的“交互式填充工具”，在属性栏中将“填充类型”设置为“线性”，为选中的文字添加交互式填充，如图 2-12-4 所示。

⑤ 将左侧色块的颜色设置为黄色（C：0；M：0；Y：100；K：0），右侧色块的颜色设置为黄色（C：0；M：100；Y：60；K：0），如图 2-12-5 所示。

图2-12-3　输入文字

图2-12-4　添加交互式填充

图2-12-5　设置填充颜色

⑥ 将鼠标放置在如图 2-12-6 所示的位置，双击，为其添加色块。

⑦ 选中新添加的色块，将其颜色设置为洋红（C：0；M：100；Y：0；K：0），效果如图 2-12-7 所示。

图2-12-6　添加色块

图2-12-7　完成后的效果

本章小结：本章介绍的内容都是 CorelDRAW X5 中非常重要的知识，通过本章的学习，使读者可以熟练地掌握 CorelDRAW X5。

第03章

基本绘图技巧

通过前两章的学习，初步了解了 CorelDRAW X5 的基本操作，本章将学习基本绘图技巧。以大量小实例练习直线与曲线，以及规则图形工具的绘图技巧。掌握绘图造型的把握和填色技巧，为后面章节的学习奠定坚实的基础。

3.1 绘制卡通树

技能分析

制作本实例的主要目的是使读者了解并掌握如何在 CorelDRAW X5 软件中绘制卡通树，使用“钢笔工具”和“椭圆工具”等绘制出图形的轮廓，再使用“调和工具”对绘制的图形添加调和效果，完成最终效果的制作。

制作步骤

① 按快捷键 Ctrl + N，打开“创建新文档”对话框，设置“名称”为绘制卡通树，“宽度”为 297mm，“高度”为 210mm，如图 3–1–1 所示。单击“确定”按钮。

② 选择“钢笔工具”，绘制图形。绘制完成后使用“形状工具”对绘制的图形进行调整，效果如图 3–1–2 所示。

③ 绘制并调整完成后，双击“填充颜色”右侧的“无”按钮☒，打开“均匀填充”对话框，设置颜色为绿色（C：57，M：21，Y：100，K：0），单击“确定”按钮，效果如图 3–1–3 所示。

④ 此时图形即可填充设置的颜色，颜色填充完成后，右键单击调色板上的“透明色”按钮☒，取消轮廓颜色，如图 3–1–4 所示。

图3-1-1 设置“新建”参数

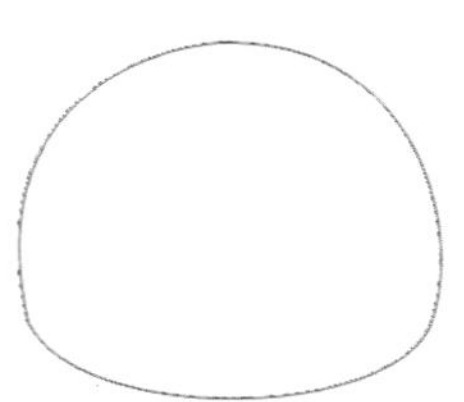

图3-1-2 绘制图形

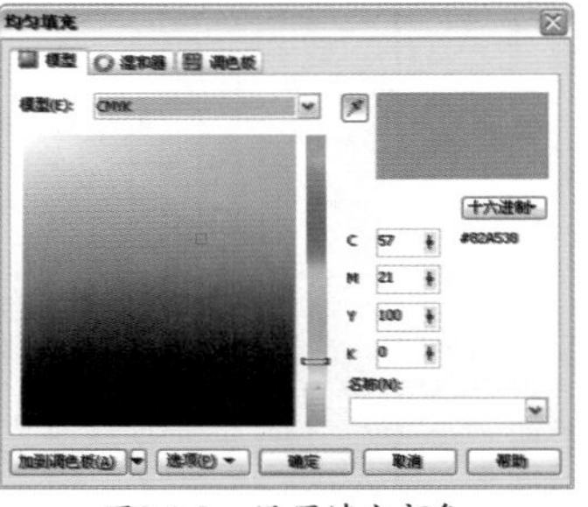

图3-1-3 设置填充颜色

图3-1-4 填充颜色

提示：

选择图形后，单击色块可以为图形设置填充颜色，右键单击色块可以为图形设置轮廓颜色。单击“透明色”按钮☒取消颜色填充，右键单击“透明色”按钮☒取消轮廓填充。

⑤ 使用相同的方法继续绘制图形，效果如图 3–1–5 所示。

提示：

此时也可对之前创建的图形进行复制，调整缩放比例后更改填充颜色。

⑥ 绘制并调整完成后，双击“填充颜色”右侧的“无”按钮☒，打开“均匀填充”对话框，设置颜色为草绿色（C：44，M：21，Y：100，K：0），单击“确定”按钮，效果如图 3–1–6 所示。

⑦ 颜色填充完成后，右键单击调色板上的“透明色”按钮☒，取消轮廓颜色，效果如图 3–1–7 所示。

⑧ 将填充完颜色后的图形进行复制，调整缩放比例后打开“均匀填充”对话框，设置颜色为浅绿色（C：24，M：6，Y：77，K：0），单击“确定”按钮，效果如图 3–1–8 所示。

图3-1-5 绘制图形

图3-1-6 设置填充颜色

图3-1-7 取消轮廓颜色

图3-1-8 设置填充颜色

9 颜色填充完成后的效果，如图 3-1-9 所示。

10 单击“矩形工具”，绘制矩形，在属性栏中将“同时编辑所有角”取消锁定，将下方两个角的“圆角半径”都设为 4.762，如图 3-1-10 所示。

提示：

如果需要将矩形的4个直角都变为圆角，可以将“同时编辑所有角”锁定，更改其中一个角的“圆角半径”参数则其余3个角参数将同时进行更改。

11 设置完成后选择矩形然后单击右键，在弹出的菜单中执行“顺序”|“到图层后面”命令，如图 3-1-11 所示。

提示：

选择图形后按快捷键Shift+pageDown，可将选中的图形置于最下层。

图3-1-9 更改填充颜色

图3-1-10 设置“圆角半径”

图3-1-11 执行“到图层后面”命令

12 顺序调整完成后的图形，如图 3-1-12 所示。

13 调整完成后，双击“填充颜色”右侧的“无”按钮☒，打开“均匀填充”对话框，设置颜色为棕色（C：53，M：69，Y：100，K：16），单击“确定”按钮，如图 3-1-13 所示。

14 颜色填充完成后的效果，如图 3-1-14 所示。右键单击调色板上的“透明色”按钮☒，取消轮廓颜色。

15 将填充完成颜色后的图形进行复制，调整顺序及缩放比例后打开“均匀填充”对话框，设置颜色为浅棕色（C：37，M：53，Y：100，K：0），单击“确定”按钮，效果如图 3-1-15 所示。

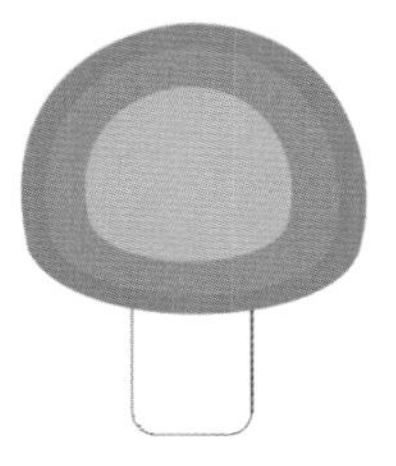
图3-1-12 调整顺序

图3-1-13 设置填充颜色

图3-1-14 填充颜色

图3-1-15 设置填充颜色

16 颜色填充完成后的效果，如图 3-1-16 所示。

17 使用相同的方法继续复制调整图形，打开“均匀填充”对话框，设置颜色为土黄色（C:24，M:35，Y:75，K:0），单击“确定”按钮，效果如图 3-1-17 所示。

18 颜色填充完成后的效果，如图 3-1-18 所示。

19 单击工具箱中的“椭圆形工具”，按住 Ctrl+Shift 键绘制正圆，绘制完成后填充黑色，效果如图 3-1-19 所示。

提示：

按住Ctrl+Shift键以光标所在位置为圆心绘制正圆，只按住Ctrl键则以光标所在位置为起点绘制正圆。

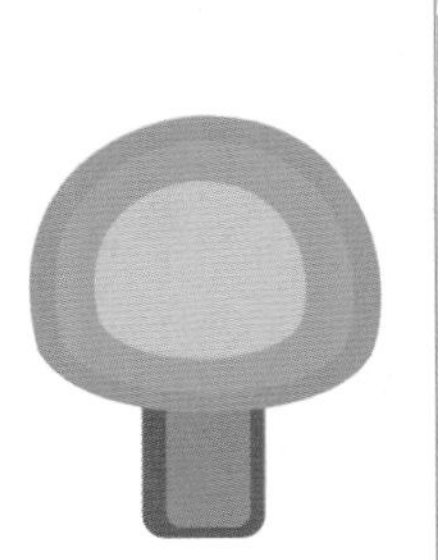

图3-1-16　填充颜色　　图3-1-17　设置填充颜色

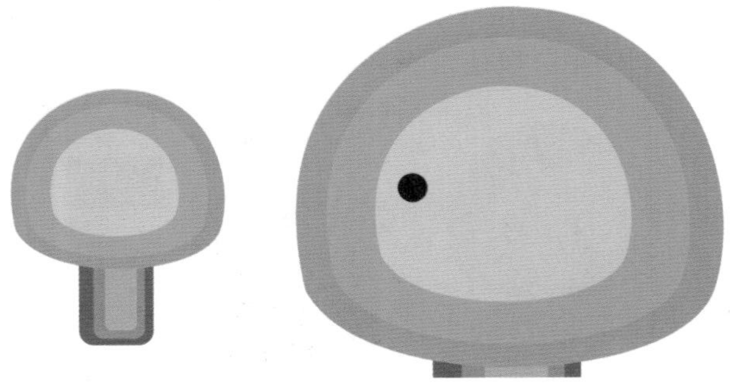

图3-1-18　填充颜色　　图3-1-19　绘制黑色正圆

20 使用相同的方法绘制两个填充颜色为白色的正圆形，并调整位置，如图 3-1-20 所示。

21 选择组成眼睛的 3 个正圆后将其复制，在属性栏中单击“水平镜像”按钮，如图 3-1-21 所示。

22 镜像完成后的效果，如图 3-1-22 所示。

23 选择“钢笔工具”，绘制图形。绘制完成后使用“形状工具”对绘制的图形进行调整，效果如图 3-1-23 所示。

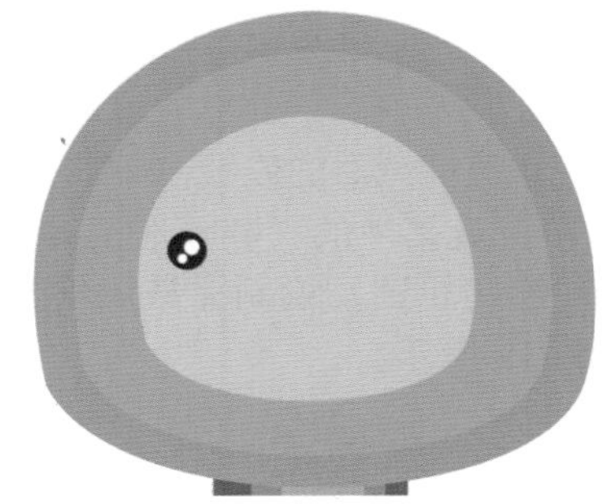

图3-1-20　绘制白色正圆

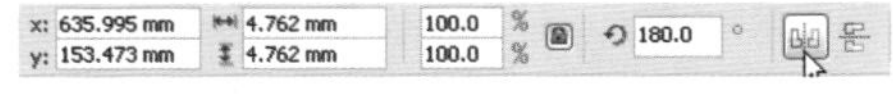

图3-1-21　设置“水平镜像”

图3-1-22　复制图形　　图3-1-23　绘制图形

24 选择绘制的图形，双击“笔触颜色”右侧的黑色色块，打开“轮廓笔”对话框，单击“颜色”右侧的按钮，选择“其他”选项，弹出“选择颜色”对话框，设置颜色为墨绿色（C：68，M：49，Y：100，K:7），单击“确定”按钮，效果如图 3-1-24 所示。

25 返回到“轮廓笔”对话框，设置“宽度”为 1mm，单击“确定”按钮，效果如图 3-1-25 所示。

提示：

在该对话框中可以对轮廓样式进行各种设置。

26 设置完成笔触样式后的图形，如图 3-1-26 所示。

27 单击工具箱中的“椭圆形工具”绘制椭圆，如图 3-1-27 所示。

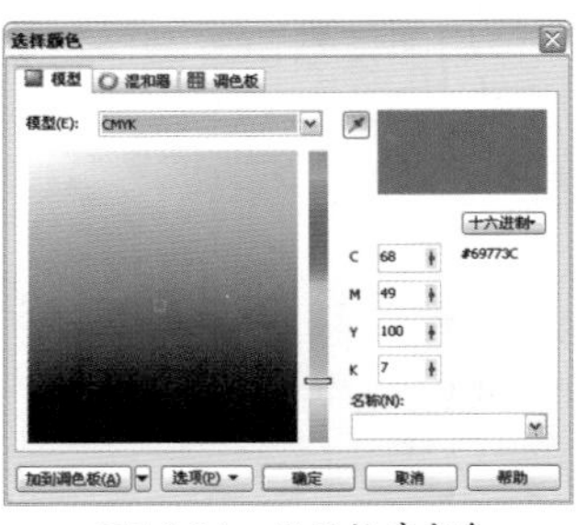

图3-1-24　设置轮廓颜色　　图3-1-25　“轮廓笔”对话框

图3-1-26　笔触效果　　图3-1-27　绘制椭圆

28 绘制完成后双击“填充颜色”右侧的“无”按钮☒，打开“均匀填充”对话框，设置颜色为草绿色（C：44，M：18，Y：97，K：0），单击“确定”按钮，如图 3–1–28 所示。

29 填充完颜色后将该椭圆形复制，并调整其位置，效果如图 3–1–29 所示。

30 单击工具箱中的“调和工具”，在需要进行调和的图形中单击拖曳进行调和，如图 3–1–30 所示。

31 调和完成后的图像效果，如图 3–1–31 所示。

图3-1-28　设置填充颜色

图3-1-29　复制图形

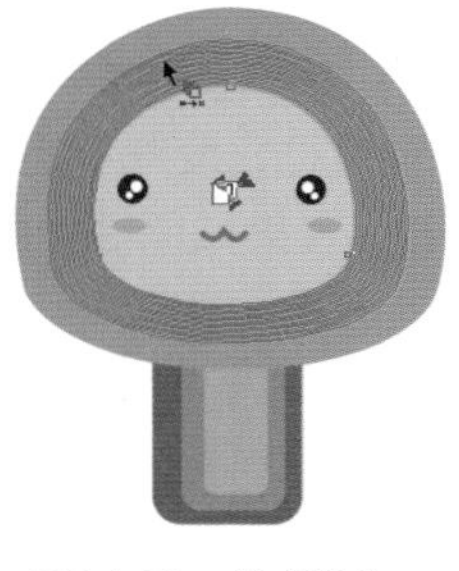

图3-1-30　创建调和

图3-1-31　调和效果

32 单击工具箱中的“椭圆形工具”，按住 Ctrl+Shift 键绘制正圆，并调整该圆形顺序至树叶图形后方，如图 3–1–32 所示。

提示：

在“对象管理器”中也可调整图形的顺序，执行“工具”|“对象管理器”命令，在打开的对象“管理器”窗口中选择需要调整的图形后，将其拖曳至合适位置即可。

33 调整完成后，双击“填充颜色”右侧的“无”按钮☒，打开“均匀填充”对话框，设置颜色为草绿色（C：44，M：21，Y：100，K：0），单击“确定”按钮，如图 3–1–33 所示。

34 颜色填充完成后使用相同的方法继续绘制圆形并填充颜色，完成后的效果，如图 3–1–34 所示。

35 下面绘制高光区域。选择“钢笔工具”，绘制图形。绘制完成后使用“形状工具”对绘制的图形进行调整，取消轮廓颜色后为图形填充白色，效果如图 3–1–35 所示。

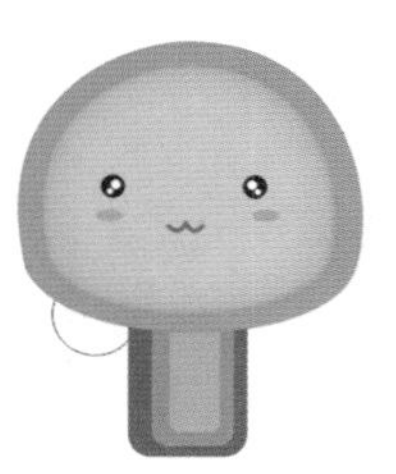

图3-1-32　调整顺序

图3-1-33　设置填充颜色

图3-1-34　创建其他图形

图3-1-35　绘制高光

36 选择“透明度工具”，设置属性栏上的“透明度类型”为标准，拖曳“开始透明度”滑块为 85。如图 3–1–36 所示。

37 透明度效果，如图 3–1–37 所示。

38 继续绘制高光图形，取消轮廓颜色后为图形填充白色，效果如图 3–1–38 所示。

图3-1-36　设置透明度

图3-1-37　高光效果

图3-1-38　绘制图形

39 选择“透明度工具”，设置属性栏上的“透明度类型”为标准，拖曳“开始透明度”滑块为 90。如图 3–1–39 所示。

40 透明度效果，如图 3–1–40 所示。

41 设置完成后对卡通树进行复制，并选择头部进行水平镜像后调整旋转角度，将眼睛和嘴部删除后对部分填充颜色进行修改，如图 3-1-41 所示。

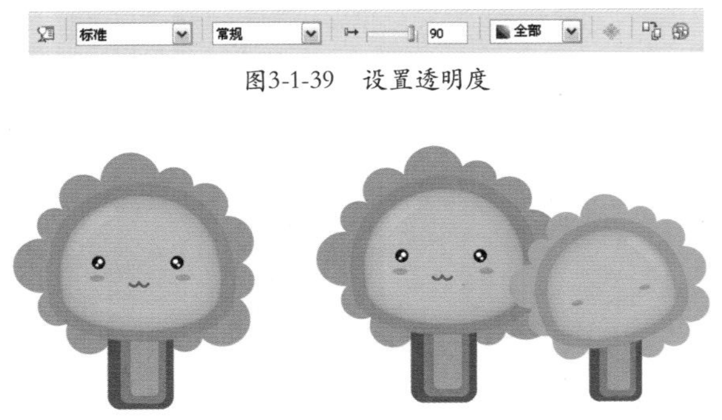

图3-1-39　设置透明度

图3-1-40　透明度效果　　图3-1-41　复制图形

42 选择“钢笔工具”，绘制图形。绘制完成后使用“形状工具”对绘制的图形进行调整，取消轮廓颜色后为图形填充白色，效果如图 3-1-42 所示。

43 选择绘制的图形，双击“笔触颜色”右侧的黑色色块，打开“轮廓笔”对话框，单击“颜色”右侧的按钮，选择“其他”选项，弹出“选择颜色”对话框，设置颜色为墨绿色（C：64，M：45，Y：100，K:3），单击“确定”按钮，效果如图 3-1-43 所示。

44 返回到“轮廓笔”对话框，设置“宽度”为 0.5mm，单击“确定”按钮，效果如图 3-1-44 所示。

图3-1-42　绘制嘴巴

图3-1-43　设置轮廓颜色

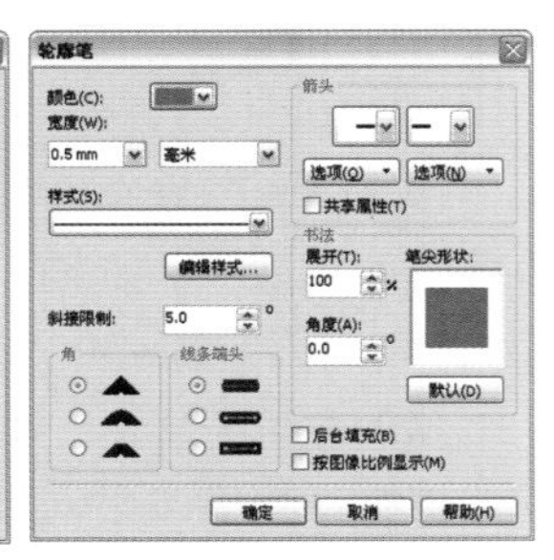

图3-1-44　“轮廓笔”对话框

45 双击“填充颜色”右侧的“无”按钮，打开“均匀填充”对话框，设置颜色为淡粉色（C:0，M:55，Y:33，K：0），单击“确定”按钮，如图 3-1-45 所示。

46 图形设置完成后的效果，如图 3-1-46 所示。

47 选择“钢笔工具”，绘制图形。效果如图 3-1-47 所示。

图3-1-45　设置填充颜色　　图3-1-46　填充颜色

图3-1-47　绘制图形

48 选择绘制的图形，双击“笔触颜色”右侧的黑色色块，打开“轮廓笔”对话框，设置“宽度”为 0.75mm，单击“确定”按钮，效果如图 3-1-48 所示。

49 至此卡通树就绘制完成，图像的最终效果，如图 3-1-49 所示。

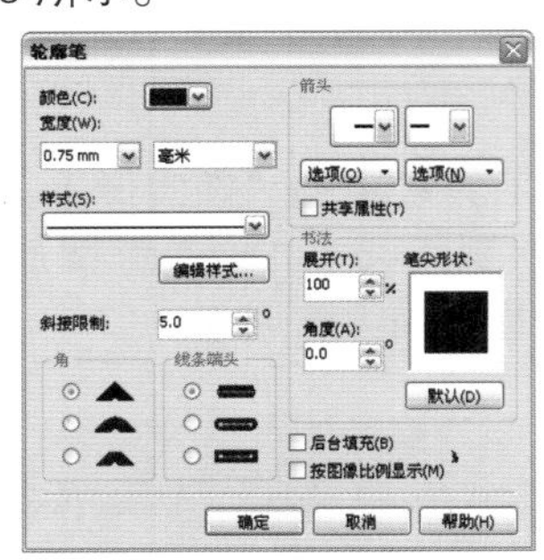

图3-1-48　“轮廓笔”对话框

图3-1-49　最终效果

3.2 绘制卡通背景

技能分析

制作本例的主要目的是使读者了解并掌握如何在 CorelDRAW X5 软件中绘制卡通背景，在本案例中主要使用“钢笔工具”进行云彩和草地轮廓的绘制，再使用“均匀填充”和“渐变填充”对绘制的图形进行填色处理，并“高斯式模糊”和“放置在容器中”等命令制作小草的暗部效果和指示牌的高光效果，从而完成最终效果。

制作步骤

1 按快捷键 Ctrl + N，打开“创建新文档”对话框，设置“名称”为绘制卡通背景，“宽度”为 297mm，“高度”为 210mm，如图 3–2–1 所示。单击“确定”按钮。

2 单击“矩形工具”，绘制矩形，效果如图 3–2–2 所示。

3 选择“渐变填充工具”，打开“渐变填充”对话框，设置“从”的颜色为冰蓝色（C：40；M：0；Y：0；K：0），效果如图 3–2–3 所示。

图3-2-1 设置“新建”参数

图3-2-2 绘制矩形

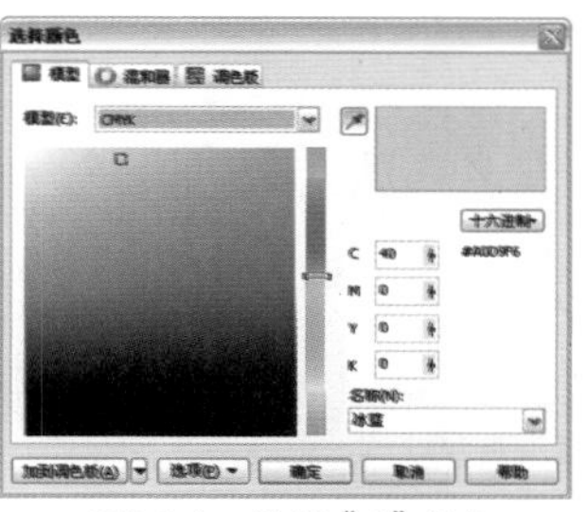

图3-2-3 设置“从”颜色

4 设置“到”的颜色为浅蓝色（C:21;M:0;Y:7；K：0），如图 3–2–4 所示。单击“确定”按钮。

5 返回到“渐变填充”对话框，设置“中点”为 50，“角度”为 270，“边界”为 10，如图 3–2–5 所示。单击“确定”按钮。

6 填充渐变色后的效果，如图 3–2–6 所示。

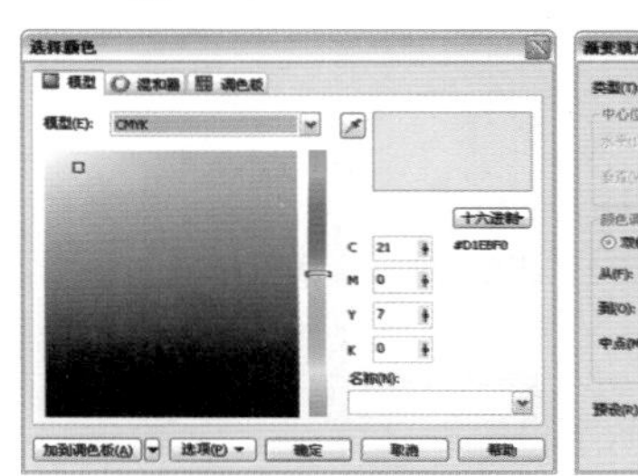

图3-2-4 设置“到”颜色　　图3-2-5 “渐变填充”对话框

图3-2-6 填充渐变色

7 选择“钢笔工具”，绘制图形。绘制完成后使用“形状工具”对绘制的图形进行调整，效果如图 3–2–7 所示。

8 选择“渐变填充工具”，打开“渐变填充”对话框，设置“从”的颜色为浅绿色（C：27；M：5；Y：76；K：0），如图 3–2–8 所示。

9 设置“到”的颜色为淡黄色（C:4;M:2;Y:41；K：0），如图 3–2–9 所示。单击“确定”按钮。

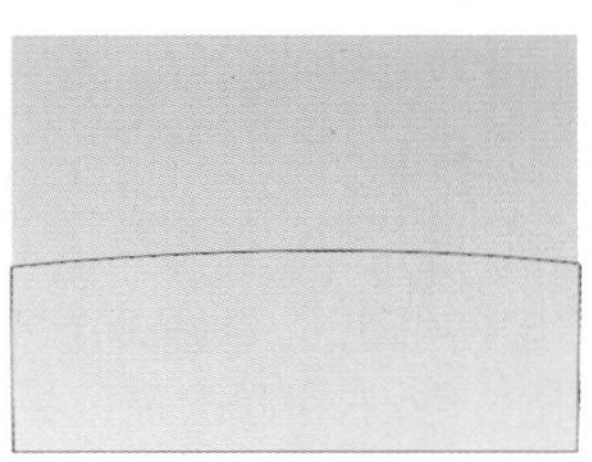

图3-2-7 绘制图形

图3-2-8　设置“从”颜色

图3-2-9　设置“到”颜色

10 设置完成后单击“确定”按钮返回“渐变填充”对话框，设置“中点”为50，“水平”为0，“垂直”为-50，“边界”为10，如图3-2-10所示，单击“确定”按钮。

11 填充渐变色后的效果，如图3-2-11所示。

12 选择“钢笔工具”，绘制图形。绘制完成后使用“形状工具”对绘制的图形进行调整，效果如图3-2-12所示。

提示：

使用“钢笔工具”绘制复杂图形时，可以先绘制大体框架，并使用“形状工具”对点进行调整。最终得到所需效果。

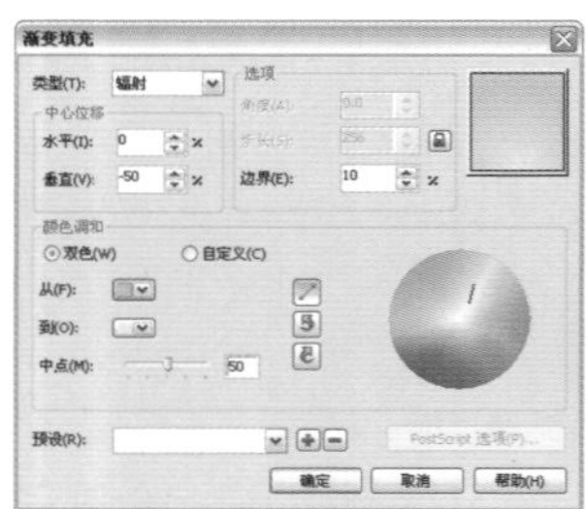

图3-2-10　“渐变填充”对话框

图3-2-11　填充渐变色

图3-2-12　绘制图形

13 选择绘制的图形，单击调色板上的“白色”按钮，为其填充白色，右键单击调色板上的“透明色”按钮☒，取消轮廓颜色，效果如图3-2-13所示。

14 继续使用“钢笔工具”，绘制图形。绘制并调整完成后的图形，如图3-2-14所示。

15 双击“填充颜色”右侧的“无”按钮☒，打开“均匀填充”对话框，设置颜色为浅蓝色（C：28，M：2，Y：4，K：0），单击“确定”按钮，效果如图3-2-15所示。

图3-2-13　填充颜色　　图3-2-14　绘制图形

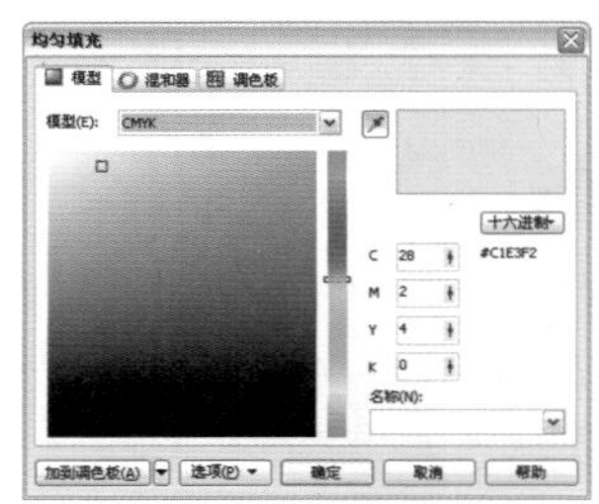

图3-2-15　设置填充颜色

16 填充完成后右键单击调色板上的“透明色”按钮☒，取消轮廓颜色，效果如图3-2-16所示。

17 选择“钢笔工具”，绘制图形。绘制完成后使用“形状工具”对绘制的图形进行调整，效果如图3-2-17所示。

18 选择“渐变填充工具”，打开“渐变填充”对话框，设置“从”的颜色为亮蓝色（C：38；M：4；Y：0；K：0），如图3-2-18所示。

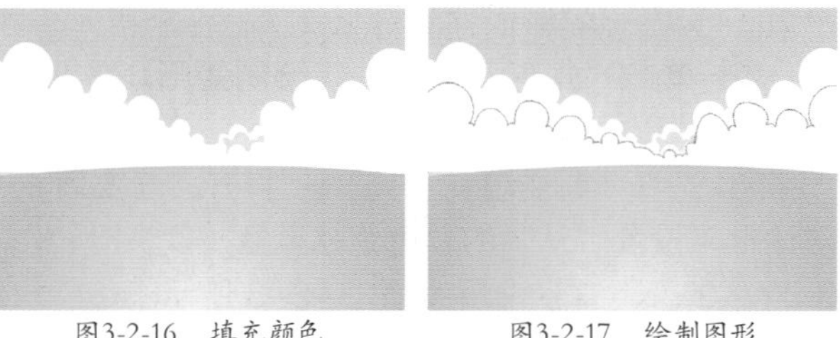

图3-2-16　填充颜色　　图3-2-17　绘制图形

图3-2-18　设置“从”颜色

19 设置“到”的颜色为淡蓝色（C：21；M：0；Y：7；K：0），如图 3-2-19 所示。单击“确定”按钮。

20 设置完成后单击“确定”按钮返回“渐变填充”对话框，设置“中点”为 49，“角度”为 270，“边界”为 10，如图 3-2-20 所示，单击“确定”按钮。

21 填充完成后右键单击调色板上的“透明色”按钮☒，取消轮廓颜色，效果如图 3-2-21 所示。

提示：

绘制图形时，可以按照图形的先后顺序进行绘制，以免后期再对绘制的图形进行顺序的调整。

图3-2-19　设置“到”颜色

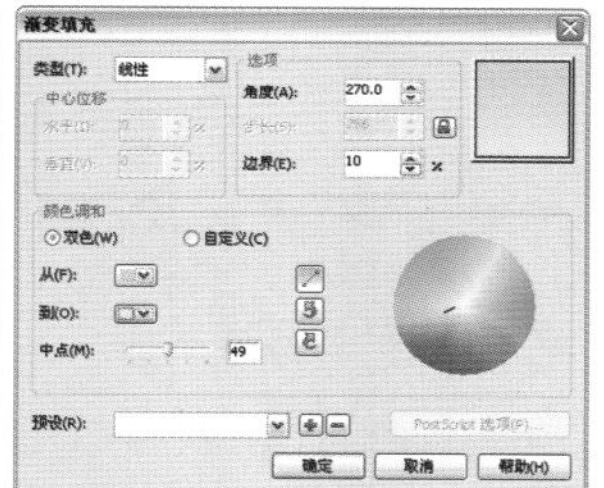

图3-2-20　“渐变填充”对话框

图3-2-21　填充渐变色

22 选择“钢笔工具”，绘制图形。绘制完成后使用“形状工具”对绘制的图形进行调整，效果如图 3-2-22 所示。

23 单击调色板上的“白色”按钮，为其填充白色，右键单击调色板上的“透明色”按钮☒，取消轮廓颜色，效果如图 3-2-23 所示。

24 选择“透明度工具”，设置属性栏上的“透明度类型”为标准，设置“开始透明度”参数为 53。如图 3-2-24 所示。

图3-2-22　绘制云彩

图3-2-23　填充颜色

图3-2-24　设置透明度

25 透明度效果如图 3-2-25 所示。使用相同方法继续绘制云彩，并设置透明度效果。

26 单击“矩形工具”，绘制矩形，效果如图 3-2-26 所示。

27 选择“钢笔工具”，绘制图形。效果如图 3-2-27 所示。

28 选择绘制的图形，双击“笔触颜色”右侧的黑色色块，打开“轮廓笔”对话框，在“颜色”下拉列表中选择“其他”选项，弹出“选择颜色”对话框，设置颜色为深灰色（C:66，M:58，Y:55，K:4），单击“确定”按钮，效果如图 3-2-28 所示。

图3-2-25　绘制其他云彩

图3-2-26　绘制矩形

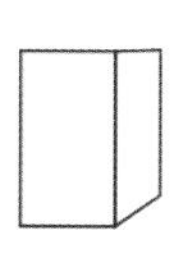

图3-2-27　绘制图形

图3-2-28　设置轮廓颜色

29 返回“轮廓笔”对话框，设置“宽度”为 0.5mm，单击“确定”按钮，效果如图 3-2-29 所示。

30 轮廓设置完成后的效果如图 3-2-30 所示。

31 选择正面矩形，双击“填充颜色”右侧的“无”按钮☒，打开“均匀填充”对话框，设置颜色为灰白色（C：21，M：16，Y：15，K：0），单击“确定”按钮，效果如图 3–2–31 所示。

32 选择侧面图形，双击“填充颜色”右侧的“无”按钮⊠，打开“均匀填充”对话框，设置颜色为深灰色（C：48，M：39，Y：37，K：0），单击“确定”按钮，效果如图 3–2–32 所示。

图3-2-29 “轮廓笔”对话框

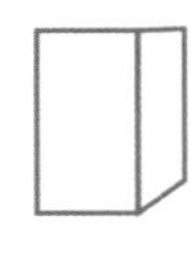

图3-2-30 更改颜色

图3-2-31 设置填充颜色

图3-2-32 设置填充颜色

33 颜色填充完成后的效果，如图 3–2–33 所示。

34 选择“钢笔工具”，绘制箭头图形。并为其设置轮廓和填充颜色，效果如图 3–2–34 所示。

35 选择“椭圆形工具”绘制椭圆，如图 3–2–35 所示。

36 选择绘制的椭圆，双击“填充颜色”右侧的“无”按钮⊠，打开“均匀填充”对话框，设置颜色为浅灰色（C:9，M:7，Y:6，K:0），单击“确定”按钮，效果如图 3–2–36 所示。

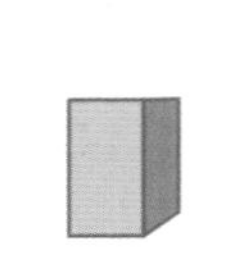

图3-2-33 填充颜色

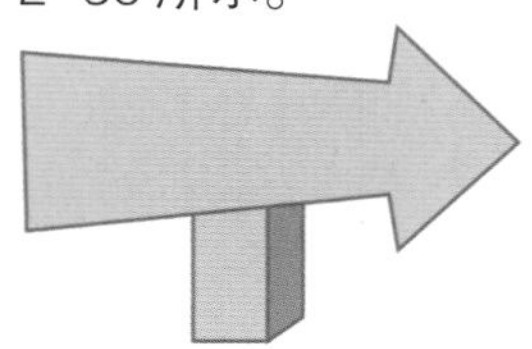

图3-2-34 绘制箭头

图3-2-35 绘制椭圆

图3-2-36 设置填充颜色

37 颜色填充完成后的效果，如图 3–2–37 所示。右键单击调色板上的“透明色”按钮⊠，取消轮廓颜色。

38 选择绘制的椭圆形，执行“效果”|“图框精确裁剪”|“放置在容器中”命令，如图 3–2–38 所示。

39 此时会出现黑色箭头图标，单击箭头图形，如图 3–2–39 所示。

40 单击右键打开快捷菜单，执行“编辑内容”命令，如图 3–2–40 所示。

提示：

执行该命令后才可以对放置的图形进行调整，调整时设置的容器图形将变为线框显示状态，方便进行精确调整。

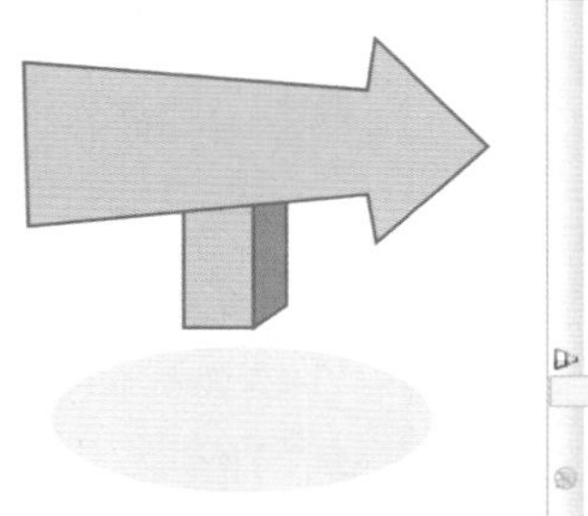

图3-2-37 取消轮廓

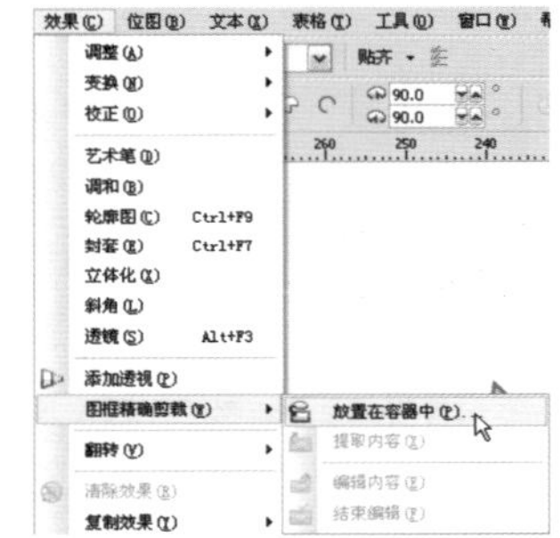

图3-2-38 “放置在容器中”命令

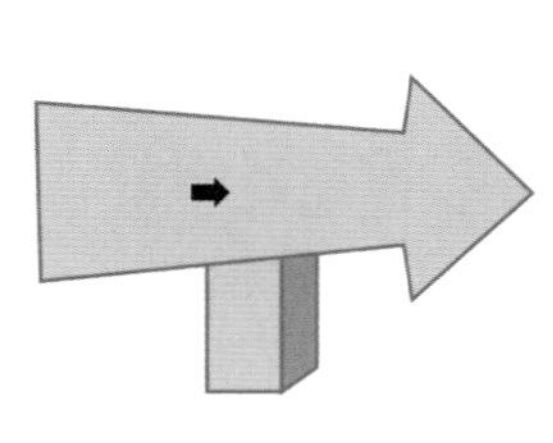

图3-2-39 单击图形

图3-2-40 “编辑内容”命令

41 将放置到图形中的图像进行调整，效果如图 3–2–41 所示。

42 调整后在图像上单击右键打开快捷菜单，执行“结束编辑”命令，如图 3–2–42 所示。

43 调整完成后的图形，如图 3–2–43 所示。

44 选择“手绘工具”，绘制线条，如图 3–2–44 所示。

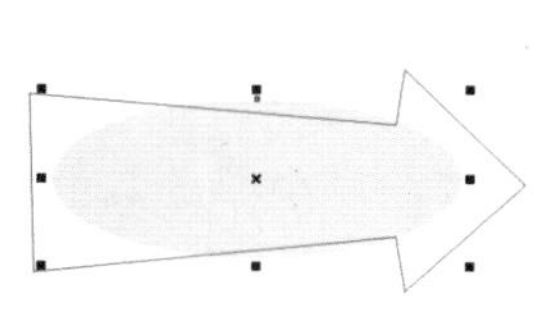

图3-2-41 调整图形

图3-2-42 执行“结束编辑”命令

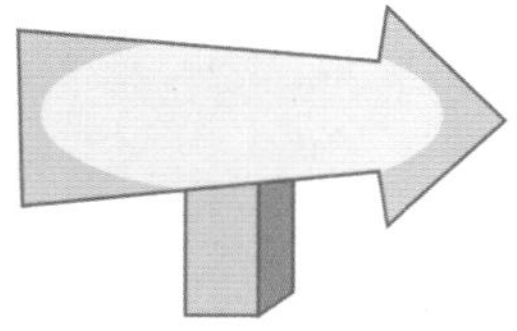

图3-2-43 完成效果

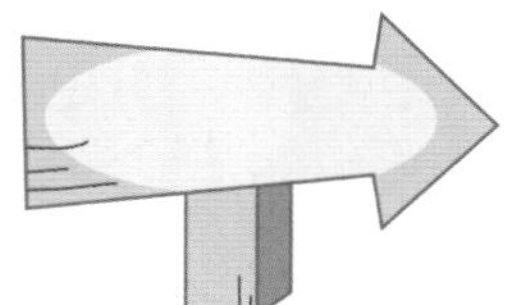

图3-2-44 绘制线条

45 选择绘制的图形，双击“笔触颜色”右侧的黑色色块，打开“轮廓笔”对话框，在“颜色”下拉列表中，选择“其他”选项，弹出“选择颜色”对话框，设置颜色为深灰色（C：67，M：58，Y：55，K：4），单击“确定”按钮，效果如图 3-2-45 所示。

46 返回到“轮廓笔”对话框，设置“宽度”为 0.75mm，单击“确定”按钮，效果如图 3-2-46 所示。

47 设置完轮廓后的图形，如图 3-2-47 所示。

图3-2-45 设置轮廓颜色

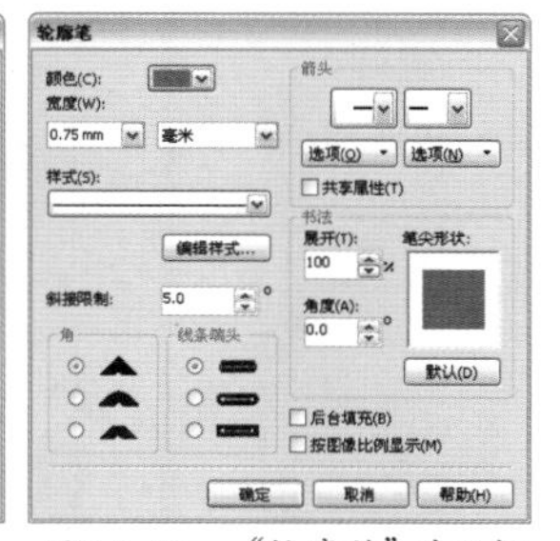

图3-2-46 “轮廓笔”对话框

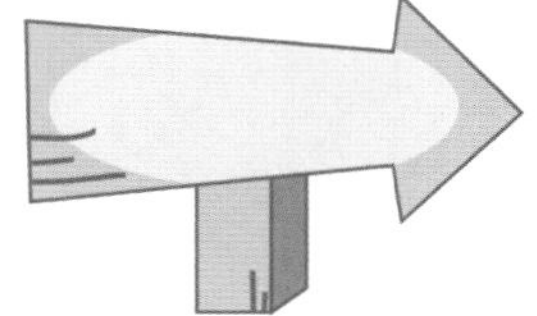

图3-2-47 轮廓效果

48 将指示牌成组，选择“阴影工具”，在指示牌中单击拖曳绘制阴影，在阴影属性栏中单击“预设”按钮，在弹出的菜单中选择“透视右上”选项，设置“阴影角度”为 81、“阴影的不透明度”为 50、“阴影羽化”为 15，如图 3-2-48 所示。

提示：

对于一些常用的阴影效果，可以在阴影预设菜单中选择，并适当调整阴影属性即可。

49 阴影效果，如图 3-2-49 所示。

50 将指示牌移动至绘制的背景图形中，效果如图 3-2-50 所示。

图3-2-48 设置阴影

图3-2-49 阴影效果

图3-2-50 调整图形位置

51 选择“钢笔工具”，绘制图形。绘制完成后使用“形状工具”对绘制的图形进行调整，效果如图 3-2-51 所示。

52 择绘制的图形，双击“填充颜色”右侧的“无”按钮☒，打开“均匀填充”对话框，设置颜色为深绿色（C：84，M：42，Y：100，K：4），单击“确定”按钮，效果如图 3-2-52 所示。

53 颜色填充完成后的效果，如图 3-2-53 所示。右键单击调色板上的“透明色”按钮☒，取消轮廓颜色。

54 继续使用相同的方法绘制图形作为高光效果，效果如图 3-2-54 所示。

图3-2-51 绘制图形

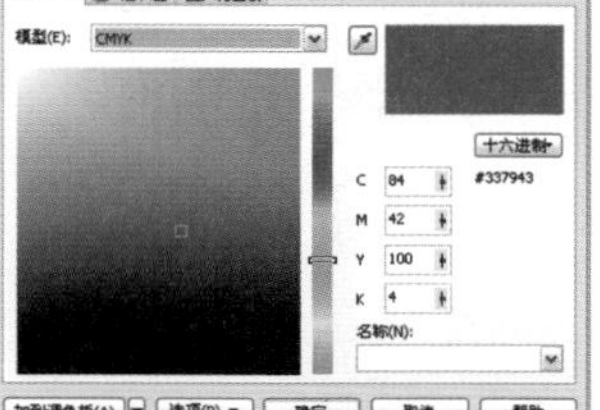

图3-2-52 设置填充颜色

图3-2-53 填充颜色

图3-2-54 绘制图形

55 选择绘制的图形，双击“填充颜色”右侧的“无”按钮☒，打开“均匀填充”对话框，设置颜色为绿色（C：69，M：0，Y：100，K：0），单击“确定”按钮，效果如图 3-2-55 所示。右键单击调色板上的“透明色”按钮☒，取消轮廓颜色。

56 选择绘制的高光图形，执行“位图”|“转换为位图”命令，如图 3-2-56 所示。

57 在打开的“转换为位图”对话框中，将“分辨率”设为 200，勾选“透明背景”选项，单击“确定”按钮，如图 3-2-57 所示。

提示：

在“转换为位图”对话框中更改过参数后，下一次执行操作时将保留此次的设置而无须再次进行参数更改。

58 执行“位图”|“模糊”|“高斯式模糊”命令，如图 3-2-58 所示。

图3-2-55 设置填充颜色　　图3-2-56 执行“转换为位图”命令

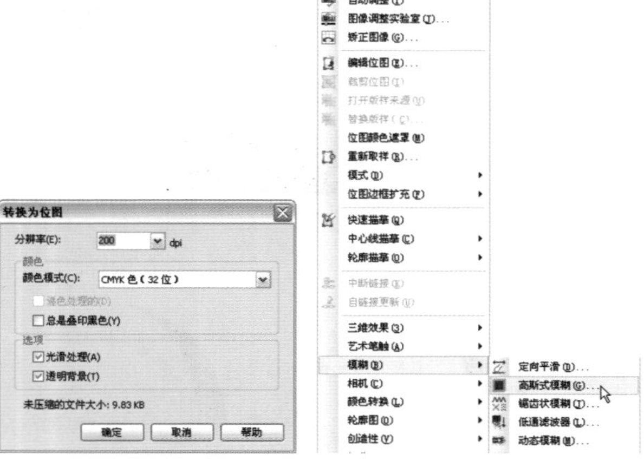

图3-2-57 “转换为位图”对话框　　图3-2-58 执行“高斯式模糊”命令

59 在打开的“高斯式模糊”对话框中，将“半径”设置为 3，单击“确定”按钮，如图 3-2-59 所示。

60 小草高光效果模糊完成后的效果，如图 3-2-60 所示。

61 使用相同的方法继续绘制小草的其他部分，效果如图 3-2-61 所示。

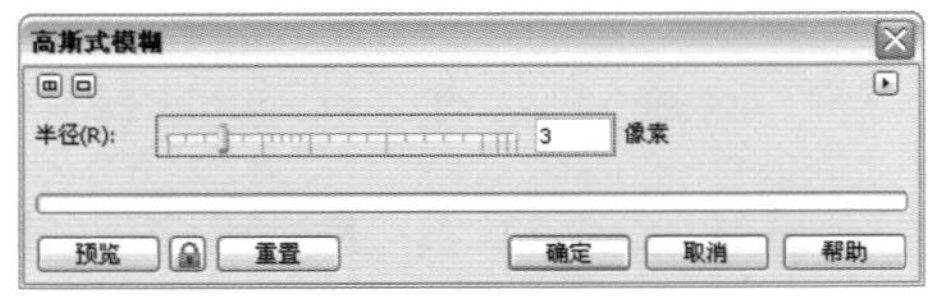

图3-2-59 “高斯式模糊”对话框

图3-2-60 模糊效果　　图3-2-61 绘制其他部分

62 将绘制的小草成组，并调整其位置和缩放比例，如图 3-2-62 所示。

63 调整完成后对小草进行复制，复制完成后卡通背景就绘制完成了，图像的最终效果，如图 3-2-63 所示。

图3-2-62 调整小草位置

图3-2-63 最终效果

3.3 绘制礼品盒

技能分析

制作本实例的主要目的是使读者了解并掌握如何在 CorelDRAW X5 软件中绘制礼品盒，首先使用“矩形工具”等绘图工具绘制图像，并使用“移除后面对象”工具组合图形，最后导入素材并对素材进行编辑调整，为物体添加高光和阴影效果后，完成最终效果。

制作步骤

① 按快捷键 Ctrl + N，打开“创建新文档”对话框，设置“名称”为“绘制礼品盒”，“宽度”为 297mm，“高度”为 210mm，如图 3-3-1 所示。单击“确定”按钮。

② 选择“钢笔工具”，绘制图形。如图 3-3-2 所示。

提示：

也可以绘制矩形，并使用“选择工具”单击图形，将光标放置在图形侧面的控制点上，当光标变为双箭头形状时，单击拖曳也可以调整出需要的形状。

③ 双击“填充颜色”右侧的“无”按钮☒，打开“均匀填充”对话框，设置颜色为淡粉色（C:0，M:60，Y:2，K:0），单击“确定”按钮，如图 3-3-3 所示。

④ 颜色填充完成后的效果，如图 3-3-4 所示。右键单击调色板上的“透明色”按钮☒，取消轮廓颜色。

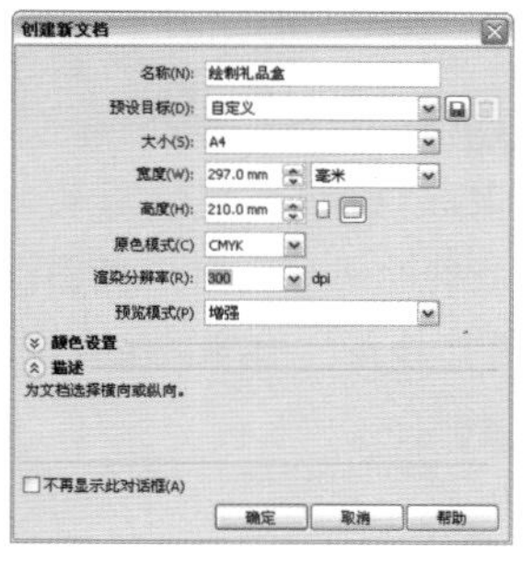

图3-3-1 设置“新建”参数

图3-3-2 绘制图形

图3-3-3 设置填充颜色

图3-3-4 填充颜色

⑤ 使用相同的方法继续绘制图形，如图 3-3-5 所示。

⑥ 绘制完成后为其填充和上面图形相同的颜色，如图 3-3-6 所示。

⑦ 使用“钢笔工具”绘制礼盒盒口，如图 3-3-7 所示。

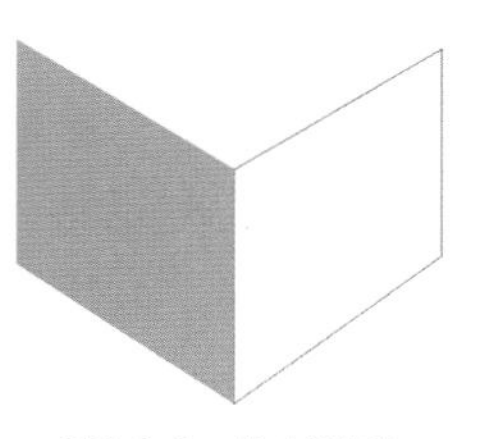

图3-3-5 绘制图形

图3-3-6 填充颜色

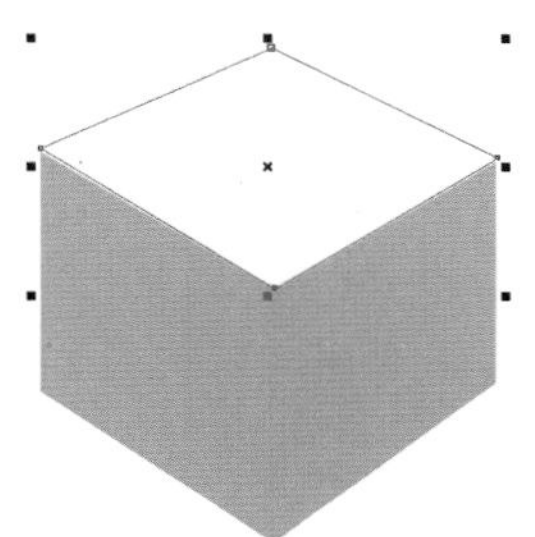

图3-3-7 绘制图形

⑧ 选择绘制完成后的图形，将其复制，并调整其缩放比例和位置，如图 3-3-8 所示。

提示：

除利用快捷键进行复制外，还可以使用鼠标右键进行复制，按住Shift键的同时向内拖曳图形右上角控制柄，调整完图形后在按住鼠标的情况下单击鼠标右键，也可复制图形。

9 选中两个图形，单击属性栏中“移除后面对象”按钮，如图 3-3-9 所示。

10 完成后的效果，如图 3-3-10 所示。

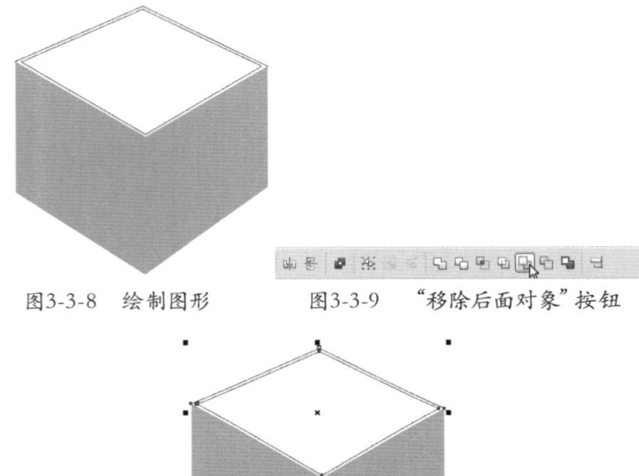

图3-3-8　绘制图形　　图3-3-9　“移除后面对象”按钮

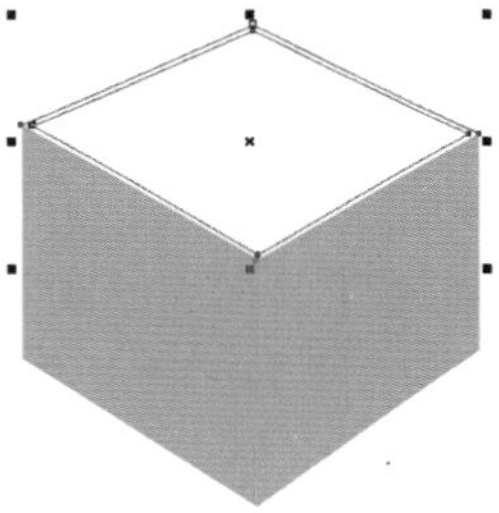

图3-3-10　移除效果

11 选择调整后的图形，双击“填充颜色”右侧的“无”按钮☒，打开“均匀填充”对话框，设置颜色为粉色（C：12，M：63，Y：0，K：0），单击“确定”按钮，如图 3-3-11 所示。

12 颜色填充完成后的效果，如图 3-3-12 所示。右键单击调色板上的“透明色”按钮☒，取消轮廓颜色。

13 选择“钢笔工具”，绘制图形，如图 3-3-13 所示。

图3-3-11　设置填充颜色

图3-3-12　填充颜色

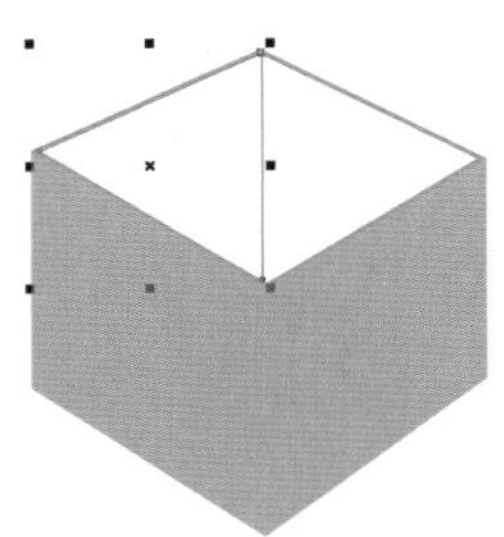

图3-3-13　绘制图形

14 选择“渐变填充工具”，打开“渐变填充”对话框，设置“从”的颜色为紫粉色（C：9，M：73，Y：0，K：0），效果如图 3-3-14 所示。

15 设置“到”的颜色为浅蓝光紫色（C:0;M:40;Y:0;K:0），如图 3-3-15 所示。单击“确定”按钮。

16 返回到“渐变填充”对话框，设置“中点”为 50，“角度”为 90，如图 3-3-16 所示。单击“确定”按钮。

图3-3-14　设置“从”颜色 　　图3-3-15　设置“到”颜色

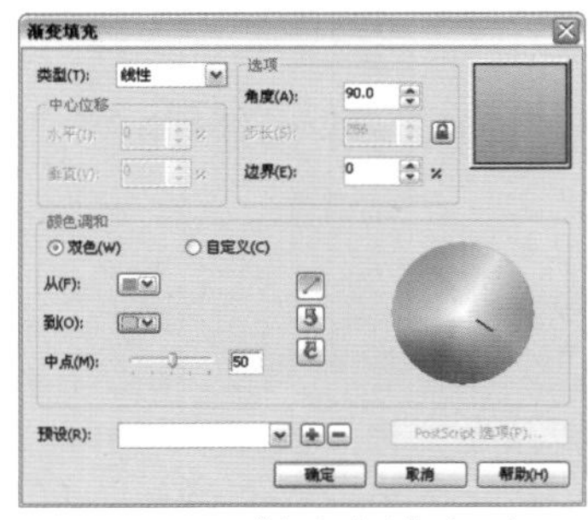

图3-3-16　“渐变填充”对话框

17 渐变颜色填充完成后的效果，如图 3-3-17 所示。右键单击调色板上的“透明色”按钮☒，取消轮廓颜色。

18 继续使用“钢笔工具”绘制图形，如图 3-3-18 所示。

19 双击“填充颜色”右侧的“无”按钮☒，打开“均匀填充”对话框，设置颜色为浅紫色（C:0，M:60，Y:2，K:0），单击“确定”按钮，如图 3-3-19 所示。

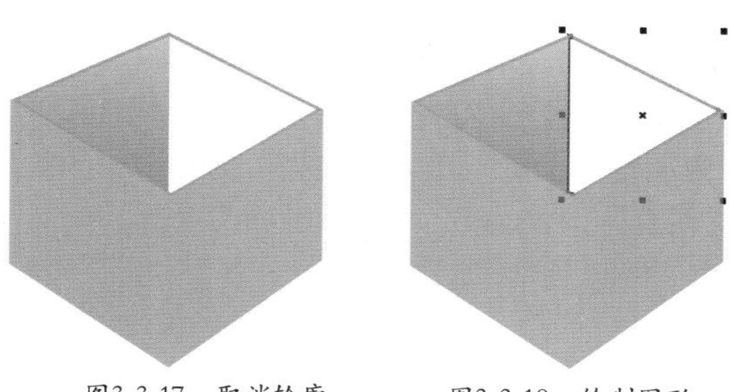

图3-3-17 取消轮廓　　图3-3-18 绘制图形

图3-3-19 设置填充颜色

20 颜色填充完成后的效果，如图 3-3-20 所示。右键单击调色板上的“透明色”按钮⊠，取消轮廓颜色。

21 继续使用“钢笔工具”绘制图形，如图 3-3-21 所示。

22 双击“填充颜色”右侧的“无”按钮⊠，打开“均匀填充”对话框，设置颜色为浅紫色（C:0，M:60，Y:2，K:0），单击“确定”按钮，如图 3-3-22 所示。

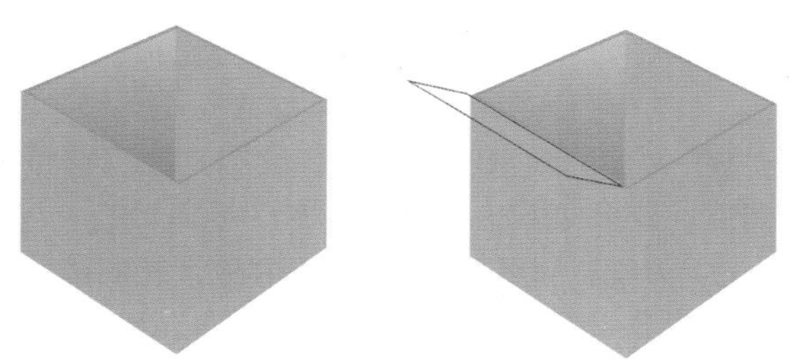

图3-3-20 填充颜色　　图3-3-21 绘制图形

图3-3-22 设置填充颜色

23 颜色填充完成后的效果，如图 3-3-23 所示。右键单击调色板上的“透明色”按钮⊠，取消轮廓颜色。并在图形右侧绘制图形。

24 绘制完成后选择“渐变填充工具”，打开“渐变填充”对话框，设置“从”的颜色为霓虹紫（C：20，M：80，Y：0，K：0），如图 3-3-24 所示。

25 设置“到”的颜色为浅蓝光紫色（C:0;M:40;Y:0;K:0），如图 3-3-25 所示。单击“确定”按钮。

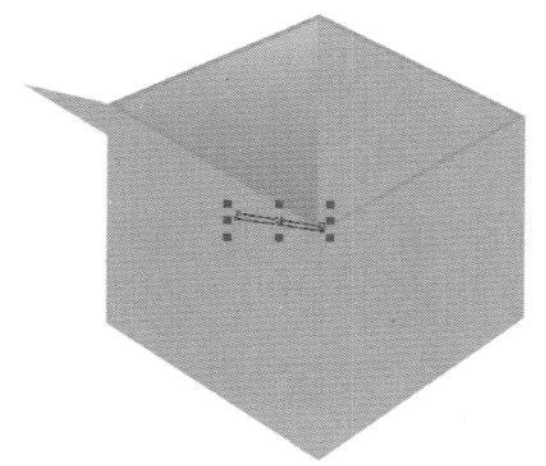

图3-3-23 填充颜色 　　图3-3-24 设置“从”颜色

图3-3-25 设置“到”颜色

26 返回“渐变填充”对话框，设置“中点”为 50，“角度”为 92.6，“边界”为 23，如图 3-3-26 所示。单击“确定”按钮。

27 渐变颜色填充完成后的效果，如图 3-3-27 所示。右键单击调色板上的“透明色”按钮⊠，取消轮廓颜色。

28 使用相同的方法绘制上方的横条图形，并填充粉色（C：12，M：62，Y：0，K：0），效果如图 3-3-28 所示。

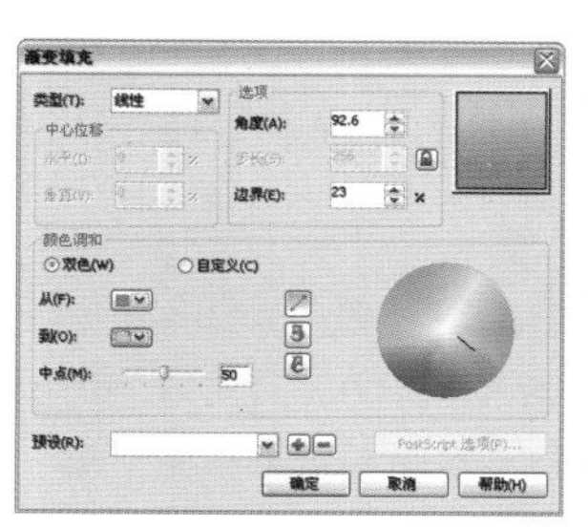

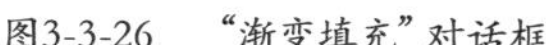

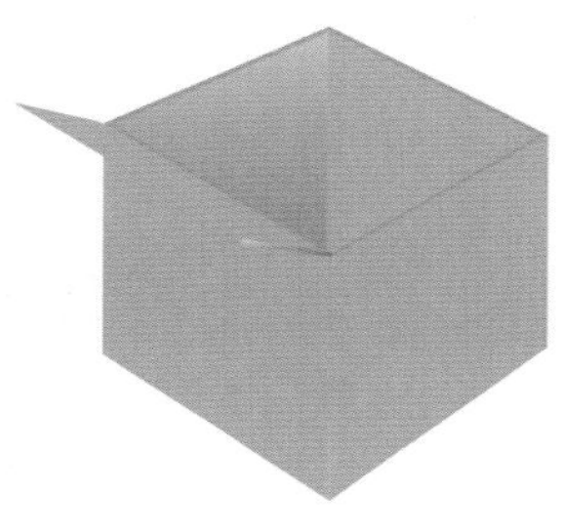

图3-3-26 “渐变填充”对话框　　图3-3-27 取消轮廓

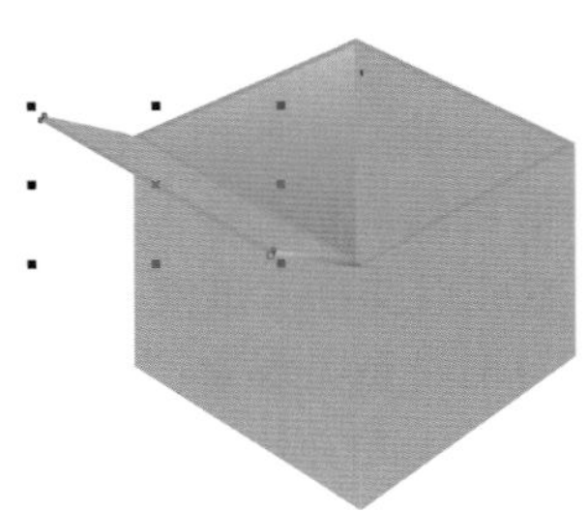

图3-3-28　绘制图形

29 继续绘制剩余面，并填充颜色，效果如图 3-3-29 所示。

30 接下来绘制高光图形，选择“钢笔工具”，绘制图形。绘制完成后使用“形状工具”对绘制的图形进行调整，效果如图 3-3-30 所示。

31 绘制完成后选择“渐变填充工具”，打开“渐变填充”对话框，在“颜色调和”选项区域中选择“自定义”选项，在位置 0 设置颜色为浅蓝光紫（C：0；M：40；Y：0；K：0），如图 3-3-31 所示。

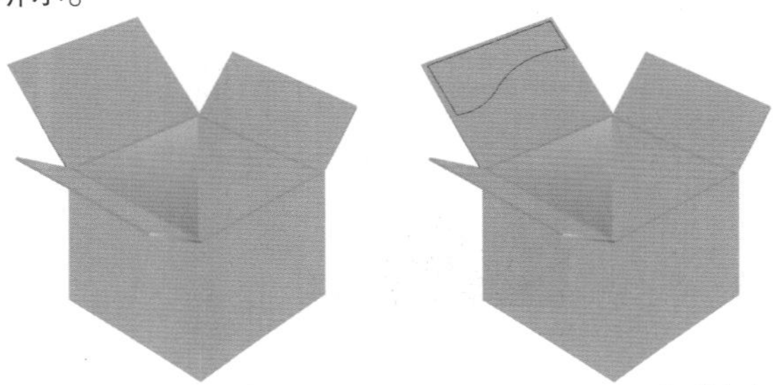

图3-3-29　绘制其他图形　　图3-3-30　绘制高光

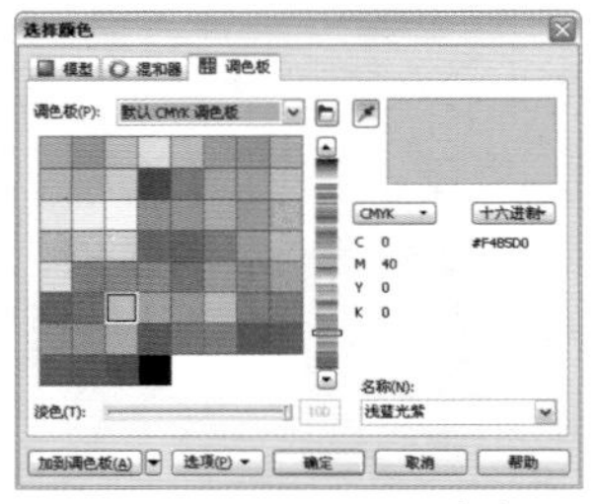

图3-3-31　设置位置0颜色

32 在位置 98% 处添加色块，设置颜色为白色（C：0；M：0；Y：0；K：0），在位置 100% 处设置颜色为白色，设置“角度”为 112.8，“边界”为 19，如图 3-3-32 所示。单击“确定”按钮。

提示：

使用“渐变填充”对话框时，在“自定义”渐变控制条中双击，即可添加一个控制点。如果需要删除控制点，在控制点上双击即可。

33 填充完渐变颜色后右键单击调色板上的“透明色”按钮，取消轮廓颜色。如图 3-3-33 所示。

34 选择绘制的高光图形，选择“透明度工具”，设置属性栏上的“透明度类型”为标准，调整“开始透明度”滑块为 62。如图 3-3-34 所示。

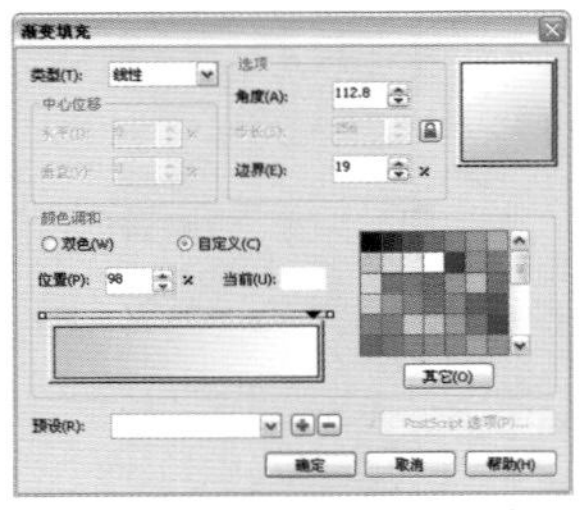

图3-3-32　设置其他渐变颜色

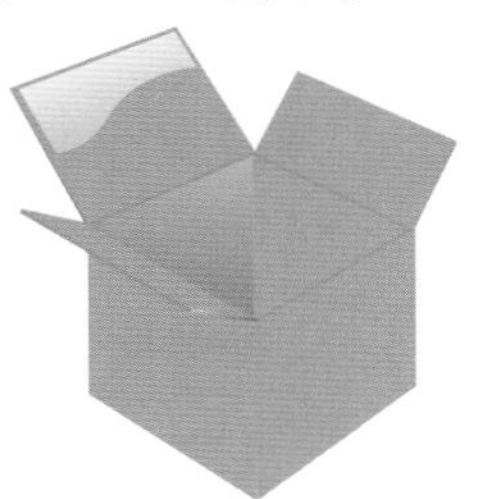

图3-3-33　取消轮廓

图3-3-34　设置透明度

35 透明度效果，如图 3-3-35 所示。

36 使用相同的方法制作包装盒侧面高光区域，效果如图 3-3-36 所示。

37 选择“星形工具”，在属性栏中将“锐度”设置为 32，如图 3-3-37 所示。

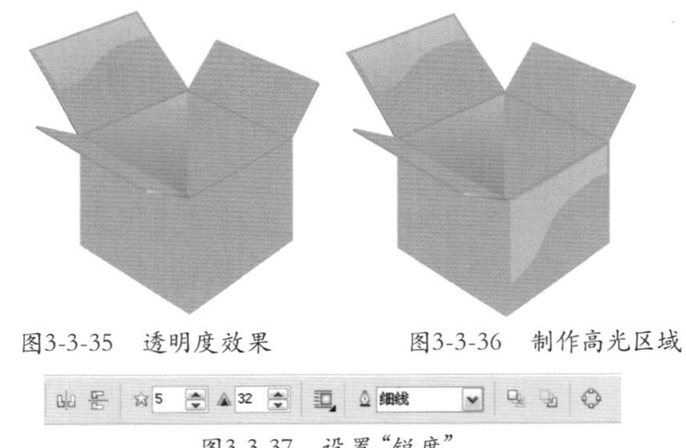

图3-3-35　透明度效果　　图3-3-36　制作高光区域

图3-3-37　设置“锐度”

38 按住 Ctrl 键绘制星形，绘制完成后调整旋转角度，效果如图 3-3-38 所示。

39 为绘制的星形填充白色，并取消轮廓线填充，效果如图 3-3-39 所示。

40 使用相同的方法继续绘制其他星形，并对绘制的星形进行调整，效果如图 3-3-40 所示。

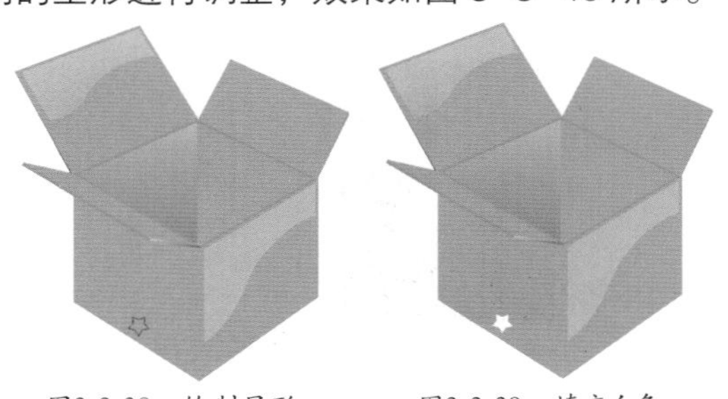

图3-3-38　绘制星形　　图3-3-39　填充白色

图3-3-40 复制星形

41 下面绘制草莓。选择“钢笔工具”，绘制图形。绘制完成后使用“形状工具”对绘制的图形进行调整，效果如图 3-3-41 所示。

42 双击“填充颜色”右侧的“无”按钮，打开“均匀填充”对话框，设置颜色为紫红色（C：0，M：98，Y：33，K：0），单击“确定”按钮，如图 3-3-42 所示。

43 颜色填充完成后的效果如图 3-3-43 所示。右键单击调色板上的“透明色”按钮，取消轮廓颜色。在图形中绘制白色椭圆形，并取消轮廓线填充。

44 选择绘制的白色椭圆形，执行“位图”|“转换为位图”命令，在打开的“转换为位图”对话框中将“分辨率”设置为 200，勾选“透明背景”选项，然后单击“确定”按钮。执行“位图”|“模糊”|“高斯式模糊”命令，在打开的“高斯式模糊”对话框中将“半径”设置为 5，如图 3-3-44 所示。

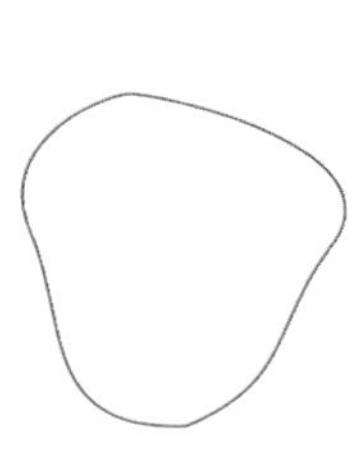

图3-3-41 绘制图形

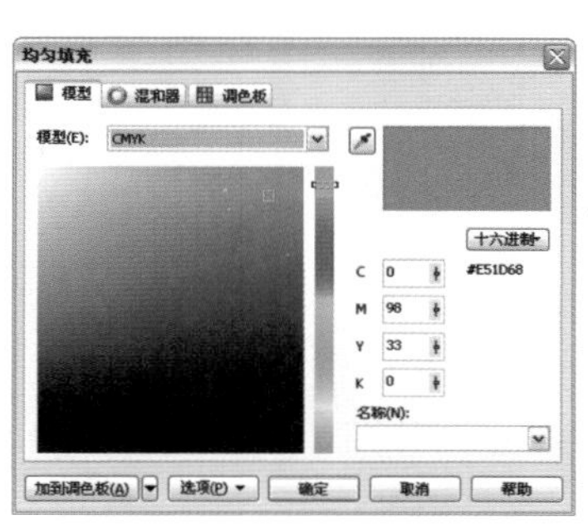

图3-3-42 设置填充颜色

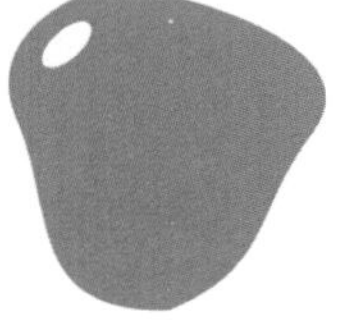

图3-3-43 绘制高光

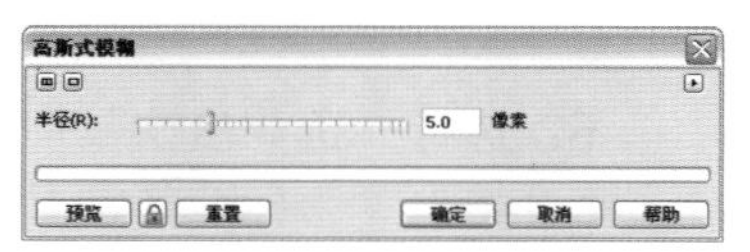

图3-3-44 “高斯式模糊”对话框

45 草莓高光效果模糊完成后的效果，如图 3-3-45 所示。

46 继续在草莓中绘制白色椭圆图形，并取消轮廓线填充。效果如图 3-3-46 所示。

47 选择“钢笔工具”，绘制图形。绘制完成后使用“形状工具”对绘制的图形进行调整，效果如图 3-3-47 所示。

48 双击“填充颜色”右侧的“无”按钮，打开“均匀填充”对话框，设置颜色为草绿色（C：40，M：0，Y：100，K：0），单击“确定”按钮，如图 3-3-48 所示。

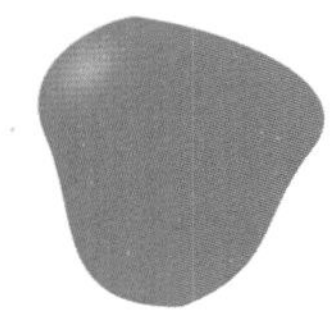

图3-3-45 模糊效果 图3-3-46 绘制白色椭圆

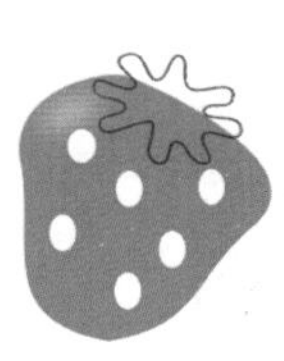

图3-3-47 绘制图形

图3-3-48 设置填充颜色

49 颜色填充完成后的效果，如图 3-3-49 所示。右键单击调色板上的“透明色”按钮，取消轮廓颜色。

50 绘制蛋糕。选择“钢笔工具”，绘制图形。绘制完成后使用“形状工具”对绘制的图形进行调整，效果如图 3-3-50 所示。

51 双击“填充颜色”右侧的“无”按钮，打开“均匀填充”对话框，设置颜色为黄色（C：0，M：13，Y：87，K：0），单击“确定”按钮，如图 3-3-51 所示。

52 颜色填充完成后的效果，如图 3-3-52 所示。右键单击调色板上的“透明色”按钮，取消轮廓颜色。继续绘制图形。

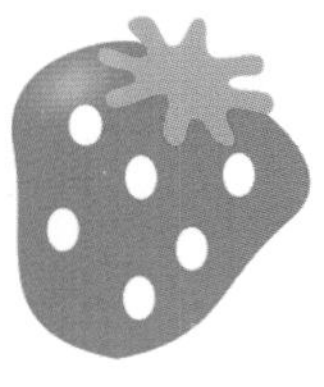

图3-3-49 填充颜色

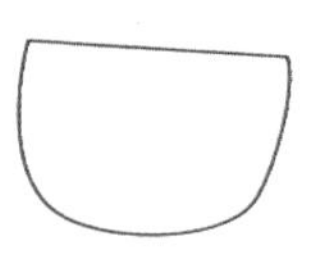

图3-3-50 绘制图形

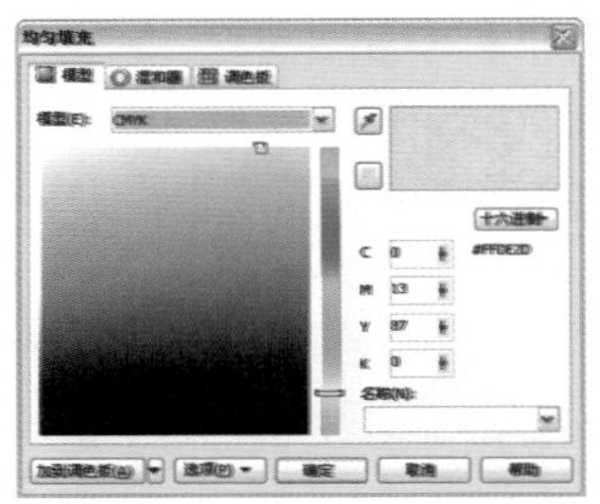
图3-3-51　设置填充颜色

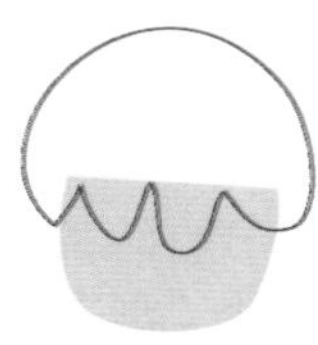
图3-3-52　绘制图形

53 绘制完成后选择“渐变填充工具”，打开“渐变填充”对话框，设置“从”的颜色为浅粉色（C：0，M：15，Y：0，K：0），如图3-3-53所示。

54 设置“到”的颜色为粉色（C：0；M：47；Y：8；K：0），如图3-3-54所示。单击“确定”按钮。

55 返回到“渐变填充”对话框，将“类型”设置为“辐射”，“水平”为-3，“垂直”为-29，“中点”为50，“边界”为10，如图3-3-55所示。单击“确定”按钮。

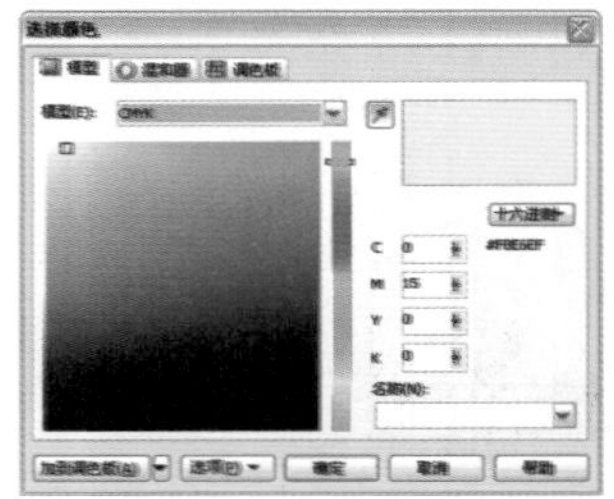
图3-3-53　设置“从”颜色

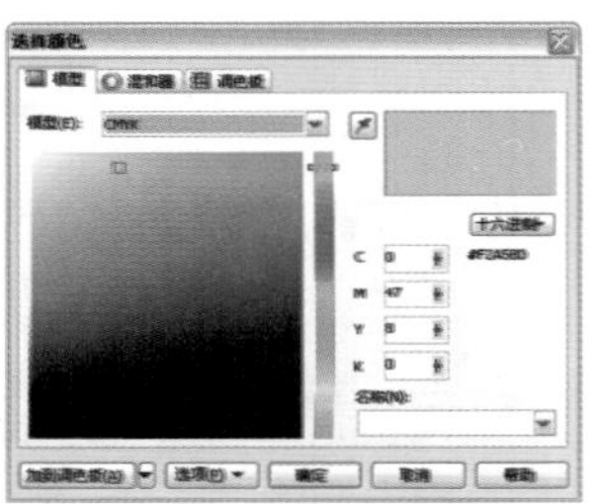
图3-3-54　设置“到”颜色

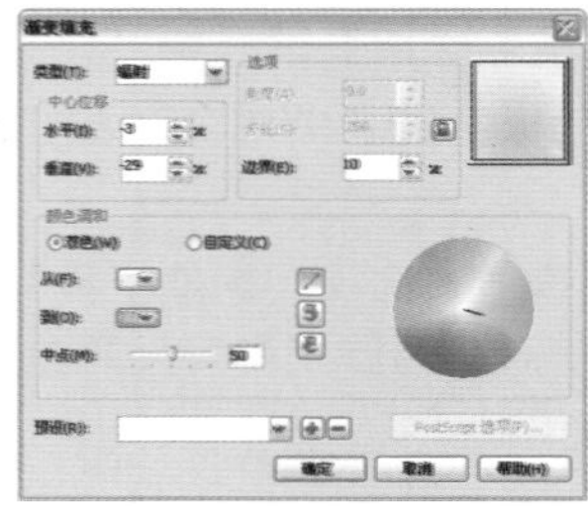
图3-3-55　“渐变填充”对话框

56 填充渐变色后的效果，如图3-3-56所示。

57 选择前面绘制的草莓图形，将其复制后放置在蛋糕图形上方，如图3-3-57所示。

58 将绘制完成后的草莓图形与蛋糕图形放置在包装盒侧面，效果如图3-3-58所示。

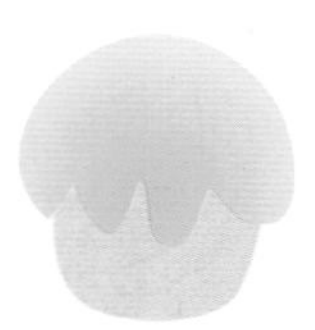
图3-3-56　填充渐变颜色

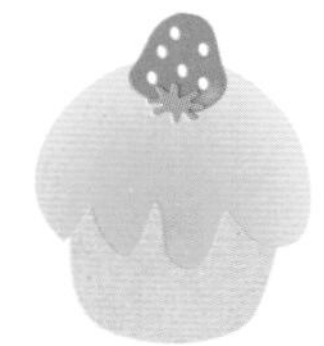
图3-3-57　调整草莓图形

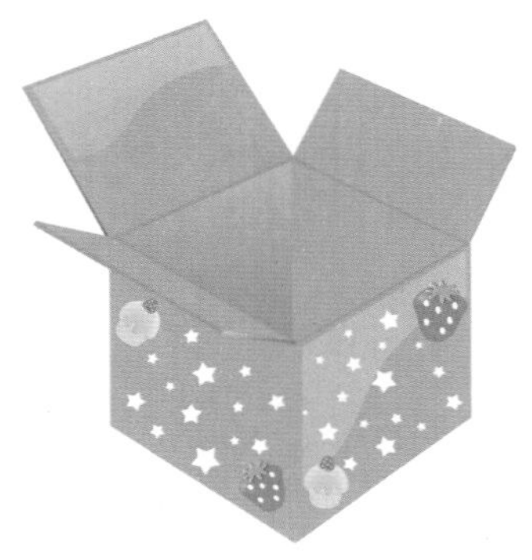
图3-3-58　调整其他图形

59 选择“钢笔工具”，绘制图形。绘制完成后调整图形顺序，如图3-3-59所示。

60 调整完成后，选择“渐变填充工具”，打开“渐变填充”对话框，设置“从”的颜色为黑色（C：0，M：0，Y：0，K：100），设置“到”的颜色为白色（C：0；M：0；Y：0；K：0），设置“角度”为117.7，“边界”为24，如图3-3-60所示。单击“确定”按钮。

61 填充渐变色后的效果，如图3-3-61所示。右键单击调色板上的“透明色”按钮⊠，取消轮廓颜色。继续绘制图形。

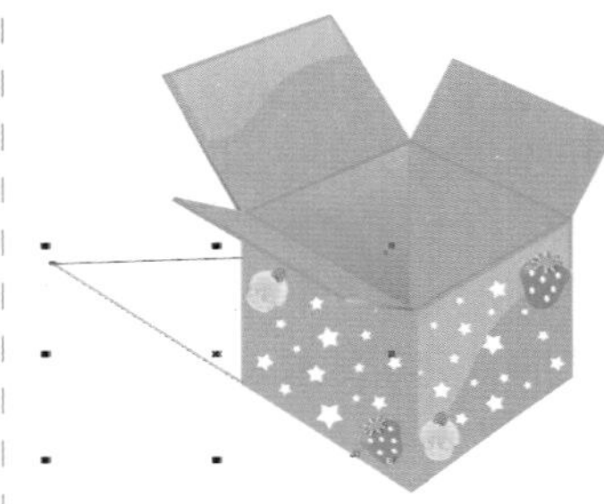
图3-3-59　绘制阴影

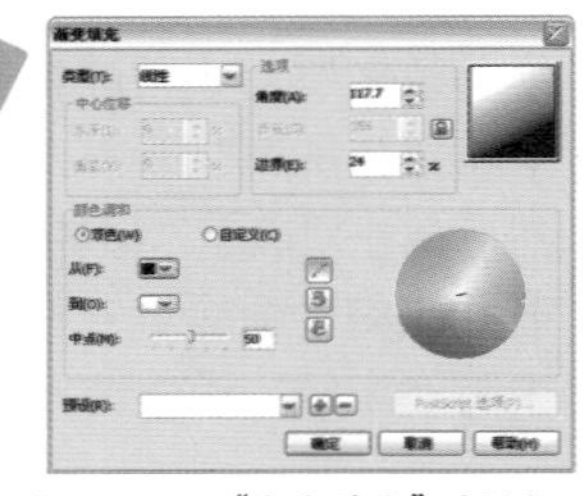
图3-3-60　“渐变填充”对话框

图3-3-61　取消轮廓

62 选择“透明度工具”，设置属性栏上的“透明度类型”为标准，调整“开始透明度”滑块为68，如图3-3-62所示。

63 透明度效果，如图 3–3–63 所示。

64 执行“文件”|“导入”命令，如图 3–3–64 所示。

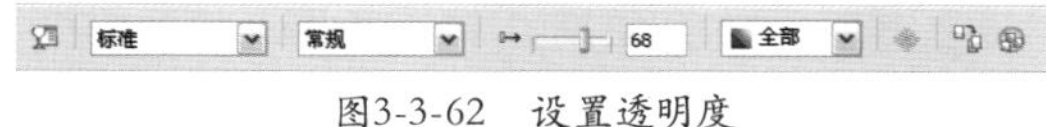

图3-3-62 设置透明度

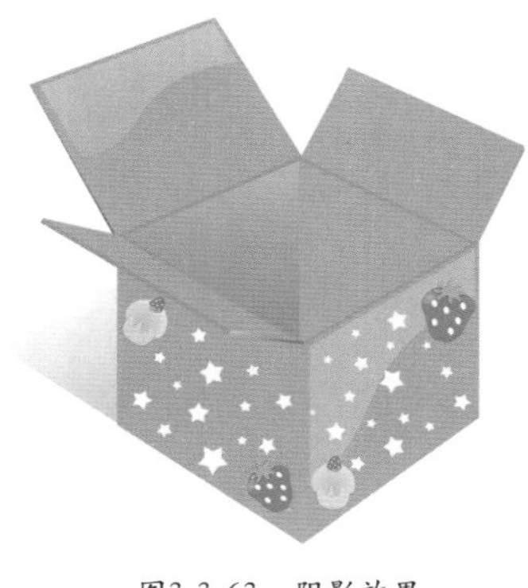

图3-3-63 阴影效果

图3-3-64 “导入”命令

65 导入素材文件：星星 .psd，设置完成后调整其缩放比例和顺序，调整完成后礼品盒就绘制完成，图像的最终效果，如图 3–3–65 所示。

图3-3-65 最终效果

3.4 绘制音符按钮

技能分析

制作本实例的主要目的是使读者了解并掌握如何在 CorelDRAW X5 软件中绘制按钮，先利用“椭圆工具”和“渐变填充工具”绘制出按钮的立体效果，再使用“钢笔工具”绘制音符图形，在绘制中使用“渐变填充”和“透明度工具”等制作出按钮的各种效果，从而完成最终效果。

制作步骤

1 按快捷键 Ctrl + N，打开“创建新文档”对话框，设置“名称”为绘制音符按钮，“宽度”为 297mm，“高度”为 210mm，如图 3–4–1 所示。单击“确定”按钮。

2 选择“椭圆形工具”，在图像中按住 Ctrl+Shift 键绘制正圆，如图 3–4–2 所示。

3 绘制完成后，双击“填充颜色”右侧的“无”按钮☒，打开“均匀填充”对话框，选择“调色板”选项卡，设置颜色为洋红色（C：0，M：100，Y：0，K：0），单击“确定”按钮，如图 3–4–3 所示。

图3-4-1 设置“新建”参数

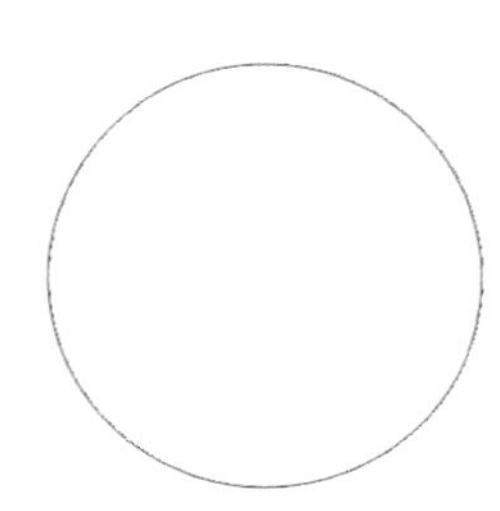

图3-4-2 绘制正圆

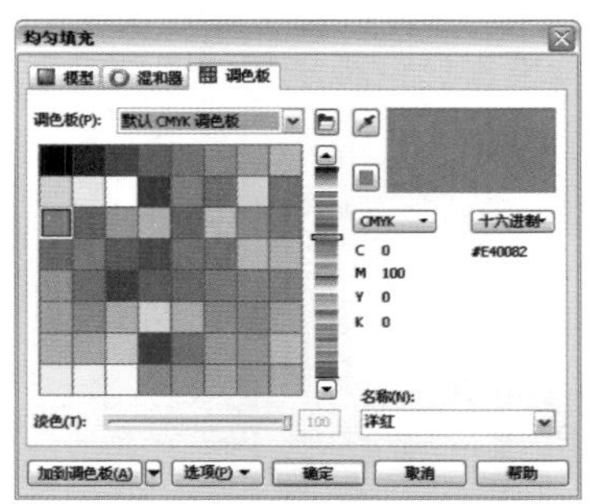

图3-4-3 设置填充颜色

4 颜色填充完成后的效果，如图 3–4–4 所示。右键单击调色板上的“透明色”按钮☒，取消轮廓颜色。

5 选择“钢笔工具”，绘制图形。绘制完成后使用“形状工具”对绘制的图形进行调整，如图 3–4–5 所示。

6 绘制完成后选择“渐变填充工具”，打开“渐变填充”对话框，选择“调色板”选项卡，设置“从”的颜色为洋红色（C：0，M：100，Y：0，K：0），如图3-4-6所示。

图3-4-4 取消轮廓

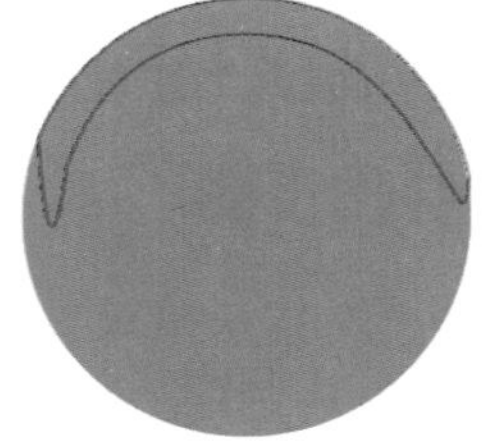

图3-4-5 绘制图形

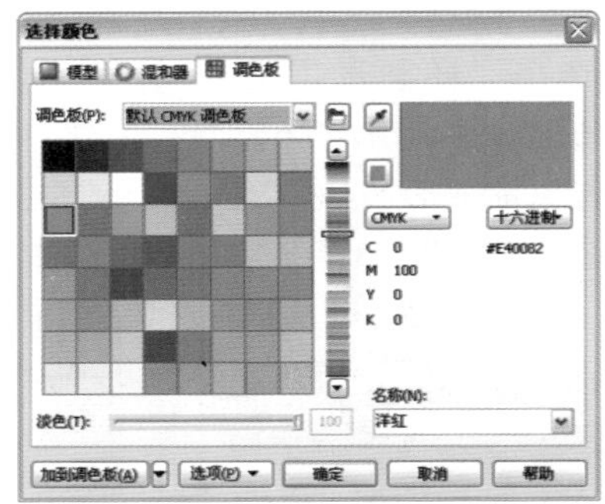

图3-4-6 设置“从”颜色

7 设置“到”的颜色为浅蓝光紫（C：0；M：40；Y：0；K：0），如图3-4-7所示。单击“确定”按钮。

8 返回到“渐变填充”对话框，将“类型”设置为“线性”，“中点”为50，“角度”为47.5，“边界”为25，如图3-4-8所示。单击“确定”按钮。

9 渐变颜色填充完成后的效果，如图3-4-9所示。右键单击调色板上的“透明色”按钮⊠，取消轮廓颜色。

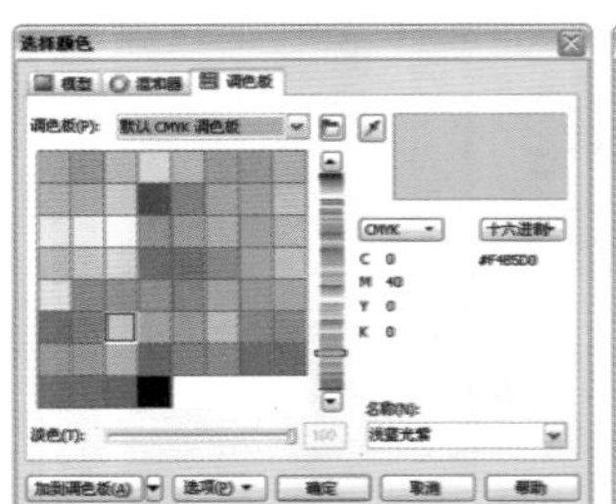

图3-4-7 设置“到”颜色

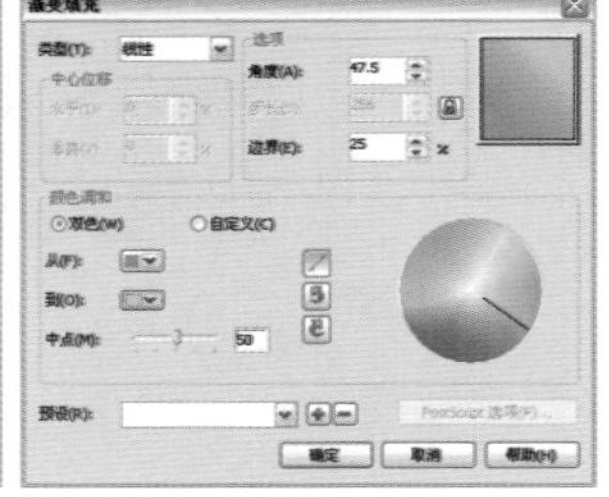

图3-4-8 “渐变填充”对话框

图3-4-9 取消轮廓

10 选择“透明度工具”，设置属性栏上的“透明度类型”为标准，调整“开始透明度”滑块为30。如图3-4-10所示。

11 透明度效果如图3-4-11所示。

12 选择“椭圆形工具”，在图像中按住Ctrl+Shift键绘制正圆，如图3-4-12所示。

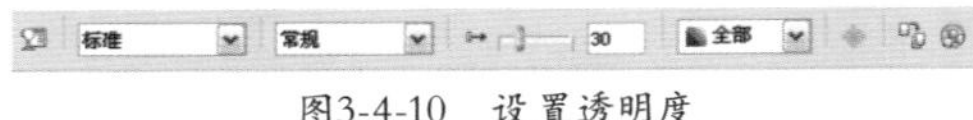

图3-4-10 设置透明度

图3-4-11 透明度效果

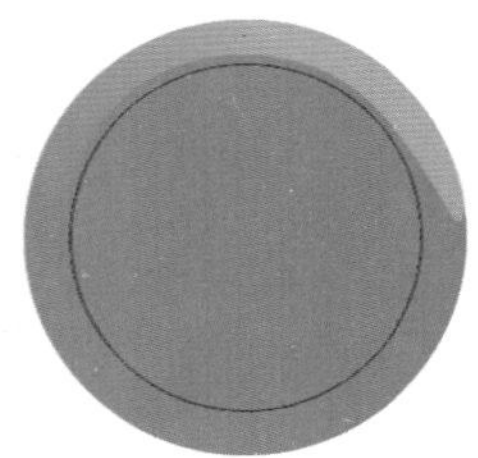

图3-4-12 绘制正圆

13 绘制完成后选择“渐变填充工具”，打开“渐变填充”对话框,设置“从”的颜色为洋红色（C：0，M：100，Y：0，K：0），如图3-4-13所示。

14 设置“到”的颜色为浅蓝光紫色（C:0;M:40;Y:0;K:0），如图3-4-14所示。单击“确定”按钮。

15 返回到“渐变填充”对话框，将“类型”设置为“线性”，“中点”为50，“角度”为90，如图3-4-15所示。单击“确定”按钮。

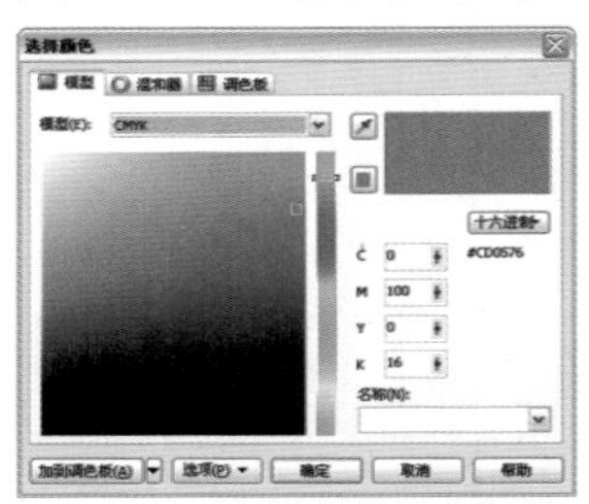

图3-4-13 设置“从”颜色

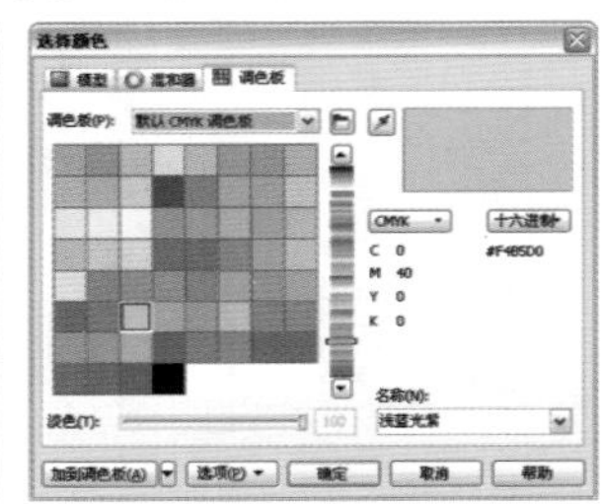

图3-4-14 设置“到”颜色

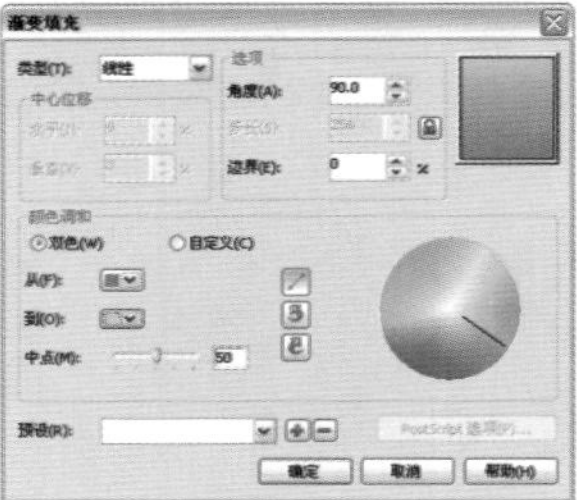

图3-4-15 “渐变填充”对话框

16 渐变颜色填充完成后的效果，如图3-4-16所示。右键单击调色板上的“透明色”按钮⊠，取消轮廓颜色。

17 选择“椭圆形工具”，在图像中按住 Ctrl+Shift 键绘制正圆，双击“填充颜色”右侧的“无”按钮⊠，打开“均匀填充”对话框，选择“调色板”选项卡，设置颜色为浅粉色（C：2，M：66，Y：0，K：0），单击“确定”按钮，如图 3-4-17 所示。

18 颜色填充完成后的效果，如图 3-4-18 所示。右键单击调色板上的“透明色”按钮⊠，取消轮廓颜色。

图3-4-16　填充渐变颜色

图3-4-17　设置填充颜色

图3-4-18　填充颜色

19 将绘制的所有图形成组，选择“阴影工具”，在阴影属性栏中单击“预设”按钮，在弹出的菜单中选择“小型辉光”选项，设置“阴影的不透明度”为 100、“阴影羽化”为 12，如图 3-4-19 所示。

20 单击“阴影颜色”按钮，在弹出的颜色列表中选择紫色（C：20，M：80，Y：0，K：20），单击“确定”按钮，如图 3-4-20 所示。

图3-4-19　设置阴影

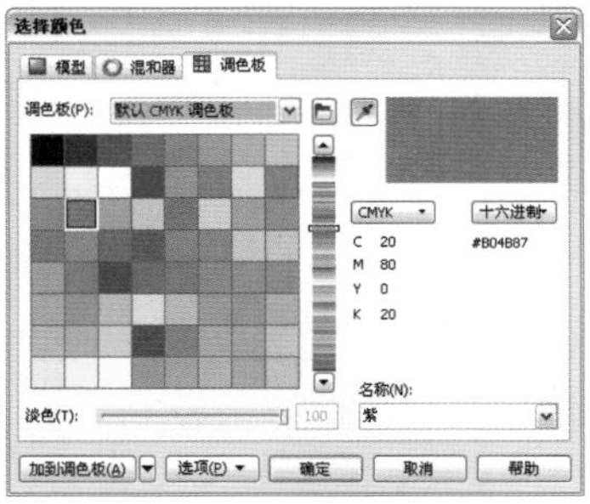

图3-4-20　设置阴影颜色

21 阴影效果，如图 3-4-21 所示。

22 选择“钢笔工具”，绘制图形。绘制完成后使用“形状工具”对绘制的图形进行调整，如图 3-4-22 所示。

23 绘制完成后，双击“填充颜色”右侧的“无”按钮⊠，打开“均匀填充”对话框，选择“调色板”选项卡，设置颜色为紫色（C：20，M：80，Y：0，K：20），单击“确定”按钮，如图 3-4-23 所示。右键单击调色板上的“透明色”按钮⊠，取消轮廓颜色。

24 右键单击调色板上的“透明色”按钮⊠，取消轮廓颜色。设置完成后将音符调整至按钮上方，如图 3-4-24 所示。

提示：

按住Shift键的同时，拖动图形的控制柄，可以等比放大或缩小图形。

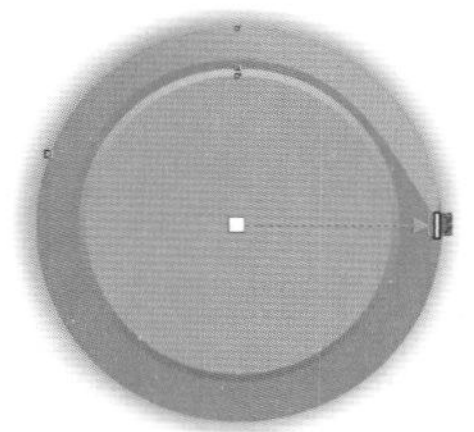

图3-4-21　阴影效果

图3-4-22　绘制音符

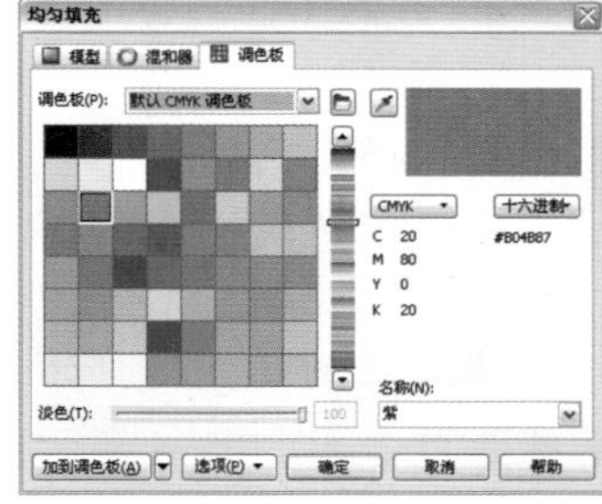

图3-4-23　设置填充颜色

图3-4-24　调整音符位置

25 至此音符按钮就绘制完成，使用相同的方法制作其他按钮，分别填充不同的颜色和音符样式，图像的最终效果，如图 3-4-25 所示。

图3-4-25　最终效果

3.5 绘制精美柱体图

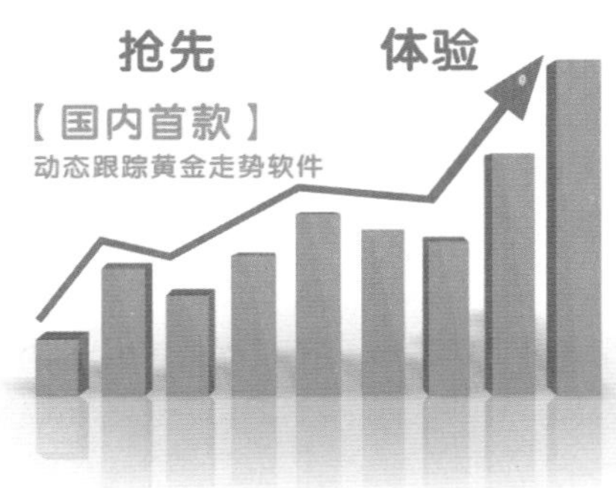

技能分析

制作本实例的主要目的是使读者了解并掌握如何在 CorelDRAW X5 软件中绘制精美柱体图，在本实例中主要使用“矩形工具”和“钢笔工具”绘制出柱体，使用“箭头形状工具”绘制箭头，并对柱体进行高光绘制与倒影制作，从而完成最终效果。

制作步骤

1 按快捷键 Ctrl + N，打开“创建新文档”对话框，设置“名称”为绘制精美柱体图，“宽度”为 297mm，“高度”为 210mm，如图 3–5–1 所示。单击“确定”按钮。

2 单击“矩形工具”，绘制矩形，效果如图 3–5–2 所示。

3 绘制完成后，双击“填充颜色”右侧的“无”按钮☒，打开“均匀填充”对话框，选择“调色板”选项卡，设置颜色为橘红色（C：0，M：60，Y：100，K：0），单击“确定”按钮，如图 3–5–3 所示。

4 颜色填充完成后的效果如图 3–5–4 所示。右键单击调色板上的“透明色”按钮☒，取消轮廓颜色。选择“钢笔工具”，绘制图形。

图3-5-1 设置“新建”参数

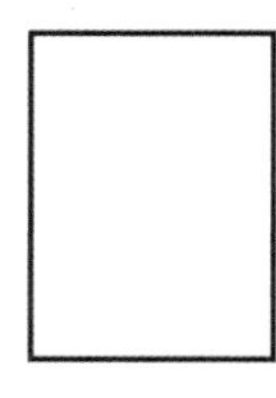
图3-5-2 绘制矩形

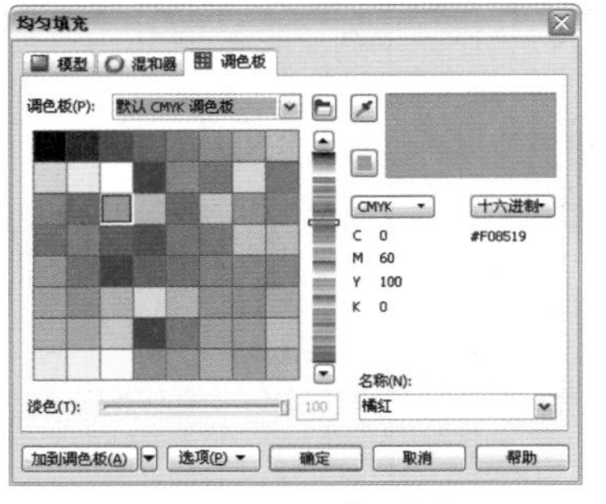

图3-5-3 设置填充颜色

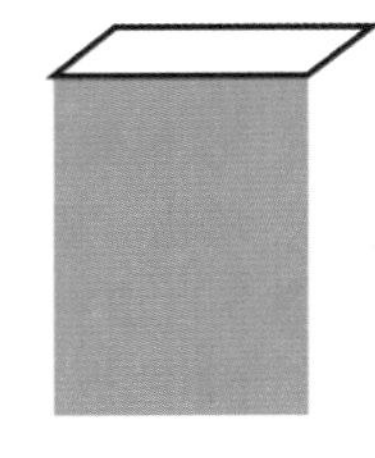
图3-5-4 填充颜色

5 绘制完成后，双击“填充颜色”右侧的“无”按钮☒，打开“均匀填充”对话框，设置颜色为深土黄色（C：27，M：75，Y：100，K：0），单击“确定”按钮，如图 3–5–5 所示。

6 颜色填充完成后的效果如图 3–5–6 所示。右键单击调色板上的“透明色”按钮☒，取消轮廓颜色。

7 使用相同的方法继续绘制图形，并为其填充颜色，右键单击调色板上的“透明色”按钮☒，取消轮廓颜色，如图 3–5–7 所示。

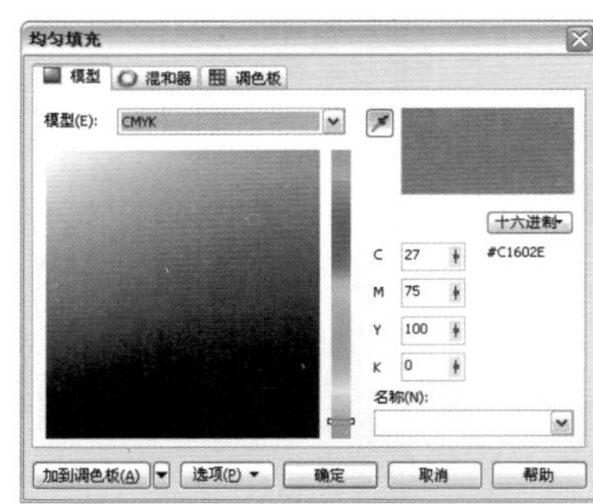

图3-5-5 设置填充颜色

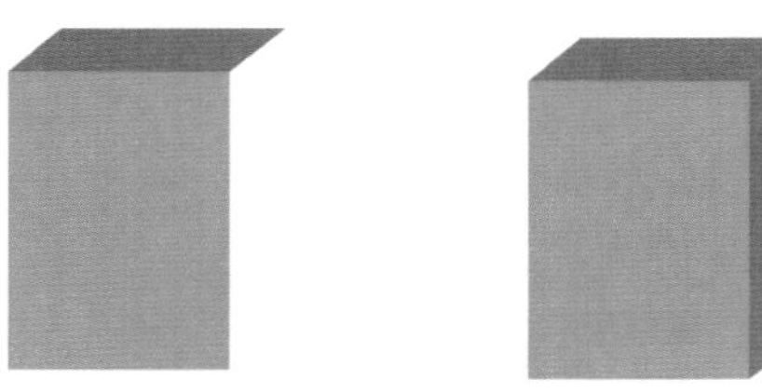
图3-5-6 填充颜色　　图3-5-7 绘制侧面图形

8 这样单个柱体绘制完成。使用相同的方式绘制其他柱体，完成后的效果，如图 3–5–8 所示。

9 选择“钢笔工具”，绘制图形。绘制完成后使用“形状工具”对绘制的图形进行调整，如图 3–5–9 所示。

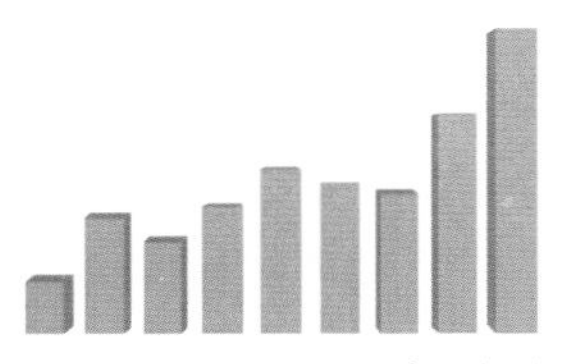

图3-5-8　绘制其他柱体

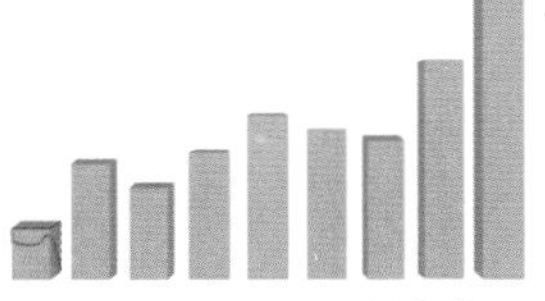

图3-5-9　绘制高光

10 为绘制的高光区域填充白色，并取消轮廓线填充，效果如图 3-5-10 所示。

11 选择绘制的高光图形，选择“透明度工具”，设置属性栏上的“透明度类型”为标准，调整“开始透明度”滑块为87。如图3-5-11所示。

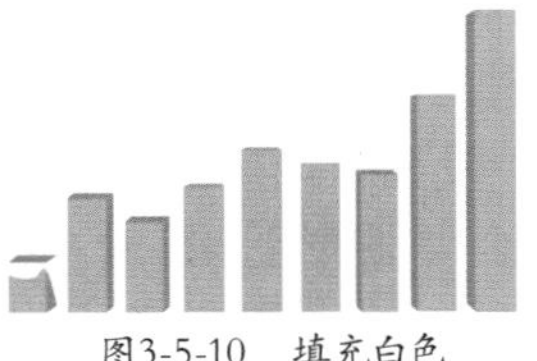

图3-5-10　填充白色

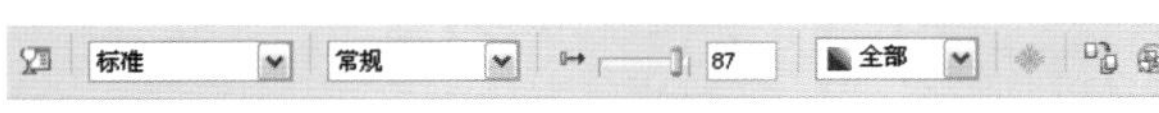

图3-5-11　设置透明度

12 透明度效果，如图 3-5-12 所示。

13 使用相同的方法继续为其他柱体绘制高光，并设置透明度效果，如图 3-5-13 所示。

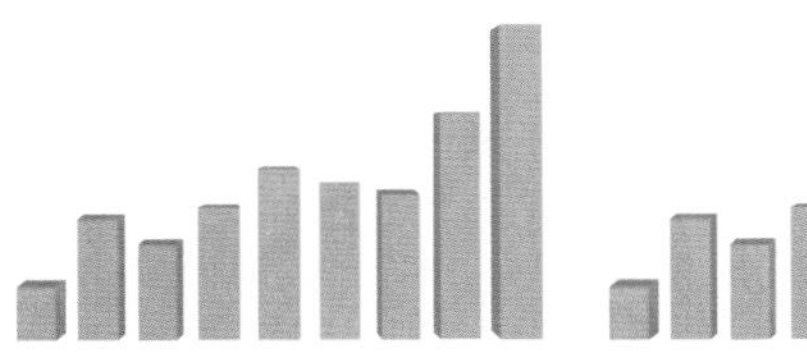

图3-5-12　透明度效果　　图3-5-13　绘制其他高光区域

14 选择“钢笔工具”，绘制折线图形，如图 3-5-14 所示。

15 选择绘制的折线图形，双击“笔触颜色”右侧的黑色色块，打开“轮廓笔”对话框，单击“颜色”按钮，选择“其他”选项，弹出“选择颜色”对话框，设置颜色为红色（C：0，M：100，Y：100，K：0），单击“确定”按钮，效果如图 3-5-15 所示。

16 返回“轮廓笔”对话框，设置“宽度”为 1.5mm，单击“确定”按钮，效果如图 3-5-16 所示。

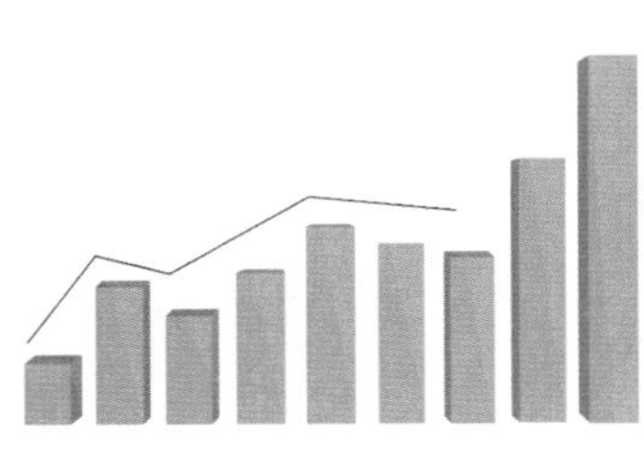

图3-5-14　绘制折线

图3-5-15　“轮廓笔”对话框

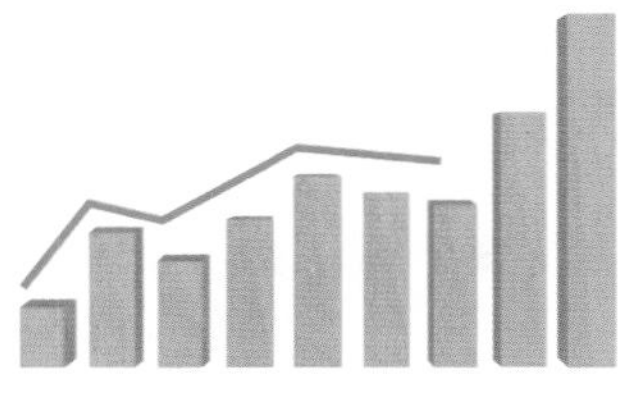

图3-5-16　设置轮廓颜色

17 选择“箭头形状工具”，单击拖曳绘制箭头，对绘制的箭头形状进行调整，将填充颜色设为红色，取消轮廓线填充，效果如图 3-5-17 所示。

提示：

使用“箭头形状工具”绘制箭头后，会出现一个红色控制点，单击拖曳该控制点可以对箭头形状进行调整。

18 选择“椭圆形工具”绘制椭圆，如图 3-5-18 所示。

19 选中绘制的椭圆，双击“填充颜色”右侧的“无”按钮☒，打开“均匀填充”对话框，设置颜色为蓝灰色（C：13，M：13，Y：0，K：0），单击“确定”按钮，效果如图 3-5-19 所示。

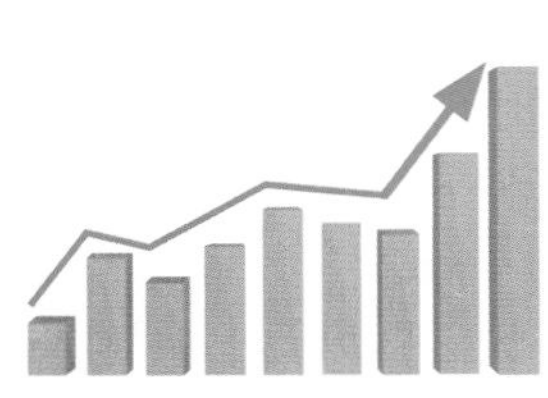

图3-5-17　绘制箭头　　图3-5-18　绘制椭圆

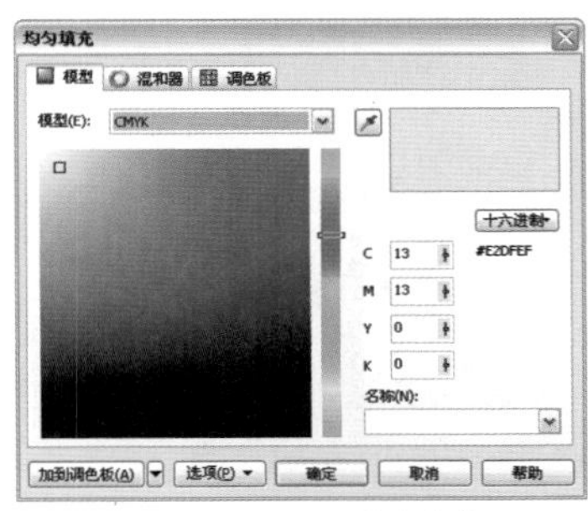

图3-5-19　设置填充颜色

20 颜色填充完成后的效果，如图 3-5-20 所示。右键单击调色板上的“透明色”按钮☒，取消轮廓颜色。

21 选中绘制的椭圆图形，执行“位图”|“转换为位图”命令，在打开的“转换为位图”对话框

中将“分辨率”设置为 200，勾选“透明背景”选项，单击“确定”按钮，执行“位图”|“模糊”|“高斯式模糊”命令，在打开的“高斯式模糊”对话框中将“半径”设置为 50，效果如图 3-5-21 所示。

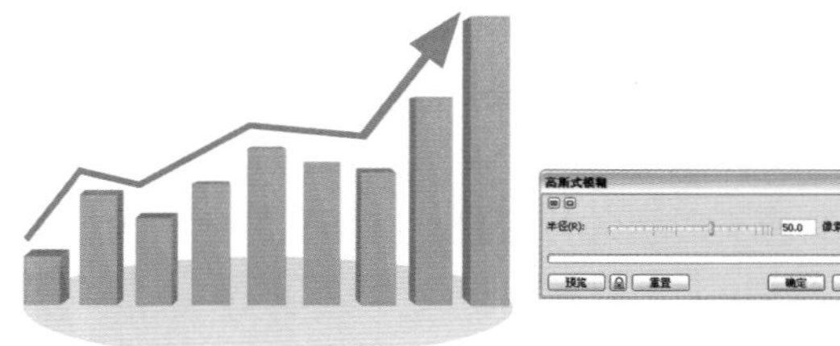

图3-5-20　填充颜色　　图3-5-21　“高斯式模糊”对话框

22 模糊效果，如图 3-5-22 所示。

23 选择所有柱体并进行复制，单击属性栏中“垂直镜像”按钮，调整其位置后将柱体上所有高光区域删除，如图 3-5-23 所示。

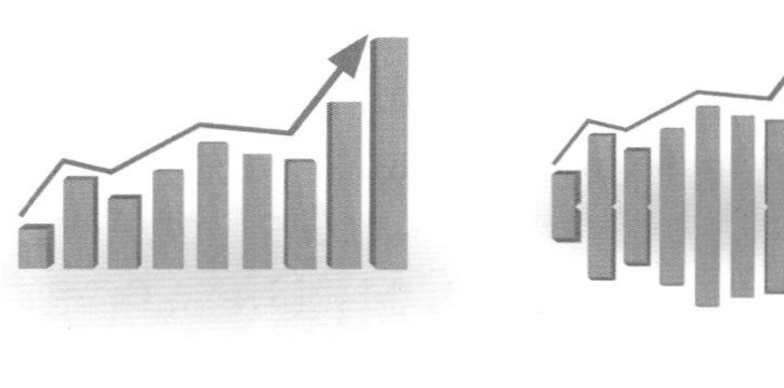

图3-5-22　模糊效果　　图3-5-23　设置“垂直镜像”

24 将复制后的柱体成组，选择“透明度工具”，设置属性栏上的“透明度类型”为标准，调整“开始透明度”滑块为 80。如图 3-5-24 所示。

25 透明度效果，如图 3-5-25 所示。

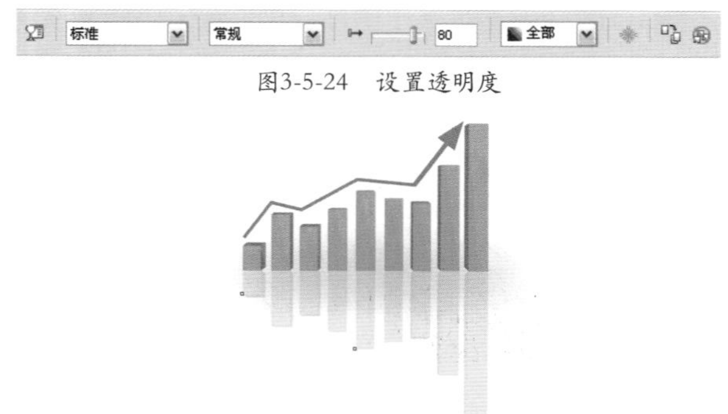

图3-5-24　设置透明度

图3-5-25　透明度效果

26 选择“透明度工具”，在设置透明度的柱体中单击拖曳创建透明渐变效果，调整属性栏中“开始透明度”滑块为 80。如图 3-5-26 所示。

27 渐变透明度设置完成后的效果，如图 3-5-27 所示。

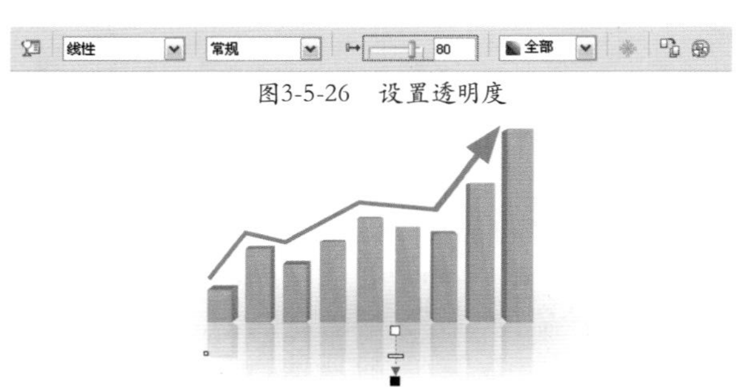

图3-5-26　设置透明度

图3-5-27　透明度效果

28 选择上方所有柱体后成组，选择“阴影工具”，在指示牌中单击拖曳绘制阴影，在阴影属性栏中单击预设按钮，在弹出的下拉列表中选择“透视右上”选项，设置“阴影角度”为 137，“阴影的不透明度”为 22，“阴影羽化”为 15，如图 3-5-28 所示。

29 阴影效果，如图 3-5-29 所示。

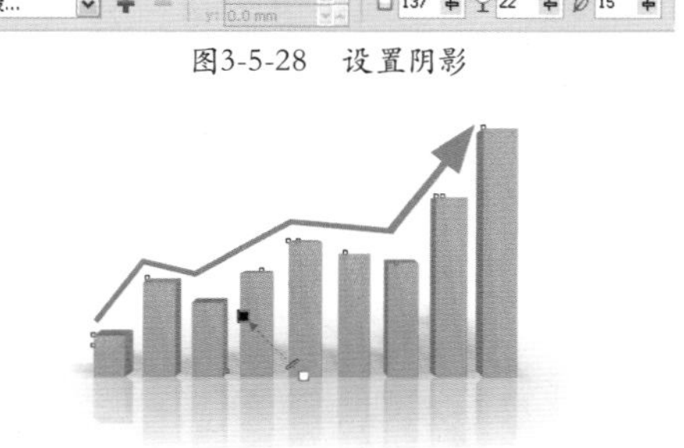

图3-5-28　设置阴影

图3-5-29　阴影效果

30 选择“文本工具”，在柱体上方输入文本，选择输入的文本，在属性栏中设置“字体列表”为方正粗圆简体。如图 3-5-30 所示。

31 输入完成后单击调色板上的“红色”按钮（C：0；M：100；Y：100；K：0），为其填充红色，如图 3-5-31 所示。

32 使用相同的方法继续输入文本，并设置文本颜色，至此精美柱体图就绘制完成了，图像的最终效果如图 3-5-32 所示。

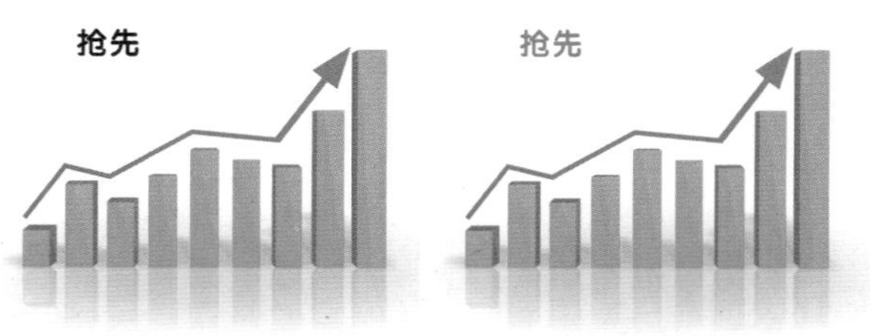

图3-5-30　输入文本　　图3-5-31　设置文本填充颜色

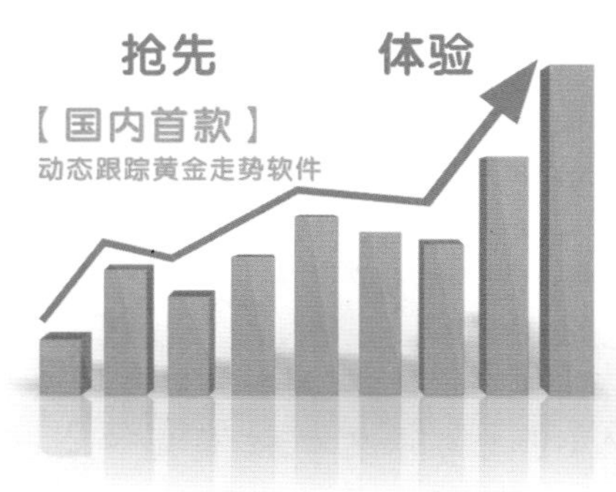

图3-5-32 最终效果

3.6 绘制变形文字

技能分析

制作本实例的主要目的是使读者了解并掌握如何在 CorelDRAW X5 软件中绘制变形文字，变形文字在平面设计中经常用到，掌握变形文字的制作技术可以使文字充满活力。在本案例中主要使用“形状工具”对文字的曲线点进行调整，从而完成最终效果。

制作步骤

① 按快捷键 Ctrl ＋ N，打开“创建新文档”对话框，设置“名称”为绘制变形文字，“宽度”为 297mm，“高度”为 210mm，如图 3-6-1 所示。单击“确定”按钮。

② 选择“文本工具”字，输入文本。选中输入的文本，在属性栏中设置“字体列表”为汉仪雁翎体简。“字体大小”为 100，如图 3-6-2 所示。

③ 选择“文本工具”字后，选择输入的文本，在属性栏中单击“字符格式化”按钮，在弹出的“字符格式化”对话框中设置“字距调整范围”为 -30，如图 3-6-3 所示。

④ 字距调整完成后的效果，如图 3-6-4 所示。

图3-6-1 设置“新建”参数

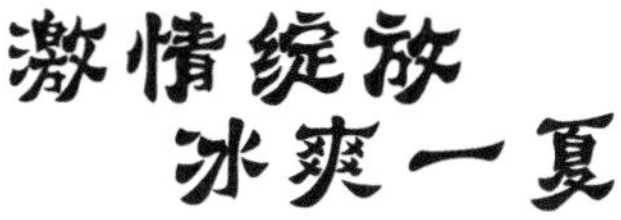

激情绽放 冰爽一夏

图3-6-2 输入文本

图3-6-3 “字符格式化”对话框

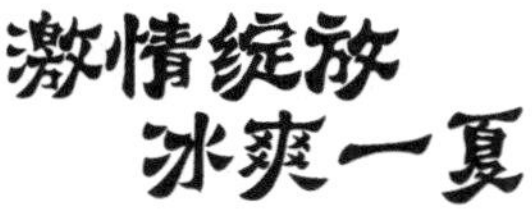

激情绽放 冰爽一夏

图3-6-4 调整字距

⑤ 选择文字后使用“选择工具”再次单击图形，将光标放置在图形上方控制点上，当光标变为双箭头形状时单击拖曳调整文本的倾斜度，如图 3-6-5 所示。

> **提示：**
>
> 当图形处于选中状态时，再次单击图形中心，可以转换为旋转和倾斜状态，此时拖曳鼠标至控制点处可以对图形进行旋转和倾斜操作。再次单击图形中心将返回正常选择状态。

⑥ 选择文本后按快捷键 Ctrl+K 将其打散，然后选择“绽”字，如图 3-6-6 所示。

⑦ 单击鼠标右键，在弹出的快捷菜单中执行“转换为曲线”命令，如图 3-6-7 所示。

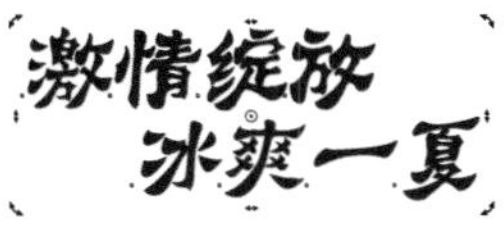

激情绽放 冰爽一夏

图3-6-5 倾斜文本

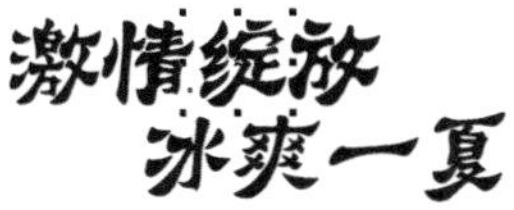

激情绽放 冰爽一夏

图3-6-6 打散文本

图3-6-7 “转换为曲线”命令

8 将文本转换为曲线后调整“绽”字的位置，将其稍微下移，如图3-6-8所示。

9 选择“形状工具”，单击文本，此时文本将显示曲线点，如图3-6-9所示。

10 单击拖曳选中相应的点进行调整，并且删除不需要的点，如图3-6-10所示。

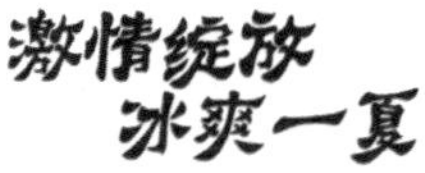

图3-6-8 移动文本 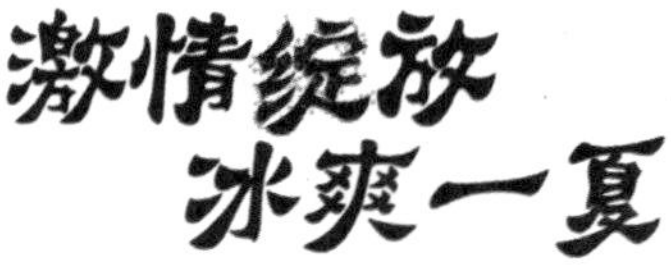　　图3-6-9 选择文本曲线

图3-6-10 调整曲线点

11 曲线点调整完成后的效果，如图3-6-11所示。

12 使用相同的方法对“夏”字进行调整，如图3-6-12所示。

13 文字变形后的效果，如图3-6-13所示。

图3-6-11 调整完成效果 　　图3-6-12 调整其他文本

图3-6-13 所有文本调整完成

14 选择“激”字，将其转换为曲线，使用“形状工具”选择文本，如图3-6-14所示。

15 选择组成三点水的曲线点，按Delete键将其删除，使用相同的方法将“冰”字的两点水删除，并对“冰”字右侧“水”形状进行调整，效果如图3-6-15所示。

16 使用“贝塞尔工具”绘制一个水滴状图形，如图3-6-16所示。

提示：

使用“贝塞尔工具”绘制图形时，如果是单击，则绘制出直线，如果单击后拖曳，则会出现曲线控制柄。

图3-6-14 选择文本 　　图3-6-15 删除曲线点

图3-6-16 绘制图形

17 选择绘制的图形，双击“填充颜色”右侧的“无”按钮☒，打开“均匀填充”对话框，设置颜色为青色（C：100，M：0，Y：0，K：0），单击“确定”按钮，如图3-6-17所示。

18 填充完颜色后的效果，如图3-6-18所示。右键单击调色板上的“透明色”按钮☒，取消轮廓颜色。

19 使用相同的方式继续绘制一个较小的图形，如图3-6-19所示。

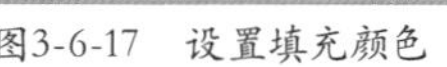

图3-6-17 设置填充颜色　　图3-6-18 填充颜色

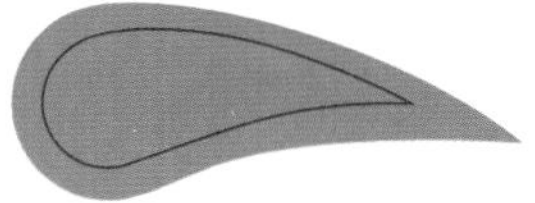

图3-6-19 绘制图形

20 选择绘制的图形，选择“渐变填充工具”，打开“渐变填充”对话框，设置“从”的颜色为冰

蓝色（C：40，M：0，Y：0，K：0），单击“确定”按钮，如图 3-6-20 所示。

21 设置“到”的颜色为白色（C:0;M:0;Y:0;K：0），将“类型”设置为“线性”，“中点”为 50，“角度”为 257.9，“边界”为 6，如图 3-6-21 所示。单击“确定”按钮。

22 渐变颜色填充完成后的效果，如图 3-6-22 所示。右键单击调色板上的“透明色”按钮☒，取消轮廓颜色。

图3-6-20 设置“从”颜色

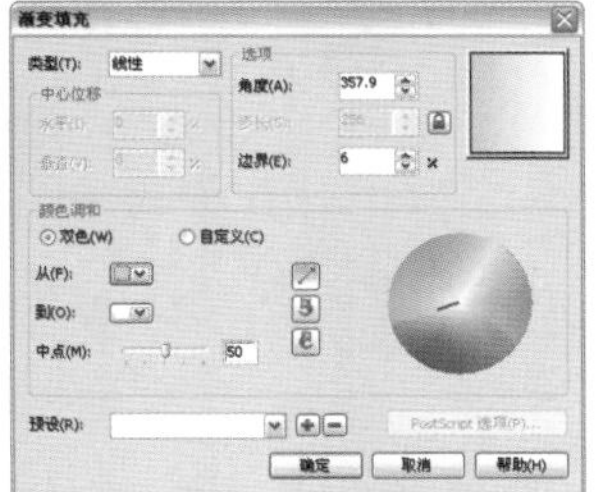

图3-6-21 “渐变填充”对话框

图3-6-22 填充渐变颜色

23 使用相同的方法绘制白色填充图形，取消轮廓颜色，如图 3-6-23 所示。

24 绘制完成后将图形复制后分别调整位置，效果如图 3-6-24 所示。

25 选择除图形以外的所有文本，在“调色板”中单击黄色（C：0；M：0；Y：100；K：0）色块，将文本填充为黄色，如图 3-6-25 所示。

图3-6-23 绘制其他图形

激情绽放
冰爽一夏

图3-6-24 复制调整图形

图3-6-25 设置文本填充颜色

26 单击“矩形工具”□，绘制矩形，效果如图 3-6-26 所示。将绘制的矩形放置在文本下方。

27 绘制完成后选择“渐变填充工具”■，打开“渐变填充”对话框，选择“调色板”选项卡，设置“从”的颜色为海军蓝色（C:60，M:40，Y:0，K：40），如图 3-6-27 所示。

28 设置“到”的颜色为天蓝色（C：100；M：20；Y：0；K：0），如图 3-6-28 所示。单击“确定”按钮。

图3-6-26 绘制矩形

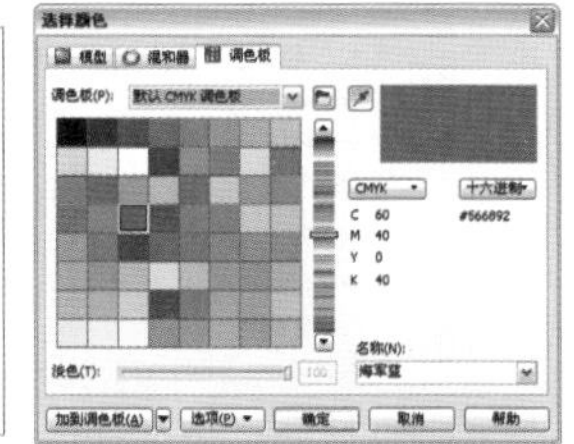

图3-6-27 设置“从”颜色

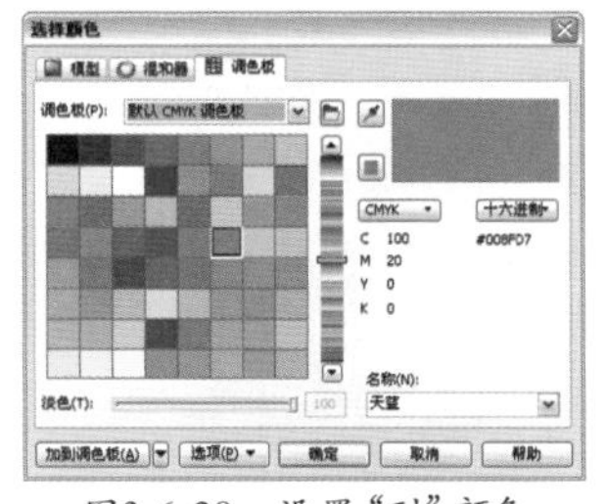

图3-6-28 设置“到”颜色

29 返回到“渐变填充”对话框，将“类型”设置为“辐射”，“中点”为 50，“边界”为 10，如图 3-6-29 所示。单击“确定”按钮。

30 渐变颜色填充完成后的效果，如图 3-6-30 所示。右键单击调色板上的“透明色”按钮☒，取消轮廓颜色。

31 执行“文件”|“导入”命令，导入素材文件：冰块 .psd，设置完成后调整其缩放比例和顺序，如图 3-6-31 所示。

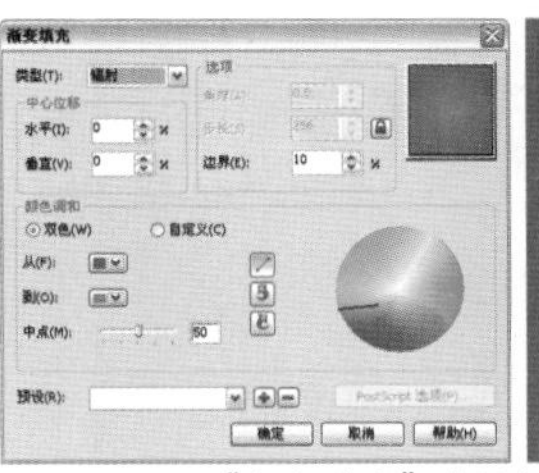

图3-6-29 “渐变填充”对话框

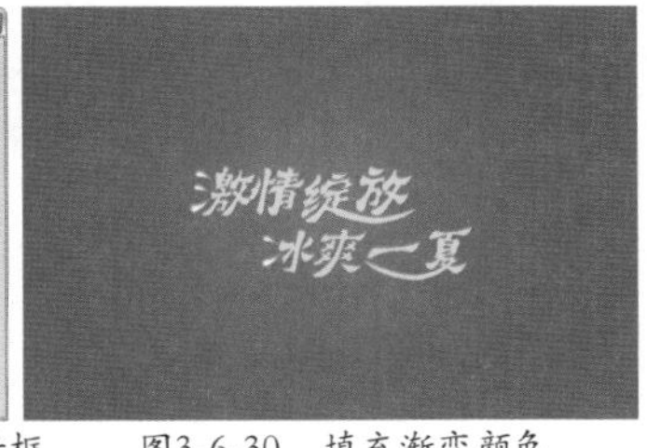

图3-6-30 填充渐变颜色

图3-6-31 导入素材

32 选中导入的素材文件，执行“效果”|“调整”|“亮度 / 对比对 / 强度”命令，如图 3-6-32 所示。

33 打开“亮度 / 对比对 / 强度”对话框，设置参数为 5、-4、-5。如图 3-6-33 所示。单击“确定”按钮。

34 调整完成后的图像，如图 3-6-34 所示。

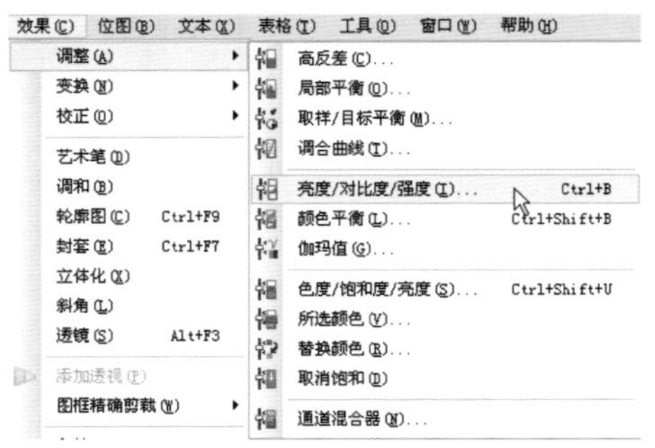

图3-6-32 “亮度/对比对/强度”命令

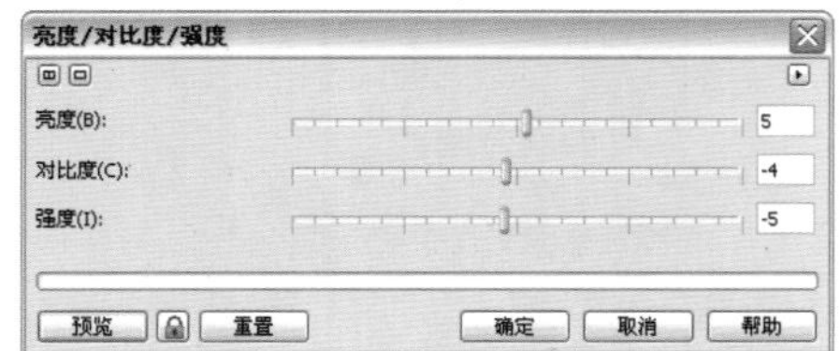

图3-6-33 “亮度/对比对/强度”对话框

图3-6-34 调整后效果

35 使用相同的方法继续导入并调整素材文件：装饰 .psd，至此变形文字就绘制完成，图像的最终效果，如图 3-6-35 所示。

图3-6-35 最终效果

本章小结：通过对以上案例的学习，可以掌握和了解 CorelDRAW X5 的基本绘图技巧和操作，以及本章中所讲解的各种工具和命令的使用方法，可以熟练使用 CorelDRAW 进行图形绘制，表现所需的任何效果。

第04章

插画绘图技巧

无论是传统绘画，还是使用计算机绘制插画，插画的绘制都是一个相对比较独立的创作过程，有很强烈的个人情感表现。使用 CorelDRAW X5 软件进行插画绘制，通过对绘图技巧的应用，可以在绘制过程中将创作表现具象，亦可抽象，创作的自由度极高。

4.1 绘制儿童风景插画

技能分析

制作本实例的主要目的是使读者了解并掌握如何在 CorelDRAW X5 软件中绘制儿童风景插画，使用“贝塞尔工具”和“矩形工具”等绘制出图形的轮廓，再使用“透明度工具”、“调和工具”和“阴影工具”等为绘制的图形添加各种效果，完成最终效果的制作。

制作步骤

① 按快捷键 Ctrl + N，打开“创建新文档”对话框，设置“名称”为绘制儿童风景插画，“宽度”为 297mm，“高度”为 210mm，如图 4-1-1 所示。单击“确定”按钮。

② 选择“矩形工具”，绘制图形。选择“渐变工具”，打开“渐变填充”对话框，在“选项”处设置“角度”为 90，分别设置“从”颜色为深绿色（C：73；M：0；Y：67；K：0），“到”的颜色为浅绿色（C：37；M：0；Y：84；K：0），“中点”为 62，如图 4-1-2 所示。单击“确定”按钮。

提示：

按F11键也可以打开“渐变填充”对话框。在绘制图像时，熟练使用快捷键可以有效地缩短绘制图形时所用的时间。

③ 填充渐变色后，右键单击调色板上的“透明色”按钮☒，取消轮廓颜色，效果如图 4-1-3 所示。

④ 选择“贝塞尔工具”，绘制图形。并填充颜色为白色，取消轮廓色，如图 4-1-4 所示。

图4-1-1 设置“新建”参数

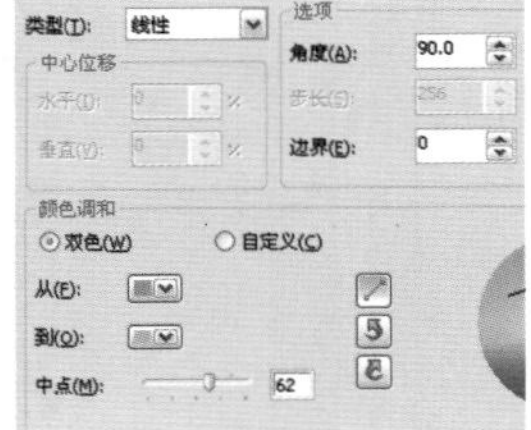

图4-1-2 设置渐变色

图4-1-3 填充渐变色

图4-1-4 绘制图形

⑤ 选择“选择工具”，框选绘制的白色图形。按快捷键 Ctrl+G 群组选中的图形，并取消轮廓色。选择“透明度工具”，选择属性栏上的“透明度类型”为标准，调整“开始透明度”滑块为 60。图像效果如图 4-1-5 所示。

提示：

对图像进行群组，还可以单击属性栏上的“群组”按钮。

⑥ 选择“贝塞尔工具”，绘制图形。如图 4-1-6 所示。

⑦ 按快捷键 Shift + F11，打开“均匀填充”对话框，设置颜色为浅蓝色（C：40，M：0，Y：0，K：0），单击“确定”按钮。效果如图 4-1-7 所示。

8 使用“贝塞尔工具”再次绘制一个略小的图形，填充颜色为白色。如图 4-1-8 所示。

图4-1-5 添加透明度

图4-1-6 绘制图形

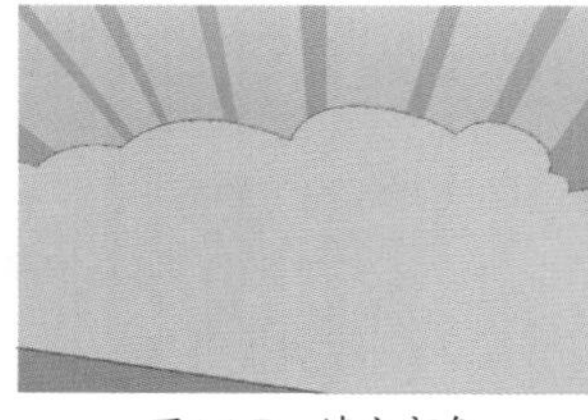

图4-1-7 填充颜色

图4-1-8 绘制图形

9 使用“选择工具”框选绘制的图形，取消轮廓色。选择“调和工具”，选择白色图像向浅蓝色图形进行拖曳，设置属性上的“调和对象”为 50，图像效果如图 4-1-9 所示。

10 使用同样的方法制作其他 2 个云层图像。效果如图 4-1-10 所示。

11 使用“贝塞尔工具”在图像下方绘制图形轮廓，如图 4-1-11 所示。

12 按 F11 键打开“渐变填充”对话框，设置“角度”为 90，在“颜色调和”选项区域中选择“自定义”选项，分别设置为：

位置：0% 颜色（C：40；M：0；Y：61；K：0）；

位置：20% 颜色（C：40；M：0；Y：61；K：0）；

位置：100% 颜色（C：76；M：8；Y：75；K：0）。

如图 4-1-12 所示，单击“确定”按钮。

图4-1-9 添加调和效果

图4-1-10 绘制云层

图4-1-11 绘制图形

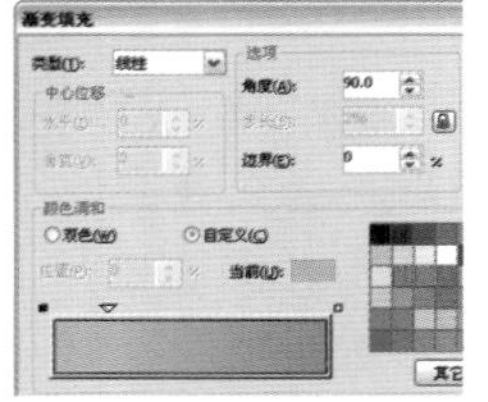

图4-1-12 设置渐变色

13 填充渐变色后，右键单击调色板上的“透明色”按钮，取消轮廓颜色，效果如图 4-1-13 所示。

14 使用“贝塞尔工具”绘制图形轮廓，如图 4-1-14 所示。

15 按 F11 键打开“渐变填充”对话框，设置“角度”为 -77，“边界”为 4%，在“颜色调和”选项区域中选择“自定义”选项，分别设置为：

位置：0% 颜色（C：100；M：0；Y：100；K：10）；

位置：70% 颜色（C：20；M：0；Y：52；K：0）；

位置：100% 颜色（C：20；M：0；Y：52；K：0）。

如图 4-1-15 所示。单击“确定”按钮。

16 填充渐变色后，取消轮廓颜色。使用“贝塞尔工具”在右下绘制图形轮廓，如图 4-1-16 所示。

图4-1-13 填充渐变色

图4-1-14 绘制图形

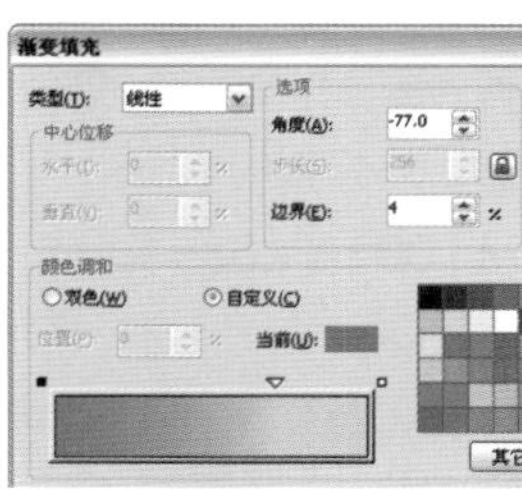

图4-1-15 设置渐变色

图4-1-16 绘制图形

17 按 F11 键打开“渐变填充”对话框，设置“角度”为 -170.5，“边界”为 2%，在“颜色调和”选项区域中选择“自定义”选项，分别设置：

位置：0%颜色（C：100；M：0；Y：100；K：40）；

位置：90% 颜色（C：20；M：0；Y：52；K：0）；

位置：100% 颜色（C：20；M：0；Y：52；K：0）。

如图 4-1-17 所示。单击“确定”按钮。

18 填充渐变色后，取消轮廓颜色。使用“贝塞尔工具”再次绘制图形轮廓，如图 4-1-18 所示。

19 按 F11 键打开“渐变填充”对话框，设置“角度”为 -121.4，“边界”为 3%，在“颜色调和”

选项区域中选择“自定义”选项，分别设置：

位置：0%颜色（C：100；M：0；Y：100；K：20）；

位置：80% 颜色（C：20；M：0；Y：52；K：0）；

位置：100% 颜色（C：20；M：0；Y：52；K：0）。

如图 4-1-19 所示。单击“确定”按钮。

20 填充渐变色后，取消轮廓颜色。选择“椭圆工具”，在图像左侧按住 Ctrl 键绘制正圆，如图 4-1-20 所示。

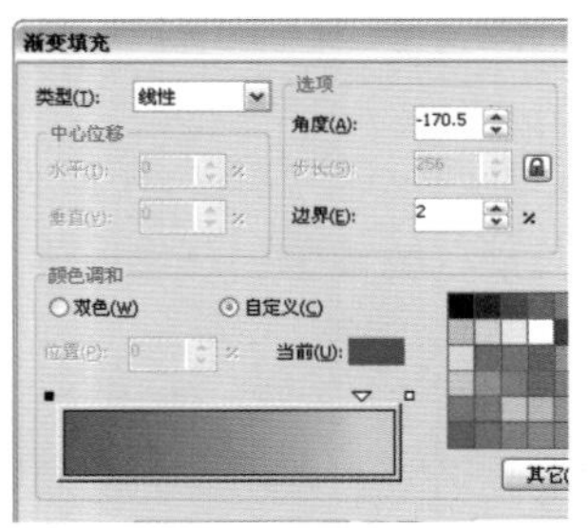

图4-1-17 设置渐变色

图4-1-18 绘制图形

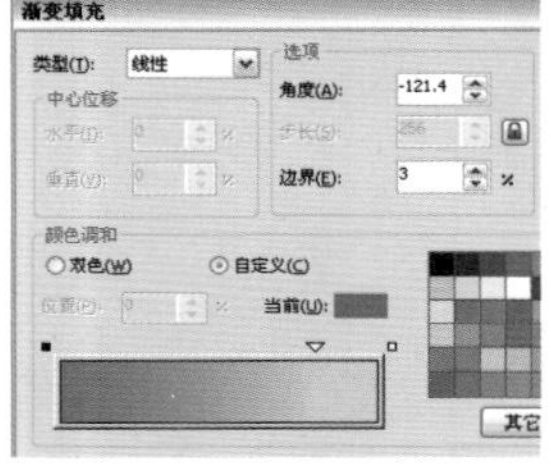

图4-1-19 设置渐变色

图4-1-20 绘制正圆

21 按 F11 键打开“渐变填充”对话框，设置“角度”为 -126.6，“边界”为 3%，在“颜色调和”选项区域中选择“自定义”选项，分别设置为：

位置：0% 颜色（C：9；M：39；Y：63；K：0）；

位置：20% 颜色（C：9；M：39；Y：63；K：0）；

位置：100% 颜色（C：2；M：18；Y：36；K：0）。

如图 4-1-21 所示。单击“确定”按钮。

22 填充渐变色后，取消轮廓颜色。效果如图 4-1-22 所示。

23 使用“贝塞尔工具”绘制头发轮廓并填充颜色为黑色，取消轮廓颜色。再次使用“贝塞尔工具”绘制头发高光轮廓，如图 4-1-23 所示。

提示：

在绘制图像时，经常会遇到底色为黑色，而绘制的轮廓色在默认状态下也是黑色，这对绘制图形带来了不便，此时可以将轮廓色的颜色改为白色或其他色以便更好地分辨和绘制图形。

24 按 F11 键打开“渐变填充”对话框，设置“角度”为 69.7，“边界”为 8%，在“颜色调和”选项区域中选择“自定义”选项，分别设置为：

位置：0% 颜色（C：43；M：59；Y：76；K：1）；

位置：80% 颜色（C：60；M：70；Y：84；K：27）；

位置：100% 颜色（C：60；M：70；Y：84；K：27）。

如图 4-1-24 所示。单击“确定”按钮。

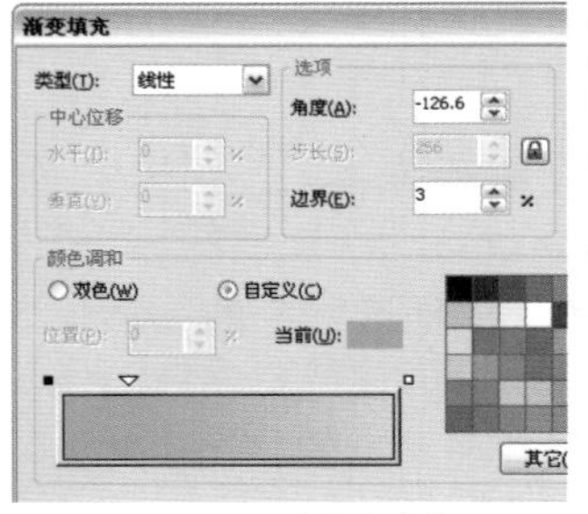

图4-1-21 设置渐变色

图4-1-22 填充渐变色

图4-1-23 绘制头发

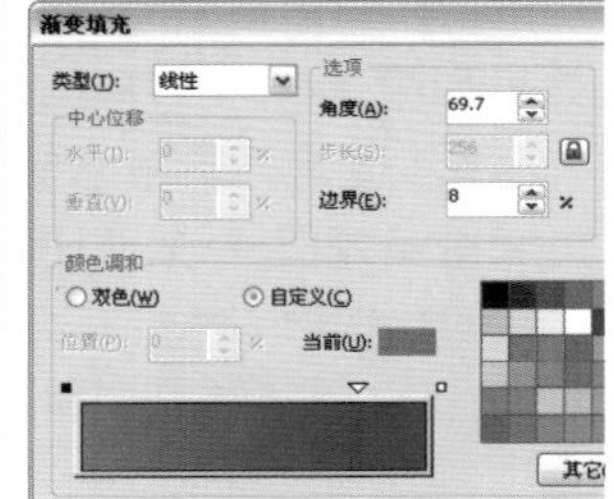

图4-1-24 设置渐变色

25 填充渐变色后，取消轮廓颜色。效果如图 4-1-25 所示。

26 使用“椭圆工具”，按住 Ctrl 键在人物头部绘制两个大小不同的正圆，如图 4-1-26 所示。

提示：

在绘制眼睛时，应先绘制大圆，再绘制小圆，否则会由于绘制的先后问题使大圆放置到小圆上，致使之后的操作需要对图形进行图层调整。

27 为较大的正圆填充黑色，为较小的正圆填充颜色为白色，使用“选择工具”框选绘制的眼睛图形，向右上单击拖曳，在拖曳中单击右键对图形进行复制，调整复制的图形，效果如图 4-1-27 所示。

28 使用“贝塞尔工具” 绘制嘴形轮廓，如图 4–1–28 所示。

图4-1-25 填充渐变色

图4-1-26 绘制圆

图4-1-27 复制调整图形

图4-1-28 绘制图形

29 按 F11 键打开“渐变填充”对话框，在“选项”处设置“角度”为 –172.6，“边界”为 4%。分别设置“从”颜色为深褐色（C：62；M：84；Y：100；K：52），“到”的颜色为褐色（C：57；M：70；Y：88；K：24），如图 4–1–29 所示。单击“确定”按钮。

30 填充渐变色后，取消轮廓颜色。效果如图 4–1–30 所示。

31 使用“椭圆工具” ，按住 Ctrl 键在人物脸部绘制正圆。按快捷键 Shift + F11，打开“均匀填充”对话框，设置颜色为粉橙色（C：6，M：69，Y：58，K：0），单击“确定”按钮，取消轮廓颜色。效果如图 4–1–31 所示。

32 选择绘制的正圆，执行“位图”|“转换为位图”命令，打开“转换为位图”对话框，设置“分辨率”为 300，勾选“光滑处理”和“透明背景”选项，如图 4–1–32 所示。单击“确定”按钮。

提示：

在“转换为位图”对话框中，分辨率的设置应根据需要进行设置，而不是固定的。

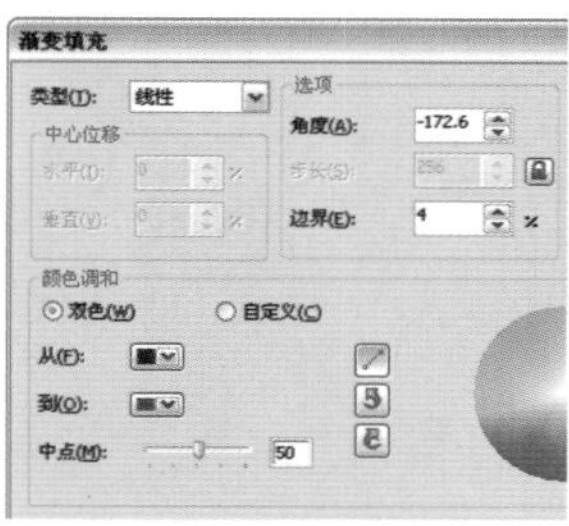

图4-1-29 设置渐变色

图4-1-30 填充渐变色

图4-1-31 绘制图形

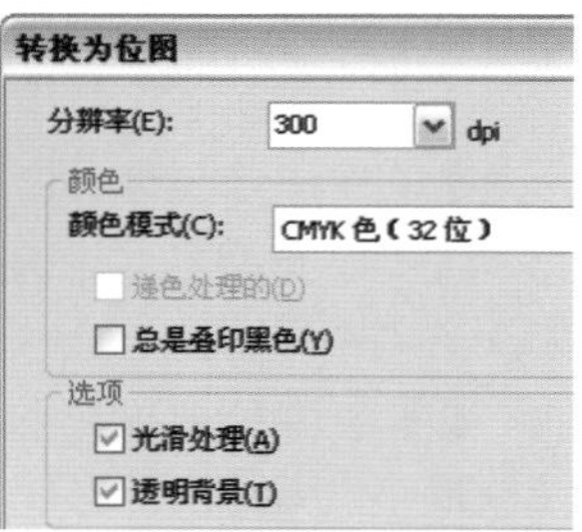

图4-1-32 设置参数

33 执行“位图”|“模糊”|“高斯式模糊”命令，打开“高斯式模糊”对话框，设置“半径”为 10 像素，如图 4–1–33 所示。单击“确定”按钮。

34 执行“高斯式模糊”命令后，将制作出的图像进行复制，再将复制的图像移动到脸部的右上角，效果如图 4–1–34 所示。

35 使用“贝塞尔工具” 绘制衣服暗部轮廓，按快捷键“Shift + F11”，打开“均匀填充”对话框，设置颜色为橙色（C：0，M：60，Y：100，K：0），单击“确定”按钮，取消轮廓颜色。选中绘制的图形，单击右键在快捷菜单中执行“顺序”|“置于此对象前”|“置于此对象前”命令，当出现黑色箭头图标后，单击人物脸部，将衣服图形放置到头部下方，效果如图 4–1–35 所示。

36 再次使用“贝塞尔工具” 绘制衣服轮廓，填充颜色为黄色（C：0，M：20，Y：100，K：0），取消轮廓颜色。将绘制的图形放置到头部下方，效果如图 4–1–36 所示。

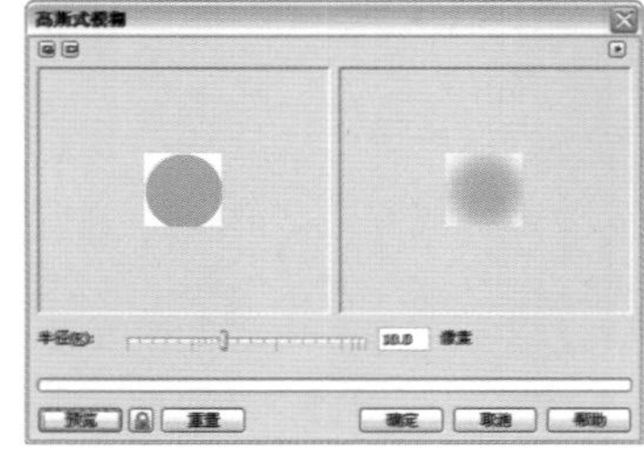
图4-1-33 设置参数

图4-1-34 调整图像

图4-1-35　绘制图形

图4-1-36　绘制上衣

37 使用“贝塞尔工具” 绘制衣袖轮廓，填充颜色为黄色（C：0，M：20，Y：100，K：0），如图 4–1–37 所示。

38 取消轮廓颜色，并在衣袖上绘制暗部轮廓。填充颜色为橙色（C：0，M：60，Y：100，K：0），效果如图 4–1–38 所示。

39 取消轮廓颜色，将绘制的衣袖图形进行群组并放置到人物头部下方。使用“贝塞尔工具” 绘制手部轮廓，如图 4–1–39 所示。

40 按 F11 键打开“渐变填充”对话框，在“选项”处设置“角度”为 –90，分别设置“从”颜色为深粉色（C：9；M：39；Y：63；K：0），“到”的颜色为粉色（C:2;M:18;Y:36;K:0），如图 4–1–40 所示。单击“确定”按钮。

图4-1-37　绘制衣袖

图4-1-38　绘制暗部

图4-1-39　绘制手部

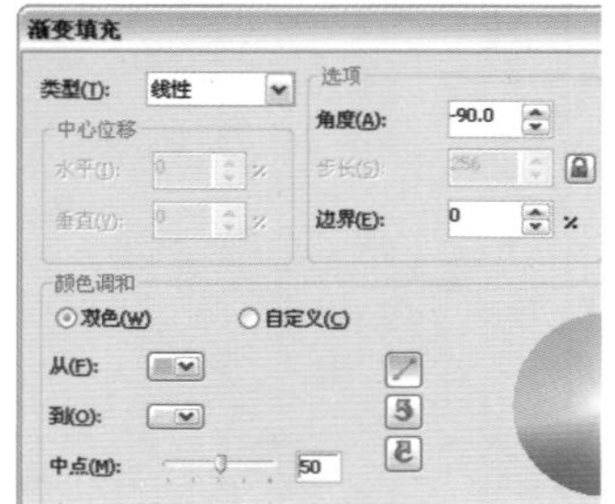

图4-1-40　设置渐变色

41 填充渐变色后，取消轮廓颜色。复制图形并放置到另外一只衣袖上，效果如图 4–1–41 所示。

42 使用“贝塞尔工具” 绘制短裤轮廓，填充颜色为深蓝色（C：100，M：40，Y：0，K：0），如图 4–1–42 所示。

43 取消轮廓颜色，使用“贝塞尔工具” 绘制短裤高光轮廓，如图 4–1–43 所示。

44 按 F11 键打开“渐变填充”对话框，分别设置“从”颜色为深蓝色（C：100；M：20；Y：0；K：0），“到”的颜色为浅蓝色（C：60；M：0；Y：0；K：0），如图 4–1–44 所示。单击“确定”按钮。

图4-1-41　调整图形

图4-1-42　绘制短裤

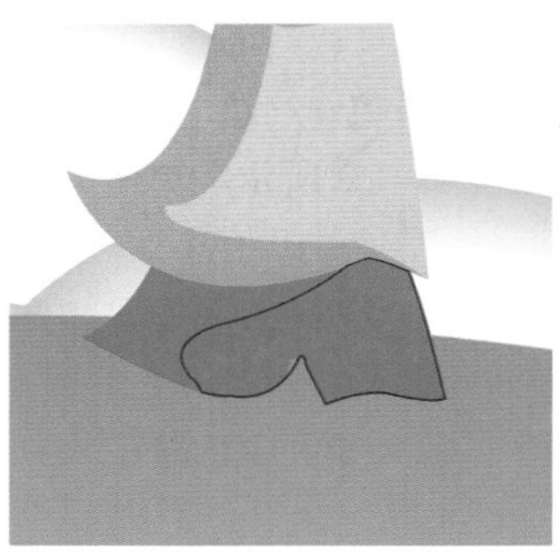

图4-1-43　绘制高光轮廓

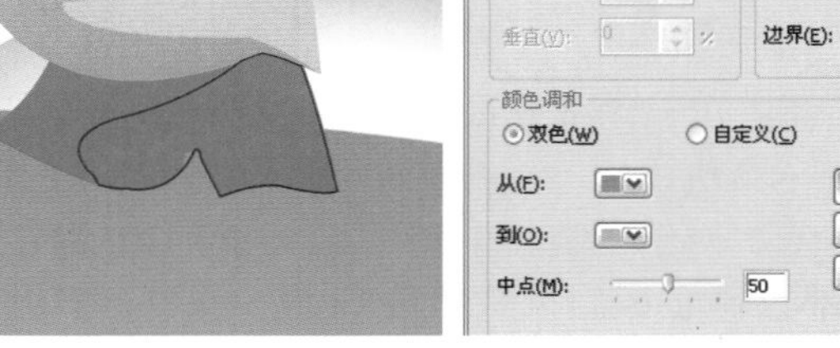

图4-1-44　设置渐变色

45 填充渐变色后，取消轮廓颜色。使用“贝塞尔工具” 绘制短裤暗部轮廓，填充颜色为深蓝色（C：100，M：40，Y：0，K：0），取消轮廓颜色，效果如图 4–1–45 所示。

46 使用“贝塞尔工具” 绘制腿部轮廓，如图 4–1–46 所示。

47 按 F11 键打开“渐变填充”对话框，设置“角度”为 –90，在“颜色调和”选项区域中选择“自定义”选项，分别设置为：

位置：0% 颜色为（C：9；M：39；Y：63；K：0）；

位置：100% 颜色为（C：2；M：18；Y：36；K：0）。

如图 4–1–47 所示。单击“确定”按钮。

48 填充渐变色后，取消轮廓颜色。效果如图 4–1–48 所示。

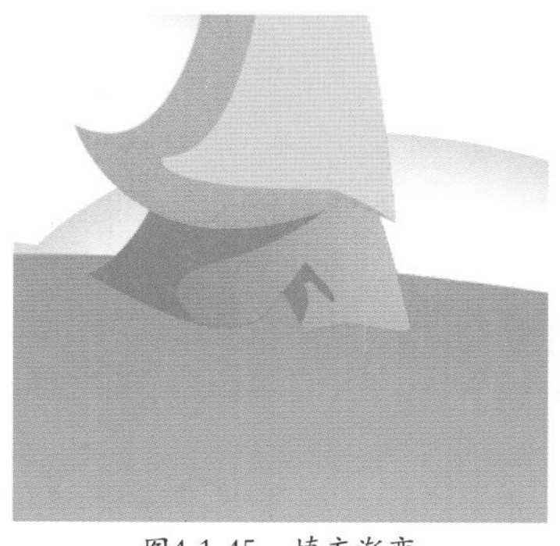
图4-1-45 填充渐变

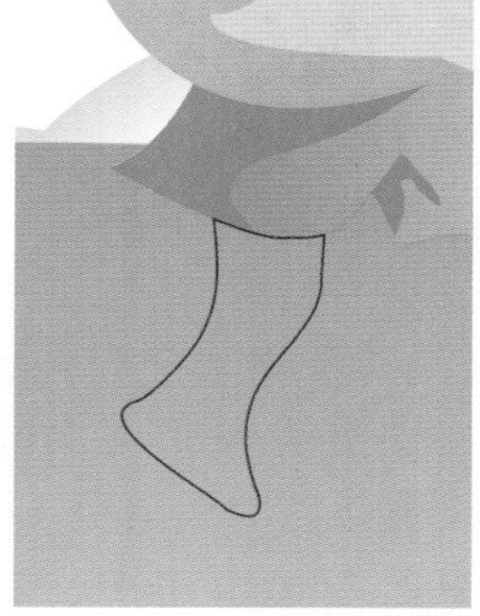
图4-1-46 绘制腿部轮廓

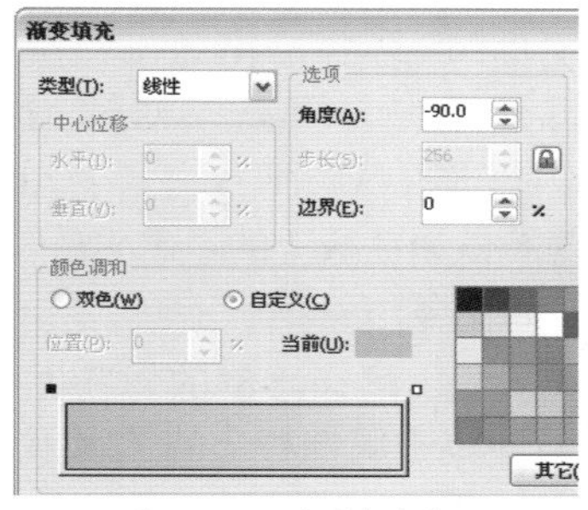

图4-1-47 设置渐变色

图4-1-48 填充渐变

49 使用同样的方法绘制另外一条腿，如图 4–1–49 所示。

50 使用“椭圆工具”，在人物腿部下方绘制一个椭圆并放置到人物图层下方。填充颜色为深绿色（C：90，M：0，Y：90，K：0），取消轮廓颜色。效果如图 4–1–50 所示。

51 执行“位图”|“转换为位图”命令，打开“转换为位图”对话框，设置“分辨率”为 150，单击“确定”按钮；执行“位图”|“模糊”|“高斯式模糊”命令，设置“半径”为 20 像素，如图 4–1–51 所示。单击“确定”按钮。

52 执行“高斯式模糊”命令后，图像效果如图 4–1–52 所示。

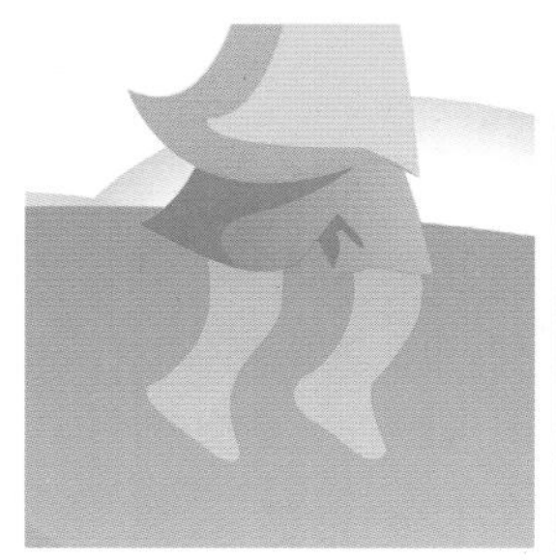

图4-1-49 绘制腿部

图4-1-50 绘制正圆

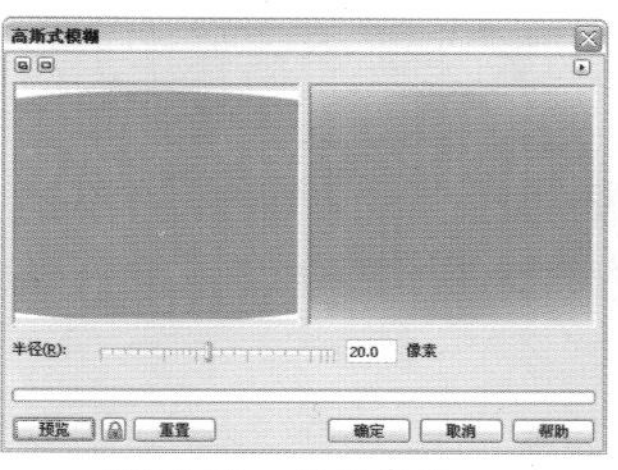

图4-1-51 设置参数

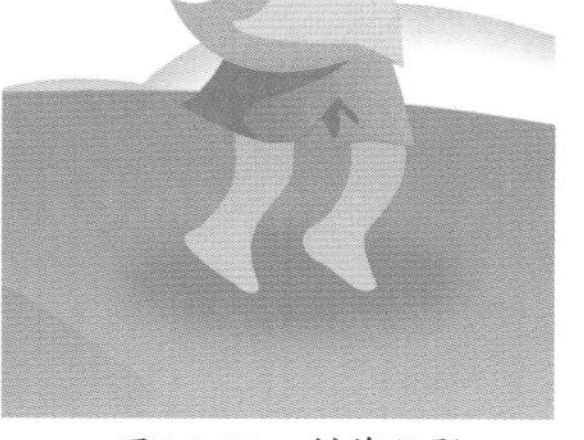
图4-1-52 制作阴影

53 使用“贝塞尔工具”绘制花瓣轮廓，填充颜色为白色，如图 4–1–53 所示。

54 取消轮廓颜色。使用“贝塞尔工具”绘制花瓣花瓣图形，效果如图 4–1–54 所示。

55 选择“椭圆工具”，按住 Ctrl 键不放在花瓣中心绘制正圆，如图 4–1–55 所示。

56 按 F11 键打开“渐变填充”对话框，设置“类型”为辐射，在“中心位移”选项区域中设置“水平”为 –21%，“垂直”为 25%，分别设置“从”颜色为黄色（C：0；M：0；Y：100；K：0），“到”的颜色为白色，“中点”为 73，如图 4–1–56 所示。单击“确定”按钮。

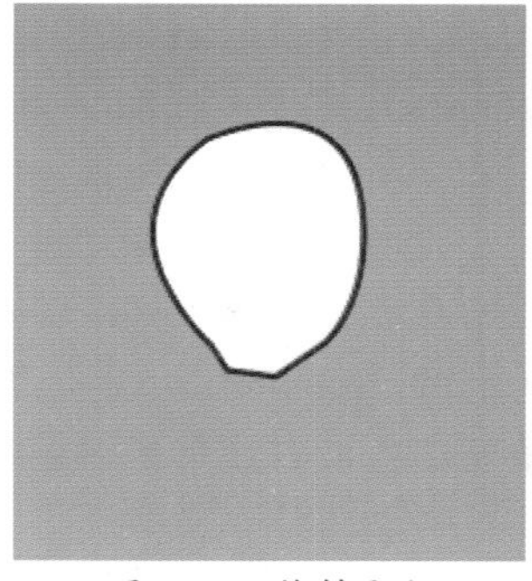
图4-1-53 绘制图形

图4-1-54 绘制花瓣

图4-1-55 绘制正圆

图4-1-56 设置渐变色

57 填充渐变色后，取消轮廓颜色。效果如图 4–1–57 所示。

58 单击“选择工具”，将绘制的花朵图形框选。按快捷键 Ctrl+G，群组选中的图形。将花朵图形复制并调整位置、大小和方向，如图 4–1–58 所示。

59 单击“选择工具”，将所有花朵图形进行框选并群组。单击“阴影工具”，向外单击拖曳形成阴影后，设置属性栏上的“阴影的不透明度”为 20，“阴影羽化”为 3，其余保持默认值。如图 4–1–59 所示。

60 使用同样的方法制作图像右侧的花朵图像，效果如图 4–1–60 所示。

图4-1-57　填充渐变

图4-1-58　复制调整图形

图4-1-59　添加阴影效果

图4-1-60　制作花朵图形

61 单击“多边形工具”，在属性栏上设置“点数或边数”为 6，在图像中绘制六边形，如图 4–1–61 所示。

62 为绘制的六边形填充白色，右键单击调色板上的“透明色”按钮☒，取消轮廓颜色，选择“透明工具”，选择属性栏上的“透明度类型”为标准。效果如图 4–1–62 所示。

63 复制多个六边形并调整其大小、位置和角度，效果如图 4–1–63 所示。

64 使用“贝塞尔工具”绘制图形轮廓，按快捷键 Shift + F11，打开“均匀填充”对话框，设置颜色为蓝色（C：60；M：0；Y：0；K：0），单击“确定”按钮。右键单击调色板上的“透明色”按钮☒，取消轮廓颜色，如图 4–1–64 所示。

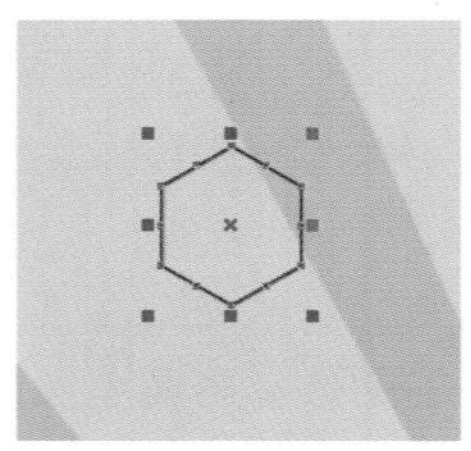
图4-1-61　绘制图形

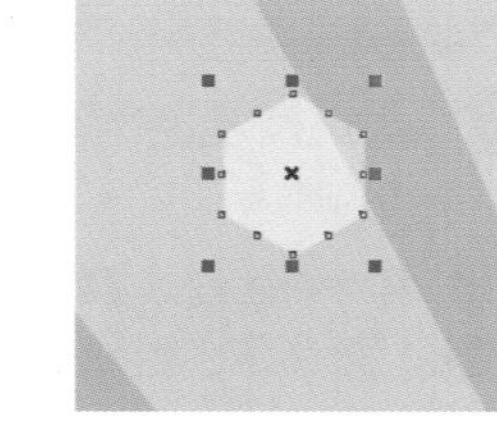
图4-1-62　添加透明度

图4-1-63　复制调整图形

图4-1-64　绘制图形

65 再次使用“贝塞尔工具”绘制翅膀轮廓，按快捷键 Shift + F11，打开“均匀填充”对话框，设置颜色为浅蓝色（C：20；M：0；Y：0；K：0），单击“确定”按钮。右键单击调色板上的“透明色”按钮☒，取消轮廓颜色，效果如图 4–1–65 所示。

66 使用“贝塞尔工具”绘制心形轮廓，按快捷键 Shift + F11，打开“均匀填充”对话框，设置颜色为桃红色（C：0；M：50；Y：0；K：0），单击“确定”按钮。右键单击调色板上的“透明色”按钮☒，取消轮廓颜色，如图 4–1–66 所示。

67 单击“选择工具”，框选绘制的翅膀图形并进行群组，复制图形并单击属性栏上的“水平镜像”按钮，对图形进行翻转。调整图形的位置和角度，并将该图形调整到心形图形图层下方，如图 4–1–67 所示。

68 使用“贝塞尔工具”再次绘制一个略小的心形轮廓，如图 4–1–68 所示。

图4-1-65　绘制图形

图4-1-66　绘制心形

图4-1-67　复制调整图形

图4-1-68　绘制心形

69 按 F11 键打开“渐变填充”对话框，设置“类型”为辐射，在“中心位移”选项区域中设置“水平”为 –22%，“垂直”为 29%，分别设置“从”颜色为桃红色（C：0；M：50；Y：0；K：0），“到”的颜色为白色，“中点”为 51，如图 4–1–69 所示。单击“确定”按钮。

70 填充渐变色后，右键单击调色板上的“透明色”按钮☒，取消轮廓颜色，效果如图 4–1–70 所示。

71 图像最终效果，如图 4–1–71 所示。

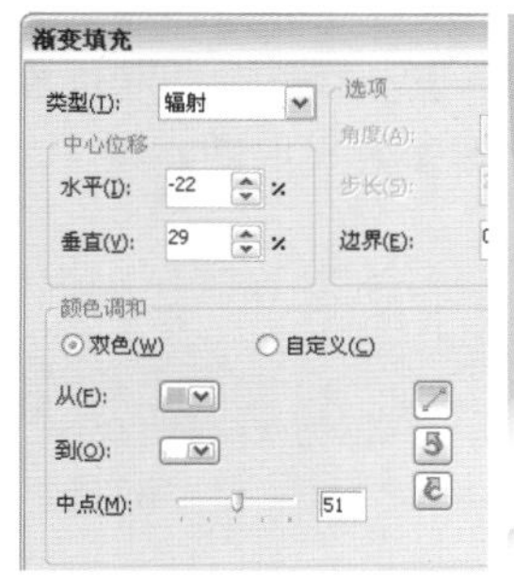

图4-1-69 设置渐变色

图4-1-70 填充渐变色

图4-1-71 最终效果

4.2 绘制动漫人物插画

技能分析

制作本实例的主要目的是使读者了解并掌握如何在 CorelDRAW X5 软件中绘制动漫人物插画，在本案例中主要使用“贝塞尔工具”对人物的头发、脸部、衣服等进行轮廓绘制，再使用“均匀填充”和“渐变填充”对人物进行填色处理，并使用“高斯式模糊”和“放置在容器中”等命令制作出人物的高光和暗部效果，从而完成最终效果。

制作步骤

1 按快捷键 Ctrl + N，打开“创建新文档”对话框，设置“名称”为绘制动漫人物插画，“宽度”为 297mm，“高度”为 210mm，如图 4–2–1 所示。单击“确定”按钮。

2 单击“贝塞尔工具”，绘制图形。按快捷键 Shift + F11，打开“均匀填充”对话框，设置颜色为黑色，单击“确定”按钮。效果如图 4–2–2 所示。

3 使用“贝塞尔工具”，绘制图形。按快捷键 Shift + F11，打开“均匀填充”对话框，设置颜色为 70% 的黑（C：0；M：0；Y：0；K：70），单击“确定”按钮。效果如图 4–2–3 所示。

4 选择绘制的灰色图形，执行“位图”|“转换为位图”命令，打开“转换为位图”对话框，设置“分辨率”为 300，勾选“光滑处理”和“透明背景”选项，如图 4–2–4 所示。单击“确定”按钮。

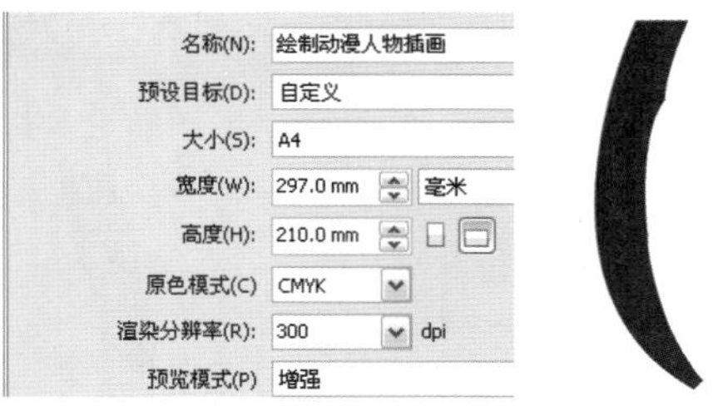

图4-2-1 设置“新建”参数

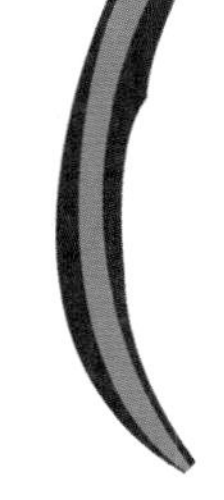

图4-2-2 绘制图形

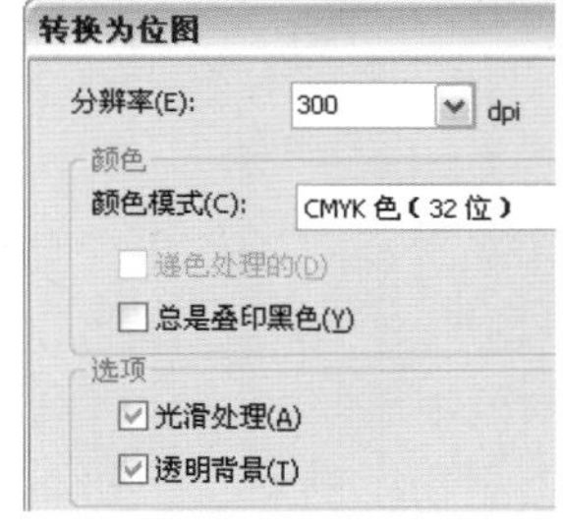

图4-2-3 绘制高光图形

图4-2-4 设置参数

5 执行“位图”|“模糊”|“高斯式模糊”命令，打开“高斯式模糊”对话框，设置“半径”为 20 像素，如图 4-2-5 所示。单击“确定”按钮。

提示：

在“高斯式模糊”对话框中，单击“预览”按钮可以对图形进行执行命令前的效果观察。需要恢复原状则单击“重置”按钮。

6 执行“高斯式模糊”命令后，执行“效果”|“图框精确裁剪”|“放置在容器中”命令。出现黑色箭头图标后，单击黑色图形。选择黑色图形，单击右键打开快捷菜单，执行“编辑内容”命令，将放置到图形中的图像进行调整，调整后在图像上单击右键打开快捷菜单，执行“结束编辑”命令，图像效果如图 4-2-6 所示。

7 选择“贝塞尔工具”，绘制图形。如图 4-2-7 所示。

8 选择“选择工具”，框选绘制的图形。填充颜色为黑色，右键单击调色板上的“透明色”按钮☒，取消轮廓颜色，效果如图 4-2-8 所示。

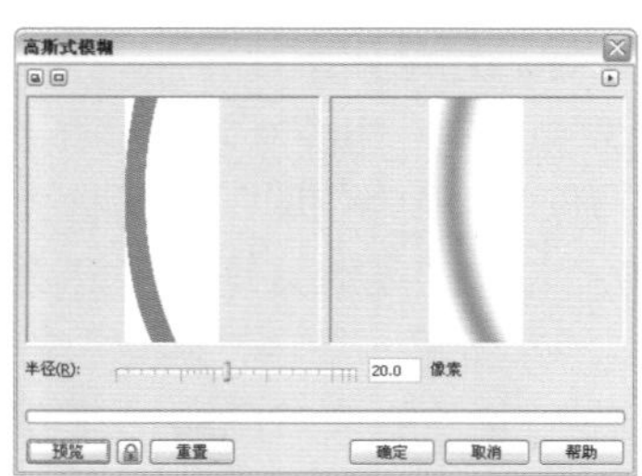

图4-2-5　设置“半径”参数

图4-2-6　调整图像

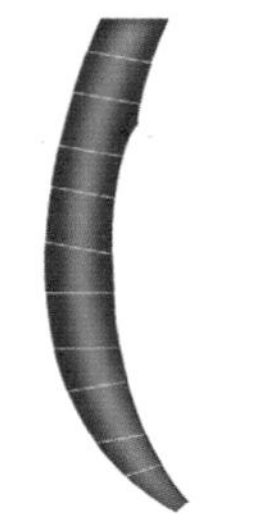

图4-2-7　绘制图形

图4-2-8　填充颜色

9 选择“贝塞尔工具”，绘制图形。按快捷键 Shift + F11，打开“均匀填充”对话框，设置颜色为深绿色（C：95；M：22；Y：100；K：52），单击“确定”按钮。取消轮廓颜色，效果如图 4-2-9 所示。

10 选择“贝塞尔工具”，绘制图形。按快捷键 Shift + F11，打开“均匀填充”对话框，设置颜色为绿色（C：100；M：0；Y：100；K：10），单击“确定”按钮。取消轮廓颜色，效果如图 4-2-10 所示。

11 执行“位图”|“转换为位图”命令，参数为默认值，单击“确定”按钮。执行“位图”|“模糊”|“高斯式模糊”命令，设置“半径”为 3.5 像素，单击“确定”按钮。执行“放置在容器中”命令，将转换成位图的图像放置到深绿色图形中，再对放置到容器中的图像进行调整。图像效果如图 4-2-11 所示。

提示：

由于绘制时的大小比例不同，应根据实际情况对高斯式模糊的参数进行设置。

12 选择“贝塞尔工具”，绘制图形。如图 4-2-12 所示。

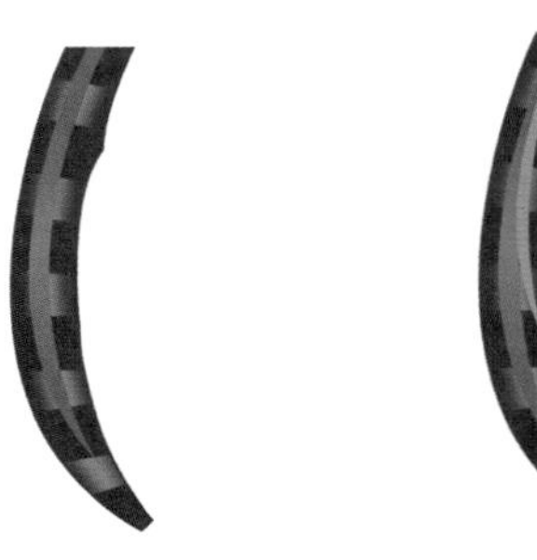

图4-2-9　绘制图形　　图4-2-10　绘制高光图形

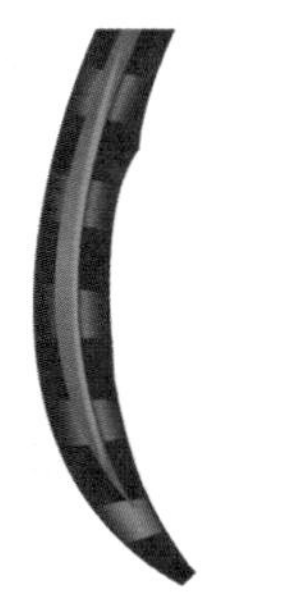

图4-2-11　调整图像

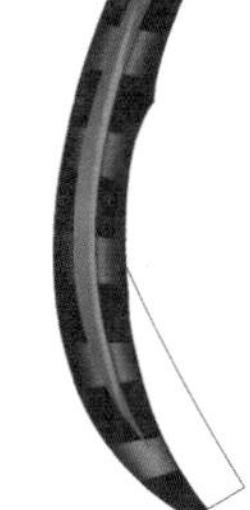

图4-2-12　绘制轮廓

13 按 F11 键打开“渐变填充”对话框，设置“角度”为 -119.2，“边界”为 11%，在“颜色调和”选项区域中选择“自定义”选项，分别设置为：

位置：0%　颜色（C：97；M：64；Y：100；K：52）；

位置：30% 颜色（C：97；M：64；Y：100；K：52）；

位置：50% 颜色（C：85；M：45；Y：85；K：6）；

位置：90% 颜色（C：97；M：64；Y：100；K：52）；

位置：100% 颜色（C：97；M：64；Y：100；K：52）。

如图 4-2-13 所示。单击“确定”按钮。

提示：

“渐变填充”对话框中“边界”用于设置色彩之间过渡色的过渡量，参数越高，色彩之间的过渡量越少。

14 填充渐变色后，右键单击调色板上的“透明色”按钮⊠，取消轮廓颜色，效果如图 4-2-14 所示。

15 选择“贝塞尔工具”，绘制图形。按快捷键 Shift + F11，打开“均匀填充”对话框，设置颜色为暗绿色（C：96；M：69；Y：100；K：61），单击“确定”按钮。如图 4-2-15 所示。

16 取消轮廓颜色，执行“位图”|“转换为位图”命令，参数为默认值，单击“确定”按钮。执行“位图”|“模糊”|“高斯式模糊”命令，设置“半径”为 2 像素，单击“确定”按钮。执行“放置在容器中”命令，将转换成位图的图像放置到深绿色图形中，再对放置到容器中的图像进行调整。图像效果如图 4-2-16 所示。

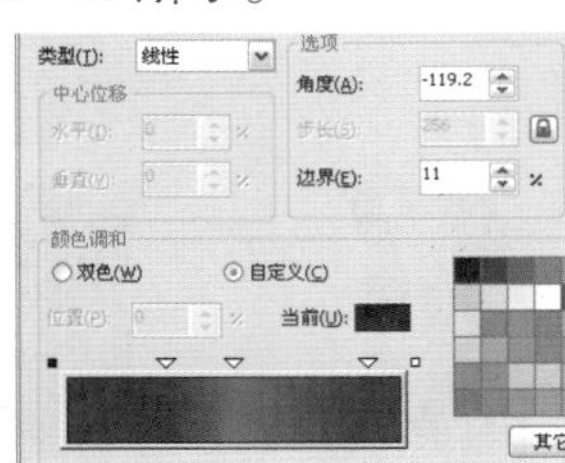

图4-2-13 设置渐变色

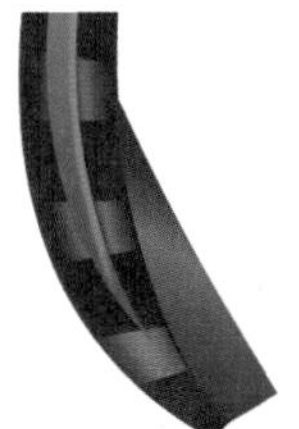

图4-2-14 填充渐变色

图4-2-15 绘制图形

图4-2-16 调整图像

17 选择“贝塞尔工具”，绘制图形。按快捷键 Shift + F11，打开“均匀填充”对话框，设置颜色为黑色，单击“确定”按钮。取消轮廓颜色，如图 4-2-17 所示。

18 选择“贝塞尔工具”，绘制图形。为图形填充白色，如图 4-2-18 所示。

提示：

绘制高光效果的图形形状很重要，这对制作后图像最终效果是否更加真实起到关键作用。

19 取消轮廓颜色，执行“位图”|“转换为位图”命令，参数为默认值，单击“确定”按钮。执行“位图”|“模糊”|“高斯式模糊”命令，设置“半径”为 3 像素，单击“确定”按钮。执行“放置在容器中”命令，将转换成位图的图像放置到黑色图形中，再对放置到容器中的图像进行调整。图像效果如图 4-2-19 所示。

20 使用同样的方法在下方再制作一个高光图形，如图 4-2-20 所示。

图4-2-17 绘制图形

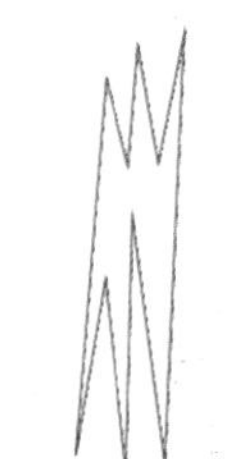

图4-2-18 填充颜色

图4-2-19 制作高光

图4-2-20 制作高光

21 选择“贝塞尔工具”，绘制图形。按快捷键 Shift + F11，打开“均匀填充”对话框，设置颜色为深绿色（C：100；M：0；Y：100；K：80），单击“确定”按钮。如图 4-2-21 所示。

22 选择“贝塞尔工具”，绘制图形。填充颜色为绿色（C：100；M：0；Y：100；K：0），取消轮廓颜色。执行“位图”|“转换为位图”命令，参数为默认值，单击“确定”按钮。执行“位图”|“模

糊”|“高斯式模糊”命令，设置“半径”为25像素，单击“确定”按钮。执行“放置在容器中”命令，将转换成位图的图像放置到黑色图形中，再对放置到容器中的图像进行调整。效果如图4-2-22所示。

23 选择“贝塞尔工具”，绘制图形。填充颜色为绿色（C：100；M：0；Y：100；K：20），再次绘制图形，填充颜色为浅绿色（C：50；M：0；Y：100；K：0），取消轮廓颜色，执行“位图”|“转换为位图”命令，参数为默认值，单击“确定”按钮。执行“位图”|“模糊”|“高斯式模糊”命令，设置“半径”为3像素，单击“确定”按钮。执行“放置在容器中”命令，将转换成位图的图像放置到黑色图形中，再对放置到容器中的图像进行调整。效果如图4-2-23所示。

24 使用“贝塞尔工具”，绘制图形。填充颜色为绿色（C：56；M：0；Y：100；K：0），再次绘制图形，填充颜色为月光绿（C：20；M：0；Y：60；K：0），取消轮廓颜色。执行“位图”|“转换为位图”命令，参数为默认值，单击“确定”按钮。执行“位图”|“模糊”|“高斯式模糊”命令，设置“半径”为3像素，单击“确定”按钮。执行“放置在容器中”命令，将转换成位图的图像放置到黑色图形中，再对放置到容器中的图像进行调整。效果如图4-2-24所示。

图4-2-21　绘制图形

图4-2-22　制作高光

图4-2-23　绘制图形

图4-2-24　绘制图形

25 使用“贝塞尔工具”，绘制图形。填充颜色为绿色（C：100；M：0；Y：100；K：20），取消轮廓颜色，如图4-2-25所示。

26 使用“贝塞尔工具”，绘制图形。填充颜色为浅绿色（C：76；M：0；Y：100；K：0），取消轮廓颜色。执行“位图”|“转换为位图”命令，参数为默认值，单击“确定”按钮。执行“位图”|“模糊”|“高斯式模糊”命令，设置“半径”为8像素，单击“确定”按钮。执行“放置在容器中”命令，将转换成位图的图像放置到绿色图形中，再对放置到容器中的图像进行调整。效果如图4-2-26所示。

27 选择“贝塞尔工具”，绘制图形。选择“选择工具”，框选绘制的图形。填充颜色为黑色，取消轮廓颜色。按快捷键Ctrl+G群组选中的图形，选择“透明度工具”，选择属性栏上的“透明度类型”为标准，调整“开始透明度”滑块为15，效果如图4-2-27所示。

28 使用以上绘制头发的方法绘制右侧图形，绘制后效果如图4-2-28所示。

提示：

在绘制同类型图形时，可以对绘制的图形进行复制调整，如变形、旋转、调整大小等操作，得到不同样式的图形，提高工作效率。

图4-2-25　绘制图形

图4-2-26　制作高光

图4-2-27　绘制装饰

图4-2-28　绘制图形

29 单击“椭圆工具”，在图像左侧按住Ctrl键绘制多个不同大小的正圆。选择“选择工具”，框选绘制的正圆，填充为黑色（C：0；M：0；Y：0；

K：95）。如图 4-2-29 所示。

30 按快捷键 Ctrl+G 群组选中的图形，按 F12 键打开“轮廓笔”对话框，设置“宽度”为 0.2mm，其他参数保持默认，如图 4-2-30 所示。单击“确定”按钮。

31 选择“透明度工具”，选择属性栏上的“透明度类型”为标准，调整“开始透明度”滑块为 30，效果如图 4-2-31 所示。

32 选择“贝塞尔工具”绘制头发底色轮廓，填充为黑色。按快捷键 Shift+PageDown 放置图形到最后面。如图 4-2-32 所示。

图4-2-29 绘制正圆

图4-2-30 设置参数

图4-2-31 透明度效果

图4-2-32 绘制图形

33 选择“贝塞尔工具”绘制脸型轮廓，填充颜色为白色。右键单击调色板上的“透明色”按钮☒，取消轮廓颜色，如图 4-2-33 所示。

34 选择“贝塞尔工具”绘制脸部暗部轮廓，按快捷键 Shift + F11，打开“均匀填充”对话框，设置颜色为灰色（C：0；M：0；Y：0；K：20），单击“确定”按钮。取消轮廓颜色。如图 4-2-34 所示。

35 执行“位图”|“转换为位图”命令，参数为默认值，单击“确定”按钮。执行“位图”|“模糊”|“高斯式模糊”命令，设置“半径”为 30 像素，如图 4-2-35 所示。单击“确定”按钮。

36 执行“高斯式模糊”命令后，执行“效果”|“图框精确裁剪”|“放置在容器中”命令。出现黑色箭头图标后，单击脸部图形。选择脸部图形，单击右键打开快捷菜单，执行“编辑内容”命令，将放置到图形中的图像进行调整，调整后在图像上单击右键打开快捷菜单，执行“结束编辑”命令，图像效果如图 4-2-36 所示。

图4-2-33 绘制脸型

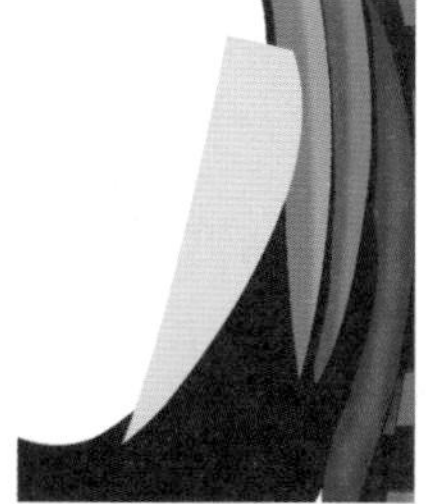

图4-2-34 绘制阴影图形

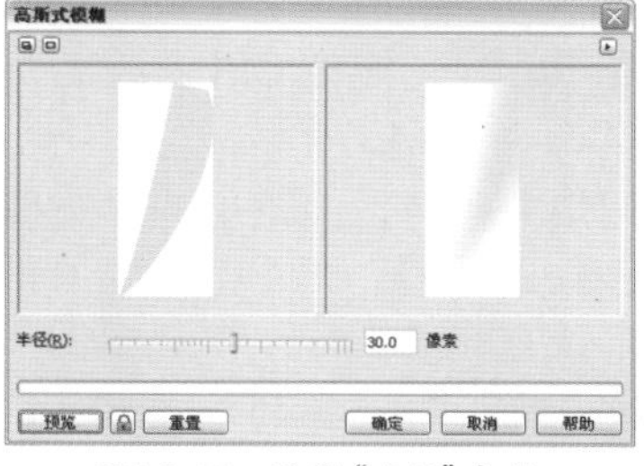

图4-2-35 设置“半径”参数

图4-2-36 暗部效果

37 选择“贝塞尔工具”绘制脸部暗部轮廓，按快捷键 Shift + F11，打开“均匀填充”对话框，设置颜色为灰色（C：0；M：0；Y：0；K：40），单击“确定”按钮。取消轮廓颜色。如图 4-2-37 所示。

38 选择“透明度工具”，单击拖曳形成透明渐变效果。选择白色色块，在属性栏上设置“透明中心点”为 10，添加透明度后的效果，如图 4-2-38 所示。

39 选择“贝塞尔工具”绘制眼影轮廓，按快捷键 Shift + F11，打开“均匀填充”对话框，设置颜色为绿色（C：95；M：53；Y：100；K：28），单击“确定”按钮。取消轮廓颜色。如图 4-2-39 所示。

40 选择“透明度工具”，选择属性栏上的“透明度类型”为标准。效果如图 4-2-40 所示。

图4-2-37 绘制图形

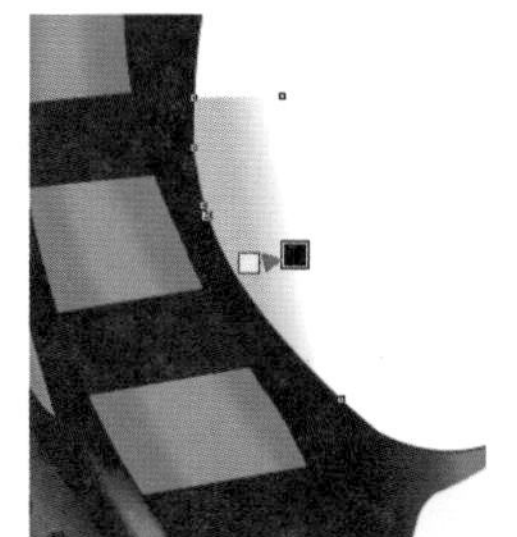

图4-2-38 添加透明度效果

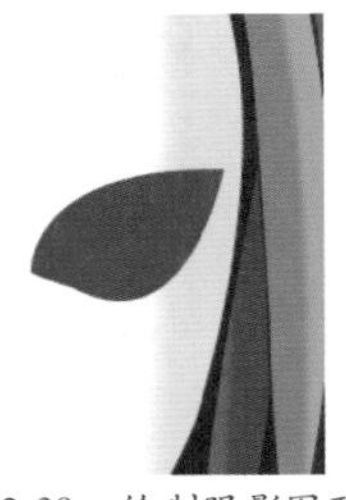

图4-2-39　绘制眼影图形　　图4-2-40　添加透明度效果

41 选择“贝塞尔工具”绘制眼睛轮廓，如图 4-2-41 所示。

42 为下层图形填充黑色，上层图形填充为白色，取消轮廓色。效果如图 4-2-42 所示。

43 单击“椭圆工具”，按住 Ctrl 键绘制两个不同比例的正圆，如图 4-2-43 所示。

44 为略大的正圆填充黑色，为略小的正圆填充绿色（C：49；M：0；Y：100；K：0），取消轮廓色。效果如图 4-2-44 所示。

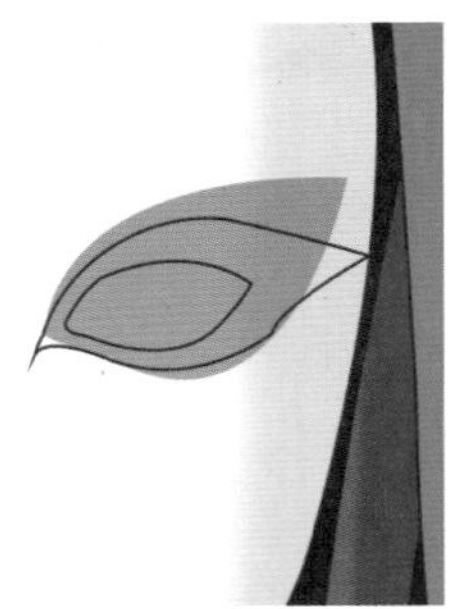

图4-2-41　绘制眼睛轮廓

图4-2-42　填充颜色

图4-2-43　绘制正圆

图4-2-44　填充颜色

45 使用“椭圆工具”，按住 Ctrl 键绘制两个不同比例的正圆，使用“贝塞尔工具”绘制眉毛轮廓，如图 4-2-45 所示。

46 为略大的正圆填充黑色，略小的正圆填充白色，眉毛填充黑色，取消轮廓色。效果如图 4-2-46 所示。

47 单击“选择工具”，框选绘制的眼睛图形。按快捷键 Ctrl+G 群组选中的图形，并取消轮廓色。向左单击拖曳，在拖曳的同时单击右键进行复制。单击属性栏上的“水平镜像”按钮，对图形进行翻转，调整翻转后的图形位置，效果如图 4-2-47 所示。

48 使用“贝塞尔工具”绘制鼻子轮廓，按快捷键 Shift + F11，打开“均匀填充”对话框，设置颜色为灰色（C：0；M：0；Y：0；K：15），单击“确定”按钮，取消轮廓颜色。如图 4-2-48 所示。

图4-2-45　绘制正圆

图4-2-46　填充颜色

图4-2-47　复制调整图形

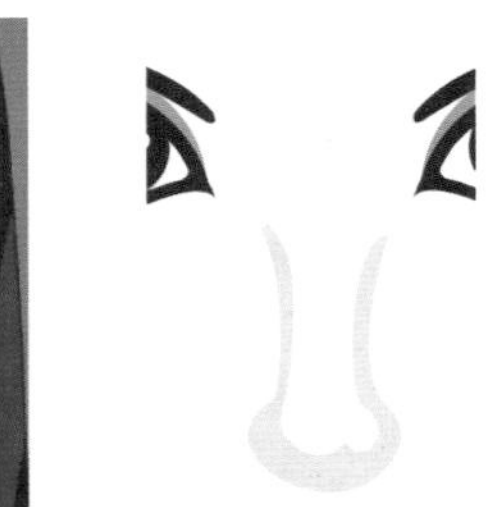

图4-2-48　绘制鼻子图形

49 执行“位图”|“转换为位图”命令，打开“转换为位图”对话框，参数为默认值，单击“确定”按钮。执行“位图”|“模糊”|“高斯式模糊”命令，打开“高斯式模糊”对话框，设置“半径”为 3 像素，单击“确定”按钮。执行“高斯式模糊”命令后，效果如图 4-2-49 所示。

50 使用“贝塞尔工具”绘制嘴唇轮廓，按快捷键 Shift + F11，打开“均匀填充”对话框，设置颜色为黑色，单击“确定”按钮，取消轮廓颜色。如图 4-2-50 所示。

51 再次使用“贝塞尔工具”绘制上嘴唇和下嘴唇轮廓。单击“选择工具”，框选绘制的上下嘴唇轮廓，单击属性栏上的“群组”按钮，群组选中的图形。按快捷键 Shift + F11，打开“均匀填充”对话框，设置颜色为深绿色（C：92；M：67；Y：100；K：56），单击“确定”按钮，取消轮廓颜色。效果如图 4-2-51 所示。

提示：

当多个对象别群组后，可以对群组的多个对象同时进行填充颜色、设置轮廓和添加效果等操作。

52 使用“贝塞尔工具” 绘制嘴唇高光轮廓，按快捷键 Shift + F11，打开“均匀填充”对话框，设置颜色为白色，单击“确定”按钮，取消轮廓颜色。如图 4-2-52 所示。

图4-2-49 高斯模糊效果

图4-2-50 绘制嘴唇轮廓

图4-2-51 绘制嘴唇

图4-2-52 绘制高光

53 选择“透明度工具” ，单击拖曳形成透明渐变效果。选择白色色块，在属性栏上设置“透明中心点”为 10，添加透明度后的效果，如图 4-2-53 所示。

54 选择“贝塞尔工具” 绘制人物头发轮廓，按快捷键 Shift + F11，打开“均匀填充”对话框，设置颜色为黑色，单击“确定”按钮，取消轮廓颜色。如图 4-2-54 所示。

55 选择“贝塞尔工具” ，绘制图形。为图形填充白色，如图 4-2-55 所示。

56 取消轮廓颜色，执行“位图”|“转换为位图”命令，参数为默认值，单击“确定”按钮。执行“位图”|“模糊”|“高斯式模糊”命令，设置“半径”为 10 像素，单击“确定”按钮。执行“放置在容器中”命令，将转换成位图的图像放置到头发图形中，再对放置到容器中的图像进行调整和添加透明度效果。图像效果如图 4-2-56 所示。

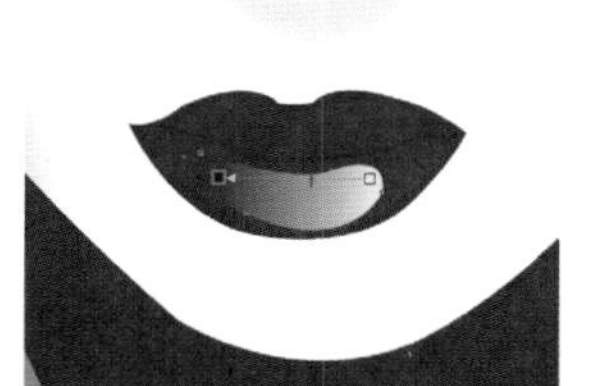

图4-2-53 添加透明度效果

图4-2-54 绘制图形

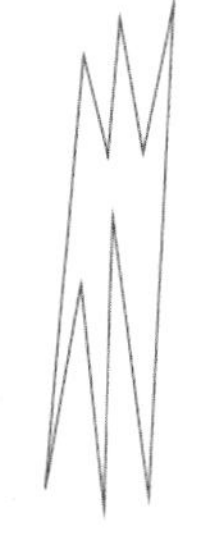

图4-2-55 绘制高光图形

图4-2-56 制作高光效果

57 使用之前为头发添加高光效果的制作方法，制作其他高光效果，如图 4-2-57 所示。

58 单击“选择工具” ，选择头发图形。单击“阴影工具” ，向左下单击拖曳形成阴影后，设置属性栏上“阴影的不透明度”为 50，“阴影羽化”为 3，“阴影颜色”为黑色，其余保持默认值。如图 4-2-58 所示。

59 选择“贝塞尔工具” ，在头部右侧绘制发丝，如图 4-2-59 所示。

60 使用“选择工具” 将绘制的发丝进行框选并进行群组。按 F12 键打开“轮廓笔”对话框，设置“颜色”为黑色，“宽度”为 2mm，其他参数保持默认，如图 4-2-60 所示。单击“确定”按钮。

图4-2-57 制作高光效果

图4-2-58 添加阴影效果

图4-2-59　绘制发丝

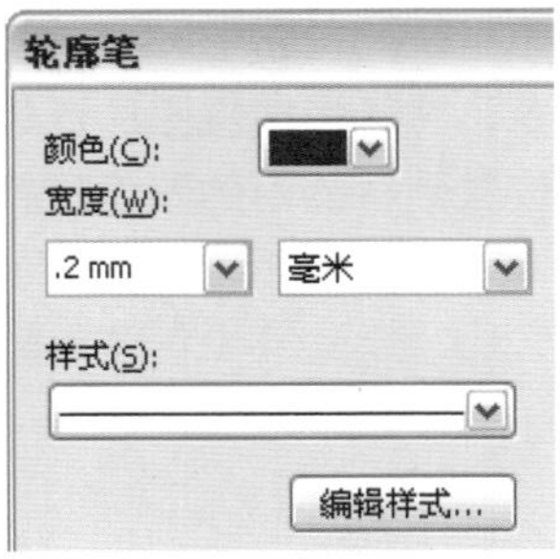

轮廓笔
颜色(C):
宽度(W):
.2 mm　毫米
样式(S):
编辑样式...

图4-2-60　设置参数

61 设置“轮廓笔”参数后，使用同样的方法绘制左侧头发发丝效果，图像效果如图 4-2-61 所示。

62 选择“贝塞尔工具”，在头像下方绘制身体轮廓，填充颜色为白灰色（C：0；M：0；Y：0；K：5）。取消轮廓色，执行“排列”|“顺序”|“置于此对象前”命令，当出现黑色箭头图标后，单击头发底色图形，将绘制的图形放置于单击的图形上。如图 4-2-62 所示。

63 使用“贝塞尔工具”，在身体上绘制暗部轮廓，填充颜色为黑色。取消轮廓色，执行“排列”|“顺序”|“置于此对象前”命令，当出现黑色箭头图标后，单击身体图形，将绘制的图形放置于单击的图形上。如图 4-2-63 所示。

64 选择“透明度工具”，单击拖曳形成透明渐变效果。选择黑色色块，在属性栏上设置“透明中心点”为 40，添加透明度后的效果，如图 4-2-64 所示。

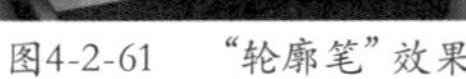

图4-2-61　“轮廓笔”效果

图4-2-62　绘制图形

图4-2-63　绘制暗部图形

图4-2-64　添加透明度

65 使用“贝塞尔工具”绘制衣服轮廓，按快捷键 Shift + F11，打开“均匀填充”对话框，设置颜色为 90% 的黑（C：0；M：0；Y：0；K：90），单击“确定”按钮。按 F12 键打开“轮廓笔”对话框，设置“颜色”为黑色，“宽度”为 0.2mm，其他参数保持默认，单击“确定”按钮。如图 4-2-65 所示。

66 使用“贝塞尔工具”绘制衣服暗部轮廓，填充颜色为黑色，取消轮廓色。如图 4-2-66 所示。

67 选择“透明度工具”，单击拖曳形成透明渐变效果。选择白色色块，在属性栏上设置“透明中心点”为 10，添加透明度后的效果，如图 4-2-67 所示。

68 使用“贝塞尔工具”绘制线条，按 F12 键打开“轮廓笔”对话框，设置“颜色”为黑色，“宽度”为 0.2mm，其他参数保持默认，单击“确定”按钮。效果如图 4-2-68 所示。

图4-2-65　绘制图形

图4-2-66　填充颜色

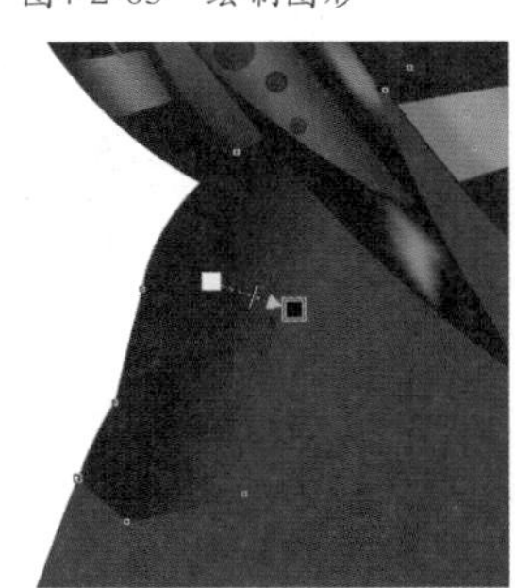

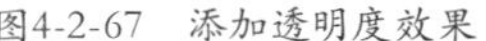

图4-2-67　添加透明度效果

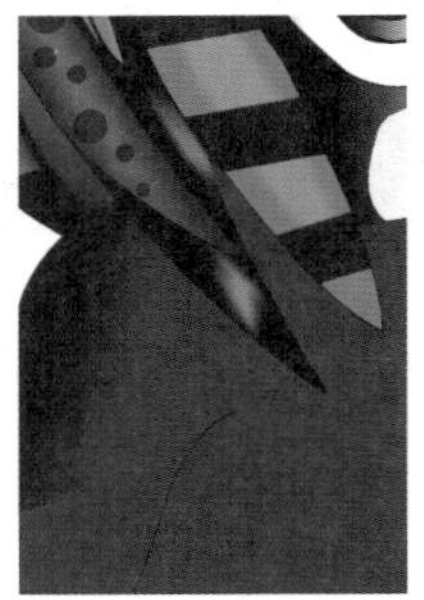

图4-2-68　绘制线条

69 使用“贝塞尔工具”绘制衣服暗部轮廓，填充颜色为黑色，取消轮廓色。如图 4-2-69 所示。

70 选择“透明度工具”，单击拖曳形成透明渐变效果。如图 4-2-70 所示。

71 使用“贝塞尔工具”绘制手臂装饰轮廓，填充颜色为黑色，取消轮廓色。如图 4-2-71 所示。

72 再次使用“贝塞尔工具”绘制一个略小的手臂装饰图形轮廓，如图 4-2-72 所示。

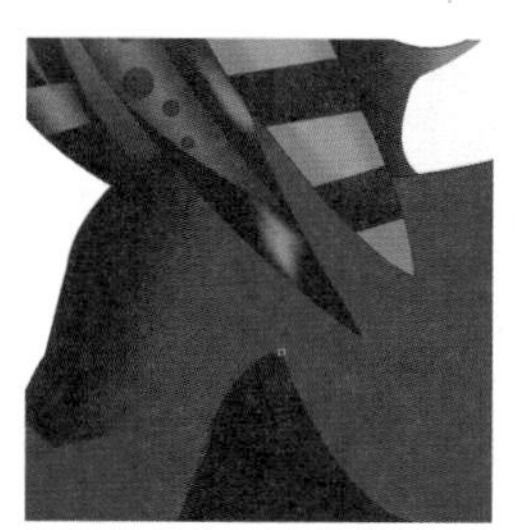
图4-2-69 绘制暗部图形

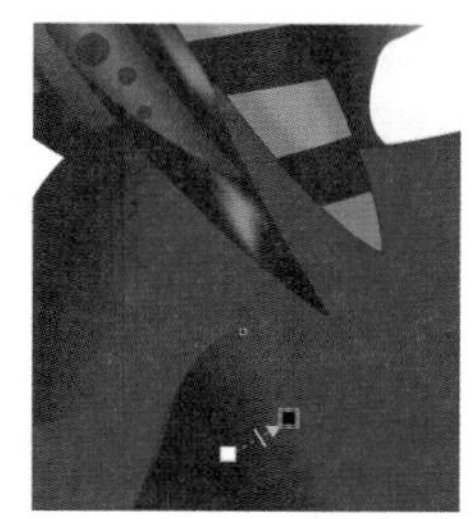
图4-2-70 添加透明度效果

图4-2-71 绘制图形

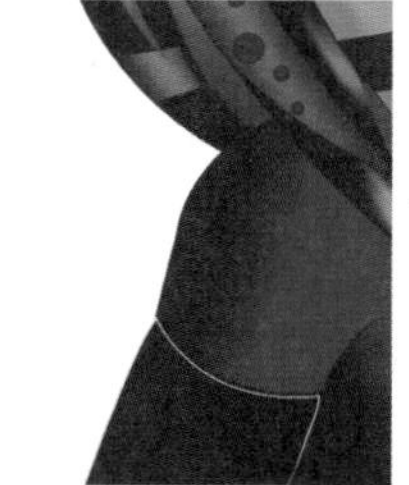
图4-2-72 绘制轮廓

73 使用“贝塞尔工具” 绘制高光图形，填充颜色为灰色（C：0；M：0；Y：0；K：30），取消轮廓色。如图 4-2-73 所示。

74 执行“位图”|“转换为位图”命令，参数为默认值，单击“确定”按钮。执行“位图”|“模糊”|“高斯式模糊”命令，设置“半径”为 5 像素，单击“确定”按钮。执行“放置在容器中”命令，将转换成位图的图像放置到略小的手臂装饰图形中，再对放置到容器中的图像进行调整。效果如图 4-2-74 所示。

75 使用“贝塞尔工具” 再次绘制一个高光图形，填充颜色为白色，取消轮廓色。执行“位图”|“转换为位图”命令，参数为默认值，单击“确定”按钮。执行“位图”|“模糊”|“高斯式模糊”命令，设置“半径”为 4 像素，单击“确定”按钮。执行“放置在容器中”命令，将转换成位图的图像放置到略小的手臂装饰图形中，再对放置到容器中的图像进行调整。效果如图 4-2-75 所示。

76 使用“贝塞尔工具” 绘制图形轮廓，填充颜色为绿色（C：100；M：0；Y：100；K：10），如图 4-2-76 所示。

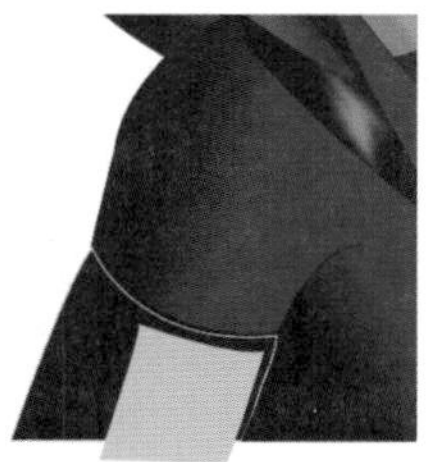
图4-2-73 绘制高光图形

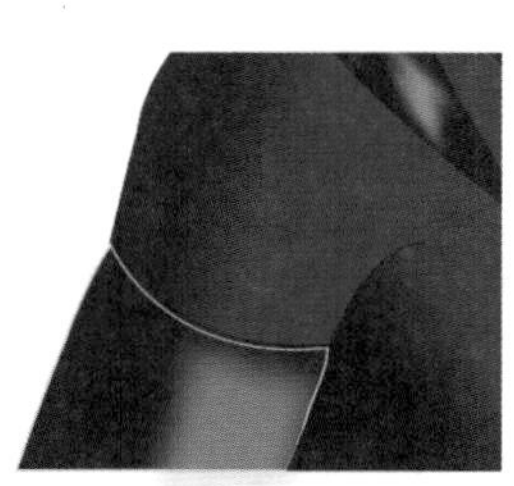
图4-2-74 制作高光

图4-2-75 制作高光

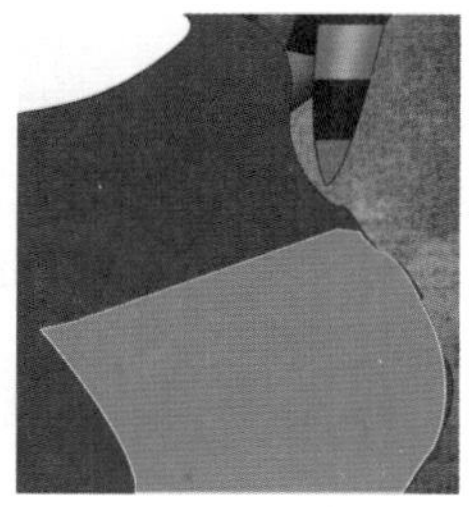
图4-2-76 绘制图形

77 按 F12 键打开“轮廓笔”对话框，设置“颜色”为黑色，“宽度”为 1.0mm，“角”为圆角，“线条端头”为圆头，勾选“后台填充”和“按图像比例显示”选项，其他参数保持默认，如图 4-2-77 所示。单击“确定”按钮。

78 设置“轮廓笔”参数后，图像效果如图 4-2-78 所示。

79 使用“贝塞尔工具” 绘制两个比例不同的图形轮廓，如图 4-2-79 所示。

80 选择略大的图形，填充颜色为黑色，选择略小的图形，填充颜色为 80% 的黑（C：0；M：0；Y：0；K：80），取消轮廓色，如图 4-2-80 所示。

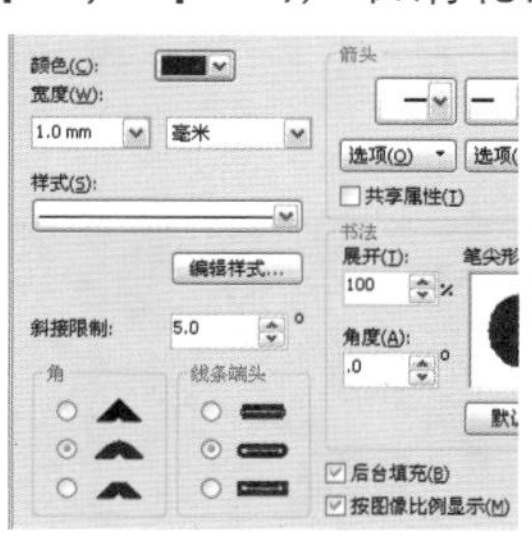

图4-2-77 设置参数

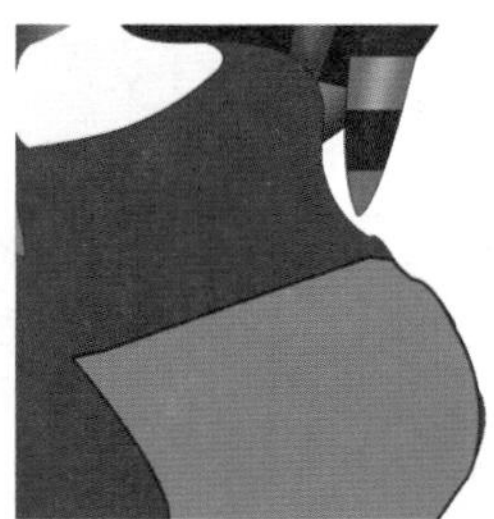
图4-2-78 “轮廓笔”效果

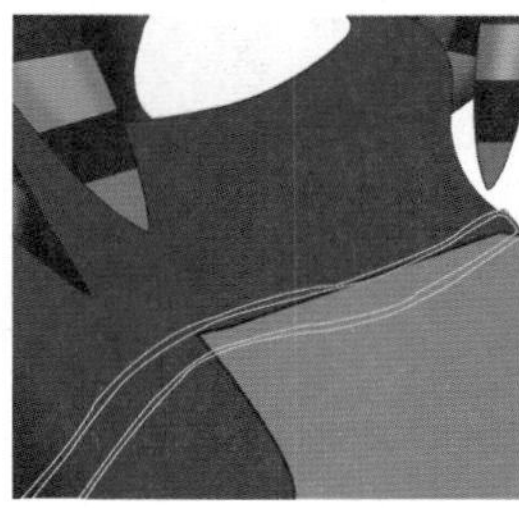
图4-2-79 绘制图形

图4-2-80 填充颜色

81 使用“贝塞尔工具” 绘制图形，如图 4-2-81 所示。

82 按 F11 键打开“渐变填充”对话框，设置“角度”为 15，“边界”为 3%，在“颜色调和”选项区域中选择“自定义”选项，分别设置为：

位置：0% 颜色（C：0；M：0；Y：0；K：55）；

位置：10% 颜色（C：0；M：0；Y：0；K：

20）；

位置：25% 颜色（C：0；M：0；Y：0；K：55）；

位置：50% 颜色（C：0；M：0；Y：0；K：60）；

位置：78% 颜色（C：0；M：0；Y：0；K：20）；

位置：100% 颜色（C：0；M：0；Y：0；K：60）。

如图 4-2-82 所示，单击“确定”按钮。

83 填充渐变色后，取消轮廓颜色，效果如图 4-2-83 所示。

84 使用“贝塞尔工具”绘制图形，填充颜色为黑色，并在该图形上绘制一个略小的图形，如图 4-2-84 所示。

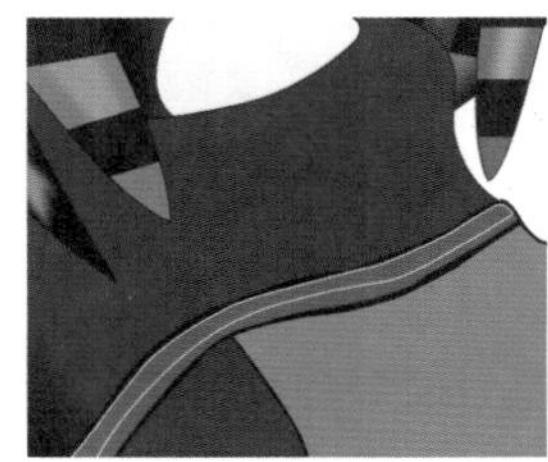

图4-2-81 绘制图形

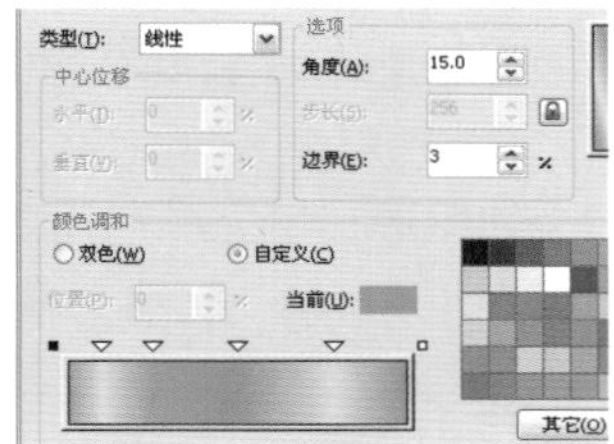

图4-2-82 设置渐变色

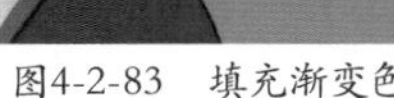

图4-2-83 填充渐变色

图4-2-84 绘制图形

85 按 F11 键打开“渐变填充”对话框，设置“角度”为 32，“边界”为 14%，在“颜色调和”选项区域中选择“自定义”选项，分别设置为：

位置：0% 颜色（C：0；M：0；Y：0；K：55）；

位置：51% 颜色（C：0；M：0；Y：0；K：55）；

位置：54% 颜色（C：0；M：0；Y：0；K：20）；

位置：100% 颜色（C：0；M：0；Y：0；K：60）。

如图 4-2-85 所示，单击“确定”按钮。

86 填充渐变色后，取消轮廓颜色，效果如图 4-2-86 所示。

87 使用“贝塞尔工具”绘制图形轮廓，按 F12 键打开“轮廓笔”对话框，设置“颜色”为黑色，“宽度”为 1.0mm，“角”为圆角，“线条端头”为圆头，勾选“后台填充”和“按图像比例显示”选项，其他参数保持默认，单击“确定”按钮。如图 4-2-87 所示。

88 按 F11 键打开“渐变填充”对话框，设置“角度”为 40，“边界”为 7%，在“颜色调和”选项区域中选择“自定义”选项，分别设置为：

位置：0% 颜色（C：0；M：0；Y：0；K：60）；

位置：25% 颜色（C：0；M：0；Y：0；K：100）；

位置：66% 颜色（C：0；M：0；Y：0；K：100）；

位置：82% 颜色（C：0；M：0；Y：0；K：10）；

位置：100% 颜色（C：0；M：0；Y：0；K：100）。

如图 4-2-88 所示，单击“确定”按钮。

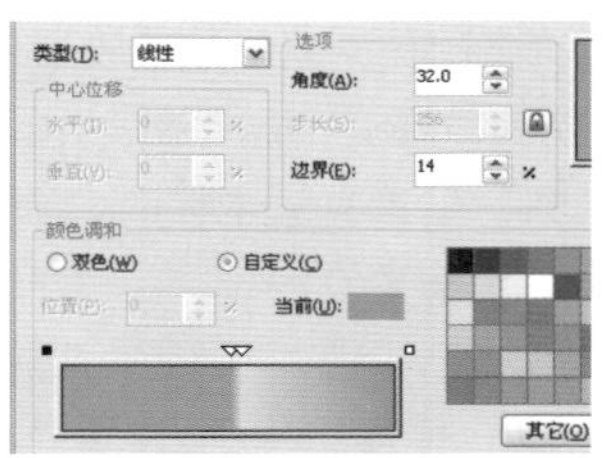

图4-2-85 设置渐变色

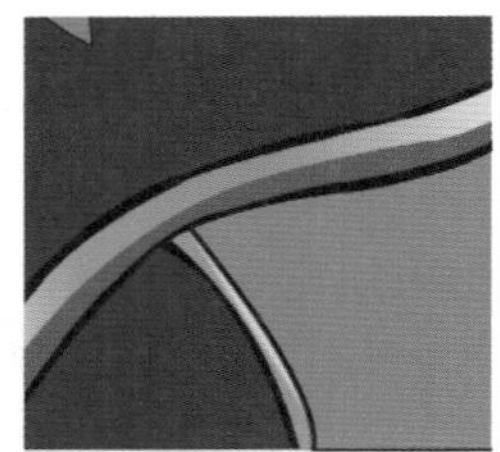

图4-2-86 填充渐变色

图4-2-87 绘制轮廓

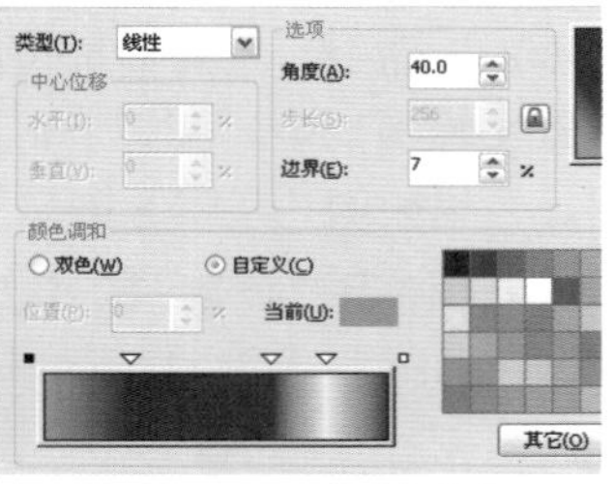

图4-2-88 设置渐变色

89 填充渐变色后，效果如图 4-2-89 所示。

90 使用“贝塞尔工具”绘制图形轮廓，按 F12 键打开“轮廓笔”对话框，设置“颜色”为黑色，“宽度”为 1.0mm，“角”为圆角，“线条端头”为圆头，勾选“后台填充”和“按图像比例显示”选项，其他参数保持默认，单击“确定”按钮。如

图 4-2-90 所示。

91 按 F11 键打开“渐变填充”对话框，设置“角度”为 28，“边界”为 8%，在“颜色调和”选项区域中选择“自定义”选项，分别设置为：

位置：0% 颜色（C：0；M：0；Y：0；K：60）；

位置：25% 颜色（C：0；M：0；Y：0；K：100）；

位置：74% 颜色（C：0；M：0；Y：0；K：100）；

位置：93% 颜色（C：0；M：0；Y：0；K：10）；

位置：100% 颜色（C：0；M：0；Y：0；K：100）。

如图 4-2-91 所示，单击“确定”按钮。

92 填充渐变色后的效果，如图 4-2-92 所示。

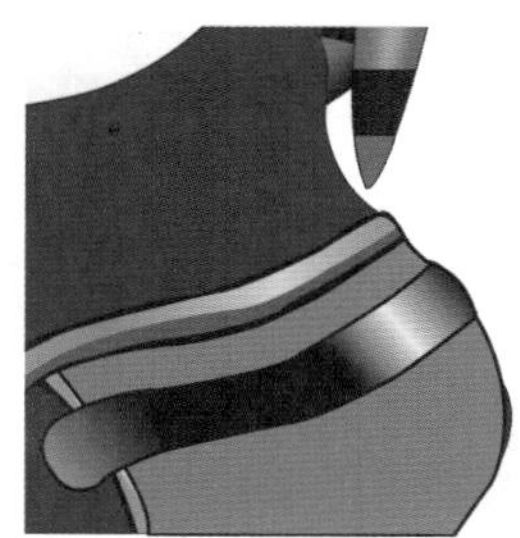
图4-2-89 填充渐变色

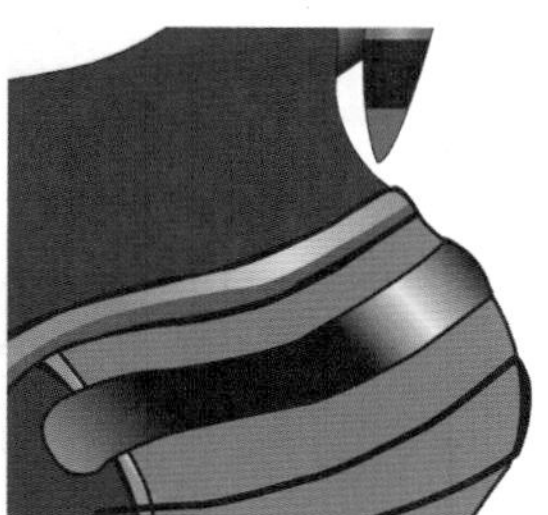
图4-2-90 绘制轮廓

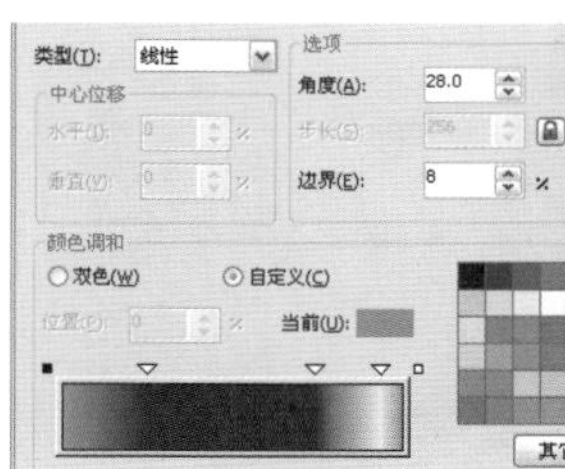
图4-2-91 设置渐变色

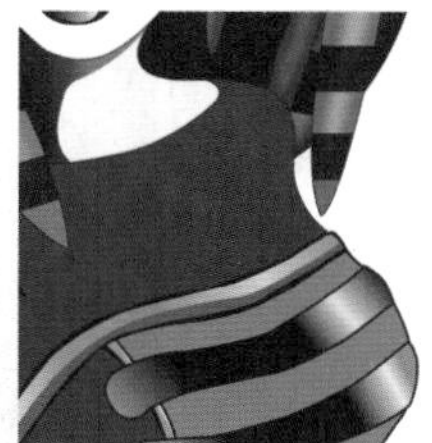
图4-2-92 填充渐变色

93 使用“贝塞尔工具”绘制两个不同比例的圆角矩形图形，使用“选择工具”将绘制的图形进行框选，单击属性栏上的“结合”按钮，将图形进行结合。如图 4-2-93 所示。

94 按 F12 键打开“轮廓笔”对话框，设置“颜色”为白色，“宽度”为 1.0mm，“角”为圆角，“线条端头”为圆头，勾选“后台填充”和“按图像比例显示”选项，其他参数保持默认，如图 4-2-94 所示。单击“确定”按钮。

95 设置“轮廓笔”参数后，图像效果如图 4-2-95 所示。

96 按 F11 键打开“渐变填充”对话框，设置“角度”为 -35.8，在“颜色调和”选项区域中选择“自定义”选项，分别设置为：

位置：0% 颜色（C：0；M：0；Y：0；K：40）；

位置：20% 颜色（C：0；M：0；Y：0；K：10）；

位置：50% 颜色（C：0；M：0；Y：0；K：40）；

位置：80% 颜色（C：0；M：0；Y：0；K：10）；

位置：100% 颜色（C：0；M：0；Y：0；K：40）。

如图 4-2-96 所示，单击“确定”按钮。

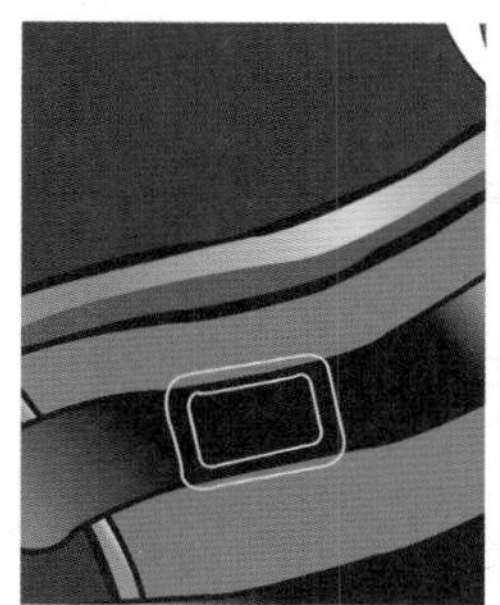
图4-2-93 绘制图形

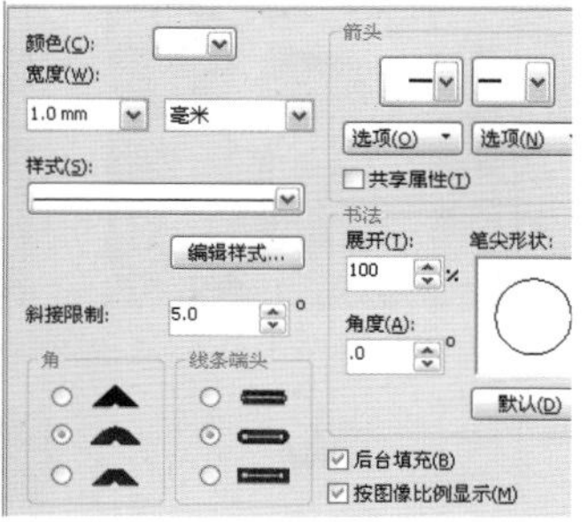
图4-2-94 设置参数

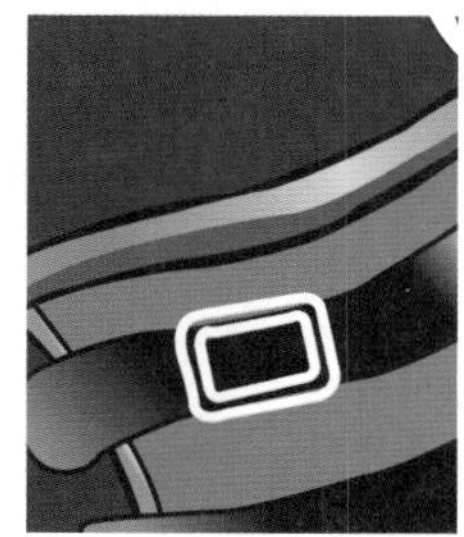
图4-2-95 “轮廓笔”效果

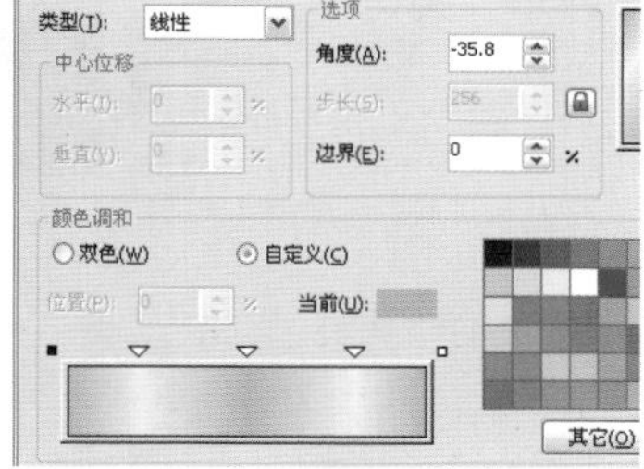
图4-2-96 设置渐变色

97 填充渐变色后，设置轮廓色为黑色，效果如图 4-2-97 所示。

98 单击“矩形工具”，单击拖曳绘制矩形。调整矩形的角度，如图 4-2-98 所示。

99 按 F11 键打开“渐变填充”对话框，设置“角度”为 322.1，在“颜色调和”选项区域中选择“自定义”选项，分别设置为：

位置：0% 颜色（C：0；M：0；Y：0；K：40）；

位置：20% 颜色（C：0；M：0；Y：0；K：10）；

位置：50% 颜色（C：0；M：0；Y：0；K：40）；

位置：80% 颜色（C：0；M：0；Y：0；K：10）；

位置：100% 颜色（C：0；M：0；Y：0；K：40）。

如图 4-2-99 所示。单击“确定”按钮。

100 填充渐变色后，取消轮廓颜色。使用同样的方法制作下方的图形，如图 4-2-100 所示。

图4-2-97 填充渐变色

图4-2-98 绘制图形

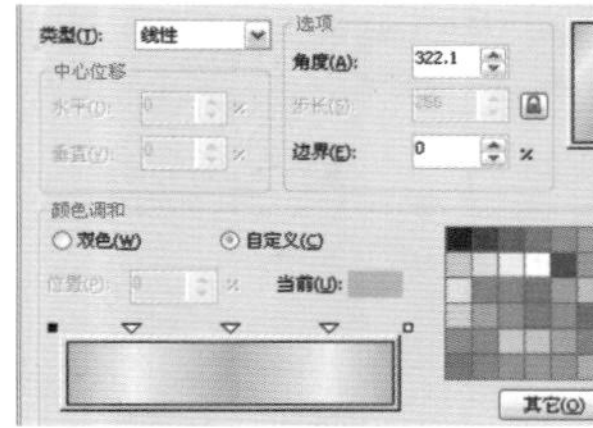

图4-2-99 设置渐变色

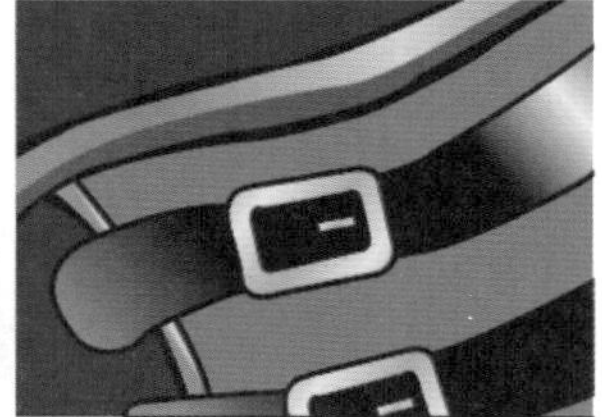

图4-2-100 绘制图形

101 使用“贝塞尔工具”绘制图形，填充颜色为黑色，如图 4-2-101 所示。

102 取消轮廓色，执行“位图”|“转换为位图”命令，参数为默认值，单击“确定”按钮。执行“位图”|“模糊”|“高斯式模糊”命令，设置“半径”为 150 像素，如图 4-2-102 所示。单击“确定”按钮。

103 执行“高斯式模糊”命令后，图像效果如图 4-2-103 所示。

104 调整图形的图层位置，选择“透明度工具”，选择属性栏上的“透明度类型”为标准，调整“开始透明度”滑块为20。单击属性栏上的“导入”按钮，导入素材图片：背景.tif，将素材放置到图层下方并进行调整。图像最终效果，如图 4-2-104所示。

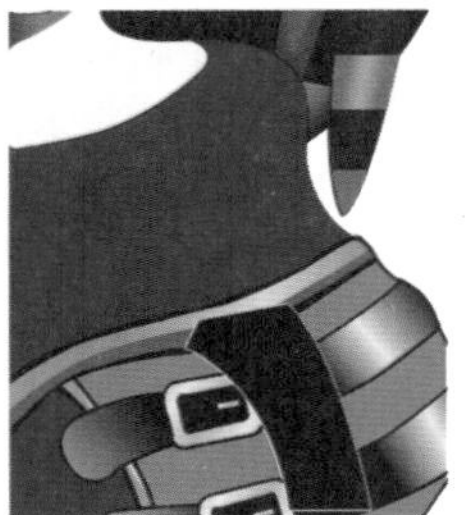

图4-2-101 绘制图形

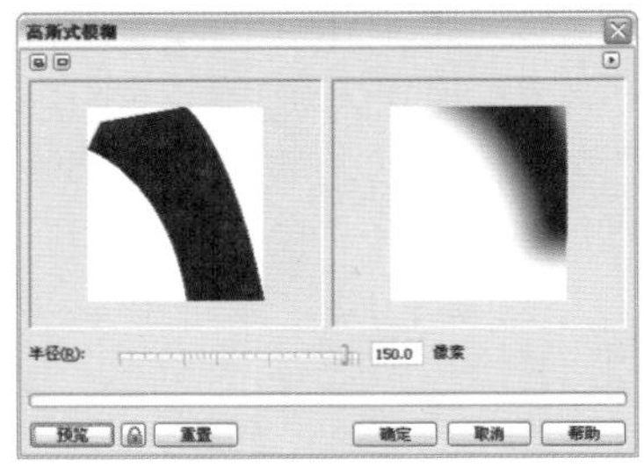

图4-2-102 设置“半径”参数

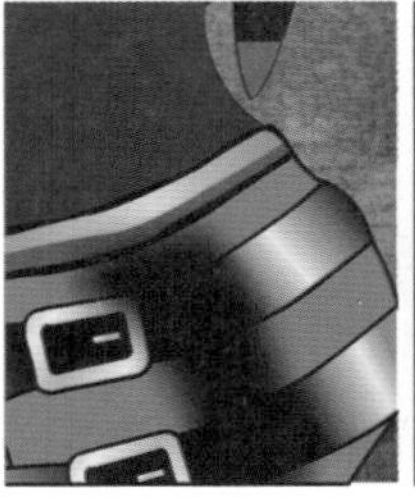

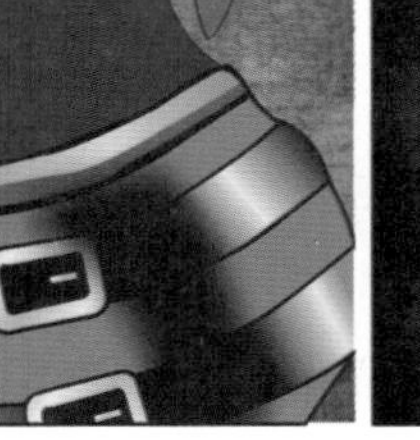

图4-2-103 高斯模糊效果

图4-2-104 最终效果

4.3 绘制广告中的插画

技能分析

制作本实例的主要目的是使读者了解并掌握如何在 CorelDRAW X5 软件中绘制广告插画的方法，先导入素材并使用“透明度工具”、“调和曲线”、“亮度 / 对比度 / 强度”等对素材进行编辑调整，再使用“矩形工具”等绘图工具绘制图像，最后制作出物体的高光和阴影效果，完成最终效果。

制作步骤

1 按快捷键 Ctrl + N，打开“创建新文档”对话框，设置“名称”为绘制广告中的插画，“宽度”为 297mm，“高度”为 210mm，如图 4-3-1 所示。单击“确定”按钮。

2 单击“矩形工具”，绘制矩形图形。如图 4-3-2 所示。

3 单击属性栏上的“导入”按钮，导入素材图片：背景 .tif，如图 4-3-3 所示。

4 选择素材图片，执行“效果”|“图框精确裁剪”|“放置在容器中”命令。出现黑色箭头图标后，单击矩形图形，将素材放置到矩形中。单击右键打开快捷菜单，执行“编辑内容”命令，将放置到图形中的图像进行调整，调整后在图像上单击右键打开快捷菜单，执行“结束编辑”命令，效果如图 4-3-4 所示。

提示：

执行“工具”|“选项”命令，可打开“选项”对话框，在左侧的列表中选择“编辑”选项，在右侧的设置区域中，可以对“放置在容器中”命令的对象放置进行设置。在勾选“新的图框精确剪裁内容自动居中”选项情况下，放置到容器中的图像将根据容器的大小而自动居中。而取消该选项时，则图像位置根据光标的位置进行摆放。

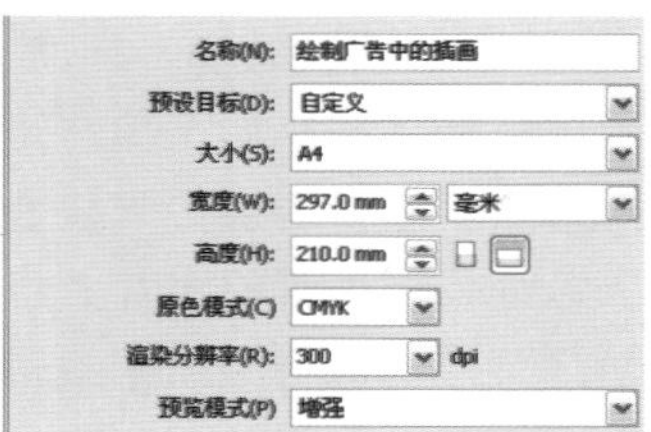

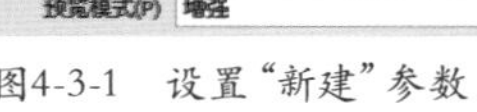

图4-3-1 设置“新建”参数

图4-3-2 绘制矩形

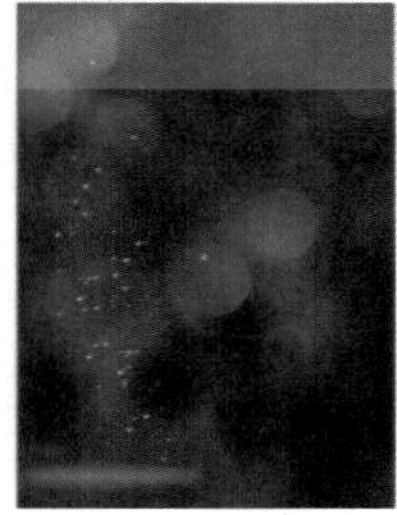

图4-3-3 导入素材

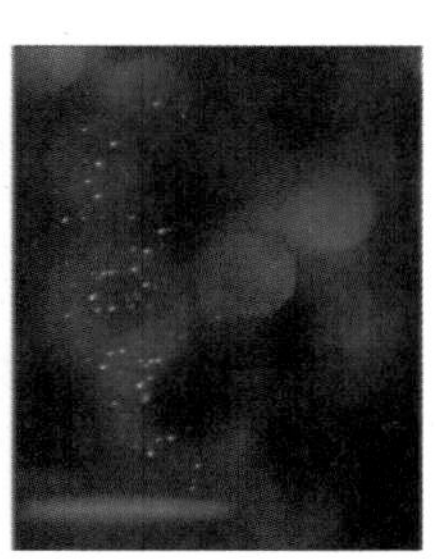

图4-3-4 放置到容器中

5 单击属性栏上的“导入”按钮，导入素材图片：花纹 1.tif。选择素材图片，执行“效果”|“图框精确裁剪”|“放置在容器中”命令。出现黑色箭头图标后，单击矩形图形，将素材放置到矩形中。单击右键打开快捷菜单，执行“编辑内容”命令，调整素材图片大小和位置，如图 4-3-5 所示。

6 选择“透明度工具”，选择属性栏上的“透明度类型”为标准，调整“开始透明度”滑块为 60。单击右键打开快捷菜单，执行“结束编辑”命令，效果如图 4-3-6 所示。

7 单击属性栏上的“导入”按钮，导入素材图片：美女 .tif。如图 4-3-7 所示。

8 执行“效果”|“调整”|“调和曲线”命令，打开“调和曲线”对话框，调整曲线弧度，如图 4-3-8 所示。单击“确定”按钮。

图4-3-5 导入素材

图4-3-6 添加透明度

图4-3-7 导入素材

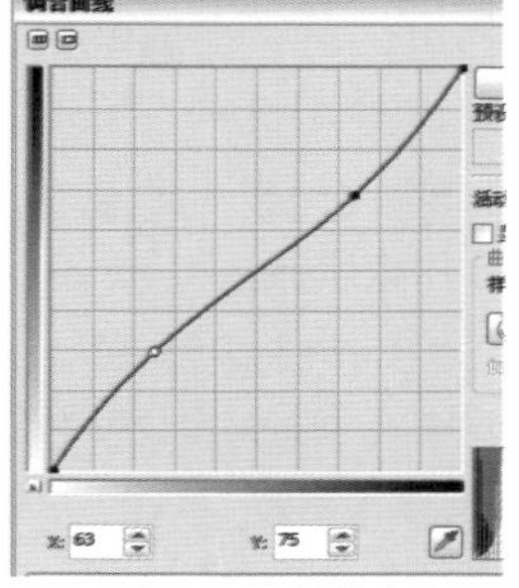

图4-3-8 调整曲线

9 执行“调和曲线”命令后，图像效果如图 4-3-9 所示。

10 执行“效果”|“调整”|“颜色平衡”命令，打开“颜色平衡”对话框，设置参数为 20、-20、-20。如图 4-3-10 所示。单击“确定”按钮。

11 执行“颜色平衡”命令后，图像效果如图 4-3-11 所示。

12 执行“效果”|“调整”|“亮度 / 对比度 /

强度”命令，设置参数为5、5、5。如图4–3–12所示。单击“确定”按钮。

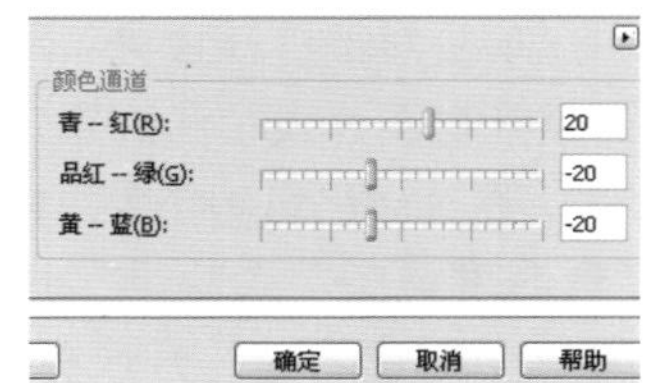

图4-3-9　“调和曲线”效果　　图4-3-10　设置参数

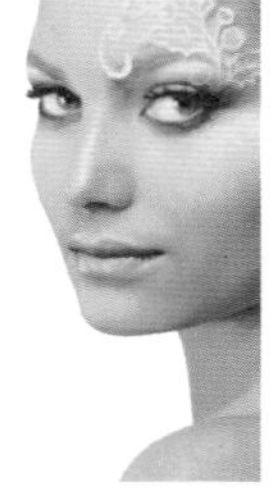

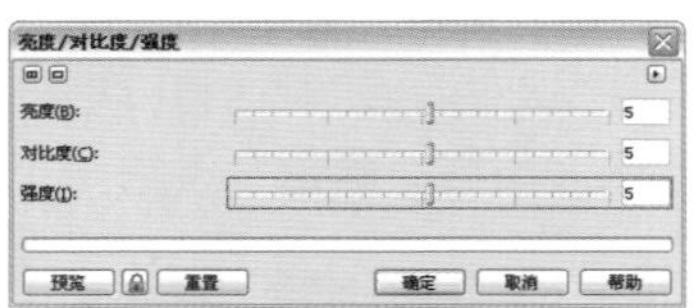

图4-3-11　“颜色平衡”效果　　图4-3-12　设置参数

13 执行“亮度/对比度/强度”命令后，执行“效果”|“图框精确裁剪”|“放置在容器中”命令。出现黑色箭头图标后，单击矩形图形，将素材放置到矩形中。单击右键打开快捷菜单，执行“编辑内容”命令，调整素材图片大小和位置，如图4–3–13所示。

14 单击右键打开快捷菜单，执行“结束编辑”命令。单击“文本工具”字，输入文本，设置字体颜色为白色，在属性栏上设置“文本对齐”为居中。效果如图4–3–14所示。

15 选择“贝塞尔工具”绘制图形，如图4–3–15所示。

16 按快捷键Shift + F11，打开“均匀填充”对话框，设置颜色为红色（C：0；M：100；Y：100；K：0），单击“确定”按钮。右键单击调色板上的“透明色”按钮⊠，取消轮廓色。如图4–3–16所示。

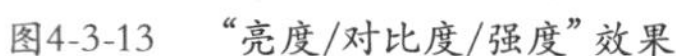

图4-3-13　“亮度/对比度/强度”效果　　图4-3-14　输入文本

图4-3-15　绘制轮廓　　图4-3-16　填充颜色

17 选择“贝塞尔工具”绘制图形，如图4–3–17所示。

18 按快捷键Shift + F11，打开“均匀填充”对话框，设置颜色为灰色（C：12；M：9；Y：9；K：0），单击“确定”按钮。右键单击调色板上的“透明色”按钮⊠，取消轮廓色。如图4–3–18所示。

19 选择“透明度工具”，单击拖曳形成透明渐变效果。选择黑色色块，在属性栏上设置“透明中心点”为0。在右侧的调色板中，单击黑色色块，在属性栏上设置“透明中心点”为60。如图4–3–19所示。

提示：

在将调色板中的色块添加到控制柄上时，色彩颜色的深浅对透明度中心点造成不同的参数设置。

20 单击属性栏上的“导入”按钮，导入素材图片：纹理.tif。选择“透明度工具”，选择属性栏上的“透明度类型”为标准，“透明度操作”为减少。执行“效果”|“图框精确裁剪”|“放置在容器中”命令。出现黑色箭头图标后，单击矩形图形，将素材放置到矩形中。单击右键打开快捷菜单，执行“编辑内容”命令，调整素材图片大小和位置，单击右键打开快捷菜单，执行“结束编辑”命令。图像效果如图4–3–20所示。

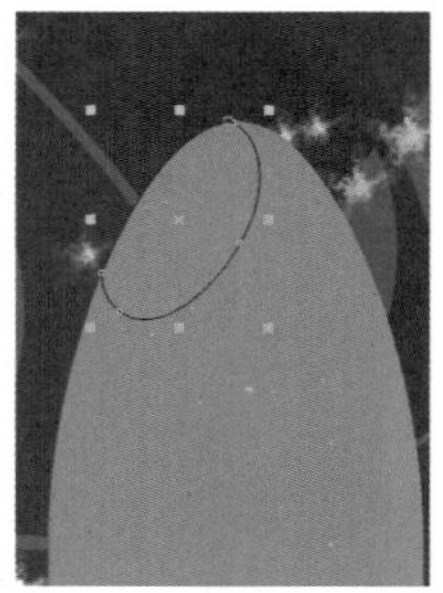

图4-3-17　绘制暗部轮廓　　图4-3-18　填充颜色

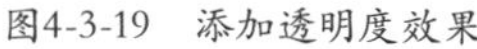

图4-3-19　添加透明度效果

图4-3-20　调整图像

21 选择“贝塞尔工具”绘制图形。选中绘制的图形，按快捷键 Ctrl+G，群组选中的图形。按快捷键 Shift + F11，打开“均匀填充”对话框，设置颜色为白色，单击“确定”按钮。右键单击调色板上的“透明色”按钮⊠，取消轮廓色。如图 4–3–21 所示。

22 执行“位图”|“转换为位图”命令，打开“转换为位图”对话框，设置“分辨率”为 300，勾选“光滑处理”和“透明背景”选项，如图 4–3–22 所示。单击“确定”按钮。

23 执行“位图”|“模糊”|“高斯式模糊”命令，打开“高斯式模糊”对话框，设置“半径”为 35 像素，如图 4–3–23 所示。单击“确定”按钮。

24 执行“高斯式模糊”命令后，图像效果如图 4–3–24 所示。

图4-3-21　绘制高光图形

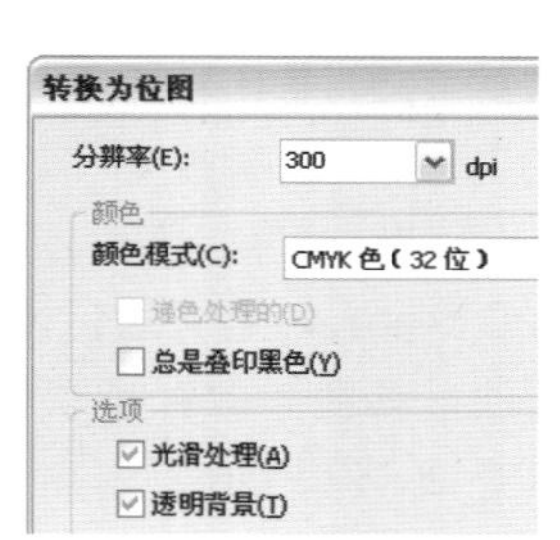

图4-3-22　设置参数

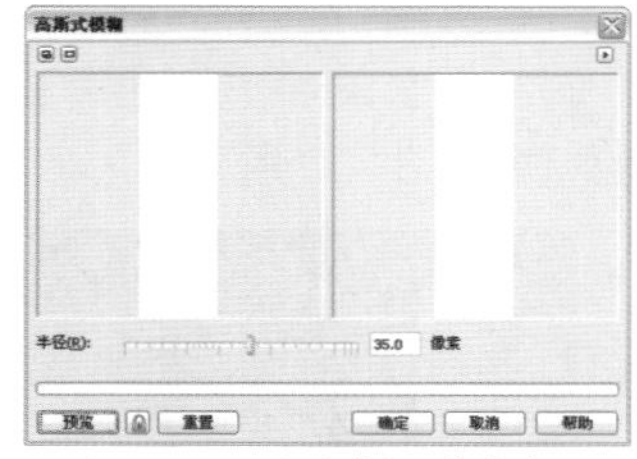

图4-3-23　设置“半径”参数

图4-3-24　高斯模糊效果

25 执行“效果”|“图框精确裁剪”|“放置在容器中”命令。出现黑色箭头图标后，单击红色图形。选择黑色图形，单击右键打开快捷菜单，执行“编辑内容”命令，将放置到图形中的图像进行调整。选择“透明度工具”，选择属性栏上的“透明度类型”为标准，调整“开始透明度”滑块为 80。单击右键打开快捷菜单，执行“结束编辑”命令，效果如图 4–3–25 所示。

26 使用“贝塞尔工具”和“矩形工具”绘制图形，如图 4–3–26 所示。

27 选择“选择工具”，框选绘制的图形，填充颜色为黑色。右键单击调色板上的“透明色”按钮⊠，取消轮廓色。如图 4–3–27 所示。

28 选择“矩形工具”，按快捷键 Shift + F11，打开“均匀填充”对话框，设置颜色为白色，单击“确定”按钮。右键单击调色板上的“透明色”按钮⊠，取消轮廓色。如图 4–3–28 所示。

图4-3-25　添加透明度效果

图4-3-26　绘制矩形

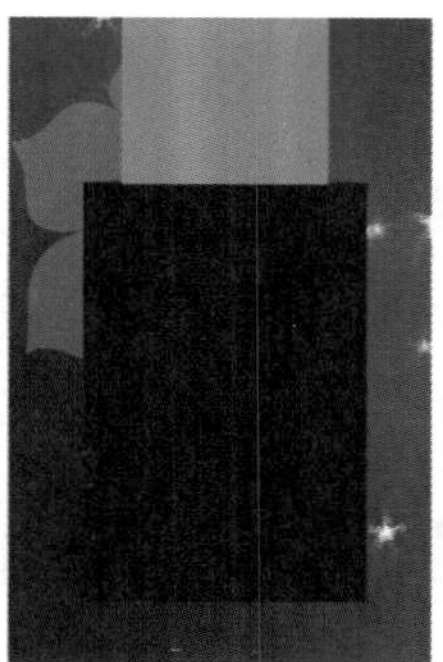

图4-3-27　填充颜色

图4-3-28　绘制图形

29 执行“位图”|“转换为位图”命令，打开“转换为位图”对话框，参数为默认值，单击“确定”按钮。执行“位图”|“模糊”|“高斯式模糊”命令，打开“高斯式模糊”对话框，设置“半径”为 100 像素，如图 4–3–29 所示。单击“确定”按钮。

30 执行“高斯式模糊”命令后，执行“效果”|“图框精确裁剪”|“放置在容器中”命令。出现黑色箭头图标后，单击黑色矩形图形。单击右键打开快捷

菜单，执行“编辑内容”命令，将放置到图形中的图像进行调整。单击右键打开快捷菜单，执行“结束编辑”命令，效果如图 4–3–30 所示。

31 选择“矩形工具”绘制矩形，按快捷键 Shift + F11，打开“均匀填充”对话框，设置颜色为白色，单击“确定”按钮。右键单击调色板上的“透明色”按钮，取消轮廓色。如图 4–3–31 所示。

32 选择“透明度工具”，单击拖曳形成透明渐变效果。如图 4–3–32 所示。

提示：

图像的高光效果不仅可以使用“高斯式模糊”命令制作，还可以使用“透明度工具”、“渐变填充”等制作。

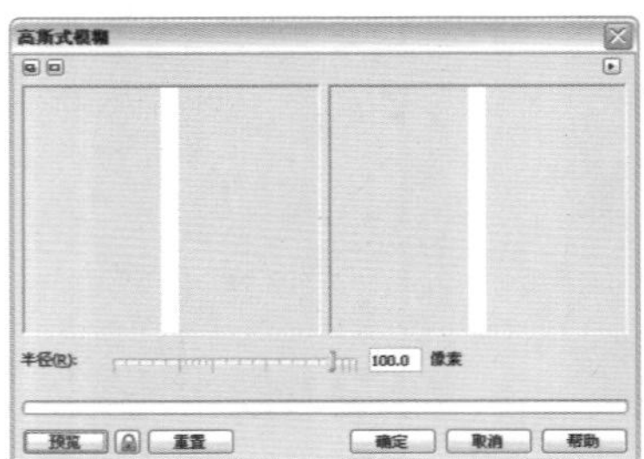

图4-3-29 设置“半径”参数

图4-3-30 高光效果

图4-3-31 绘制图形

图4-3-32 添加透明度效果

33 使用同样的方法为图像右侧制作高光和暗部效果，如图 4–3–33 所示。

34 使用“贝塞尔工具”绘制图形，填充黑色。如图 4–3–34 所示。

35 取消轮廓色，选择“矩形工具”绘制两个矩形，填充黑色，如图 4–3–35 所示。

36 取消矩形图形的轮廓色，使用之前制作边缘高光的方法制作高光效果，如图 4–3–36 所示。

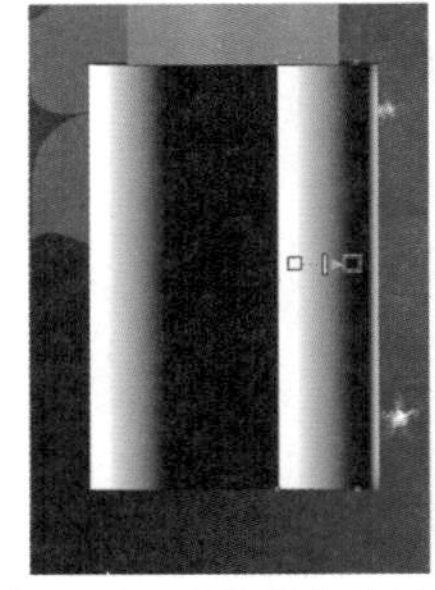

图4-3-33 制作高光效果

图4-3-34 绘制图形

图4-3-35 绘制矩形

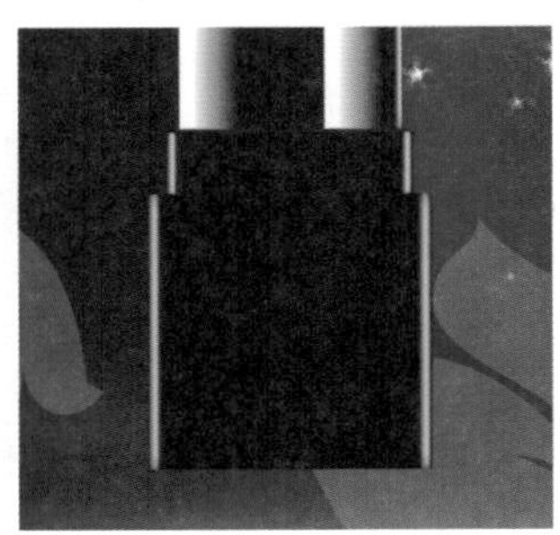

图4-3-36 制作高光

37 选择“矩形工具”绘制矩形，按快捷键 Shift + F11，打开“均匀填充”对话框，设置颜色为桃红色（C：27；M：100；Y：100；K：0），单击“确定”按钮。右键单击调色板上的“透明色”按钮，取消轮廓色。如图 4–3–37 所示。

38 为绘制的图形制作边缘高光效果。如图 4–3–38 所示。

39 单击“文本工具”，输入文本，设置字体颜色为深红色（C：0；M：100；Y：100；K：80）。按 F12 键打开“轮廓笔”选项，设置“颜色”为深红色（C：0；M：100；Y：100；K：80），“宽度”为 0.5mm，勾选“后台填充”和“按图像比例显示”选项，其他参数保持默认，单击“确定”按钮。如图 4–3–39 所示。

40 使用“选择工具”选择文本，将文本向下略微移动，在移动中单击右键进行复制。设置文本颜色为白色，右键单击调色板上的“透明色”按钮，取消轮廓色。效果如图 4–3–40 所示。

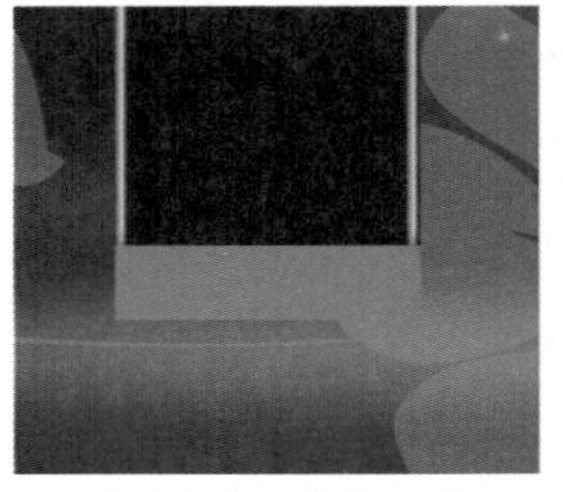

图4-3-37 绘制矩形

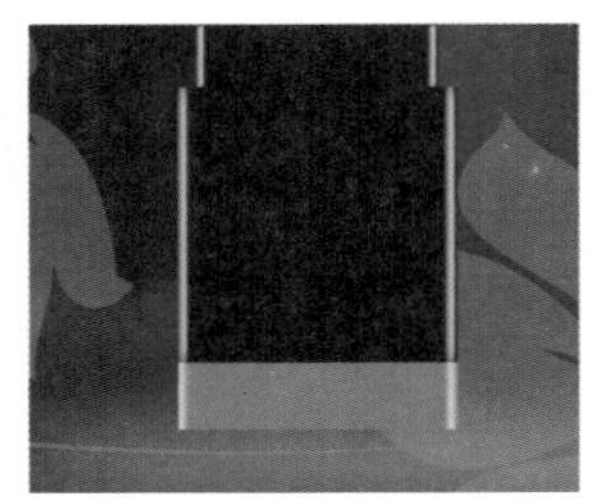

图4-3-38 制作高光

图4-3-39 输入文字

图4-3-40 复制调整文字

41 使用“贝塞尔工具” 绘制图形，如图 4-3-41 所示。

42 单击属性栏上的“导入”按钮，导入素材图片：花纹 2.tif。选择素材图片，执行“效果”|“图框精确裁剪”|“放置在容器中”命令。出现黑色箭头图标后，单击之前绘制的图形，将素材放置到容器中。单击右键打开快捷菜单，执行“编辑内容”命令，调整素材图片大小和位置，单击右键打开快捷菜单，执行“结束编辑”命令，取消轮廓色，效果如图 4-3-42 所示。

43 单击右键打开快捷菜单，执行“编辑内容”命令，执行“透明度工具” ，选择属性栏上的“透明度类型”为标准，设置“透明度操作”为兰。单击右键打开快捷菜单，选择“结束编辑”命令，效果如图 4-3-43 所示。

提示：

“透明度操作”中的各种透明度方式为图像提供了多种方式的效果，熟悉各种透明度方式可以更好地制作出美丽的图像。

44 选择“矩形工具” 绘制矩形，按快捷键 Shift + F11，打开“均匀填充”对话框，设置颜色为黑色，单击“确定”按钮。如图 4-3-44 所示。

图4-3-41 绘制轮廓

图4-3-42 导入素材

图4-3-43 添加透明度效果

图4-3-44 绘制图形

45 在属性栏上设置“圆角半径”为 7mm，图像效果如图 4-3-45 所示。

提示：

在默认情况下，只需在一个角的复选框中设置“圆角半径”，其他角的半径都将变成设置的参数，而需要只设置单个角的圆角半径时，单击“同时编辑所有角”按钮 后，即可只设置圆角半径。

46 绘制两个大小不同的同心圆角矩形，使用“选择工具” 将绘制的图形进行框选，单击属性栏上的“结合”按钮 将图形进行结合，填充颜色为白色，取消轮廓色。如图 4-3-46 所示。

47 执行“位图”|“转换为位图”命令，打开“转换为位图”对话框，参数为默认值，单击“确定”按钮。执行“位图”|“模糊”|“高斯式模糊”命令，打开“高斯式模糊”对话框，设置“半径”为 5 像素，单击“确定”按钮。执行“效果”|“图框精确裁剪”|“放置在容器中”命令。出现黑色箭头图标后，单击黑色圆角矩形。效果如图 4-3-47 所示。

48 选择“矩形工具” 绘制矩形多个相交的矩形，如图 4-3-48 所示。

图4-3-45 “圆角半径”效果

图4-3-46 绘制图形

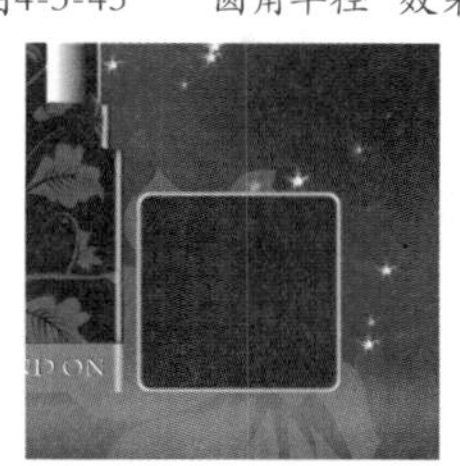
图4-3-47 制作高光效果

图4-3-48 绘制图形

49 使用“选择工具”将绘制的矩形进行框选，单击属性栏上的“焊接”按钮，取消轮廓色。按快捷键 Shift + F11，打开“均匀填充”对话框，设置颜色为粉色（C：0；M：85；Y：80；K：0），单击“确定”按钮。如图 4-3-49 所示。

50 选择制作的图形，向右单击拖曳进行移动，在移动时单击右键进行复制。单击属性栏上的“水平镜像”按钮，对图形进行翻转。翻转图形后，调整图形位置，如图 4-3-50 所示。

51 使用“选择工具”将绘制的图形进行框选，向下单击拖曳进行移动，在移动时单击右键进行复制。单击属性栏上的“垂直镜像”按钮，对图形进行翻转。翻转图形后，调整图形位置。效果如图 4-3-51 所示。

52 使用“选择工具”框选绘制的口红图形，按快捷键 Ctrl+G，群组选中的图形。单击“阴影工具”，向外单击拖曳形成阴影后，设置属性栏上“阴影的不透明度”为 100，“阴影羽化”为 15，其余保持默认值。图像最终效果，如图 4-3-52 所示。

图4-3-49　填充颜色

图4-3-50　复制调整图形

图4-3-51　复制调整图形

图4-3-52　最终效果

4.4 绘制矢量元素风景插画

技能分析

制作本实例的主要目的是使读者了解并掌握如何在 CorelDRAW X5 软件中绘制矢量元素风景插画，先利用“矩形工具”和“椭圆工具”等绘制出图形的背景，再使用“贝塞尔工具”绘制云彩、丹顶鹤等图形，在绘制中使用“渐变填充”和“阴影工具”等制作出图像的各种效果，从而完成最终效果。

制作步骤

1 按快捷键 Ctrl + N，打开“创建新文档”对话框，设置“名称”为绘制矢量元素风景插画，“宽度”为 297mm，“高度”为 210mm，如图 4-4-1 所示。单击“确定”按钮。

2 单击“矩形工具”，绘制矩形。按快捷键 Shift + F11，打开“均匀填充”对话框，设置颜色为橙色（C：0，M：36，Y：100，K：0），单击“确定”按钮。右键单击调色板上的“透明色”按钮⊠，取消轮廓颜色，如图 4-4-2 所示。

3 单击“矩形工具”，绘制矩形，按快捷键 Ctrl+Q 将矩形转换为曲线。单击工具箱中的“形状工具”，选择左下角的节点，在该节点上向右单击拖曳，如图 4-4-3 所示。

4 使用同样的方法在矩形右下角的节点上向内单击拖曳，调整后将制作的图形移动至橙色图形上，如图 4–4–4 所示。

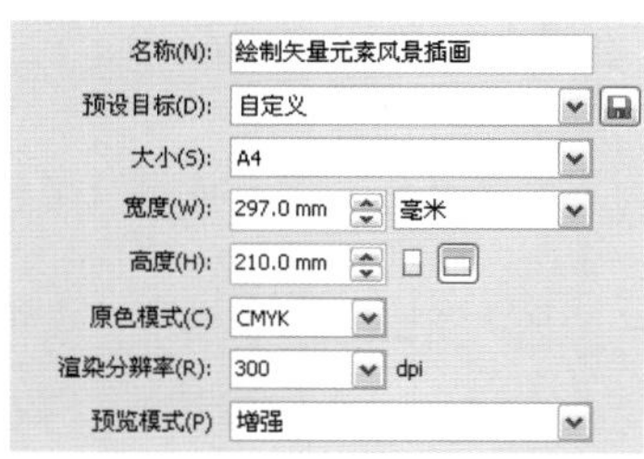

图4-4-1　设置“新建”参数

图4-4-2　绘制矩形

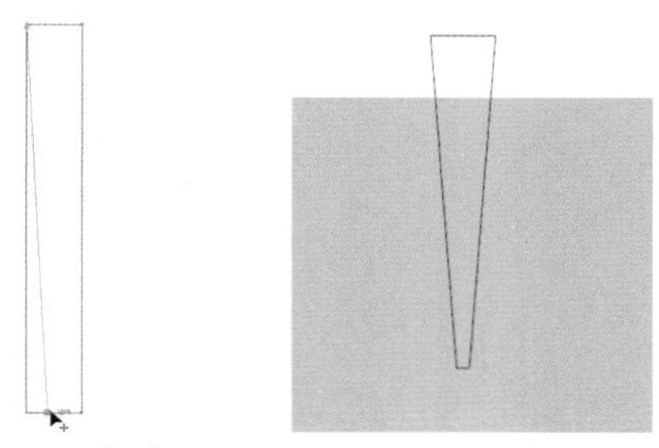

图4-4-3　编辑节点　　图4-4-4　调整图形

5 选择制作的图形，在属性栏上设置“旋转角度”为 56.5，按 Enter 键确定。调整图形位置，如图 4–4–5 所示。

6 选择制作的图形，在图形上单击切换到编辑模式，将中心点向宽度小的一边移动。选择右上角节点，将图形向右单击进行拖曳旋转，如图 4–4–6 所示。

提示：

图形的中心点用于控制图像旋转、调整大小等操作的方位。

7 在旋转的同时单击右键对图形进行复制，如图 4–4–7 所示。

8 按快捷键 Ctrl+R 多次重复上一步旋转复制操作，效果如图 4–4–8 所示。

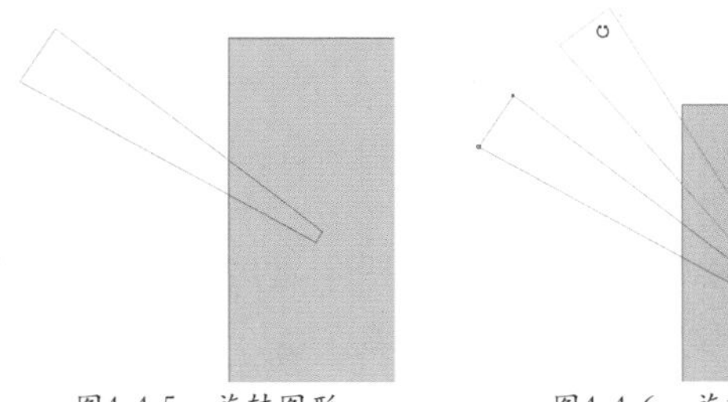

图4-4-5　旋转图形　　图4-4-6　旋转图形

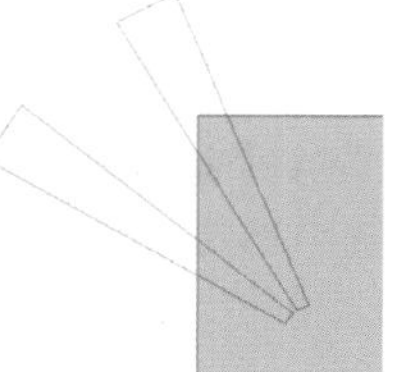

图4-4-7　复制图形

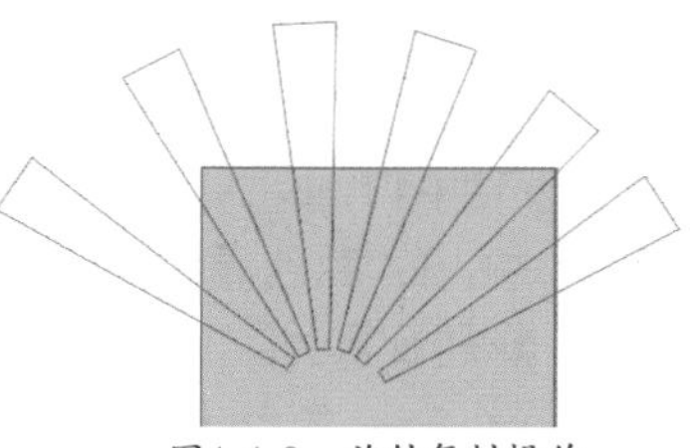

图4-4-8　旋转复制操作

9 单击“选择工具”，框选制作的图形图形。按快捷键 Ctrl+G 群组选中的图形，按快捷键 Shift + F11，打开“均匀填充”对话框，设置颜色为白色，单击“确定”按钮，如图 4–4–9 所示。取消轮廓色。

10 先选择橙色图形，按住 Shift 键，再选择群组的白色图形，单击属性栏上的“相交”按钮，将超出橙色图形的白色图形进行删除，效果如图 4–4–10 所示。

11 选择裁剪后的白色图形，选择“透明度工具”，选择属性栏上的“透明度类型”为标准，调整“开始透明度”滑块为 20。效果如图 4–4–11 所示。

12 单击“椭圆工具”，在图像左侧按住 Ctrl 键绘制正圆，如图 4–4–12 所示。

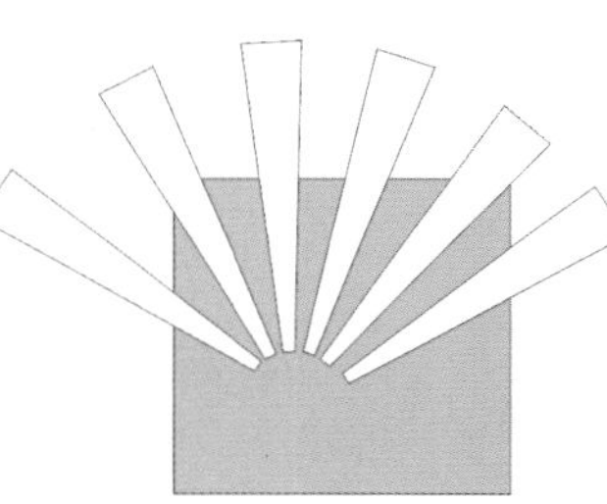

图4-4-9　填充颜色

图4-4-10　相交图形

图4-4-11　添加透明度

图4-4-12　绘制正圆

13 按 F12 键打开“轮廓笔”对话框，设置“颜色”为黄色（C:4;M:0;Y:49;K:0），“宽度”为 6.0mm，“角”为圆角，“线条端头”为圆头，勾选“后台填充”和“按图像比例显示”选项，其他参数保持默认，如图 4–4–13 所示。单击“确定”按钮。

14 设置“轮廓笔”参数后，图像效果如图4-4-14所示。

15 按F11键打开“渐变填充”对话框，设置“角度”为90，在“颜色调和”选项区域中选择“自定义”选项，分别设置为：

位置：0% 颜色（C：0；M：51；Y：98；K：0）；

位置：25% 颜色（C：0；M：51；Y：98；K：0）；

位置：100% 颜色（C：7；M：0；Y：93；K：0）。

如图4-4-15所示，单击“确定”按钮。

提示：

对渐变色的中心进行位移，还可以在“渐变填充”对话框的右侧预览框中进行调整。

16 填充渐变色后，图像效果如图4-4-16所示。

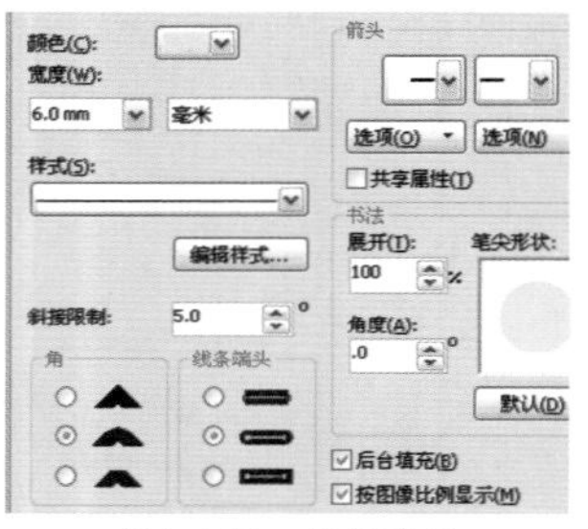
图4-4-13 设置参数

图4-4-14 “轮廓笔”效果

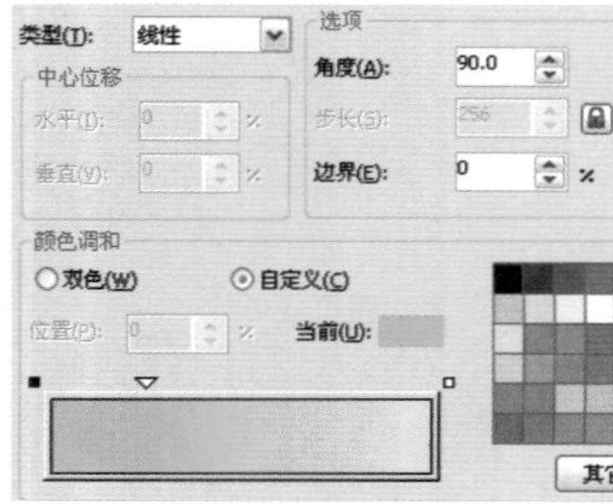
图4-4-15 设置渐变色

图4-4-16 填充渐变色

17 使用“贝塞尔工具”绘制图形，按快捷键Shift + F11，打开“均匀填充”对话框，设置颜色为淡黄色（C：10，M：0，Y：27，K：0），单击“确定”按钮。右键单击调色板上的“透明色”按钮⊠，取消轮廓颜色，效果如图4-4-17所示。

18 单击“阴影工具”，按住图形向外拖曳形成阴影后，设置属性栏上“阴影的不透明度”为30，“阴影羽化”为10，其余保持默认值。如图4-4-18所示。

19 使用“贝塞尔工具”绘制多个图形，选择图形填充颜色为

序号1图形颜色为浅绿色（C：20；M：0；Y：60；K：0）；

序号2图形颜色为绿色（C：40；M：0；Y：100；K：0）；

序号3图形颜色为深绿色（C：69；M：0；Y：91；K：0）。

取消图形轮廓颜色，如图4-4-19所示。

20 使用同样的方法绘制另一个山峰图形，效果如图4-4-20所示。

图4-4-17 绘制图形

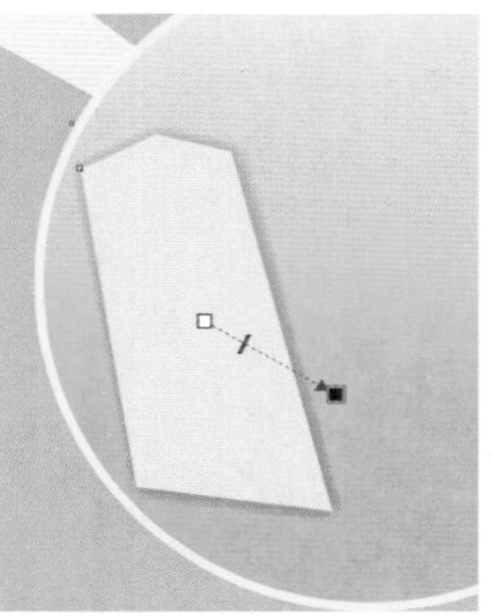
图4-4-18 添加阴影效果

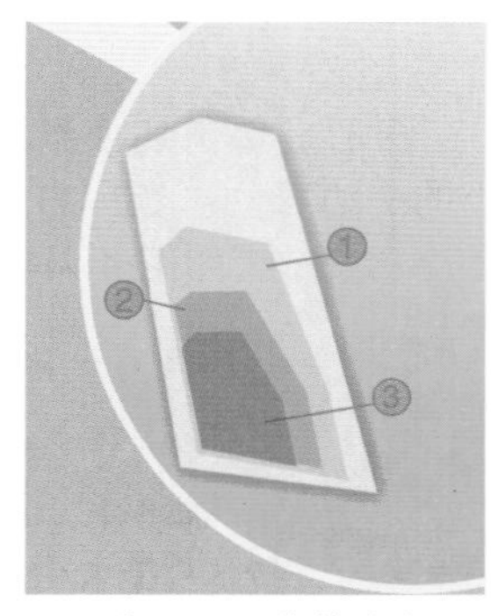

图4-4-19 绘制图形

图4-4-20 绘制山峰

21 单击工具箱中的“椭圆工具”，绘制3个不同的椭圆，如图4-4-21所示。

22 选择图形填充颜色为：

序号1图形颜色为浅绿色（C：20；M：0；Y：60；K：0）；

序号2图形颜色为绿色（C：40；M：0；Y：100；K：0）；

序号3图形颜色为深绿色（C：100；M：0；Y：100；K：0）。

取消椭圆轮廓颜色，如图4-4-22所示。

23 再次使用“椭圆工具”，绘制4个不同的椭圆，如图4-4-23所示。

24 选择图形填充颜色为：

序号 1 图形颜色为浅墨蓝（C：25；M：0；Y：19；K：0）；

序号 2 图形颜色为墨蓝色（C：48；M：2；Y：35；K：0）；

序号 3 图形颜色为深墨蓝（C：81；M：26；Y：59；K：0）；

序号 4 图形颜色为暗墨蓝（C：80；M：46；Y：64；K：10）。

取消椭圆轮廓颜色，如图 4-4-24 所示。

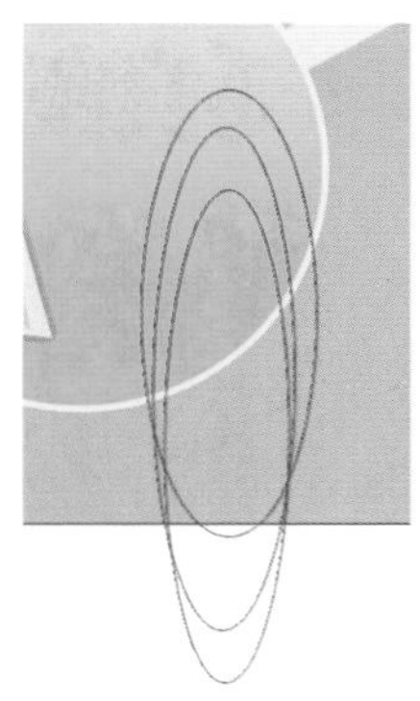
图4-4-21 绘制椭圆

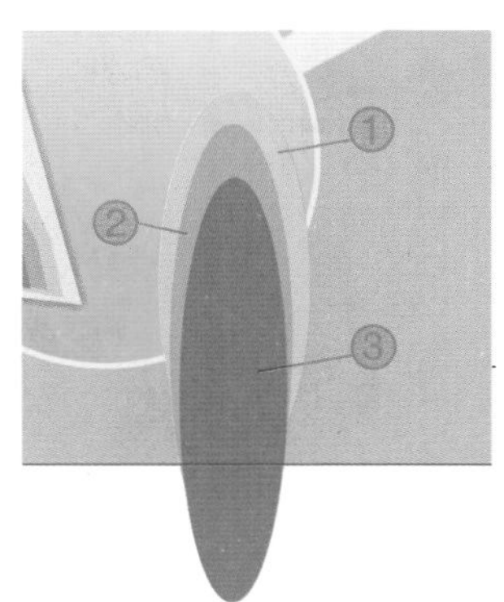

图4-4-22 填充颜色

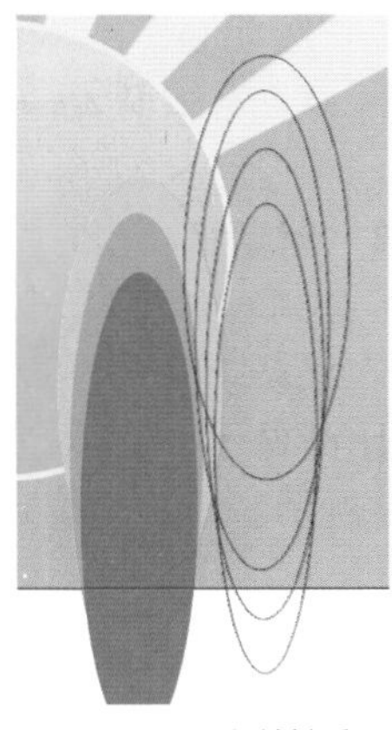
图4-4-23 绘制椭圆

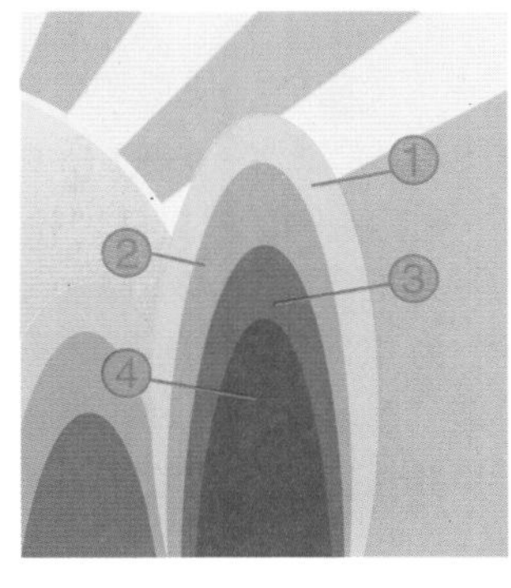

图4-4-24 填充颜色

25 选择“选择工具”，框选制作的椭圆图形。按快捷键 Ctrl+G 群组选中的图形，等比例放大图形，在缩放时单击右键进行复制，将复制的图形移动到右侧，效果如图 4-4-25 所示。

26 使用“贝塞尔工具”绘制图形，如图 4-4-26 所示。

27 按 F11 键打开“渐变填充”对话框，打开“渐变填充”对话框，设置“类型”为辐射，在“中心位移”处设置“水平”为 -9%，“垂直”为 43%，分别设置“从”颜色为粉色（C：0；M：27；Y：42；K：0），“到”的颜色为白色，如图 4-4-27 所示。单击“确定”按钮。

28 填充渐变色后，右键单击调色板上的“透明色”按钮，取消轮廓颜色，效果如图 4-4-28 所示。

图4-4-25 复制调整图形

图4-4-26 绘制图形

图4-4-27 设置渐变色

图4-4-28 填充渐变

29 使用“贝塞尔工具”绘制图形，按快捷键 Shift + F11，打开“均匀填充”对话框，设置颜色为粉色（C:3，M:11，Y:2，K:0），单击“确定”按钮。右键单击调色板上的“透明色”按钮，取消轮廓颜色，效果如图 4-4-29 所示。

30 单击“椭圆工具”，按住 Ctrl 键绘制正圆。如图 4-4-30 所示。

31 按 F12 打开“轮廓笔”对话框，设置“颜色”为蓝色（C：68，M：4，Y：22，K：0），“宽度”为 1.5mm，勾选“按图像比例显示”选项，其他参数保持默认，如图 4-4-31 所示。单击“确定”按钮。

32 设置“轮廓笔”参数后，效果如图 4-4-32 所示。

图4-4-29 绘制图形

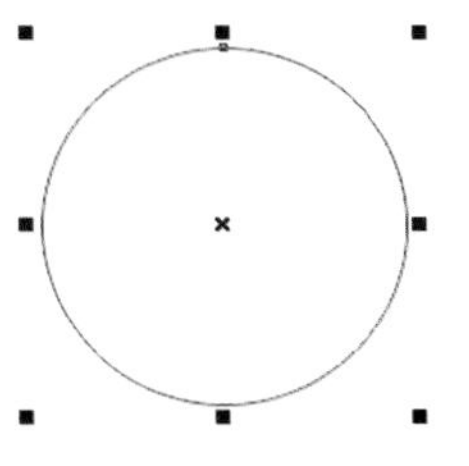
图4-4-30 绘制正圆

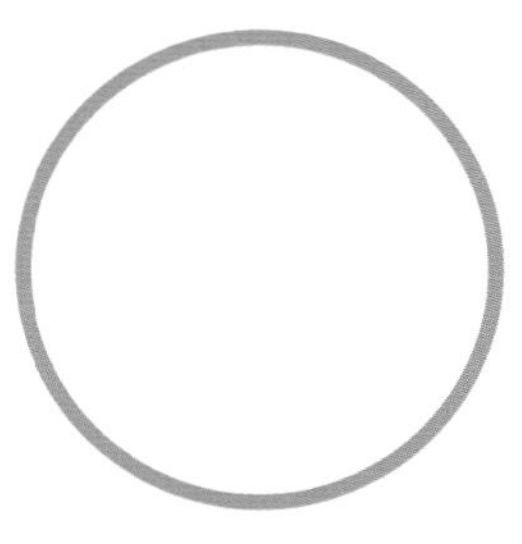

图4-4-31　设置参数　　图4-4-32　“轮廓笔”效果

33 按 F11 键打开“渐变填充”对话框，打开“渐变填充”对话框，设置“类型”为辐射，在“中心位移”处设置“水平”为 -2%，“垂直”为 33%，分别设置“从”颜色为蓝色（C：40；M：0；Y：0；K：0），“到”的颜色为深蓝色（C：100；M：60；Y：0；K：0），如图 4-4-33 所示。单击“确定”按钮。

34 填充渐变色后，效果如图 4-4-34 所示。

35 选择制作的正圆进行等比例缩小，在缩小的同时单击右键进行复制。效果如图 4-4-35 所示。

36 使用同样的方法等比例缩小复制正圆，图像效果如图 4-4-36 所示。

图4-4-33　设置渐变色　　图4-4-34　填充渐变色

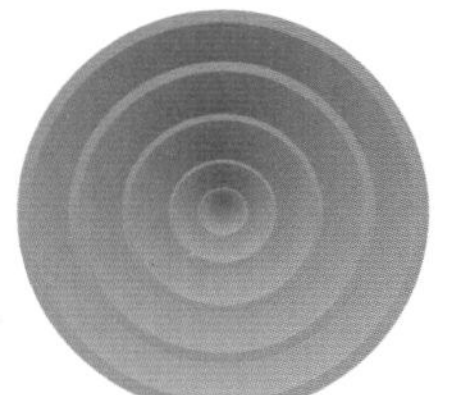

图4-4-35　复制缩小图形　　图4-4-36　调整图形

37 选择“选择工具”，框选制作的同心正圆。按快捷键 Ctrl+G 群组选中的图形，将正圆向右移动，在移动的同时单击右键进行复制。按快捷键 Ctrl+R 多次重复上一步旋转复制操作，选择“选择工具”，框选制作的图形进行群组并将图形移动到图像上。效果如图 4-4-37 所示。

38 向下移动图形并进行复制，调整图像位置，如图 4-4-38 所示。

39 再复制两层图形并调整图形的位置。框选除橙色以外的其他图形，将图形进行群组并放在到橙色图形中，调整其位置，图像效果如图 4-4-39 所示。

40 使用“贝塞尔工具”绘制云朵轮廓，按快捷键 Shift + F11，打开“均匀填充”对话框，设置颜色为白色，单击“确定”按钮。如图 4-4-40 所示。

图4-4-37　复制图形　　图4-4-38　复制调整图形

图4-4-39　复制图形　　图4-4-40　绘制云朵

41 右键单击调色板上的“透明色”按钮☒，取消轮廓颜色。使用“贝塞尔工具”绘制云朵边缘图形，如图 4-4-41 所示。

42 按 F12 键打开“轮廓笔”对话框，设置“颜色”为橙色（C：0；M：60；Y：100；K：0），“宽度”为 1.7mm，“角”为圆角，“线条端头”为圆头，勾选“后台填充”和“按图像比例显示”选项，其他参数保持默认，如图 4-4-42 所示。单击“确定”按钮。

43 设置“轮廓笔”参数后，图像效果如图 4-4-43 所示。

44 选择“选择工具”，框选制作的云朵图像，按快捷键 Ctrl+G 群组选中的图形，复制图形并进行调整大小和方向，效果如图 4-4-44 所示。

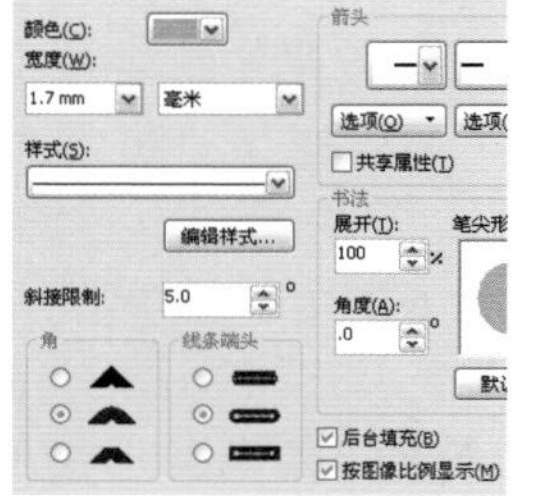

图4-4-41　绘制轮廓　　图4-4-42　设置参数

图4-4-43 “轮廓笔”效果

图4-4-44 复制调整图形

45 使用“贝塞尔工具”绘制图形轮廓，框选绘制的图形，右键单击调色板上的“透明色”按钮☒，取消轮廓颜色。效果如图 4-4-45 所示。

46 分别为图形填充颜色为黑色和红色（C：0；M：100；Y：100；K：0）。如图 4-4-46 所示。

47 使用“贝塞尔工具”绘制图形轮廓，填充颜色为白色，取消轮廓颜色。单击“椭圆工具”，按住Ctrl键绘制正圆，填充颜色为黑色，取消轮廓颜色。效果如图4-4-47所示。

48 使用“贝塞尔工具”绘制图形轮廓，如图 4-4-48 所示。

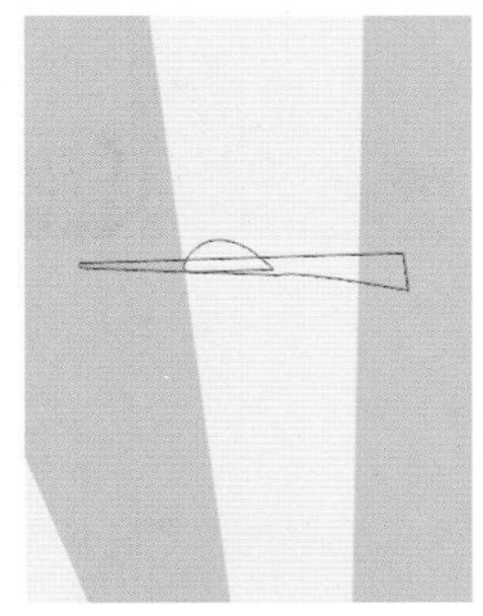
图4-4-45 绘制图形

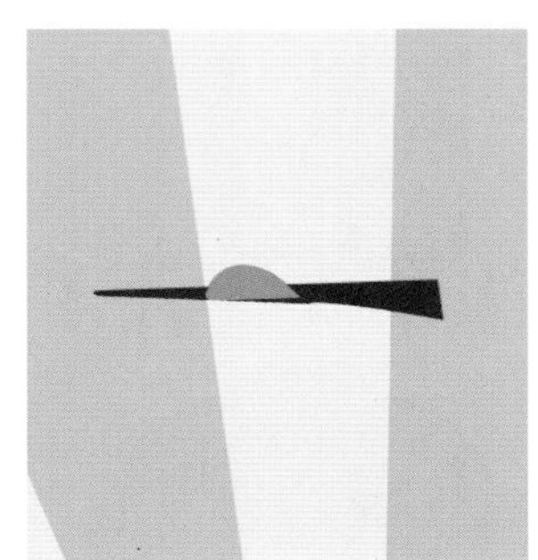
图4-4-46 填充颜色

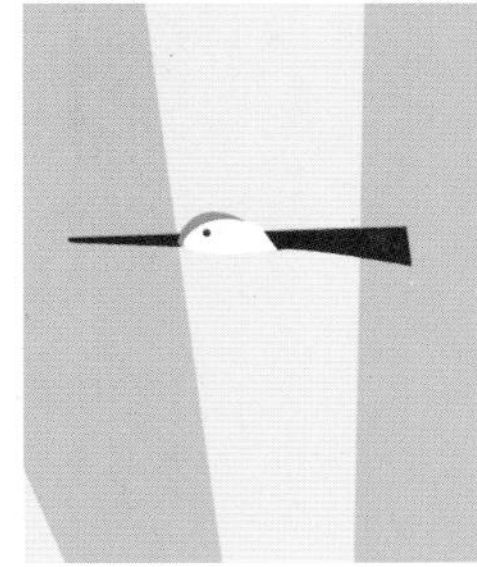
图4-4-47 绘制图形

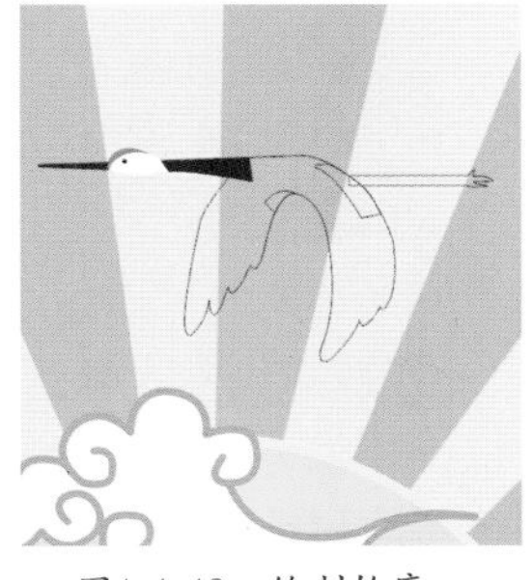
图4-4-48 绘制轮廓

49 分别为图形填充颜色为黑色和白色，右键单击调色板上的“透明色”按钮☒，取消轮廓颜色。如图 4-4-49 所示。

50 使用同样的方法绘制另一只丹顶鹤，选择“选择工具”，框选绘制的两只丹顶鹤，按快捷键 Ctrl+G 群组选中的图形，单击工具箱中的“阴影工具”，按住图形，向外单击拖曳形成阴影后，设置属性栏上“阴影的不透明度”为 20，“阴影羽化”为 5，其他保持默认值。效果如图 4-4-50 所示。

51 添加阴影效果后，图像最终效果，如图 4-4-51 所示。

图4-4-49 填充颜色

图4-4-50 添加阴影效果

图4-4-51 最终效果

4.5 绘制服装设计插画

技能分析

制作本实例的主要目的是使读者了解并掌握如何在 CorelDRAW X5 软件中绘制服装设计插画，在本实例中主要使用“贝塞尔工具”绘制出衣服的轮廓和线条，使用“轮廓笔”对线条进行制作效果，导入素材对衣服进行装饰，从而完成最终效果。

制作步骤

1 按快捷键 Ctrl + N，打开“创建新文档”对话框，设置“名称”为绘制服装设计插画，“宽度”为 210mm，“高度”为 297mm，如图 4-5-1 所示。单击“确定”按钮。

2 选择“贝塞尔工具”，绘制衣服整体轮廓。如图 4-5-2 所示。

3 按 F12 键打开“轮廓笔”对话框，设置“颜色”为黑色，“宽度”为 1.5mm，“角”为圆角，“线条端头”为圆头，勾选“后台填充”和“按图像比例显示”选项，其他参数保持默认，如图 4-5-3 所示。单击“确定”按钮。

提示：

“后台填充”选项是控制轮廓是否在图像内进行填充，而勾选“按图像比例显示”选项后，图像在等比例缩放时，轮廓也将按比例缩放。

4 设置“轮廓笔”参数后，图像效果如图 4-5-4 所示。

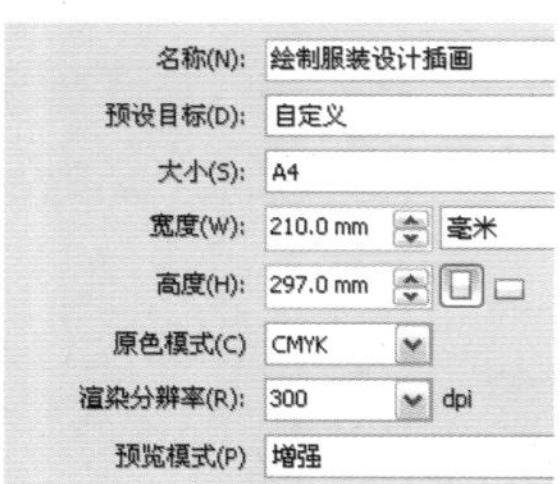

图4-5-1 设置“新建”参数

图4-5-2 绘制衣服轮廓

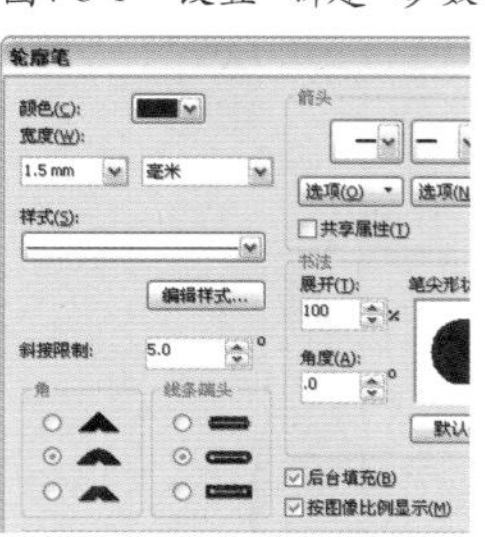

图4-5-3 设置参数

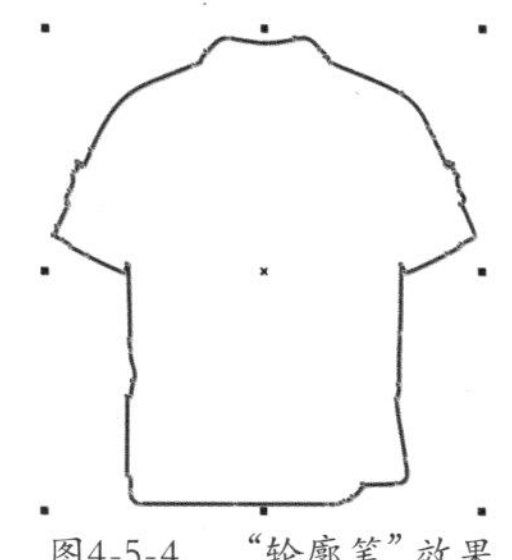

图4-5-4 “轮廓笔”效果

5 按快捷键 Shift + F11，打开“均匀填充”对话框，设置颜色为红色（C：0，M：100，Y：100，K：0），单击“确定”按钮。如图 4-5-5 所示。

6 单击属性栏上的“导入”按钮，导入素材图片：图案 1.tif。如图 4-5-6 所示。

7 选择素材图片，执行“效果”|“图框精确裁剪”|“放置在容器中”命令。出现黑色箭头图标后，单击红色图形，将素材放置到矩形中。单击右键打开快捷菜单，执行“编辑内容”命令，将放置到图形中的图像进行调整，选择“透明度工具”，选择属性栏上的“透明度类型”为标准，拖曳“开始透明度”滑块为 80。调整后在图像上单击右键打开快捷菜单，执行“结束编辑”命令，如图 4-5-7 所示。

8 选择“贝塞尔工具”，绘制衣服衣领轮廓。如图 4-5-8 所示。

图4-5-5 填充颜色

图4-5-6 导入素材

图4-5-7 添加不透明度

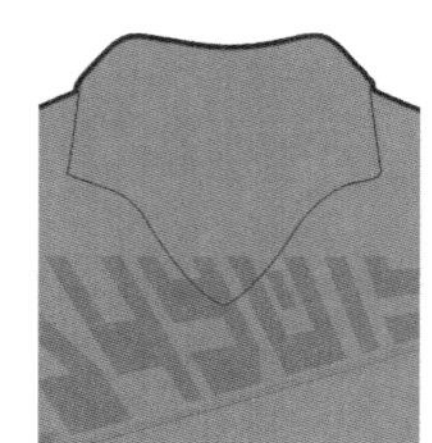

图4-5-8 绘制衣领轮廓

9 选择绘制衣领轮廓，按 F12 键打开“轮廓笔”对话框，设置“颜色”为黑色，“宽度”为 0.8mm，勾选“后台填充”和“按图像比例显示”选项，其他参数保持默认，如图 4-5-9 所示。单击“确定”按钮。

10 按快捷键 Shift + F11，打开“均匀填充”对话框，设置颜色为红色（C：0，M：94，Y：100，K：0），单击“确定”按钮。如图 4-5-10 所示。

11 选择“贝塞尔工具”，绘制衣领轮廓线条。

如图 4–5–11 所示。

12 选择“选择工具”，将绘制的两根线条选中，按快捷键Ctrl+G群组选中的图形。按F12键打开“轮廓笔”对话框，设置“颜色”为黑色，“宽度”为 0.4mm，“角”为圆角，“线条端头”为圆头，勾选“后台填充”和“按图像比例显示”选项，其他参数保持默认，如图 4–5–12 所示。单击“确定”按钮。

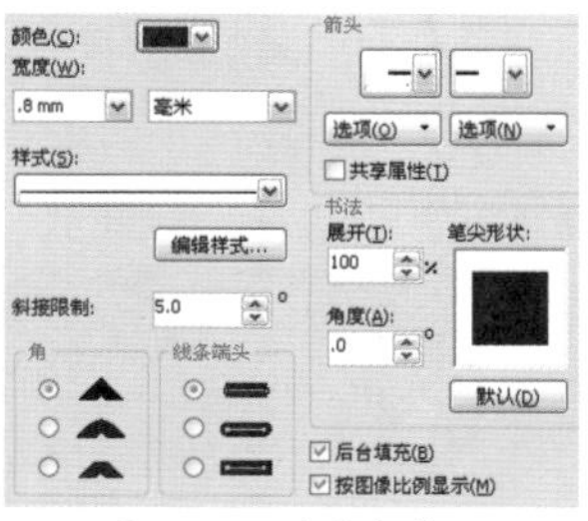

图4-5-9 设置参数　　图4-5-10 填充颜色

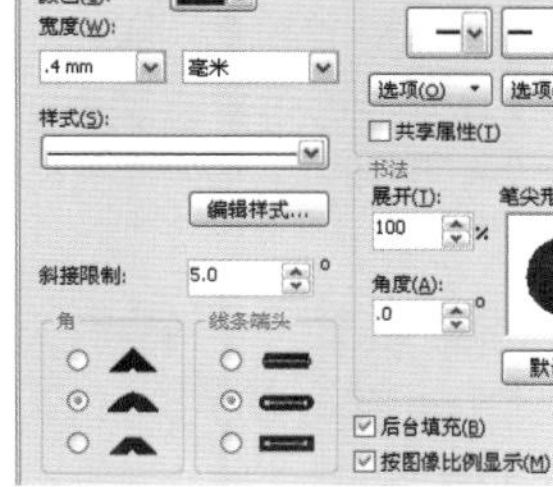

图4-5-11 绘制线条　　图4-5-12 设置参数

13 设置“轮廓笔”参数后，图像效果如图 4–5–13 所示。

14 选择“贝塞尔工具”，绘制衣领内衬轮廓。如图 4–5–14 所示。

15 按快捷键 Shift + F11，打开“均匀填充”对话框，设置颜色为黑色，单击“确定”按钮。右键单击调色板上的“透明色”按钮⊠，取消轮廓颜色，效果如图 4–5–15 所示。

16 选择“贝塞尔工具”，绘制图形轮廓。选择“选择工具”，框选绘制的图形轮廓，按快捷键 Ctrl+G 群组选中的图形，如图 4–5–16 所示。

图4-5-13 “轮廓笔”效果　　图4-5-14 绘制图形

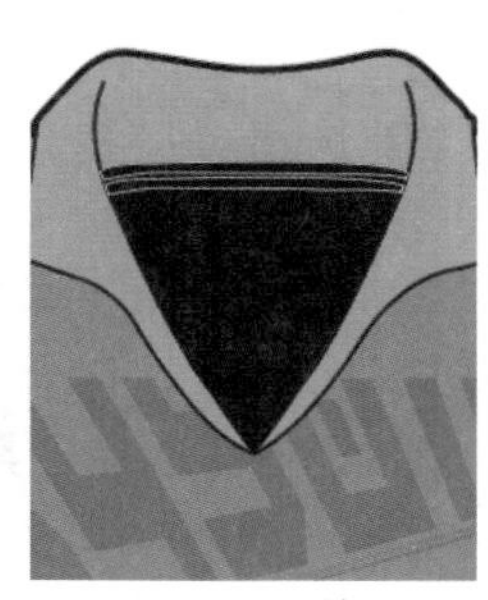

图4-5-15 填充颜色　　图4-5-16 绘制图形

17 按快捷键 Shift + F11，打开“均匀填充”对话框，设置颜色为橙黄色（C：0，M：40，Y：100，K：0），单击“确定”按钮。右键单击调色板上的“透明色”按钮⊠，取消轮廓颜色，效果如图 4–5–17 所示。

18 选择“贝塞尔工具”，绘制图形轮廓。选择“选择工具”，框选绘制的图形轮廓，按快捷键 Ctrl+G 群组选中的图形，效果如图 4–5–18 所示。

19 按快捷键 Shift + F11，打开“均匀填充”对话框，设置颜色为黄色（C:0，M:0，Y:100，K:0），单击“确定”按钮。右键单击调色板上的“透明色”按钮⊠，取消轮廓颜色，效果如图 4–5–19 所示。

20 选择“贝塞尔工具”，绘制衣服装饰轮廓。如图 4–5–20 所示。

图4-5-17 填充颜色　　图4-5-18 绘制图形

图4-5-19 填充颜色　　图4-5-20 绘制轮廓

21 按快捷键 Shift + F11，打开“均匀填充”对话框，设置颜色为黄色（C:0，M:0，Y:100，K:0），单击“确定”按钮。右键单击调色板上的“透明色”

按钮☒，取消轮廓颜色，效果如图 4-5-21 所示。

22 选择“贝塞尔工具”，绘制弧形线条，如图 4-5-22 所示。

23 单击“文本工具”，输入文本，如图 4-5-23 所示。

24 选择“选择工具”，选择文字按住右键拖曳到绘制的弧形线条上，释放右键打开快捷菜单，执行“使文本适合路径”命令，如图 4-5-24 所示。

图4-5-21 填充颜色

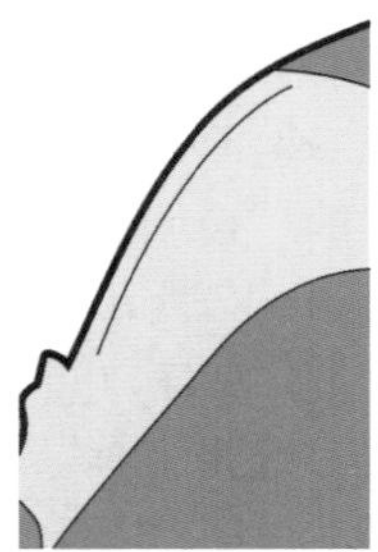
图4-5-22 绘制线条

图4-5-23 输入文字

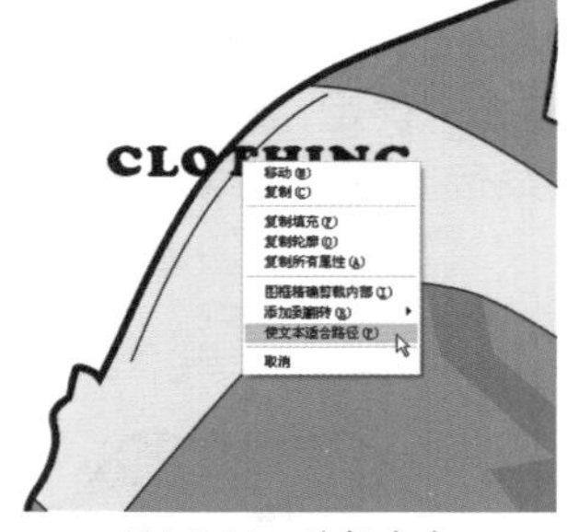
图4-5-24 选择命令

25 执行“使文本适合路径”命令后，效果如图 4-5-25 所示。

26 在属性栏上单击“水平镜像文本”和“垂直镜像文本”按钮。对文字进行翻转后，选择“选择工具”，选择绘制的弧形线条，按 Delete 键删除，删除线条后，调整文字的位置，效果如图 4-5-26 所示。

提示：

要将路径内的文本和路径进行分离，还可通过执行“排列”|“折分路径内的段落文本”命令。分离后的文本与路径仍保留分离前的形状。

27 使用同样的方法为衣服右侧制作弧形文字效果，图像效果如图 4-5-27 所示。

28 单击属性栏上的“导入”按钮，导入素材图片：图案 2.tif。将素材移动至图像右上侧，调整图形大小，效果如图 4-5-28 所示。

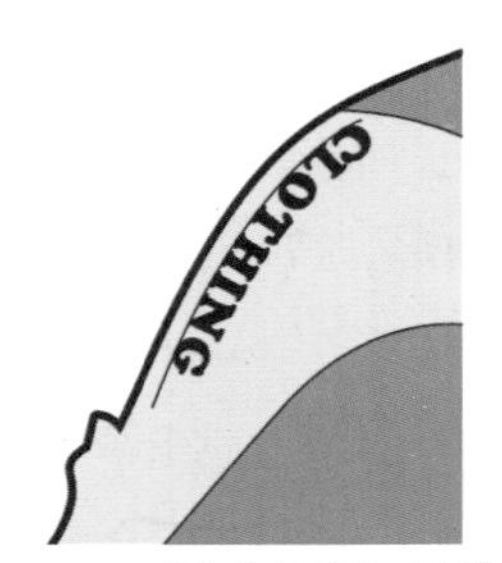
图4-5-25 “使文本适合路径”效果

图4-5-26 调整文字

图4-5-27 文本适合路径

图4-5-28 导入素材

29 选择“贝塞尔工具”，绘制图形轮廓，如图 4-5-29 所示。

30 按 F12 键打开“轮廓笔”对话框，设置“颜色”为黑色，“宽度”为 0.3mm，勾选“按图像比例显示”选项，其他参数保持默认，如图 4-5-30 所示。单击“确定”按钮。

31 设置“轮廓笔”参数后，效果如图 4-5-31 所示。

32 按快捷键 Shift + F11，打开“均匀填充”对话框，设置颜色为黄色（C:0，M:20，Y:100，K:0），单击“确定”按钮。效果如图 4-5-32 所示。

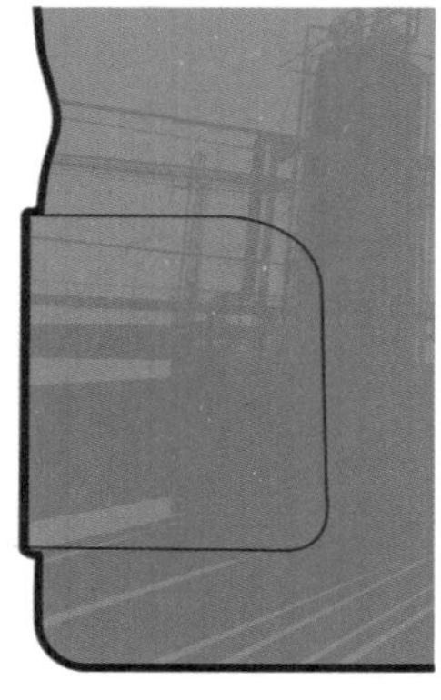
图4-5-29 绘制轮廓

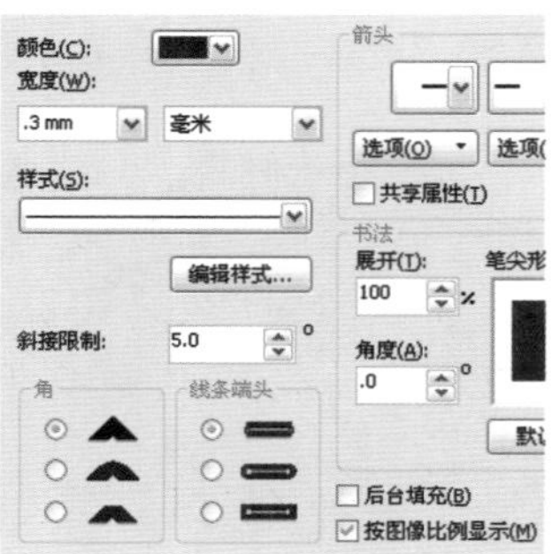

图4-5-30 设置参数

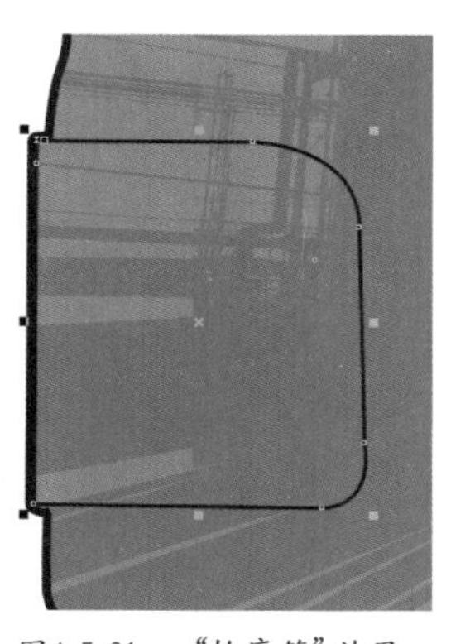
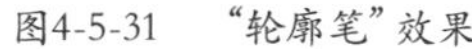
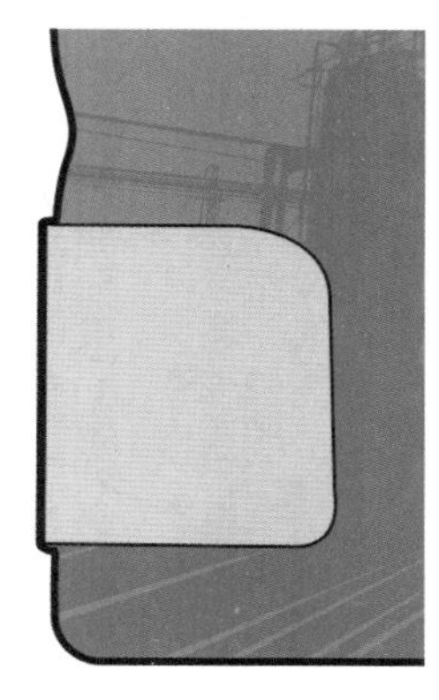

图4-5-31　“轮廓笔”效果　　图4-5-32　填充颜色

33 单击属性栏上的“导入”按钮，导入素材图片：图案 3.tif。将素材移动至图像左下角黄色图形上，调整图形大小，效果如图 4-5-33 所示。

34 选择“贝塞尔工具”，绘制图形轮廓，如图 4-5-34 所示。

35 按 F12 键打开“轮廓笔”对话框，设置“颜色”为黑色，“宽度”为 0.3mm，勾选“按图像比例显示”选项，其他参数保持默认，如图 4-5-35 所示。单击“确定”按钮。

36 设置“轮廓笔”参数后，效果如图 4-5-36 所示。

图4-5-33　导入素材　　图4-5-34　绘制轮廓

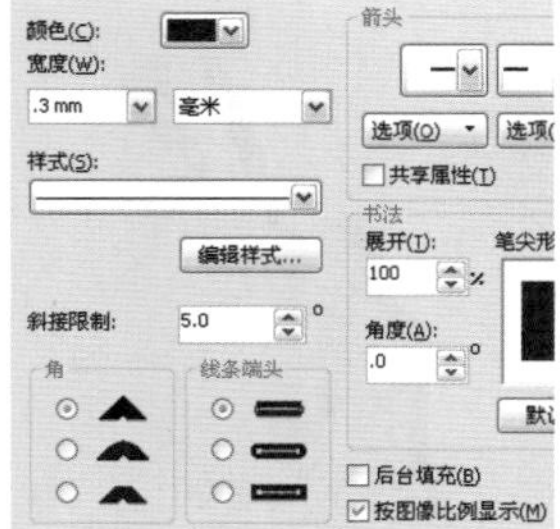

图4-5-35　设置参数　　图4-5-36　“轮廓笔”效果

37 按快捷键 Shift + F11，打开“均匀填充”对话框，设置颜色为黄色（C:0，M:0，Y:100，K:0），单击“确定”按钮。效果如图 4-5-37 所示。

38 选择“贝塞尔工具”，绘制图形轮廓，如图 4-5-38 所示。

39 按 F12 键打开“轮廓笔”对话框，设置“颜色”为黑色，“宽度”为 0.6mm，“角”为圆角，“线条端头”为圆头，勾选“后台填充”和“按图像比例显示”选项，其他参数保持默认，如图 4-5-39 所示。单击“确定”按钮。

40 设置“轮廓笔”参数后，效果如图 4-5-40 所示。

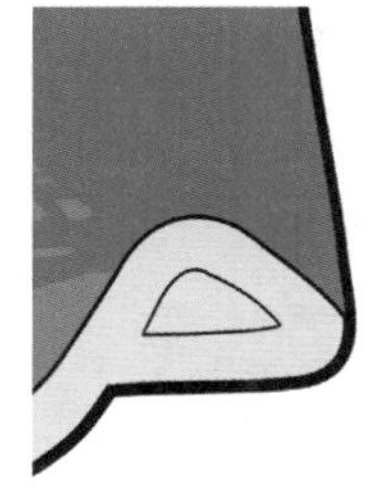

图4-5-37　填充颜色　　图4-5-38　绘制图形

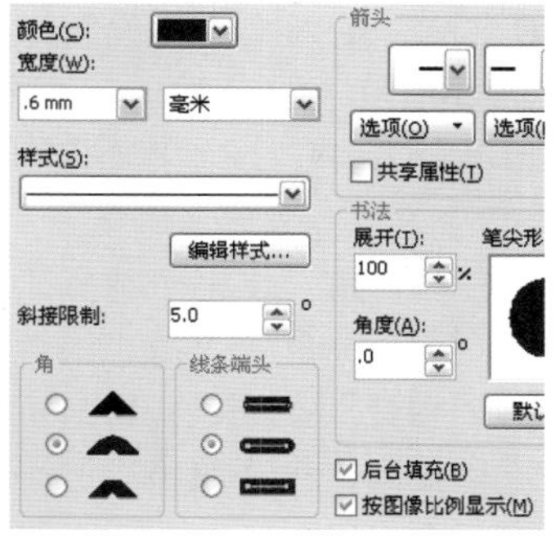

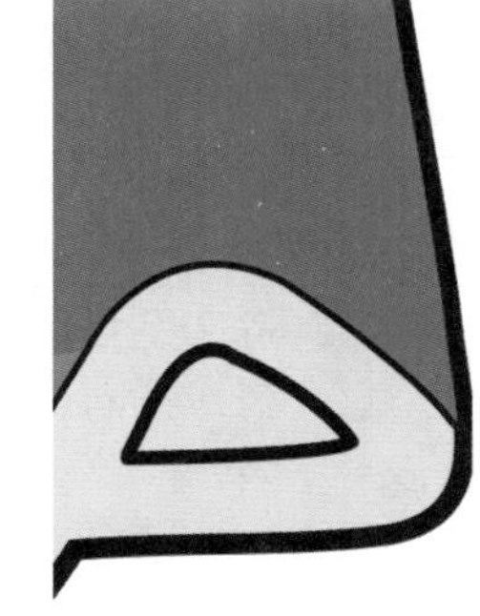

图4-5-39　设置参数　　图4-5-40　“轮廓笔”效果

41 按快捷键 Shift + F11，打开“均匀填充”对话框，设置颜色为红色（C：0，M：100，Y：100，K:0），单击“确定”按钮。效果如图 4-5-41 所示。

42 选择“贝塞尔工具”绘制线条，选择“选择工具”，将绘制的两根线条选中，按快捷键 Ctrl+G 群组选中的图形。如图 4-5-42 所示。

43 按 F12 键打开“轮廓笔”对话框，设置“颜色”为黑色，“宽度”为 0.3mm，勾选“按图像比例显示”选项，其他参数保持默认，如图 4-5-43 所示。单击“确定”按钮。

44 设置“轮廓笔”参数后，效果如图 4-5-44 所示。

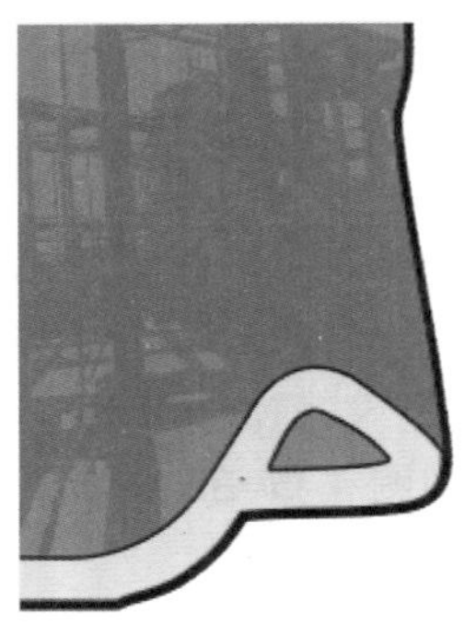

图4-5-41　填充颜色

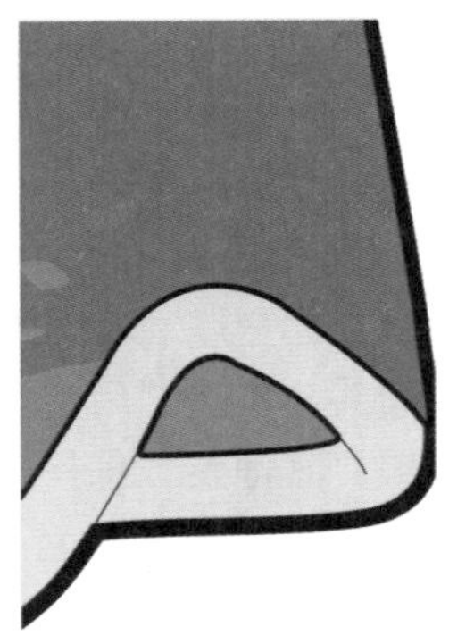

图4-5-42　绘制线条

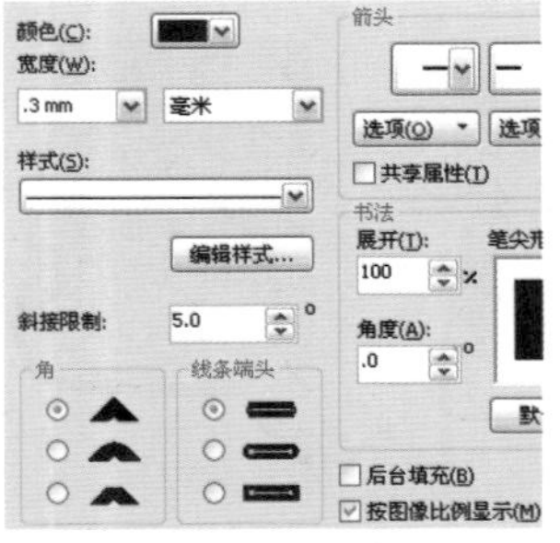

图4-5-43　设置参数

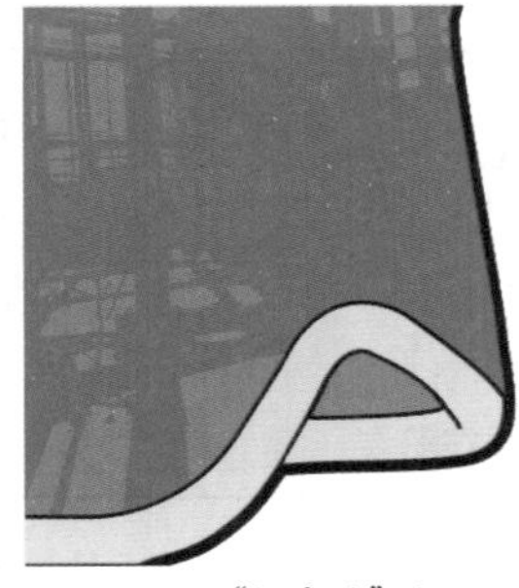

图4-5-44　“轮廓笔”效果

45 单击“文本工具”，输入文本，设置字体颜色为黄色（C：0，M：0，Y：100，K：0），在属性栏上设置“旋转角度”为 90，按 Enter 键确定。如图 4-5-45 所示。

46 将文字移动到衣服右下角，单击“选择工具”，先选择衣服图形，按住 Shift 键不放，再选择文字，单击属性栏上的“相交”按钮，将文字和衣服交接的图形部分进行复制，再将超出衣服范围的文字删除，效果如图 4-5-46 所示。

47 单击属性栏上的“导入”按钮，导入素材图片：图案 4.tif。将素材移动至右侧衣袖处，调整图形大小，效果如图 4-5-47 所示。

48 选择“贝塞尔工具”，在左袖处绘制图形，如图 4-5-48 所示。

FASHION

图4-5-45　输入文字

图4-5-46　裁剪文字

图4-5-47　导入素材

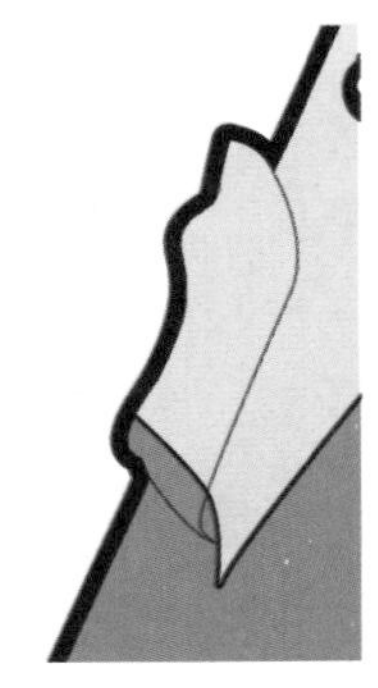

图4-5-48　绘制图形

49 按 F12 打开“轮廓笔”对话框，设置“颜色”为黑色，“宽度”为 0.2mm，“角”为圆角，“线条端头”为圆头，勾选“后台填充”和“按图像比例显示”选项，其他参数保持默认，如图 4-5-49 所示。单击“确定”按钮。

50 设置“轮廓笔”参数后，效果如图 4-5-50 所示。

51 按快捷键 Shift + F11，打开“均匀填充”对话框，设置颜色为红色（C：0，M：100，Y：100，K：0），单击“确定”按钮。效果如图 4-5-51 所示。

52 单击“椭圆工具”，按住 Ctrl 键绘制一个同心圆。如图 4-5-52 所示。

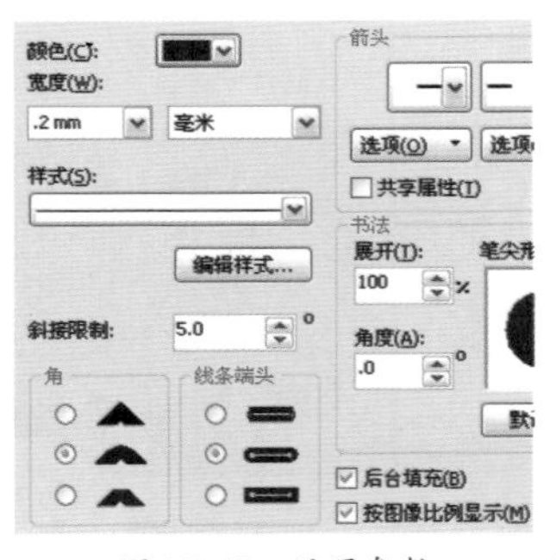

图4-5-49　设置参数

图4-5-50　“轮廓笔”效果

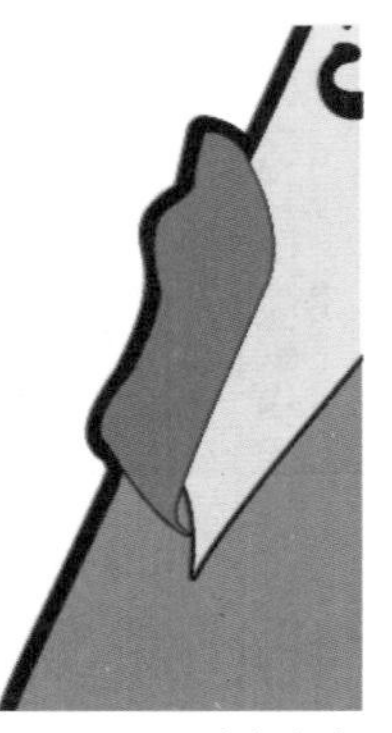

图4-5-51　填充颜色

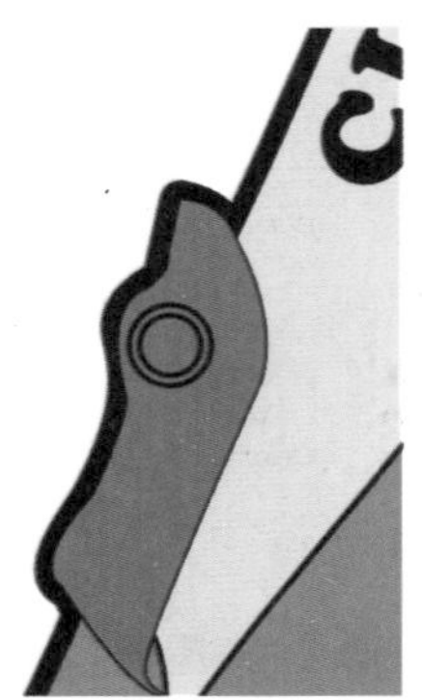

图4-5-52　绘制同心圆

53 选择“选择工具”，将绘制的同心圆进行选中，单击属性栏上的“结合”按钮，将图形进行结合，按快捷键 Shift + F11，打开“均匀填充”对话框，设置颜色为黑色，单击“确定”按钮。右键单击调色板上的“透明色”按钮，取消轮廓色。效果如图 4-5-53 所示。

54 使用同样的方法为衣服右侧制作图像，效果如图 4-5-54 所示。

55 选择“贝塞尔工具”绘制线条，按 F12 键打开“轮廓笔”对话框，设置“颜色”为黑色，“宽度”为 0.2mm，勾选“按图像比例显示”选项，其他参数保持默认，单击“确定”按钮。效果如图 4-5-55 所示。

56 选择“贝塞尔工具”绘制线条，按 F12 键打开“轮廓笔”对话框，设置“颜色”为黑色，“宽度”为 0.3mm，勾选“按图像比例显示”选项，其他参数保持默认，单击“确定”按钮。效果如图 4-5-56 所示。

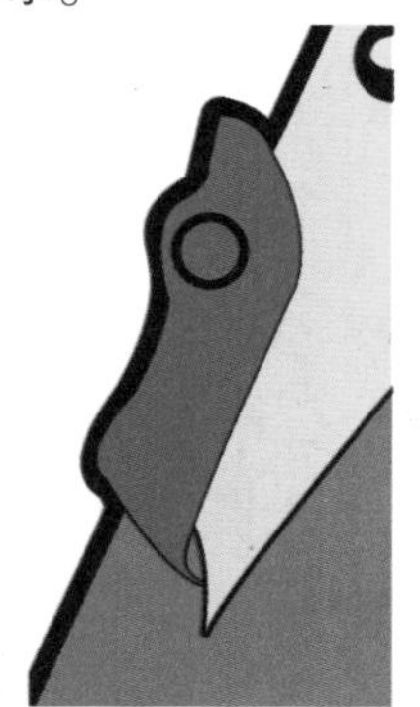

图4-5-53 填充颜色

图4-5-54 导入素材

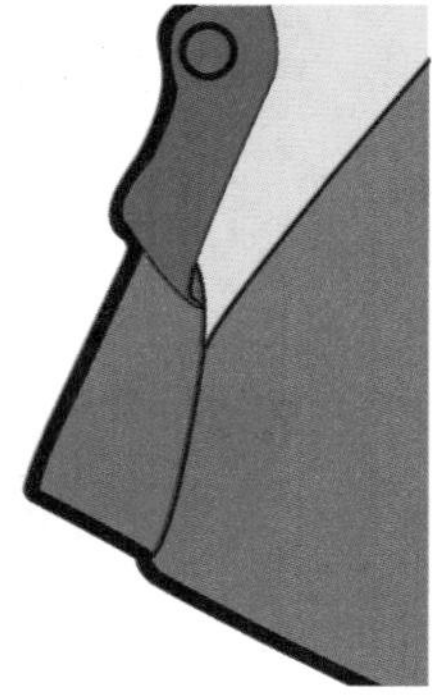

图4-5-55 绘制线条

图4-5-56 绘制线条

57 选择“贝塞尔工具”在左侧衣袖处绘制线条，如图 4-5-57 所示。

58 按 F12 键打开“轮廓笔”对话框，设置“颜色”为黑色，“宽度”为 0.3mm，“样式”为虚线，勾选“按图像比例显示”选项，其他参数保持默认，如图 4-5-58 所示。单击“确定”按钮。

提示：

在“轮廓笔”对话框中，单击“编辑样式”按钮 编辑样式...，可以自定义轮廓的样式。

59 设置“轮廓笔”参数后，效果如图 4-5-59 所示。

60 使用同样的方法为左侧衣袖制作其他虚线效果，图像效果如图 4-5-60 所示。

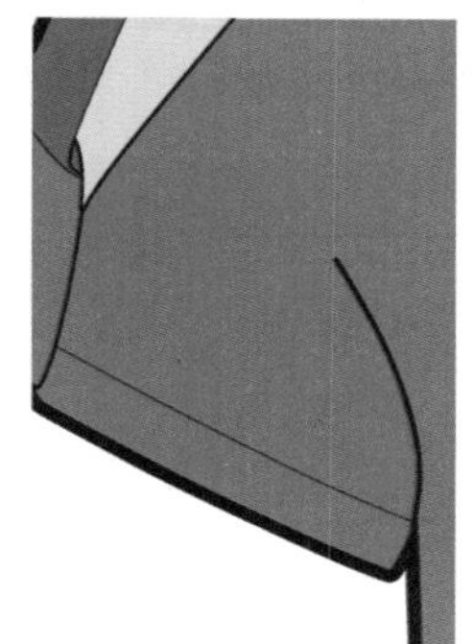

图4-5-57 绘制线条

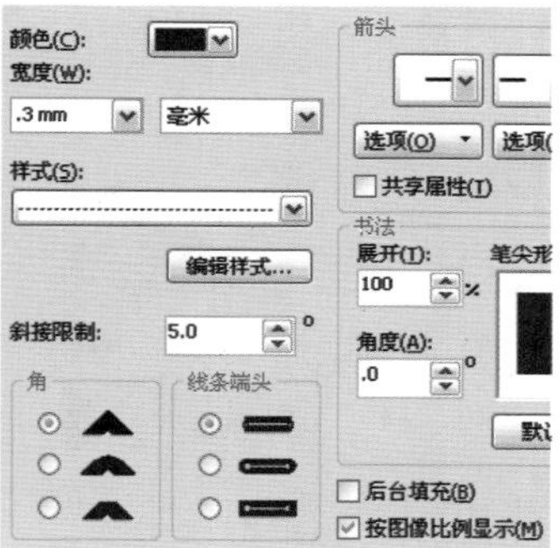

图4-5-58 设置参数

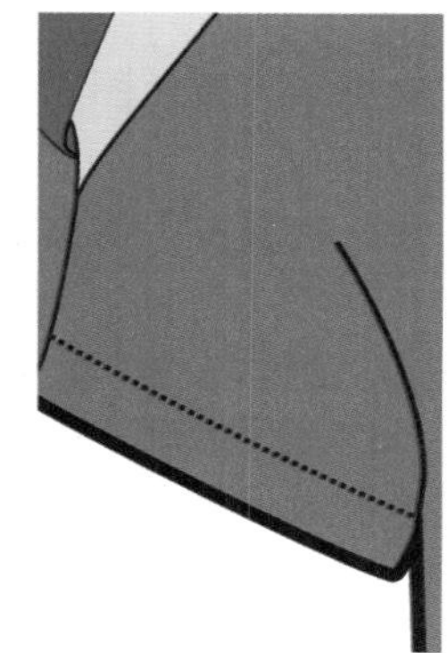

图4-5-59 “轮廓笔”效果

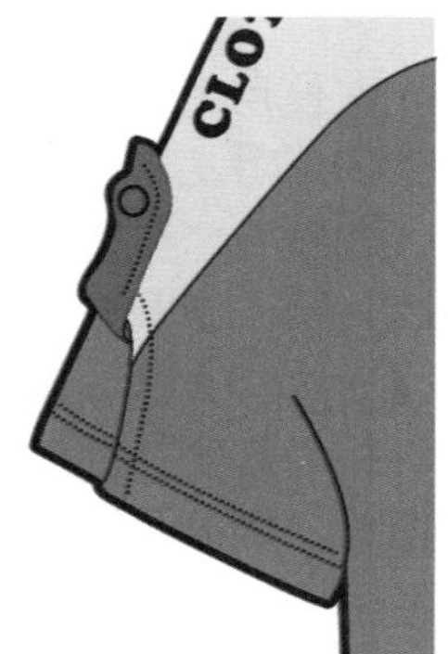

图4-5-60 制作虚线线条

61 使用制作左侧衣袖线条的方法制作右侧衣袖，图像效果如图 4-5-61 所示。

62 选择“贝塞尔工具”在衣服左下角绘制线条，如图 4-5-62 所示。

63 按 F12 键打开“轮廓笔”对话框，设置“颜色”为黑色，“宽度”为 0.3mm，“样式”为虚线，“角”为圆角，“线条端头”为圆头，勾选“后台填充”和“按图像比例显示”选项，其他参数保持默认，如图 4-5-63 所示。单击“确定”按钮。

64 设置“轮廓笔”参数后，效果如图 4-5-64 所示。

图4-5-61 绘制线条

图4-5-62 绘制线条

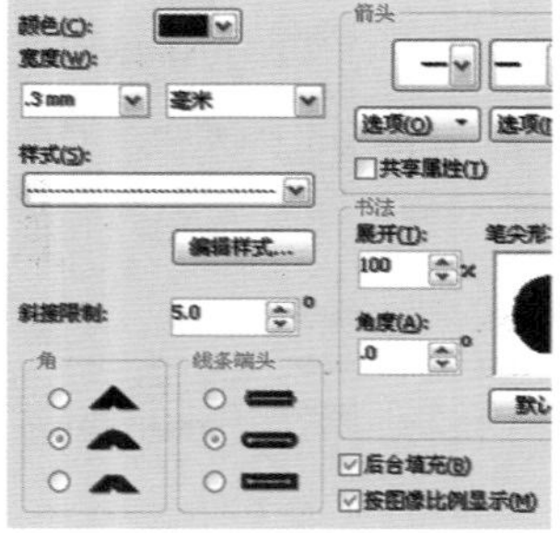

图4-5-63 设置参数

图4-5-64 “轮廓笔”效果

65 使用同样的方法，在衣服下方黄色图形上绘制虚线效果，如图 4-5-65 所示。

66 选择“贝塞尔工具”在衣服右下侧文字处绘制线条，如图 4-5-66 所示。

67 按 F12 键打开“轮廓笔”对话框，设置“颜色”为黑色，“宽度”为 0.7mm，勾选“后台填充”和“按图像比例显示”选项，其他参数保持默认，如图 4-5-67 所示。单击“确定”按钮。

68 设置“轮廓笔”参数后，效果如图 4-5-68 所示。

图4-5-65 制作虚线线条

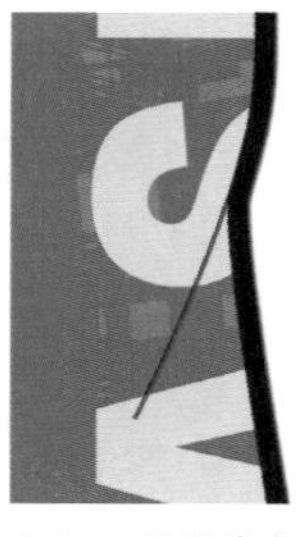

图4-5-66 绘制线条

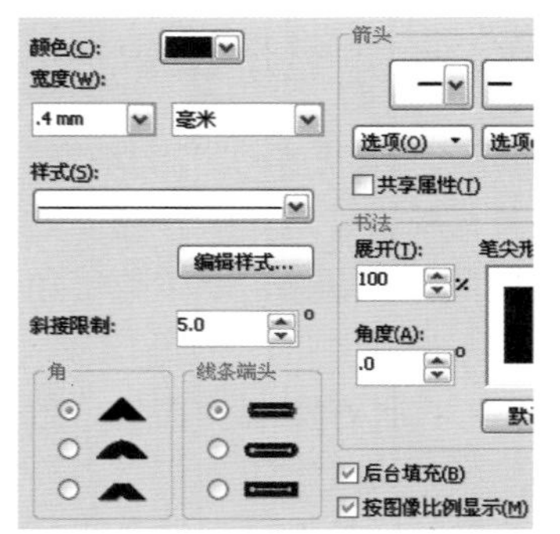

图4-5-67 设置参数

图4-5-68 “轮廓笔”效果

69 选择“贝塞尔工具”在衣服左上侧绘制线条，如图 4-5-69 所示。

70 按 F12 键打开“轮廓笔”对话框，设置“颜色”为黑色，“宽度”为 0.4mm，勾选“后台填充”和“按图像比例显示”选项，其他参数保持默认，如图 4-5-70 所示。单击“确定”按钮。

71 设置“轮廓笔”参数后，效果如图 4-5-71 所示。

72 使用同样的方法在衣服上绘制其他线条，效果如图 4-5-72 所示。

图4-5-69 绘制线条

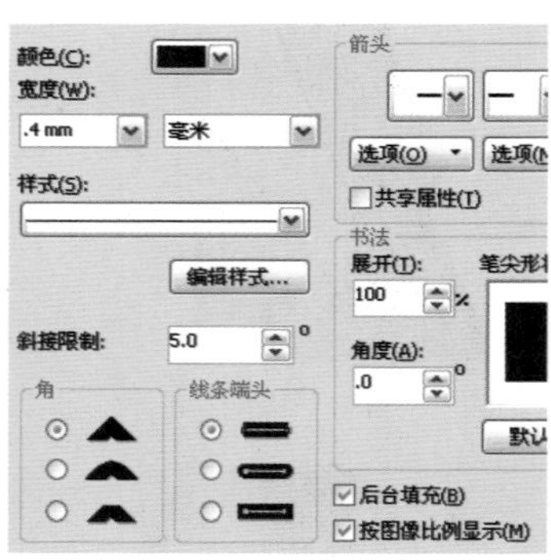

图4-5-70 设置参数

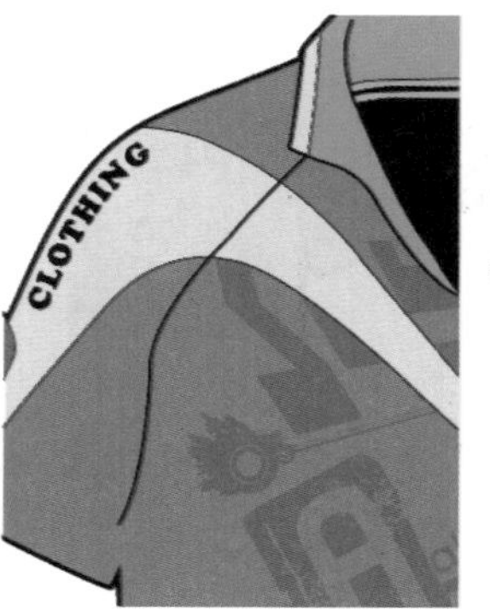

图4-5-71 “轮廓笔”效果

图4-5-72 绘制线条

73 选择“贝塞尔工具”在衣服衣领处绘制线条，如图 4-5-73 所示。

74 按 F12 键打开“轮廓笔”对话框，设置“颜色”为黑色，“宽度”为 0.3mm，“样式”为虚线，勾选“按图像比例显示”选项，其他参数保持默认，如图 4-5-74 所示。单击“确定”按钮。

75 设置“轮廓笔”参数后，效果如图 4-5-75 所示。

76 使用同样的方法在衣服上绘制其他虚线效果，图像最终效果如图 4-5-76 所示。

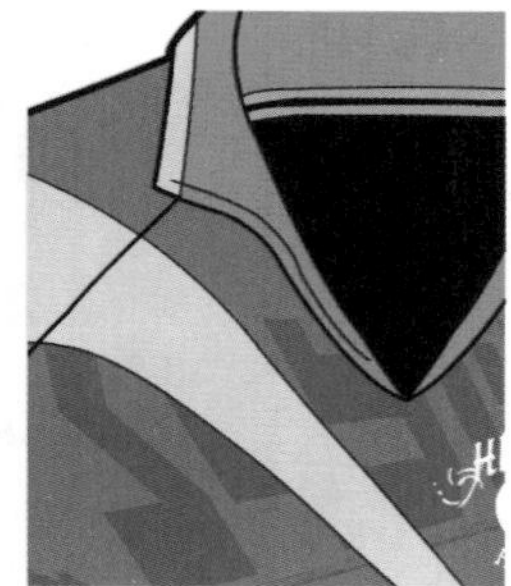
图 4-5-73 绘制线条

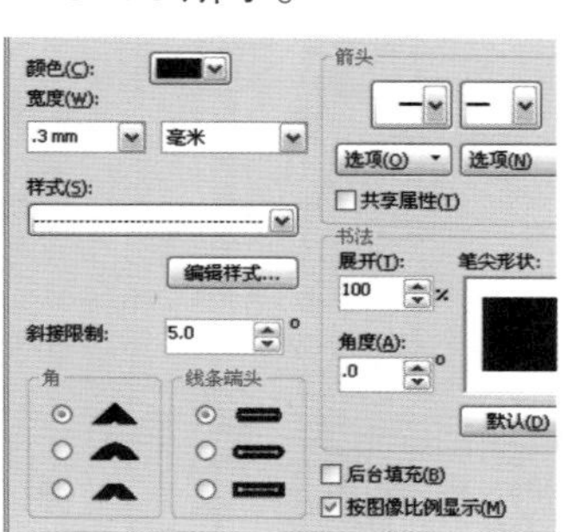

图4-5-74 设置参数

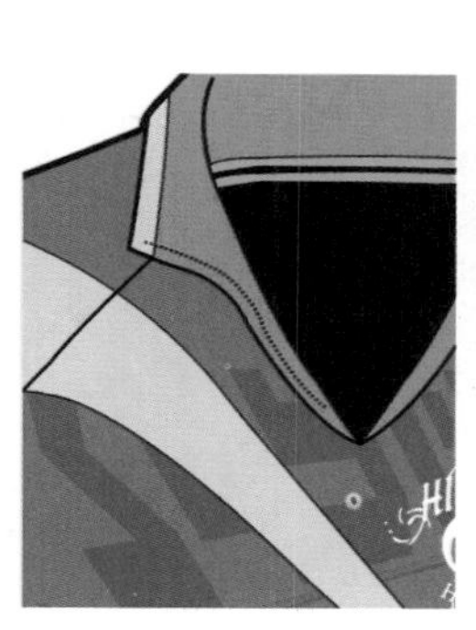
图4-5-75 “轮廓笔”效果

图4-5-76 最终效果

本章小结：通过对以上案例的学习，可以掌握和了解插画绘图的技巧应用和操作方法，掌握本章中所讲解的各种工具，熟练应用并相互搭配使用工具，可以在绘制插画时绘制出高自由度的精美插画，而不受到任何限制。

第05章

写实绘图技巧

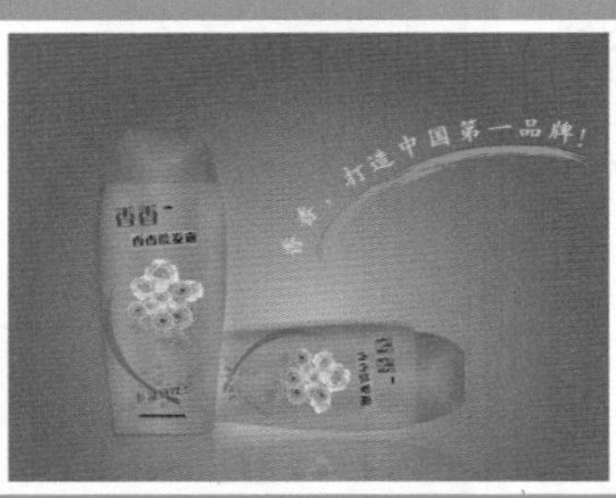

写实绘图是指将现实生活中的事物通过绘画的形式表现出来。使用 CorelDRAW X5 软件进行写实绘画，可以非常方便地制作出高光效果，从而使事物更具真实感。

5.1 绘制草莓

技能分析

制作本实例的主要目的是使读者了解并掌握如何在 CorelDRAW X5 软件中绘草莓，在本案例中主要使用“贝塞尔工具”、“渐变工具”、“椭圆形工具”等工具进行绘制，从而完成最终效果。

制作步骤

1 按快捷键 Ctrl + N 打开“创建新文档”对话框，设置“名称”为绘制草莓，“宽度”为 297mm，“高度”为 210mm，如图 5-1-1 所示。单击“确定”按钮。

2 单击“贝塞尔工具”，绘制图形，如图 5-1-2 所示。

图5-1-1设 置“新建”参数

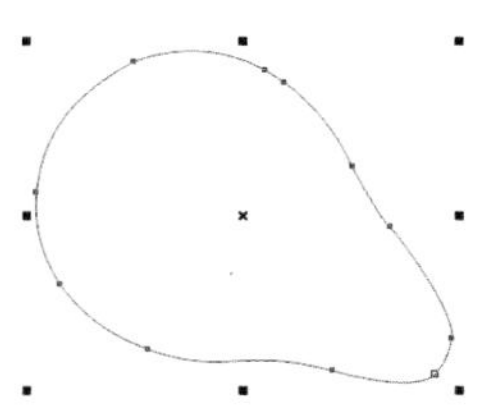

图5-1-2 绘制图形

3 按快捷键 Shift + F11 打开“均匀填充”对话框，设置颜色为红色（C：0，M：100，Y：100，K：0），如图 5-1-3 所示，单击“确定”按钮。右键单击调色板上的“透明色”按钮⊠，取消轮廓颜色，效果如图 5-1-4 所示。

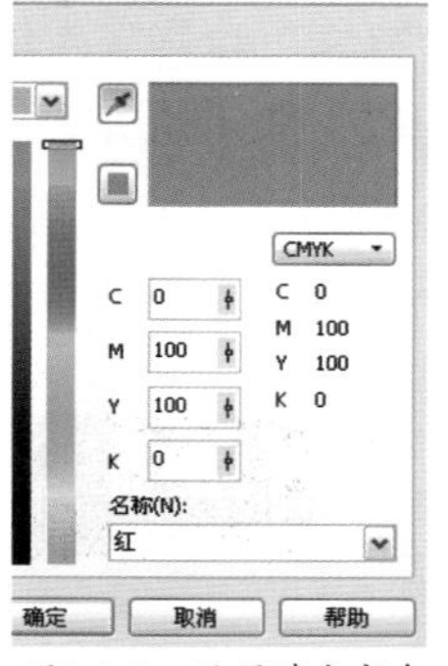

图5-1-3 设置填充颜色

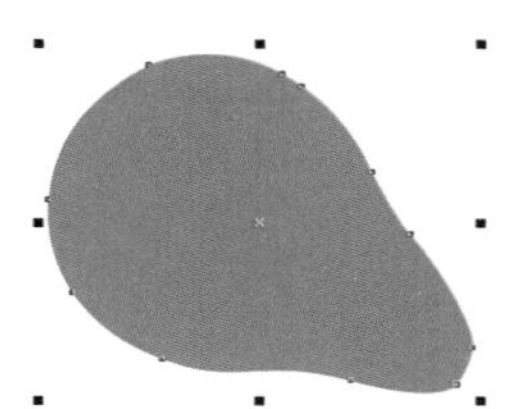

图5-1-4 填充颜色效果

4 单击“贝塞尔工具”，绘制图形，如图 5-1-5 所示。

5 按 F11 键打开“渐变填充”对话框，设置“类型”为线性，“步长”为 300，“边界”为 0%，在“颜色调和”选项区域中选择“自定义”选项，分别设置为：

位置：0% 颜色（C：87；M：42；Y：100；K：5）；

位置：35% 颜色（C：69；M：15；Y：100；K：0）；

位置：55% 颜色（C：100；M：0；Y：100；K：0）；

位置：79% 颜色（C：27；M：0；Y：44；K：0）；

位置：100% 颜色（C：53；M：0；Y100；K：0）。

如图 5-1-6 所示。单击“确定”按钮。

6 填充渐变色后，右键单击调色板上的“透明色”按钮⊠，取消轮廓颜色，调整其位置，效果如图 5-1-7 所示。

图5-1-5 绘制图形

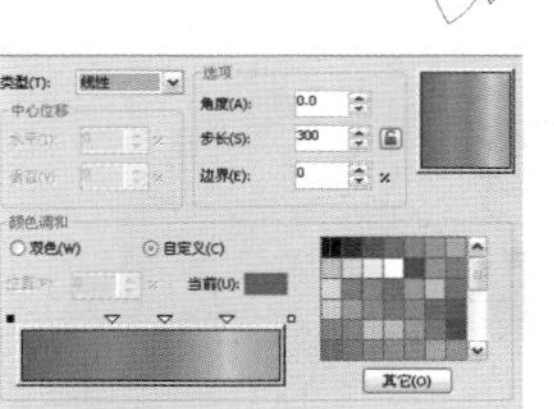

图5-1-6 设置渐变颜色

图5-1-7 填充渐变颜色效果

7 单击“贝塞尔工具”，绘制图形，如图5-1-8所示。

8 按快捷键Shift + F11打开“均匀填充”对话框，设置颜色为（C：88，M：69，Y：100，K：62），如图5-1-9所示，单击“确定”按钮。右键单击调色板上的“透明色”按钮☒，取消轮廓颜色，调整其位置，效果如图5-1-10所示。

9 单击工具箱中的“贝塞尔工具”，绘制图形，如图5-1-11所示。

图5-1-8　绘制图形

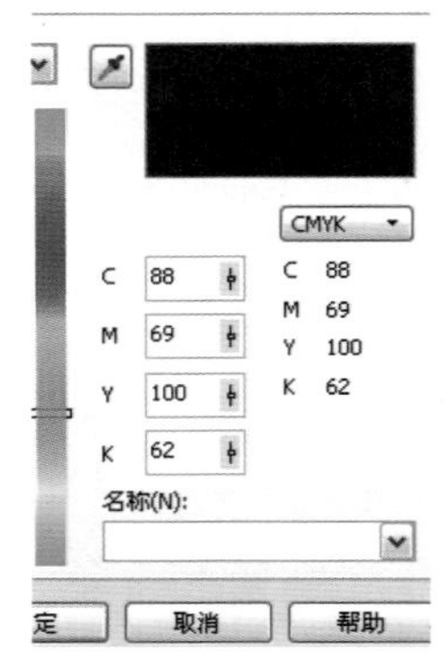

图5-1-9　设置填充颜色

图5-1-10　填充设置颜色效果

图5-1-11　绘制图形

10 按快捷键Shift + F11打开“均匀填充”对话框，设置颜色为（C：88，M：69，Y：100，K：62），如图5-1-12所示，单击“确定”按钮。右键单击调色板上的“透明色”按钮☒，取消轮廓颜色，调整其位置，效果如图5-1-13所示。

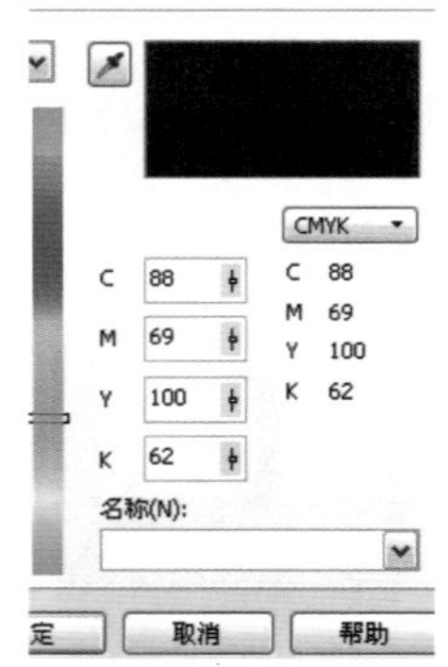

图5-1-12　设置填充颜色

图5-1-13　填充颜色后的效果

11 单击“贝塞尔工具”，绘制图形，如图5-1-14所示.。

12 按快捷键Shift + F11打开“均匀填充”对话框，设置颜色为（C：88，M：69，Y：100，K：62），如图5-1-15所示，单击“确定”按钮。右键单击调色板上的“透明色”按钮☒，取消轮廓颜色，调整其位置，效果如图5-1-16所示。

图5-1-14　图绘制图形

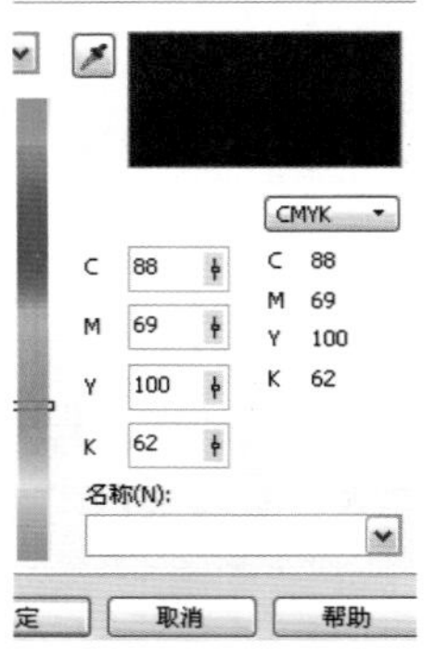

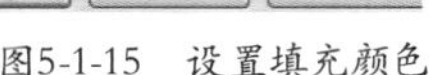

图5-1-15　设置填充颜色

图5-1-16　填充设置颜色效果

13 单击“贝塞尔工具”，绘制图形，如图5-1-17所示图形.。

14 按F11键打开“渐变填充”对话框，设置“类型”为线性，“角度”为32，“步长”为892，在“颜色调和”选项区域中选择“自定义”选项，分别设置为：

位置：0%　颜色（C：46；M：100；Y：100；K：24）；

位置：100%　颜色（C：0；M：100；Y：100；K：0）。

如图5-1-18所示。单击“确定”按钮。

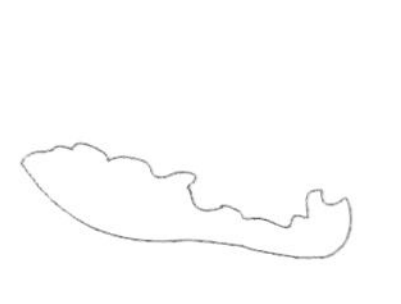

图5-1-17　绘制图形

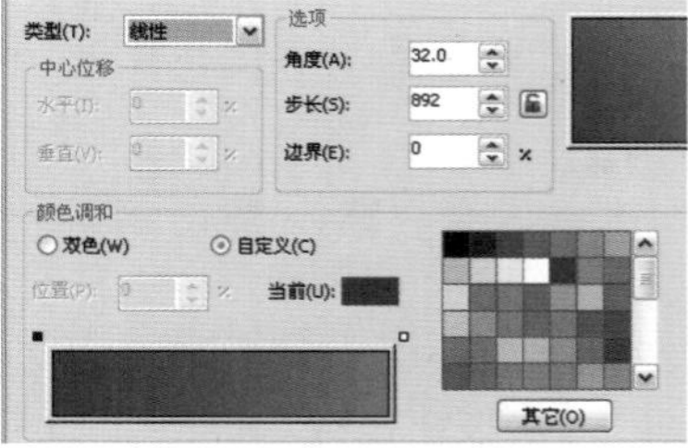

图5-1-18　设置渐变颜色

15 填充渐变色后，右键单击调色板上的“透明色”按钮⊠，取消轮廓颜色，并调整其位置，效果如图 5-1-19 所示。

16 单击“透明度工具”，设置属性栏上的“透明度类型”为线性，单击拖曳形成透明渐变效果。选择黑色色块，在属性栏上设置“透明中心点”为 100，添加透明度后效果如图 5-1-20 所示。

图5-1-19 填充渐变色效果

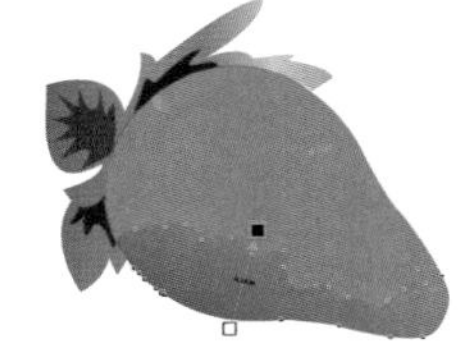
图 5-1-20 添加透明度效果

17 单击“贝塞尔工具”，绘制图形，如图 5-1-21 所示。

18 按 F11 键打开“渐变填充”对话框，设置“类型”为线性，在“颜色调和”选项区域中选择“自定义”选项，分别设置为：

位置：0% 颜色（C：0；M：44；Y：15；K：0）；

位置：23% 颜色（C：0；M：26；Y：13；K：0）；

位置：97% 颜色（C：0；M：40；Y：0；K：0）；

位置：100% 颜色（C：0；M：0；Y：0；K：0）。

如图 5-1-22 所示。单击“确定”按钮。

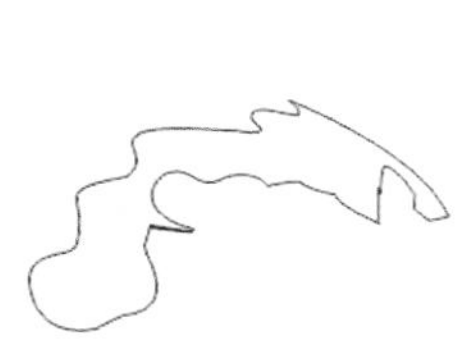
图 5-1-21 绘制图形

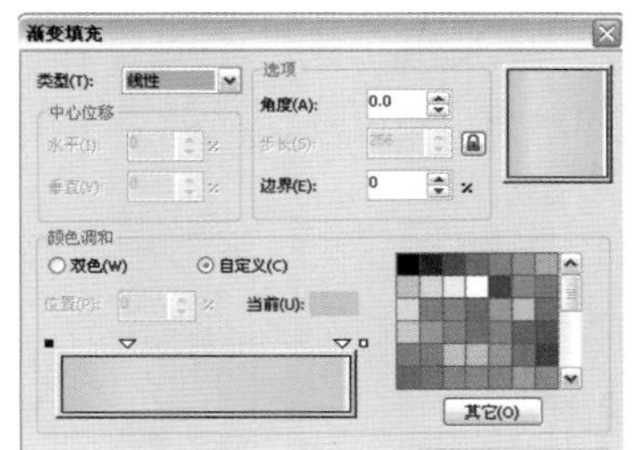

图 5-1-22 设置渐变颜色

19 填充渐变色后，右键单击调色板上的“透明色”按钮⊠，取消轮廓颜色，调整其位置，效果如图 5-1-23 所示。

20 单击“贝塞尔工具”，绘制图形，如图 5-1-24 所示图形 .。

图 5-1-23 填充渐变颜色后的效果

图 5-1-24 绘制图形

21 按快捷键 Shift + F11 打开“均匀填充”对话框，设置颜色为（C：0，M：35，Y：7，K：0），如图 5-1-25 所示，单击“确定”按钮。右键单击调色板上的“透明色”按钮⊠，取消轮廓颜色，效果如图 5-1-26 所示。

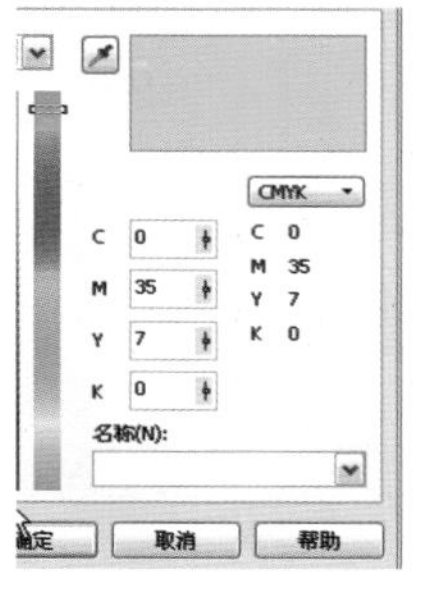

图5-1-25 设置填充颜色

图5-1-26 填充颜色效果

22 选择“椭圆形工具”，绘制一个椭圆，将其旋转，如图 5-1-27 所示。

23 按快捷键 Shift + F11 打开“均匀填充”对话框，设置颜色为（C：0，M：100，Y：100，K：0），如图 5-1-28 所示，单击“确定”按钮。右键单击调色板上的“透明色”按钮⊠，取消轮廓颜色，效果如图 5-1-29 所示。

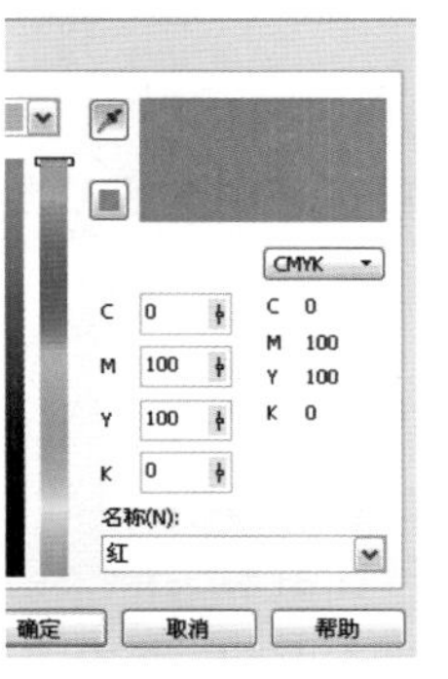

图5-1-28 设置填充颜色

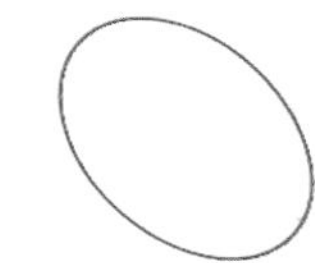
图 5-1-27 绘制图形

图5-1-29 填充颜色效果

24 选中图形，按住 Shift 键，向内拖曳选中图形，等比例改变椭圆大小。同时单击右键，复制相同的椭圆，如图 5-1-30 所示。

25 按快捷键 Shift + F11 打开“均匀填充”对话框，设置颜色为（C：40，M：100，Y：100，K：7），如图 5-1-31 所示，单击“确定”按钮。右键单击调色板上的“透明色”按钮⊠，取消轮廓颜色，效果如图 5-1-32 所示。

26 选中图形，按住 Shift 键，向内拖曳选中图形，等比例改变椭圆大小，同时单击右键，复制相同的椭圆，如图 5-1-33 所示。

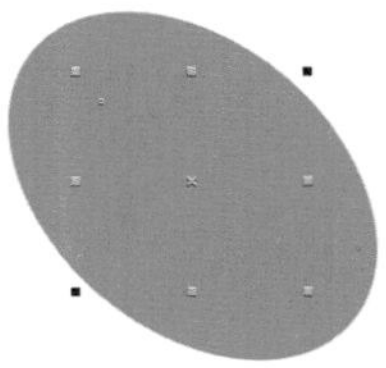

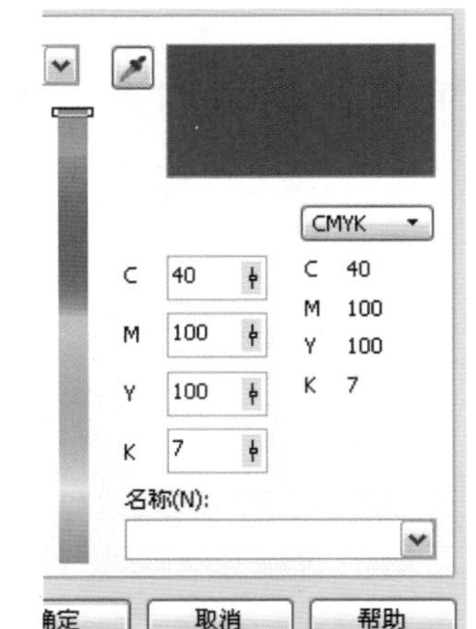

图5-1-30　复制图形

图5-1-31　设置填充颜色

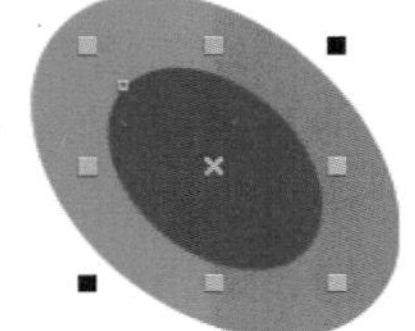

图5-1-32　填充设置颜色效果

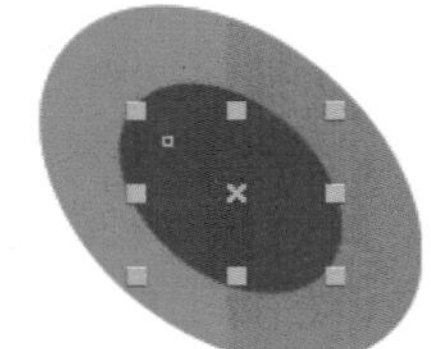

图5-1-33　复制椭圆

27 按 F11 键打开“渐变填充”对话框，设置“类型”为线性，在“颜色调和”选项区域中选择“自定义”选项，分别设置为：

位置：0%　颜色（C：0；M：40；Y：80；K：0）；

位置：100%　颜色（C：20；M：0；Y：60；K：0）。

如图 5-1-34 所示。单击“确定”按钮。

28 填充渐变色后，右键单击调色板上的“透明色”按钮⊠，取消轮廓颜色，调整其位置，效果如图 5-1-35 所示。

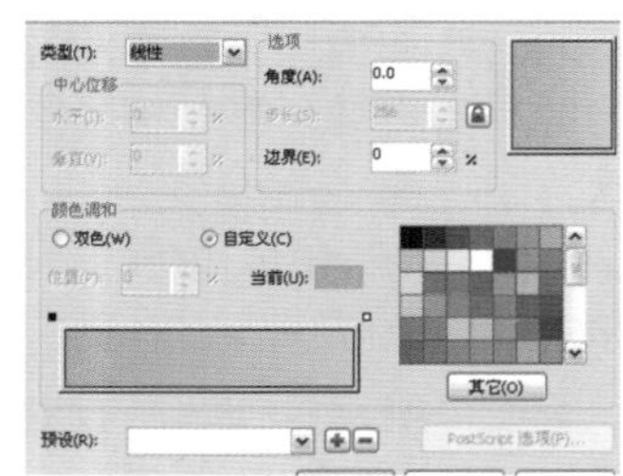

图5-1-34　设置渐变颜色

图5-1-35　填充渐变颜色效果

29 选中步骤 18 ~ 步骤 26 所绘制的图形，按快捷键 Ctrl+G 将其成组，对成组后的对象进行复制，并将其不规则地摆放，如图 5-1-36 所示。

图5-1-36　复制并摆放图形

30 继续对该对象进行复制，并不规则摆放，如图 5-1-37 所示。单击工具箱中的“贝塞尔工具”，绘制图形，如图 5-1-38 所示图形 .。

图 5-1-37　复制并摆放图形

图5-1-38　绘制图形

31 按快捷键 Shift + F11 打开“均匀填充”对话框，设置颜色为（C：0，M：32，Y：14，K：0），如图 5-1-39 所示，单击“确定”按钮。右键单击调色板上的“透明色”按钮⊠，取消轮廓颜色，单击“透明度工具”，选择属性栏上的“透明度类型”为线性，单击拖曳形成透明渐变效果，如图 5-1-40 所示。

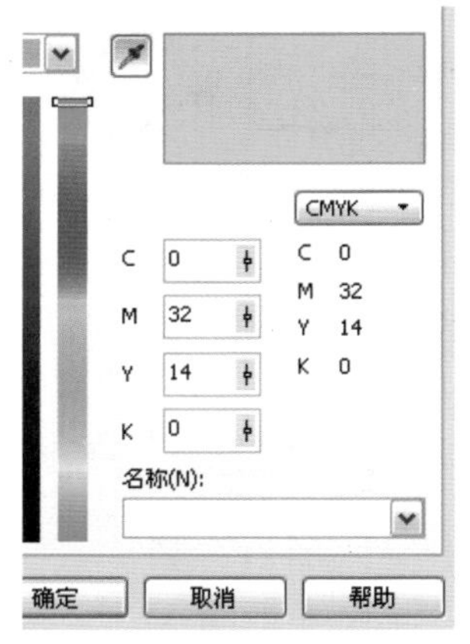

图5-1-39　设置填充颜色

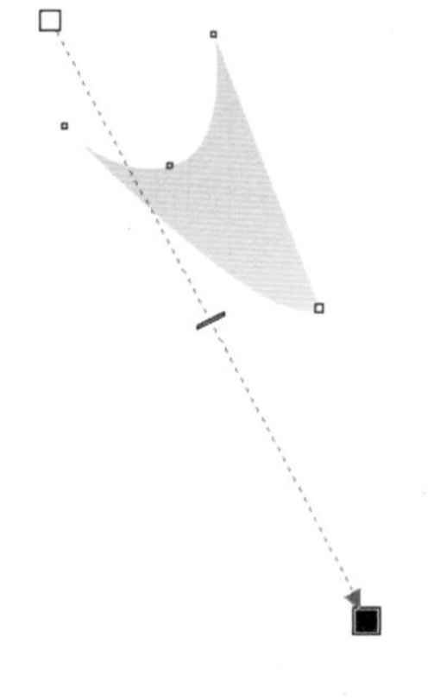

图5-1-40　填充设置颜色效果

32 选中该图形和步骤 27 中所成组的对象，按快捷键 Ctrl+G 将其成组，效果如图 5-1-41 所示。

33 选中成组后的对象，对其进行多次复制，并调整其大小和位置，调整后的效果如图 5–1–42 所示。

图5-1-41 组合图形

图5-1-42 复制并摆放

34 选择“椭圆形工具”，绘制一个椭圆，将其旋转，如图 5–1–43 所示 .。

35 按 F11 键打开“渐变填充”对话框，设置“类型”为线性，在“颜色调和”选项区域中选择“自定义”选项，分别设置为：

位置：0% 颜色（C：0；M：40；Y：80；K：0）；
位置：100% 颜色（C：20；M：0；Y：60；K：0）。
如图 5–1–44 所示。单击“确定”按钮。

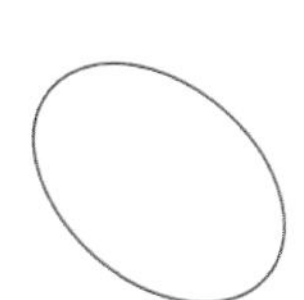
图5-1-43 绘制椭圆

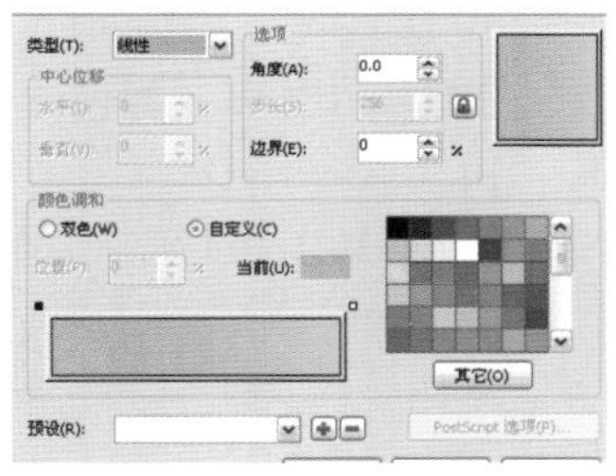
图5-1-44 设置渐变颜色

36 填充渐变色后，右键单击调色板上的“透明色”按钮☒，取消轮廓颜色，多次复制，并进行不规则摆放，效果如图 5–1–45 所示。

37 “选择工具”，框选绘制的草莓图形，按快捷键 Ctrl+G 将选中的图形进行成组。单击“阴影工具”，向外单击拖曳，在合适的位置上释放鼠标，设置属性栏上“阴影的不透明度”为 50，“阴影羽化”为 15，其余保持默认值。效果如图 5–1–46 所示。

图 5-1-45 复制并摆放

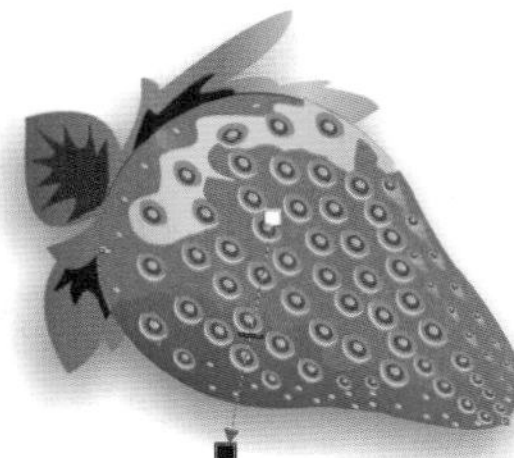
图5-1-46 绘制阴影

38 最终效果如图 5–1–47 所示。对完成后的场景进行保存。

图5-1-47 最终效果

5.2 绘制洗发露

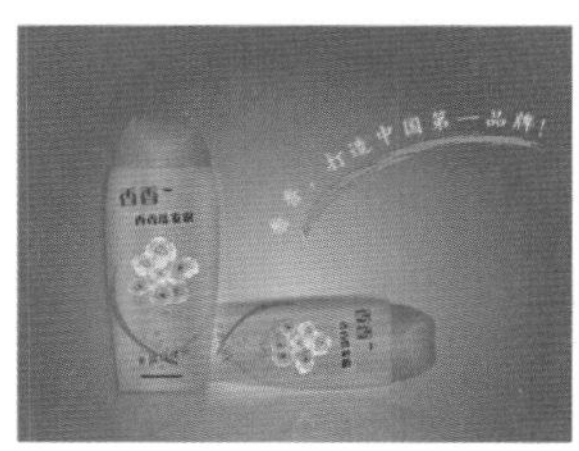

技能分析

制作本实例的主要目的是使读者了解并掌握如何在 CorelDRAW X5 软件中绘洗发露，在本案例中主要使用“贝塞尔工具”、“渐变工具”、“椭圆形工具”等工具进行绘制，从而完成最终效果。

制作步骤

1 按快捷键 Ctrl + N 打开“创建新文档”对话框，设置“名称”为绘制洗发露，“宽度”为 297mm，“高度”为 210mm，如图 5–2–1 所示。单击“确定”按钮。

2 单击“贝塞尔工具”，绘制图形，如图 5–2–2 所示。

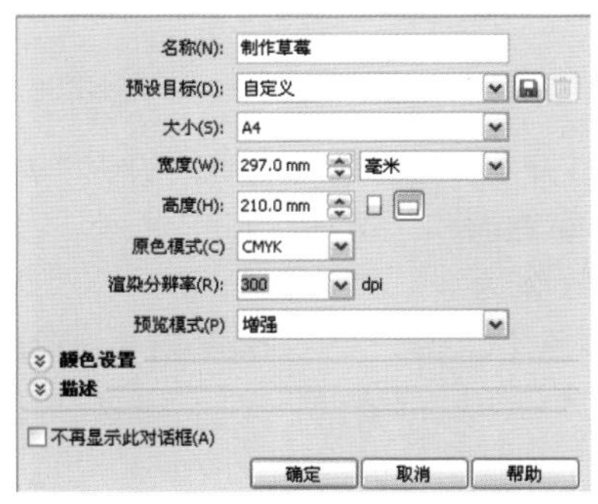

图 5-2-1 设置“新建”参数

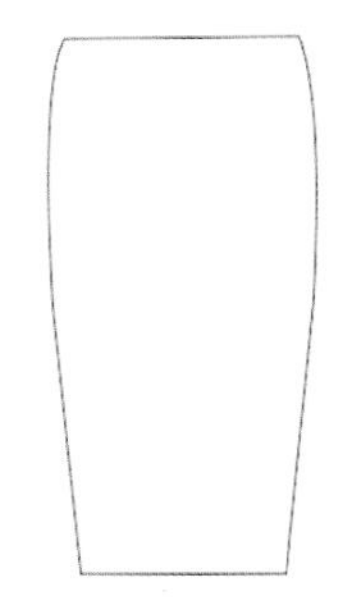
图5-2-2 绘制图形

3 按 F11 键打开“渐变填充”对话框，设置“类型”为线性，“角度”为 0.0，“步长”为 0，“边界”为 0%，在“颜色调和”选项区域中选择“自定义”选项，分别设置为：

位置：0%　颜色（C：95；M：36；Y4；K：0）；

位置：46%　颜色（C：52；M：20；Y：2；K：0）；

位置：100%　颜色（C：84；M：38；Y2；K：0）。

如图 5-2-3 所示。单击“确定”按钮。

4 填充渐变色后，右键单击调色板上的“透明色”按钮⊠，取消轮廓颜色，效果如图 5-2-4 所示。

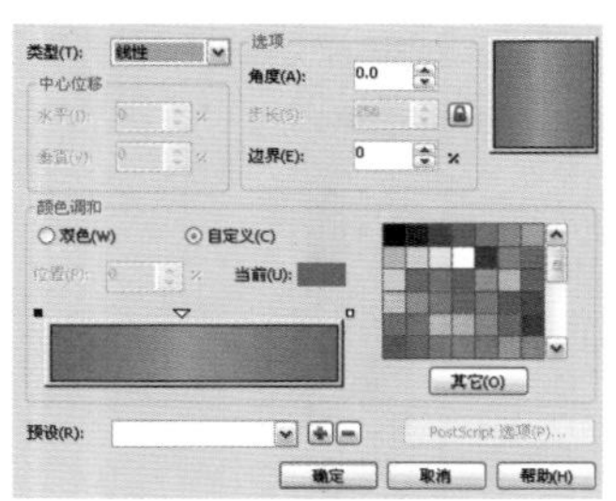

图5-2-3　设置渐变填充颜色效果　图 5-2-4　填充渐变颜色效果

5 单击“选择工具”，框选绘制的图形，选择“阴影工具”，向外单击拖曳形成阴影后，设置属性栏上“阴影的不透明度”为 34，“阴影羽化”为 7，“阴影颜色”为黑色，其余保持默认值。效果如图 5-2-5 所示。

6 单击“贝塞尔工具”，绘制图形，如图 5-2-6 所示。

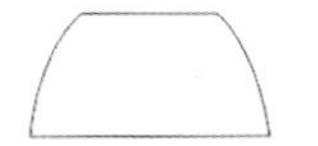

图5-2-5　添加阴影效果　图5-2-6　绘制图形

7 按 F11 键打开“渐变填充”对话框，设置“类型”为线性，在“颜色调和”选项区域中选择“自定义”选项，分别设置为：

位置：0%　颜色（C：95；M：36；Y4；K：0）；

位置：46%　颜色（C：52；M：20；Y：2；K：0）；

位置：100%　颜色（C：84；M：38；Y2；K：0）。

如图 5-2-7 所示。单击“确定”按钮。

8 填充渐变色后，右键单击调色板上的“透明色”按钮⊠，取消轮廓颜色，调整其位置，效果如图 5-2-8 所示。

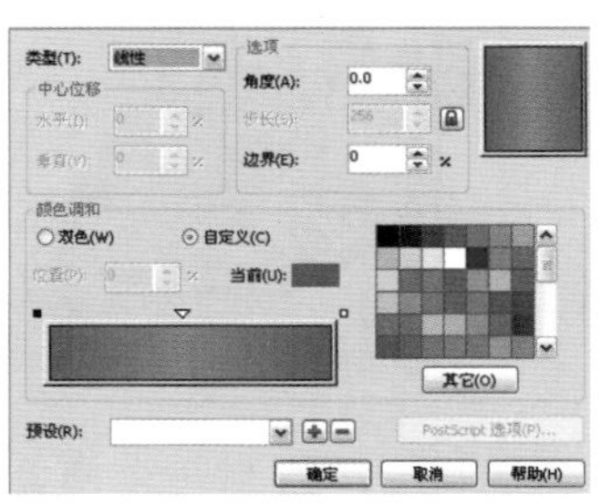

图5-2-7　设置渐变填充颜色　图5-2-8　填充渐变颜色效果

9 单击“贝塞尔工具”，绘制图形，如图 5-2-9 所示。

10 按 F11 键打开“渐变填充”对话框，设置“类型”为线性，“角度”为 87.5，“边界”为 7%，在“颜色调和”选项区域中选择“自定义”选项，分别设置为：

位置：0%　颜色（C：82；M：0；Y15；K：1）；

位置：100%　颜色（C：100；M：50；Y：0；K：0）。

如图 5-2-10 所示。单击“确定”按钮。

图5-2-9　绘制图形　图5-2-10　设置渐变颜色

11 填充渐变色后，右键单击调色板上的“透明色”按钮⊠，取消轮廓颜色，调整其位置，效果如图 5-2-11 所示。

5-2-11　填充渐变颜色效果

12 单击“文本工具”，输入文字，选中输入的文字，在属性栏上设置“字体列表”为方正粗倩简体，调整文字大小，如图 5–2–12 所示，将其颜色填充为蓝色（C：100；M：100；Y：0；K：0），如图 5–2–13 所示。选中文字，在属性栏中设置“旋转角度”为 3.7，如图 5–2–14 所示。

13 单击“文本工具”，输入文字，在属性栏上设置“字体列表”为方正粗倩简体，调整文字大小，如图 5–2–15 所示。

图5-2-12 输入文字

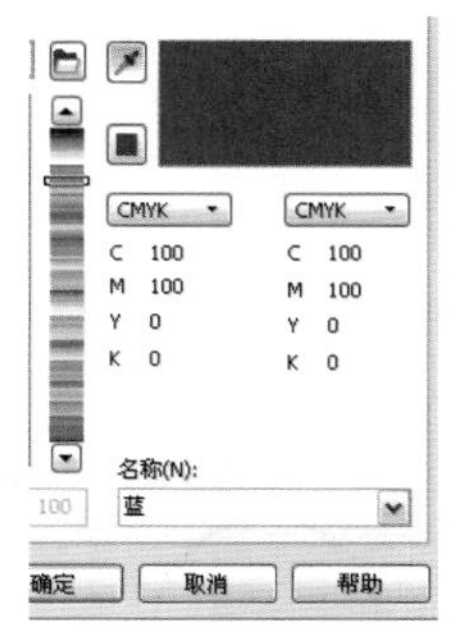

图5-2-13 设置填充颜色

图5-2-14 填充颜色并旋转

图5-2-15 输入文字

14 选择“阴影工具”，单击拖曳为其添加阴影，设置属性栏上“阴影的不透明度”为 49，“阴影羽化”为 20，“阴影颜色”为白色，其余保持默认值。效果如图 5–2–16 所示。

15 选中文字，在属性栏中设置“旋转角度”为 3.7，如图 5–2–17 所示。使用相同的方法继续输入文本，输入文本后的效果如图 5–2–18 所示。

图5-2-16 添加阴影

图5-2-17 旋转文字效果

图5-2-18 输入文字

16 选中文字“多效护理”，选择“阴影工具”，单击拖曳为其添加阴影，设置属性栏上“阴影的不透明度”为 100，“阴影羽化”为 10，“阴影颜色”为白色，其余保持默认值。效果如图 5–2–19 所示。

17 确认该文字处于选中状态，在属性栏中设置“旋转角度”为 3.7，如图 5–2–20 所示。

图5-2-19 添加阴影效果

图5-2-20 旋转文字效果

18 单击属性栏上的“导入”按钮，导入素材图片：素材 1.psd，调整素材的位置和大小。如图 5–2–21 所示。

19 使用相同方法，导入素材：素材 2.psd，并调整其大小和位置，如图 5–2–22 所示。

图5-2-21 导入素材

图5-2-22 导入素材

20 选择导入的素材向右进行拖曳，在拖曳的同时单击右键，进行复制，然后进行多次复制，并对复制的图像进行调整，效果如图 5–2–23 所示。

21 单击“贝塞尔工具”，绘制图形，如图 5–2–24 所示图形。

图5-2-23 复制并调整位置

图5-2-24 绘制图形

22 按快捷键 Shift + F11 打开“均匀填充”对话框，设置颜色为蓝色（C：100；M：100；Y：0；K：0），如图 5-2-25 所示，单击“确定”按钮。右键单击调色板上的“透明色”按钮☒，取消轮廓颜色，如图 5-2-26 所示。

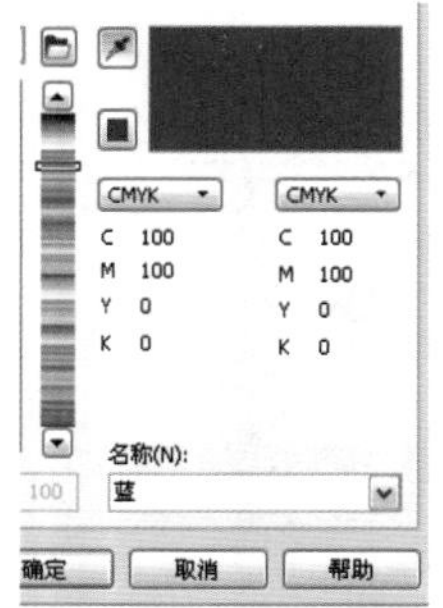

图5-2-25 设置颜色

图5-2-26 填充设置颜色

23 单击“透明度工具”，选择属性栏上的“透明度类型”为线性，单击拖曳为其添加透明度效果。选择黑色色块，在属性栏上设置“透明中心点”为 100，效果如图 5-2-27 所示。

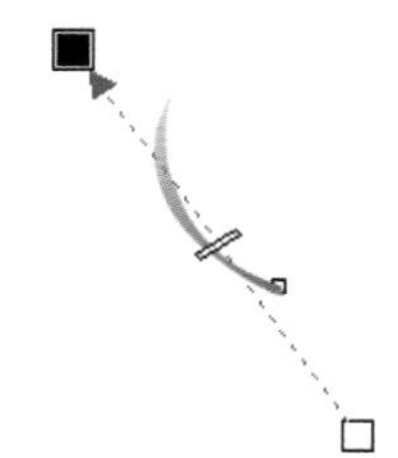

图5-2-27 添加透明度效果

24 添加透明度效果后，调整其位置，如图 5-2-28 所示。选择该图形向右进行拖曳，在拖曳的同时单击右键进行复制，单击属性栏中的“水平镜像”按钮，并调整其位置，如图 5-2-29 所示。

图5-2-28 调整位置

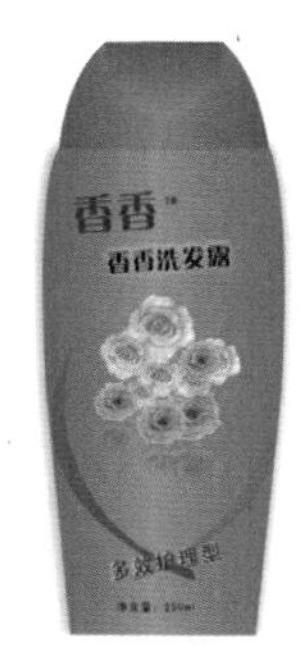

图5-2-29 复制并调整位置

25 选择“椭圆形工具”，在图像中按住 Ctrl+Shift 键绘制正圆，如图 5-2-30 所示。

26 按 F11 键打开“渐变填充”对话框，设置“类型”为线性，“角度”为 243.8，“边界”为 35%，在“颜色调和”选项区域中选择“自定义”选项，分别设置为：

位置：0% 颜色（C：95；M：12；Y0；K：5）；

位置：79% 颜色（C：95；M：0；Y：6；K：5）；

位置：91% 颜色（C：94；M：0；Y：19；K：5）；

位置：100% 颜色（C：96；M：0；Y：31；K：2）。

如图 5-2-31 所示。单击“确定”按钮。

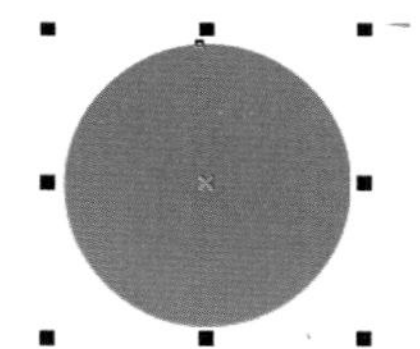

图5-2-30 绘制图形

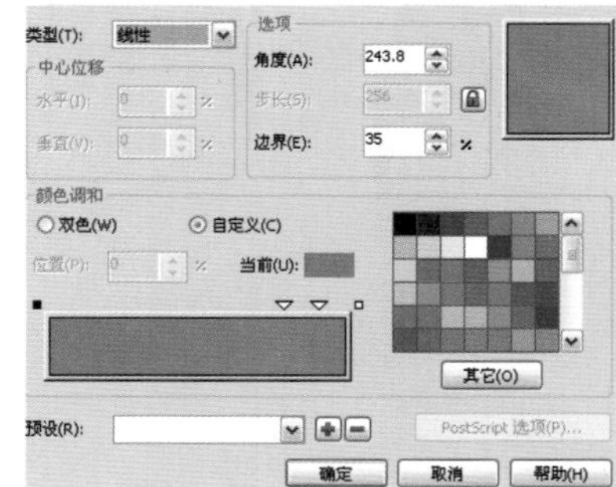

图5-2-31 设置渐变颜色

27 填充渐变色后，右键单击调色板上的“透明色”按钮☒，取消轮廓颜色，调整其位置，效果如图 5-2-32 所示。

28 选择“选择工具”，选中正圆图形，按 Shift 键对椭圆进行同心缩放，单击右键进行复制，如图 5-2-33 所示。

图5-2-32 填充渐变颜色

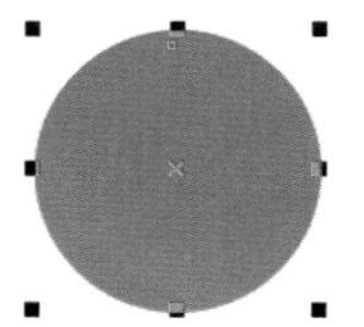

图5-2-33 复制图形

29 选中复制图形，按 F11 键打开“渐变填充”对话框，设置“类型”为线性，“角度”为 243.8，“边界”为 35%，在“颜色调和”选项区域中选择“自定义”选项，分别设置为：

位置：0% 颜色（C：95；M：12；Y0；K：5）；

位置：54% 颜色（C：95；M：0；Y：1；K：5）；

位置：64% 颜色（C：95；M：0；Y6；K：5）；

位置：80% 颜色（C：94；M：0；Y：19；K：5）；

位置：100% 颜色（C：95；M：0；Y：43；K：1）。如图 5-2-34 所示。单击“确定”按钮。

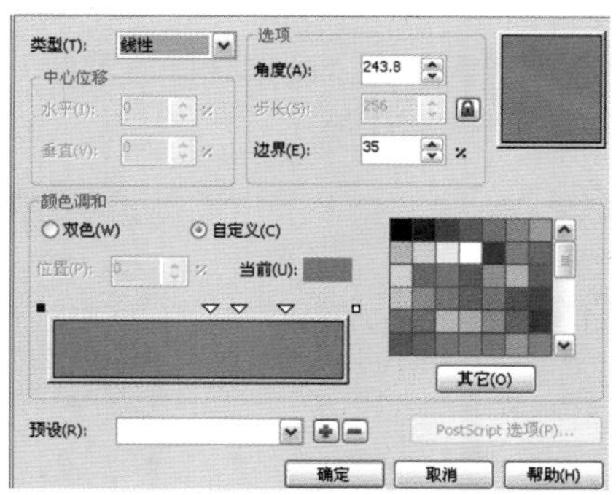

图5-2-34 设置填充渐变颜色

30 填充渐变色后，右键单击调色板上的“透明色”按钮☒，取消轮廓颜色，调整其位置，效果如图 5-2-35 所示。

31 选择“椭圆形工具”，在图像中绘制一个椭圆，选中椭圆形，在属性栏中设置“旋转角度”为 311.5°，如图 5-2-36 所示。

图5-2-35 填充渐变颜色效果

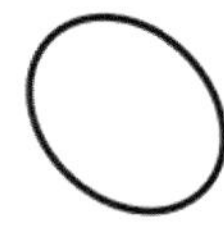

图5-2-36 绘制椭圆

32 选中绘制的图形，按 F11 键打开“渐变填充”对话框，设置“类型”为线性，“角度”为 324.9，“边界”为 35%，在“颜色调和”选项区域中选择“双色”选项，设置颜色为：浅蓝色（C：57；M：0；Y：44；K：0）到白色，如图 5-2-37 所示，单击“确定”按钮，右键单击调色板上的“透明色”按钮☒，取消轮廓颜色，效果如图 5-2-38 所示。

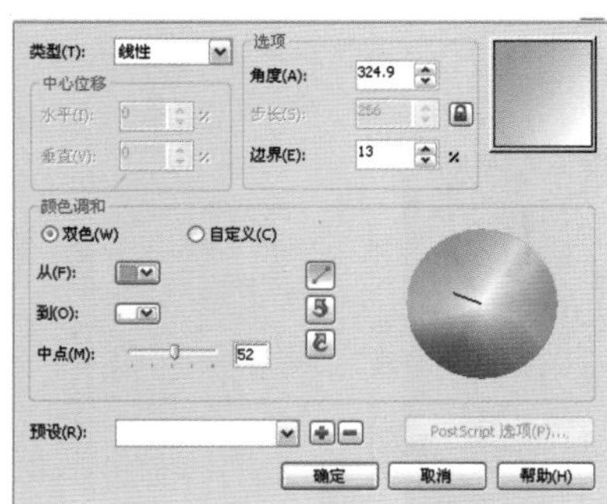

图5-2-37 设置渐变颜色

图5-2-38 填充渐变颜色效果

33 单击“透明度工具”，单击拖曳为其添加透明度效果，添加透明度后的效果如图 5-2-39 所示。

34 添加透明度效果后，调整其位置，调整后的效果，如图 5-2-40 所示。

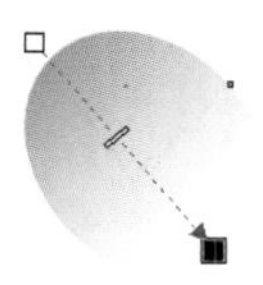

图5-2-39 添加透明度效果

图5-2-40 放置位置

35 选择“椭圆形工具”，绘制一个椭圆，选中椭圆形，在属性栏中设置“角度”为 311.5°，旋转后的效果，如图 5-2-41 所示。

36 选中椭圆图形，按 F11 键打开“渐变填充”对话框，设置“类型”为线性，“角度”为 -34.1，“边界”为 10%，在“颜色调和”选项区域中选择“自定义”选项，分别设置为：

位置：0% 颜色（C：8；M：7；Y5；K：0）；

位置：35% 颜色（C：80；M：0；Y：61；K：0）；

位置：75% 颜色（C：1；M：0；Y0；K：7）；

位置：100% 颜色（C：0；M：0；Y：0；K：4）。

如图 5-2-42 所示。单击“确定”按钮。

图5-2-41 绘制图形

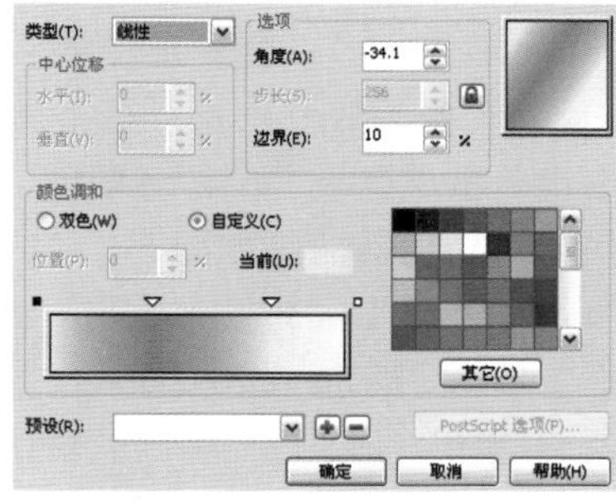

图5-2-42 设置渐变颜色

37 填充渐变色后，右键单击调色板上的“透明色”按钮☒，取消轮廓颜色，效果如图 5-2-43 所示。

38 单击“透明度工具”，单击拖曳为其添加透明度效果，添加透明度后的效果如图 5-2-44 所示。

图5-2-43 填充渐变颜色效果

图5-2-44 添加透明度效果

39 添加透明度效果后，调整其位置，如图5-2-45所示。框选该图形，按快捷键Ctrl+G进行成组。选择成组后的图形，对其进行多次复制，调整其大小和位置，进行不规则摆放，效果如图5-2-46所示。

图5-2-45　调整位置

图5-2-46　复制并摆放

40 单击“贝塞尔工具”，绘制图形，如图5-2-47所示。

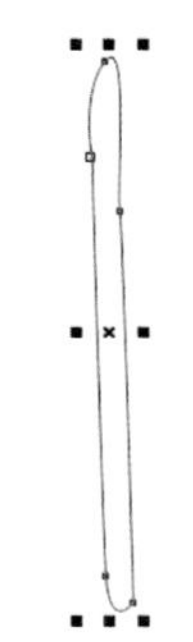

图5-2-47　绘制图形

41 选中绘制图形，单击调色板上的白色色块，右键单击调色板上的“透明色”按钮☒，取消轮廓颜色，调整其位置，如图5-2-48所示。选中该图形，执行“位图”|“转换为位图”命令，在弹出的对话框中单击“确定”按钮，执行“位图”|“模糊”|“高斯式模糊”命令，在弹出的对话框中设置“半径”为50，单击“确定”按钮。添加高斯模糊后的效果，如图5-2-49所示。

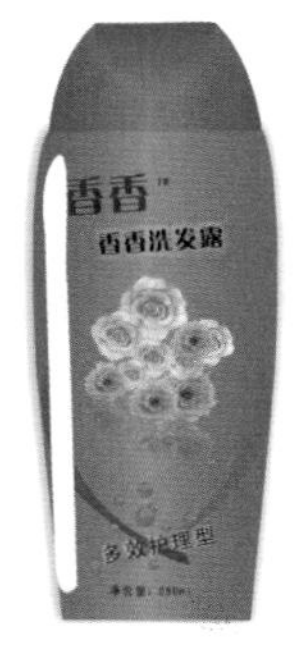

图5-2-48　填充颜色

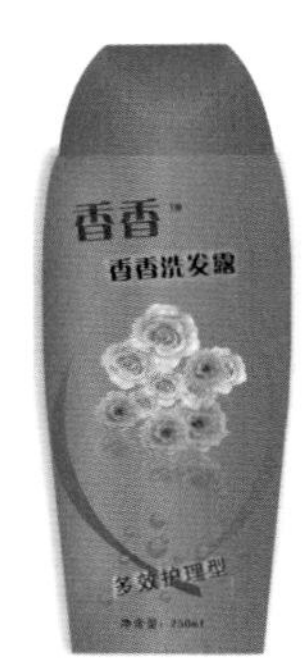

图5-2-49　添加高斯模糊后的效果

42 选中添加高斯模糊后的图形，对其进行复制，单击属性栏中的“水平镜像”按钮，如图5-2-50所示。

43 选择两侧高光，调整其排放顺序，调整后的效果，如图5-2-51所示。

图5-2-50　复制并水平镜像　　图5-2-51　调整排放顺序

44 单击“矩形工具”，绘制矩形图形。如图5-2-52所示。

45 选中绘制图形，按F11键打开“渐变填充”对话框，设置“类型”为辐射，“边界”为17%，分别设置为从海军蓝（C：60；M：40；Y：0；K：40）到冰蓝色（C：40；M：0；Y：0；K：0）。如图5-2-53所示。单击“确定”按钮，右键单击调色板上的“透明色”按钮☒，取消轮廓颜色，效果如图5-2-54所示。

图5-2-52　绘制图矩形

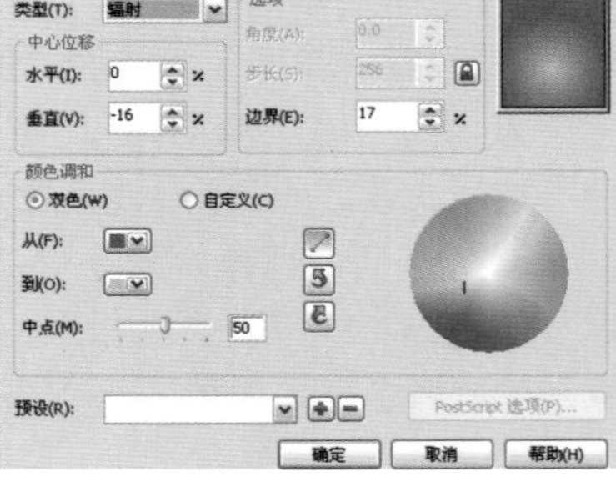

图5-2-53　设置渐变颜色

图5-2-54　填充渐变颜色效果

46 在"艺术笔工具"，在属性栏中单击"笔刷"按钮，设置"类别"为"底纹"，选择如图5-2-55所示的喷射图样。

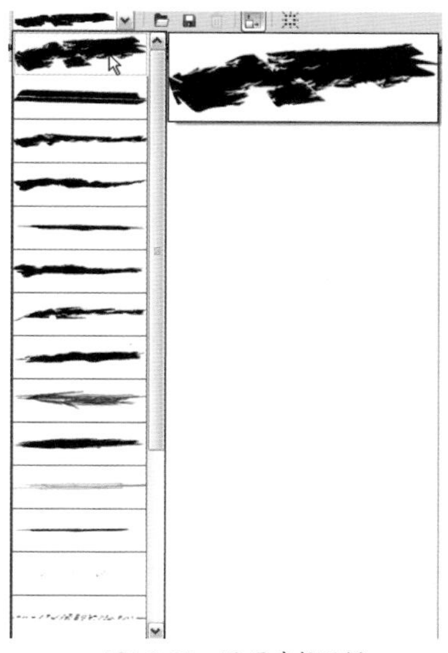

图5-2-55 设置喷射图样

47 绘制图形，并按快捷键Shift + F11打开"均匀填充"对话框，设置颜色为橘红色（C：0，M：60，Y：100，K：0），如图5-2-56所示，单击"确定"按钮，填充颜色效果如图5-2-57所示。

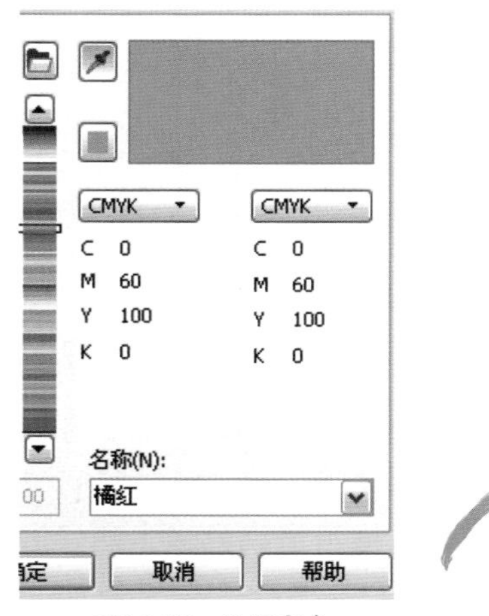

图5-2-56 设置颜色　　图5-2-57 填充颜色

48 单击""文本工具"，在图像输入文字，在属性栏上设置"字体"为汉仪中楷体。将其颜色填充为白色，调整其大小和位置，如图5-2-58所示。

图5-2-58 输入文字

49 执行"文本"|"将文本适合和路径"命令，将鼠标放置在路径上，如图5-2-59所示。并单击鼠标，使用"选择工具"选择文字，在属性栏中设置"与路径的距离"为9.0mm，调整其位置，如图5-2-60所示。

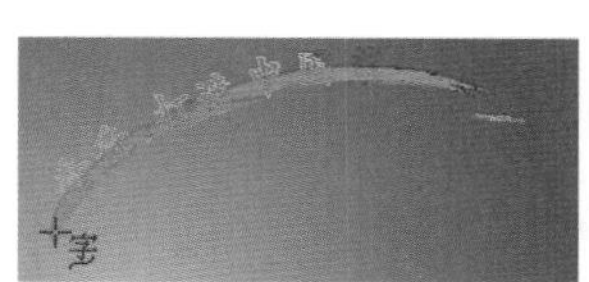

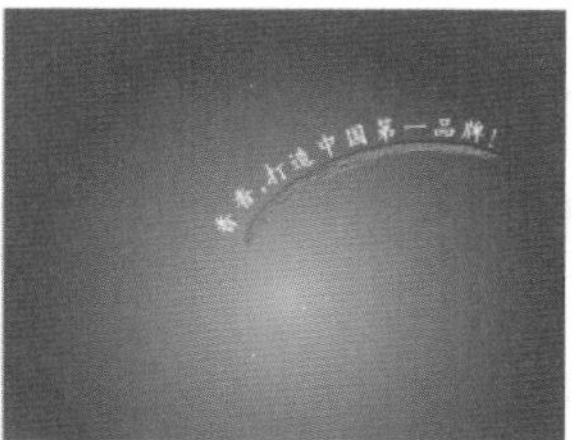

图5-2-59 将鼠标放置在路径上　　图5-2-60 调整距离

50 将绘制好的洗发露放置在背景上，调整位置大小，如图5-2-61所示。使用"选择工具"，选中该图形，向右单击拖曳，在拖曳的同时单击右键进行复制，并调整其旋转角度，如图5-2-62所示。

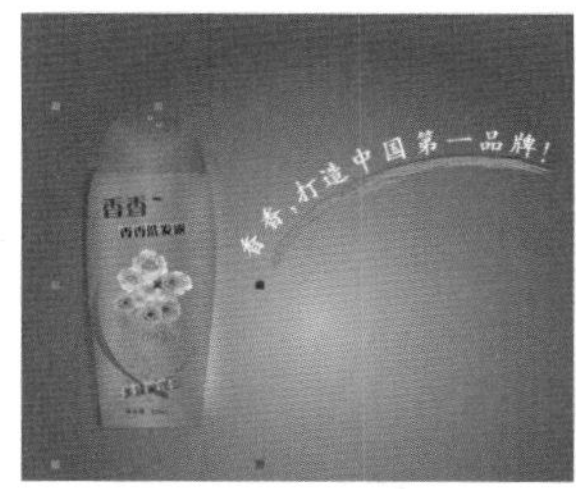

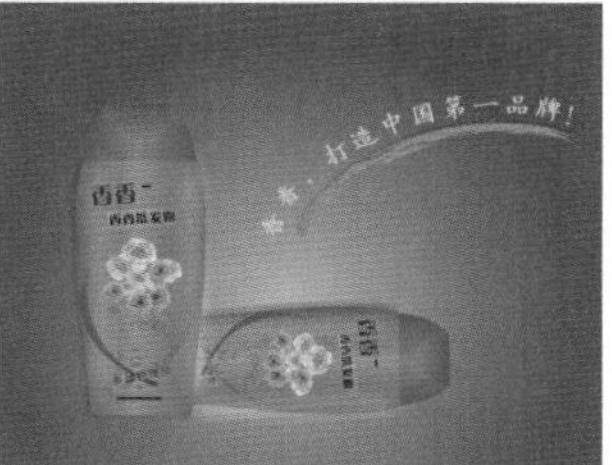

图5-2-61 调整距离　　图5-2-62 复制图形

51 选中两个洗发露，按快捷键Ctrl+G对其进行成组，按+键对选中的图形进行复制，单击属性栏中的"垂直镜像"按钮，如图5-2-63所示，执行"位图"|"转换为位图"命令，如图5-2-64所示。

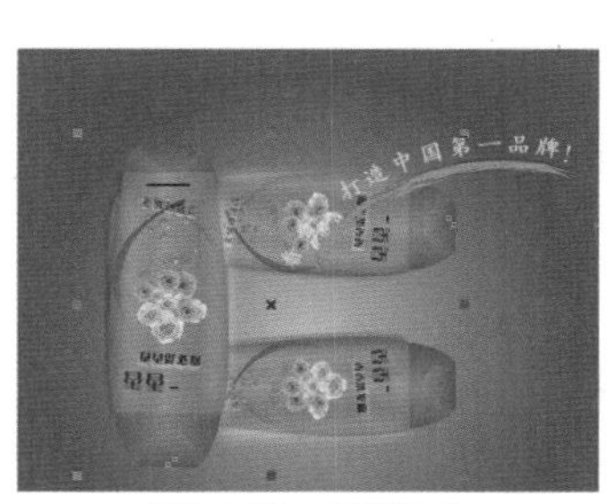

图5-2-63 复制图形　　图5-2-64 转换为位图

52 在弹出的对话框中使用其默认设置，单击“确定”按钮，使用“选择工具”调整其位置，如图 5-2-65 所示。

53 选中复制的图形，单击“透明度工具”，单击拖曳为其添加透明度效果，效果如图 5-2-66 所示。

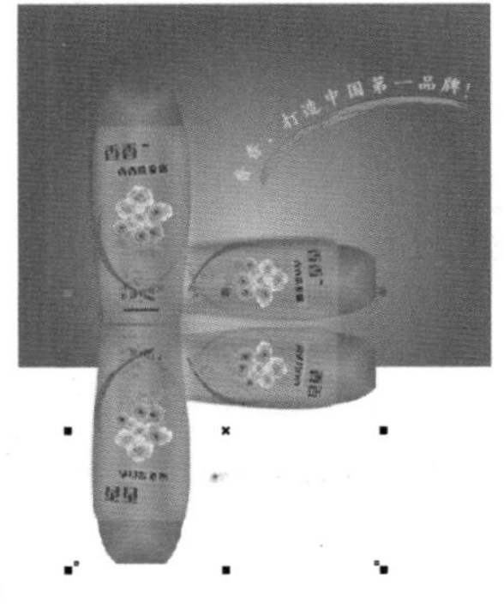

图5-2-65　调整位置

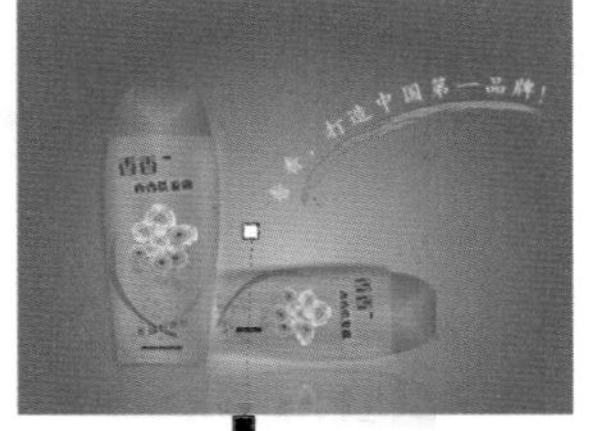

图5-2-66　添加透明度效果

54 添加透明度后，最终效果如图 5-2-67 所示。对完成后的场景进行保存即可。

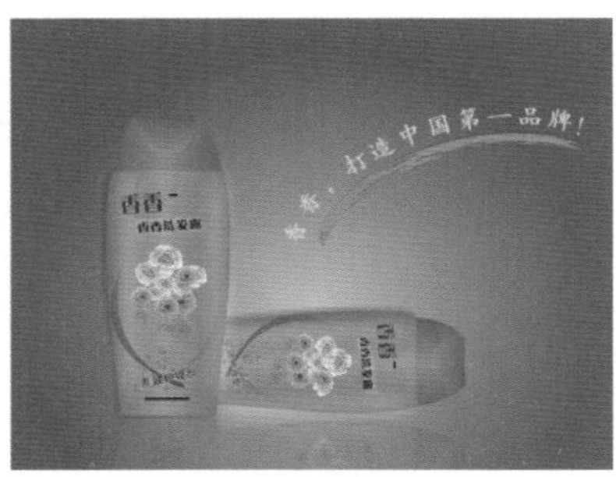

图5-2-67　最终效果

5.3 绘制洁面乳

技能分析

制作本实例的主要目的是使读者了解并掌握如何在 CorelDRAW X5 软件中绘制洁面乳包装，先使用“钢笔工具”、“2 点线工具”和“矩形工具”绘制出洁面乳包装的形状，并使用“文本工具”输入内容，最后导入背景图片，从而完成最终效果的制作。

制作步骤

1 按快捷键 Ctrl + N 打开“创建新文档”对话框，设置“名称”为绘制洁面乳，“宽度”为 200mm，“高度”为 165mm，如图 5-3-1 所示。单击“确定”按钮。

2 单击“钢笔工具”，绘制图形。如图 5-3-2 所示。

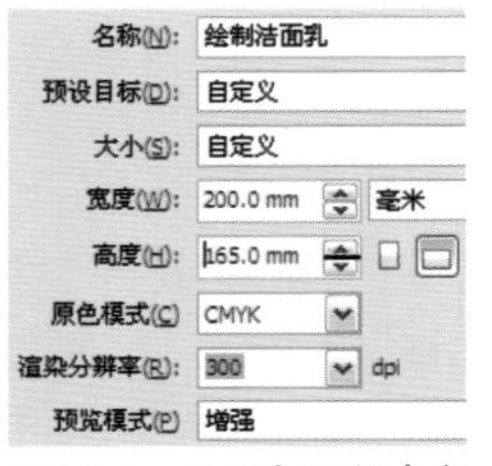

图5-3-1　设置新文档参数

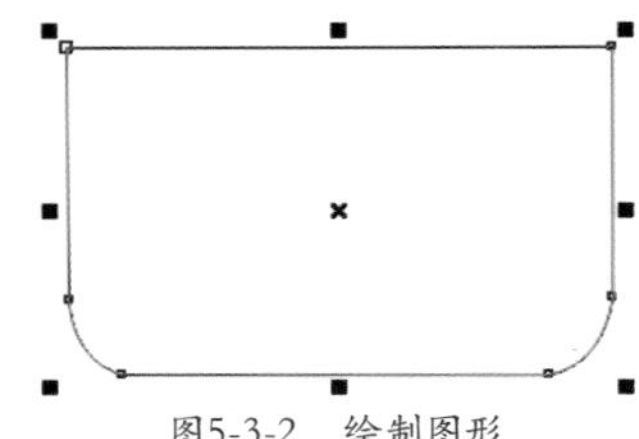

图5-3-2　绘制图形

3 按 F11 键打开“渐变填充”对话框，设置“类型”为线性，在“颜色调和”选项区域中选择“自定义”选项，分别设置为：

位置：0%　颜色（C：100；M：0；Y：0；K：0）；

位置：29%　颜色（C：80；M：0；Y：0；K：0）；

位置：61%　颜色（C：100；M：60；Y：0；K：0）；

位置：86%　颜色（C：80；M：0；Y：0；K：0）；

位置：100%　颜色（C：100；M：0；Y：0；K：0）。

如图 5-3-3 所示。单击“确定”按钮。

4 填充渐变色后，右键单击调色板上的“透明色”按钮⊠，取消轮廓颜色，效果如图 5-3-4 所示。

图5-3-3　设置渐变颜色

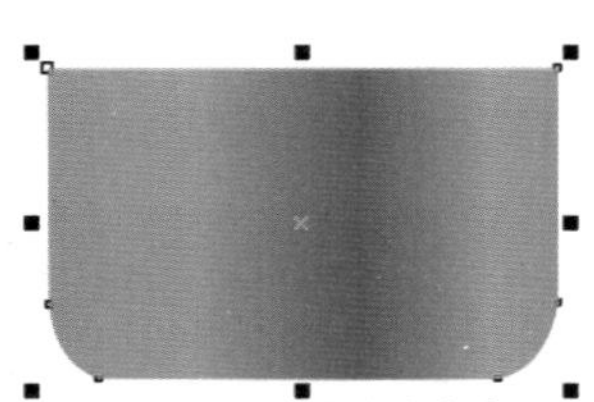

图5-3-4　填充渐变颜色

5 单击“钢笔工具”，绘制图形。如图 5-3-5 所示。

6 按 F11 键打开“渐变填充”对话框，设置“类型”为线性，设置“角度”为 90，在“颜色调和”选项区域中选择“自定义”选项，分别设置为：

位置：0% 颜色（C：100；M：60；Y：0；K：0）；

位置：100% 颜色（C：100；M：0；Y：0；K：0）。

如图 5-3-6 所示。单击“确定”按钮。

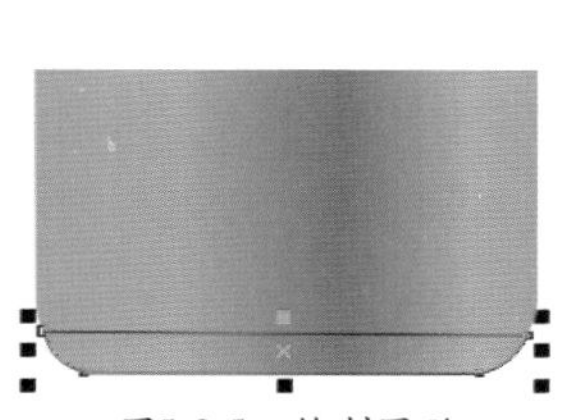

图5-3-5 绘制图形

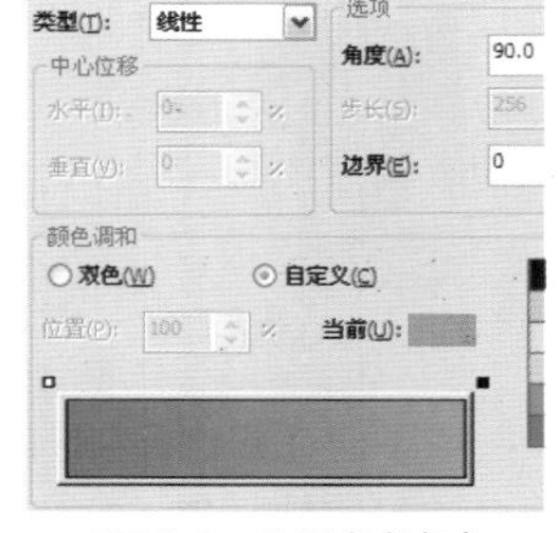

图5-3-6 设置渐变颜色

7 填充渐变色后，右键单击调色板上的“透明色”按钮☒，取消轮廓颜色，效果如图 5-3-7 所示。

8 单击“钢笔工具”，绘制图形。如图 5-3-8 所示。

图5-3-7 填充渐变颜色

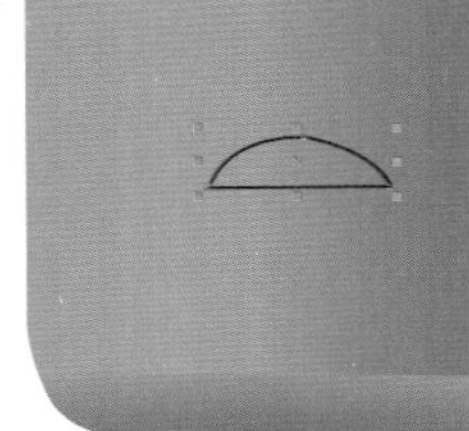

图5-3-8 绘制图形

9 按 F11 键打开“渐变填充”对话框，设置“类型”为线性，设置“角度”为 19.5，分别设置“从”颜色为（C：100；M：60；Y：0；K：0），“到”的颜色为青色（C：100；M：0；Y：0；K：0），如图 5-3-9 所示。单击“确定”按钮。

10 填充渐变色后，右键单击调色板上的“透明色”按钮☒，取消轮廓颜色，效果如图 5-3-10 所示。

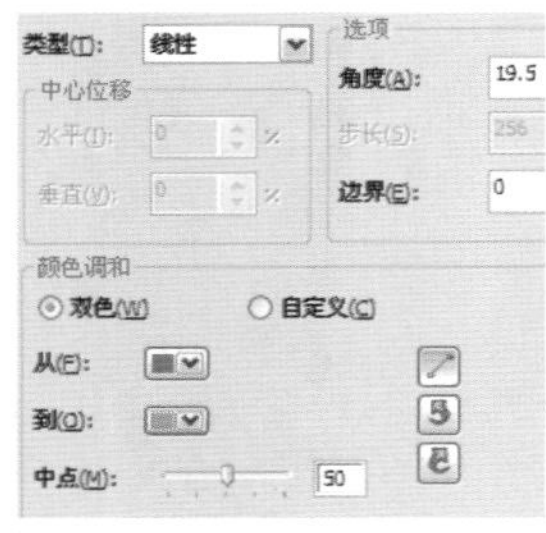

图5-3-9 设置渐变颜色

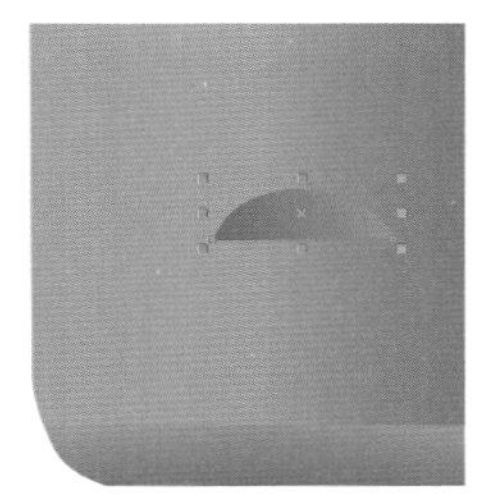

图5-3-10 填充渐变颜色

11 单击“2 点线工具”，绘制直线，如图 5-3-11 所示。

12 按 F12 键打开“轮廓笔”对话框，设置颜色为（C：100，M：60，Y：0，K：0），设置宽度为 0.3mm，如图 5-3-12 所示，单击“确定”按钮。

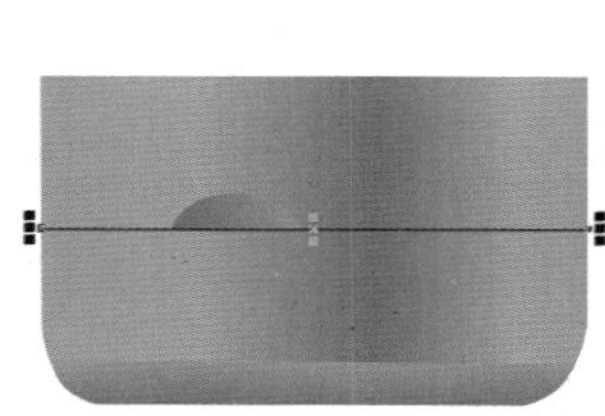

图5-3-11 绘制直线

图5-3-12 设置颜色和宽度

13 设置直线颜色和宽度后的效果如图 5-3-13 所示。

14 继续使用“2 点线工具”绘制直线，并将直线“宽度”设置为 0.3mm，并为绘制的直线填充青色（C：100，M：0，Y：0，K：0），效果如图 5-3-14 所示。

图5-3-13 设置直线后的效果

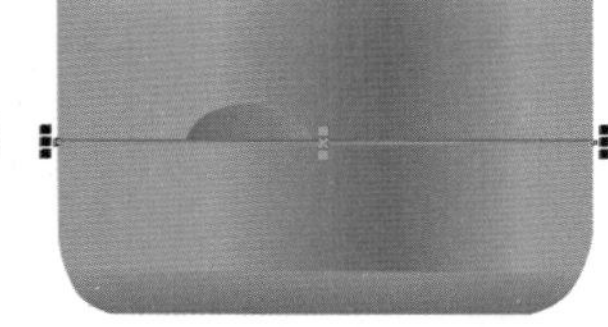

图5-3-14 绘制并设置直线

15 选择“矩形工具”，绘制矩形，如图 5-3-15 所示。

16 按 F11 键打开“渐变填充”对话框，设置“类型”为线性，在“颜色调和”选项区域中选择“自定义”选项，分别设置为：

位置：0% 颜色（C：0；M：0；Y：0；K：50）；

位置：15% 颜色（C：0；M：0；Y：0；K：100）；

位置：36% 颜色（C：0；M：0；Y：0；K：10）；

位置：63% 颜色（C：0；M：0；Y：0；K：80）；

位置：81% 颜色（C：0；M：0；Y：0；K：35）；

位置：100% 颜色（C：0；M：0；Y：0；K：80）。

如图 5-3-16 所示。单击“确定”按钮。

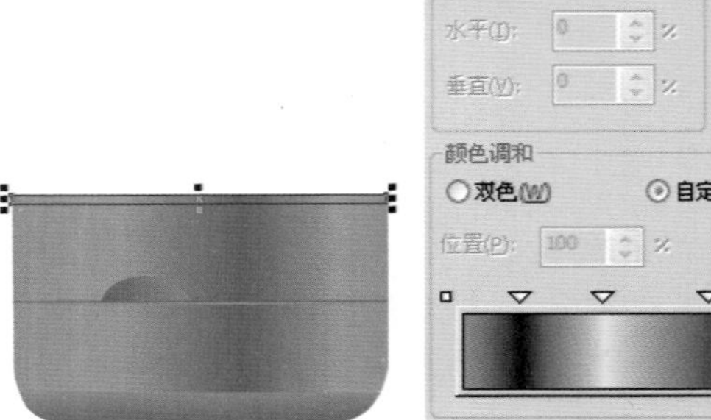

图5-3-15　绘制矩形　　图5-3-16　设置渐变颜色

17 填充渐变色后，右键单击调色板上的“透明色”按钮☒，取消轮廓颜色，效果如图 5-3-17 所示。

18 单击“钢笔工具”，绘制图形，如图 5-3-18 所示。

图5-3-17　填充渐变颜色

图5-3-18　绘制图形

19 在调色板上单击青色（C：100，M：0，Y：0，K：0）色块，为绘制的正圆填充青色，右键单击“透明色”按钮☒，取消轮廓颜色，效果如图 5-3-19 所示。

20 选择“网状填充工具”，在属性栏上将“网格行数”设置为 3，将“网格列数”设置为 4，如图 5-3-20 所示。

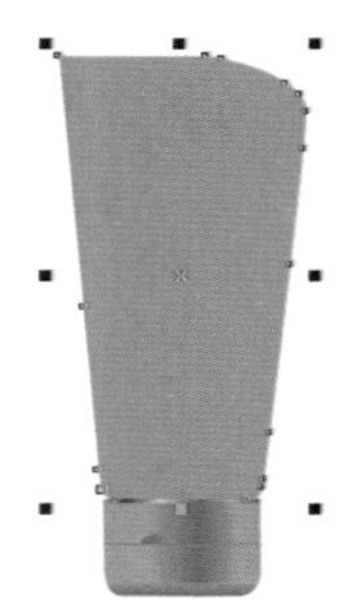

图5-3-19　填充颜色

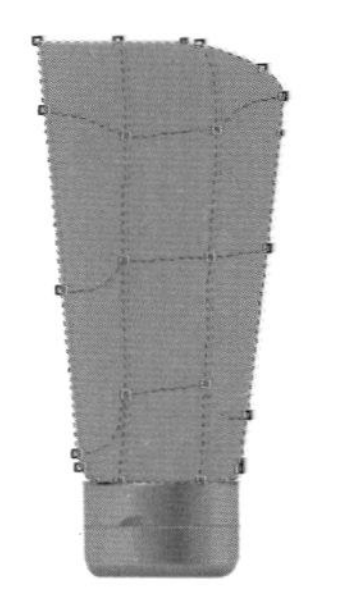

图5-3-20　设置网格数

21 框选如图 5-3-21 所示的节点。

22 在调色板上单击白色（C：0；M：0；Y：0；K：0）色块，为选中的节点填充白色，效果如图 5-3-22 所示。

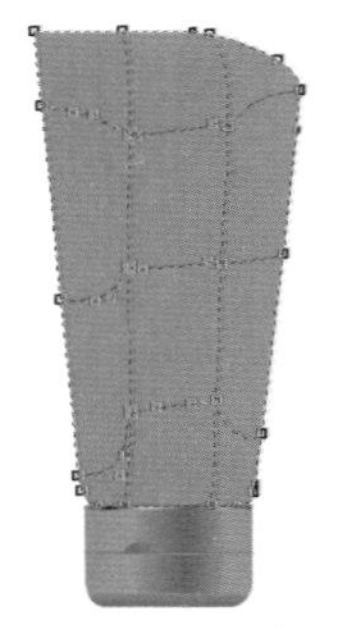

图5-3-21　框选节点

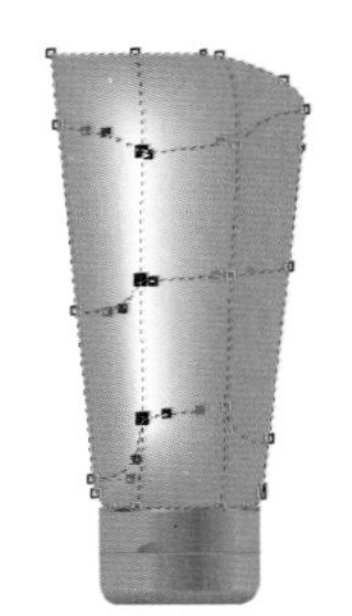

图5-3-22　为节点填充颜色

23 框选如图 5-3-23 所示的节点。

24 按快捷键 Shift + F11，打开“均匀填充”对话框，设置颜色为（C：69，M：14，Y：0，K：0），如图 5-3-24 所示，单击“确定”按钮。

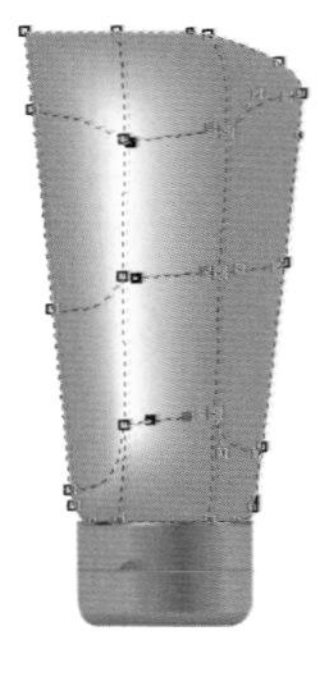

图5-3-23　框选节点

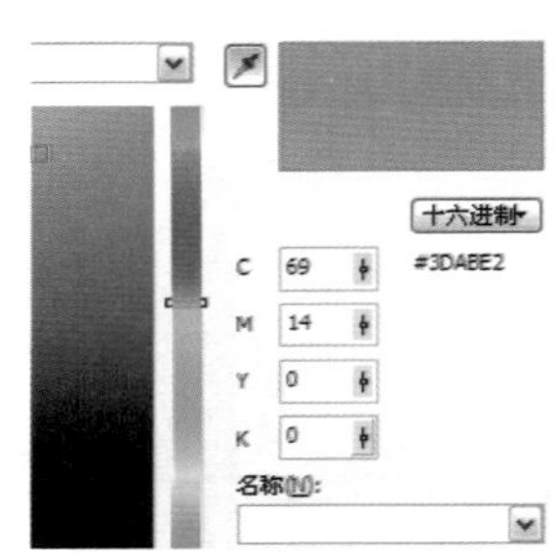

图5-3-24　设置颜色

25 为选择的节点填充颜色，效果如图 5-3-25 所示。

26 框选如图 5-3-26 所示的节点。

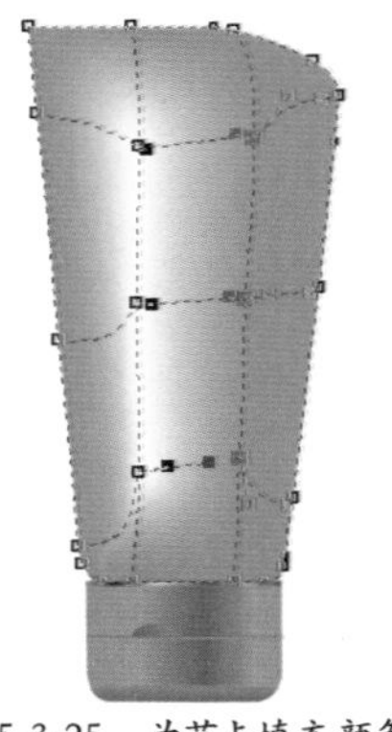

图5-3-25　为节点填充颜色

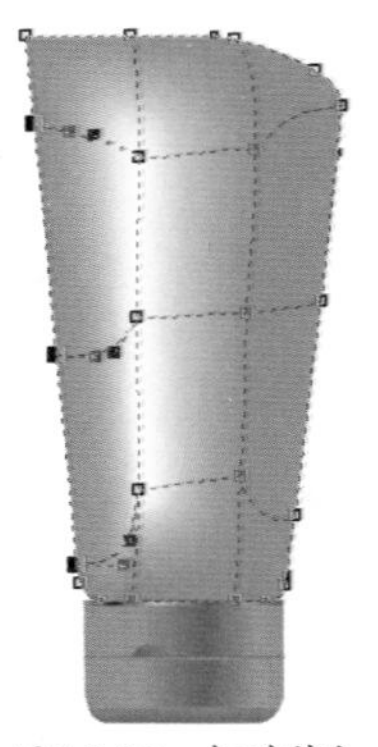

图5-3-26　框选节点

27 按快捷键 Shift + F11 打开“均匀填充”对话框，设置颜色为（C：65，M：7，Y：0，K：0），如图 5-3-27 所示，单击“确定”按钮。

28 为选择的节点填充颜色，效果如图 5-3-28 所示。

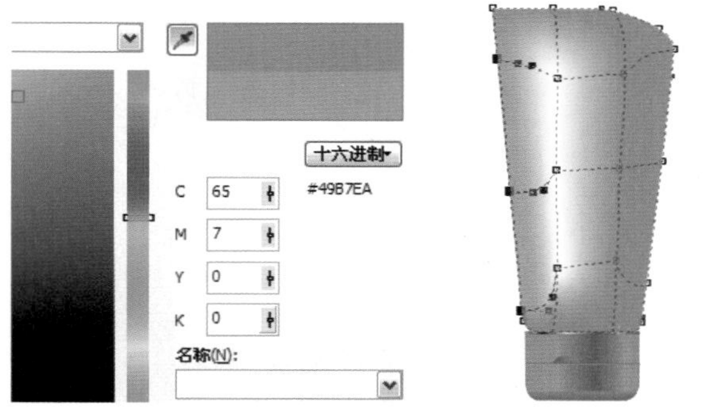

图5-3-27 设置颜色　　图5-3-28 为节点填充颜色

29 在左上方的网格线上双击，添加一条网格线，如图 5-3-29 所示。

30 框选如图 5-3-30 所示的两个节点，将选择中节点向左移动。

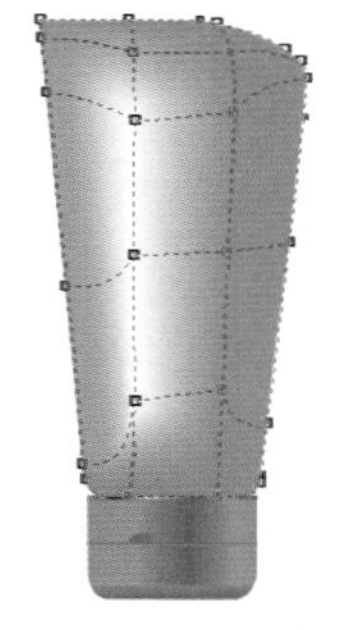

图5-3-29 添加网格线

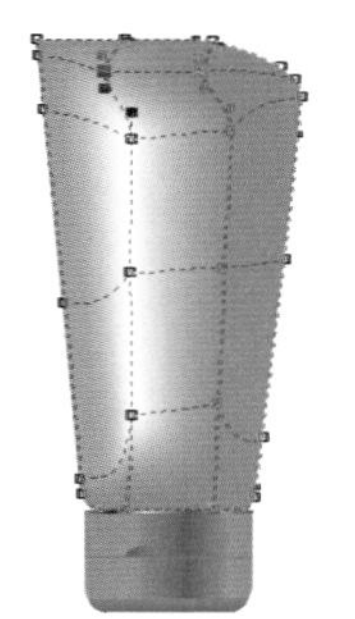

图5-3-30 选择并移动节点

31 框选如图 5-3-31 所示的节点，在调色板上单击青色（C：100，M：0，Y：0，K：0）色块，为选择的节点填充青色。

32 使用上面介绍的方法，再添加两条网格线，效果如图 5-3-32 所示。

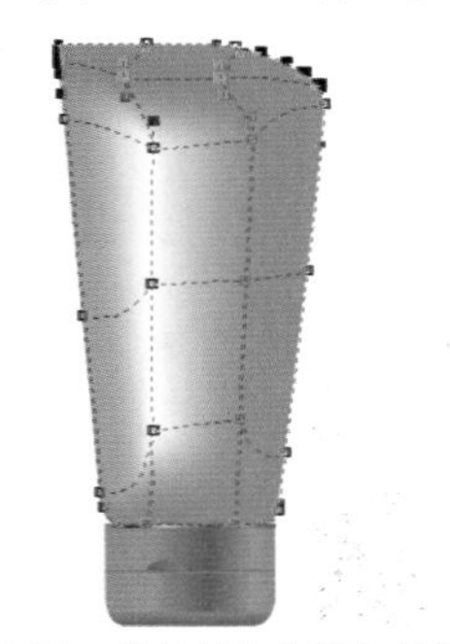

图5-3-31 选择节点并填充颜色

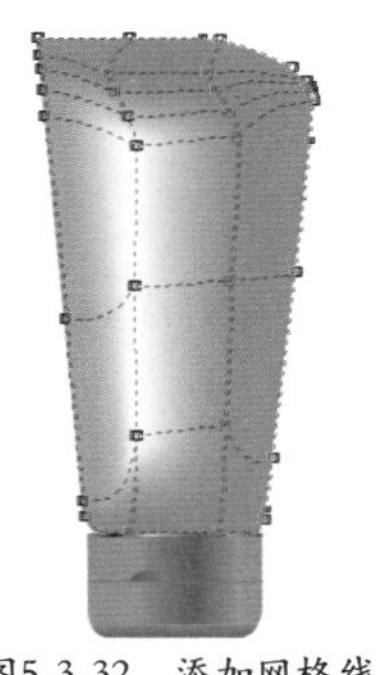

图5-3-32 添加网格线

33 框选如图 5-3-33 所示的节点。

34 按快捷键 Shift + F11 打开“均匀填充”对话框，设置颜色为（C：65，M：7，Y：0，K：0），单击“确定”按钮，即可为选择的节点填充颜色，效果如图 5-3-34 所示。

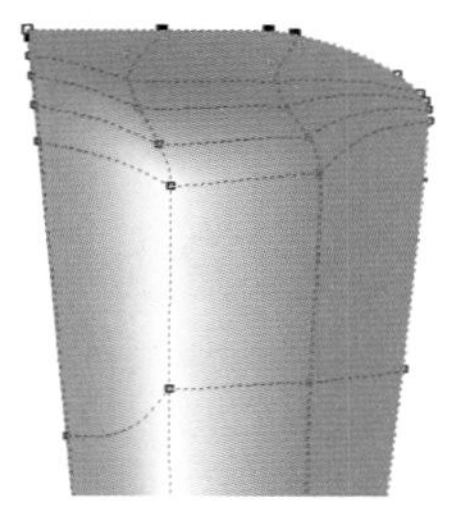

图5-3-33 框选节点

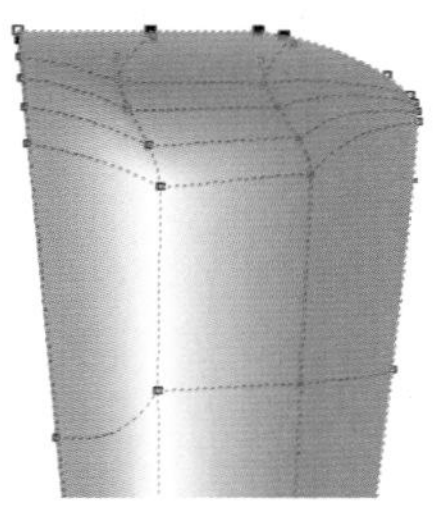

图5-3-34 填充颜色

35 选择如图 5-3-35 所示的节点。

36 按快捷键 Shift + F11 打开“均匀填充”对话框，设置颜色为（C：61，M：1，Y：0，K：0），单击“确定”按钮，即可为选择的节点填充颜色，效果如图 5-3-36 所示。

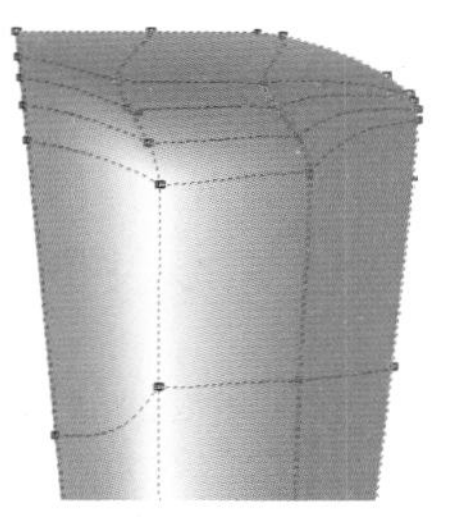

图5-3-35 选择节点

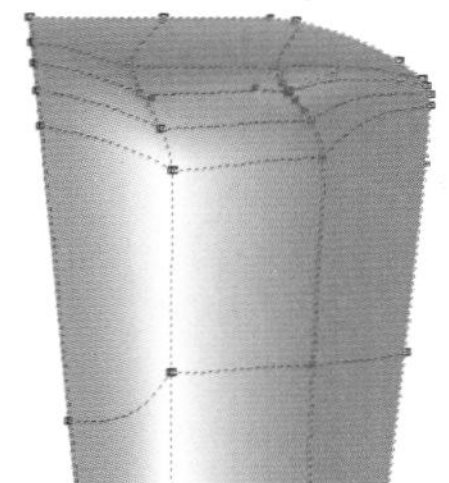

图5-3-36 填充颜色

37 使用鼠标选择如图 5-3-37 所示的节点。

38 在调色板上单击白色色块，为选择中节点填充白色，效果如图 5-3-38 所示。

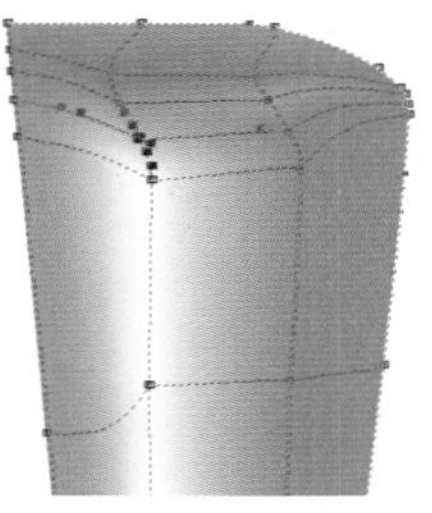

图5-3-37 选择节点

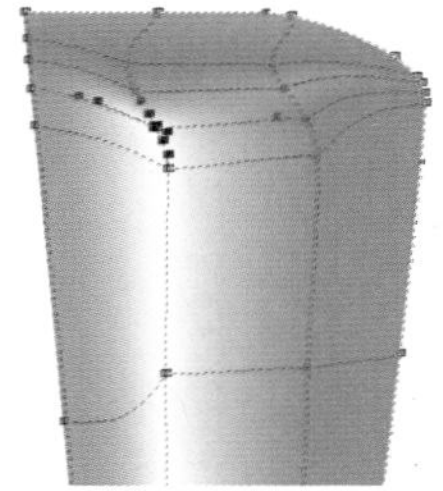

图5-3-38 填充颜色

39 框选如图 5-3-39 所示的节点。

40 按快捷键 Shift + F11 打开“均匀填充”对话框，设置颜色为：浅蓝色（C:61，M:1，Y:0，K:

0)，单击“确定”按钮，即可为选择中节点填充颜色，效果如图 5–3–40 所示。

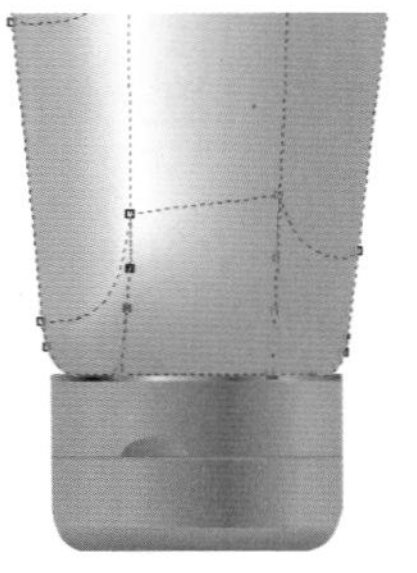

图5-3-39 框选节点

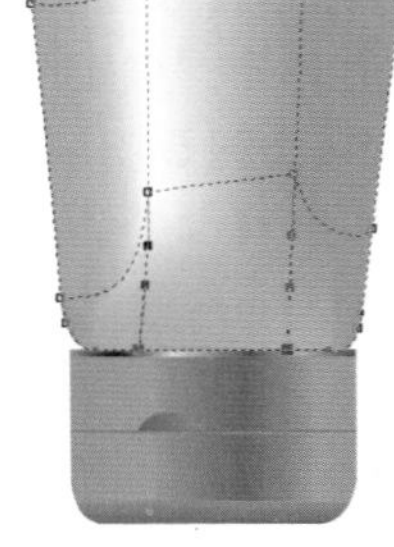
图5-3-40 填充颜色

41 单击“钢笔工具”，绘制图形。如图 5–3–41 所示。

42 按 F11 键打开“渐变填充”对话框，设置“类型”为辐射，设置“水平”为 –14%，“垂直”为 28% 分别设置“从”颜色为青色（C：100；M：0；Y：0；K：0），“到”的颜色为白色（C：0；M：0；Y：0；K：0），如图 5–3–42 所示。单击“确定”按钮。

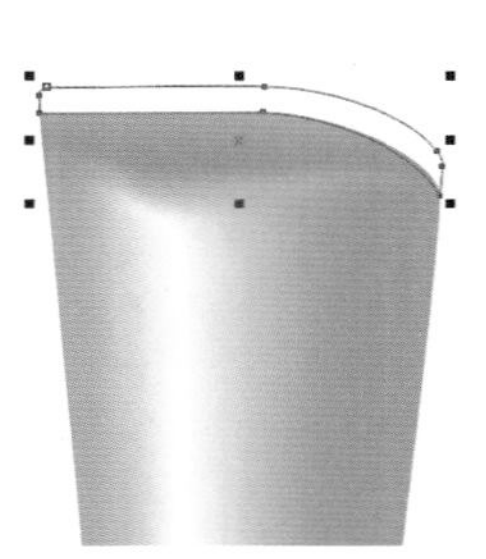
图5-3-41 绘制图形

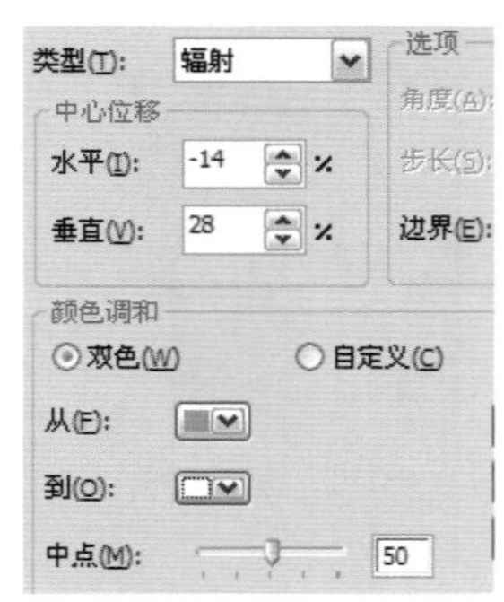

图5-3-42 设置渐变颜色

43 填充渐变色后，右键单击调色板上的“透明色”按钮，取消轮廓颜色，效果如图 5–3–43 所示。

44 选择“矩形工具”，绘制矩形，如图 5–3–44 所示。

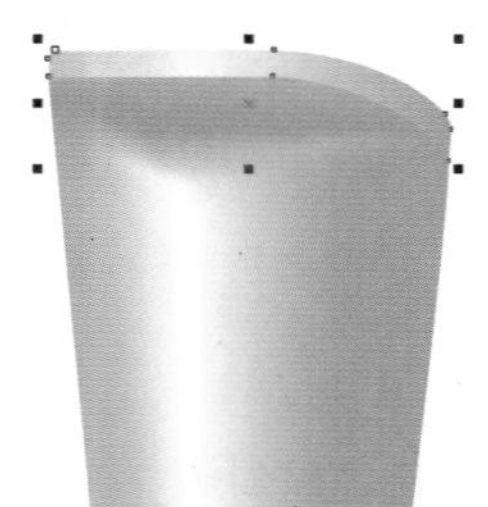
图5-3-43 填充渐变颜色

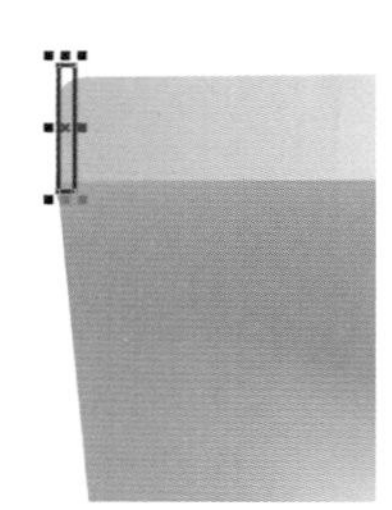
图5-3-44 绘制矩形

45 在调色板上单击冰蓝色（C：40，M：0，Y：0，K：0）色块，为绘制的矩形填充冰蓝色。右键单击“透明色”按钮，取消轮廓颜色，效果如图 5–3–45 所示。

46 按小键盘上的 + 号键复制多个矩形，并调整它们的角度和位置，效果如图 5–3–46 所示。

图5-3-45 填充颜色

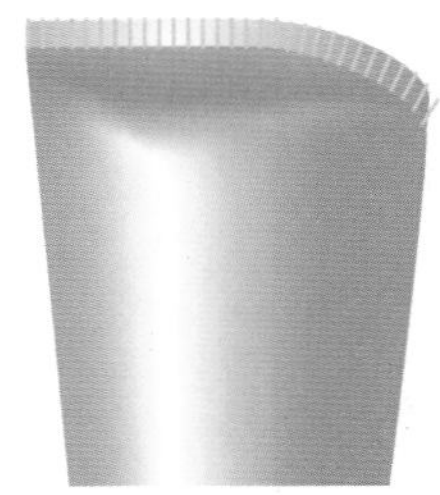
图5-3-46 复制矩形

47 选择所有的矩形对象，在属性栏中单击“群组”按钮，群组选中的对象，效果如图 5–3–47 所示。

48 执行“效果”|“图框精确裁剪”|“放置在容器中”命令，将鼠标移至群组对象下的图形上，当鼠标变成➡样式时，单击即可裁剪群组对象，效果如图 5–3–48 所示。

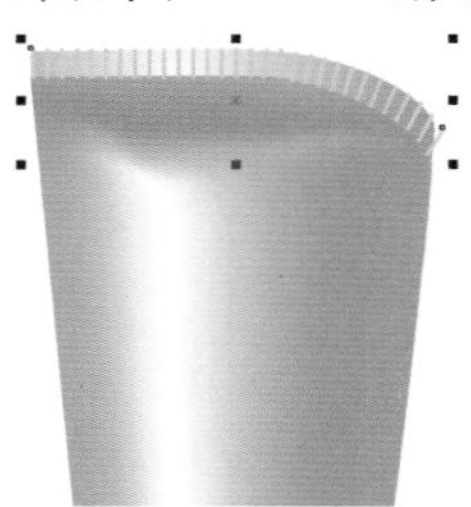
图5-3-47 群组对象

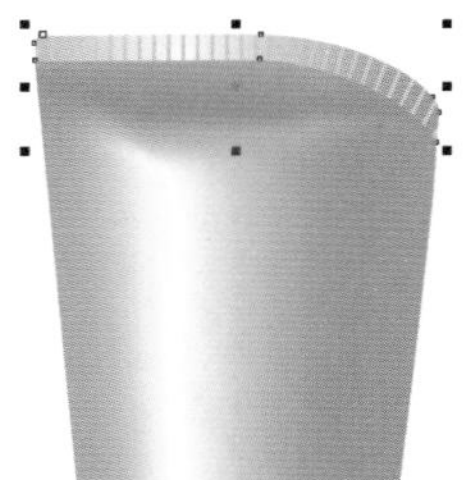
图5-3-48 图框精确裁剪

49 选择““文本工具”字，然后输入文字。选择输入的文字，在属性栏上设置“字体”为创艺简老宋，“字体大小”为 30pt，如图 5–3–49 所示。

50 按快捷键 Shift + F11 打开“均匀填充”对话框，设置颜色为（C：100，M：60，Y：0，K：0），如图 5–3–50 所示，单击“确定”按钮。

图5-3-49 输入文字

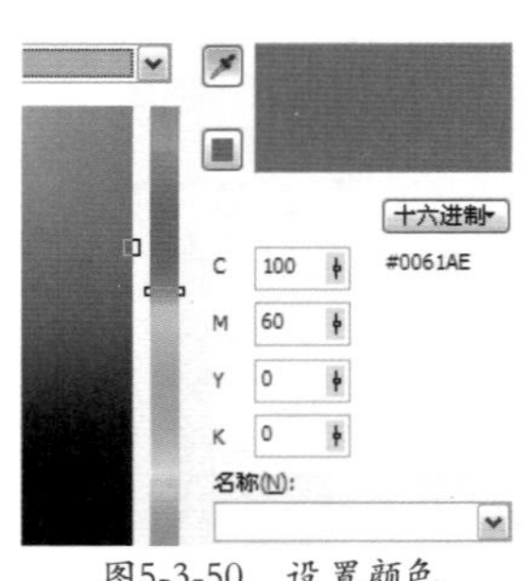

图5-3-50 设置颜色

51 为选中的文字填充颜色，效果如图 5-3-51 所示。

52 单击属性栏上的“导入”按钮，导入素材图片：图案.jpg，如图 5-3-52 所示。

图5-3-51 填充颜色

图5-3-52 导入素材

53 执行“位图”|“轮廓描摹”|“线条图”命令，打开“PowerTRACE”对话框，选择“删除原始图像”选项，如图 5-3-53 所示，单击“确定”按钮。

54 在属性栏中单击“取消群组”按钮，取消对象的群组，效果如图 5-3-54 所示。

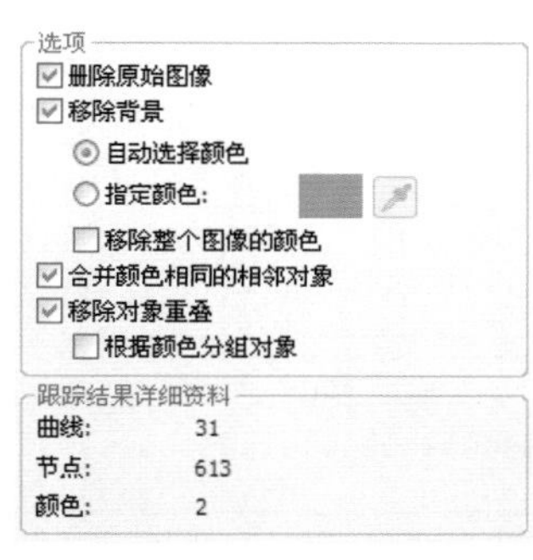

图5-3-53 选择“删除原始图像”复选框

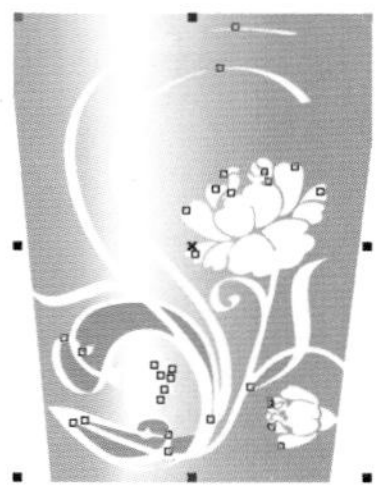
图5-3-54 取消群组

55 将不需要的蓝色图形删除，删除完成后，选择所有未被删除的白色图形，并在属性栏上单击“群组”按钮，群组选中的图形对象，如图 5-3-55 所示。

56 选择群组后的对象，调整群组对象的大小和位置，效果如图 5-3-56 所示。

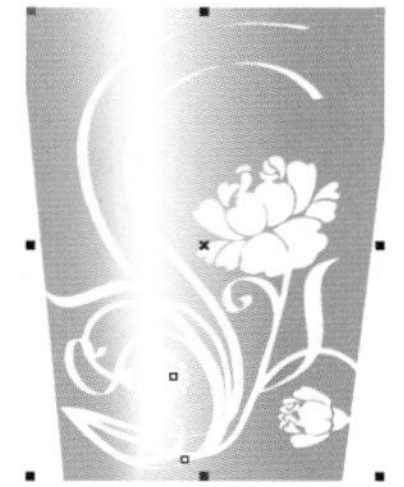
图5-3-55 群组对象

图5-3-56 调整群组对象

57 按快捷键 Shift + F11 打开“均匀填充”对话框，设置颜色为（C：100，M：60，Y：0，K：0），单击“确定”按钮，即可为群组对象填充该颜色，效果如图 5-3-57 所示。

58 选择“文本工具”，输入文字。选择输入的文字，在属性栏上设置“字体”为方正准圆简体，“字体大小”为 17pt，如图 5-3-58 所示。

图5-3-57 填充颜色

图5-3-58 输入文字

59 按快捷键 Shift + F11 打开“均匀填充”对话框，设置颜色为（C：100，M：60，Y：0，K：0），单击“确定”按钮，即可为选择的文字填充颜色，效果如图 5-3-59 所示。

60 使用同样的方法输入其他文字，并将新输入的文字“字体大小”设置为 15pt，效果如图 5-3-60 所示。

图5-3-59 填充颜色

图5-3-60 输入其他文字

61 选择“文本工具”，输入文字。选择输入的文字，在属性栏上设置“字体”为黑体，“字体大小”为 10pt，如图 5-3-61 所示。

62 按快捷键 Shift + F11 打开“均匀填充”对话框，设置颜色为（C：100，M：60，Y：0，K：0），单击“确定”按钮，即可为选择的文字填充颜色，效果如图 5-3-62 所示。

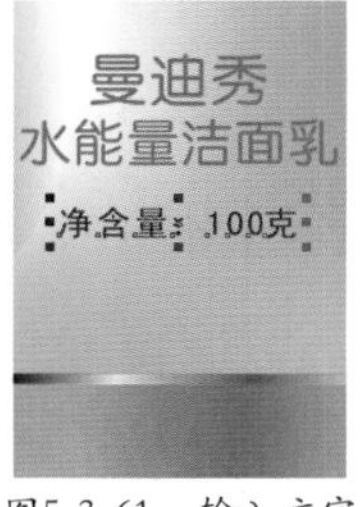

图5-3-61 输入文字

图5-3-62 填充颜色

63 按快捷键 Ctrl+A 选择所有的图形对象，在属性栏中单击“群组”按钮，群组选中的对象，如图 5-3-63 所示。

64 按小键盘上的 + 号键复制两个群组对象，调整群组对象的角度、位置、大小和排列顺序，效果如图 5-3-64 所示。

图5-3-63　群组对象

图5-3-64　复制并调整群组对象

65 单击属性栏上的“导入”按钮，导入素材图片：水背景.jpg，如图 5-3-65 所示。

66 执行“效果”|“调整”|“亮度/对比度/强度”命令，打开“亮度/对比度/强度”对话框，设置参数为 10、0、0。如图 5-3-66 所示。单击“确定”按钮。

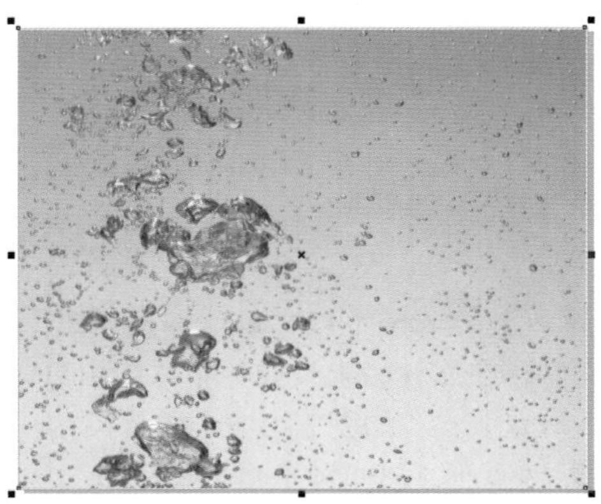

图5-3-65　导入素材图片

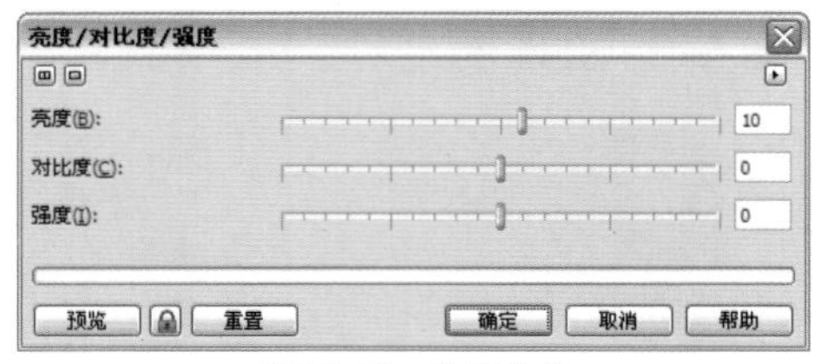

图5-3-66　设置参数

67 调整图片亮度后的效果如图 5-3-67 所示。

68 在素材图片上单击右键，在弹出的快捷菜单中执行“顺序”|“到页面后面”命令，即可调整素材图片的排列顺序，效果如图 5-3-68 所示。

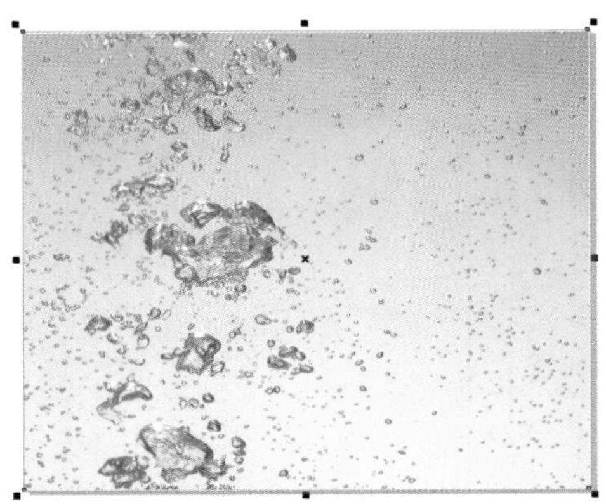

图5-3-67　调整亮度后的效果

图5-3-68　调整排列顺序

69 选择“文本工具”，输入文字。选择输入的文字，在属性栏上设置“字体”为创艺简老宋，“字体大小”为 36pt，如图 5-3-69 所示。

70 按快捷键 Shift + F11 打开“均匀填充”对话框，设置颜色为（C：100，M：60，Y：0，K：0），单击“确定”按钮，即可为选择的文字填充颜色，效果如图 5-3-70 所示。

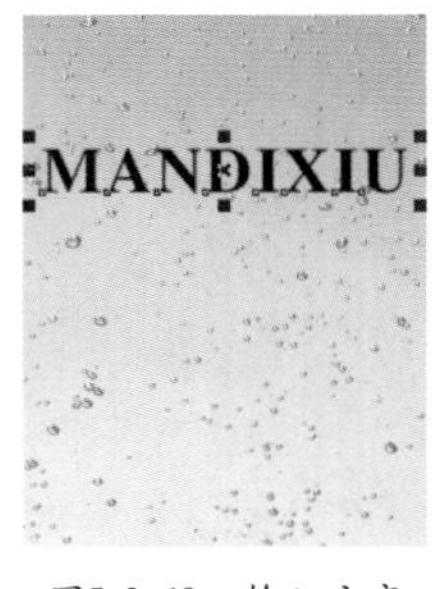

图5-3-69　输入文字

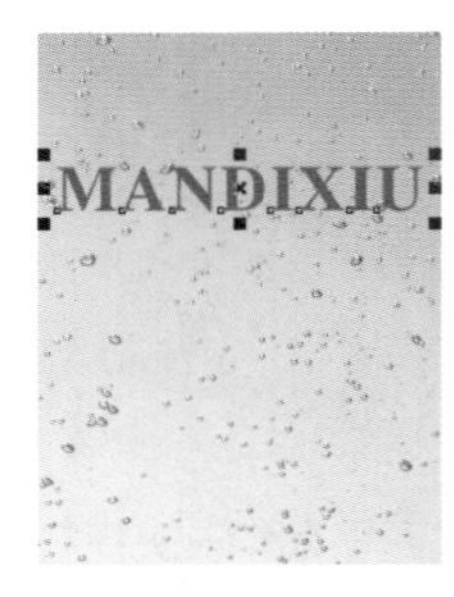

图5-3-70　填充颜色

71 选择“文本工具”字，输入文字。选择输入的文字，在属性栏上设置“字体”为方正准圆简体，“字体大小”为 20pt，如图 5–3–71 所示。

72 按快捷键 Shift + F11 打开“均匀填充”对话框，设置颜色为（C：100，M：60，Y：0，K：0），单击“确定”按钮，即可为选中的文字填充颜色，效果如图 5–3–72 所示。

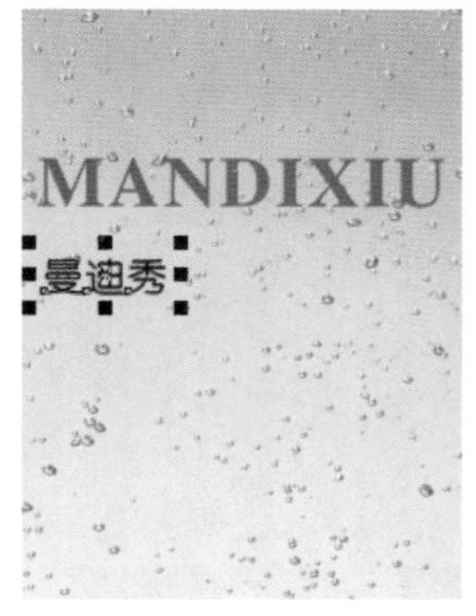

图5-3-71　输入文字

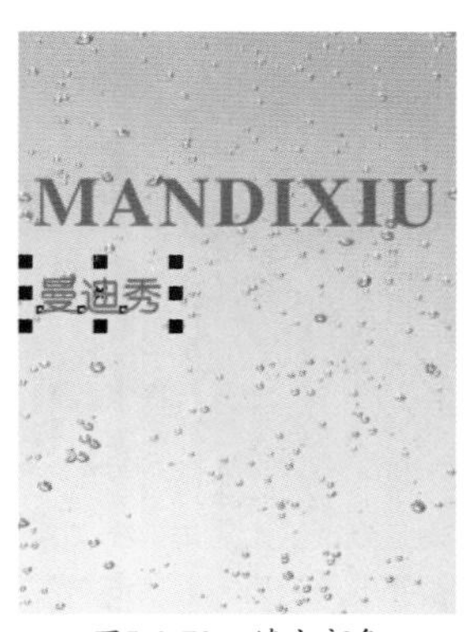

图5-3-72　填充颜色

73 使用同样的方法输入其他文字，效果如图 5–3–73 所示。

图5-3-73　输入其他文字

本章小结：通过对以上案例的学习，可以了解并掌握在 CorelDRAW X5 中进行写实绘画的技巧应用和操作，通过对“矩形工具”、“椭圆形工具”、“钢笔工具”和“文本工具”等的使用，可以制作出色彩丰富、形象生动的写实事物。

第06章

文字排版与设计

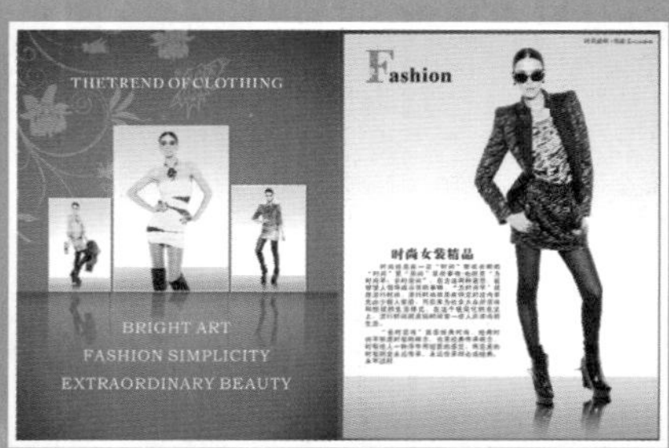

书籍、杂志、广告宣传单、网站网页等都会涉及到文字的排版，而文字的排版与设计的好坏直接影响其版面的视觉传达效果，使用CorelDRAW X5软件进行文字排版与设计，可以快捷方便地对文字排版进行各种美观的排列组合与设计，从而将原本死板单调的文字制作得生动活泼，使作品的诉求力得到提升。

6.1 杂志排版设计

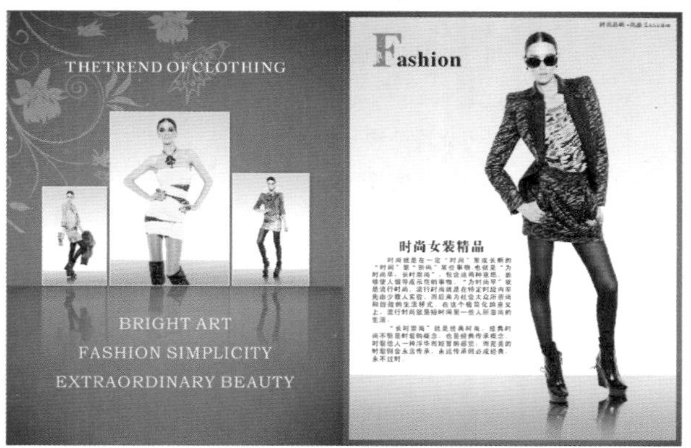

技能分析

制作本实例的主要目的是使读者了解并掌握如何在CorelDRAW X5软件中进行杂志排版设计，先使用“矩形工具”将杂志的页面轮廓绘制出来，再使用“渐变工具”对绘制出的图像进行填充颜色，之后导入素材并使用“文本工具”输入文字并进行排版，完成最终效果的制作。

制作步骤

1 按快捷键Ctrl + N打开“创建新文档”对话框，设置“名称”为杂志排版设计，“宽度”为297mm，“高度”为210mm，如图6-1-1所示。单击“确定”按钮。

2 单击“矩形工具”，单击拖曳绘制矩形。如图6-1-2所示。

3 再次使用“矩形工具”，在已绘制的矩形图形左侧绘制矩形，如图6-1-3所示。

4 选择“渐变工具”，打开“渐变填充”对话框，设置“类型”为辐射，在“中心位移”处设置“垂直”为 -5%，分别设置“从”颜色为深蓝色（C：87；M：73；Y：65；K：39），“到”的颜色为蓝色（C：69；M：31；Y：25；K：0），“中点”为30，如图6-1-4所示。单击“确定”按钮。

提示：

提示：在“辐射”类型下，“中点”选项参数控制着中心向外辐射的大小。参数越大，中心向外辐射的范围越小，而参数越小，中心向外辐射的范围越大。

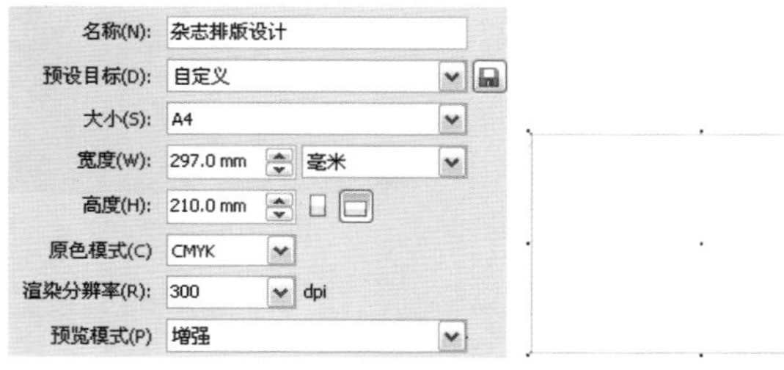

图6-1-1 设置“新建”参数

图6-1-2 绘制矩形

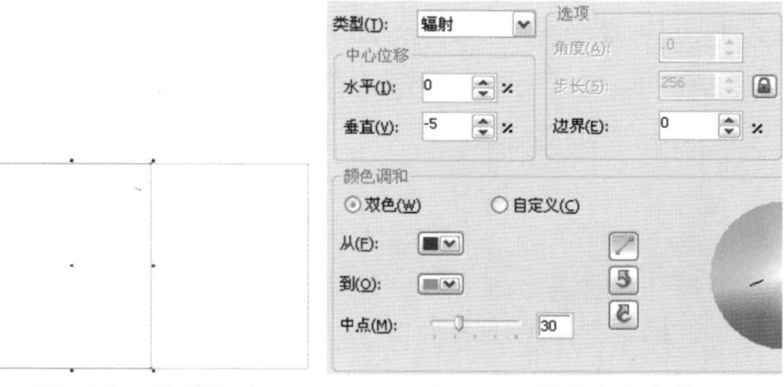

图6-1-3 绘制图形

图6-1-4 设置渐变参数

5 填充渐变色后，右键单击调色板上的“透明色”按钮⊠，取消轮廓颜色，效果如图6-1-5所示。

6 选择“矩形工具”，在填充渐变色的矩形下方单击拖曳绘制矩形。如图6-1-6所示。

图6-1-5 填充渐变色

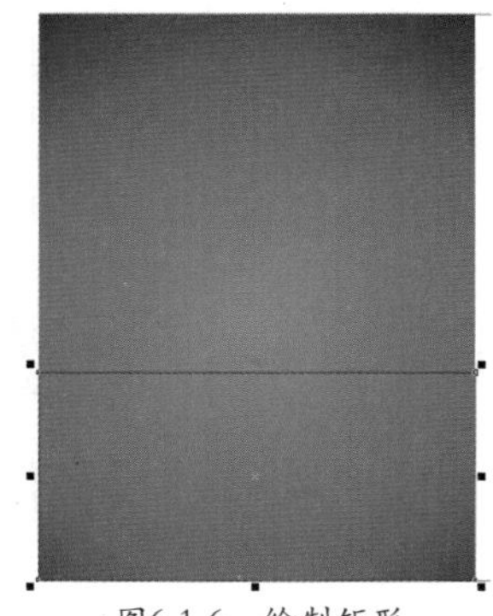

图6-1-6 绘制矩形

7 选择“渐变工具”，打开“渐变填充”对话框，设置“类型”为辐射，“垂直”为40%，分别设置“从”颜色为深蓝色（C：87；M：73；Y：65；K：39），“到”的颜色为蓝色（C：69；M：31；Y：25；K：0），“中点”为30，如图6-1-7所示。单击“确定”按钮。

8 填充渐变色后，右键单击调色板上的“透明色”按钮☒，取消轮廓颜色，效果如图6-1-8所示。

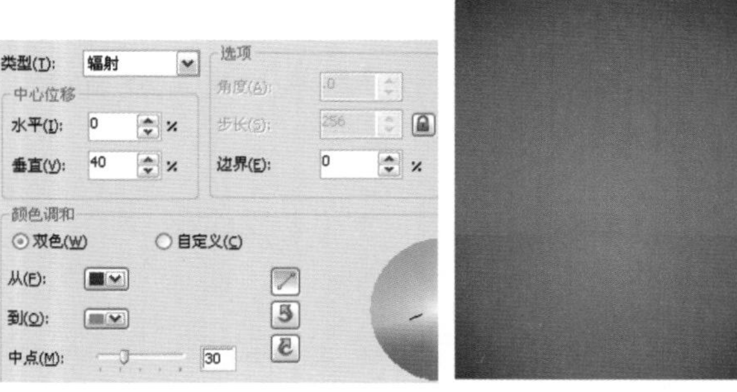

图6-1-7　设置渐变参数　　图6-1-8　填充渐变色

9 选择“矩形工具”，在两个图形的交接处绘制矩形。如图6-1-9所示。

10 按快捷键Shift + F11打开“均匀填充”对话框，设置颜色为黑色，单击“确定”按钮。效果如图6-1-10所示。右键单击调色板上的“透明色”按钮☒，取消轮廓颜色。

提示：

提示：一直单击调色板上的某一颜色不放，可以出现该颜色与前后两种颜色所形成的颜色阶梯，可以单击并选择其中的颜色。另外，还可以按住Ctrl键，单击其他的某色块，则可以逐渐与该颜色混合。

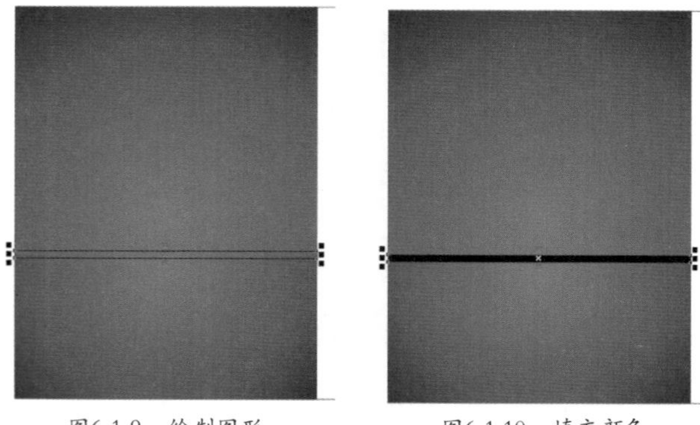

图6-1-9　绘制图形　　图6-1-10　填充颜色

11 执行“位图”|“转换为位图”命令，打开“转换为位图”对话框，设置“分辨率”为300，勾选“光滑处理”和“透明背景”选项，如图6-1-11所示。单击“确定”按钮。

12 执行“位图”|“模糊”|“高斯式模糊”命令，打开“高斯式模糊”对话框，设置“半径”为50像素，如图6-1-12所示。单击“确定”按钮。

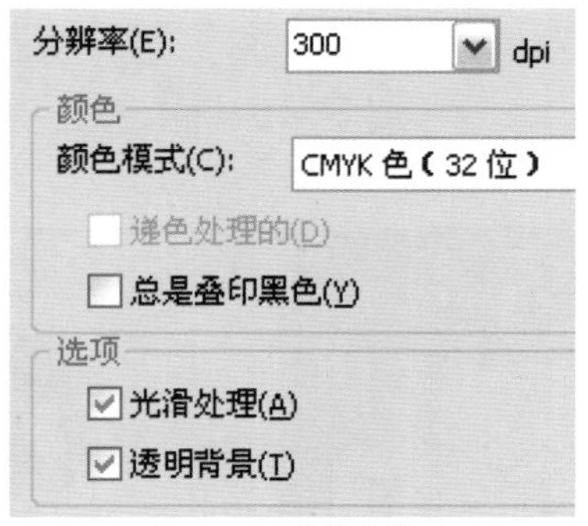

图6-1-11　转换为位图

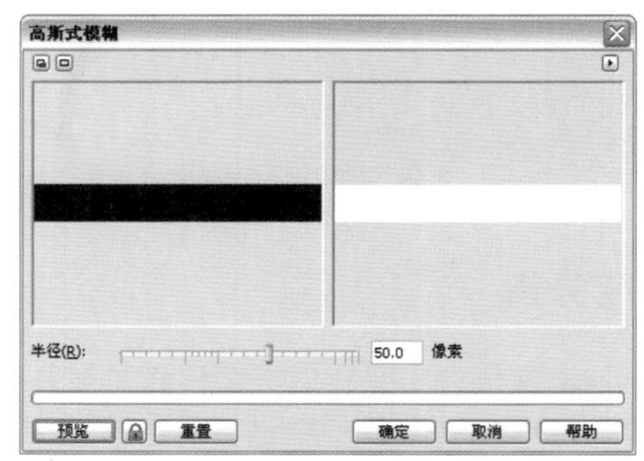

图6-1-12　设置参数

13 执行“高斯式模糊”命令后，图像效果如图6-1-13所示。

14 单击“透明度工具”，选择属性栏上的“透明度类型”为标准，拖曳“开始透明度”滑块为50。效果如图6-1-14所示。

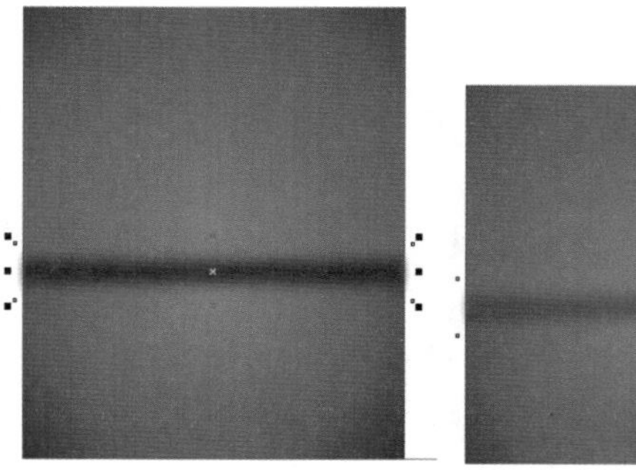

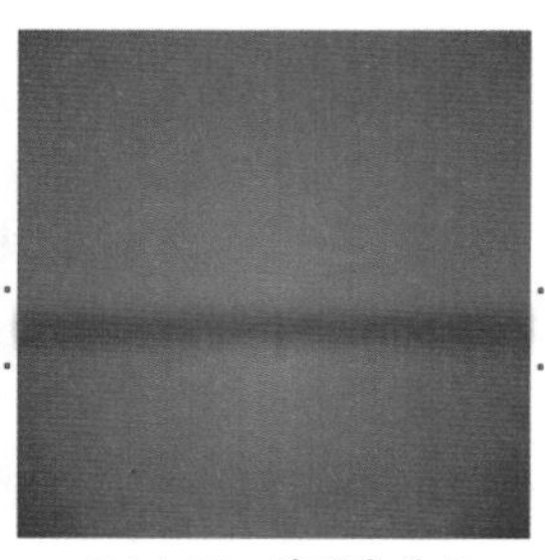

图6-1-13　高斯模糊效果　　图6-1-14　透明度效果

15执行“效果”|“图框精确裁剪”|“放置在容器中”命令。出现黑色箭头图标后，单击下半部分矩形。选择下半部分矩形，单击右键打开快捷菜单，执行“编辑内容”命令，将放置到图形中的图像进行调整，调整后在图像上单击右键打开快捷菜单，执行“结束编辑”命令，图像效果如图6-1-15所示。

16单击属性栏上的“导入”按钮，导入素材图片：花纹.tif。调整素材大小，并将素材移动到图像左上方，效果如图6-1-16所示。

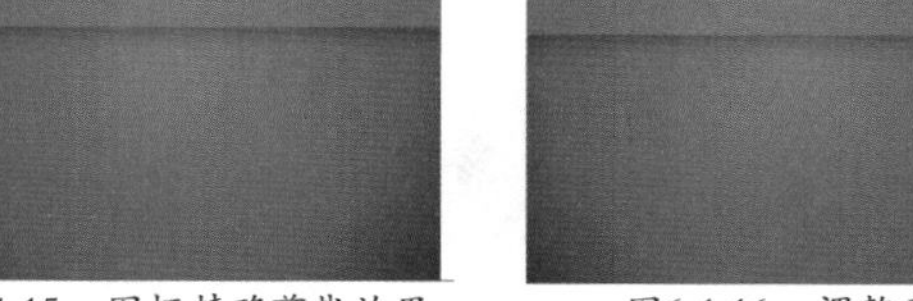

图6-1-15 图框精确剪裁效果　　图6-1-16 调整素材

17单击“透明度工具”，选择属性栏上的“透明度类型”为标准，“透明度操作”为添加，拖曳“开始透明度”滑块为80。效果如图6-1-17所示。

18单击“矩形工具”，单击拖曳绘制矩形。如图6-1-18所示。

图6-1-17 透明度效果

图6-1-18 绘制矩形

19按F12键打开“轮廓笔”对话框，设置“颜色”为白色，“宽度”为1.0mm，勾选“后台填充”和“按图像比例显示”选项，其他参数保持默认，如图6-1-19所示。单击“确定”按钮。

20设置“轮廓笔”参数后，图像效果如图6-1-20所示。

提示：

在设置线条宽度参数时，需要更具实际情况进行设置，参数并不固定。

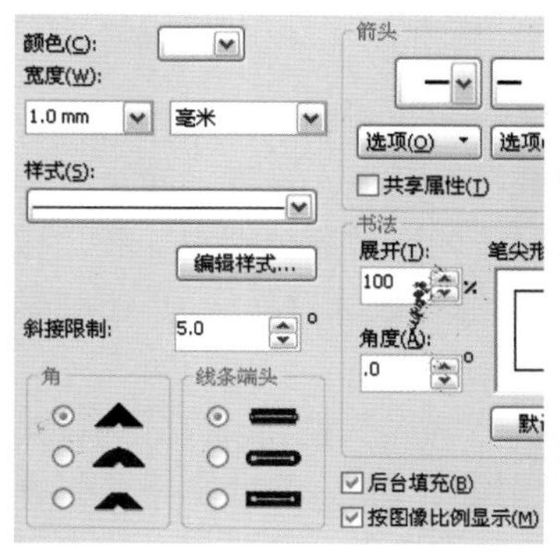

图6-1-19 设置参数

图6-1-20 轮廓笔效果

21单击属性栏上的“导入”按钮，导入素材图片：模特1.tif。如图6-1-21所示。

22执行“效果”|“图框精确裁剪”|“放置在容器中”命令。出现黑色箭头图标后，单击绘制的矩形。选择导入素材的矩形，单击右键打开快捷菜单，选择“编辑内容”命令，将放置到图形中的图像进行调整，效果如图6-1-22所示。

图6-1-21 导入素材

图6-1-22 调整素材

23调整后在图像上单击右键打开快捷菜单，执行“结束编辑”命令，效果如图6-1-23所示。

24单击“矩形工具”，在图像的左右两侧单击拖曳绘制矩形。如图6-1-24所示。

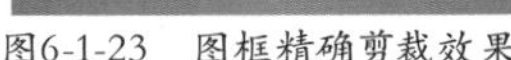
图6-1-23　图框精确剪裁效果

图6-1-24　绘制图形

25单击“选择工具”，将绘制的两个矩形框选，按F12键打开“轮廓笔”对话框，设置“颜色”为白色，“宽度”为1.0mm，勾选“后台填充”和“按图像比例显示”选项，其他参数保持默认，单击“确定”按钮。如图6-1-25所示。

26单击属性栏上的“导入”按钮，分别导入素材图片：模特2.tif和模特3.tif。并分别将两张素材图像放置到绘制的两个矩形中，并对导入的素材进行调整，图像效果如图6-1-26所示。

图6-1-25　设置轮廓

图6-1-26　导入素材

27单击“选择工具”，框选制作的矩形图像，按快捷键Ctrl+G群组选中的图形，单击向下拖曳，在拖曳的同时单击右键进行复制。选择原来的图像，单击“阴影工具”，向外拖曳形成阴影后，设置属性栏上“阴影的不透明度”为40，“阴影羽化”为3，其余保持默认值。效果如图6-1-27所示。

28选择之前复制的图像，单击属性栏上的“垂直镜像”按钮，并将图像移动到如图6-1-28所示的位置。

图6-1-27　添加阴影

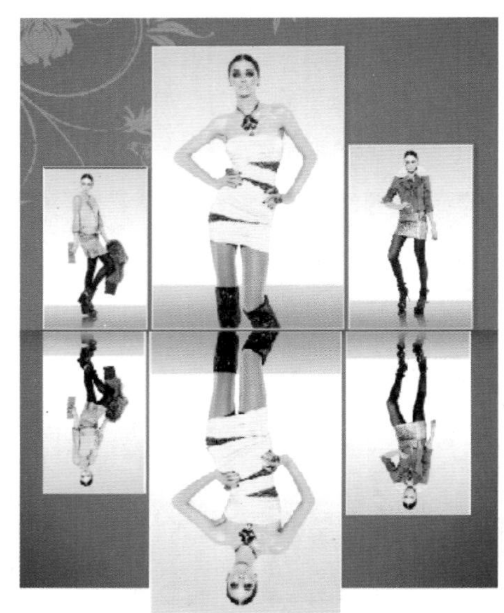
图6-1-28　翻转图像

29执行“位图”|“转换为位图”命令，打开“转换为位图”对话框，设置“分辨率”为300，勾选“光滑处理”和“透明背景”选项，如图6-1-29所示。单击“确定”按钮。

30选择“透明工具”，单击拖曳形成透明渐变效果。如图 6-1-30 所示。

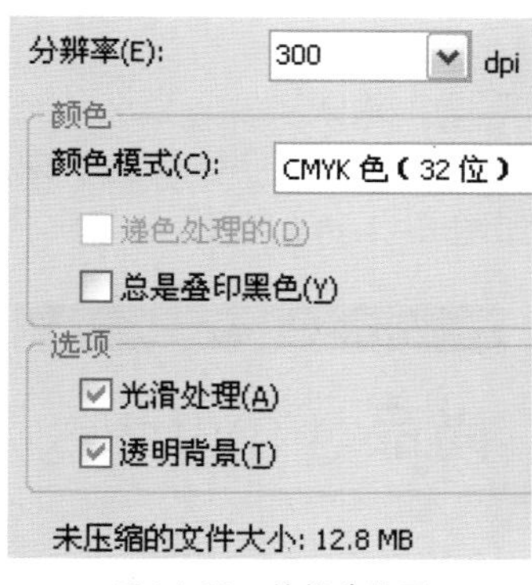

图6-1-29　转换为位图

图6-1-30　添加透明度效果

31单击“文本工具”，在图像上方输入英文。选择输入的英文，在属性栏上设置“字体”为 Adobe Caslom Pro Bold。按快捷键 Shift + F11 打开“均匀填充”对话框，设置颜色为白色，单击“确定”按钮。效果如图 6-1-31 所示。

32使用“文本工具”，在图像上方输入英文。在属性栏上设置“字体”为 Adobe Caslom Pro Bold。按快捷键 Shift + F11，打开“均匀填充”对话框，设置颜色为白色，单击“确定”按钮。调整英文的大小和位置，效果如图 6-1-32 所示。

图6-1-31输入文字

图6-1-32　输入文字

33单击“矩形工具”，单击拖曳绘制矩形。如图 6-1-33 所示。

34选择“渐变工具”，打开“渐变填充”对话框，设置“类型”为辐射，“垂直”为 -5%，分别设置“从”颜色为深蓝色（C：87；M：73；Y：65；K：39），“到”的颜色为蓝色（C：69；M：31；Y：25；K：0），“中点”为 30，如图 6-1-34 所示。单击“确定”按钮。

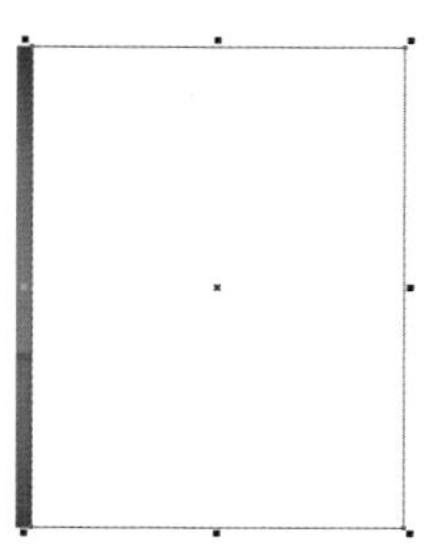

图6-1-33　绘制矩形

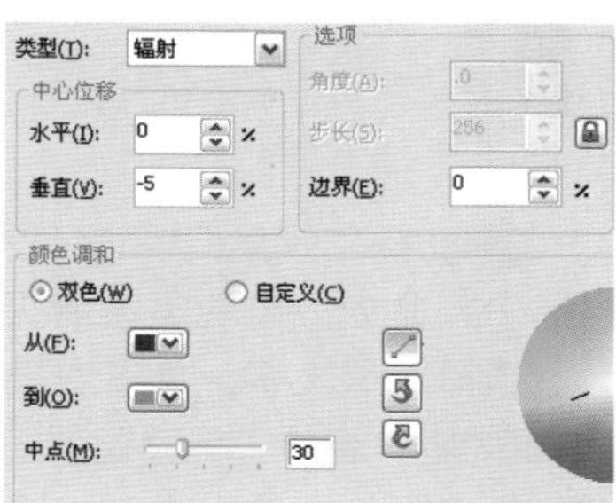

图6-1-34　设置渐变色

35填充渐变色后，右键单击调色板上的“透明色”按钮⊠，取消轮廓颜色，效果如图 6-1-35 所示。

36单击“矩形工具”，单击拖曳绘制矩形。将矩形居中到填充的矩形中。单击属性栏上的“导入”按钮，导入素材图片：模特 4.tif。将素材放置到绘制的矩形中并进行调整，取消矩形的轮廓色，效果如图 6-1-36 所示。

图6-1-35　填充渐变色

图6-1-36　导入素材

37单击“文本工具”，在图像左上方输入字母。选择输入的字母，在属性栏上设置“字体”为方正粗宋简体。按快捷键 Shift + F11 打开“均匀填充”对话框，设置颜色为红色（C：0；M：100；Y：100；K：0），单击“确定”按钮。效果如图 6-1-37 所示。

38单击属性栏上的“导入”按钮，导入素材图片：花纹 .tif。调整素材大小，单击属性栏上的“垂直镜像”按钮，将素材进行翻转，效果如图 6-1-38 所示。

图6-1-37　输入字母

图6-1-38　导入素材

39执行“效果”|“图框精确裁剪”|“放置在容器中”命令。出现黑色箭头图标后，单击字母文字。选择字母文字，单击右键打开快捷菜单，执行“编辑内容”命令，将放置到图形中的图像进行调整，调整后在图像上单击右键打开快捷菜单，执行“结束编辑”命令，图像效果如图 6-1-39 所示。

40单击“文本工具”，在图像左侧输入字母。选中输入的字母，在属性栏上设置“字体”为方正粗宋简体。调整字母大小和位置，如图 6-1-40 所示。

图6-1-39　编辑素材

图6-1-40　输入文字

41单击“文本工具”，在图像右上方输入文字。选择输入的文字，在属性栏上设置“字体”为方正黑体简体。调整文字大小和位置，如图 6-1-41 所示。

42单击“椭圆工具”，在图像左侧按住 Ctrl 键绘制正圆，按快捷键 Shift + F11 打开“均匀填充”对话框，设置颜色为黑色，单击“确定”按钮。效果如图 6-1-42 所示。

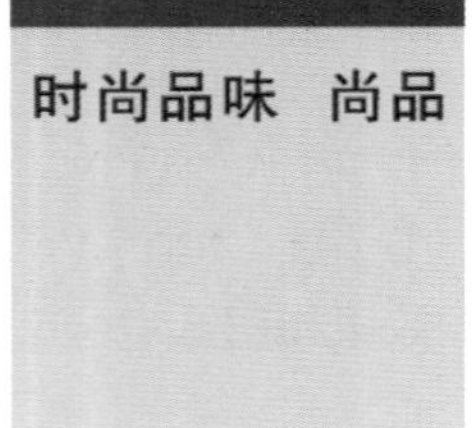

图6-1-41　输入文字

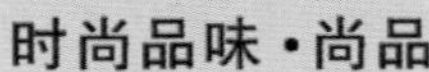
图6-1-42　绘制正圆

43单击“矩形工具”，单击拖曳绘制矩形。按快捷键 Shift + F11 打开“均匀填充”对话框，设置颜色为黑色，单击“确定”按钮。如图 6-1-43 所示。

44单击“文本工具”，输入英文：Luxuries。选择输入的英文，在属性栏上设置“字体”为仿宋。调整英文大小和位置，如图 6-1-44 所示。

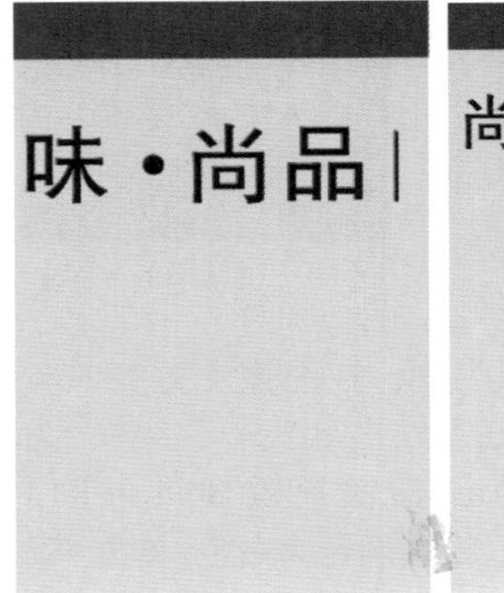

图6-1-43　绘制矩形

图6-1-44　输入文字

45单击“文本工具”，输入文字：时尚女装精品。选择输入的文字，在属性栏上设置“字体”为方正大标宋简体。调整文字大小和位置，如图 6-1-45 所示。

46再次选择“文本工具”，在文字下方单击拖曳绘制出文本框。如图 6-1-46 所示。

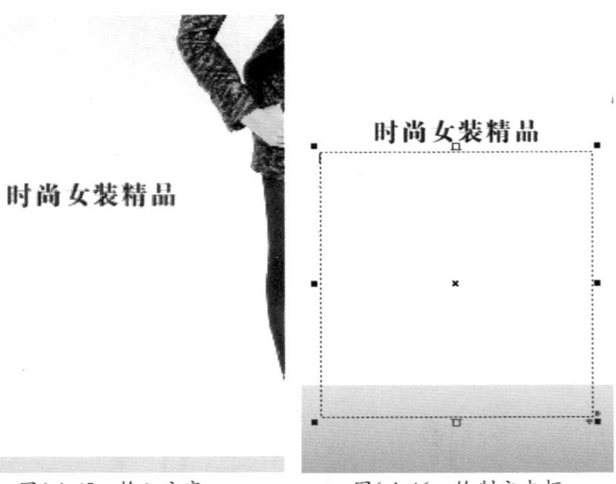

图6-1-45　输入文字　　图6-1-46　绘制文本框

47在文本框中输入文本，选择输入的文本，在属性栏上设置“字体”为黑体。效果如图 6-1-47 所示。

48执行“文本”|“段落格式化”命令，打开“段

落格式化”对话框，设置“段落前”为 130%，“行”为 115%，“首行”为 9.5mm，如图 6-1-48 所示。按 Enter 键确定。

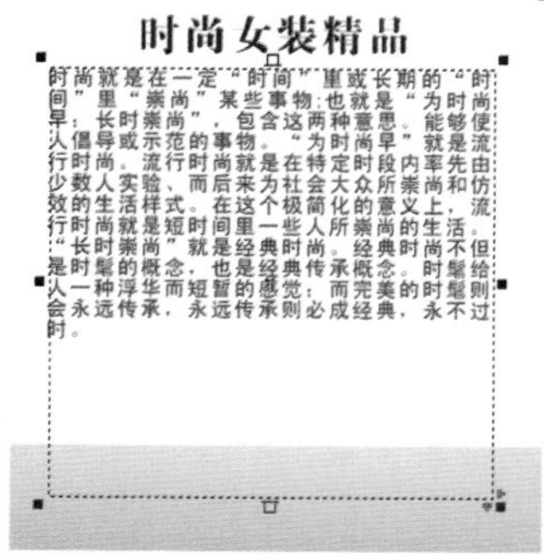

图6-1-47 输入文本

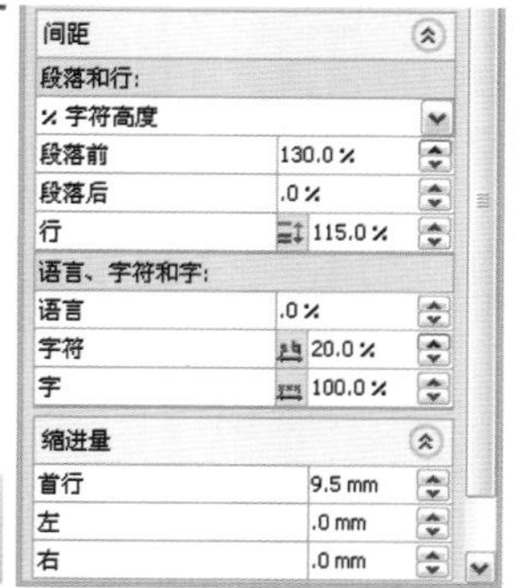

图6-1-48 设置参数

49 设置“段落格式化”参数后，图像效果如图 6-1-49 所示。

50 图像最终效果，如图 6-1-50 所示。

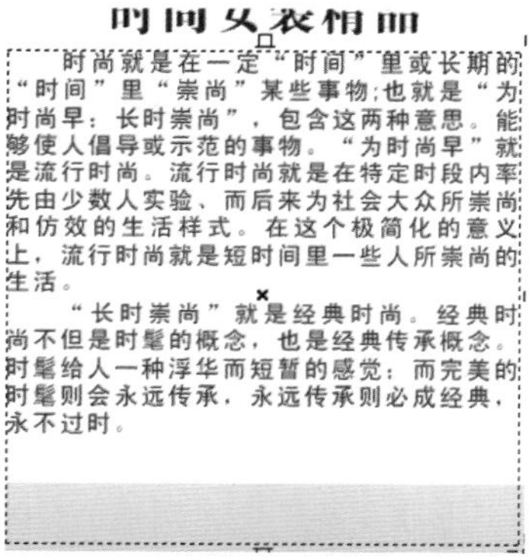

时尚女装精品

时尚就是在一定“时间”里或长期的“时间”里“崇尚”某些事物;也就是“为时尚早：长时崇尚”，包含这两种意思。能够使人倡导或示范的事物。“为时尚早”就是流行时尚。流行时尚就是在特定时段内率先由少数人实验、而后来为社会大众所崇尚和仿效的生活样式。在这个极简化的意义上，流行时尚就是短时间里一些人所崇尚的生活。

“长时崇尚”就是经典时尚。经典时尚不但是时髦的概念，也是经典传承概念。时髦给人一种浮华而短暂的感觉；而完美的时髦则会永远传承，永远传承则必成经典，永不过时。

图6-1-49 段落格式化效果

图6-1-50 最终效果

6.2 报纸排版设计

创意装饰报 SHOW空间 A4

关于装饰——创意空间 时尚理念

创意概念

室内设计大师

时尚理念

装饰资讯

个人作品

室内装饰的未来趋势

技能分析

制作本实例的主要目的是使读者了解并掌握如何在 CorelDRAW X5 软件中进行报纸排版设计，本案例主要通过“文本工具”输入文字，再通过“形状工具”、“轮廓笔”和“段落格式化”等工具或命令调整文字，并使用“矩形工具”、“均匀填充”等对报纸版面进行装饰，从而完成最终效果的制作。

制作步骤

1 按快捷键 Ctrl + N 打开“创建新文档”对话框，设置“名称”为报纸排版设计，“宽度”为 210mm，“高度”为 297mm，如图 6-2-1 所示。单击“确定”按钮。

2 单击“矩形工具”，单击拖曳绘制矩形。如图 6-2-2 所示。

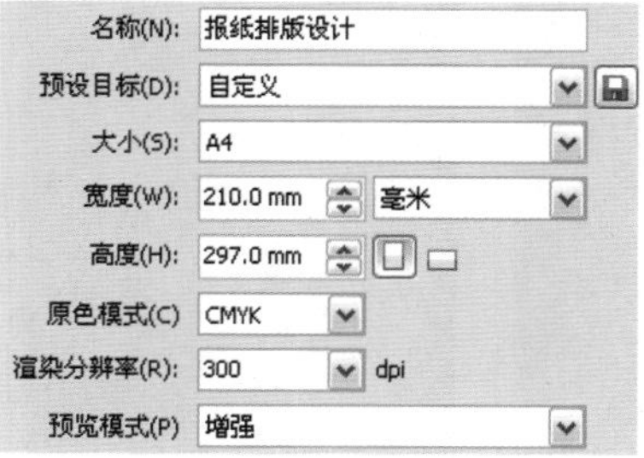

名称(N): 报纸排版设计
预设目标(D): 自定义
大小(S): A4
宽度(W): 210.0 mm 毫米
高度(H): 297.0 mm
原色模式(C) CMYK
渲染分辨率(R): 300 dpi
预览模式(P) 增强

图6-2-1 设置“新建”参数

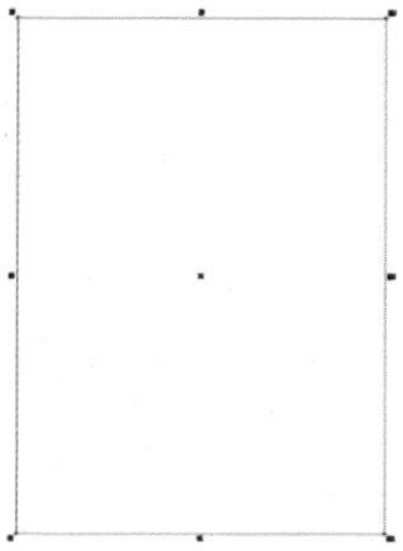

图6-2-2 绘制矩形

3 再次使用“矩形工具”，在绘制的矩形上方单击拖曳绘制矩形。如图 6-2-3 所示。

4 按快捷键 Shift + F11 打开“均匀填充”对话框，设置颜色为绿色（C：100；M：0；Y：80；K：50），单击“确定”按钮。填充颜色后，右键单击调色板上的“透明色”按钮☒，取消轮廓颜色，效果如图 6-2-4 所示。

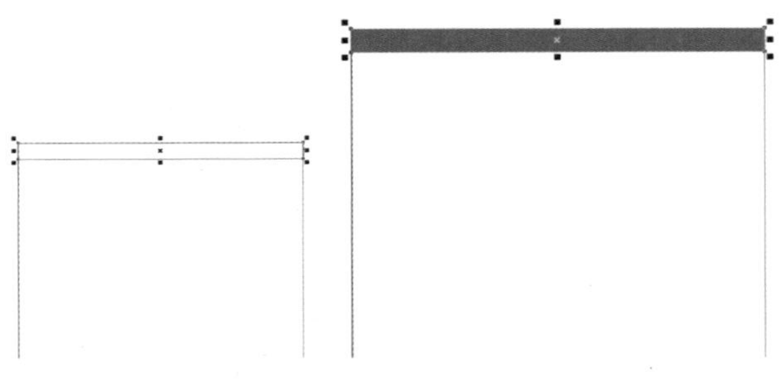

图6-2-3 绘制矩形　　图6-2-4 填充颜色

5 使用“矩形工具”，按住 Ctrl 键绘制正方形，如图 6-2-5 所示。

6 选择“选择工具”，在图形上单击切换到编辑模式，将光标移动到节点上，按住 Shift 键进行等比例旋转缩放，如图 6-2-6 所示。

图6-2-5 绘制矩形

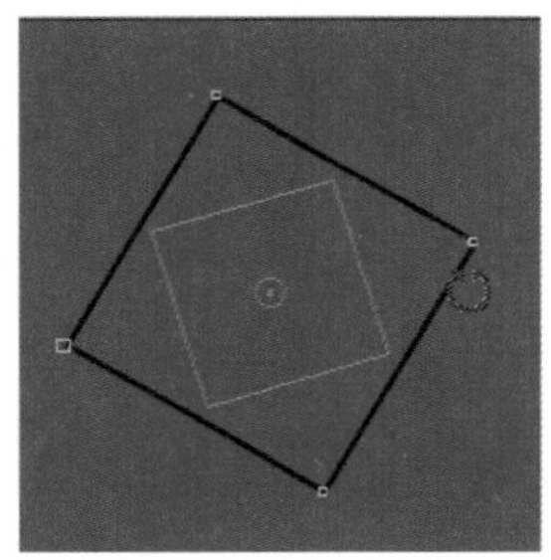

图6-2-6 旋转图形

7 在缩小的同时单击右键进行复制，再次在图形上单击左键切换到编辑模式，如图 6-2-7 所示。

8 使用之前的方法对图像进行旋转、缩放、复制，效果如图 6-2-8 所示。

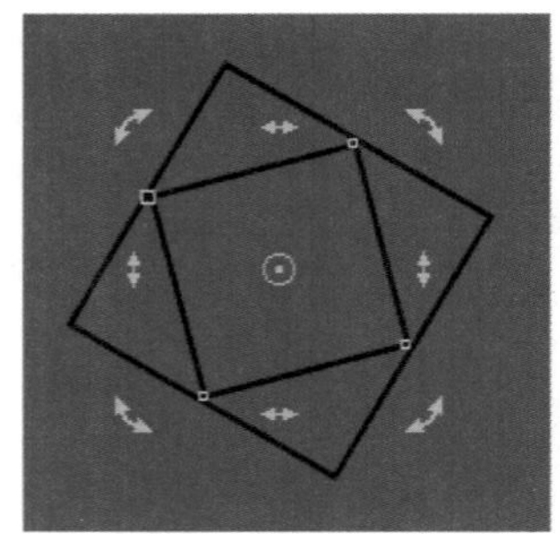

图6-2-7 复制图形

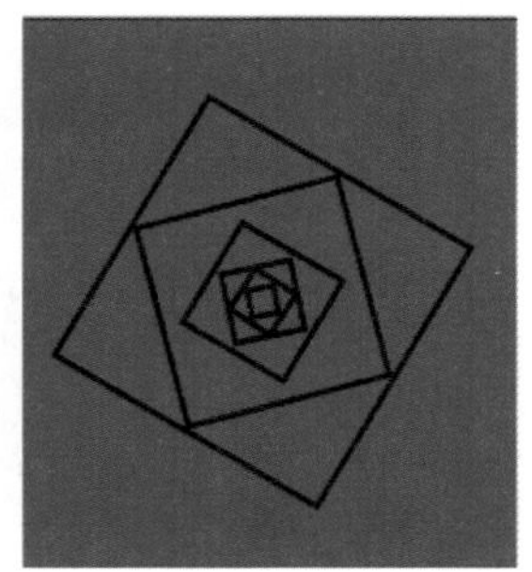

图6-2-8 制作图形

9 单击“选择工具”，框选绘制的正方形。单击属性栏上的“合并”按钮，将图形进行合并。按快捷键 Shift + F11，打开“均匀填充”对话框，设置颜色为白色，单击“确定”按钮。填充颜色后，右键单击调色板上的“透明色”按钮☒，取消轮廓颜色，效果如图 6-2-9 所示。

提示：

按Shift键，可同时选取多个对象；按Ctrl键，可对群组或群组内的对象进行选取。

10 单击“文本工具”，在图像上方输入文字：创意装饰。选中输入的文字，在属性栏上设置“字体”为方正综艺简体，设置字体颜色为白色，效果如图 6-2-10 所示。

图6-2-9 填充颜色 　　图6-2-10 输入文字

11 选择“文本工具”，在文字下方输入英文。选择输入的英文，在属性栏上设置“字体”为方正综艺简体，设置字体颜色为白色，效果如图 6-2-11 所示。

12 单击“形状工具”，对输入的英文文字进行调整间距，如图 6-2-12 所示。

图6-2-11 输入英文 　　图6-2-12 调整间距

13 选择“文本工具”，在文字图像右侧输入文字：报。选择输入的文字，在属性栏上设置“字体”为方正综艺简体，调整字体大小并设置字体颜色为白色，效果如图 6-2-13 所示。

14 选择“贝塞尔工具”，在文字图像右侧绘制图形，如图 6-2-14 所示。

图6-2-13 输入文字

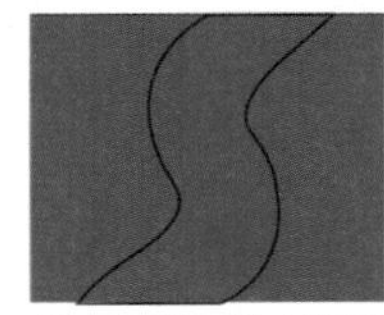

图6-2-14 绘制图形

15按快捷键 Shift + F11 打开“均匀填充”对话框，设置颜色为白色，单击“确定”按钮。填充颜色后，右键单击调色板上的“透明色”按钮☒，取消轮廓颜色，效果如图 6-2-15 所示。

16选择“文本工具”字，在图形右侧输入字母：HOW，选择输入的字母，在属性栏上设置“字体”为 Times New Roman，调整字体大小并设置字体为白色。再次输入文字：空间，选择输入的文字，在属性栏上设置“字体”为方正大标宋简体，调整字体大小并设置字体颜色为白色。效果如图 6-2-16 所示。

图6-2-15 填充颜色

图6-2-16 输入文字

17使用“文本工具”字在绿色矩形右上角输入文字：A4。选择输入的文字，在属性栏上设置“字体”为方正大标宋简体，调整字体大小并设置字体颜色为白色。如图 6-2-17 所示。

18使用“文本工具”字在绿色矩形下方输入文字：关于装饰。选择输入的文字，在属性栏上设置“字体”为方正大标宋简体，调整字体大小和位置，选择“形状工具”，对输入的文字进行调整间距。效果如图 6-2-18 所示。

图6-2-17 输入文字

图6-2-18 输入文字

19选择“贝塞尔工具”，在输入的文字右侧绘制线条，如图 6-2-19 所示。

提示：

在绘制线条时，按住Ctrl键即可使绘制的线条成为直线，不会歪斜。

20按 F12 键打开“轮廓笔”对话框，设置“颜色”为黑色，“宽度”为 0.75mm，勾选“按图像比例显示”选项，其他参数保持默认，如图 6-2-20 所示。单击“确定”按钮。

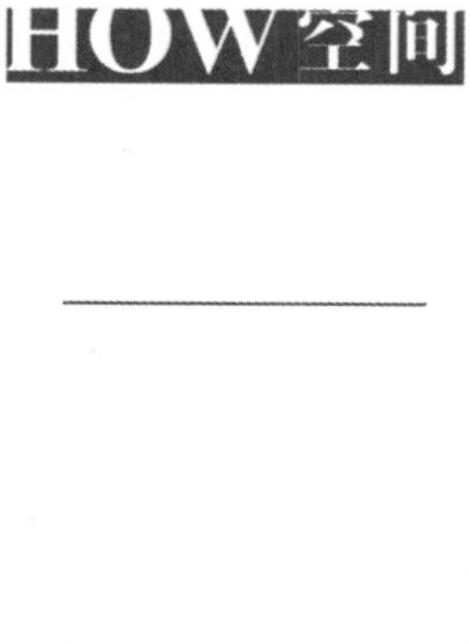

图6-2-19 绘制线条

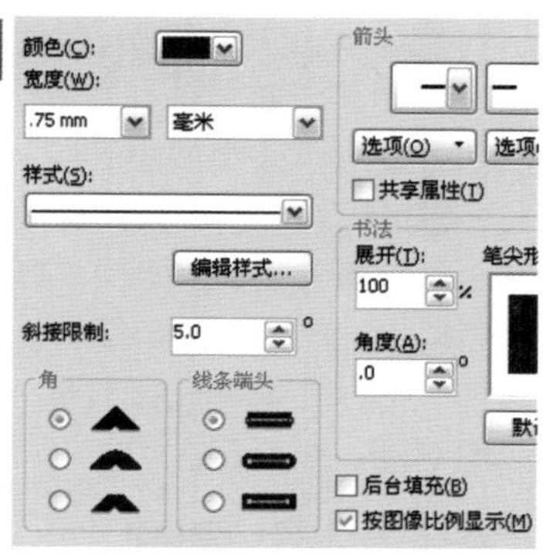

图6-2-20 设置参数

21设置“轮廓笔”参数后，图像效果如图 6-2-21 所示。

22使用“文本工具”字在线条右侧输入文字。选择输入的文字，在属性栏上设置“字体”为方正大标宋简体，调整字体大小和位置，效果如图 6-2-22 所示。

图6-2-21 轮廓笔效果

图6-2-22 输入文字

23使用“矩形工具”，按住 Ctrl 键绘制正方形，按快捷键 Shift + F11 打开“均匀填充”对话框，设置颜色为灰色（C：0，M：0，Y：0，K：20），单击“确定”按钮。填充颜色后，右键单击调色板上的“透明色”按钮☒，取消轮廓颜色，效果如图 6-2-23 所示。

24选择“选择工具”，在图形上单击切换到编辑模式，将光标移动到节点上进行旋转，效果如图 6-2-24 所示。

图6-2-23 绘制图形

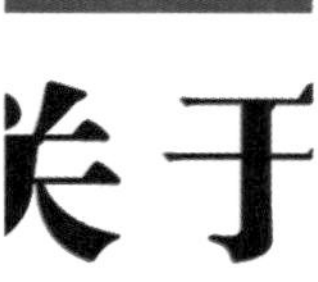

图6-2-24 旋转图形

25选中旋转的图形，按住 Shift 键向右单击拖曳，在移动时单击右键进行复制。使用同样的方法再复制两个菱形，效果如图 6–2–25 所示。

26使用“文本工具”在菱形图形上输入文字：创意概念。选择输入的文字，在属性栏上设置“字体”为方正大标宋简体。调整字体大小和位置，选择“形状工具”，对输入的文字进行调整间距，如图 6–2–26 所示。

图6-2-25 复制图形 　　图6-2-26 输入调整文字

27选择“文本工具”，在文字下方单击拖曳绘制出文本框。在文本框中输入文本，选中输入的文本，在属性栏上设置“字体”为方正黑体简体。如图 6–2–27 所示。

28执行“文本”|“段落格式化”命令，打开“段落格式化”对话框，设置“行”为 115%，“首行”为 15mm，按 Enter 键确定。图像效果如图 6–2–28 所示。

提示：

设置的字距、缩进量等需根据制作的实际情况而定，并不是固定的。

图6-2-27 输入文本

图6-2-28 调整文本

29单击“矩形工具”，绘制矩形。按快捷键 Ctrl+Q 将矩形转换为曲线。选择“形状工具”，选择左上角的节点，在该节点上向左单击拖曳进行调整。调整形状后，按快捷键 Shift + F11 打开“均匀填充”对话框，设置颜色为蓝色（C：41，M：0，Y：7，K：0），单击“确定”按钮。填充颜色后，右键单击调色板上的“透明色”按钮☒，取消轮廓颜色，效果如图 6–2–29 所示。

30选择“文本工具”，在图形上输入文字：时尚理念，选中输入的文字，在属性栏上设置“字体”为方正大标宋简体，调整字体大小和位置，效果如图 6–2–30 所示。

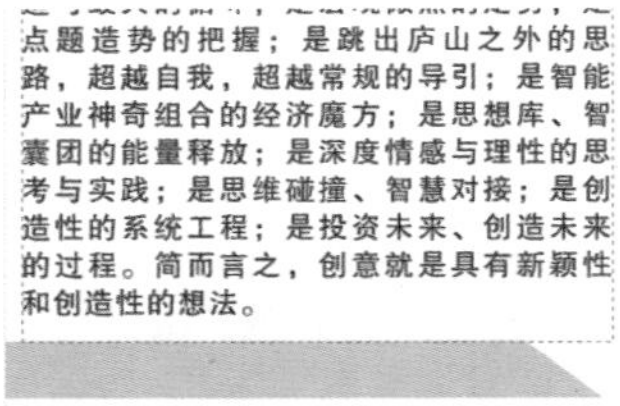

图6-2-29 绘制图形 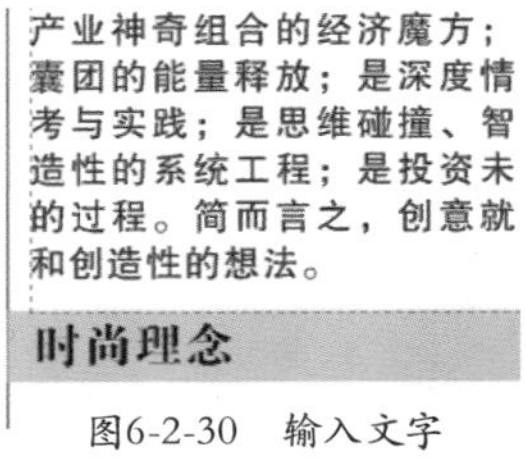　　图6-2-30 输入文字

31单击“矩形工具”，在图形下方绘制矩形。如图 6–2–31 所示。

32在属性栏上设置“圆角半径”为 1.0mm。按住 Shift 键向下单击拖曳进行移动，在移动时单击右键进行复制。选中原来的圆角矩形，如图 6–2–32 所示。

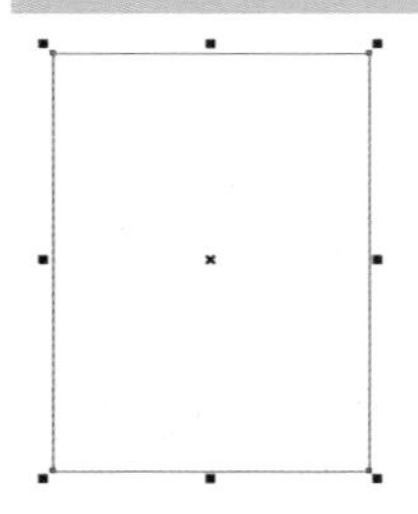
图6-2-31 绘制矩形

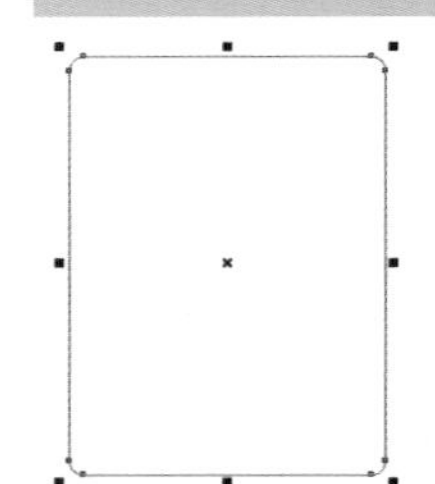
图6-2-32 设置圆角半径

33单击属性栏上的“导入”按钮，导入素材图片：人物 1.tif，选择素材图片，执行“效果”|“图框精确裁剪”|“放置在容器中”命令。出现黑色箭头图标后，单击圆角矩形图形，将素材放置到圆角矩形中。单击右键打开快捷菜单，执行“编辑内容”命令，将放置到图形中的图像进行调整，调整后在图像上单击右键打开快捷菜单，执行“结束编辑”命令，效果如图 6–2–33 所示。

34选中之前复制的圆角矩形，按快捷键 Shift + F11 打开“均匀填充”对话框，设置颜色为灰色（C：0，M：0，Y：0，K：50），单击“确定”按钮。

填充颜色后，右键单击调色板上的“透明色”按钮☒，取消轮廓颜色。单击右键打开快捷菜单，执行“顺序”|“置于此对象后”命令，出现黑色箭头图标后，单击放入素材的图形，将该图形放置到素材图像下方，效果如图 6-2-34 所示。

图6-2-33 导入素材

图6-2-34 制作阴影

35 选择“文本工具”，在图形右侧输入文字，选择输入的文字，在属性栏上设置“字体”为方正大标宋简体，调整字体大小和位置。在文字下方单击拖曳绘制出文本框。在文本框中输入文本，选择输入的文本，在属性栏上设置“字体”为方正大标宋简体。在“段落格式化”对话框中设置“行”为 105%“首行”为 5.5mm，按 Enter 键确定。图像效果如图 6-2-35 所示。

36 在文字下方单击拖曳绘制出文本框。在文本框中输入文本，选择输入的文本，在属性栏上设置“字体”为方正大标宋简体。在“段落格式化”对话框中设置“行”为 102%，“首行”为 9.0mm，按 Enter 键确定。图像效果如图 6-2-36 所示。

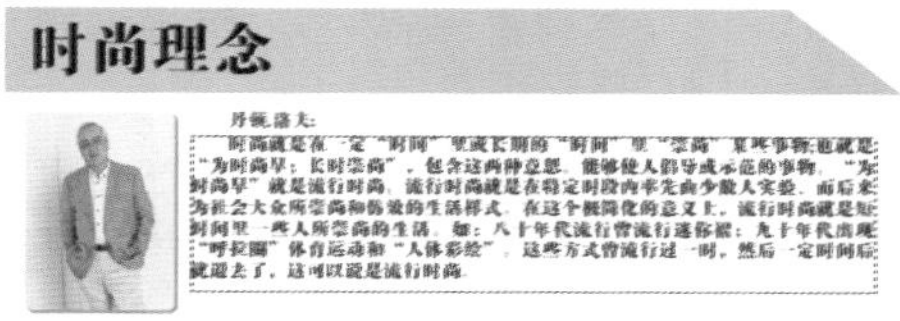

图6-2-35 输入文本

图6-2-36 输入文本

37 单击“矩形工具”，绘制矩形。按快捷键 Ctrl+Q 将矩形转换为曲线。选择“形状工具”，选择左上角的节点，按 Delete 键删除节点。按快捷键 Shift + F11 打开“均匀填充”对话框，设置颜色为蓝色（C：41，M：0，Y：7，K：0），单击“确定”按钮。填充颜色后，右键单击调色板上的“透明色”按钮☒，取消轮廓颜色。使用“文本工具”在图形上输入文字：装饰资讯。选中输入的文字，在属性栏上设置“字体”为方正大标宋简体。调整字体大小和位置，选择“形状工具”，对输入的文字进行调整间距，效果如图 6-2-37 所示。

38 在图形下方单击拖曳绘制出文本框。在文本框中输入文本，选中输入的文本，在属性栏上设置“字体”为方正大标宋简体。在“段落格式化”对话框中设置“段落前”为 120%，“行”为 110%，按 Enter 键确定。光标移动到段段落的前面，按空格键空出一段。图像效果如图 6-2-38 所示。

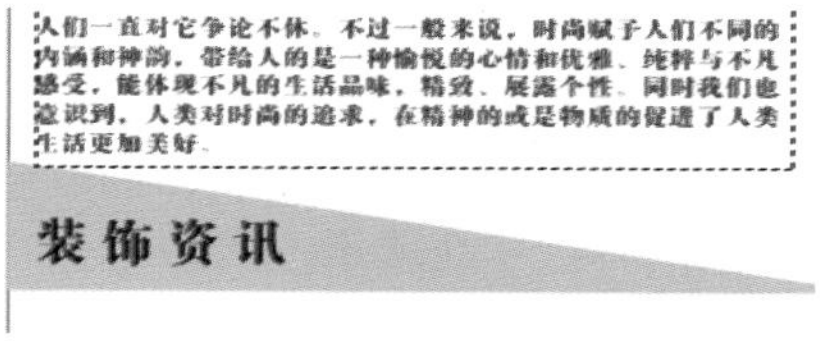

图6-2-37 制作标题

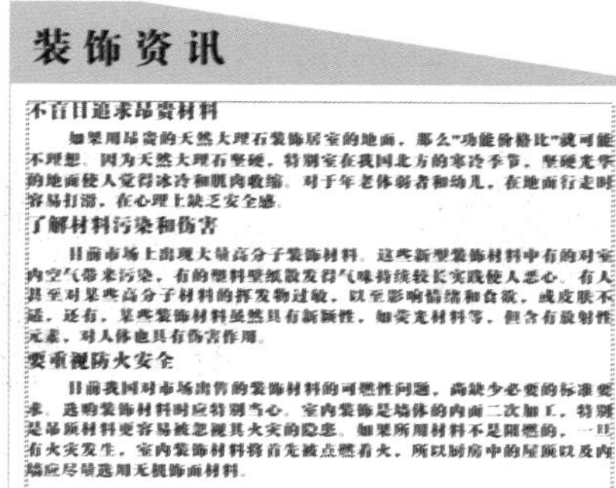

装饰资讯

不盲目追求昂贵材料

如果用昂贵的天然大理石装饰居室的地面，那么"功能价格比"就可能不理想。因为天然大理石坚硬，特别是在我国北方的寒冷季节，坚硬光华的地面使人觉得冰冷和肌肉收缩。对于年老体弱者和幼儿，在地面行走时容易打滑，在心理上缺乏安全感。

了解材料污染和伤害

目前市场上出现大量高分子装饰材料。这些新型装饰材料中有的对室内空气带来污染，有的塑料壁纸散发得气味持续较长实践使人恶心。有人甚至对某些高分子材料的挥发物过敏，以至影响情绪和食欲，或皮肤不适。还有，某些装饰材料虽然具有新颖性，如荧光材料等，但含有放射性元素，对人体也具有伤害作用。

要重视防火安全

目前我国对市场出售的装饰材料的可燃性问题，尚缺少必要的标准要求。选购装饰材料时应特别当心。室内装饰是墙体的内面二次加工，特别是吊顶材料更容易被忽视其火灾的隐患。如果所用材料不是阻燃的，一旦有火灾发生，室内装饰材料将首先被点燃着火。所以厨房中的屋顶以及内墙应尽量选用无机饰面材料。

图6-2-38 输入文本

39 单击“矩形工具”，绘制矩形。按 F12 键打开“轮廓笔”对话框，设置“颜色”为黑色，“宽度”为 2.0mm，“角”为圆角，“线条端头”为圆头，勾选“后台填充”和“按图像比例显示”选项，其他参数保持默认，单击“确定”按钮。按快捷键 Shift + F11 打开“均匀填充”对话框，设置颜色为黑色，单击“确定”按钮。效果如图 6-2-39 所示。

40 选择“选择工具”，在图形上单击右键打开快捷菜单，执行“属性”命令，打开“对象属性”

对话框，单击“常规”按钮，切换到“常规”面板。在面板中设置“段落文本换行”为轮廓图－跨式文本，“文本换行偏移”为2.0mm，如图6-2-40所示。按Enter键确定。

图6-2-39　绘制图形

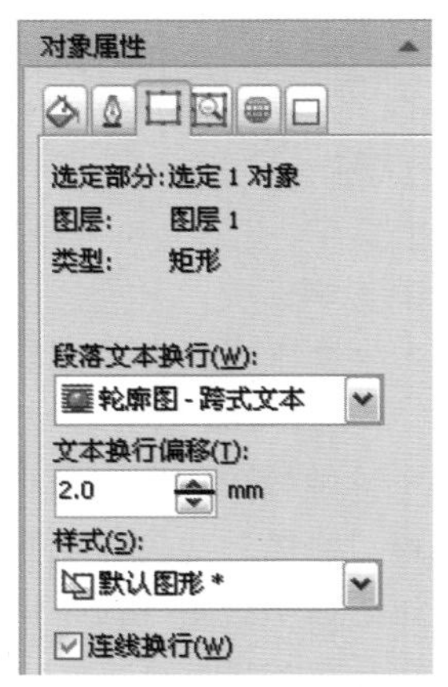

图6-2-40　设置参数

41 设置“对象属性”参数后，图像效果如图6-2-41所示。

42 单击“矩形工具”，在制作的黑色图形上绘制矩形。如图6-2-42所示。

图6-2-41　跨文本效果

图6-2-42　绘制矩形

43 按F12键打开“轮廓笔”对话框，设置“颜色”为白色，“宽度”为2.0mm，“角”为圆角，“线条端头”为圆头，勾选“后台填充”和“按图像比例显示”选项，其他参数保持默认，如图6-2-43所示。单击“确定”按钮。

44 设置“轮廓笔”参数后，图像效果如图6-2-44所示。

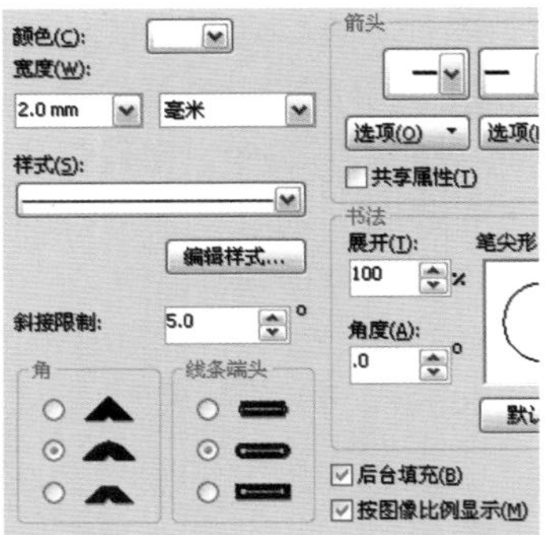

图6-2-43　设置参数

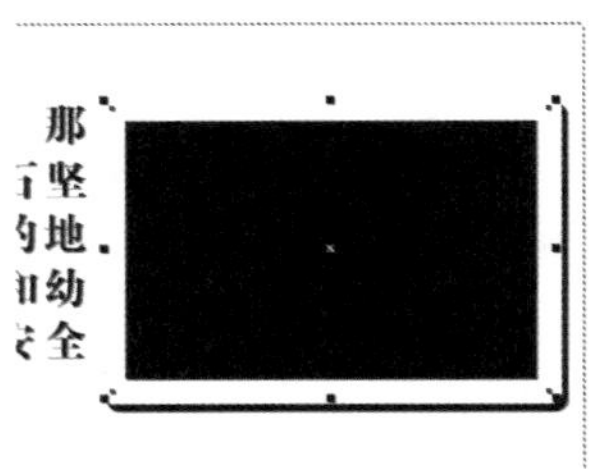

图6-2-44　轮廓笔效果

45 单击属性栏上的“导入”按钮，导入素材图片：装饰1.tif，选择素材图片，执行“效果”|“图框精确裁剪”|“放置在容器中”命令。出现黑色箭头图标后，单击白色轮廓图形，将素材放置到图形中。单击右键打开快捷菜单，执行“编辑内容”命令，将放置到图形中的图像进行调整，调整后在图像上单击右键打开快捷菜单，执行“结束编辑”命令，效果如图6-2-45所示。

46 导入素材图片：装饰2.tif和装饰3.tif，使用之前制作图形的方法分别对导入的素材进行制作调整，制作后的效果，如图6-2-46所示。

图6-2-45　导入素材

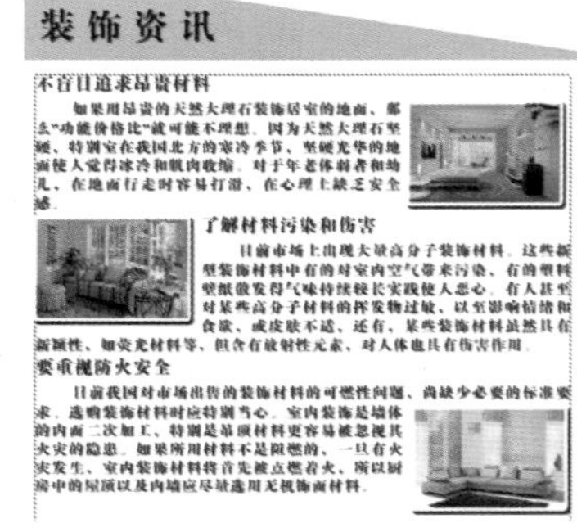

图6-2-46　制作图像

47选择“贝塞尔工具”，在制作的图像右侧绘制线条，如图 6-2-47 所示。

48按 F12 键打开“轮廓笔”对话框，设置“颜色”为蓝色（C:41;M:0;Y:7;K:0），“宽度”为 1.0mm，勾选“按图像比例显示”选项，其他参数保持默认，如图 6-2-48 所示。单击“确定”按钮。

图6-2-47 绘制线条

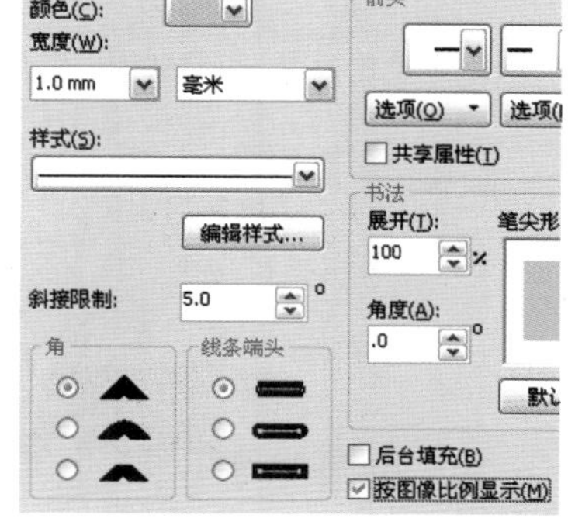

图6-2-48 设置参数

49设置“轮廓笔”参数后，图像效果如图 6-2-49 所示。

50选择“文本工具”，在图形上输入文字：室内设计大师。选中输入的文字，在属性栏上设置“字体”为方正大标宋简体，调整字体大小和位置。选择“形状工具”，对输入的文字进行调整间距，效果如图 6-2-50 所示。

图6-2-49 绘制线条

图6-2-50 输入文字

51单击“矩形工具”，在图像右侧绘制矩形，如图 6-2-51 所示。

52按快捷键 Shift + F11 打开“均匀填充”对话框，设置颜色为浅绿色（C:20;M:0;Y:20;K:0），单击“确定”按钮。填充颜色后，右键单击调色板上的“透明色”按钮☒，取消轮廓颜色，如图 6-2-52 所示。

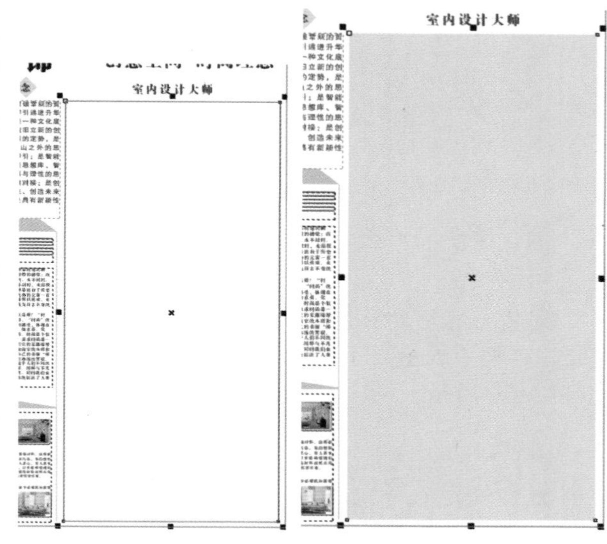

图6-2-51 绘制矩形

图6-2-52 填充颜色

53单击“矩形工具”，在图像左上侧绘制矩形，单击属性栏上的“导入”按钮，导入素材图片：人物 2.tif。选择素材图片，执行“效果”|“图框精确裁剪”|“放置在容器中”命令。出现黑色箭头图标后，单击绘制的矩形图形，将素材放置到图形中。单击右键打开快捷菜单，执行“编辑内容”命令，将放置到图形中的图像进行调整，调整后在图像上单击右键打开快捷菜单，执行“结束编辑”命令。选择“文本工具”，在图形下方输入文字，选择输入的文字，在属性栏上设置“字体”为方正黑体简体，调整字体大小和位置。效果如图 6-2-53 所示。

54选择“文本工具”，在图像左侧单击拖曳绘制出文本框。在文本框中输入文本，选中输入的文本，在属性栏上设置“字体”为方正大标宋简体。在“段落格式化”对话框中设置“段落前”为 130%，“行”为 120%，“首行”为 8.0mm，按 Enter 键确定。效果如图 6-2-54 所示。

图6-2-53　制作图像

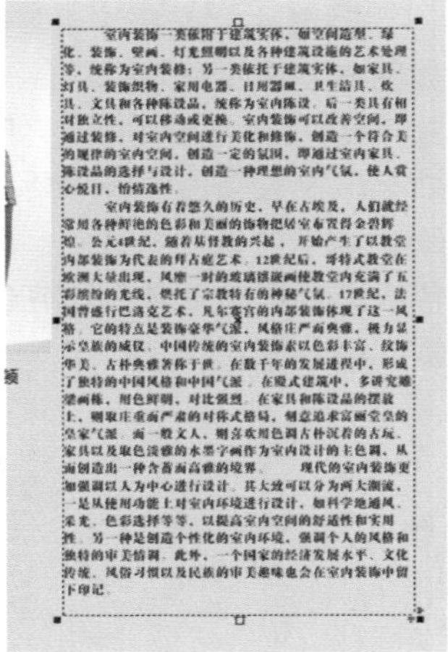

图6-2-54　输入文本

55在绘制的文本右侧绘制一个文本框，如图6-2-55所示。

56将光标移动到左侧文本下方的中心位置上，单击文本框中的▣图标，出现黑色箭头图标后，如图6-2-56所示。

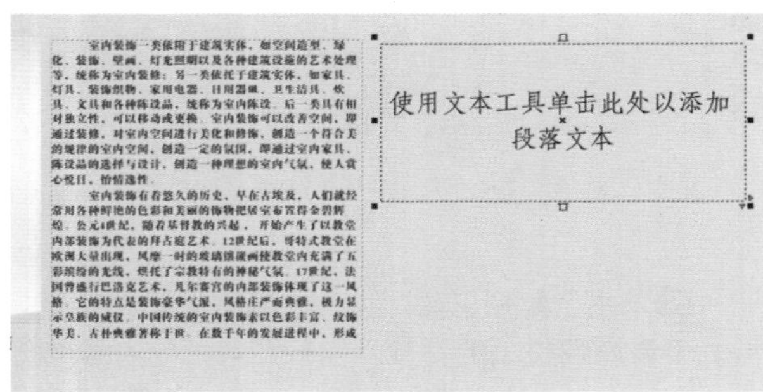

图6-2-55　绘制文本框

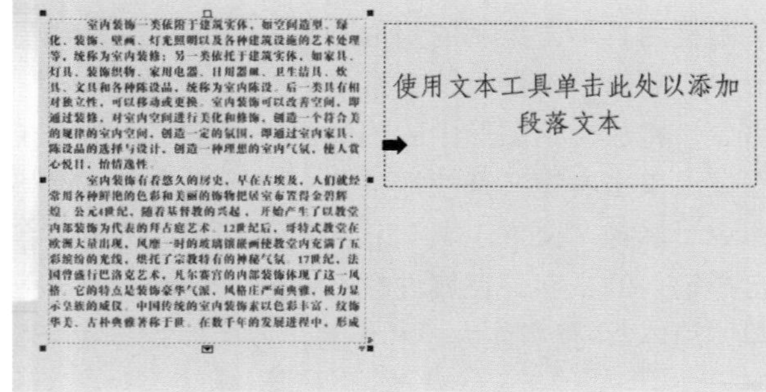

图6-2-56　关联文本

57单击右侧的文本框，将文本关联，如图6-2-57所示。

58单击属性栏上的“导入”按钮，导入素材图片：装饰4.tif，调整图像大小和位置，如图6-2-58所示。

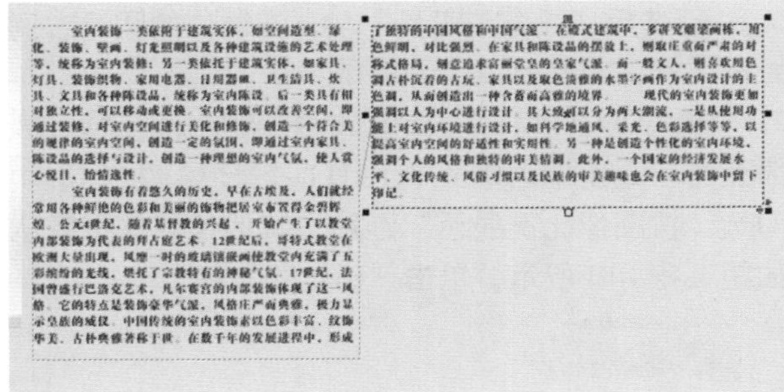

图6-2-57　调整文本

图6-2-58　导入素材

59单击“矩形工具”，绘制矩形。按快捷键Shift + F11打开“均匀填充”对话框，设置颜色为灰色（C：18；M：18；Y：27；K：0），单击“确定”按钮。填充颜色后，右键单击调色板上的“透明色”按钮☒，取消轮廓颜色，如图6-2-59所示。

60选择“文本工具”，分别输入单个文字：个、人、作、品。框选输入的文字，在属性栏上设置“字体”为方正大标宋简体，设置字体颜色为绿色（C：100；M：0；Y：80；K：50）。设置颜色后，对字体调整位置和大小，效果如图6-2-60所示。

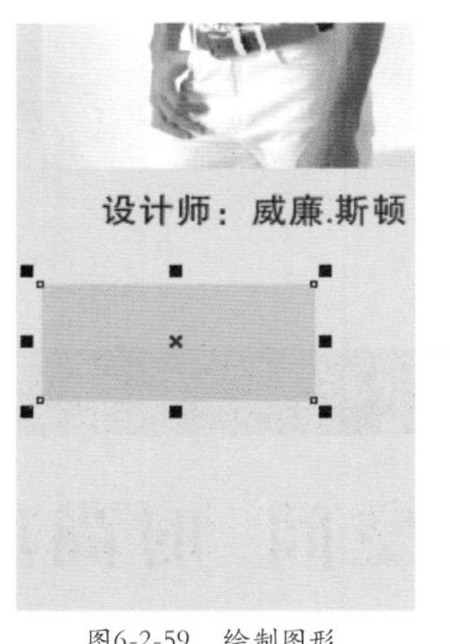

图6-2-59　绘制图形

图6-2-60　输入文字

61单击“矩形工具”，绘制矩形。按快捷键 Shift + F11 打开“均匀填充”对话框，设置颜色为黑色，单击“确定”按钮。填充颜色后，取消轮廓颜色，效果如图 6-2-61 所示。

62在黑色矩形上绘制白色矩形，取消轮廓色。选中绘制的白色矩形，按住 Shift 键向右单击拖曳进行移动，在移动时单击右键进行复制，如图 6-2-62 所示。

图6-2-61 绘制黑色矩形

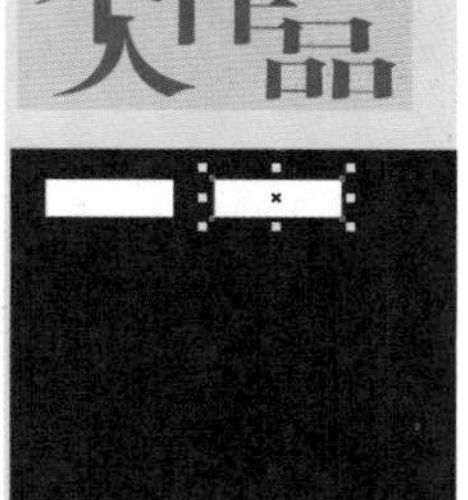

图6-2-62 复制白色矩形

63多次按快捷键 Ctrl+R 重复上一步移动复制操作，效果如图 6-2-63 所示。

64单击属性栏上的“导入”按钮，导入素材图片：装饰 5.tif，调整图像大小和位置，如图 6-2-64 所示。

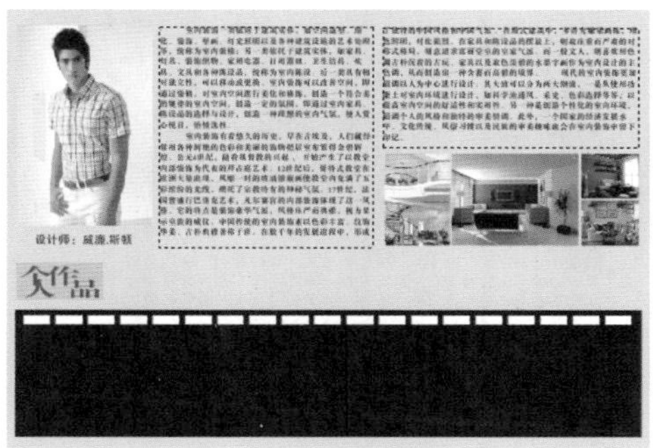

图6-2-63 重复复制操作

图6-2-64 导入素材

65使用同样的方法制作其他图形，并导入素材图片：装饰 6.tif，调整素材大小和位置，效果如图 6-2-65 所示。

66选择“文本工具”，在图像下方单击拖曳绘制出两个文本框。在左侧文本框中输入文本，单击文本框中的图标，出现黑色箭头图标后，单击右侧的文本框，将文本关联。在属性栏上设置“字体”为方正大标宋简体，在“段落格式化”对话框中设置“行”为 125%，“首行”为 6.4mm，按 Enter 键确定。效果如图 6-2-66 所示。

图6-2-65 制作图像

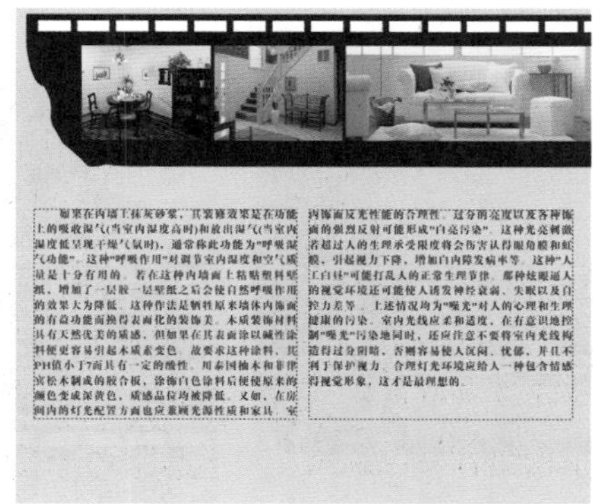

图6-2-66 输入文本

67单击“矩形工具”，在图像左上侧绘制矩形，单击属性栏上的“导入”按钮，导入素材图片：人物 3.tif，选择素材图片，执行“效果”|“图框精确裁剪”|“放置在容器中”命令。出现黑色箭头图标后，单击绘制的矩形图形，将素材放置到图形中。单击右键打开快捷菜单，执行“编辑内容”命令，将放置到图形中的图像进行调整，调整后在图像上单击右键打开快捷菜单，执行“结束编辑”命令。如图 6-2-67 所示。

68选择“选择工具”，将之前绘制的胶片图形框选，按住 Shift 键向下单击拖曳进行移动，在移动时单击右键进行复制。单击属性栏上的“水平镜像”按钮，将图形进行翻转。删除图形上的图片素材，如图 6–2–68 所示。

图6-2-67　导入素材

图6-2-68　绘制图形

69分别导入素材图片：装饰 7.tif 和装饰 8.tif，对素材进行调整大小和位置，效果如图 6–2–69 所示。

70选择“文本工具”，输入文字。框选输入的文字，在属性栏上设置“字体”为方正黑体简体，设置字体颜色为白色。设置颜色后，对字体调整位置和大小，效果如图 6–2–70 所示。

图6-2-69　导入素材

图6-2-70　输入文字

71选择“文本工具”，分别输入单个文字：个、人、作、品。框选输入的文字，在属性栏上设置“字体”为方正大标宋简体，设置字体颜色为白色。设置颜色后，对字体调整位置和大小，效果如图 6–2–71 所示。

72单击“矩形工具”，绘制矩形。按快捷键 Shift + F11 打开“均匀填充”对话框，设置颜色为绿色（C：62；M：0；Y：62；K：0），单击“确定”按钮。填充颜色后，取消轮廓颜色。选择“文本工具”，输入文字，在属性栏上设置“字体”为方正大标宋简体，设置字体颜色为白色。效果如图 6–2–72 所示。

图6-2-71　输入文字

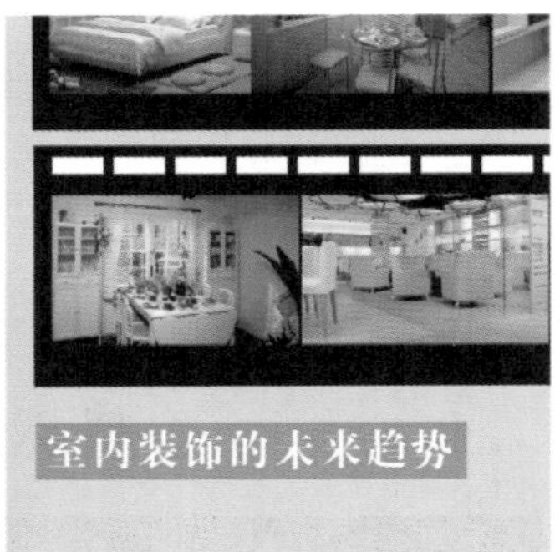

图6-2-72　制作小标题

73选择“文本工具”，在图像下方单击拖曳绘制文本框。在文本框中输入文本，选中输入的文本，在属性栏上设置“字体”为方正大标宋简体。如图 6–2–73 所示。

74在文本框右侧绘制两个文本框，并将绘制的文本框关联，效果如图 6–2–74 所示。

图6-2-73　输入文本

图6-2-74　调整文本

75选择左侧第 1 个文本框，在“段落格式化”对话框中设置“首行”为 4.5mm，按 Enter 键确定。图像最终效果如图 6-2-75 所示。

创意装饰报 HOW空间 A4

关于装饰——创意空间 时尚理念

创 意 概 念

室内设计大师

时尚理念

装饰资讯

图6-2-75 最终效果

6.3 画册排版设计

技能分析

制作本实例的主要目的是使读者了解并掌握如何在 CorelDRAW X5 软件中进行画册排版设计，先使用“矩形工具”、“贝塞尔工具”等绘制出图形的轮廓，再导入素材，使用“椭圆工具”、“透明度工具”、“轮廓笔”等对图像进行装饰和添加效果，最终完成制作。

制作步骤

1按快捷键 Ctrl + N 打开“创建新文档”对话框，设置“名称”为画册排版设计，“宽度”为 297mm，“高度”为 210mm，如图 6-3-1 所示。单击“确定”按钮。

2单击“矩形工具”，绘制矩形图形。按快捷键 Shift + F11 打开“均匀填充”对话框，设置颜色为黑色，单击“确定”按钮。效果如图 6-3-2 所示。

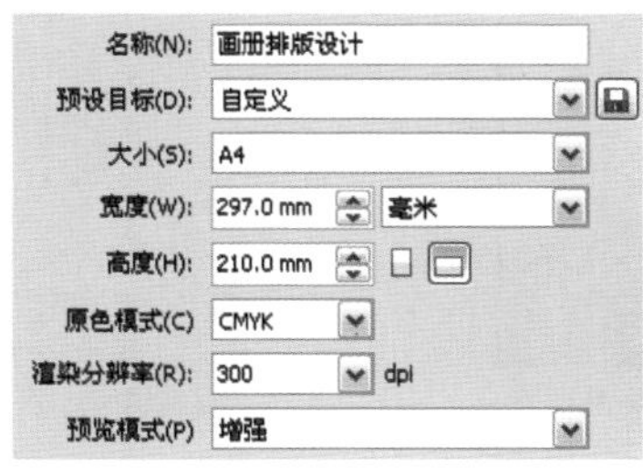

图6-3-1 设置“新建”参数

图6-3-2 绘制黑色矩形

3单击“矩形工具”，绘制一个比黑色矩形略小的矩形图形。单击“矩形工具”，绘制矩形图形。按快捷键 Shift + F11 打开“均匀填充”对话框，设置颜色为黄色（C：0；M：16；Y：100；K：0），单击“确定”按钮。填充颜色后，右键单击调色板上的“透明色”按钮☒，取消轮廓颜色，效果如图 6-3-3 所示。

4单击属性栏上的“导入”按钮，导入素材图片：纹理 .tif，效果如图 6-3-4 所示。

图6-3-3 绘制橙色矩形

图6-3-4 导入素材

5 使用“选择工具”，先选择素材，按住Shift键选择黄色矩形，按E键和C键进行居中排列，再将素材调整为黄色矩形同比例大小。选择“透明度工具”，选择属性栏上的“透明度类型”为标准，“透明度操作”为添加，拖曳“开始透明度”滑块为0。效果如图6-3-5所示。

6 单击“椭圆工具”，在图像左侧按住Ctrl键绘制正圆。再使用同样的方法绘制多个不同大小的正圆，如图6-3-6所示。

图6-3-5　添加透明度效果

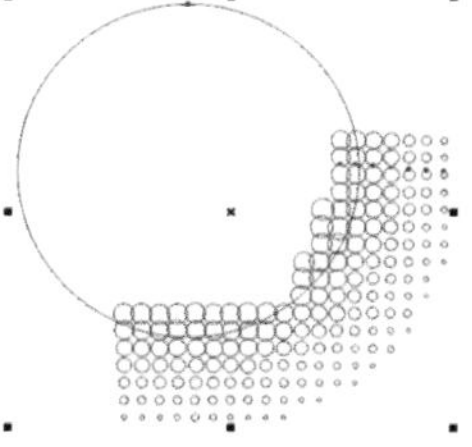

图6-3-6　绘制图形

7 选择“选择工具”，将绘制的正圆进行框选，单击属性栏上的“合并”按钮，将框选的图形进行焊接，如图6-3-7所示。

8 将焊接后的图像移动到图像左上方，并调整图形的大小和位置。使用“选择工具”，先选择焊接的图形，按住Shift键再选择黄色矩形，单击属性栏上的“相交”按钮，将相交的图像部分进行复制，执行操作后，将多余的图形进行删除，图像效果如图6-3-8所示。

提示：

提示：“相交”指的是，两个图像在执行“相交”命令后，相交的部分被保留，但原本的图像也不会被删除。

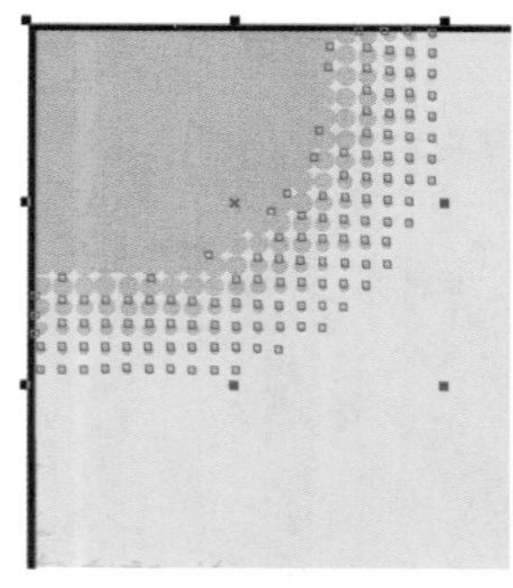

图6-3-7　合并图形

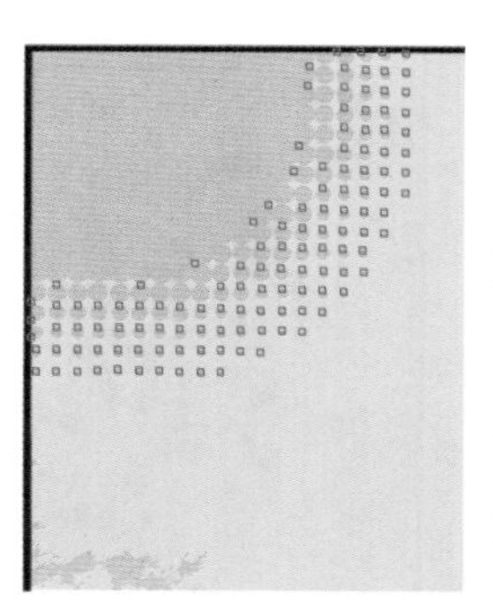

图6-3-8　相交效果

9 选择“选择工具”，选择相交复制的图形。按快捷键Shift + F11打开“均匀填充”对话框，设置颜色为橙色（C：0；M：36；Y：100；K：0），单击“确定”按钮。填充颜色后，右键单击调色板上的“透明色”按钮☒，取消轮廓颜色，效果如图6-3-9所示。

10 选择“透明度工具”，选择属性栏上的“透明度类型”为标准，拖曳“开始透明度”滑块为40。效果如图6-3-10所示。

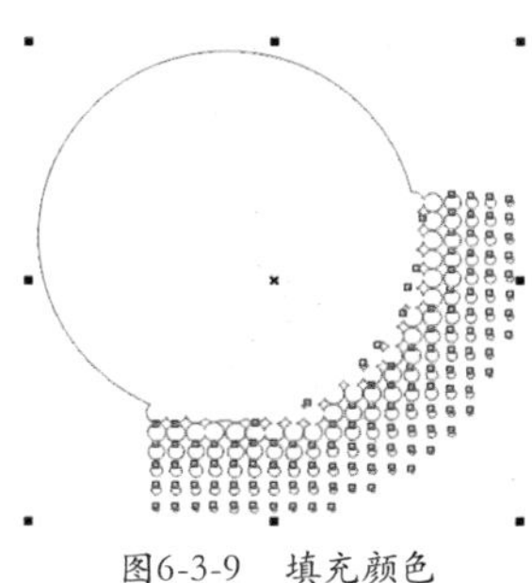

图6-3-9　填充颜色

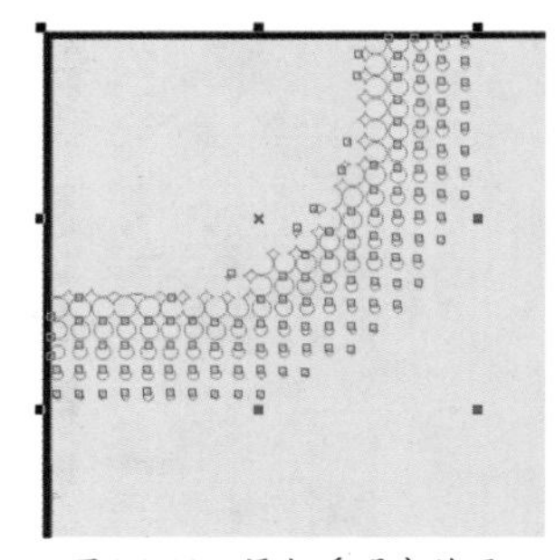

图6-3-10　添加透明度效果

11 使用同样的方法在图像下方制作图形，效果如图6-3-11所示。

12 单击“贝塞尔工具”，绘制图形。如图6-3-12所示。

图6-3-11　绘制图像

图6-3-12　绘制图形

13按快捷键 Shift + F11 打开“均匀填充”对话框，设置颜色为深蓝色（C:100;M:100;Y:0;K:0），单击“确定”按钮。填充颜色后，右键单击调色板上的“透明色”按钮☒，取消轮廓颜色，效果如图 6–3–13 所示。

14使用“贝塞尔工具”绘制多个图形，分别由上向下进行颜色填充：蓝色（C：100；M：40；Y：0；K：0）、天蓝色（C：100；M：0；Y：0；K：0）、绿色（C：100；M：0；Y：100；K：0）、黄色（C：0；M：0；Y：100；K：0）、橙色（C：0；M：60；Y：100；K：0）、红色（C：0；M：100；Y：100；K：0）。选择“选择工具”，将填充的图形进行框选，右键单击调色板上的“透明色”按钮☒，取消轮廓颜色，效果如图 6–3–14 所示。

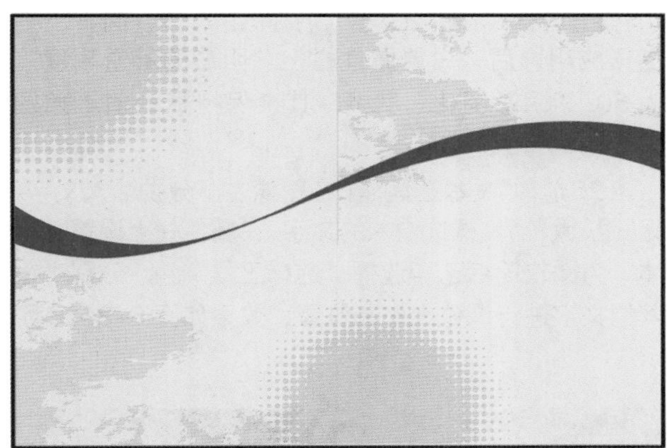

图6-3-13 填充颜色

图6-3-14 绘制图像

15选择“文本工具”，在图像左上方分别输入字母：G 和 X。框选输入的字母，在属性栏上设置“字体”为方正粗倩简体。调整输入字母的位置和大小，框选输入的字母，按快捷键 Ctrl+Q 将对象转换为曲线，单击属性栏上的“焊接”按钮，将字母图形进行焊接。按快捷键 Shift + F11 打开“均匀填充”对话框，设置颜色为红色（C：0；M：100；Y：100；K：0），单击“确定”按钮。效果如图 6–3–15 所示。

16选择“贝塞尔工具”，绘制图形轮廓，如图 6–3–16 所示。

图6-3-15 调整文字

图6-3-16 绘制图形

17按快捷键 Shift + F11 打开“均匀填充”对话框，设置颜色为橙色（C：0；M：60；Y：100；K：0），单击“确定”按钮。填充颜色后，右键单击调色板上的“透明色”按钮☒，取消轮廓颜色，效果如图 6–3–17 所示。

18选择“贝塞尔工具”，绘制两个图形轮廓，如图 6–3–18 所示。

图6-3-17 填充颜色

图6-3-18 绘制图形

19框选绘制的图形轮廓，按快捷键 Ctrl+G 将对象进行群组。按快捷键 Shift + F11 打开“均匀填充”对话框，设置颜色为红色（C:0;M:100;Y:100；K：0），单击“确定”按钮。填充颜色后，右键单击调色板上的“透明色”按钮☒，取消轮廓颜色，效果如图 6–3–19 所示。

20选择“选择工具”，框选绘制的标志图形，按快捷键 Ctrl+G 将对象进行群组。向下拖曳图形，

在拖曳的同时单击右键进行复制。按快捷键 Shift + F11 打开“均匀填充”对话框，设置颜色为白色，单击“确定”按钮。单击右键，在快捷菜单中执行“顺序”|“置于此对象后”命令，出现黑色箭头图标后，单击原标志图形，将复制的图形放置到该图形下并调整位置，效果如图 6-3-20 所示。

提示：

使用其他工具时，按空格键可快速切换成“选择工具”。

图6-3-19　填充颜色

图6-3-20　制作投影

21单击属性栏上的“导入”按钮，导入素材图片：鞋子 1.tif。将导入的素材放置到图像右侧并调整大小，如图 6-3-21 所示。

22选择“选择工具”，在素材上单击切换到编辑模式，将光标移动到节点上进行旋转，调整素材的角度，如图 6-3-22 所示。

图6-3-21　导入素材

图6-3-22　旋转角度

23单击“阴影工具”，单击素材，向左下拖曳形成阴影后，设置属性栏上“阴影的不透明度”为 30，“阴影羽化”为 2，其余保持默认值。效果如图 6-3-23 所示。

24单击属性栏上的“导入”按钮，导入素材图片：鞋子 2.tif。将导入的素材放置到图像左侧并调整大小，如图 6-3-24 所示。

图6-3-23　添加阴影效果

图6-3-24　导入素材

25选择“阴影工具”，单击素材，向右下拖曳形成阴影后，设置属性栏上“阴影的不透明度”为 50，“阴影羽化”为 4，其余保持默认值。如图 6-3-25 所示。

26选择“文本工具”，在图像左下分别输入文字：无、限、激、情。框选输入的文字，在属性栏上设置“字体”为微软简综艺。选择“选择工具”，分别对输入的文字进行调整大小和位置，效果如图 6-3-26 所示。

图6-3-25　添加阴影效果

图6-3-26　输入文字

27框选输入的文字，按快捷键 Ctrl+Q 将文字转换为曲线，单击属性栏上的“焊接”按钮，将文字焊接。在文字图形上单击切换到编辑模式，将光标移动到上方的↔图标上向右单击拖曳，调整文字图形的角度，如图 6-3-27 所示。

28按 F12 键打开“轮廓笔”对话框，设置“颜色”为橙色（C：0；M：76；Y：100；K：0），“宽度”为 4.0mm，“角”为圆角，“线条端头”为圆头，勾选“后台填充”和“按图像比例显示”选项，其他参数保持默认，如图 6-3-28 所示。单击“确定”按钮。

图6-3-27 调整文字

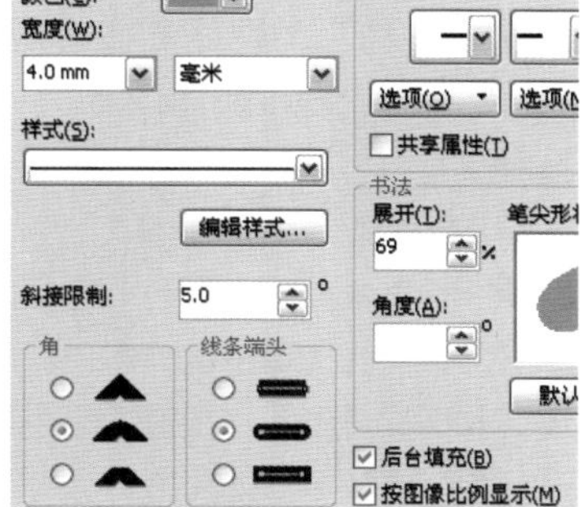

图6-3-28 设置参数

29设置“轮廓笔”参数后，图像效果如图 6-3-29 所示。

30填充字体颜色为白色，选择“贝塞尔工具”，绘制图形轮廓，如图 6-3-30 所示。

图6-3-29 轮廓笔

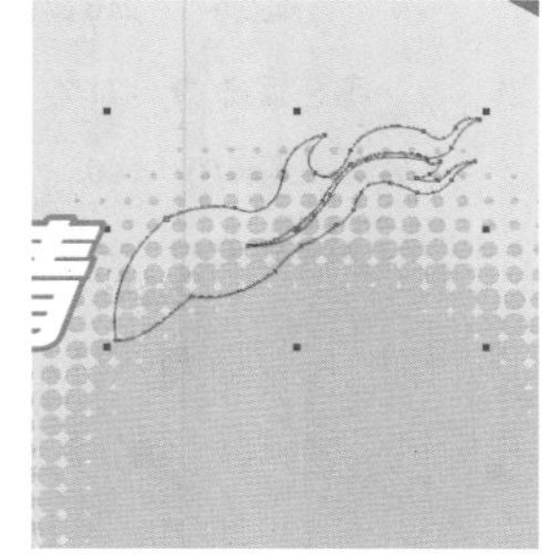
图6-3-30 绘制图形

31按 F11 键打开“渐变填充”对话框，在“颜色调和”选项区域中选择“自定义”选项，分别设置为：

位置：0% 颜色（C：0；M：100；Y：100；K：0）；

位置：70% 颜色（C：0；M：60；Y：100；K：0）；

位置：100% 颜色（C：0；M：60；Y：100；K：0）。如图 6-3-31 所示。单击“确定”按钮。

提示：

“渐变填充”命令是日常工作中常用的命令之一，可以在“类型”下拉列表中设置不同的渐变类型，在渐变色条上双击可以添加一个渐变色标，右上角的预览框可以观看渐变的具体状态。

32填充渐变色后，右键单击调色板上的“透明色”按钮☒，取消轮廓颜色，效果如图 6-3-32 所示。

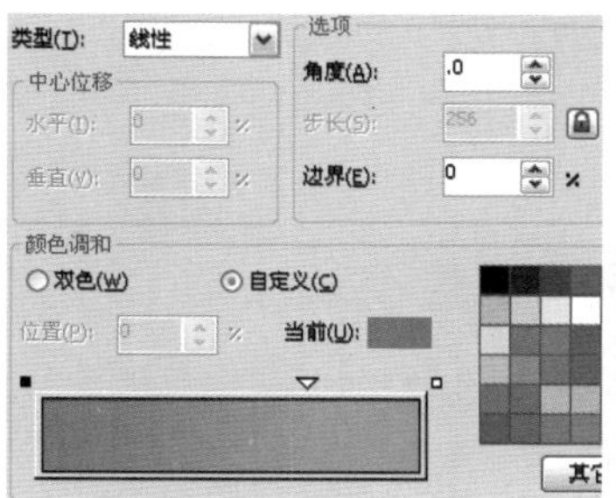

图6-3-31 设置渐变参数

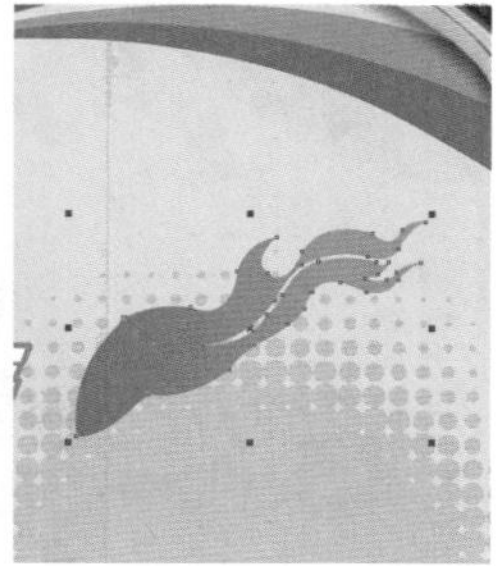
图6-3-32 填充渐变色

33选择“选择工具”，选择绘制的渐变图形，单击右键，在快捷菜单中执行“顺序”|“置于此对象后”命令，出现黑色箭头图标后，单击之前绘制的文字图形，将绘制的图形放置到该图形下并调整位置，效果如图 6-3-33 所示。

34向下单击拖曳图形，在拖曳的同时单击右键进行复制。单击右键，在快捷菜单中执行“顺序”|“置于此对象后”命令，出现黑色箭头图标后，单击之前绘制的文字图形，将复制的图形放置到该图形下并调整位置和大小，如图 6-3-34 所示。

图6-3-33 调整图形

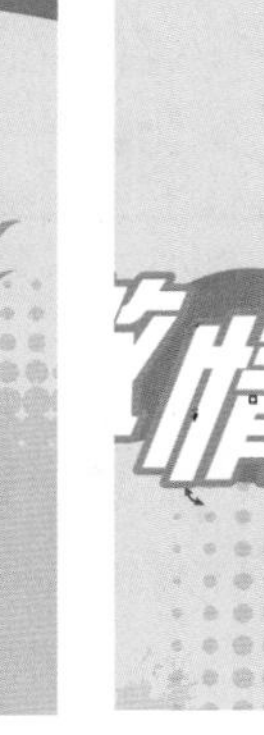
图6-3-34 复制调整图形

35框选绘制的图形，按快捷键 Ctrl+G 将对象群组。选择“阴影工具”，向右下单击拖曳形成阴影后，设置属性栏上“阴影的不透明度”为 25，“阴影羽化”为 3，其余保持默认值。如图 6-3-35 所示。

36选择“文本工具”，在图形下方输入英文。选择输入的英文，在属性栏上设置“字体”为方正大标宋体，调整字体大小和位置。再在该文字下输入文本，在属性栏上设置“字体”为方正黑体简体，并调整文本的位置、格式、文字的大小。图像最终效果如图 6-3-36 所示。

图6-3-35　添加阴影效果

图6-3-36　最终效果

6.4　网络广告排版

技能分析

制作本实例的主要目的是使读者了解并掌握如何在CorelDRAW X5软件中绘制网络广告排版，先使用“均匀填充”和“渐变填充”制作出鲜艳的背景图像，再使用“轮廓笔”、“阴影工具”、“调和工具”等装饰的图像，完成最终效果。

制作步骤

①按快捷键Ctrl + N打开“创建新文档”对话框，设置“名称”为网络广告排版，“宽度”为297mm，“高度”为210mm，如图6-4-1所示。单击“确定”按钮。

②选择“矩形工具”，绘制矩形图形。按快捷键Shift + F11打开“均匀填充”对话框，设置颜色为黄色（C：0，M：0，Y：100，K：0），单击“确定”按钮。右键单击调色板上的“透明色”按钮☒，取消轮廓颜色，效果如图6-4-2所示。

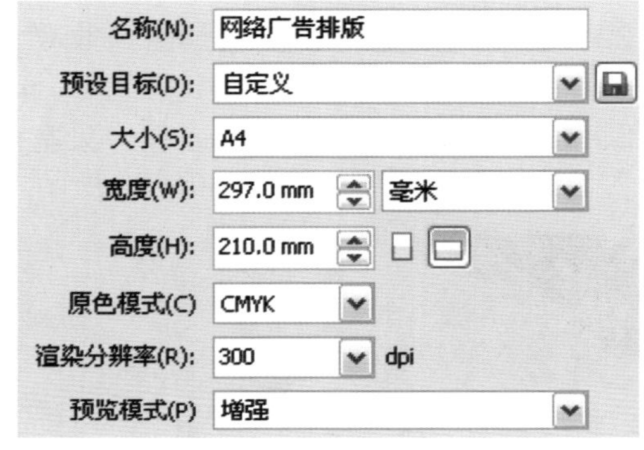

图6-4-1　设置“新建”参数

图6-4-2　绘制矩形

③选择“贝塞尔工具”，绘制多个图形轮廓，选择“选择工具”，按住Shift键将绘制的图形轮廓选中，单击属性栏上的“焊接”按钮，将图形进行焊接。如图6-4-3所示。

④按F11键打开“渐变填充”对话框，设置“角度”为90，在“颜色调和”选项区域中选择“自定义”选项，分别设置为：

位置：0%　颜色（C：40；M：0；Y：100；K：0）；

位置：35%　颜色（C：40；M：0；Y：100；K：0）；

位置：50%　颜色（C：10；M：0；Y：50；K：0）；

位置：65% 颜色（C：40；M：0；Y：100；K：0）；

位置：100% 颜色（C：40；M：0；Y：100；K：0）。如图 6-4-4 所示。单击“确定”按钮。

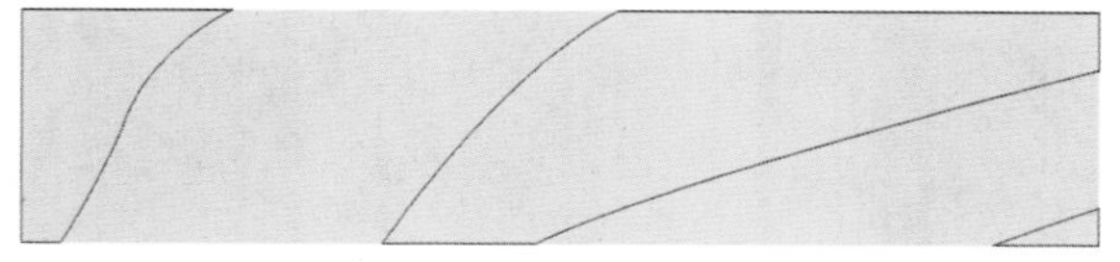

图6-4-3 绘制图形

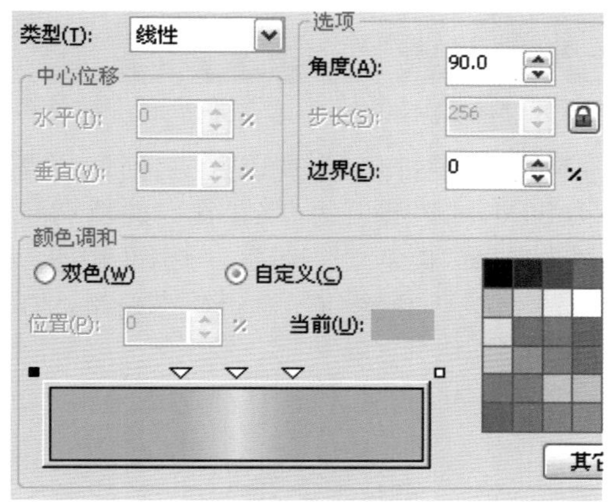

图6-4-4 设置渐变参数

5 填充渐变色后，右键单击调色板上的“透明色”按钮☒，取消轮廓颜色，效果如图 6-4-5 所示。

6 选择“文本工具”字，在图像左侧分别输入文字：绿、叶。框选输入的文字，在属性栏上设置“字体”为汉仪长宋简。选择“选择工具”，框选输入文字，按快捷键 Shift + F11 打开“均匀填充”对话框，设置颜色为绿色（C：100，M：0，Y：100，K：0），单击“确定”按钮。如图 6-4-6 所示。

图6-4-5 填充渐变色

图6-4-6 输入文字

7 按 F12 键打开“轮廓笔”对话框，设置“颜色”为白色，“宽度”为 2.0mm，“角”为圆角，“线条端头”为圆头，勾选“后台填充”和“按图像比例显示”选项，其他参数保持默认，如图 6-4-7 所示。单击“确定”按钮。

8 设置“轮廓笔”参数后，图像效果如图 6-4-8 所示。

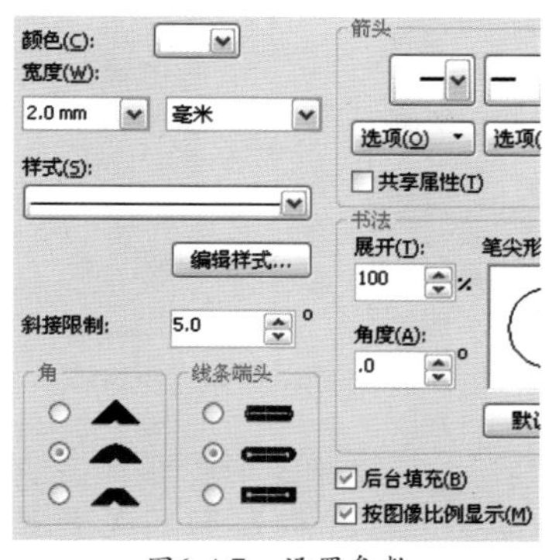

图6-4-7 设置参数

绿叶

图6-4-8 轮廓笔效果

9 选择“矩形工具”，绘制矩形图形。在矩形图形上单击切换到编辑模式，将光标移动到左侧中间的⇕图标向上单击拖曳，调整矩形图形的角度，如图 6-4-9 所示。

10 按快捷键 Ctrl+Q 转换对象为曲线，选择“形状工具”，选择左上角的节点上，向下单击拖曳，图像效果如图 6-4-10 所示。

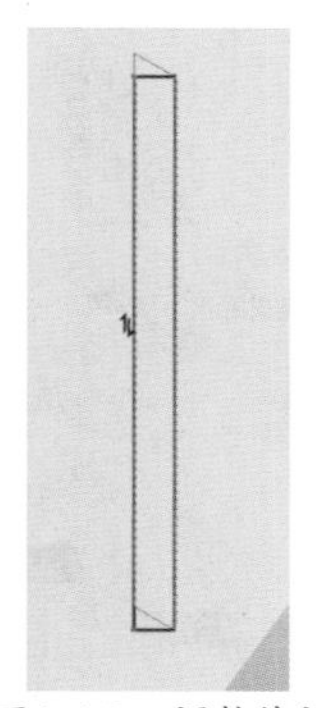

图6-4-9 调整节点

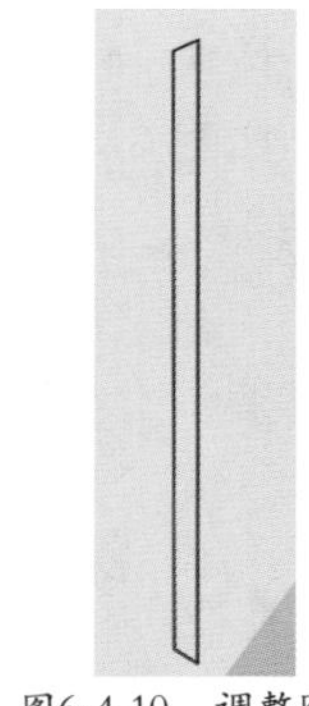

图6-4-10 调整图形

11 按 F11 键打开“渐变填充”对话框，设置“角度”为 272.2，在“颜色调和”选项区域中选择“自定义”选项，分别设置区域：

位置：0% 颜色（C：100；M：0；Y：100；K：0）；

位置：68% 颜色（C：40；M：0；Y：100；K：0）；

位置：100% 颜色（C：0；M：0；Y：0；K：0）。

如图 6-4-11 所示。单击“确定”按钮。

12填充渐变色后，右键单击调色板上的“透明色”按钮☒，取消轮廓颜色，效果如图 6-4-12 所示。

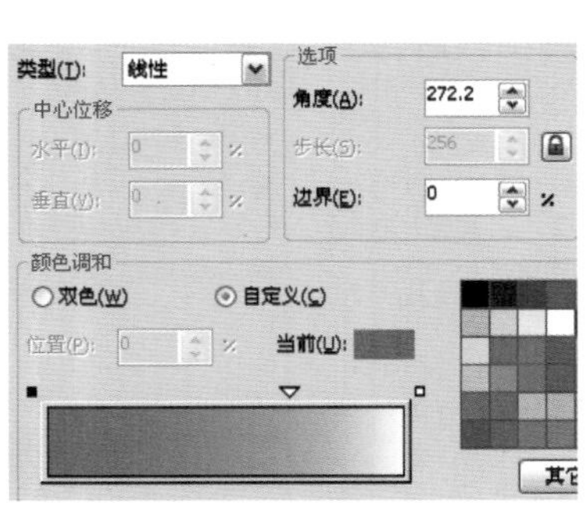
图6-4-11　设置渐变参数

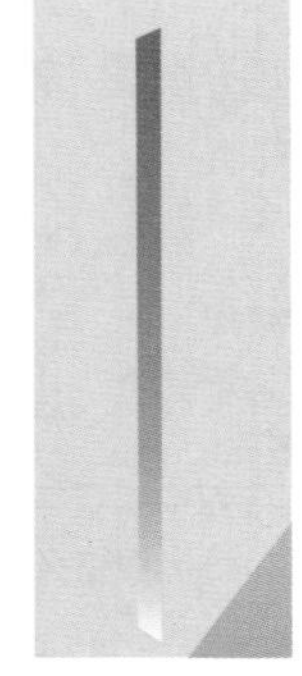
图6-4-12　填充渐变色

13选择“矩形工具”，绘制矩形图形。按快捷键 Ctrl+Q 将图形转换为曲线，在矩形图形上单击切换到编辑模式，将光标移动到右侧上下两个节点上进行调整，调整后效果如图 6-4-13 所示。

14按 F11 键打开“渐变填充”对话框，设置“角度”为 298.8，在“颜色调和”选项区域中选择“自定义”选项，分别设置为：

位置：0%　颜色（C：100；M：0；Y：100；K：0）；

位置：68%　颜色（C：40；M：0；Y：100；K：0）；

位置：100% 颜色（C：0；M：0；Y：0；K：0）。

如图 6-4-14 所示。单击“确定”按钮。

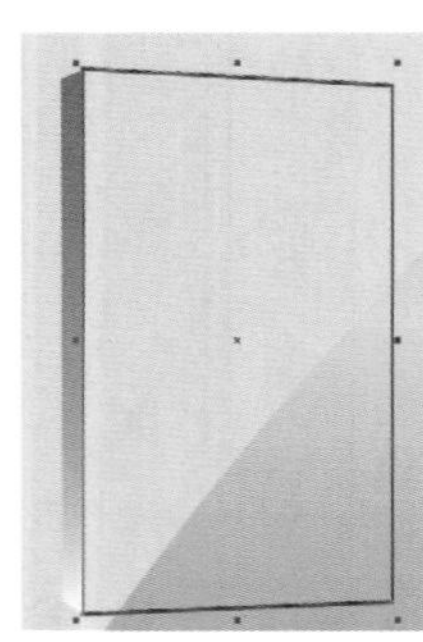
图6-4-13　绘制矩形

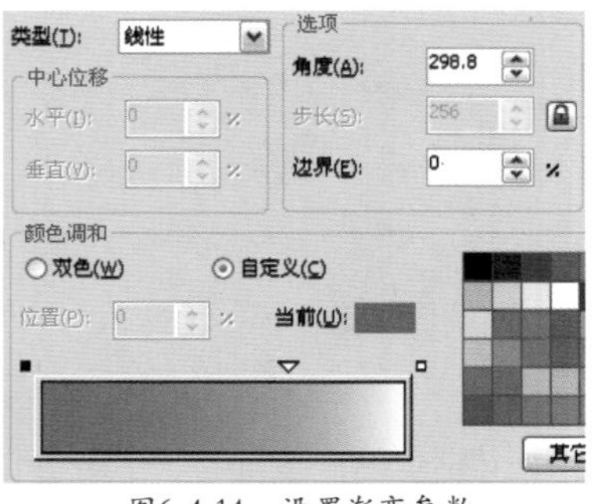
图6-4-14　设置渐变参数

15填充渐变色后，右键单击调色板上的“透明色”按钮☒，取消轮廓颜色。选择“选择工具”，框选绘制的图形，按快捷键 Ctrl+G 进行群组，效果如图 6-4-15 所示。

16选择“矩形工具”，绘制矩形图形。按快捷键 Ctrl+Q 将图形转换为曲线，在矩形图形上单击切换到编辑模式，将光标移动到右侧上下两个节点上进行调整，调整后效果如图 6-4-16 所示。

图6-4-15　填充渐变色

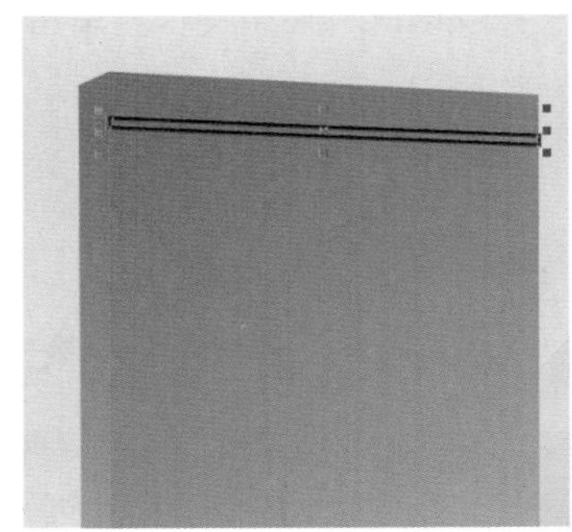
图6-4-16　绘制矩形

17按 F11 键打开“渐变填充”对话框，设置“角度”为 31.4，“边界”为 9%，在“颜色调和”选项区域中选择“自定义”选项，分别设置：

位置：0%　颜色（C：0；M：30；Y：70；K：30）；

位置：28%　颜色（C：0；M：20；Y：60；K：20）；

位置：69%　颜色（C：0；M：0；Y：20；K：0）；

位置：100% 颜色（C：0；M：20；Y：60；K：20）。

如图 6-4-17 所示。单击“确定”按钮。

18填充渐变色后，右键单击调色板上的“透明色”按钮☒，取消轮廓颜色，效果如图 6-4-18 所示。

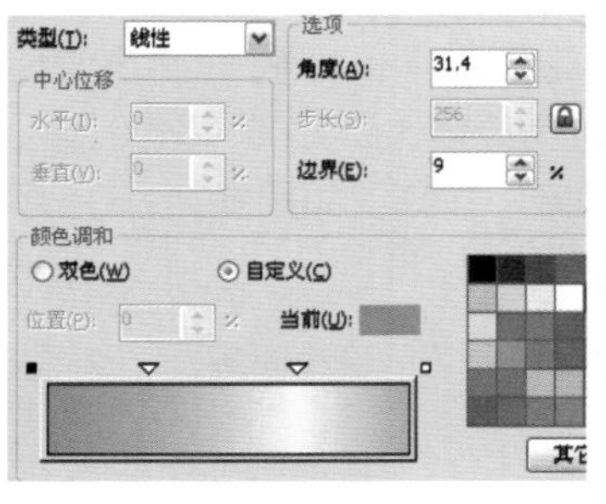
图6-4-17　设置渐变参数

图6-4-18　填充渐变色

19选择“矩形工具”，绘制矩形图形。在矩形图形上单击切换到编辑模式，将光标移动到左侧上下两个节点上进行调整，调整后效果如图 6-4-19 所示。

20按 F11 键打开“渐变填充”对话框，设置“角度”为 83.7，在“颜色调和”选项区域中选择“自定义”选项，分别设置为：

位置：0% 颜色（C：0；M：30；Y：70；K：30）；

位置：28% 颜色（C：0；M：20；Y：60；K：20）；

位置：69% 颜色（C：0；M：0；Y：20；K：0）；

位置：100% 颜色（C：0；M：20；Y：60；K：20）。

如图 6-4-20 所示。单击“确定”按钮。

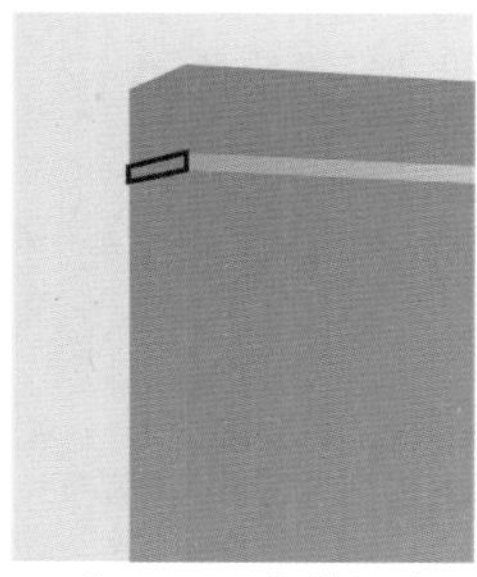
图6-4-19 绘制矩形

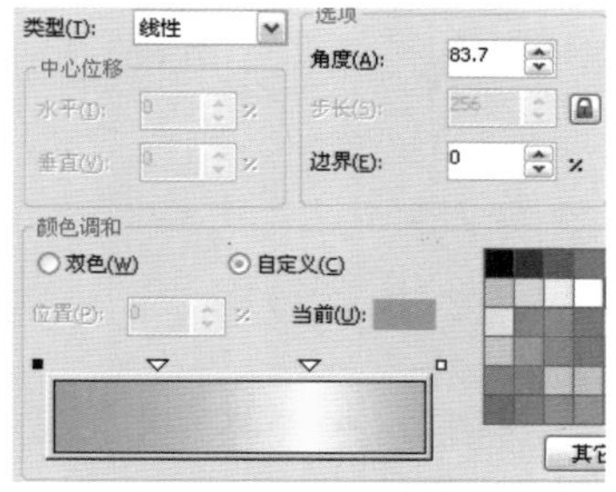

图6-4-20 设置渐变参数

21填充渐变色后，右键单击调色板上的“透明色”按钮☒，取消轮廓颜色，效果如图 6-4-21 所示。

22选择“贝塞尔工具”，绘制图形轮廓，如图 6-4-22 所示。

图6-4-21 填充渐变色

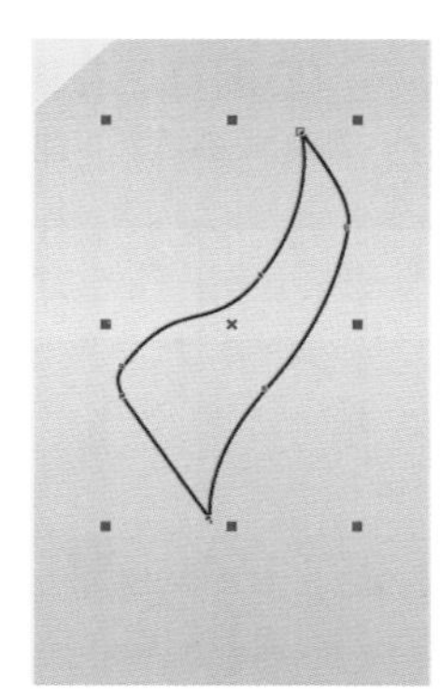
图6-4-22 绘制图形

23按 F11 键打开“渐变填充”对话框，设置“角度”为 49.3，“边界”为 24%，在“颜色调和”选项区域中选择“自定义”选项，分别设置为：

位置：0% 颜色（C：40；M：0；Y：100；K：0）；

位置：49% 颜色（C：0；M：0；Y：0；K：0）；

位置：100% 颜色（C：40；M：0；Y：100；K：0）。

如图 6-4-23 所示。单击“确定”按钮。

24填充渐变色后，右键单击调色板上的“透明色”按钮☒，取消轮廓颜色，效果如图 6-4-24 所示。

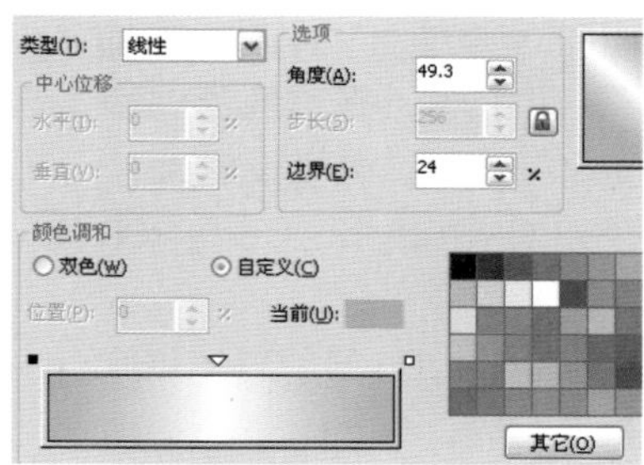

图6-4-23 设置渐变参数

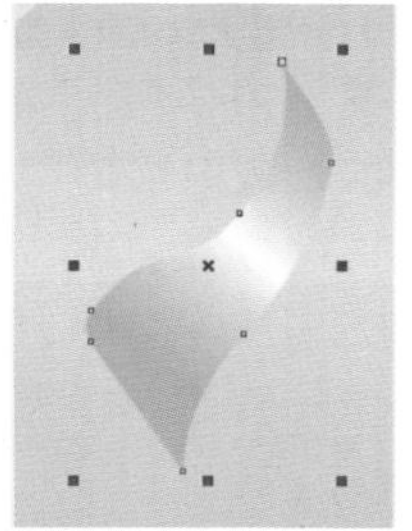
图6-4-24 填充渐变色

25选择“贝塞尔工具”，绘制图形轮廓，如图 6-4-25 所示。

26按 F11 键打开“渐变填充”对话框，设置“角度”为 51.6，“边界”为 22%，在“颜色调和”选项区域中选择“自定义”选项，分别设置为：

位置：0% 颜色（C：40；M：0；Y：100；K：0）；

位置：49% 颜色（C：0；M：0；Y：0；K：0）；

位置：100% 颜色（C：40；M：0；Y：100；K：0）。

如图 6-4-26 所示。单击“确定”按钮。

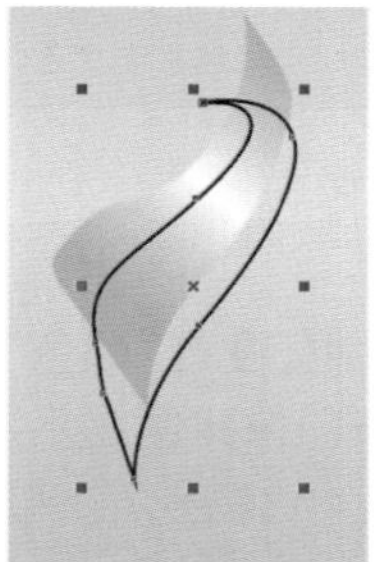
图6-4-25 绘制图形

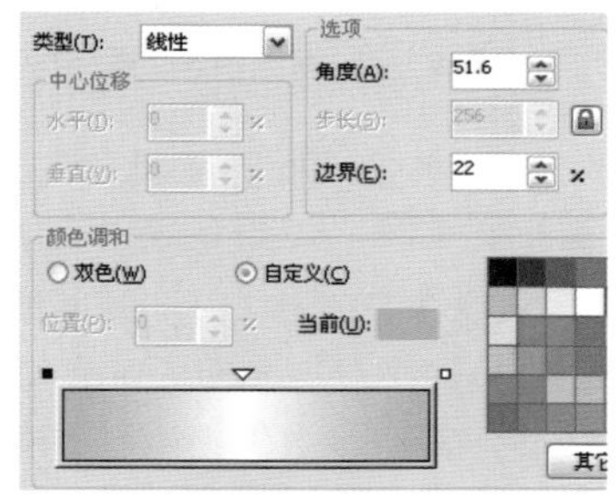

图6-4-26 设置渐变参数

27填充渐变色后，右键单击调色板上的“透明色”按钮☒，取消轮廓颜色，效果如图 6-4-27 所示。

28选择“贝塞尔工具”，绘制图形轮廓，如图 6-4-28 所示。

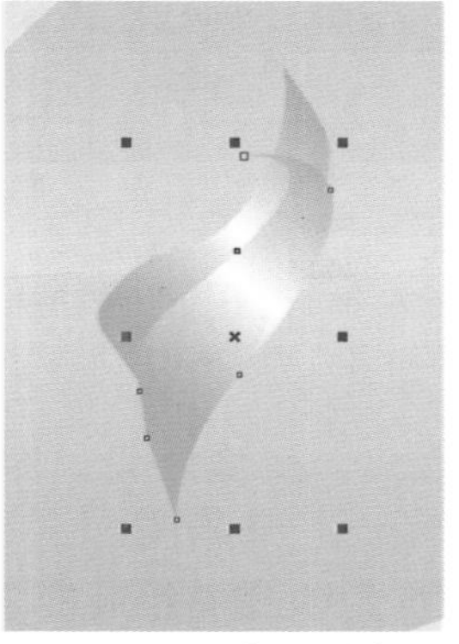
图6-4-27 填充渐变色

图6-4-28 绘制图形

29按 F11 键打开“渐变填充”对话框，设置“角度”为 230，“边界”为 19%，在“颜色调和”选项区域中选择“自定义”选项，分别设置为：

位置：0%　颜色（C：100；M：0；Y：100；K：0）；

位置：47%　颜色（C：20；M：0；Y：60；K：0）；

位置：100%　颜色（C：100；M：0；Y：100；K：0）。如图 6-4-29 所示。单击“确定”按钮。

30填充渐变色后，右键单击调色板上的“透明色”按钮☒，取消轮廓颜色，效果如图 6-4-30 所示。

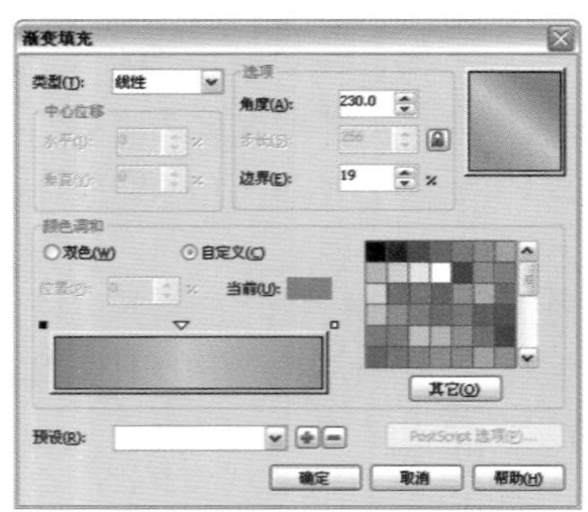

图6-4-29　设置渐变参数

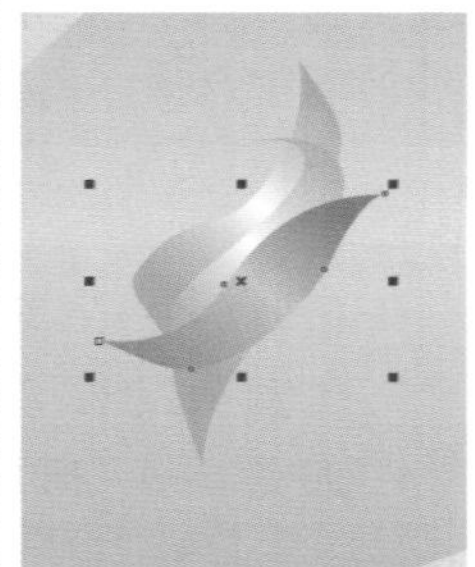

图6-4-30　填充渐变色

31单击“椭圆工具”，在图像左侧按住 Ctrl 键绘制正圆，如图 6-4-31 所示。

32按 F12 键打开“轮廓笔”对话框，设置“颜色”为白色，“宽度”为 0.7mm，勾选“按图像比例显示”选项，其他参数保持默认，如图 6-4-32 所示。单击“确定”按钮。

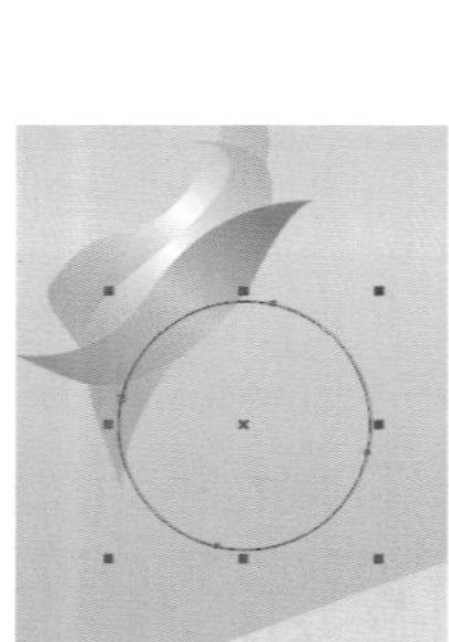

图6-4-31　绘制正圆

图6-4-32　设置参数

33设置“轮廓笔”参数后，图像效果如图 6-4-33 所示。

34再次绘制 2 个正圆，按 Shift 键将绘制的 2 个正圆选中，按 F12 键打开“轮廓笔”对话框，设置“颜色”为灰色（C：0；M：0；Y：0；K：20），“宽度”为 0.7mm，勾选“按图像比例显示”选项，其他参数保持默认，单击“确定”按钮。效果如图 6-4-34 所示。

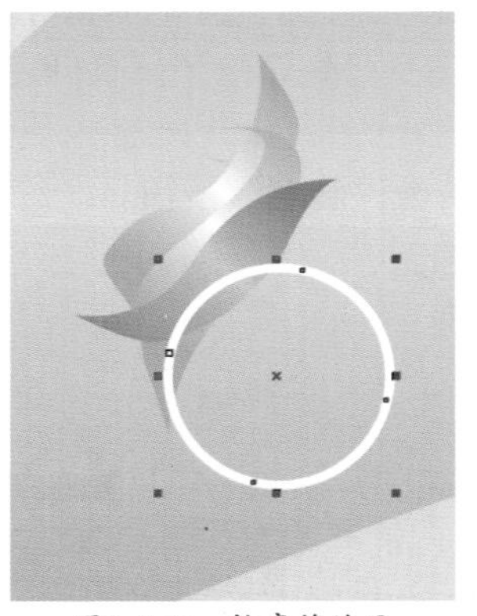
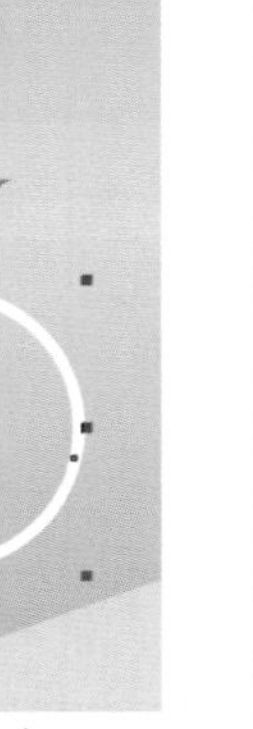

图6-4-33　轮廓笔效果

图6-4-34　复制调整图形

35选择“选择工具”，框选绘制的图形，按快捷键 Ctrl+G 进行群组。执行“效果”|“图框精确裁剪”|“放置在容器中”命令。出现黑色箭头图标后，单击之前群组的图形。选择图形单击右键打开快捷菜单，执行“编辑内容”命令，进入到容器中对图像大小和位置进行调整，如图 6-4-35 所示。

36调整后在图像上单击右键打开快捷菜单，执行“结束编辑”命令，图像效果如图 6-4-36 所示。

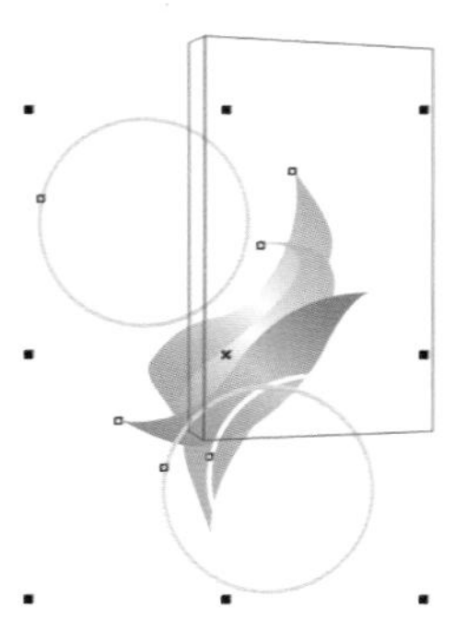

图6-4-35　调整图形

图6-4-36　图框精确剪裁效果

37选择“文本工具”，在输入英文。选择输入的英文，在属性栏上设置“字体”为 Arial。在属性栏上单击“将文本更改为垂直方向”按钮，选择“形状工具”，对输入的英文文字进行调整间距，效果如图 6-4-37 所示。

38按 F11 键打开“渐变填充”对话框，设置“角度”为 -100，“边界”为 15%，在“颜色调和”

选项区域中选择“自定义”选项，分别设置为：

位置：0% 颜色（C：0；M：0；Y：20；K：0）；

位置：22% 颜色（C：0；M：0；Y：40；K：0）；

位置：61% 颜色（C：0；M：40；Y：60；K：20）；

位置：84% 颜色（C：0；M：29；Y：55；K：15）；

位置：100% 颜色（C：0；M：0；Y：40；K：0）。

如图 6-4-38 所示。单击“确定”按钮。

图6-4-37 输入文字

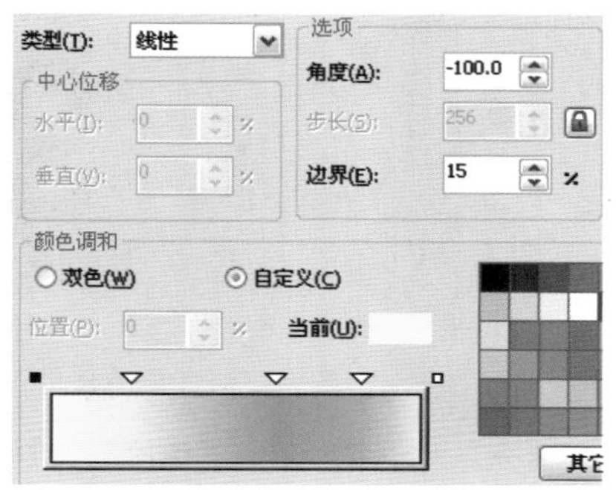

图6-4-38 设置渐变参数

39填充渐变色后，右键单击调色板上的“透明色”按钮☒，取消轮廓颜色，效果如图 6-4-39 所示。

40选择“文本工具”，在图像左侧分别输入文字：绿、叶。框选输入的文字，在属性栏上设置“字体”为汉仪长宋简。选择“选择工具”，框选输入文字，设置颜色为白色。如图 6-4-40 所示。

图6-4-39 填充渐变色

图6-4-40 输入文字

41按 F12 键打开“轮廓笔”对话框，设置“颜色”为绿色（C：100；M：0；Y：100；K：0），“宽度”为 0.8mm，“角”为圆角，“线条端头”为圆头，勾选“后台填充”和“按图像比例显示”选项，其他参数保持默认，如图 6-4-41 所示。单击“确定”按钮。

42设置“轮廓笔”参数后，图像效果如图 6-4-42 所示。

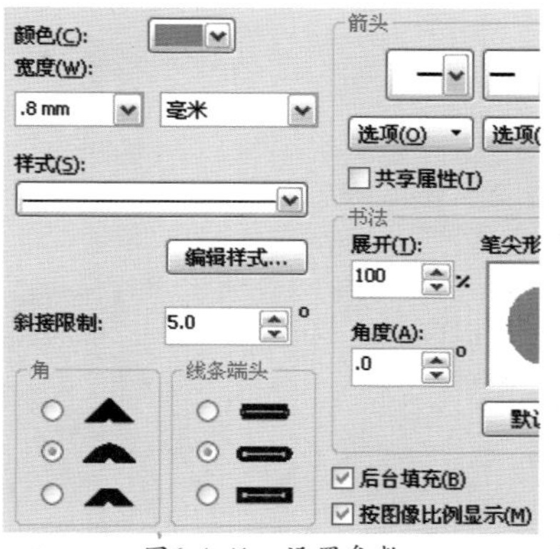

图6-4-41 设置参数

图6-4-42 轮廓笔效果

43使用同样的方法制作另一个图形。绘制后选择“选择工具”，框选绘制的图形，按快捷键 Ctrl+G 进行群组。选择“阴影工具”，向左下单击拖曳形成阴影后，设置属性栏上“阴影的不透明度”为 35，“阴影羽化”为 5，其余保持默认值。如图 6-4-43 所示。

44选择“文本工具”，在图像中输入文字：仅售。选择输入的文字，在属性栏上设置“字体”为方正粗圆简体。按快捷键 Shift + F11 打开“均匀填充”对话框，设置颜色为橙色（C：0，M：60，Y：100，K：0），单击“确定”按钮。调整文字的大小和位置，效果如图 6-4-44 所示。

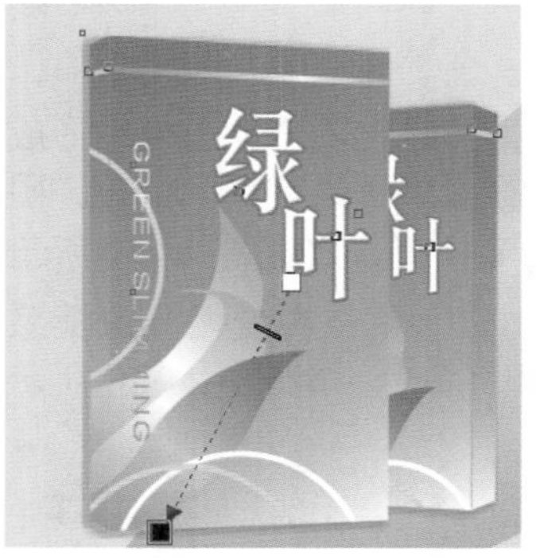

图6-4-43 添加阴影效果

图6-4-44 输入文字

45按 F12 键打开“轮廓笔”对话框，设置“颜色”为黄色（C：0；M：0；Y：100；K：0），“宽度”为 1.5mm，“角”为圆角，“线条端头”为圆头，勾选“后台填充”和“按图像比例显示”选项，其他参数保持默认，如图 6-4-45 所示。单击“确定”按钮。

46设置“轮廓笔”参数后，图像效果如图 6-4-46 所示。

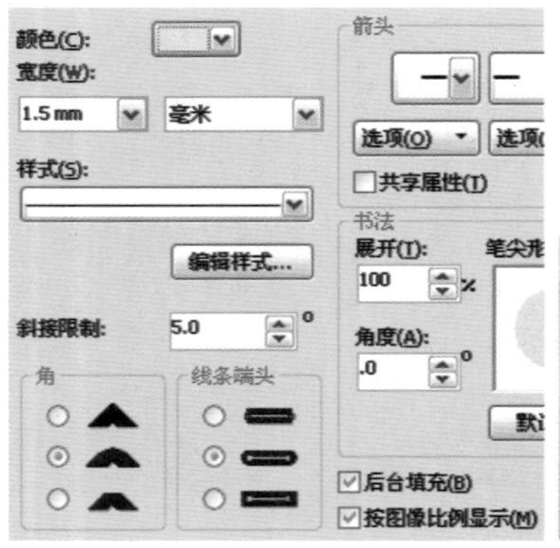

图6-4-45 设置参数

图6-4-46 轮廓笔效果

47选择“贝塞尔工具”，绘制图形轮廓，如图 6-4-47 所示。

48按快捷键 Shift + F11 打开“均匀填充”对话框，设置颜色为橙色（C:0，M:60，Y:100，K:0），单击“确定”按钮。填充颜色后，右键单击调色板上的“透明色”按钮⊠，取消轮廓颜色，如图 6-4-48 所示。

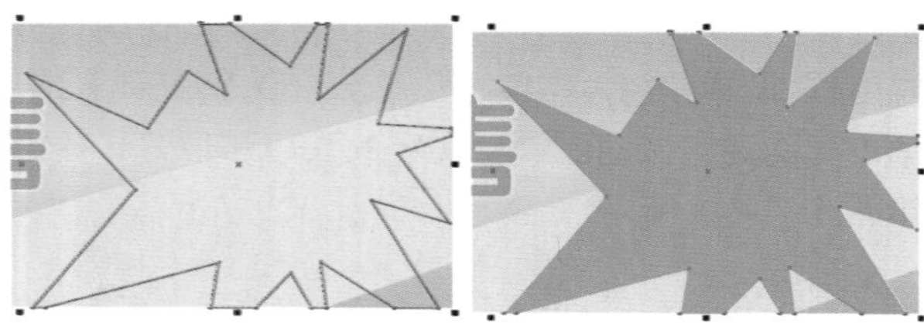

图6-4-47 绘制图形　　图6-4-48 填充颜色

49选择“阴影工具”，向右下单击拖曳形成阴影后，设置属性栏上“阴影的不透明度”为 40，“阴影羽化”为 3，其余保持默认值。如图 6-4-49 所示。

50将光标移动到阴影上单击右键打开快捷菜单，执行“拆分阴影群组”命令，如图 6-4-50 所示。

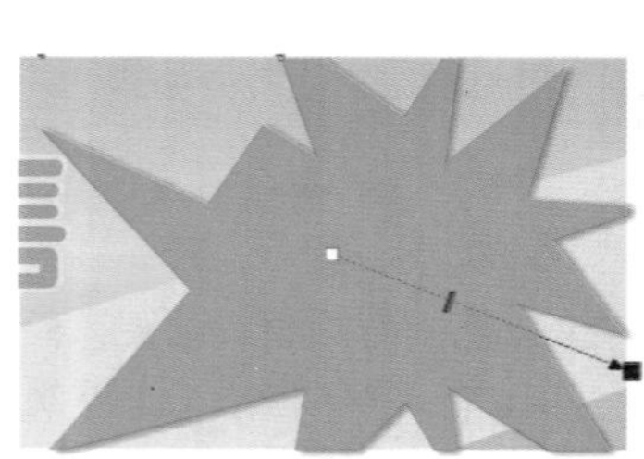

图6-4-49 添加阴影效果

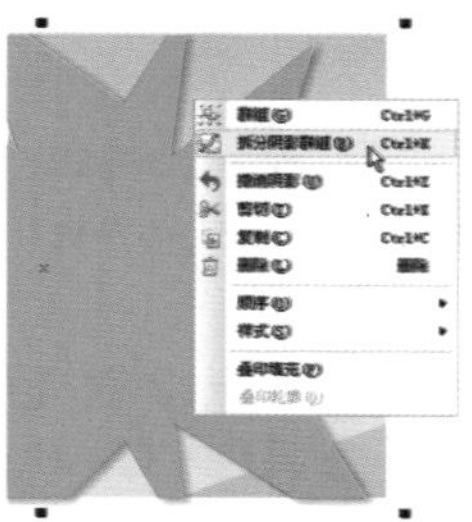

图6-4-50 选择命令

51使用“选择工具”，先选择阴影图像，按住 Shift 键再选择黄色矩形，单击属性栏上的“相交”按钮，将相交的图像部分进行复制，执行操作后，将多余的图形进行删除，效果如图 6-4-51 所示。

52选择“文本工具”，在图像中输入数字：300。选择输入的文字，在属性栏上设置“字体”为方正粗圆简体。选择“形状工具”，对输入的数字进行调整间距，再调整字体大小和位置，如图 6-4-52 所示。

图6-4-51 相交效果

图6-4-52 输入文字

53按 F11 键打开“渐变填充”对话框，打开“渐变填充”对话框，设置“角度”为 90，分别设置“从”颜色为黄色（C：0；M：0；Y：100；K：0），“到”的颜色为白色（C:0;M:0;Y:0;K:0），如图 6-4-53 所示。单击“确定”按钮。

54填充渐变色后，右键单击调色板上的“透明色”按钮⊠，取消轮廓颜色，效果如图 6-4-54 所示。

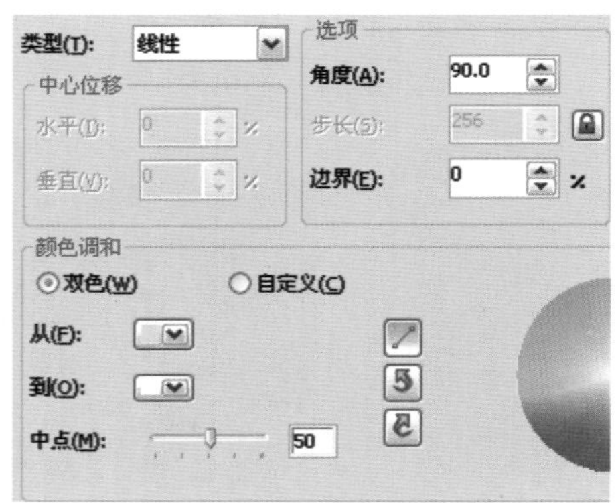

图6-4-53 设置渐变参数

图6-4-54 填充渐变色

55按 F12 键打开“轮廓笔”对话框，设置“颜色”为绿色（C：91；M：43；Y：91；K：10），“宽度”为 2.8mm，“角”为圆角，“线条端头”为圆头，勾选“后台填充”和“按图像比例显示”选项，其他参数保持默认，如图 6-4-55 所示。单击“确定”按钮。

56设置“轮廓笔”参数后，图像效果如图 6-4-56 所示。

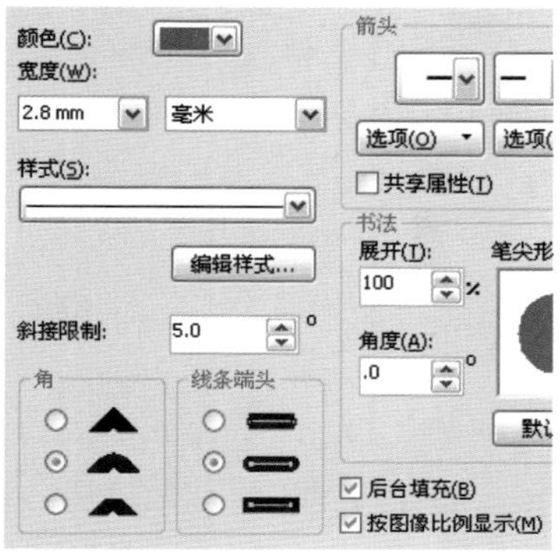

图6-4-55 设置参数

图6-4-56 轮廓笔效果

57选择“轮廓图”，在属性栏上单击“外部轮廓”按钮，设置“轮廓图步长”为 2，“轮廓图偏移”为 3.5mm，按 Enter 键确定。图像效果如图 6-4-57 所示。

58将光标移动到轮廓效果上单击右键打开快捷菜单，执行“拆分轮廓图群组”命令，如图 6-4-58 所示。

图6-4-57 轮廓图效果

图6-4-58 选择命令

59选择轮廓图图形，右键和左键各单击一次调色板上的“透明色”按钮☒，取消轮廓色和填充色，再在调色板上的色块上单击右键填充轮廓色。按快捷键 Ctrl+U 取消群组，选择“形状工具”，此时图形转换为可编辑节点状态，如图 6-4-59 所示。

60框选图形中间的节点，按 Delete 键删除选中的节点，取消图形的选中状态，效果如图 6-4-60 所示。

图6-4-59 取消填充色

图6-4-60 删除节点

61选择最外层的图形轮廓，填充颜色为绿色（C：40，M：0，Y：100，K：0），取消轮廓色。选择上层图形轮廓，填充颜色为深绿色（C：100，M：0，Y：100，K：0），取消轮廓色。效果如图 6-4-61 所示。

62选择“调和工具”，选择填充的深绿色图形，单击拖曳到绿色图形上，释放鼠标，在属性栏上设置“调和对象”为 20，按 Enter 键确定。图像最终效果如图 6-4-62 所示。

提示：

单击拖曳调和对象中的起始控制柄和结束控制柄，可改变起始对象或结束对象的位置。

图6-4-61 填充颜色

图6-4-62 最终效果

6.5 艺术文字排版

技能分析

制作本实例的主要目的是使读者了解并掌握如何在 CorelDRAW X5 软件中绘制艺术文字排版，先使用“矩形工具”和“形状工具”绘制图形轮廓，再导入素材添加效果制作出背景效果，再使用“文本工具”输入文字并进行排列，完成最终效果。

制作步骤

1 按快捷键 Ctrl + N 打开“创建新文档”对话框，设置“名称”为艺术文字排版，“宽度”为 210mm，“高度”为 297mm，如图 6-5-1 所示。单击“确定”按钮。

2 单击“矩形工具”，绘制图形。如图 6-5-2 所示。

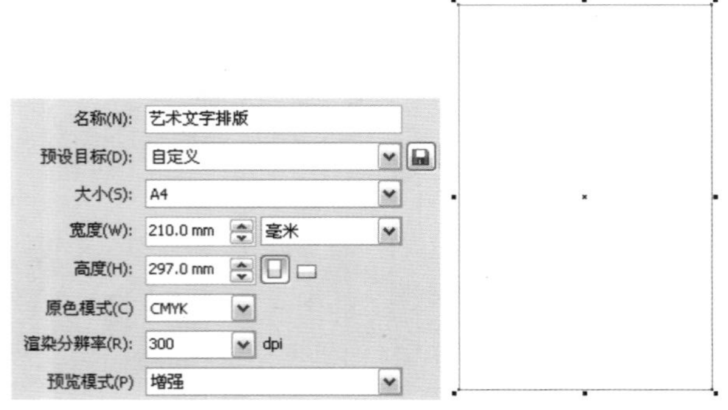

图6-5-1 设置“新建”参数　　图6-5-2 绘制矩形

3 按 F12 键打开“轮廓笔”对话框，设置“颜色”为黑色，“宽度”为 1.0mm，勾选“后台填充”和“按图像比例显示”选项，其他参数保持默认，如图 6-5-3 所示。单击“确定”按钮。

4 设置“轮廓笔”参数后，图像效果如图 6-5-4 所示。

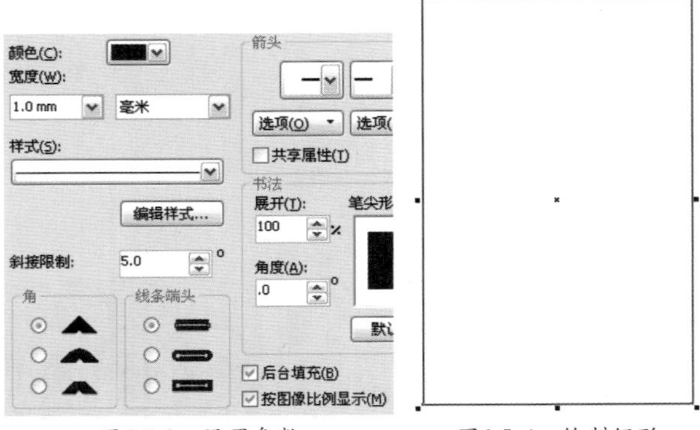

图6-5-3 设置参数　　图6-5-4 绘制矩形

5 单击“矩形工具”，绘制矩形图形，按快捷键 Ctrl+Q 转换对象为曲线。选择“形状工具”，选择左下角的节点上，向上单击拖曳，图像如图 6-5-5 所示。

6 按 F11 键打开“渐变填充”对话框，设置“类型”为辐射，“垂直”为 -60%，在“颜色调和”选项区域中选择“自定义”选项，分别设置为：

位置：0%　颜色（C：0；M：0；Y：0；K：80）；

位置：100%　颜色（C：0；M：0；Y：0；K：50）。

如图 6-5-6 所示。单击“确定”按钮。

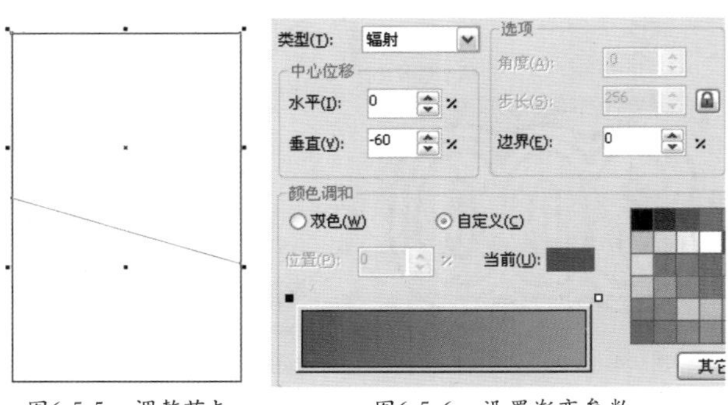

图6-5-5 调整节点　　图6-5-6 设置渐变参数

7 填充渐变色后，右键单击调色板上的“透明色”按钮⊠，取消轮廓颜色，效果如图 6-5-7 所示。

8 单击属性栏上的“导入”按钮，导入素材图片：城市 1.tif。导入素材后调整素材大小和位置，效果如图 6–5–8 所示。

图6-5-7 填充渐变色

图6-5-8 导入素材

9 在属性栏的中输入参数为 343.5，按 Enter 键确定，调整素材位置。效果如图 6–5–9 所示。

10 选择“透明工具”，选择属性栏上的“透明度类型”为标准，“透明度操作”为减少，拖曳“开始透明度”滑块为 80，按 Enter 键确定。效果如图 6–5–10 所示。

图6-5-9 旋转角度

图6-5-10 添加透明度

11 单击“矩形工具”，在图像下方绘制矩形图形，按快捷键 Ctrl+Q 转换对象为曲线。选择“形状工具”，选择右上角的节点上，向下单击拖曳，调整矩形后，效果如图 6–5–11 所示。

12 按 F11 键打开“渐变填充”对话框，设置“角度”为 –100，“边界”为 4%，在“颜色调和”选项区域中选择“自定义”选项，分别设置为：

位置：0% 颜色（C：0；M：0；Y：80；K：0）；

位置：20% 颜色（C：0；M：0；Y：80；K：0）；

位置：80% 颜色（C：0；M：100；Y：60；K：0）；

位置：100% 颜色（C：0；M：100；Y：60；K：0）。如图 6–5–12 所示。单击“确定”按钮。

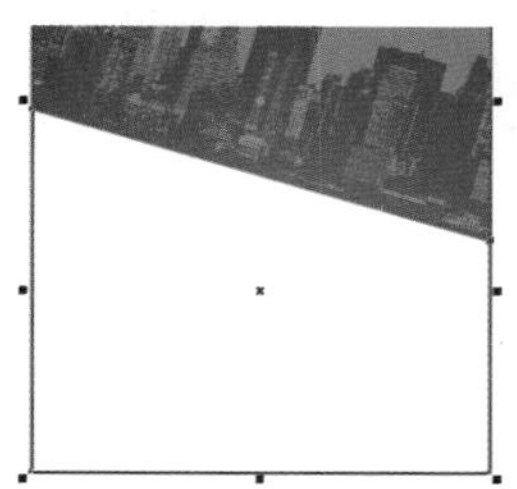

图6-5-11 调整图形

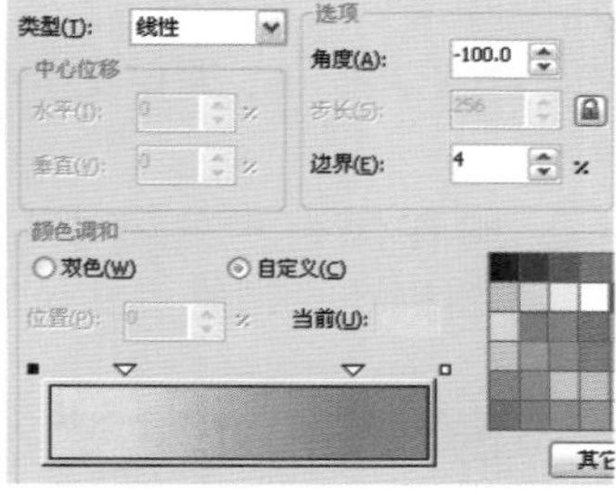

图6-5-12 设置渐变参数

13 填充渐变色后，右键单击调色板上的“透明色”按钮，取消轮廓颜色，效果如图 6–5–13 所示。

14 单击属性栏上的“导入”按钮，导入素材图片：城市 2.tif。导入素材后调整素材大小，如图 6–5–14 所示。

图6-5-13 填充渐变色

图6-5-14 导入素材

15 在属性栏的中输入参数为 165.7，按 Enter 键确定，调整素材位置。如图 6–5–15 所示。

16 选择“透明工具”，选择属性栏上的“透明度类型”为标准，拖曳“开始透明度”滑块为 99，按 Enter 键确定。效果如图 6–5–16 所示。

图6-5-15 旋转角度

图6-5-16 添加透明度

17单击“文本工具”，在图像上方输入英文：Charm。选中输入的英文，在属性栏上设置“字体”为 Adobe Gothic Stb B，设置字体颜色为白色，单击“形状工具”，调整文字间距，效果如图 6–5–17 所示。

18在属性栏的中输入参数为 343.5，按 Enter 键确定，调整英文位置。如图 6–5–18 所示。

图6-5-17　输入文字

图6-5-18　旋转角度

19选择“贝塞尔工具”，在字母 a 边缘绘制轮廓。选择“选择工具”，先选择绘制的图形轮廓，再按住 Shift 键选择英文图形，单击属性栏上的“相交”按钮，将相交部分的图形进行复制。再次选择绘制的图形轮廓，再按住 Shift 键选择英文图形，单击属性栏上的“修剪”按钮，将相交部分的图形进行删除。如图 6–5–19 所示。

20选择绘制的图形轮廓，按 Delete 键删除图形。选择字母 a，在属性栏的中输入参数为 269.1，按 Enter 键确定，在对英文字母进行调整。效果如图 6–5–20 所示。

图6-5-19　绘制图形

图6-5-20　旋转角度

21单击属性栏上的“导入”按钮，导入素材图片：椰树 .tif。导入素材后调整素材大小和位置，如图 6–5–21 所示。

22选择“贝塞尔工具”，绘制图形将字母 h 和椰树进行连接绘制，如图 6–5–22 所示。

图6-5-21　导入素材

图6-5-22　绘制图形

23按快捷键 Shift + F11 打开“均匀填充”对话框，设置颜色为白色，单击“确定”按钮，取消轮廓色。效果如图 6–5–23 所示。

24选择“文本工具”，在图像中输入字母：F。选择输入的字母，在属性栏上设置“字体”为 Adobe Gothic Stb B，设置字体颜色为白色，在属性栏的中输入参数为 252.5，按 Enter 键确定，调整字母位置。效果如图 6–5–24 所示。

图6-5-23　填充颜色

图6-5-24　调整文字

25选择“贝塞尔工具”，绘制多个图形，如图 6–5–25 所示。

26选择“选择工具”，框选绘制的图形。按快捷键 Ctrl+G 群组选中的图形，按快捷键 Shift + F11 打开“均匀填充”对话框，设置颜色为白色，单击“确定”按钮，取消轮廓色。如图 6–5–26 所示。

图6-5-25 绘制图形

图6-5-26 填充颜色

27选择“文本工具”，在图像中输入英文：of the city。选择输入的英文，在属性栏上设置“字体”为方正黑体简体。选择“形状工具”，调整文字间距，如图 6–5–27 所示。

28在属性栏的中输入参数为 73.8，按 Enter 键确定，调整英文大小和位置。如图 6–5–28 所示。

of the city

图6-5-27 调整文字

图6-5-28 旋转角度

29选择“选择工具”，先选择输入的英文图形，再按住 Shift 键选择绘制的白色图形，单击属性栏上的“修剪”按钮，将相交部分的图形进行删除。选择输入的英文图形，按 Delete 键进行删除。效果如图 6–5–29 所示。

30选择“文本工具”，在图像中输入文字：shion。选择输入的文字，在属性栏上设置“字体”为 Adobe Gothic Stb B，填充颜色为 90% 的黑（C：0；M：0；Y：0；K：90）。调整文字间距，在属性栏的中输入参数为 252.7，按“Enter”键确定，调整文字大小和位置。如图 6–5–30 所示。

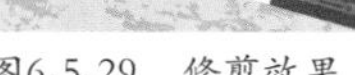

图6-5-29 修剪效果

图6-5-30 旋转文字

31选择“贝塞尔工具”，绘制图形。填充颜色为 90% 黑（C：0；M：0；Y：0；K：90），取消轮廓色，效果如图 6–5–31 所示。

32选择“文本工具”，在图像中输入文字：Star of city。选择输入的文字，在属性栏上设置“字体”为方正黑体简体，填充颜色为 90% 的黑（C：0；M：0；Y：0；K：90），在属性栏的中输入参数为 343.5，按 Enter 键确定，调整文字大小和位置。如图 6–5–32 所示。

图6-5-31 绘制图形

图6-5-32 输入文字

33选择“贝塞尔工具”，绘制图形。填充颜色为黑色，取消轮廓色，效果如图 6–5–33 所示。

34选择“文本工具”，在图像中输入文字：Star of city。选择输入的文字，在属性栏上设置“字体”为方正黑体简体，填充颜色为90% 的黑(C：0；M：0；Y：0；K：90)。调整文字间距，在属性栏的中输入参数为 163.8，按 Enter 键确定，调整文字大小和位置。如图 6–5–34 所示。

图6-5-33　绘制图形

图6-5-34　输入文字

35继续使用“文本工具”，在图像中输入文本。选择输入的文本，在属性栏上设置“字体”为 Adobe Gothic Stb B。调整输入的文本间距和大小，在属性栏的中输入参数为 343.5，按 Enter 键确定，调整文字位置。如图 6–5–35 所示。

36按 F12 键打开“轮廓笔”对话框，设置“颜色”为橘红色 (C：0；M：90；Y：100；K：0)，“宽度”为 0.35mm，勾选“后台填充”和“按图像比例显示”选项，其他参数保持默认，单击“确定”按钮。设置“轮廓笔”参数后，图像最终效果如图 6–5–36 所示。

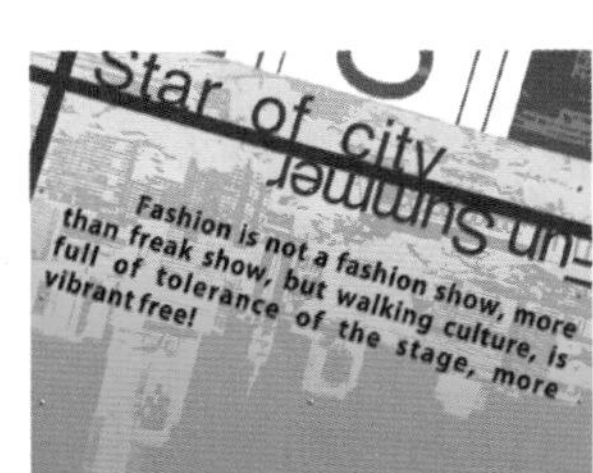

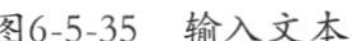
图6-5-35　输入文本

图6-5-36　最终效果

本章小结：通过上面案例的学习，了解并掌握了 CorelDRAW X5 绘制文字排版与设计的制作方法和运用技巧，通过对“形状工具”、“轮廓笔”和“段落格式化”等工具与命令的运用，掌握好本章的知识点，可以方便、快捷地绘制出任何想要的版式与文字设计。

第07章

标志与VI设计

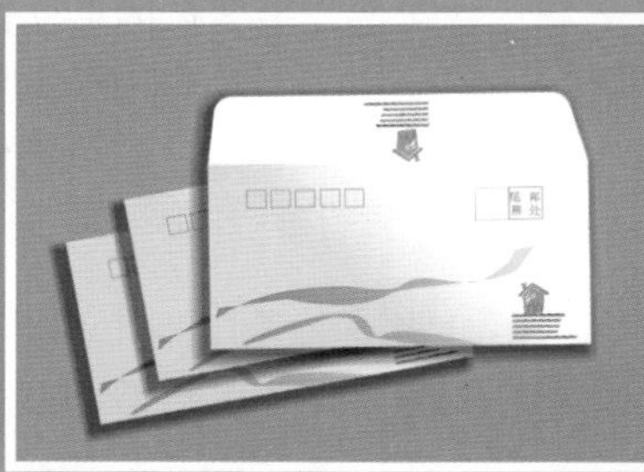

在注重品牌营销的今天，VI 设计的重要性不言而喻。VI 设计是展示企业形象和企业文化的重要手段，也是对外进行宣传和展示的主要窗口，本章将以装饰广告公司的 VI 设计为例进行设计理念和制作技巧的介绍。通过本章学习可以在未来设计出展现企业灵魂——VI。

7.1 VI标志设计

技能分析

制作本实例的主要目的是使读者了解并掌握如何在 CorelDRAW X5 软件中绘制标志，主要使用“钢笔工具”、“矩形工具”、“均匀填充工具”、“艺术笔工具”和“文字工具”绘制标志，完成最终效果的制作。

制作步骤

① 按快捷键 Ctrl + N 打开“创建新文档”对话框，设置“名称”为 VI 标志设计，“宽度”为 210mm，“高度”为 297mm，如图 7–1–1 所示。单击“确定”按钮。

② 单击“钢笔工具”，绘制如图 7–1–2 的图形，继续绘制如图 7–1–3 所示的图形，选中所绘制的图形，并按快捷键 Shift+F11 打开“均匀填充”对话框，设置颜色为绿色（C：100，M：0，Y：100，K：0），如图 7–1–4 所示。

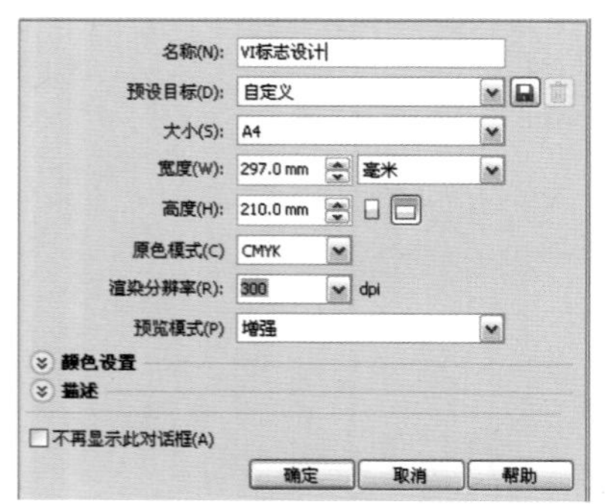

图7-1-1 设置“新建”参数

图7-1-2 绘制图形

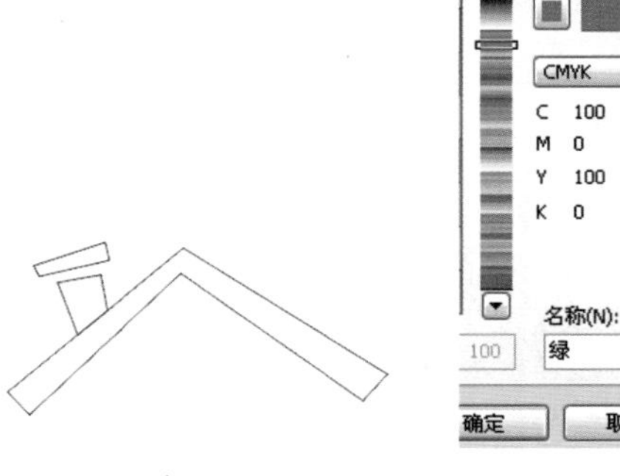

图7-1-3 绘制图形

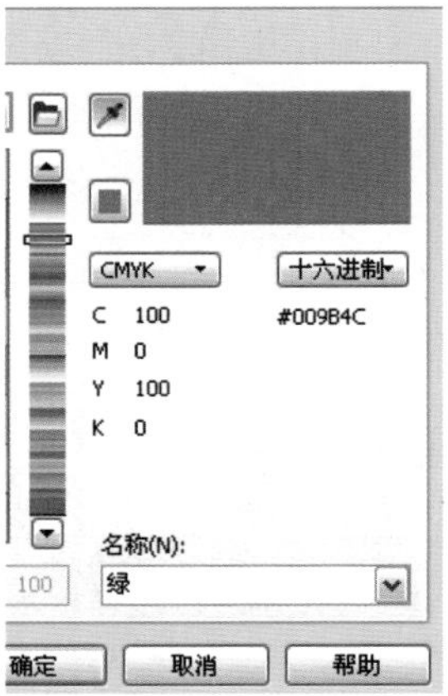

图7-1-4 设置颜色

③ 单击“确定”按钮，填充颜色后，右键单击调色板上的“透明色”按钮☒，取消轮廓颜色，如图 7–1–5 所示。

④ 继续使用“钢笔工具”，绘制如图 7–1–6 所示的图形，并按快捷键 Shift+F11 打开“均匀填充”对话框，设置颜色为青色（C：100，M：0，Y：0，K：0），如图 7–1–7 所示，单击“确定”按钮，填充颜色后，右键单击调色板上的“透明色”按钮☒，取消轮廓颜色，如图 7–1–8 所示。

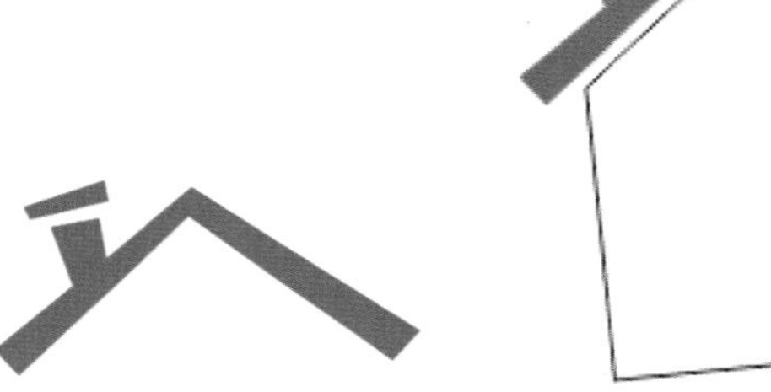

图7-1-5 填充颜色

图7-1-6 绘制图形

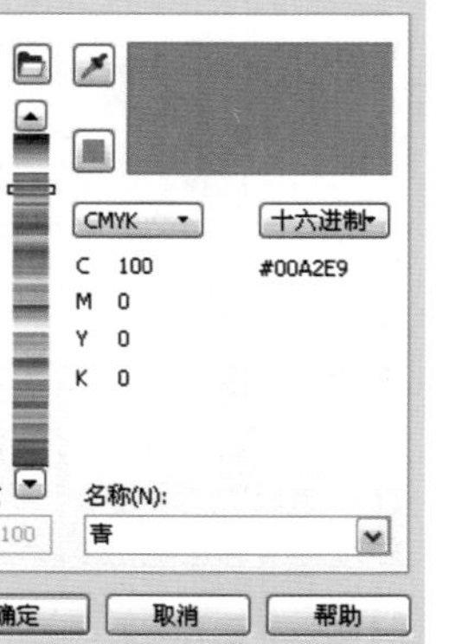

图7-1-7 设置颜色

图7-1-8 填充颜色

5 单击“钢笔工具”，绘制如图 7–1–9 所示的图形。按快捷键 Shift + F11 打开“均匀填充”对话框，设置颜色为白色（C:0，M:0，Y:0，K:0），如图 7–1–10 所示，单击“确定”按钮，填充颜色后，右键单击调色板上的“透明色”按钮⊠，取消轮廓颜色，如图 7–1–11 所示。

6 选择“艺术笔工具”，在属性栏中单击“笔刷”按钮，设置“类别”为“飞溅”，选择如图 7–1–12 所示的喷射图样。

图7-1-9 绘制图形

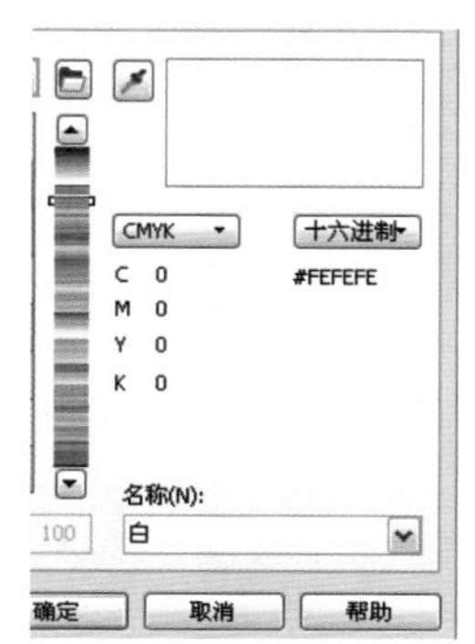

图7-1-10 设置颜色

图7-1-11 填充颜色

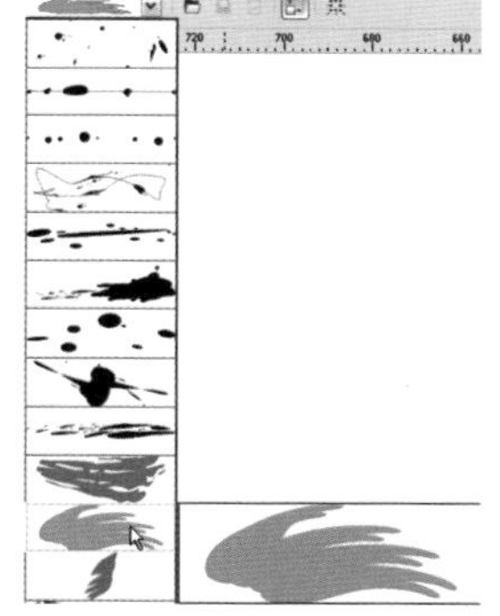
图7-1-12 选择喷射图样

7 在绘图页中绘制图形，并按快捷键 Shift + F11 打开“均匀填充”对话框，设置颜色为绿色（C:100，M:0，Y:100，K:0），如图 7–1–13 所示，单击“确定”按钮，填充颜色效果如图 7–1–14 所示。

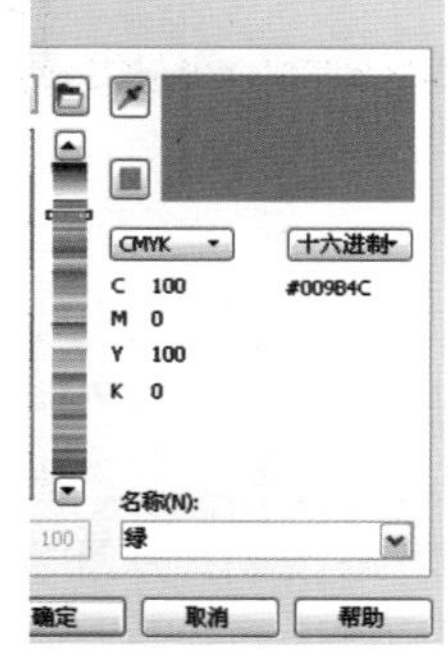

图7-1-14 填充颜色

图7-1-15 选择喷射图样

8 选择“艺术笔工具”，在属性栏中单击“笔刷”按钮，设置“类别”为“飞溅”，选择如图 7–1–15 所示的喷射图样，在绘图页中绘制图形，并按快捷键 Shift + F11 打开“均匀填充”对话框，设置颜色为白色（C:0，M:0，Y:0，K:0），如图 7–1–16 所示，单击“确定”按钮，效果如图 7–1–17 所示。

图7-1-13 设置颜色

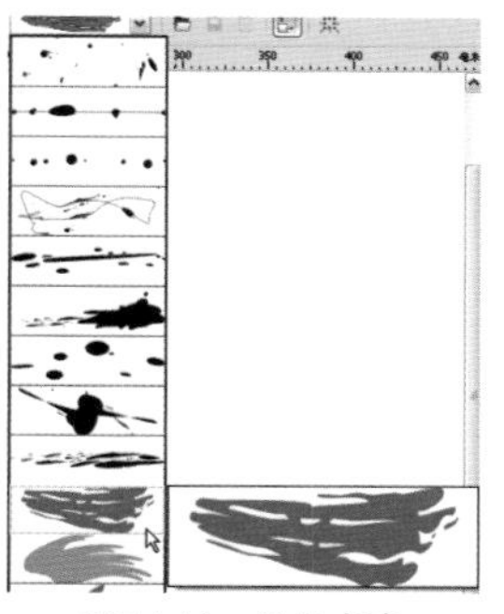
图7-1-16 设置颜色

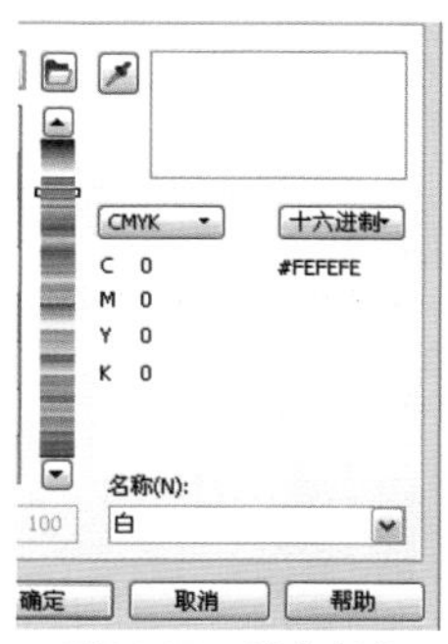

图7-1-17 填充颜色

9 选择“文本工具”，输入文字。选中输入的文字，在属性栏上设置“字体列表”为方正综艺简体，调整文字大小和位置，如图 7–1–18 所示，并按快捷键 Shift + F11 打开“均匀填充”对话框，设置“蒙”字颜色为红色（C:0，M:100，Y:100，K:0），如图 7–1–19 所示，单击“确定”按钮，效果如图 7–1–20 所示。

图 7-1-18 输入文字

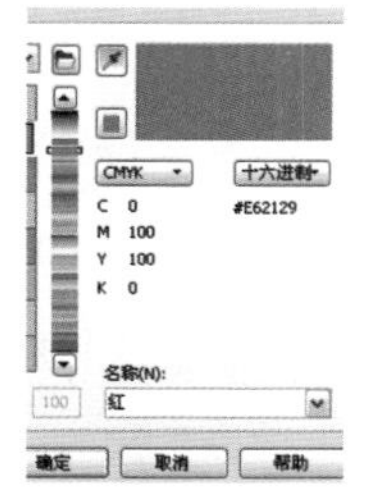

图 7-1-19 设置颜色

图 7-1-20 填充颜色

10 按快捷键 Shift + F11 打开“均匀填充”对话框，设置“饰”字颜色为黄色（C:0，M:0，Y:100，K:0），如图 7-1-21 所示，单击“确定”按钮，效果如图 7-1-22 所示，按快捷键 Shift + F11 打开“均匀填充”对话框，设置“公”字颜色为深褐色（C:0，M:20，Y:20，K:60），如图 7-1-23 所示，单击“确定”按钮，效果如图 7-1-24 所示。

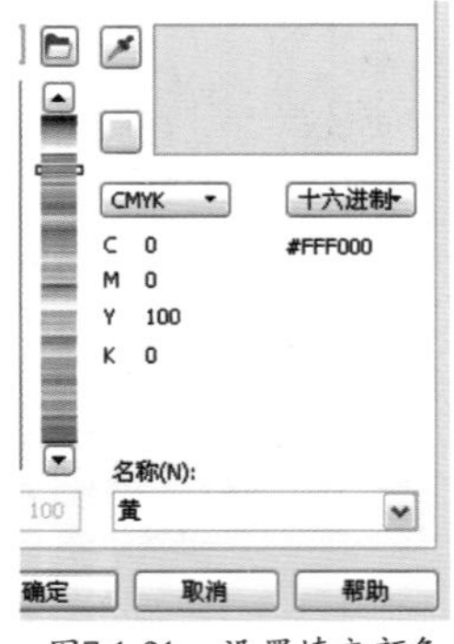

图7-1-21　设置填充颜色

蒙蒂装饰广告公司

图7-1-22　填充颜色效果

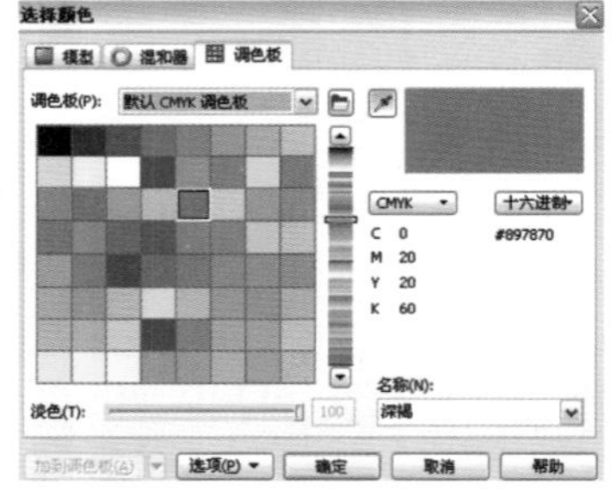

图7-1-23　设置填充颜色

图7-1-24　填充颜色效果

11 按快捷键 Shift + F11，打开“均匀填充”对话框，设置“蒂”、“装”、“广”、“告”、“司”字颜色设置为青色（C:100，M:0，Y:0，K:0），如图 7-1-25 所示，单击“确定”按钮，效果如图 7-1-26 所示。

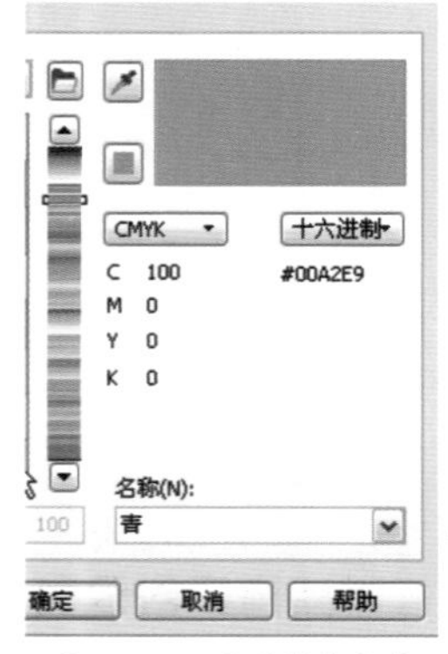

图7-1-25　设置填充颜色

蒙蒂装饰广告公司

图7-1-26　填充颜色效果

12 选择“矩形工具”，绘制如图 7-1-27 所示的图形，按快捷键 Shift + F11 打开“均匀填充”对话框，设置颜色为绿色（C:0，M:100，Y:0，K:100），如图 7-1-28 所示，单击“确定”按钮，填充颜色后，右键单击调色板上的“透明色”按钮☒，取消轮廓颜色，如图 7-1-29 所示，将绘制完成后的标志保存。

图 7-1-27　绘制图形

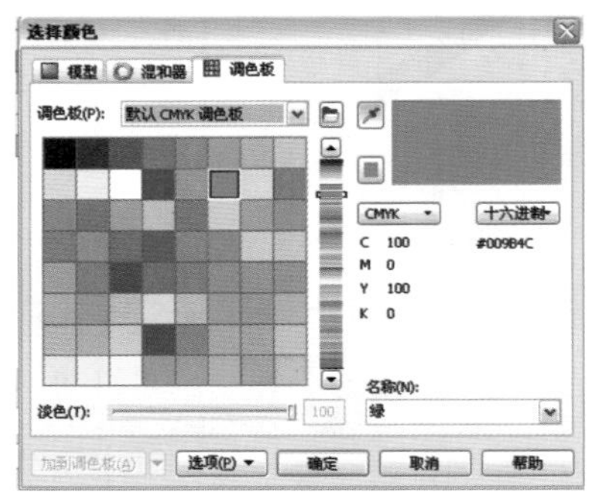

图7-1-28　设置填充颜色

图7-1-29　填充颜色效果

7.2 VI名片设计

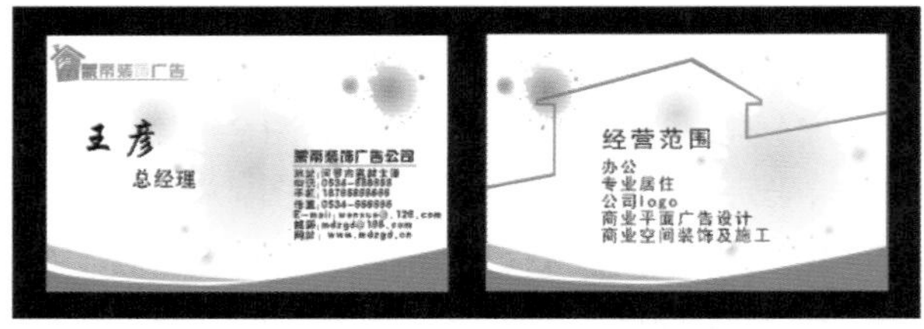

技能分析

制作本实例的主要目的是使读者了解并掌握如何在 CorelDRAW X5 软件中绘制名片，在本案例中主要使用“矩形工具”、“贝塞尔工具”、“文字工具”、“均匀填充”和“渐变填充”等进行绘制，从而完成最终效果。

制作步骤

1 按快捷键Ctrl + N打开“创建新文档”对话框，设置“名称”为VI名片设计，“宽度”为297mm，“高度”为210mm，如图7-2-1所示。单击“确定”按钮。

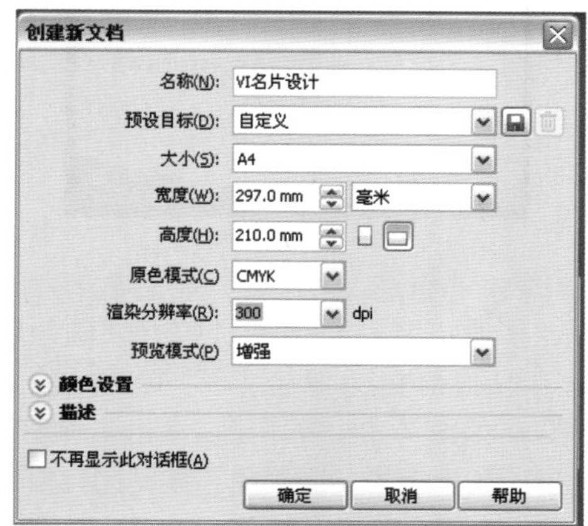

图7-2-1 设置“新建”参数

2 执行“布局”|“页面设置”命令，打开“选项”对话框，在左侧的列表中选择“背景”选项，并在右侧的“背景”选项区域中选择“纯色”选项，并将颜色设置为黑色，如图7-2-2所示，单击“确定”按钮，效果如图7-2-3所示。

图7-2-2 设置页面背景

图7-2-3 设置页面背景后的效果

3 单击“矩形工具”，绘制“宽度”为90mm，“高度”为50mm的图形。按快捷键Shift + F11打开“均匀填充”对话框，设置颜色为白色，单击“确定”按钮，右键单击调色板上的“透明色”按钮☒，取消轮廓颜色，如图7-2-4所示。

图7-2-4 绘制矩形并填充颜色

4 选择“贝塞尔工具”，绘制图形。如图7-2-5所示，选中最下方的图形，按快捷键Shift + F11打开“均匀填充”对话框，设置颜色为绿色（C：100；M：0；Y：100；K：0），如图7-2-6所示。单击“确定”按钮。然后右键单击调色板上的“透明色”按钮☒，取消轮廓颜色，再将另外一个图形的颜色设置为浅橘红色（C：0；M：40；Y：80；K：0），如图7-2-7所示。单击“确定”按钮。右键单击调色板上的“透明色”按钮☒，取消轮廓颜色，效果如图7-2-8所示。

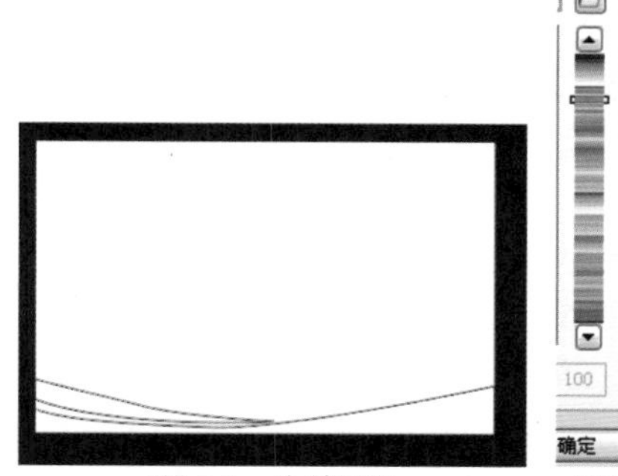

图7-2-5 绘制图形

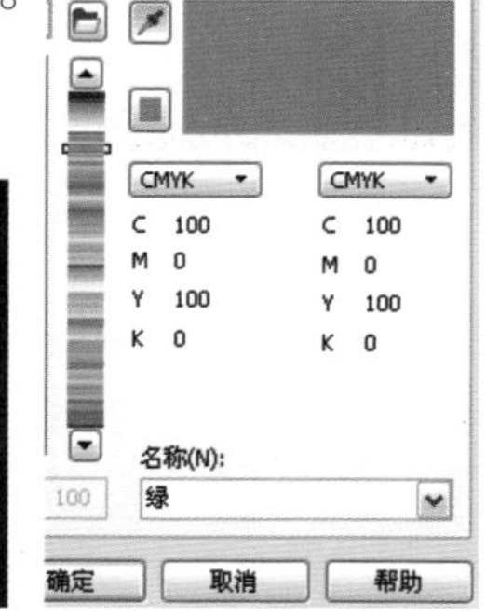

图7-2-6 设置填充颜色

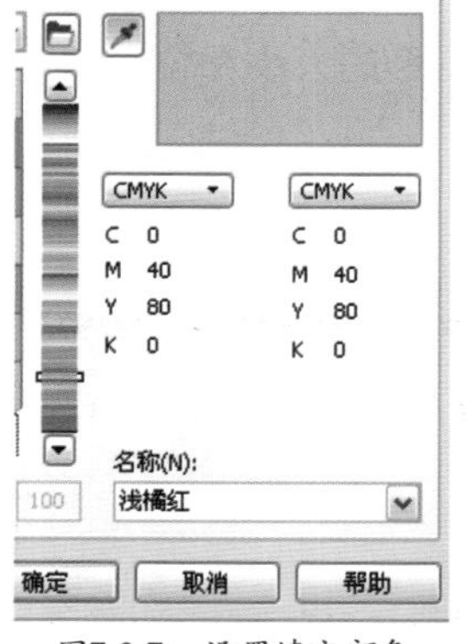

图7-2-7 设置填充颜色

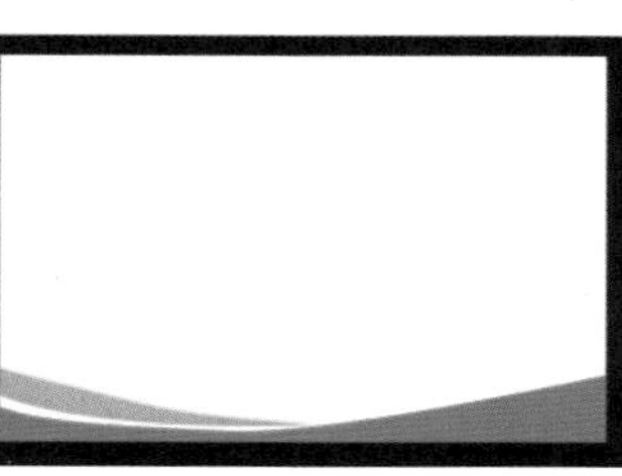

图7-2-8 填充颜色效果

5 选择“贝塞尔工具”，绘制如图 7-2-9 所示图形。选中绘制的图形，按快捷键 Ctrl+G 将其成组，按 F11 键打开“渐变填充”对话框，设置“类型”为辐射，“边界”为 13%，在“颜色调和”选项区域中选择“双色”选项，分别设置“从”颜色为白色（C：0；M：0；Y：0；K：0）；“到”颜色为青色（C:100;M:0;Y:0;K:0）。如图 7-2-10 所示。单击“确定”按钮，右键单击调色板上的“透明色”按钮☒，取消轮廓颜色，放置相应位置，效果如图 7-2-11 所示。

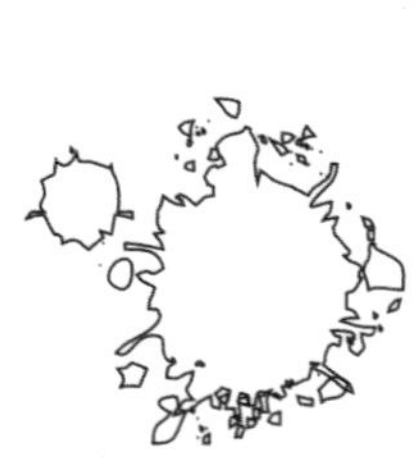

图7-2-9 绘制图形

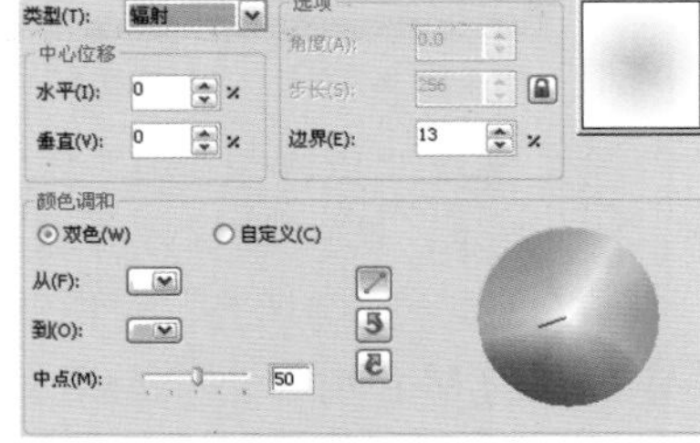

图7-2-10 设置颜色

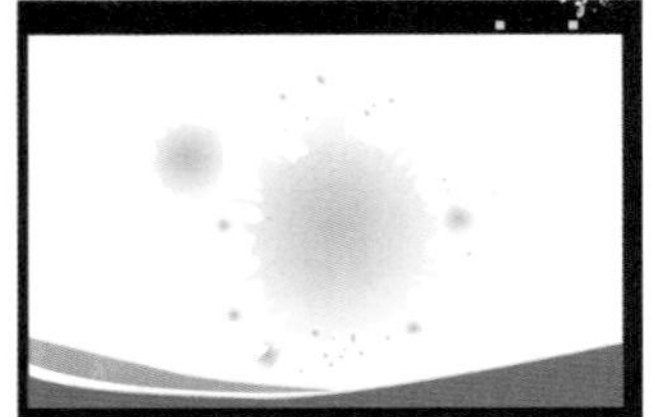

图7-2-11 填充渐变色后的效果

6 选择刚绘制的图形将其复制，按 F11 键打开“渐变填充”对话框，设置“类型”为辐射，“边界”为 13%，在“颜色调和”选项区域中选择“双色”单选框，分别设置“从”颜色为白色（C：0；M：0；Y：0；K：0）；“到”颜色为粉色（C：0；M：80；Y：40；K：0）。如图 7-2-12 所示。单击“确定”按钮，并调整复制后的图形的大小和位置，效果如图 7-2-13 所示。

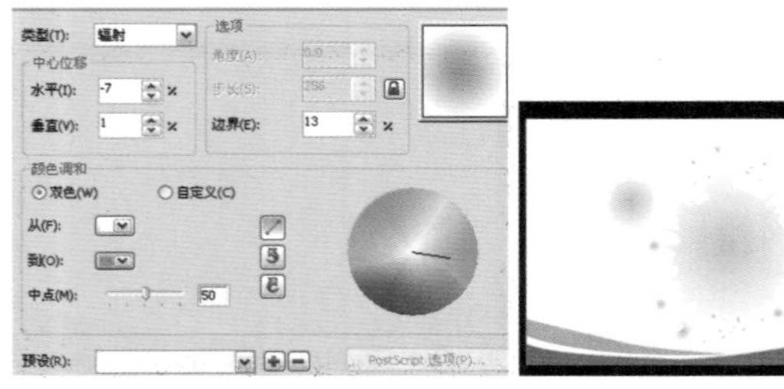

图 7-2-12 设置渐变色　　图7-2-13 填充颜色并调整图像

7 选择“文本工具”，在名片上输入文本。选择输入的文本，在属性栏上设置“字体”为方正综艺简体。调整文字的大小和位置，如图 7-2-14 所示。

图7-2-14 输入文字

8 单击“矩形工具”，在文字下方绘制一个矩形，按快捷键 Shift + F11 打开“均匀填充”对话框，设置颜色为绿色（C：100；M：0；Y：100;K:0），如图 7-2-15 所示。单击“确定”按钮，右键单击调色板上的“透明色”按钮☒，取消轮廓颜色，并放在相应位置，如图 7-2-16 所示。

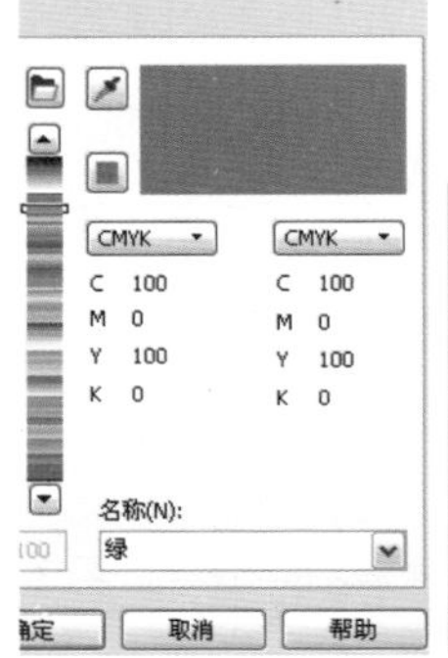

图7-2-15 设置填充颜色

图7-2-16 填充颜色效果

9 选择“文本工具”，在名片上输入文本。选择输入的文本，在属性栏上设置“字体”为汉仪大黑简，调整文字的大小和位置，如图 7-2-17 所示。

10 选择“文本工具”，在名片上输入文本。选中输入的文本“王彦”，在属性栏上设置“字体”为华文行楷，调整文字的大小和位置，如图 7-2-18 所示。选择输入的文本“总经理”，在属性栏上设置“字体”为方正宋黑简体，调整文字的大小和位置。

图7-2-17 输入文字　　图7-2-18 输入并设置文字

11 单击属性栏上的“导入”按钮，导入素材文件：VI 标志设计 .cdr。选择导入素材，调整其位置，名片正面绘制完毕，如图 7-2-19 所示。

12 单击“选择工具”，选中如图 7-2-20 所示的图形。

图7-2-19　名片正面绘制完毕

图7-2-20　选择图形

13 向右单击拖曳，在拖曳的同时单击右键进行复制，复制后的效果如图 7-2-21 所示。

14 单击“选择工具”，选中如图 7-2-22 所示的图形。

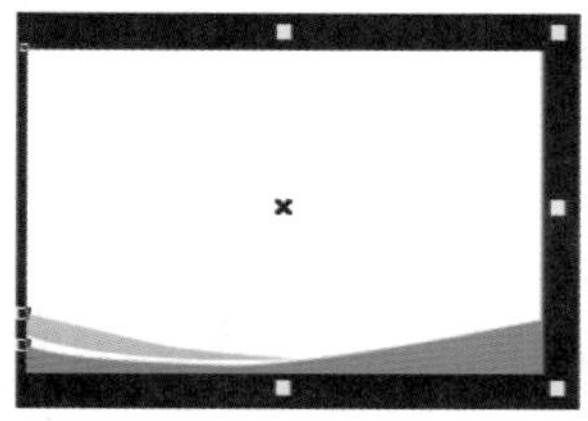
图7-2-21　复制图形

图7-2-22　选择图形

15 向右单击拖曳，在拖曳的同时单击右键进行复制，选中复制的图形，调整角度、大小、位置，效果如图 7-2-23 所示。

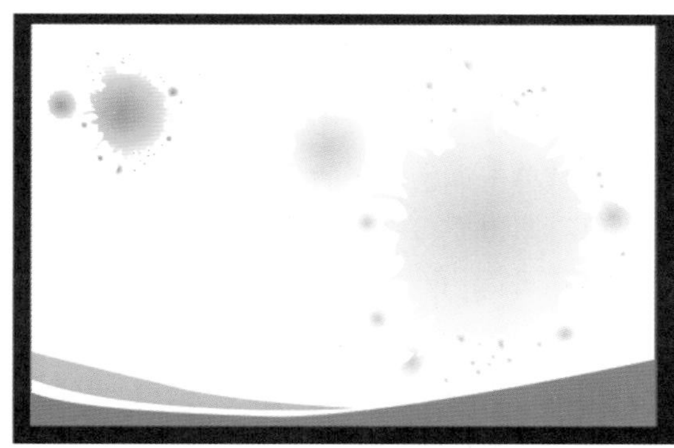
图7-2-23　复制图形

16 选择“贝塞尔工具”，绘制图形，按快捷键 Shift+F11 将其填充颜色设置为绿色（C：100；M：0；Y：100；K：0），如图 7-2-24 所示，单击“确定”按钮。右键单击调色板上的“透明色”按钮☒，取消轮廓颜色，并调整其位置，如图 7-2-25 所示。

图7-2-24　设置颜色

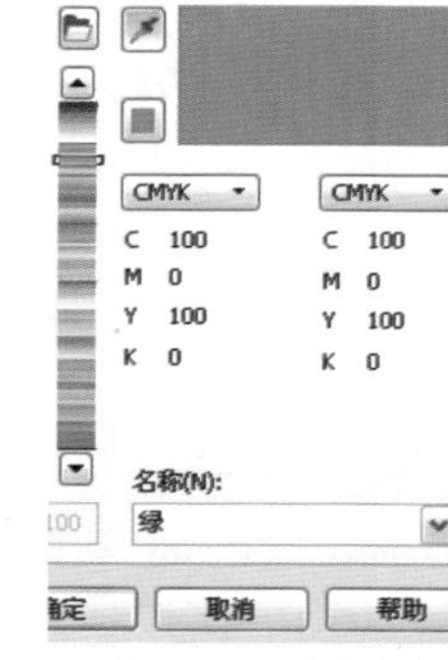

图7-2-25　填充颜色

17 选择“文本工具”，在名片上输入文本。选中输入的文本，在属性栏上设置“字体”为黑体，调整文字的大小和位置，名片反面绘制完毕，如图 7-2-26 所示。

18 框选所有组成名片正面和反面的所有图形对象，按快捷键 Ctrl+G 进行群组。最终效果如图 7-2-27 所示。

图7-2-26　名片反面效果

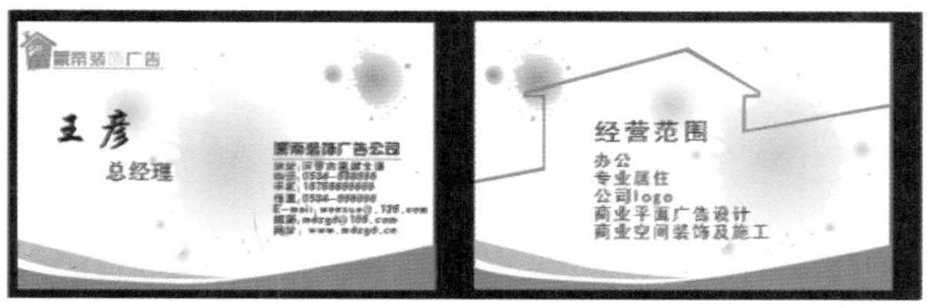
图7-2-27　最终效果

7.3 VI信封设计

技能分析

制作本实例的主要目的是使读者了解并掌握如何在 CorelDRAW X5 软件中绘制信封，主要使用“矩形工具”、“贝塞尔工具”等绘制信封外轮廓及其他细节部分；运用“渐变填充工具”、“阴影工具”、“透明度工具”等填充颜色和制作图像效果，从而完成最终效果的制作。

制作步骤

1 按快捷键 Ctrl + N 打开“创建新文档”对话框，设置“名称”为 VI 信封设计，“宽度”为 297mm，“高度”为 210mm，如图 7-3-1 所示。单击“确定”按钮。

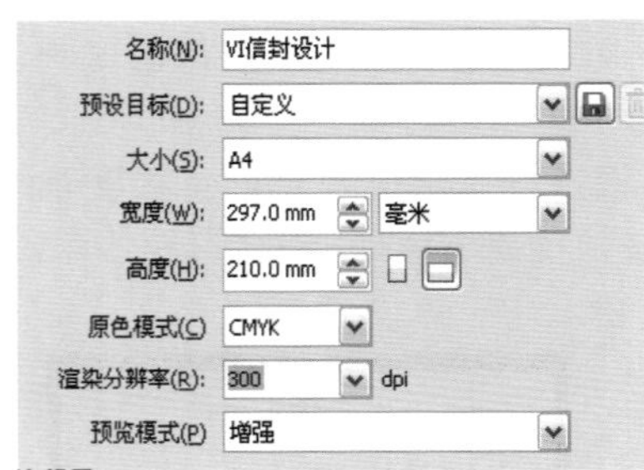

图7-3-1　设置“新建”参数

2 执行“布局”|“页面设置”命令，打开“选项”对话框，在左侧的列表中选择“背景”选项，并在右侧的“背景”选项区域中勾选“纯色”选项，将颜色设置为青色（C：100；M：0；Y：0；K：0），如图 7-3-2 所示，单击“确定”按钮，效果如图 7-3-3 所示。

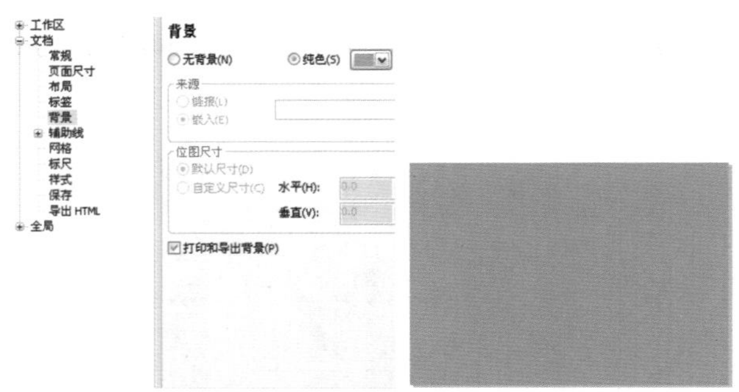

图7-3-2　设置页面背景　　图7-3-3　设置背景颜色后的效果

3 单击“矩形工具”，绘制图形。改变属性栏上的“宽度”为 95.2mm，“高度”为 47.6mm，如图 7-3-4 所示。

4 选择“渐变工具”，打开“渐变填充”对话框，设置“类型”为线性，在“选项”处设置“角度”为 44.3°，“边界”为 38，在“颜色调和”选项区域中选择“自定义”选项，分别设置为：

位置：0% 颜色（C：0；M：0；Y：0；K：20）；

位置：100% 颜色（C：0；M：0；Y：0；K：0）。

如图 7-3-5 所示，单击“确定”按钮。

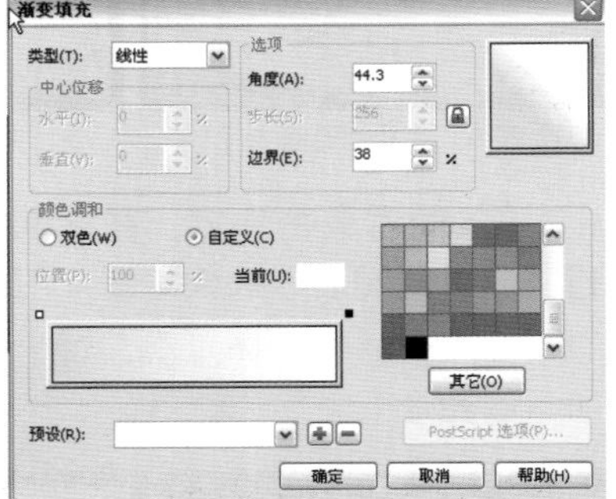

图7-3-4　绘制图形　　图7-3-5　设置渐变色

5 填充渐变后，右键单击调色板上的“透明色”按钮☒，取消轮廓色，如图 7-3-6 所示。

6 单击“贝塞尔工具”，绘制图形，如图 7-3-7 所示。

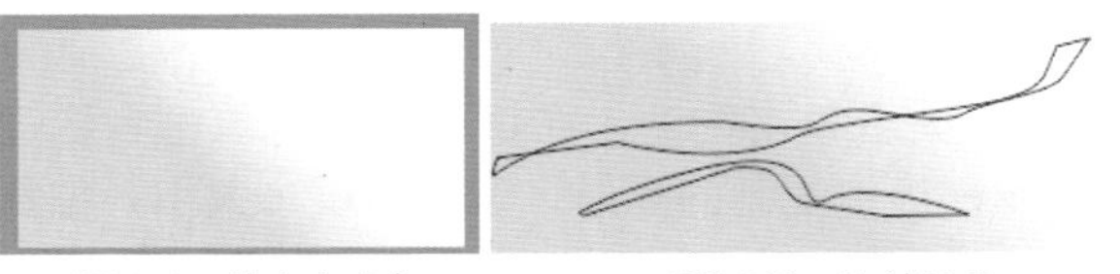

图7-3-6　填充渐变色　　图7-3-7　绘制图形

7 按快捷键 Shift + F11 打开“均匀填充”对话框，设置上面图形的颜色为绿色（C：100；M：0；Y：100；K：0），如图 7-3-8 所示，单击“确定”按钮。右键单击调色板上的“透明色”按钮☒，取消轮廓色。如图 7-3-9 所示。

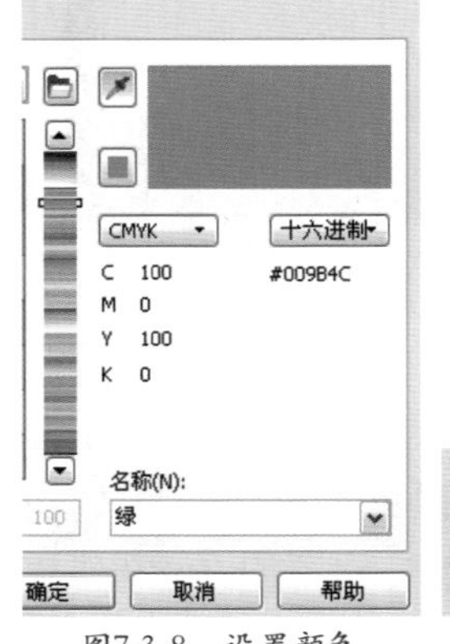

图7-3-8　设置颜色

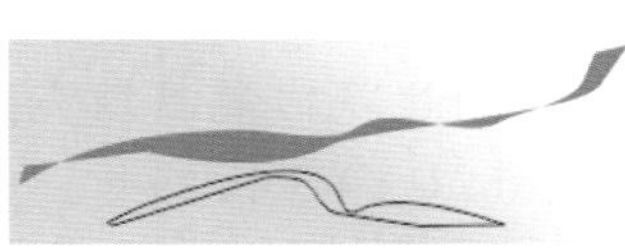

图7-3-9　填充颜色

8 按快捷键 Shift + F11 打开“均匀填充”对话框，设置下面图形的颜色为青色（C：100；M：0；Y：0；K：0），如图 7–3–10 所示，单击“确定”按钮，如图 7–3–11 所示。

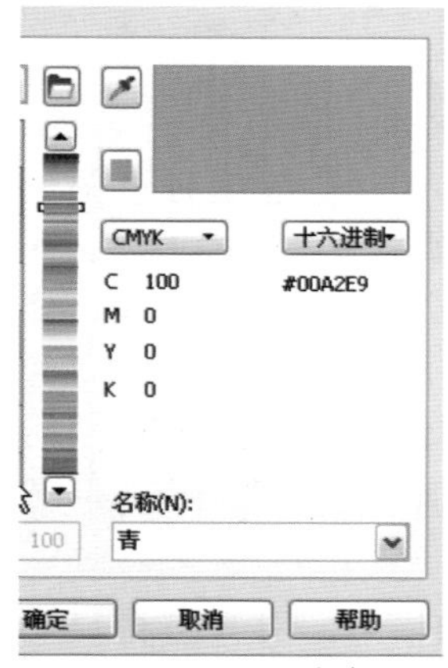

图7-3-10　设置颜色

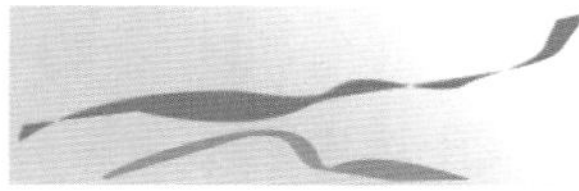
图7-3-11　填充颜色

9 选中绘制的图形，按快捷键 Ctrl+G 成组，单击“透明度工具”，选择属性栏上的“透明度类型”为线性，单击拖曳形成透明渐变效果。选择黑色色块，在属性栏上设置“透明中心点”为 82，添加透明度后，调整其位置，效果如图 7–3–12 所示。

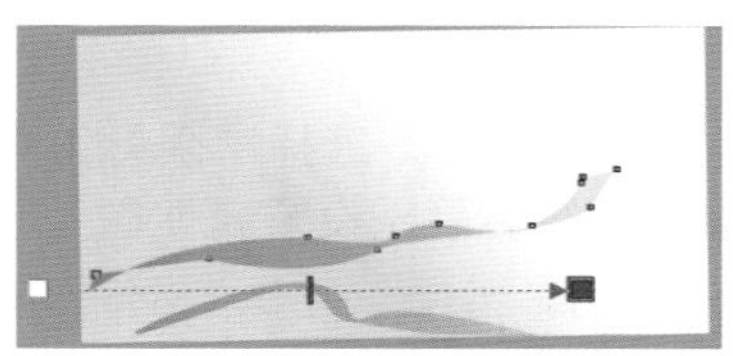
图7-3-12　设置透明效果

10 单击“矩形工具”，绘制图形，按 F12 键打开“轮廓笔”对话框，设置颜色为橘红色：（C：0；M：60；Y：100；K：0），如图 7–3–13 所示，其他参数保持默认，单击“确定”按钮，如图 7–3–14 所示。

图7-3-13　设置轮廓颜色

图7-3-14　填充轮廓后的颜色效果

11 选中绘制的矩形，向右单击拖曳，在移动中单击右键进行复制，效果如图 7–3–15 所示。

12 按 3 次快捷键 Ctrl+R，复制出 3 个矩形框，效果如图 7–3–16 所示。

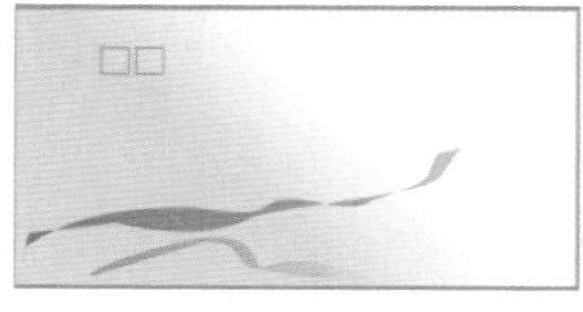
图7-3-15　拖移复制

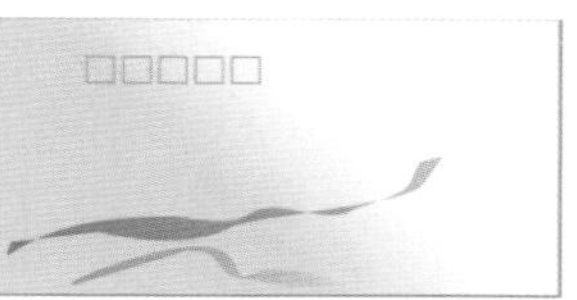
图7-3-16　复制多个矩形框

13 单击“矩形工具”，按住 Crtl 键绘制正方形。按 F12 键，打开“轮廓笔”对话框，设置颜色为橘红色（C：0；M：60；Y：100；K：0），“样式”为，其他参数保持默认，单击“确定”按钮，如图 7–3–17 所示。

14 单击“矩形工具”，按住 Crtl 键绘制正方形。按 F12 键，打开“轮廓笔”对话框，设置颜色为橘红色（C：0；M：60；Y：100；K：0），其他参数保持默认，单击“确定”按钮，如图 7–3–18 所示。

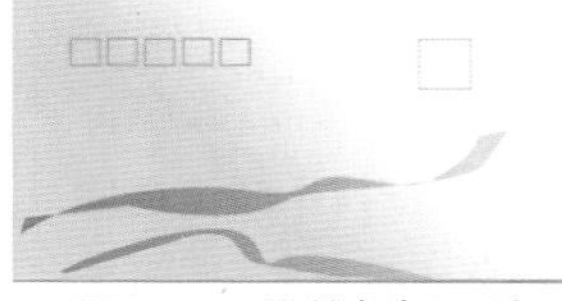
图7-3-17　绘制虚线矩形框

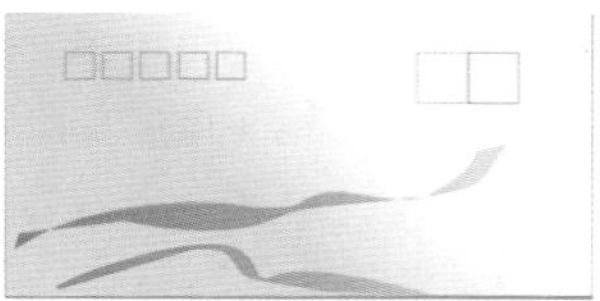
图7-3-18　绘制并设置矩形

15 单击“文本工具”，分别输入文字：贴、邮、票、处，选择输入的文字，在属性栏上设置“字体”为方正黑体简体，调整文字大小。并将其填充为橘黄色：（C：0；M：60；Y：100；K：0），效果如图 7–3–19 所示。

16 按快捷键 Ctrl+I 导入素材文件：标志 2.cdr，并调整素材文件的位置和大小，将其放置在信封右下角，效果如图 7–3–20 所示。

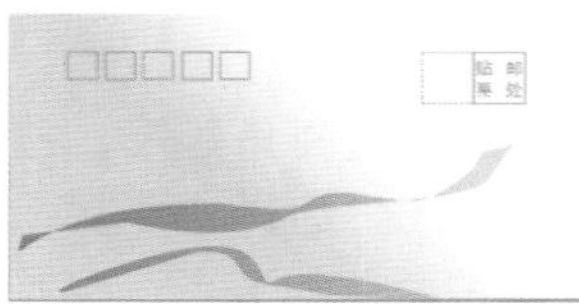
图7-3-19　输入并设置文字

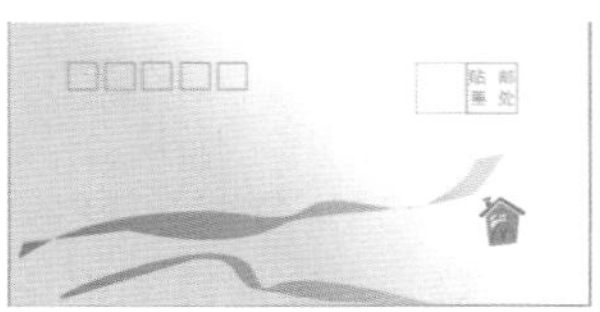
图7-3-20　导入素材

17 单击“文本工具”，在图像上方分别输入文字：“蒙蒂广告装饰有限公司”、“地址：河景市君越大道”、“电话：0534–888888”、“传真：

0534-6666666”、“Email-wenxue@.126.com”。选择输入的文字，在属性栏上设置“字体”为方正黑体简体，调整文字大小。效果如图 7-3-21 所示。

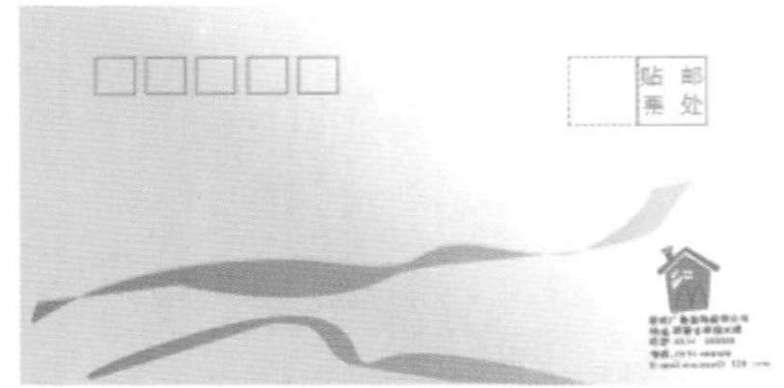
图7-3-21　输入文字

18 单击“矩形工具”，绘制图形，按快捷键 Shift + F11 打开“均匀填充”对话框，设置颜色为白色，单击“确定”按钮。右键单击调色板上的“透明色”按钮☒，取消轮廓色。如图 7-3-22 所示。

19 单击“形状工具”，框选该图形所有节点，在属性栏上设置左上角的圆角半径为 20°，右边上角的圆角半径为 20，效果如图 7-3-23 所示。

提示：

在属性栏上可以分别设置矩形4个边角的圆滑度，可有针对性的改变某个角的圆滑度。如果需要一起修改4个边角的平滑度，只需运用“形状工具”拖曳某个节点即可其他的3个角都会随之改变。

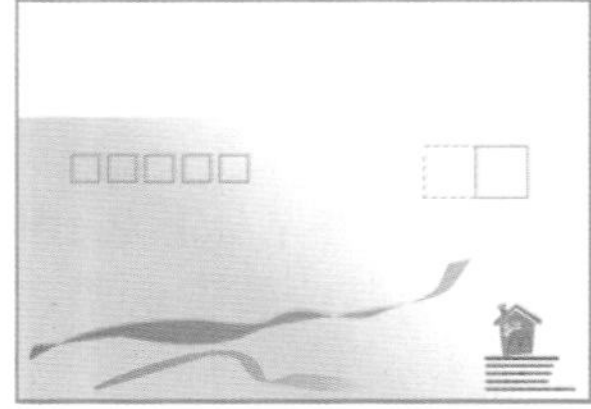
图7-3-22　绘制矩形并填充颜色

图7-3-23　设置圆角半径

20 使用“选择工具”，框选圆角矩形，按快捷键 Crrl+Q 将图形转换为曲线。选择“形状工具”，分别拖移图形上方左右两侧的节点，改变图像的形状，如图 7-3-24 所示。

21 选中信封右下角的标志及文字，按住鼠标左键，同时单击鼠标右键，进行复制，并拖曳到相应位置，单击属性栏上的“水平镜像”按钮和“垂直镜像”按钮，效果如图 7-3-25 所示。

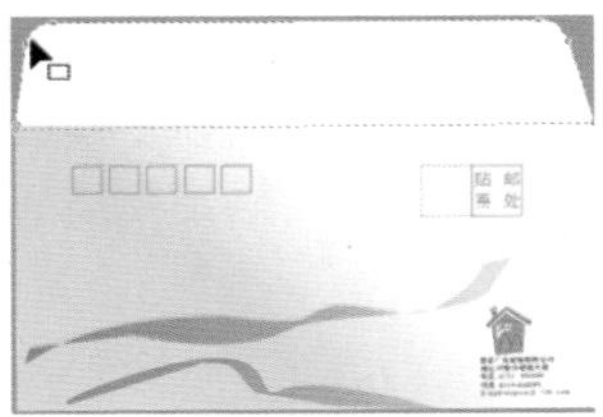
图7-3-24　修改图形

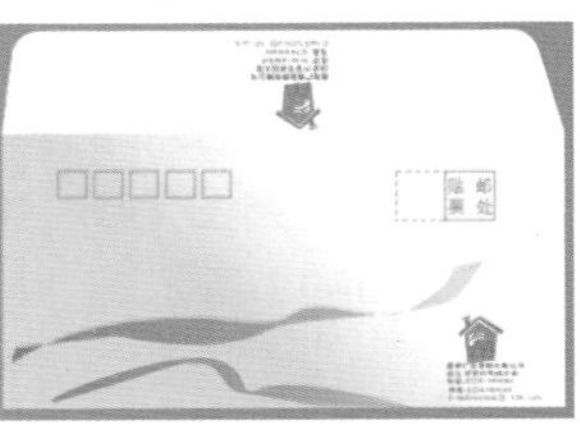
图7-3-25　复制标志及文字

22 选择“选择工具”，框选信封下部分，执行选中图像，同时单击右键，复制相同图形，并对其进行旋转，选择“阴影工具”，向外单击拖曳形成阴影后，设置属性栏上“阴影不透明度”为 65，“阴影羽化”为 5，“羽化方向”为向外，“阴影颜色”为黑色，其余保持默认值，如图 7-3-26 所示。

23 选中添加阴影后的信封，对其进行复制，并移动合适位置。如图 7-3-27 所示。

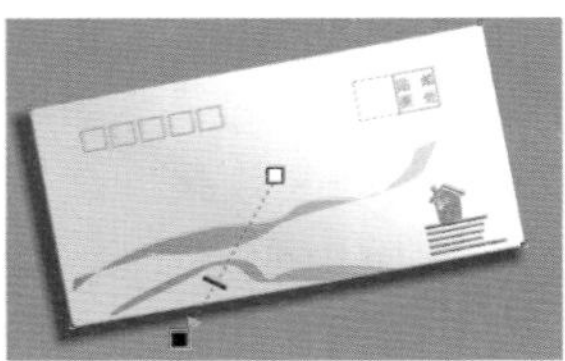
图7-3-26　绘制阴影

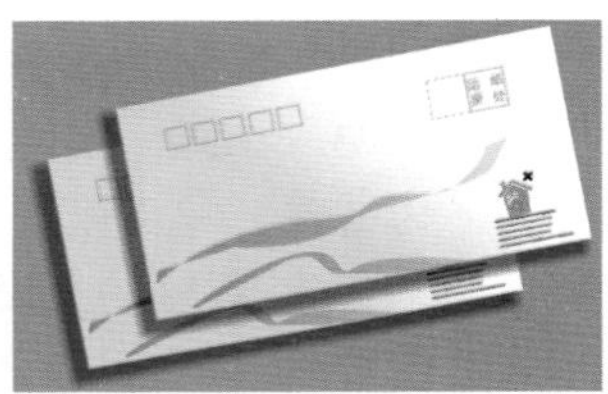
图7-3-27　复制图像

24 选中完整信封，选择“阴影工具”，向外单击拖曳形成阴影后，设置属性栏上“阴影不透明度”为 65，“阴影羽化”为 5，“羽化方向”为向外，“阴影颜色”为黑色，其余保持默认值，如图 7-3-28 所示。调整位置如图 7-3-29 所示。对完成后的文件进行保存。

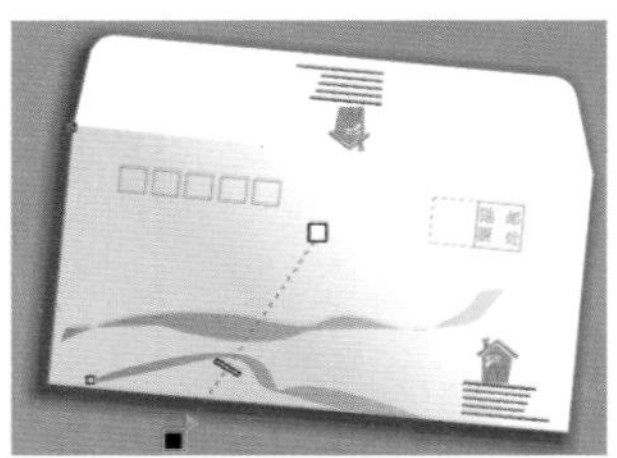
图7-3-28　绘制阴影

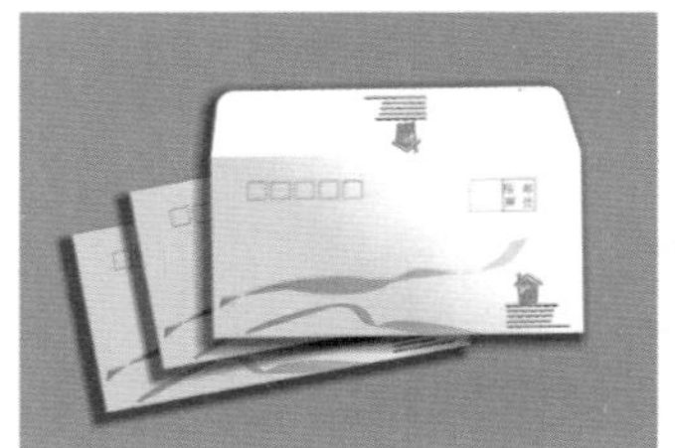
图7-3-29　最终效果

7.4 VI手提袋设计

技能分析

制作本实例的主要目的是使读者了解并掌握如何在 CorelDRAW X5 软件中绘制 VI 手提袋，在本案例中主要使用“贝塞尔工具”和“轮廓笔工具”等绘制出图形的轮廓，再使用“文字工具”、“导入工具”、“透明度工具”等制作出图像效果，从而完成最终效果。

制作步骤

1 按快捷键 Ctrl + N 打开“创建新文档”对话框，设置“名称”为 VI 手提袋设计，“宽度”为 297mm，“高度”为 210mm，如图 7-4-1 所示。单击“确定”按钮。

2 单击“矩形工具”，绘制矩形。按快捷键 Shift + F11 打开“均匀填充”对话框，设置颜色为青色:(C:100，M:0，Y:0，K:0)，单击“确定”按钮。右键单击调色板上的“透明色”按钮☒，取消轮廓颜色，如图 7-4-2 所示。

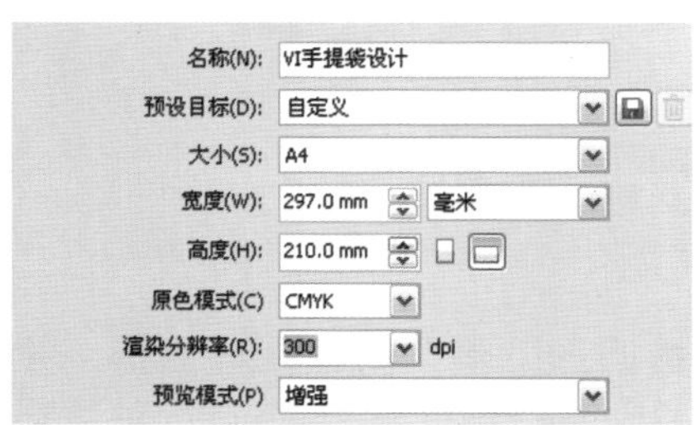

图7-4-1 设置“新建”参数　　图7-4-2 填充颜色

3 单击“贝塞尔工具”，绘制如图 7-4-3 所示图形，按 F11 键打开“渐变填充”对话框，设置“类型”为线形，“角度”为 -90.0，“边界”为 6，在“颜色调和”选项区域中选择“自定义”选项，分别设置为：

位置：0% 颜色（C：100；M：0；Y：0；K：0）；

位置：100% 颜色（C：0；M：0；Y：0；K：0）。

如图 7-4-4 所示，单击“确定”按钮，右键单击调色板上的“透明色”按钮☒，取消轮廓颜色，如图 7-4-5 所示。

4 单击“贝塞尔工具”，绘制如图 7-4-6 所示的图形，按 F11 键打开“渐变填充”对话框，设置“类型”为线形，“角度”为 -88，“边界”为 3，在“颜色调和”选项区域中选择“自定义”选项，分别设置为：

位置：0% 颜色为青色（C：100；M：0；Y：0；K：0）；

位置：100% 颜色为白色（C：0；M：0；Y：0；K：0）。

如图 7-4-7 所示，单击“确定”按钮，右键单击调色板上的“透明色”☒按钮，取消轮廓颜色，如图 7-4-8 所示。

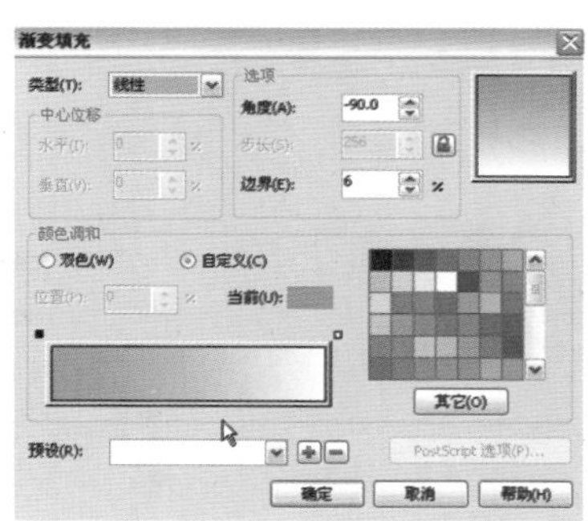

图7-4-3 绘制图形　　图7-4-4 设置渐变色

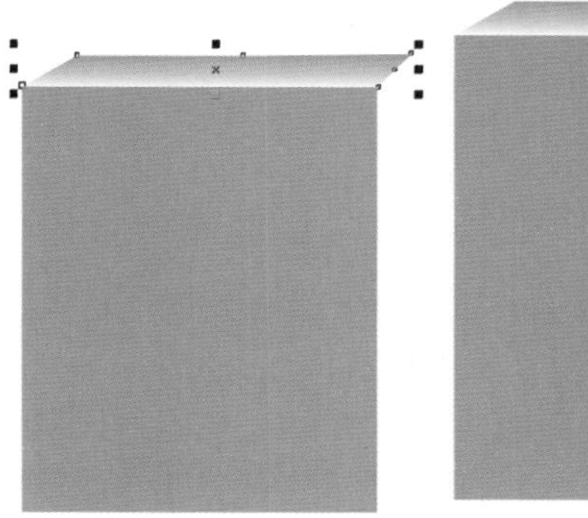

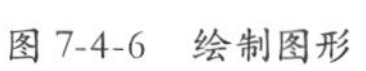

图7-4-5 填充渐变色　　图 7-4-6 绘制图形

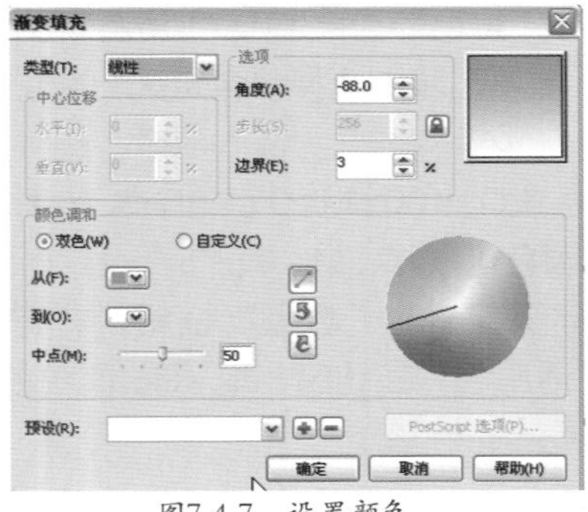
图7-4-7　设置颜色

图7-4-8　填充颜色

5 单击“贝塞尔工具”，绘制如图 7-4-9 所示图形，按快捷键 Shift + F11 打开“均匀填充”对话框，设置颜色为橘红色（C：0；M：60；Y：100；K：0），如图 7-4-10 所示。单击“确定”按钮，右键单击调色板上的“透明色”⊠按钮，取消轮廓色。如图 7-4-11 所示。

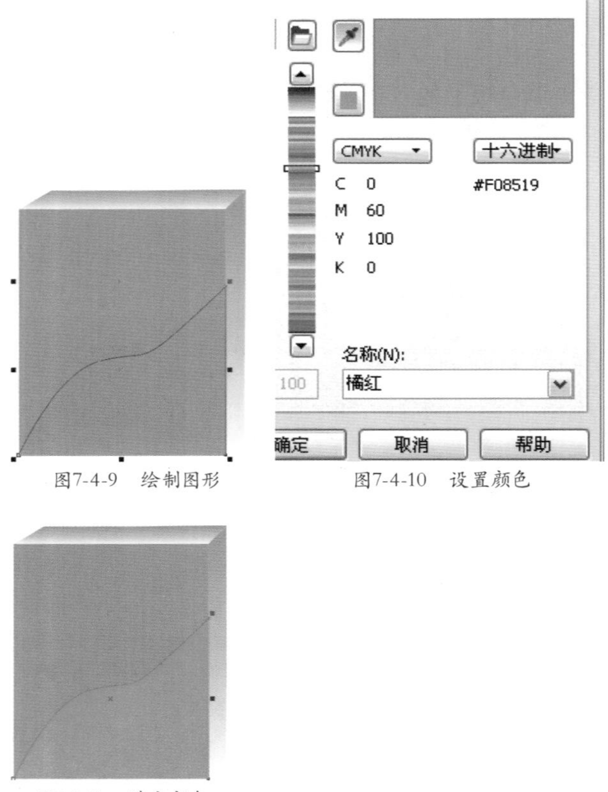

图7-4-9　绘制图形　图7-4-10　设置颜色

图7-4-11　填充颜色

6 选中该图形，单击拖曳选中的图形，同时单击右键，复制相同图形，调整其位置，按快捷键 Shift + F11 打开“均匀填充”对话框，设置颜色为白色（C：0；M：0；Y：0；K：0），如图 7-4-12 所示，单击“确定”按钮，并使用“裁剪工具”将多余部分修剪，如图 7-4-13 所示。

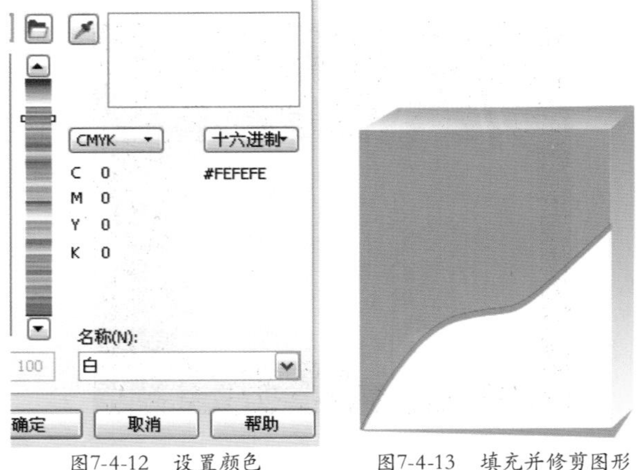

图7-4-12　设置颜色　图7-4-13　填充并修剪图形

7 单击“贝塞尔工具”，绘制如图 7-4-14 所示图形，按快捷键 Shift + F11 打开“均匀填充”对话框，设置颜色为青色（C：100；M：0；Y：0；K：0），如图 7-4-15 所示。单击“确定”按钮，右键单击调色板上的“透明色”⊠按钮，取消轮廓色。如图 7-4-16 所示。

图7-4-14　绘制图形

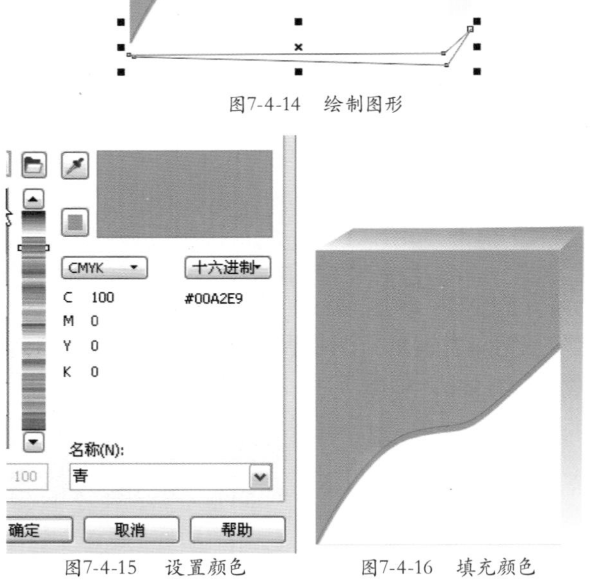

图7-4-15　设置颜色　图7-4-16　填充颜色

8 使用“椭圆形工具”绘制椭圆形，并按快捷键 Shift + F11，打开“均匀填充”对话框，设置颜色为黑色（C：0，M：0，Y：0，K：100），单击“确定”按钮。右键单击调色板上的“透明色”按钮⊠，取消轮廓颜色，效果如图 7-4-17 所示。

9 选择“选择工具”，选中椭圆形，将鼠标移至右下角控制柄上的同时按Shift键对椭圆图形进行同心缩放，单击右键进行复制，按快捷键Shift + F11打开“均匀填充”对话框，设置颜色为白色（C：0，M：0，Y：0，K：0），如图7-4-18所示。单击“确定”按钮，效果如图7-4-19所示。

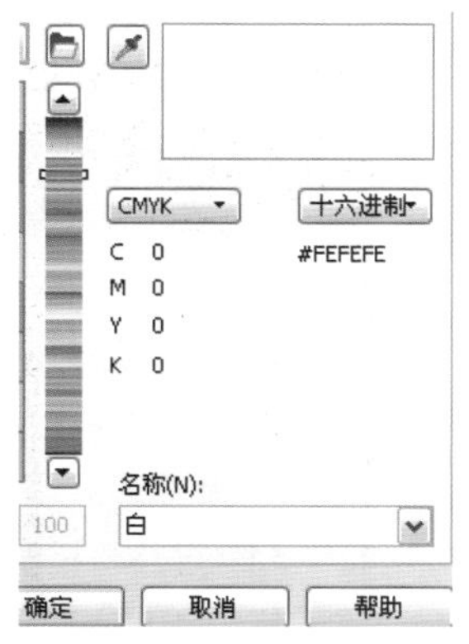

图7-4-18 设置颜色

图7-4-17 绘制椭圆图形

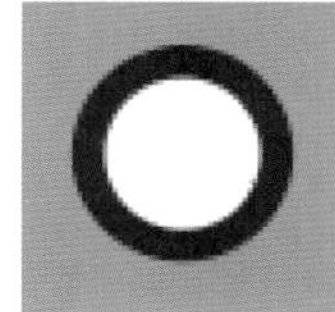

图7-4-19 复制椭圆并填充颜色

10 选中两个椭圆图形，单击右键，在弹出的快捷菜单中执行“群组”命令，选中群组后的图形同时单击右键，对其进行复制，并拖曳到相应位置，如图7-4-20所示。

11 用同样方法再次复制出2个图形，调整其位置，并将其缩小，如图7-4-21所示。

12 执行“布局”|“页面设置”命令，打开“选项”对话框，在左侧的列表中选择“背景”选项，在右侧的“背景”设置区域中选择“纯色”选项，并将颜色设置为黑色（C：100；M：0；Y：0；K：0），7-4-22所示，单击“确定”按钮，如图效果7-4-23所示。

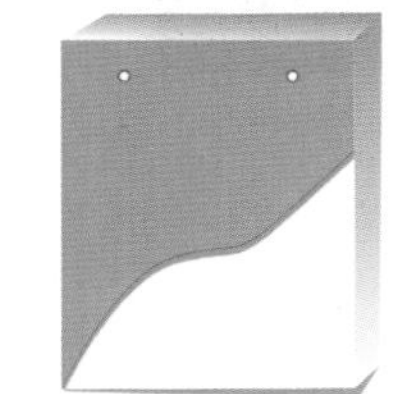

图7-4-20 复制移动图像

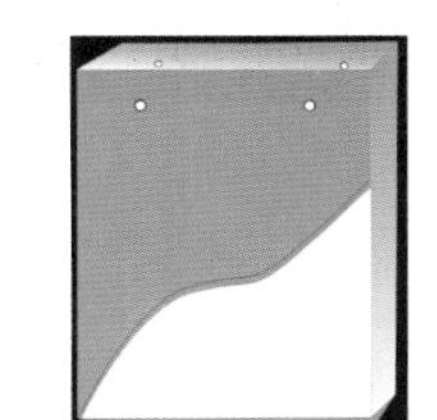

图7-4-21 复制并放置相应位置

图7-4-22 设置页面背景

图7-4-23 设置页面背景后的颜色

13 选择“轮廓笔工具”，在弹出的菜单中选择“轮廓笔”选项，如图7-4-24所示，在打开的“轮廓笔”对话框中设置颜色为白色（C：0；M：0；Y：0；K：0），“宽度”为2.0mm，其余保持默认值，如图7-4-25所示，单击“确定”按钮。

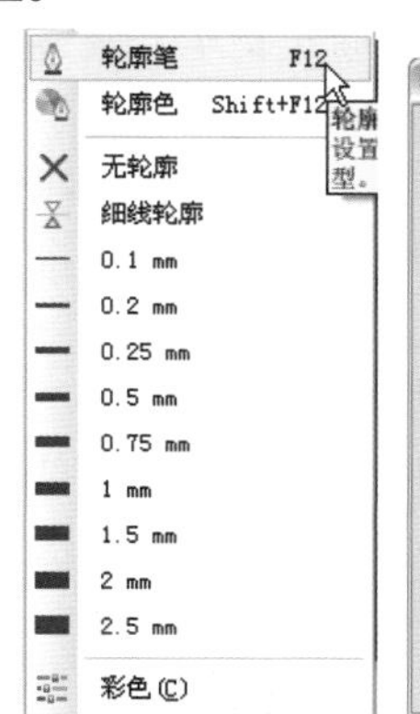

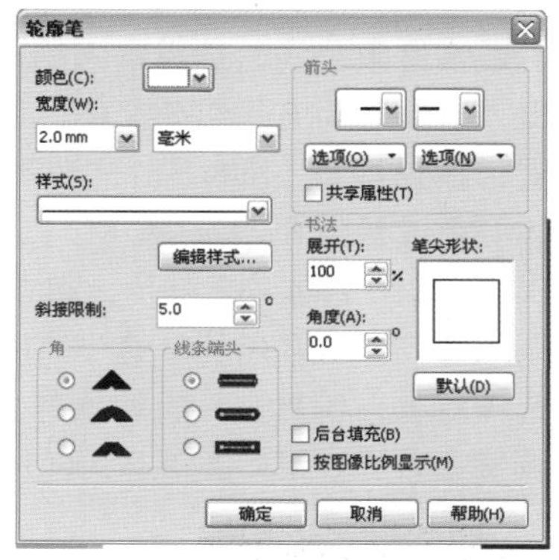

图7-4-24 选择“轮廓笔”选项　图7-4-25 设置轮廓笔

14 使用“贝塞尔工具”绘制图形，如图7-4-26所示。使用“形状工具”调整节点，如图7-4-27所示。选中绘制图形，单击拖曳选中图形，同时单击右键，复制相同图像，执行“排列”|“顺序”|“到图层后面”命令，调整其排放顺序，如图7-4-28所示。

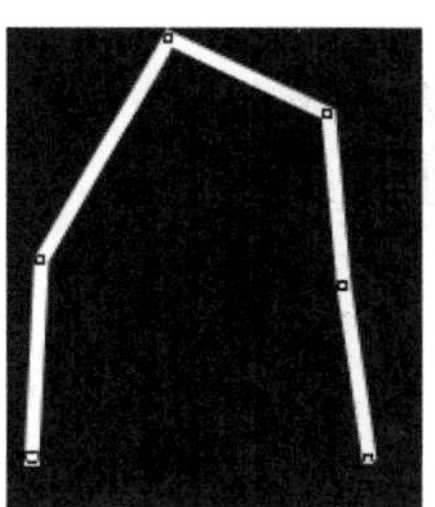

图7-4-26 绘制图形

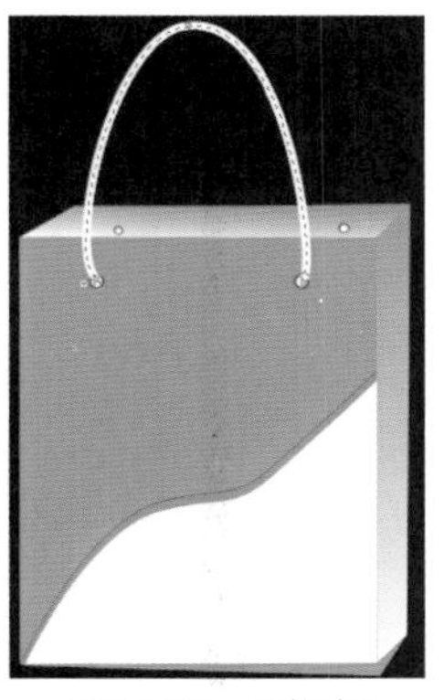

图7-4-27 调整节点

图7-4-28 调整排放顺序

15 单击属性栏上的“导入”按钮，导入素材文件：标志 2.cdr，如图 7-4-29 所示，并将其选中，单击右键进行复制，放置到如图 7-4-30 所示的位置。选择“透明度工具”，单击拖曳形成透明效果。如图 7-4-31 所示。

16 单击“文本工具”，单击属性栏中的“将文本更改为垂直方向”按钮，输入文字：蒙蒂广告装饰有限公司，选择输入的文字，在属性栏上设置“字体”为方正综艺简体。调整文字的大小和位置，按快捷键 Shift+F11，在弹出的对话框中将字体颜色设置为 80% 的黑（C：0，M：0，Y：0，K：80），如图 7-4-32 所示，单击“确定”按钮，效果如图 7-4-33 所示。选中文字及标志，再次单击选择对象，使其进入旋转状态，并调整它们的形状，调整完后的效果如图 7-4-34 所示。

图7-4-29 导入素材

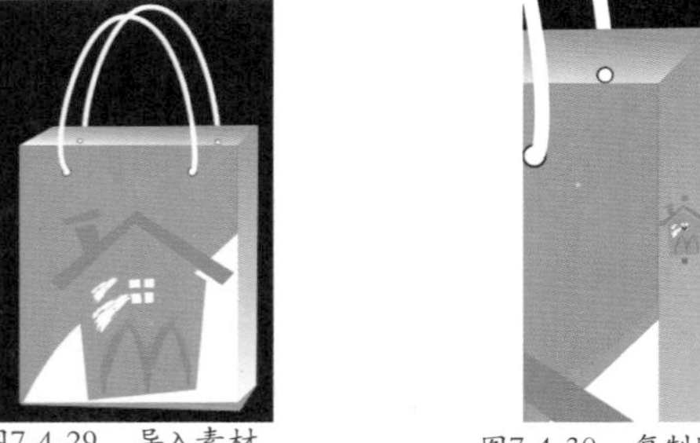
图7-4-30 复制图形

图7-4-31 透明效果

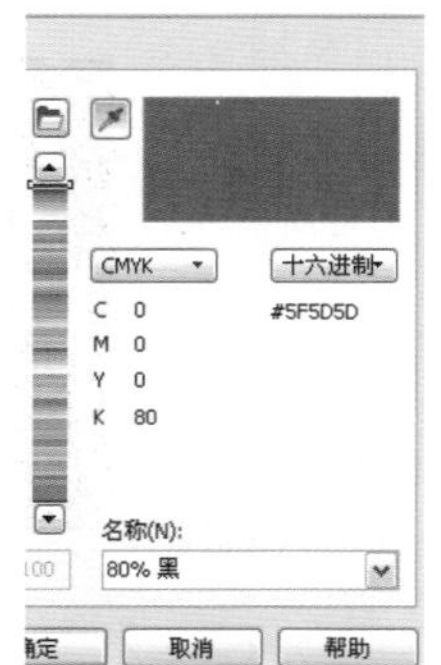

图7-4-32 设置颜色

图7-4-33 填充颜色后的效果

图7-4-34 选择并调整对象效果

17 单击“文本工具”，在场景中输入文字：蒙蒂广告装饰有限公司，选择输入的文字，在属性栏上设置“字体”为方正综艺简体。调整文字的大小和位置，按快捷键 Shift+F11，在弹出的对话框中将字体颜色设置为黑色：（C：0，M：0，Y：0，K：100），如图 7-4-35 所示。单击“确定”按钮，效果如图 7-4-36 所示。

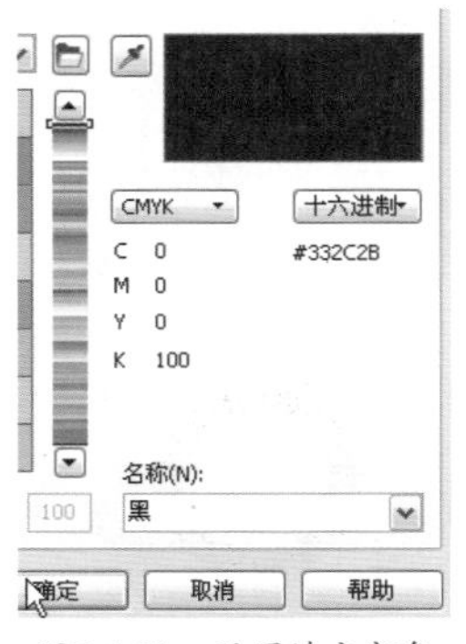

图7-4-35 设置填充颜色

图7-4-36 填充颜色

18 选择所有图形对象，按小键盘上的 + 号键进行复制，并调整它们在场景中的大小和位置，最终效果如图 7-4-37 所示。对完成后的文件进行保存。

图7-4-37 最终效果

7.5 绘制记事本

技能分析

制作本实例的主要目的是使读者了解并掌握如何在 CorelDRAW X5 软件中绘制记事本，在本案例中主要使用“矩形工具”、“渐变填充工具”、“贝塞尔工具”、“椭圆形工具”、“文本工具”和“修剪工具”等工具绘制并设置图像，从而完成最终效果的制作。

制作步骤

1 按快捷键 Ctrl + N 打开“创建新文档”对话框，设置“名称”为绘制记事本，“宽度”为 297mm，“高度”为 210mm，如图 7-5-1 所示。单击“确定”按钮。

2 单击“矩形工具”，绘制矩形，如图 7-5-2 所示。

提示：

在使用“矩形工具”绘制矩形时，按Ctrl键，单击拖曳鼠标，可绘制一个正方形。按Shift键可锁定水平或垂直方向绘制矩形。

图7-5-1 设置“新建”参数　　图7-5-2 绘制矩形

3 按快捷键 Shift + F11 打开“均匀填充”对话框，设置颜色为 50% 的黑（C：0，M：0，Y：0，K：50），如图 7-5-3 所示，单击“确定”按钮。右键单击调色板上的“透明色”按钮☒，取消轮廓颜色，效果如图 7-5-4 所示。

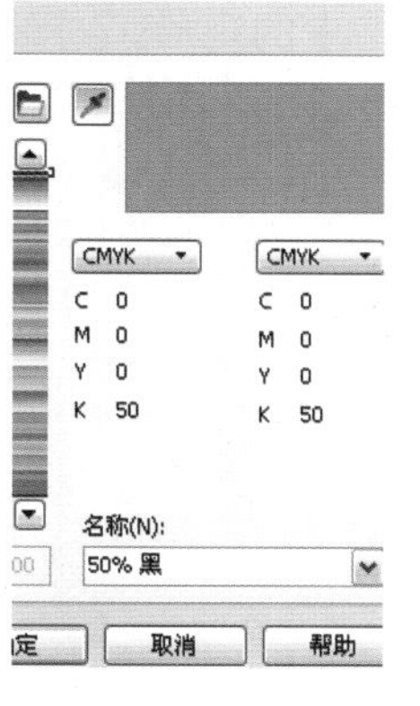

图7-5-3 设置填充颜色

图7-5-4 填充颜色

4 稍微垂直向下单击拖曳图 7-5-4 中选中的矩形，并单击右键，复制选择的矩形，如图 7-5-5 所示，按快捷键 Shift + F11 打开“均匀填充”对话框，设置颜色为 40% 黑（C：0，M：0，Y：0，K：40），如图 7-5-6 所示，单击“确定”按钮。右键单击调色板上的“透明色”按钮☒，取消轮廓颜色，效果如图 7-5-7 所示。

5 稍微垂直向下单击拖曳选中的矩形，同时单击右键复制矩形，如图 7-5-8 所示。

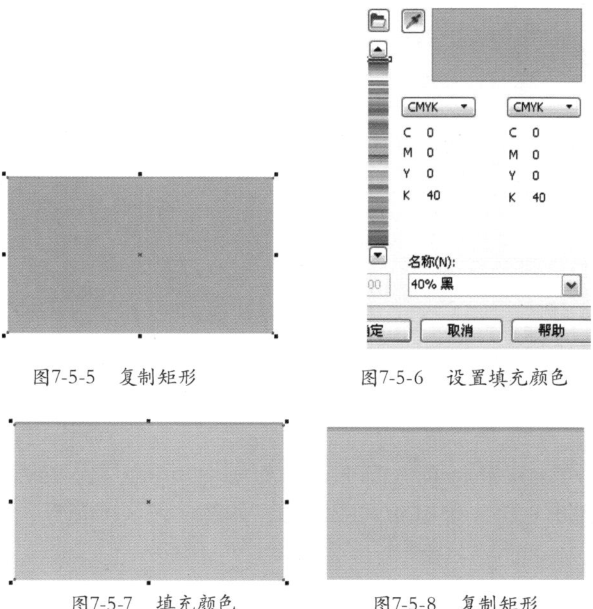

图7-5-5 复制矩形　　图7-5-6 设置填充颜色

图7-5-7 填充颜色　　图7-5-8 复制矩形

6 按快捷键 Shift + F11 打开“均匀填充”对话框，设置颜色为 30% 的黑（C：0，M：0，Y：0，K：30），如图 7-5-9 所示，单击“确定”按钮。右键单击调色板上的“透明色”按钮☒，取消轮廓颜色，效果如图 7-5-10 所示。

7 稍微垂直向下单击拖曳选中的矩形，同时单击右键复制相同的矩形，如图 7–5–11 所示。

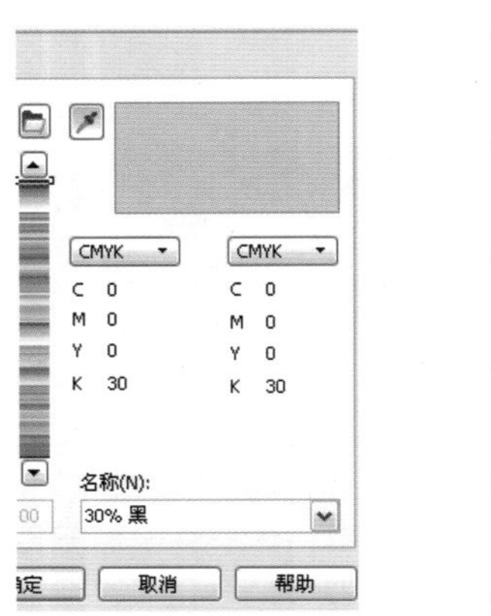
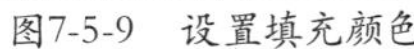
图7-5-9 设置填充颜色

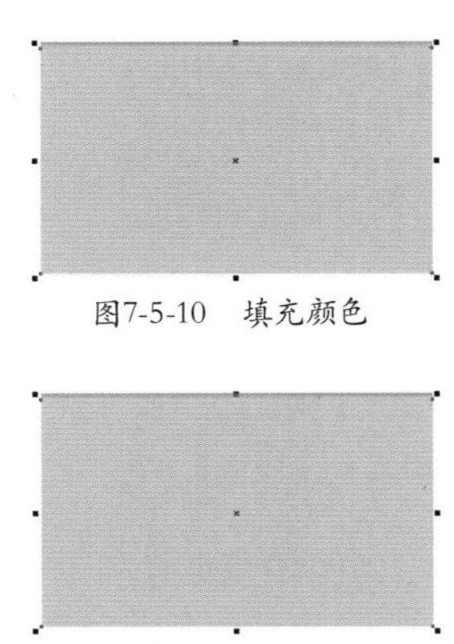
图7-5-10 填充颜色

图7-5-11 复制矩形

8 按快捷键 Shift + F11 打开“均匀填充”对话框，设置颜色为 20% 的黑（C:0，M:0，Y:0，K:20），如图 7–5–12 所示，单击“确定”按钮。右键单击调色板上的“透明色”按钮☒，取消轮廓颜色，效果如图 7–5–13 所示。

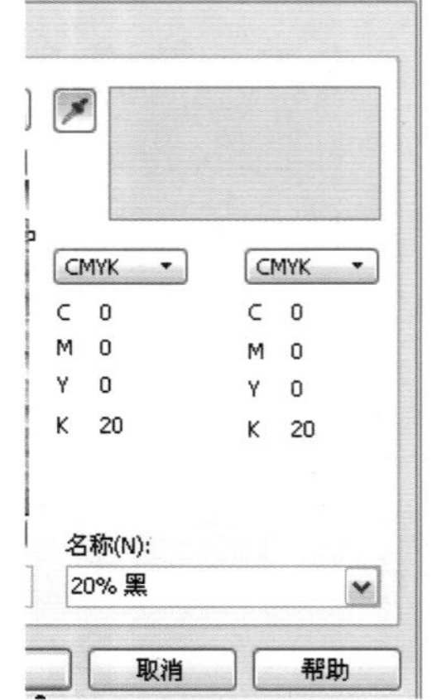
图7-5-12 设置填充颜色

图7-5-13 填充颜色

9 稍微垂直向下单击拖曳选中的矩形，同时单击右键，复制相同的矩形，如图 7–5–14 所示。

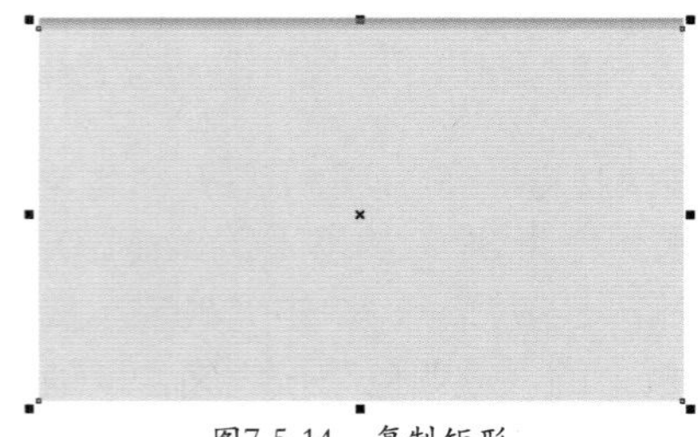
图7-5-14 复制矩形

10 按快捷键 Shift + F11 打开“均匀填充”对话框，设置颜色为 10% 的黑（C:0，M:0，Y:0，K:10），如图 7–5–15 所示，单击“确定”按钮。右键单击调色板上的“透明色”按钮☒，取消轮廓颜色，效果如图 7–5–16 所示。

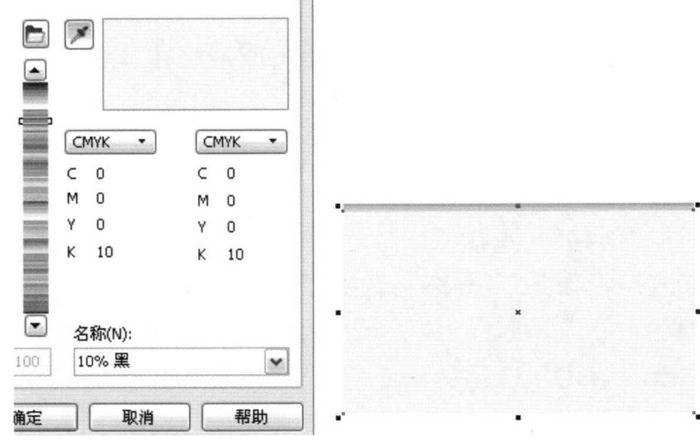
图7-5-15 设置填充颜色　　图7-5-16 填充颜色

11 稍微垂直向下单击拖曳选中的矩形，同时单击右键，复制相同的矩形，如图 7–5–17 所示。

12 按 F11 键打开“渐变填充”对话框，设置“步长”为 999，在“颜色调和”选项区域中选择“自定义”选项，分别设置为：

位置：0% 颜色（C：100；M：0；Y：0；K：0）；

位置：5% 颜色（C：40；M：0；Y：0；K：0）；

位置：16% 颜色（C：100；M：0；Y：0；K：0）；

位置：100% 颜色（C：40；M：0；Y：0；K：0）。

如图 7–5–18 所示。单击“确定”按钮，效果如图 7–5–19 所示。

图7-5-17 复制矩形

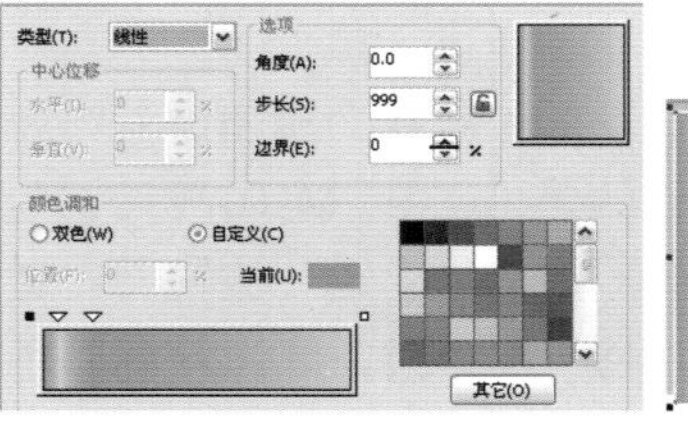
图7-5-18 设置渐变颜色

图7-5-19 填充渐变颜色

13 选择“文本工具”，在图像上方输入文字。选中输入的文字，在属性栏上设置“字体”为方正综艺简体。调整文字的大小和位置，如图 7-5-20 所示。

14 单击“导入”按钮，导入素材文件：VI 标志设计 .cdr，如图 7-5-21 所示。

图7-5-20 输入文字

图7-5-21 导入素材

15 单击“选择工具”，将“标志 1.cdr”素材文件拖曳到合适位置，并调整其大小，如图 7-5-22 所示。

16 单击“椭圆形工具”，绘制如图 7-5-23 所示的椭圆形。

图7-5-22 调整素材大小

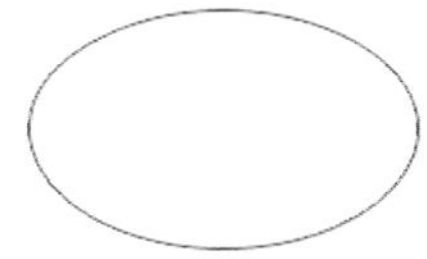

图7-5-23 绘制椭圆

17 按住 Shift 键，向内拖曳选中图形，等比例改变椭圆大小。同时单击右键，复制相同的椭圆，效果如图 7-5-24 所示。

18 单击“选择工具”，同时选中两个椭圆，按快捷键 Ctrl+L 将选中的图形组合，按快捷键 Shift + F11 打开“均匀填充”对话框，设置颜色为黑色，单击“确定”按钮。右键单击调色板上的“透明色”按钮☒，取消轮廓颜色，效果如图 7-5-25 所示。

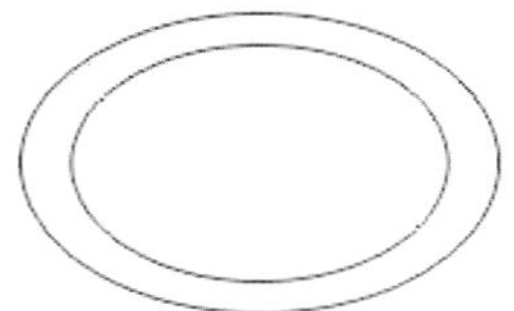

图7-5-24 复制并改变椭圆大小

图7-5-25 结合并填充颜色

19 单击“矩形工具”，绘制图形，如图 7-5-26 所示。

20 单击“选择工具”，选中矩形。按住 Shift 键，单击圆环，将其选中，单击属性栏上的“修剪”按钮，将矩形内的圆环部分图像修剪掉。选中矩形，按 Delete 键将其删除，圆环效果如图 7-5-27 所示。

提示：

因为先选中矩形，再选中圆环，所以是用矩形选中圆环。如果需要圆环修剪成矩形，则先选中圆环，再选中矩形即可。

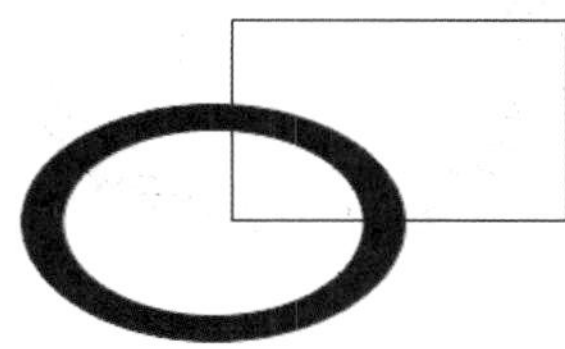

图7-5-26 绘制矩形

图7-5-27 修剪效果

21 单击“椭圆形工具”，按住 Ctrl 键，绘制正圆，并填充圆环为白色，右键单击调色板上的“透明色”按钮☒，取消轮廓颜色，效果如图 7-5-28 所示。

提示：

此处绘制的黑色矩形作用为对比显示绘制的白色正圆。

22 单击“椭圆形工具”绘制正圆，按快捷键 Shift + F11 打开“均匀填充”对话框，设置颜色为青色（C：100，M：0，Y：0，K：0），如图 7-5-29 所示。单击“确定”按钮。右键单击调色板上的“透明色”按钮☒，取消轮廓颜色，效果如图 7-5-30 所示。

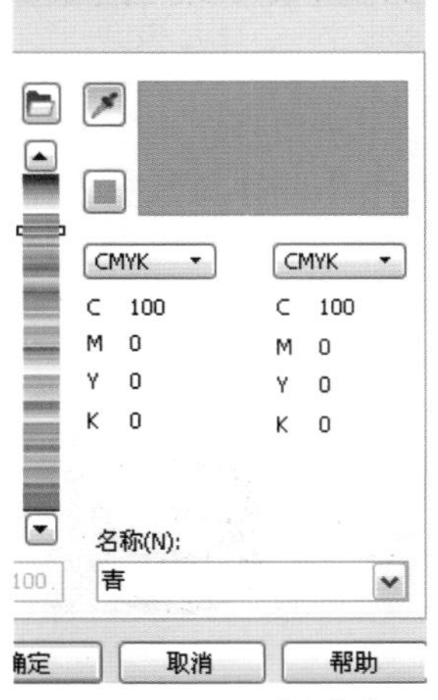

图7-5-29 设置填充颜色

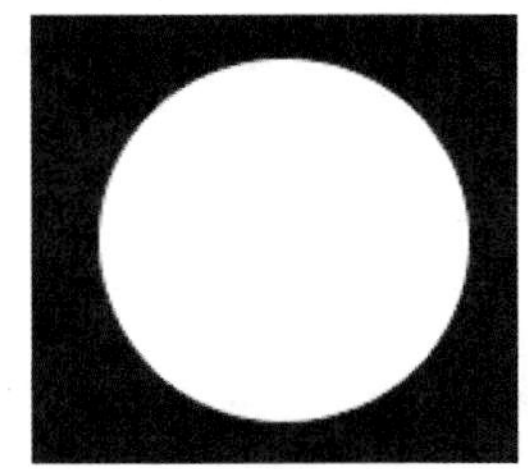

图7-5-28 绘制并填充正圆

图7-5-30 填充颜色

23 单击“选择工具”，选中青色正圆。按住 Shift 键，单击白色的椭圆，将其选中，单击属性栏上的“修剪”，将其修剪，选中青色正圆，按 Delete 键将其删除，效果如图 7-5-31 所示。

24 单击“选择工具”，选择白色弧形，将其拖曳到合适位置，如图 7-5-32 所示。

图7-5-31　修剪图形

图7-5-32　移动图像

25 单击“贝塞尔工具”，绘制图形，如图 7-5-33 所示。

26 按快捷键 Shift + F11 打开“均匀填充”对话框，设置颜色为白色，如图 7-5-34 所示，单击“确定”按钮，右键单击调色板上的“透明色”按钮☒，取消轮廓颜色，效果如图 7-5-35 所示。

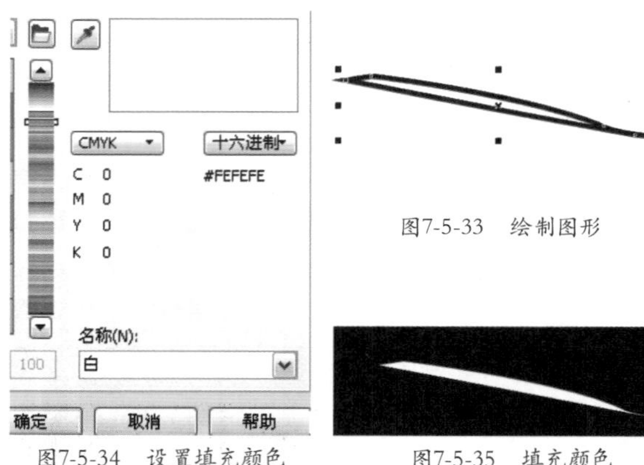

图7-5-33　绘制图形

图7-5-34　设置填充颜色

图7-5-35　填充颜色

27 单击“选择工具”，选中白色图形，按住 Shift 键，等比例改变图形大小，并将其拖曳到如图 7-3-36 所示的位置。

28 稍微垂直向下单击拖曳选中图形，同时单击右键，复制相同图形，如图 7-3-37 所示。

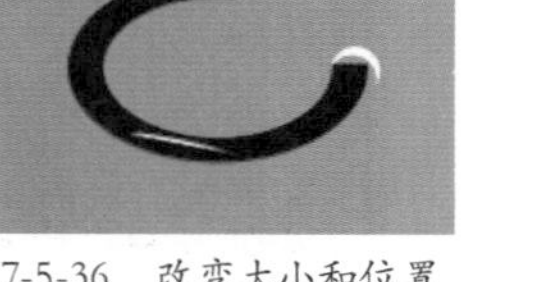

图7-5-36　改变大小和位置

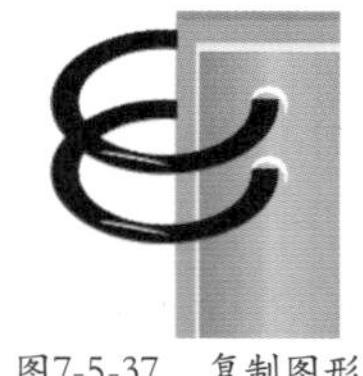

图7-5-37　复制图形

29 按快捷键 Ctrl+R 重复上次操作多次，并放置相应位置，效果如图 7-3-38 所示。

30 单击“贝塞尔工具”，绘制图形，如图 7-5-39 所示。

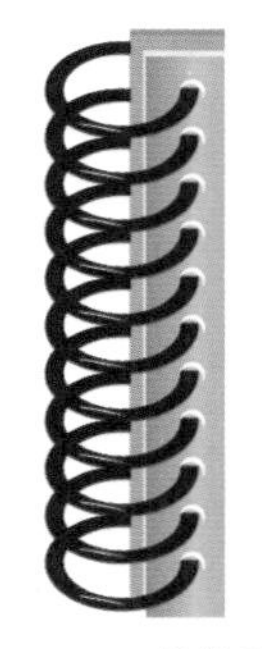

图7-5-38　复制图形

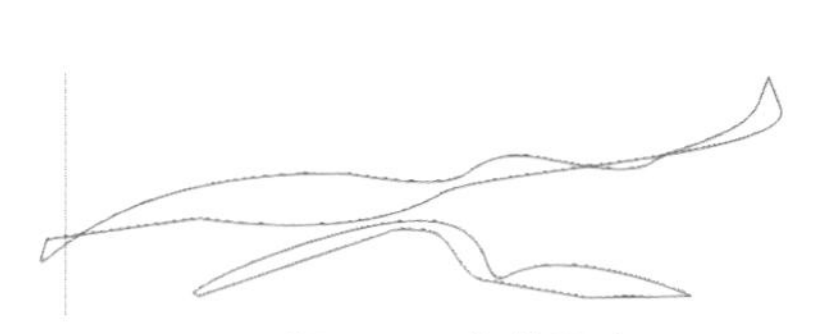

图7-5-39　绘制图形

31 按快捷键 Shift + F11 打开“均匀填充”对话框，设置上面图形颜色为绿色（C:100，M:0，Y:100，K:0），如图 7-5-40 所示。单击“确定”按钮。右键单击调色板上的“透明色”按钮☒，取消轮廓颜色，按快捷键 Shift + F11 打开“均匀填充”对话框，设置下面图形颜色为青色（C:100，M:0，Y:0，K:0），如图 7-5-41 所示，单击“确定”按钮。右键单击调色板上的“透明色”按钮☒，取消轮廓颜色，效果如图 7-5-42 所示。

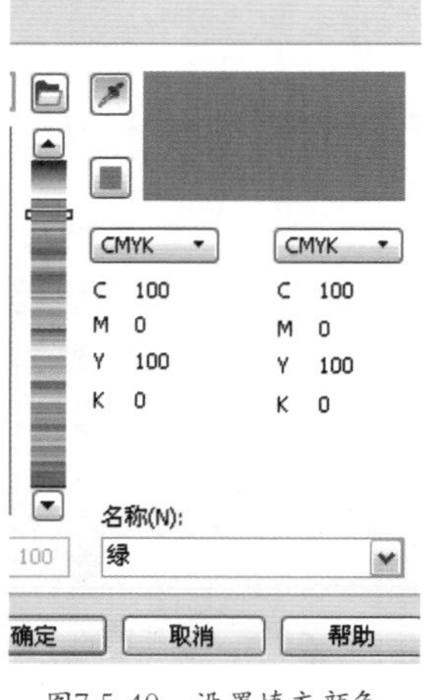

图7-5-40　设置填充颜色

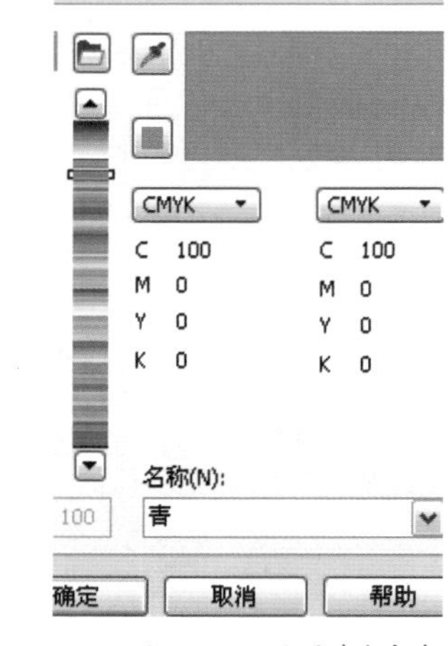

图7-5-41　设置填充颜色

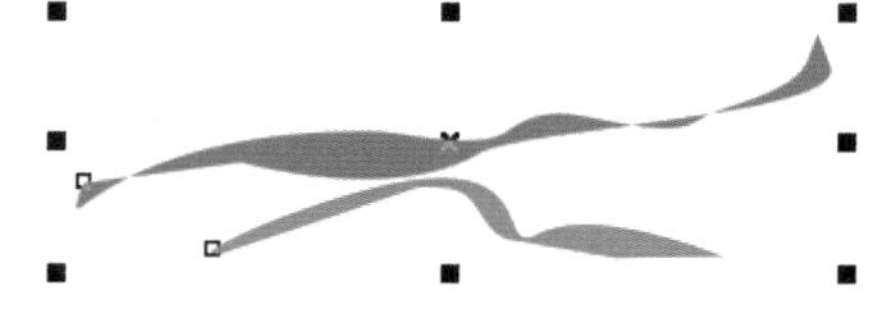

图7-5-42　填充颜色

32 框选图形，按快捷键 Ctrl+G 进行群组。选择“透明度工具”，单击拖曳形成透明渐变效果。图像效果如图 7-5-43 所示。

33 单击“选择工具”，选择图形，调整其位置，效果如图 7-5-44 所示。

图7-5-43 透明效果

图7-5-44 调整位置

34 框选制作的图形，按快捷键 Ctrl+G 进行群组，选择“阴影工具”，向外单击拖曳形成阴影后，设置属性栏上“阴影的不透明度”为 50，“阴影羽化”为 15，“阴影颜色”为黑色，最终效果如图 7-5-45 所示。

图7-5-45 最终效果

本章小结：通过对以上案例的学习，可以了解并掌握 CorelDRAW X5 绘制标志与 VI 设计的技巧应用和操作，本章主要讲解了如何使用“贝塞尔工具”、“椭圆形工具”、“渐变填充工具”、“艺术笔工具”等在 VI 设计中的运用，通过对以上案例的学习，可以掌握和了解 VI 设计的技巧应用和操作方法，还可以尝试制作其他的 VI，如：会员卡、纸杯等。

第08章

宣传单设计

宣传单是一种常见的信息传播工具，它可以通过具体、生动的形式来向对方传递信息，因此在制作宣传单时要求设计人员思路清晰，拥有创意与丰富的理念，制作出风格独特的宣传单。本章将介绍宣传设计的制作。

8.1 农家菜宣传单设计

技能分析

制作本实例的主要目的是使读者了解并掌握如何在 CorelDRAW X5 软件中绘制农家菜宣传单设计，先绘制两个矩形并为其填充颜色，导入相应的素材，输入文字，使用“钢笔工具”绘制图形等操作制作出宣传单的主体，完成最终效果。

制作步骤

① 按快捷键 Ctrl + N 打开“创建新文档”对话框，设置“名称”为农家菜宣传单设计，“宽度”为 216mm，“高度”为 291mm，如图 8–1–1 所示。单击“确定”按钮。

② 单击“矩形工具”，绘制一个矩形，如图 8–1–2 所示。

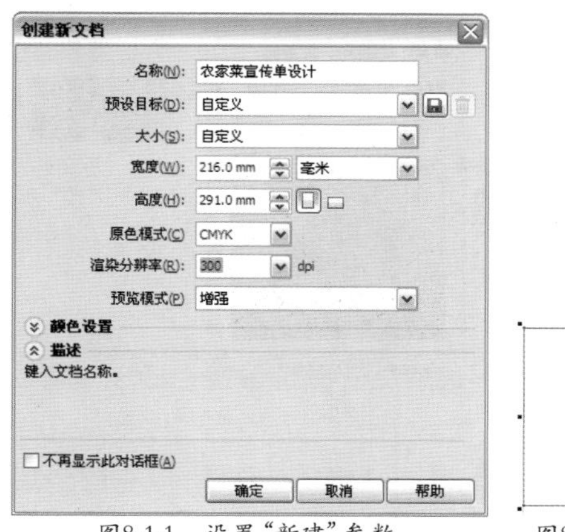

图8-1-1　设置“新建”参数

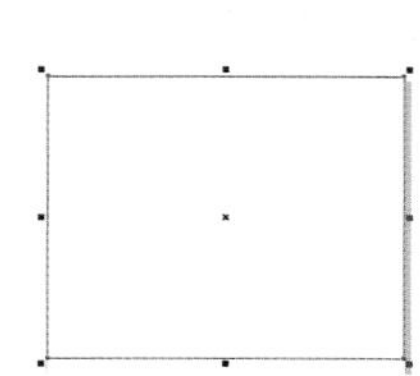

图8-1-2　绘制矩形

③ 按 F11 键打开“渐变填充”对话框，设置“类型”为辐射，分别设置“从”颜色为（C：28；M：25；Y：42；K：2），“到”的颜色为（C：5；M：4；Y：13；K：0），如图 8–1–3 所示。

④ 设置完成后，单击“确定”按钮，即可为选中的对象填充渐变颜色，效果如图 8–1–4 所示。

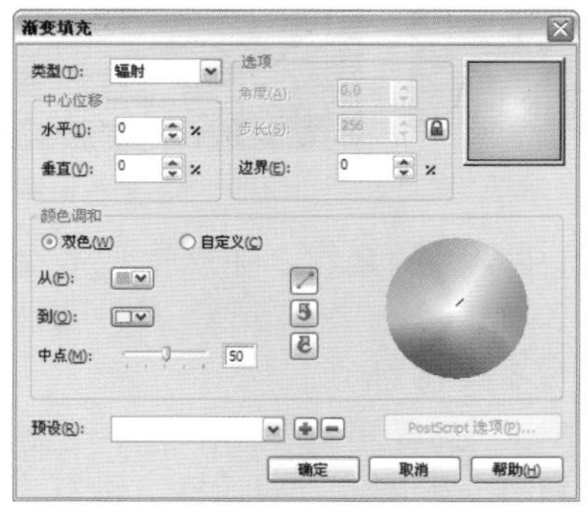

图8-1-3　设置渐变填充

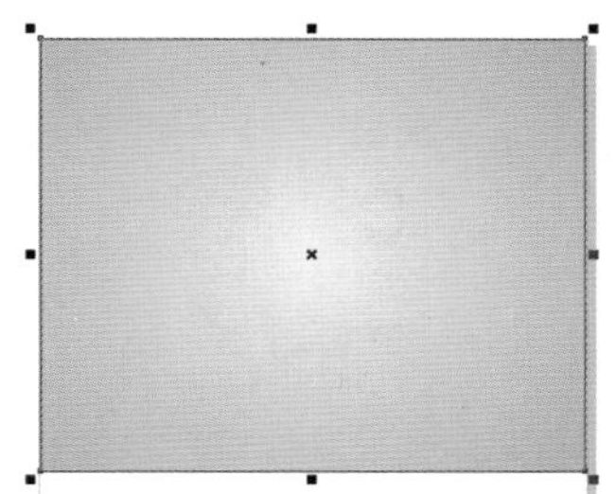

图8-1-4　填充渐变颜色后的效果

⑤ 再次单击“矩形工具”，绘制一个矩形，如图 8–1–5 所示。

⑥ 按快捷键 Shift + F11 打开“均匀填充”对

话框，设置颜色为：深红色（C：52，M：97，Y：91，K：3），如图 8-1-6 所示。

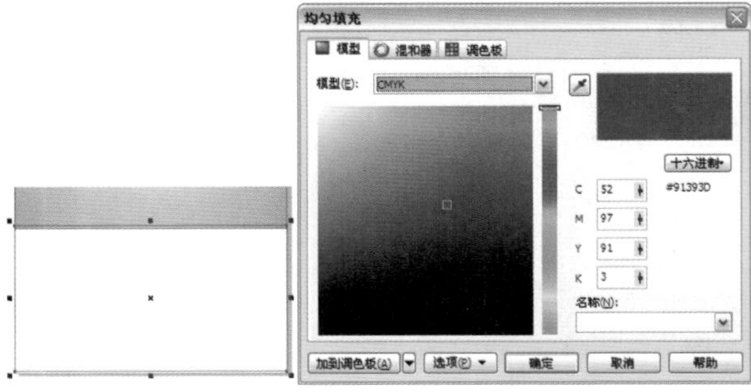

图8-1-5　绘制矩形　　图8-1-6　设置填充颜色

7 设置完成后，单击“确定”按钮，填充颜色后，右键单击调色板上的“透明色”按钮☒，取消轮廓颜色，如图 8-1-7 所示。

8 单击属性栏上的“导入”按钮，导入素材图片：麻婆豆腐.jpg，如图 8-1-8 所示。

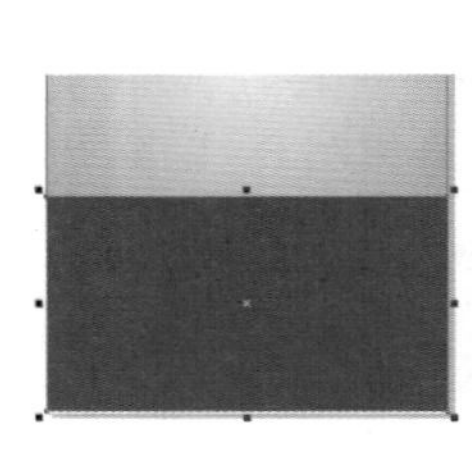

图8-1-7　填充颜色后的效果　　图8-1-8　导入素材图片

9 选中导入的素材，在属性栏中设置“缩放因子”为 31.4，单击“椭圆形工具”，绘制一个椭圆，如图 8-1-9 所示。

10 单击“选择工具”，选中绘制的椭圆形，按 F12 键打开“轮廓笔”对话框，设置“颜色”为金色（C:0，M:20，Y:60，K:20），“宽度”为 3.5mm，其他参数保持默认，如图 8-1-10 所示。

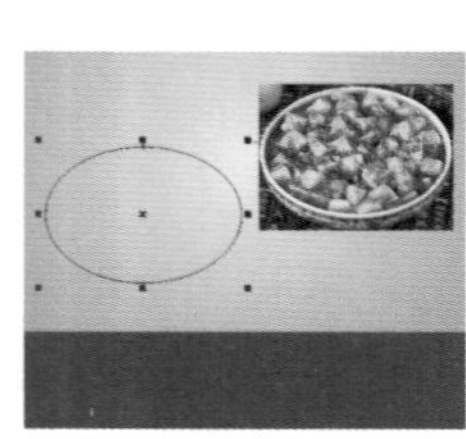

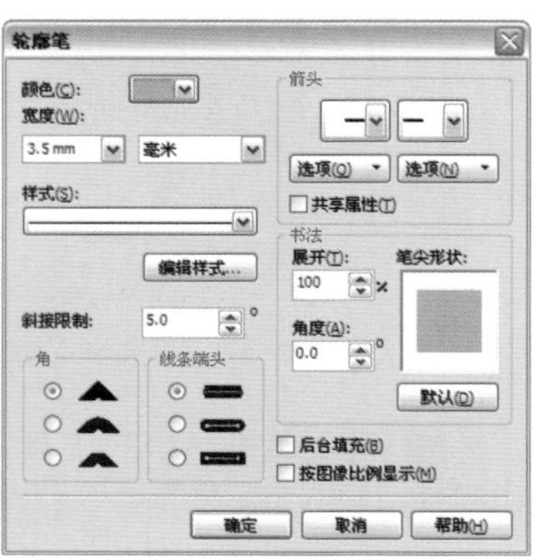

图8-1-9　绘制椭圆形　　图8-1-10　设置轮廓

11 设置完成后，单击“确定”按钮，完成轮廓笔的设置，使用“选择工具”调整其位置，调整后的效果，如图 8-1-11 所示。

12 使用“选择工具”选中导入的素材图片，执行“效果”|“图框精确剪裁”|“放置在容器中”命令，如图 8-1-12 所示。

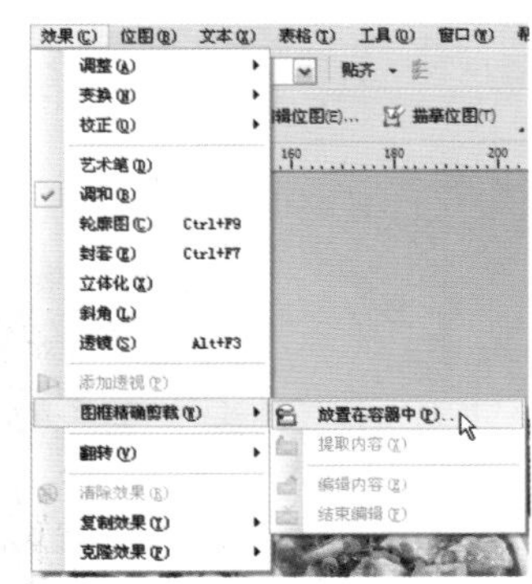

图8-1-11　调整椭圆的位置　图8-1-12　选择“放置在容器中”命令

13 执行该命令后，在椭圆形上单击，将素材图片放置在椭圆中，效果如图 8-1-13 所示。

14 导入素材：皮蛋豆腐.jpg 和红烧肉.jpg，并绘制两个椭圆，使用上面的方法对其进行剪裁，并调整其位置，调整后的效果如图 8-1-14 所示。

图8-1-13　调整后的效果

图8-1-14　导入其他素材后的效果

15 单击“文本工具”，输入：农家小院，选中输入的文字，在属性栏中设置“字体”为方正魏碑简体，设置“字体大小”为 100pt，输入文字后的效果，如图 8-1-15 所示。

16 使用“选择工具”选中输入的文字，按 F12 键打开“轮廓笔”对话框，设置“颜色”为白色，“宽度”为 2.5mm，勾选“后台填充”选项，其他参数保持默认，如图 8-1-16 所示。

图8-1-15 输入文字

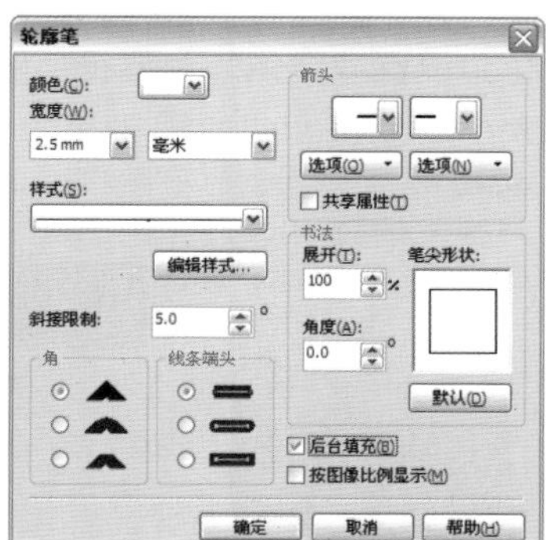

图8-1-16 设置轮廓

17 设置完成后，单击“确定”按钮，即可为选中的文字设置轮廓，效果如图 8-1-17 所示。

18 确认该文字处于选中的状态，按快捷键 Ctrl+K 拆分文字，并调整文字的位置，调整后的效果，如图 8-1-18 所示。

图8-1-17 设置轮廓后的效果　　图8-1-18 调整文字的位置

19 单击属性栏上的“导入”按钮，导入素材图片：烤羊排 .png，在属性栏中设置“缩放因子”为 18.9，并调整其位置，如图 8-1-19 所示。

20 使用同样的方法导入其他素材，并调整其位置，调整后的效果，如图 8-1-20 所示。

图8-1-19 调整素材的位置

图8-1-20 导入其他素材后的效果

21 单击“文本工具”，输入文字，选中输入的文字，在属性栏中设置“字体”为方正小标宋简体，设置“字体大小”为 10pt，输入文字后的效果，如图 8-1-21 所示。

22 按快捷键 Shift + F11 打开“均匀填充”对话框，设置颜色为金色（C：0，M：20，Y：60，K：20），如图 8-1-22 所示。

图8-1-21 输入文字

图8-1-22 设置填充颜色

23 设置完成后，单击“确定”按钮，即可为该文字设置颜色，如图 8-1-23 所示。

24 确认该文字处于选中状态，按快捷键 Ctrl+K 拆分该文字，并调整文字的位置，调整后的效，果如图 8-1-24 所示。

图8-1-23 更改文字的填充颜色

图8-1-24 调整文字的位置

25 单击“钢笔工具”，绘制如图 8-1-25 所示的图形。

26 选择“选择工具”选中绘制的图形，按快捷键 Shift + F11 打开“均匀填充”对话框，设置颜色为（C：21，M：36，Y：67，K：0），如图 8-1-26 所示。

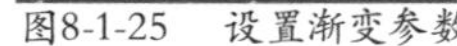

图8-1-25 设置渐变参数

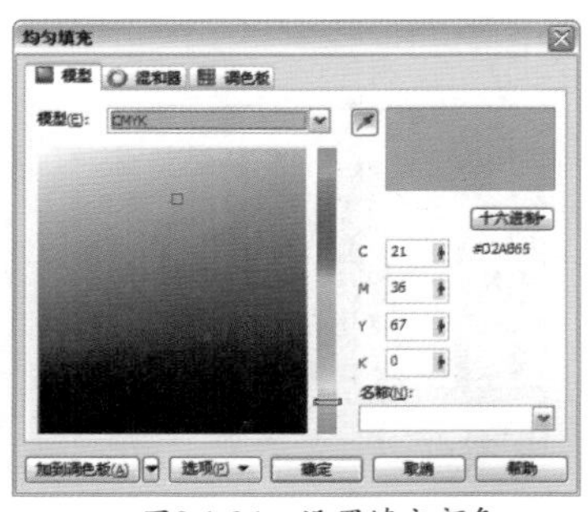

图8-1-26 设置填充颜色

27 设置完成后，单击“确定”按钮，右键单击调色板上的“透明色”按钮☒，取消轮廓颜色，效果如图 8-1-27 所示。

28 单击“钢笔工具”，绘制一条直线，效果如图 8-1-28 所示。

图8-1-27　填充颜色后的效果

图8-1-28　填充颜色

29 按 F12 键打开“轮廓笔”对话框，设置“颜色”为（C:21，M:36，Y:67，K:0），“宽度”为 0.4mm，在“样式”下拉列表中选择一种样式，其他参数保持默认，如图 8-1-29 所示。

30 设置完成后，单击“确定”按钮，即可完成对直线的设置，效果如图 8-1-30 所示。

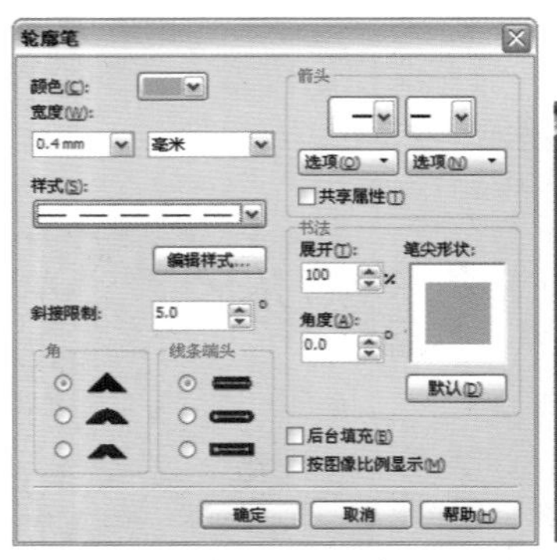
图8-1-29　设置轮廓笔

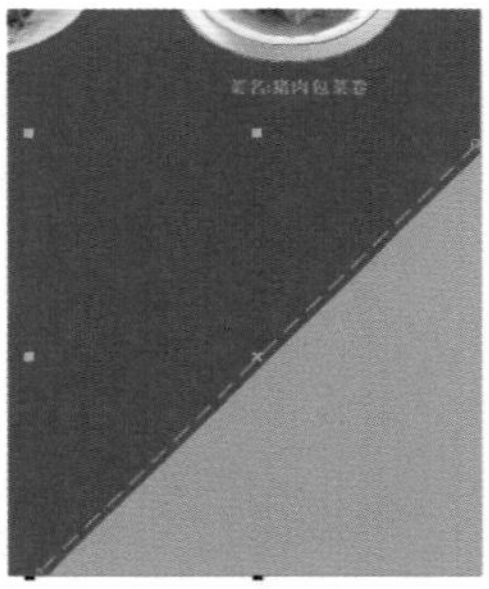

图8-1-30　设置轮廓后的效果

31 单击“文本工具”，输入文字，选中输入的文字，在属性栏中设置“字体”为方正超粗黑简体，设置“字体大小”为 16pt，输入文字后的效果，如图 8-1-31 所示。

32 选中输入的文字，在属性栏中设置“旋转角度”为 45，调整文字的位置，调整后的效果，如图 8-1-32 所示。

图8-1-31　输入文字

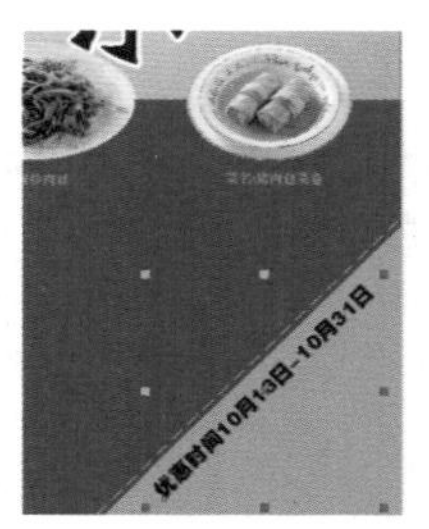
图8-1-32　调整文字的位置

33 按快捷键 Shift + F11 打开“均匀填充”对话框，设置颜色为（C：31，M：100，Y：100，K：46），如图 8-1-33 所示。

34 设置完成后，单击“确定”按钮，单击“文本工具”，输入文字，选中输入的文字，在属性栏中设置“字体”为方正超粗黑简体，设置“字体大小”为 32pt，如图 8-1-34 所示。

图8-1-33　设置填充颜色

图8-1-34　输入文字

35 选中输入的文字，在属性栏中设置“旋转角度”为 45，并调整文字的位置，调整后的效果，如图 8-1-35 所示。

36 按快捷键 Shift + F11 打开“均匀填充”对话框，设置颜色为（C：31，M：100，Y：100，K：46），单击“确定”按钮，效果如图 8-1-36 所示。

图8-1-35　旋转文字

图8-1-36　填充颜色后的效果

37 单击“钢笔工具”，绘制一个图形，如图 8-1-37 所示。

38 选中该图形，为其填充黑色，右键单击调色板上的“透明色”按钮☒，取消轮廓颜色，效果如图 8-1-38 所示。

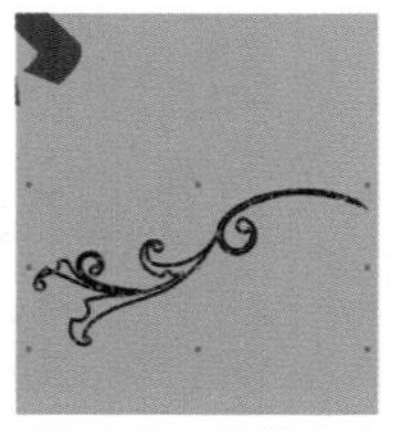
图8-1-37　绘制图形

图8-1-38　填充颜色

39 单击“钢笔工具”，绘制一个图形，如图 8-1-39 所示。

40 为该图形填充黑色，右键单击调色板上的“透明色”按钮☒，取消轮廓颜色，如图 8-1-40 所示。

图8-1-39 绘制图形

图8-1-40 填充颜色

41 使用同样的方法绘制其他图形，并为其填充颜色，效果如图 8-1-41 所示。

42 选中绘制的图形，按快捷键 Ctrl+G 将其成组，向上单击拖曳，并右击对其进行复制，单击属性栏中的“垂直镜像”按钮，设置其“旋转角度”为 312.8，调整后的效果，如图 8-1-42 所示。

图8-1-41 绘制其他图形后的效果

图8-1-42 调整图形

43 单击“文本工具”，输入文字，选中输入的文字，在属性栏中设置“字体”为方正行楷简体，设置“字体大小”为 28pt，如图 8-1-43 所示。

44 选中输入的文字，按快捷键 Shift + F11 打开“均匀填充”对话框，设置颜色为金色（C：0，M：20，Y：60，K：20），如图 8-1-44 所示。

图8-1-43 输入文字

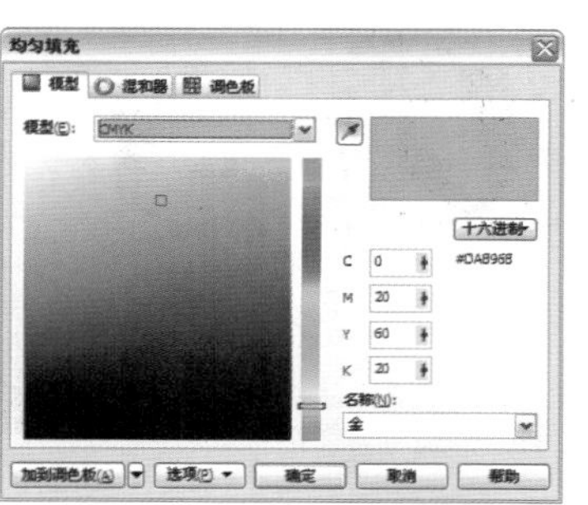
图8-1-44 设置填充颜色

45 设置完成后，单击“确定”按钮，使用“文本工具”选中“美食”文字，在属性栏中设置“字体”为方正黄草简体，设置“字体大小”为 72pt，按快捷键 Shift + F11 打开“均匀填充”对话框，设置颜色为红色（C：0，M：100，Y：100，K：0），如图 8-1-45 所示。

46 设置完成后，单击“确定”按钮，调整后的效果如图 8-1-46 所示。

图8-1-45 设置填充颜色

图8-1-46 设置后的效果

47 再使用“文本工具”输入其他文字，输入后的效果，如图 8-1-47 所示。对完成后的场景进行保存即可。

图8-1-47 输入其他文字

8.2 鞋店宣传单设计

技能分析

制作本实例的主要目的是使读者了解并掌握如何在 CorelDRAW X5 软件中绘制鞋店宣传单设计，首先绘制一个矩形作为宣传单制作背景，并使用“文本工具”输入相应的文字，并进行调整，使用“钢笔工具”绘制形状，导入素材等操作制作出宣传单，完成最终效果。

制作步骤

1 按快捷键 Ctrl + N 打开“创建新文档”对话框，设置“名称”为鞋店宣传单设计，“宽度”为 216mm，“高度”为 291mm，如图 8-2-1 所示。单击“确定”按钮。

2 单击“矩形工具”，绘制一个矩形，如图 8-2-2 所示。

图8-2-1　设置“新建”参数

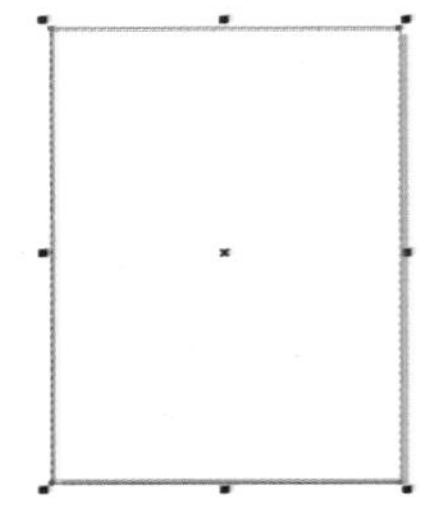

图8-2-2　绘制矩形

3 按 F11 键打开“渐变填充”对话框，设置“类型”为辐射，设置“垂直”为 15，分别设置“从”颜色为淡粉色（C：10；M：20；Y：15；K：0），“到”的颜色为白色（C:0;M:0;Y:0;K:0），如图 8-2-3 所示。

4 设置完成后，单击“确定”按钮，即可为矩形填充渐变颜色，效果如图 8-2-4 所示。

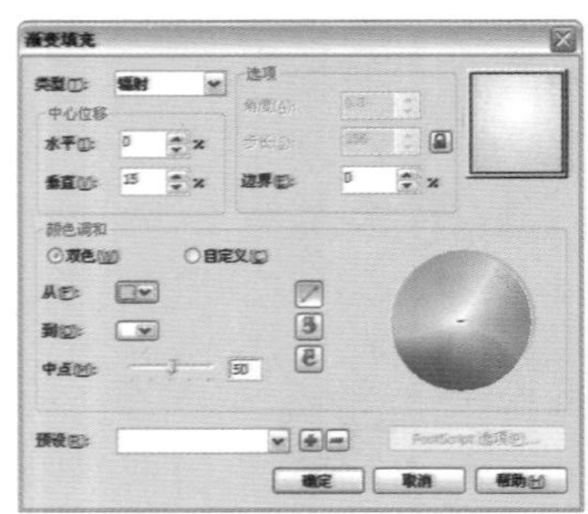

图8-2-3　设置渐变填充颜色

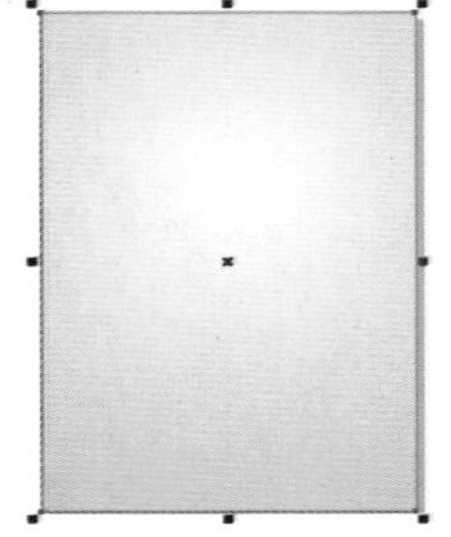

图8-2-4　填充渐变颜色后的效果

5 选择“文本工具”，在图形的右上角上输入文字：女人花。选中输入的文字，在属性栏上设置“字体”为汉仪大宋简，设置“字体大小”为 48pt，如图 8-2-5 所示。

6 选中该文字，按快捷键 Ctrl+Q 将文字转换为曲线，使用“形状工具”调整其控制节点，调整后的效果，如图 8-2-6 所示，单击属性栏上的“合并”按钮。

图8-2-5　输入文字

图8-2-6　调整后的效果

7 单击“钢笔工具”，绘制一个图形，如图 8-2-7 所示。

8 单击“椭圆形工具”，在如图 8-2-8 所示的位置上绘制一个椭圆。

图8-2-7　绘制图形

图8-2-8　绘制椭圆

9 使用“选择工具”选中所绘制的椭圆和花朵形状，右击鼠标，在弹出的快捷菜单中执行“合并”命令，如图 8-2-9 所示。

10 使用“选择工具”选中花朵形状和调整后的文字，按快捷键 Shift + F11 打开“均匀填充”对话框，设置颜色为洋红色（C：40，M：100，Y：0，K：0），如图 8-2-10 所示。单击“确定”按钮。

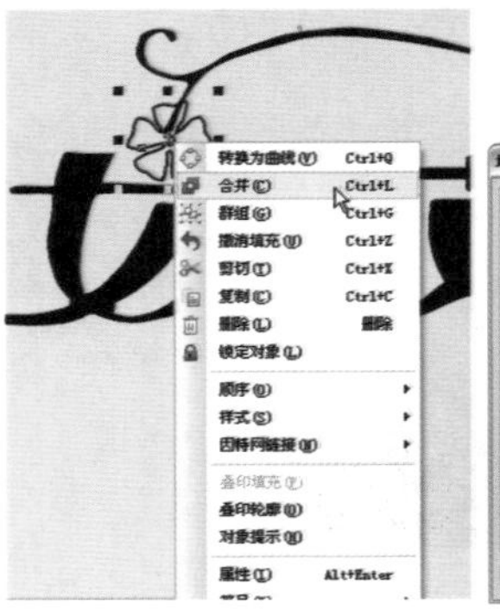

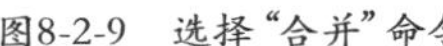

图8-2-9　选择“合并”命令

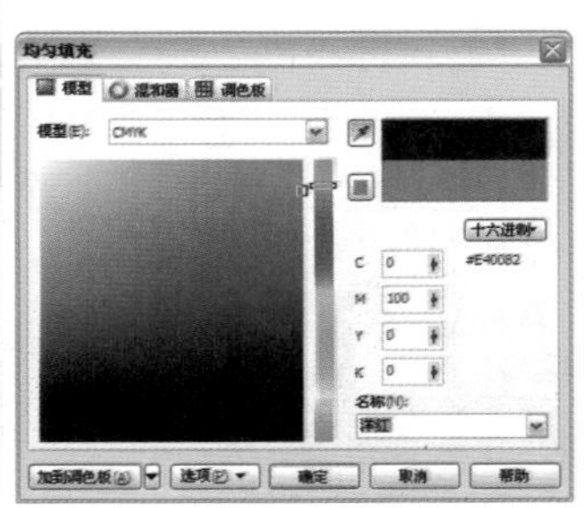

图8-2-10　设置填充颜色

11 填充颜色后，右键单击调色板上的“透明色”按钮☒，取消轮廓颜色，完成后的效果，如图 8-2-11 所示。

12 选择“文本工具”字，输入文字：High-Heeled shoes。选中输入的文字，在属性栏上设置“字体”为 CommercialScript BT，设置“字体大小”为 24pt，如图 8-2-12 所示。

图8-2-11 填充颜色后的效果

图8-2-12 输入文字

13 使用“选择工具”选中输入的文字，按快捷键 Shift + F11 打开“均匀填充”对话框，设置颜色为黑紫色（C：80，M：100，Y：40，K：10），如图 8-2-13 所示。

14 设置完成后，单击“确定”按钮，为选中的文字填充颜色，效果如图 8-2-14 所示。

图8-2-13 设置填充颜色

图8-2-14 填充颜色后的效果

15 确认该文字处于选中状态，按 F12 键打开“轮廓笔”对话框，设置颜色为黑紫色（C:80，M:100，Y：40，K：10），设置“宽度”为 0.1mm，勾选“后台填充”选项，如图 8-2-15 所示。

16 设置完成后，单击“确定”按钮，即可为选中的对象添加轮廓，效果如图 8-2-16 所示。

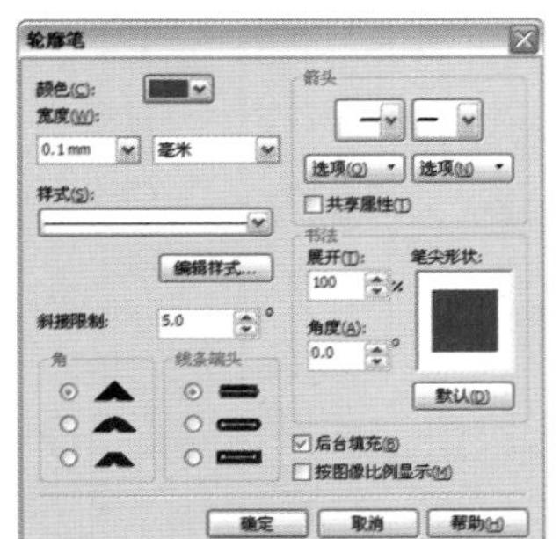

图8-2-15 “轮廓笔”对话框

图8-2-16 设置轮廓笔后的效果

17 选择“椭圆工具”，在图像中按住 Ctrl+Shift 键绘制一个正圆，绘制后的效果，如图 8-2-17 所示。

18 选中绘制的圆形，向右单击拖曳，并右击鼠标，对其进行复制，使用同样的方法再复制 3 个圆形，如图 8-2-18 所示。

图8-2-17 绘制正圆

图8-2-18 复制圆形

19 选中绘制的圆形，按快捷键 Shift + F11 打开“均匀填充”对话框，设置颜色为黑紫色(C:80，M:100，Y:40，K:10)，如图 8-2-19 所示。单击“确定”按钮。

20 填充颜色后，右键单击调色板上的“透明色”按钮☒，取消轮廓颜色，效果如图 8-2-20 所示。

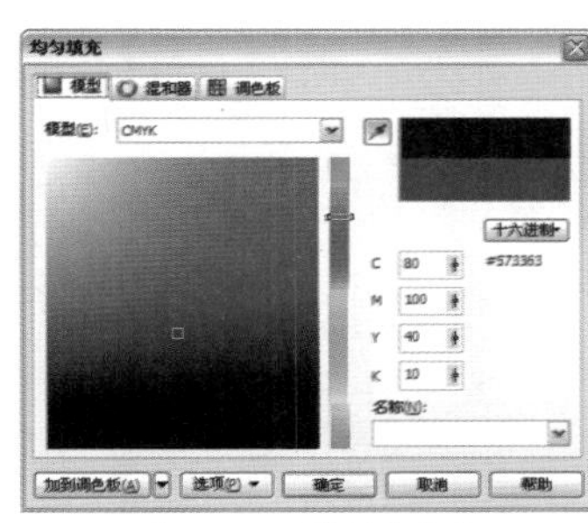

图8-2-19 设置填充色

图8-2-20 填充颜色后的效果

21 选择“文本工具”字，输入文字：女人的至爱。选中输入的文字，在属性栏上设置“字体”为 Adobe 黑体 Std，设置“字体大小”为 12pt，效果如图 8-2-21 所示。

22 使用“选择工具”将文字选中，为其填充白色，按快捷键 Ctrl+K 拆分美术字，调整文字的位置，调整后的效果，如图 8-2-22 所示。

图8-2-21 输入文字

图8-2-22 调整文字的位置

23 选择“文本工具”，输入文字：上海女人花精品女鞋馆。选中输入的文字，在属性栏上设置“字体”为汉仪行楷简，设置“字体大小”为48pt，效果如图8-2-23所示。

24 使用“选择工具”将文字选中，按快捷键Shift + F11打开“均匀填充”对话框，设置颜色为深紫色（C：76，M：96，Y：29，K：0），如图8-2-24所示。

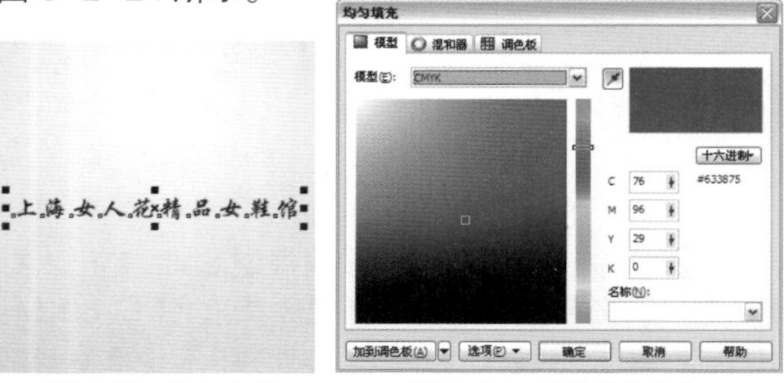

图8-2-23　输入文字　　图8-2-24　设置填充颜色

25 设置完成后，单击“确定”按钮，即可为选中的文字填充颜色，效果如图8-2-25所示。

26 选择“文本工具”，输入文字：上海女人花精品女鞋馆。选中输入的文字，在属性栏上设置“字体”为长城特圆体，设置“字体大小”为42pt，效果如图8-2-26所示。

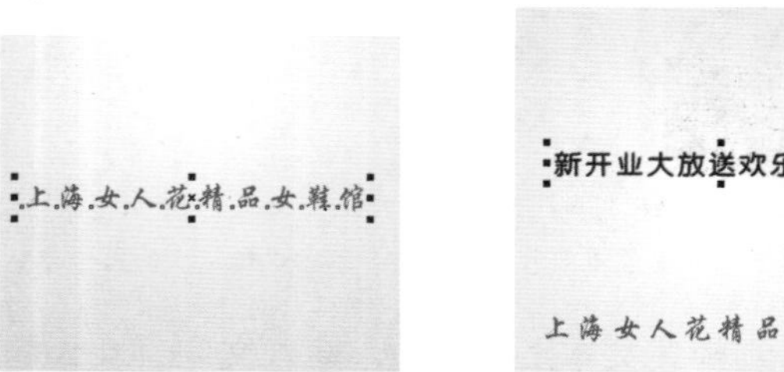

图8-2-25　为文字填充颜色　　图8-2-26　输入文字

27 选中输入的文字，按快捷键Ctrl+K将选中的文字拆分成单个的文字，如图8-2-27所示。

28 使用“选择工具”对文字进行调整，并调整其位置及大小，效果如图8-2-28所示。

图8-2-27　拆分文字

图8-2-28　调整文字后的效果

29 选中调整后的文字，按快捷键Ctrl+Q将其转换为曲线，选择“新”字，使用“形状工具”调整其形状，调整后的效果，如图8-2-29所示。

30 使用同样的方法调整其他文字的形状，调整后的效果，如图8-2-30所示。

图8-2-29　调整文字的形状　　图8-2-30　调整文字后效果

31 选中调整后的文字，按快捷键Shift + F11打开“均匀填充”对话框，设置颜色为红色（C：0，M：100，Y：100，K：0），如图8-2-31所示。

32 设置完成后，单击“确定”按钮，按F12键打开“轮廓笔”对话框，设置“颜色”为白色，“宽度”为2.5mm，“角”为圆角，“线条端头”为圆头，勾选“后台填充”选项，其他参数保持默认，如图8-2-32所示。

图8-2-31　设置填充颜色

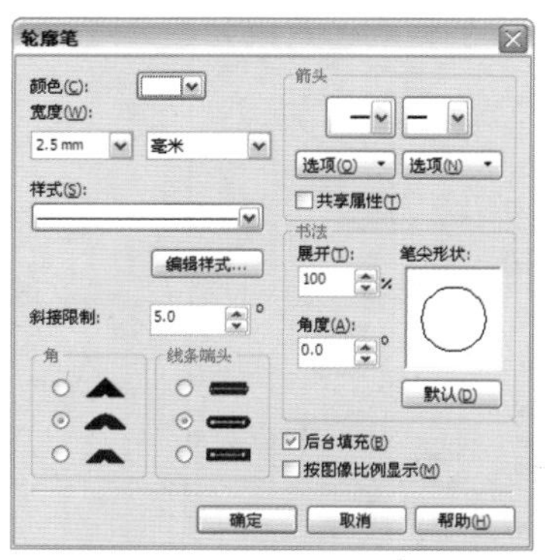

图8-2-32　设置轮廓笔

33 设置完成后，单击“确定”按钮，即可完成设置，完成后的效果，如图 8-2-33 所示。

34 单击“钢笔工具”，绘制一个图形，如图 8-2-34 所示。

图8-2-33 设置后的效果

图8-2-34 绘制图形

35 单击调色板上的白色色块，右键单击调色板上的“透明色”按钮☒，取消轮廓颜色。如图 8-2-35 所示。

36 执行“窗口”|“泊坞窗”|“对象管理器”命令，在对象管理器中将填充的白色图形调整到文字的下方，调整后的效果，如图 8-2-36 所示。

图8-2-35 填充颜色后的效果

图8-2-36 调整图像的叠放顺序

37 使用“选择工具”选中白色图形，单击拖曳并右击鼠标，对该图形进行复制，如图 8-2-37 所示。

38 选中复制出的图形，按快捷键 Shift + F11 打开“均匀填充”对话框，设置颜色为紫色（C：0，M：40，Y：0，K：0），如图 8-2-38 所示。

图8-2-37 复制图形

图8-2-38 设置填充颜色

39 设置完成后，单击“确定”按钮，按 F12 键打开“轮廓笔”对话框，设置“颜色”为紫色（C：0，M：40，Y：0，K：0），“宽度”为 4.0mm，“角”为圆角，“线条端头”为圆头，勾选“后台填充”和“按图像比例显示”选项，其他参数保持默认，如图 8-2-39 键所示。

40 设置完成后，单击“确定”按钮，调整图形的位置及叠放顺序，调整后的效果，如图 8-2-40 所示。

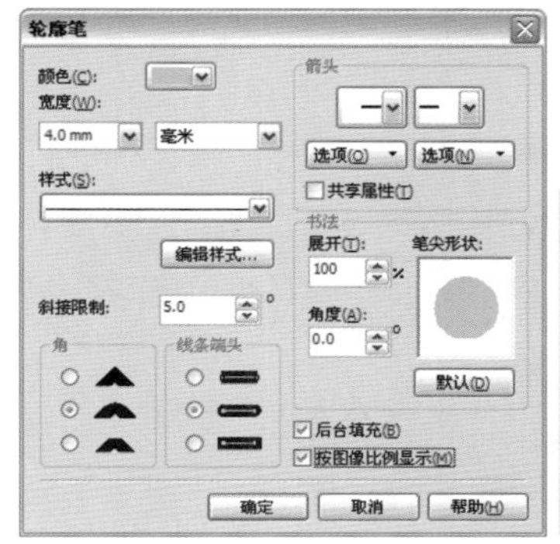
图8-2-39 设置轮廓

图8-2-40 调整后的效果

41 使用“选择工具”选中紫色图形，单击拖曳并右击鼠标，对该图形进行复制，如图 8-2-41 所示。

42 选中复制出的图形，按快捷键 Shift + F11 打开“均匀填充”对话框，设置颜色为暗红色（C：0，M：100，Y：100，K：30），如图 8-2-42 所示。

图8-2-41 复制图形

图8-2-42 设置填充颜色

43 设置完成后，单击“确定”按钮，按F12键打开“轮廓笔”对话框，设置“颜色”为暗红色（C：0，M：100，Y：100，K：30），“宽度”为5.2mm，“角”为圆角，“线条端头”为圆头，勾选“后台填充”和“按图像比例显示”选项，其他参数保持默认，如图8-2-43所示。

44 设置完成后，单击“确定”按钮，调整图形的位置及叠放顺序，调整后的效果，如图8-2-44所示。

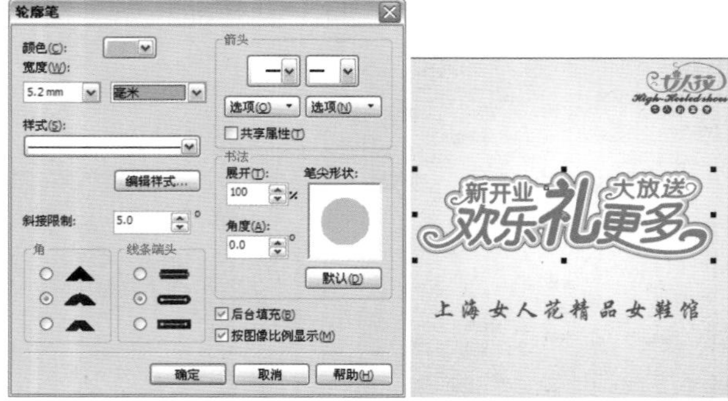

图8-2-43　设置轮廓　　图8-2-44　调整图形的位置

45 选择“文本工具”，输入文字。选中输入的文字，在属性栏上设置“字体”为方正宋三简体，设置“字体大小”为15pt，效果如图8-2-45所示。

46 使用“选择工具”选中输入的文字，按快捷键Shift + F11打开“均匀填充”对话框，设置颜色为暗紫色（C：76，M：96，Y：29，K：0），如图8-2-46所示。

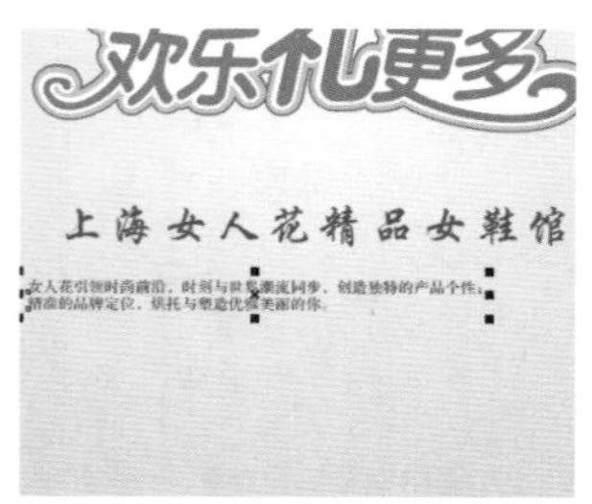

图8-2-45　输入文字

图8-2-46　设置填充参数

47 设置完成后，单击“确定”按钮，即可为选中的文字填充颜色，如图8-2-47所示。

48 确认该文字处于选中的状态，按快捷键Ctrl+K拆分文字，并调整文字的位置，调整后的效果，如图8-2-48所示。

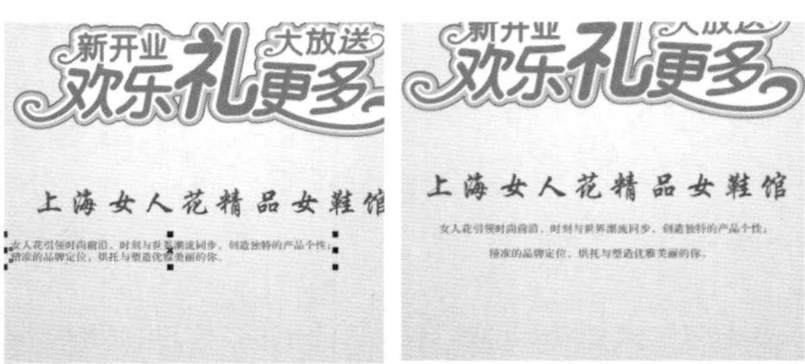

图8-2-47　填充颜色后的效果　　图8-2-48　调整文字的位置

49 单击“钢笔工具”，绘制一个图形，如图8-2-49所示。

50 单击调色板上的白色色块，右键单击调色板上的“透明色”按钮☒，取消轮廓颜色。效果如图8-2-50所示。

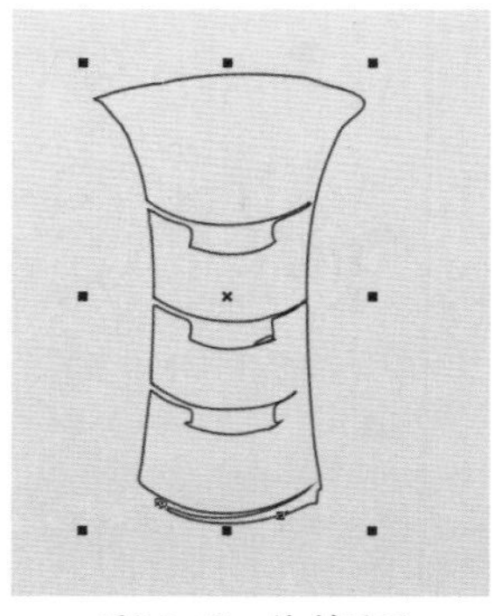

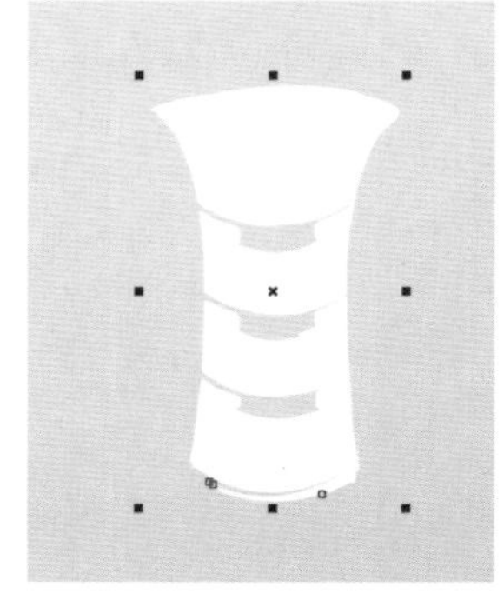

图8-2-49　绘制图形　　图8-2-50　填充颜色

51 单击“钢笔工具”，绘制一个图形，如图8-2-51所示。

52 按快捷键Shift + F11打开“均匀填充”对话框，设置颜色为褐色（C:54，M:73，Y:64，K:10），效果如图8-2-52所示。

图8-2-51　绘制图形

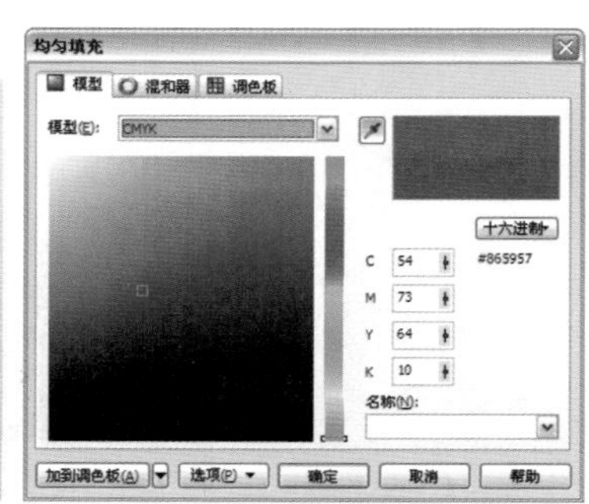

图8-2-52　设置填充颜色

53 设置完成后，单击“确定”按钮，右键单击调色板上的“透明色”按钮☒，取消轮廓颜色，如图 8-2-53 所示。

54 单击“钢笔工具”，在如图 8-2-54 所示的位置上绘制图形。

图8-2-53 填充颜色后的效果

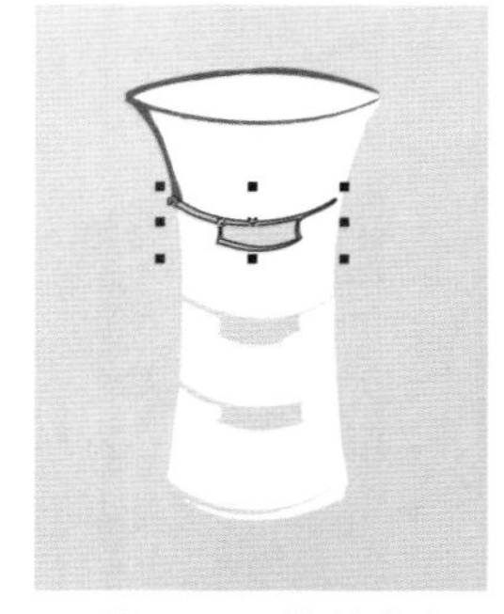

图8-2-54 绘制图形

55 按快捷键 Shift + F11 打开“均匀填充”对话框，设置颜色为黑褐色（C:69，M:98，Y:96，K:67），如图 8-2-55 所示。

56 设置完成后，单击“确定”按钮，右键单击调色板上的“透明色”按钮☒，取消轮廓颜色，如图 8-2-56 所示。

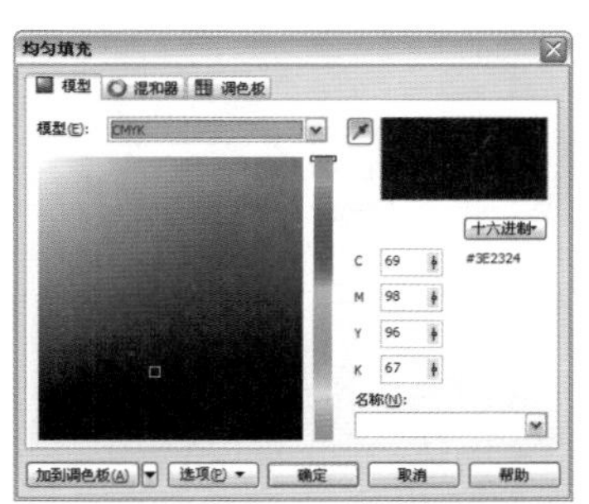

图8-2-55 设置填充颜色 图8-2-56 填充颜色后的效果

57 使用同样的方法绘制另外两个图形，并填充相同的颜色，绘制后的效果，如图 8-2-57 所示。

58 单击“钢笔工具”，在如图 8-2-58 所示的位置上绘制图形。

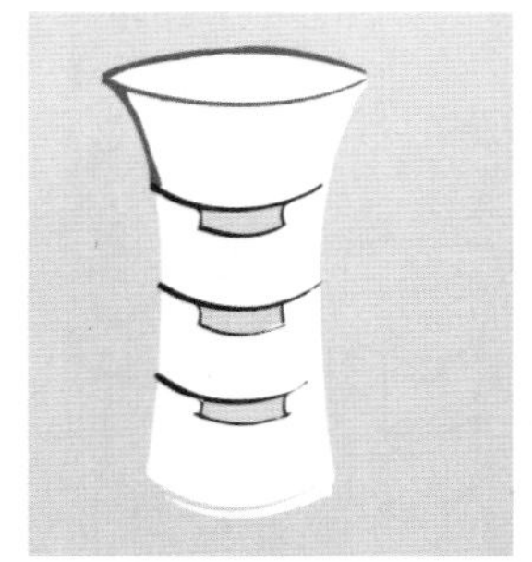

图8-2-57 绘制其他图形后的效果

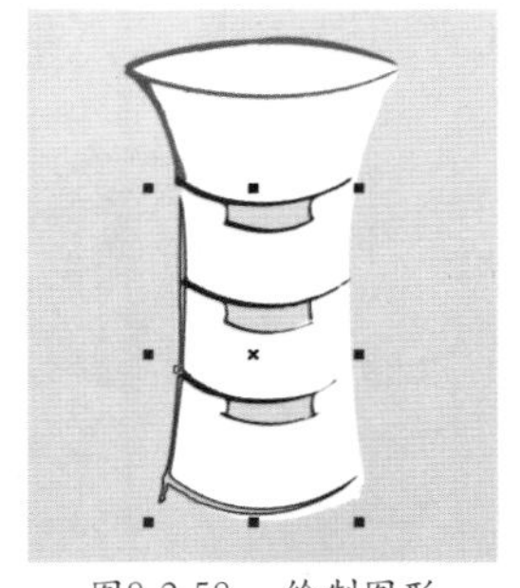

图8-2-58 绘制图形

59 按快捷键 Shift + F11 打开“均匀填充”对话框，设置颜色为褐色（C:54，M:73，Y:64，K:10），如图 8-2-59 所示。

60 填充颜色后，右键单击调色板上的“透明色”按钮☒，取消轮廓颜色，效果如图 8-2-60 所示。

图8-2-59 设置填充颜色 图8-2-60 填充颜色后的效果

61 单击“钢笔工具”，在如图 8-2-61 所示的位置上绘制图形。

62 按快捷键 Shift + F11 打开“均匀填充”对话框，设置颜色为（C:27，M:35，Y:29，K:0），如图 8-2-62 所示。

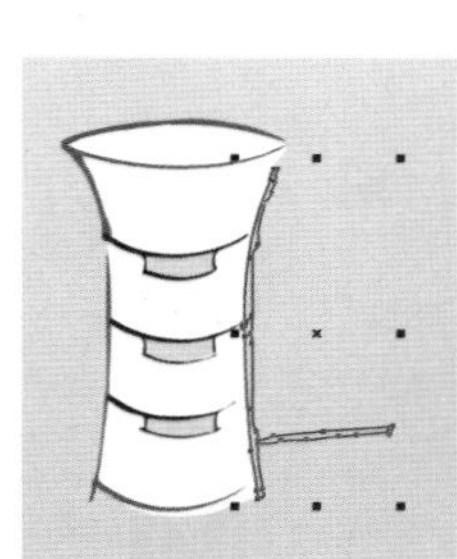

图8-2-61 绘制图形

图8-2-62 设置填充颜色

63 填充颜色后，右键单击调色板上的“透明色”按钮☒，取消轮廓颜色，如图 8-2-63 所示。

64 使用同样的方法绘制其他图形，并为其填充相同的颜色，完成后的效果，如图 8-2-64 所示。

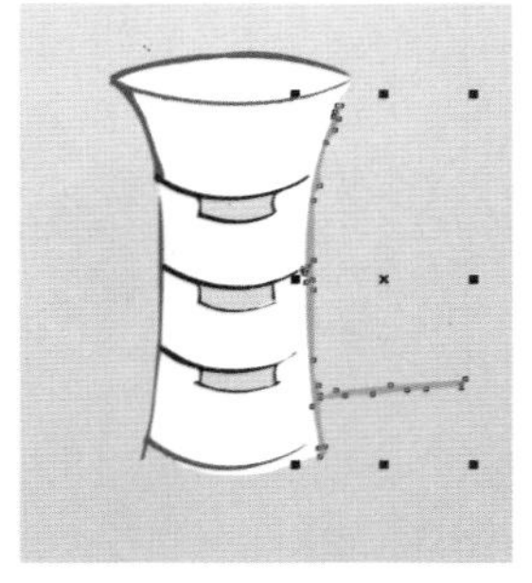

图8-2-63 填充颜色

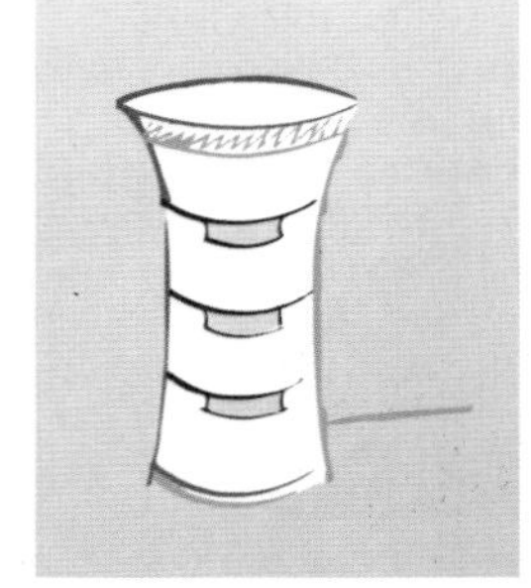

图8-2-64 绘制其他图形后的效果

65 单击“钢笔工具”，绘制一个图形，如图 8-2-65 所示。

66 按快捷键 Shift + F11 打开“均匀填充”对话框，设置颜色为（C：38，M：100，Y：100，K：5），如图 8-2-66 所示。

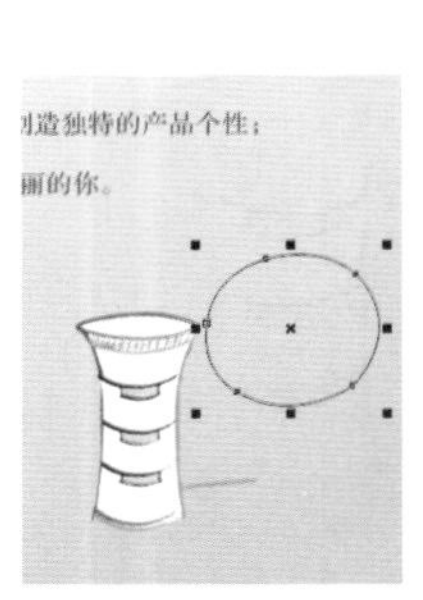

图8-2-65　绘制图形

图8-2-66　设置填充颜色

67 设置完成后，单击“确定”按钮，右键单击调色板上的“透明色”按钮⊠，取消轮廓颜色，如图 8-2-67 所示。

68 单击“钢笔工具”，绘制如图 8-2-68 所示的图形。

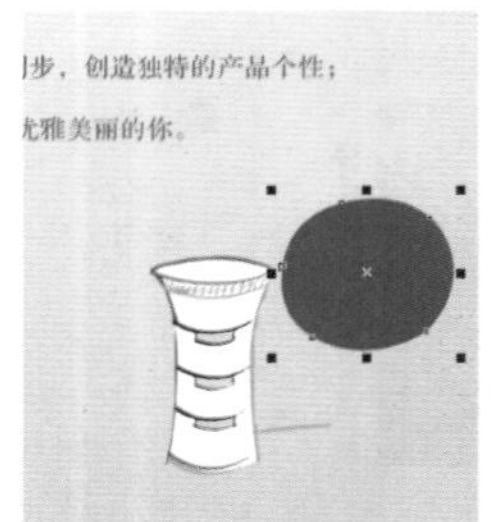
图8-2-67　填充颜色

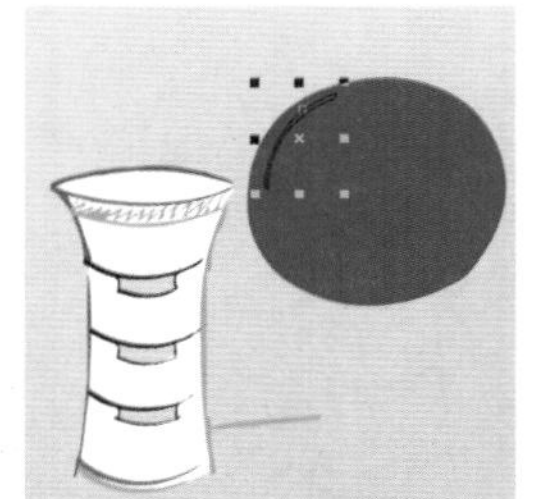
图8-2-68　绘制图形

69 按快捷键 Shift + F11 打开“均匀填充”对话框，设置颜色为（C：21；M：82；Y：62；K：0），如图 8-2-69 所示。单击“确定”按钮。

70 右键单击调色板上的“透明色”按钮⊠，取消轮廓颜色，效果如图 8-2-70 所示。

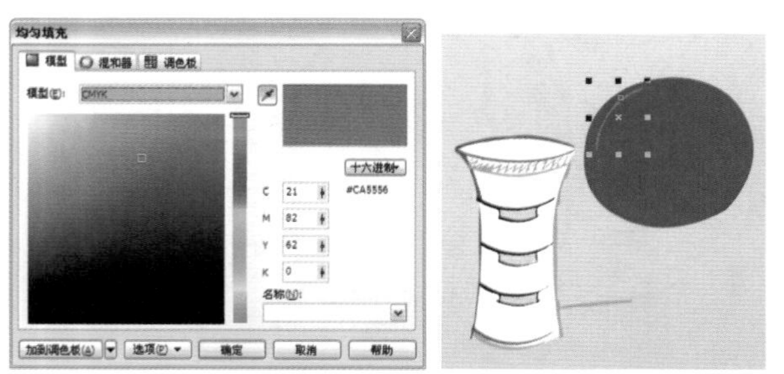
图8-2-69　设置填充参数　图8-2-70　填充颜色后的效果

71 单击“钢笔工具”，绘制一个图形。如图 8-2-71 所示。

72 按快捷键 Shift + F11 打开“均匀填充”对话框，设置颜色为黑红色（C：51；M：100；Y：100；K：37），如图 8-2-72 所示。单击“确定”按钮。

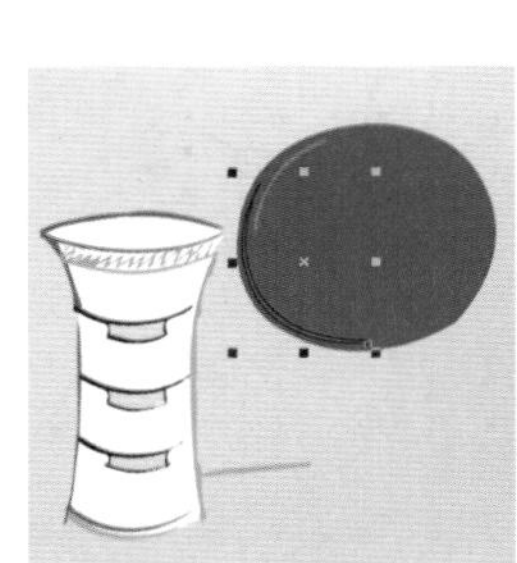
图8-2-71　绘制图形

图8-2-72　设置填充颜色

73 为其填充颜色后，右键单击调色板上的“透明色”按钮⊠，取消轮廓颜色，效果如图 8-2-73 所示。

74 使用同样的方法绘制椅子腿，并为绘制的图形填充颜色，如图 8-2-74 所示。

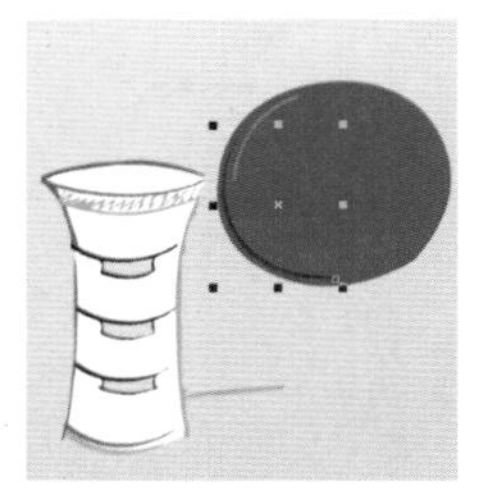
图8-2-73　填充颜色后的效果

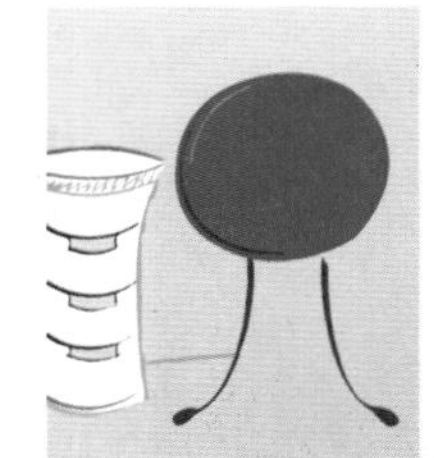
图8-2-74　绘制图形后的效果

75 单击“钢笔工具”，绘制如图 8-2-75 所示的图形。

76 使用“钢笔工具”绘制如图 8-2-76 所示的图形。

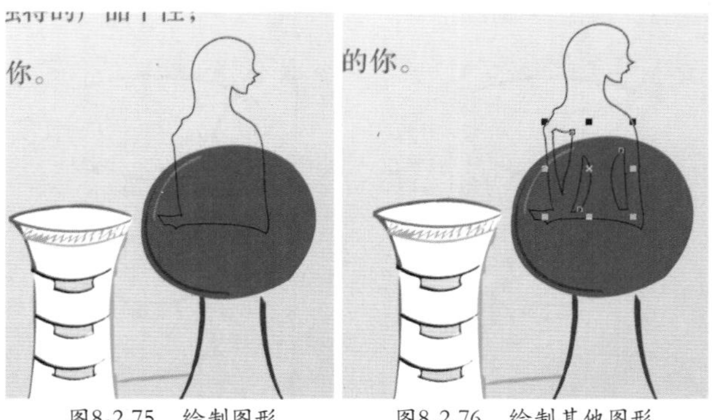
图8-2-75　绘制图形　图8-2-76　绘制其他图形

77 选中绘制的图形和人体的轮廓，右击鼠标，在弹出的快捷菜单中执行“合并”命令，如图8-2-77所示。

78 按快捷键Shift + F11打开“均匀填充”对话框，设置颜色为白色（C：0；M：0；Y：0；K：0），如图8-2-78所示。单击“确定”按钮。

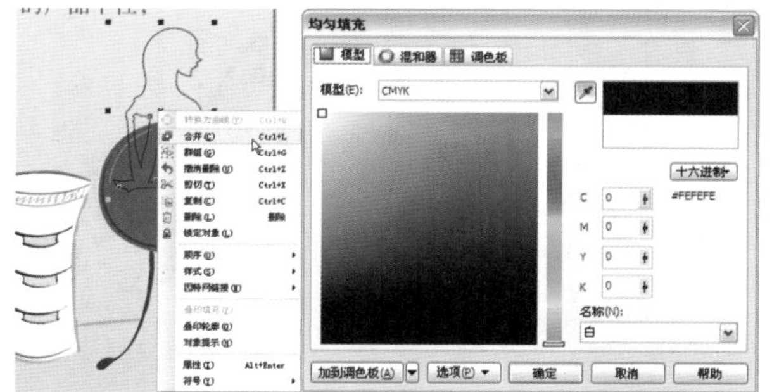

图8-2-77 选择“合并”命令　　图8-2-78 设置填充颜色

79 为其填充颜色后，右键单击调色板上的“透明色”按钮☒，取消轮廓颜色，效果如图8-2-79所示。

80 使用“钢笔工具”绘制其他图形，并为绘制的图形填充颜色。完成后的效果，如图8-2-80所示。单击“确定”按钮。

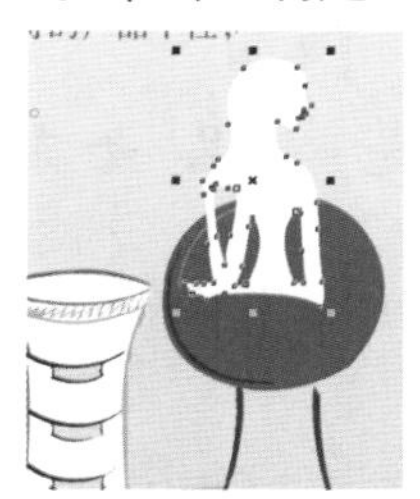

图8-2-79 填充颜色后的效果

图8-2-80 绘制后的效果

81 单击“钢笔工具”，绘制如图8-2-81所示的图形。

82 按快捷键Shift + F11打开“均匀填充”对话框，设置颜色为浅宝石红色（C：34；M：61；Y：64；K：0），如图8-2-82所示。单击“确定”按钮。

图8-2-81 绘制图形

图8-2-82 设置填充颜色

83 右键单击调色板上的“透明色”按钮☒，取消轮廓颜色，效果如图8-2-83所示。

84 使用“钢笔工具”在如图8-2-84所示的位置上绘制一个图形。

图8-2-83 填充颜色后的效果　　图8-2-84 绘制图形

85 按快捷键Shift + F11打开“均匀填充”对话框，设置颜色为（C：12；M：95；Y：63；K：0），如图8-2-85所示。单击“确定”按钮。

86 右键单击调色板上的“透明色”按钮☒，取消轮廓颜色，效果如图8-2-86所示。

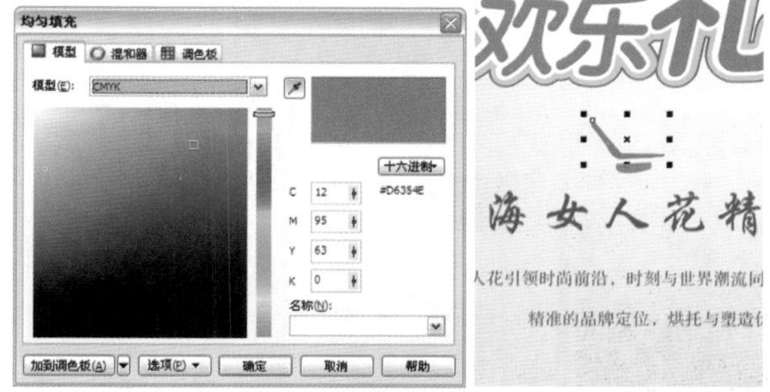

图8-2-85 设置填充颜色　　图8-2-86 填充颜色后的效果

87 使用同样的方法再绘制其他图形，并为绘制的图形填充颜色。完成后的效果，如图8-2-87所示。

88 单击“选择工具”，选中所绘制的高跟鞋，单击拖曳并右击鼠标对其进行复制，效果如图8-2-88所示。

图8-2-87 绘制后的效果　　图8-2-88 复制图形

89 单击“形状工具”，对复制后的图形进行调整，并更改花纹的颜色，调整后的效果如图8-2-89所示。

90 单击“钢笔工具”，绘制如图8-2-90所示的图形。

图8-2-89　调整后的效果

图8-2-90　绘制图形

91 选中所绘制的图形，按快捷键Shift + F11打开“均匀填充”对话框，设置颜色为：宝石红（C：29；M：76；Y：81；K：0），如图8-2-91所示。单击“确定”按钮。

92 填充颜色后，右键单击调色板上的“透明色”按钮☒，取消轮廓颜色，并调整其排放顺序，效果如图8-2-92所示。

图8-2-91　设置填充颜色

图8-2-92　调整后的效果

93 单击“钢笔工具”，绘制如图8-2-93所示的图形。

94 选中所绘制的图形，按快捷键Shift + F11打开“均匀填充”对话框，设置颜色为：暗红色（C：38；M：100；Y：100；K：4），如图8-2-94所示。单击“确定”按钮。

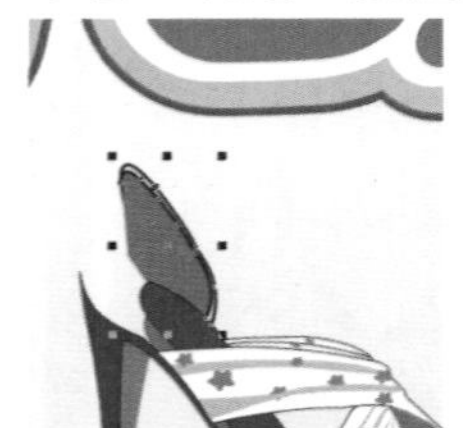
图8-2-93　绘制图形

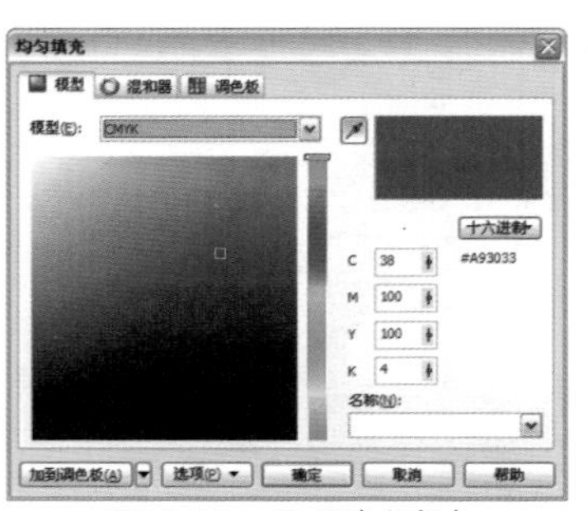
图8-2-94　设置填充颜色

95 填充颜色后，按F12键打开“轮廓笔”对话框，设置“宽度”为细线，其他参数保持默认，如图8-2-95所示。

96 设置完成后，单击“确定”按钮，即可完成对选中图形的设置，效果如图8-2-96所示。

图8-2-95　设置轮廓

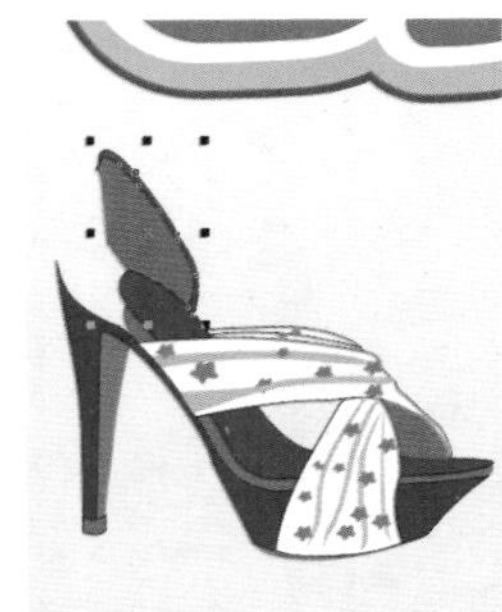
图8-2-96　设置后的效果

97 使用同样的方法绘制其他图形，并为其填充颜色，效果如图8-2-97所示。

98 分别对两个高跟鞋进行成组，使用“选择工具”选中如图8-2-98所示的对象。

图8-2-97　绘制其他图形后的效果

图8-2-98　选择对象

99 调整选中图形的位置，在属性栏中设置“缩放因子”为57，调整后的效果，如图8-2-99所示。

100 使用同样的方法调整另一个高跟鞋，并对该对象进行复制，并调整其位置及大小，调整后的效果如图8-2-100所示。

图8-2-99　调整后的效果

图 8-2-100　调整对象后的效果

101 单击属性栏上的“导入”按钮，导入素材图片：56.png，调整素材大小和位置，并调整其他图形的位置，效果如图 8-2-101 所示。

102 选择“文本工具”，在图像上方输入文字。选择输入的文字，在属性栏上设置“字体”为方正粗圆简体。设置“字体大小”为 14pt，效果如图 8-2-102 所示。

图8-2-101 导入素材文件

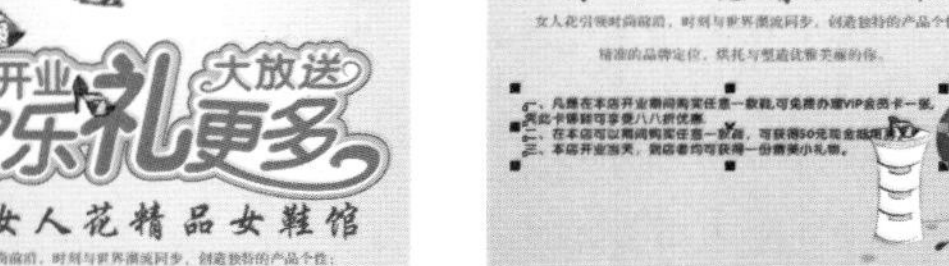

图8-2-102 输入文字

103 选中输入的文字，按快捷键 Shift + F11 打开“均匀填充”对话框，设置颜色为：黑褐色（C：56；M：95；Y：100；K：48），效果如图 8-2-103 所示。单击“确定”按钮。

104 填充颜色后，按快捷键 Ctrl+K 拆分文字，并调整文字的位置，调整后的效果如图 8-2-104 所示。

图8-2-103 设置填充颜色

图8-2-104 调整文字的位置

105 使用同样的方法创建其他文字，并调整文字的位置，完成后的效果，如图 8-2-105 所示。

106 单击属性栏上的“导入”按钮，导入素材图片：25.png，调整素材大小和位置，效果如图 8-2-106 所示。

图8-2-105 输入其他文字后的效果

图8-2-106 导入素材

107 单击“星形工具”，在属性栏中设置“点数或边数”为 4，设置“锐度”为 85，绘制一个如图 8-2-107 所示的图形。

108 单击调色板中的白色色块，右键单击调色板上的“透明色”按钮☒，取消轮廓颜色，如图 8-2-108 所示。

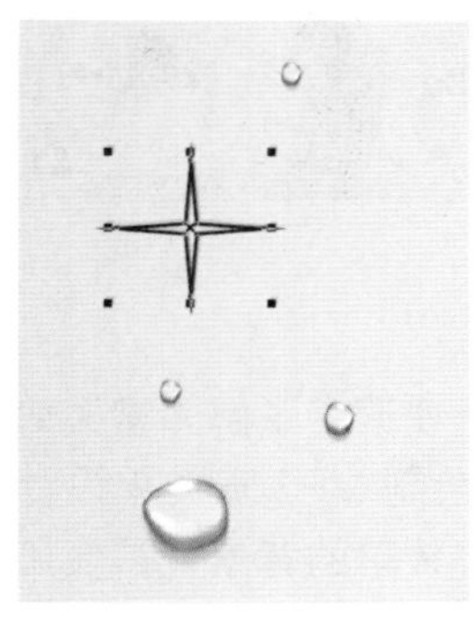
图8-2-107 绘制图形

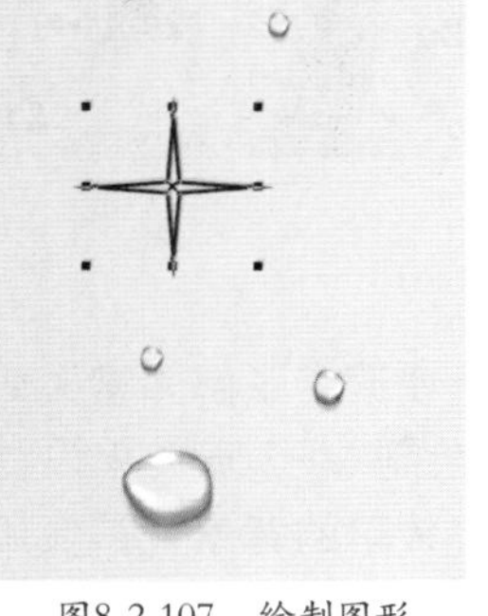
图8-2-108 填充颜色

109 执行“位图”|“转换为位图”命令，在弹出的对话框中使用其默认设置，单击“确定”按钮，再执行“位图”|“模糊”|“高斯模糊”命令，在弹出的对话框中设置“半径”为 2.4，如图 8-2-109 所示。

110 设置完成后，单击“确定”按钮，使用同样的方法创建其他图形，效果如图 8-2-110 所示。对完成后的文件进行保存即可

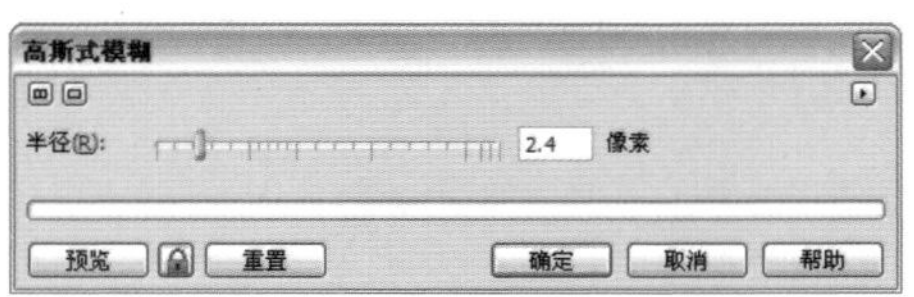

图8-2-109 设置高斯式模糊

图8-2-110 绘制其他图形后的效果

8.3 MP3宣传单设计

技能分析

制作本实例的主要目的是使读者了解并掌握如何在 CorelDRAW X5 软件中绘制 MP3 宣传单设计，首先使用“矩形工具”绘制宣传单的背景，再使用“钢笔工具”绘制图形，使用“均匀填充工具”和“渐变填充工具”为所绘制的图形填充颜色，使用“文本工具”输入相应的文字，完成最终效果。

制作步骤

1 按快捷键 Ctrl + N 打开“创建新文档”对话框，设置“名称”为 Mp3 宣传单设计，“宽度”为 911mm，“高度”为 391mm，如图 8-3-1 所示。单击“确定”按钮。

2 单击“矩形工具”，绘制矩形图形，如图 8-3-2 所示。

图8-3-1 设置“新建”参数

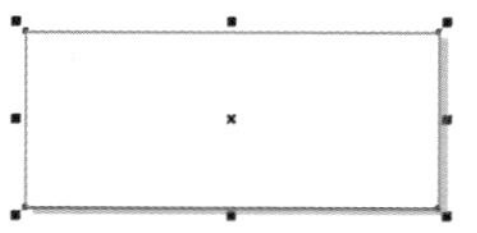

图8-3-2 绘制矩形

3 按 F11 键打开“渐变填充”对话框，设置“类型”为线性，选择“自定义”选项，分别设置为：

位置：0% 颜色（C：43；M：2；Y：80；K：0）；

位置：100% 颜色（C：32；M：5；Y：87；K：0）。

如图 8-3-3 所示，单击“确定”按钮。

4 填充渐变色后，右键单击调色板上的“透明色”按钮⊠，取消轮廓颜色，效果如图 8-3-4 所示。

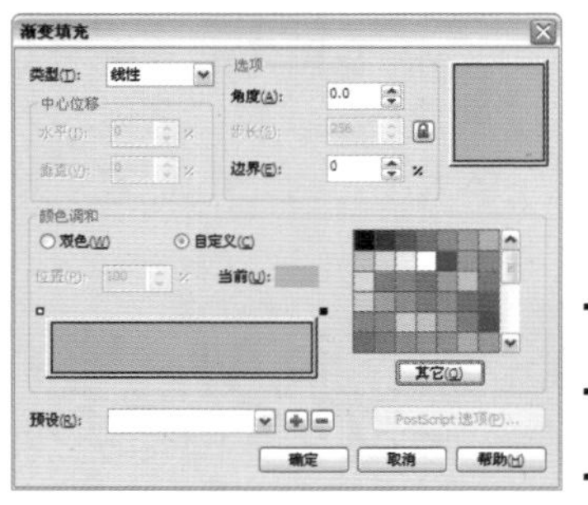

图8-3-3 设置渐变参数

图8-3-4 填充渐变色后的效果

5 单击“钢笔工具”，在矩形的上绘制如图 8-3-5 所示的图形。

6 按快捷键 Shift + F11 打开“均匀填充”对话框，设置颜色为白色（C：0，M：0，Y：0，K：0），如图 8-3-6 所示，单击“确定”按钮。

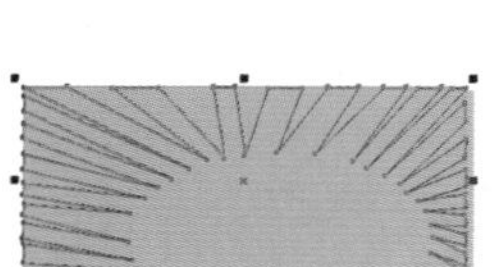

图8-3-5 绘制图形

图8-3-6 设置填充颜色

7 填充颜色后，右键单击调色板上的“透明色”按钮⊠，取消轮廓颜色，效果如图 8-3-7 所示。

8 选择“透明工具”，单击拖曳形成透明渐变效果，在属性栏中设置“透明度操作”为“如果更亮”，添加效果后图像效果，如图 8-3-8 所示。

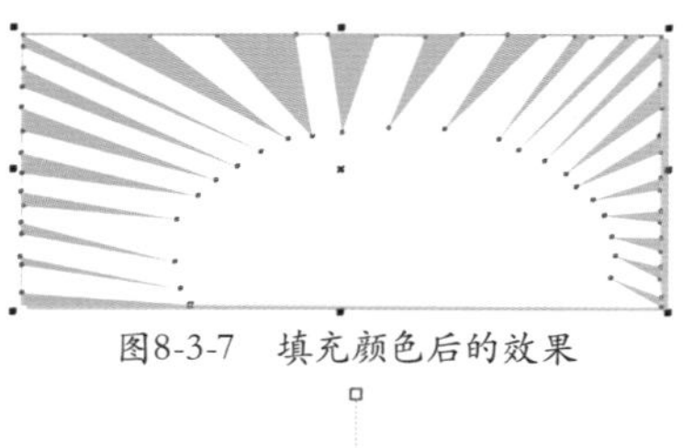

图8-3-7 填充颜色后的效果

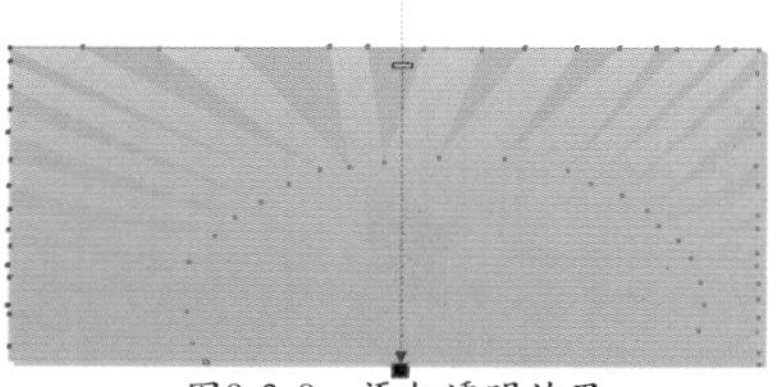

图8-3-8 添加透明效果

9 单击“钢笔工具”，在矩形的左上角绘制如图 8-3-9 所示的图形。

10 继续使用“钢笔工具”在新绘制的图形中，绘制如图 8-3-10 所示的图形。

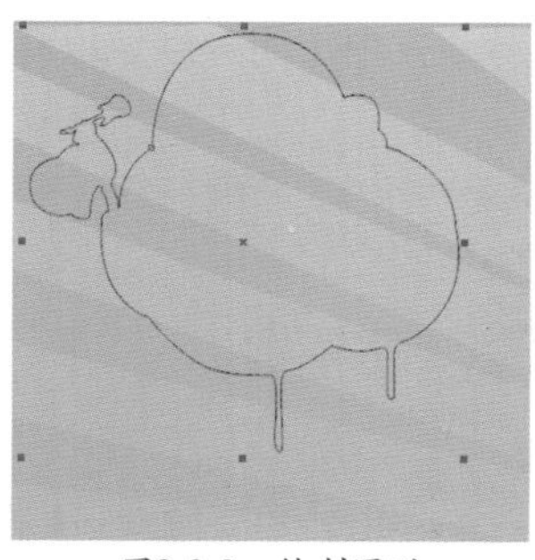
图8-3-9 绘制图形

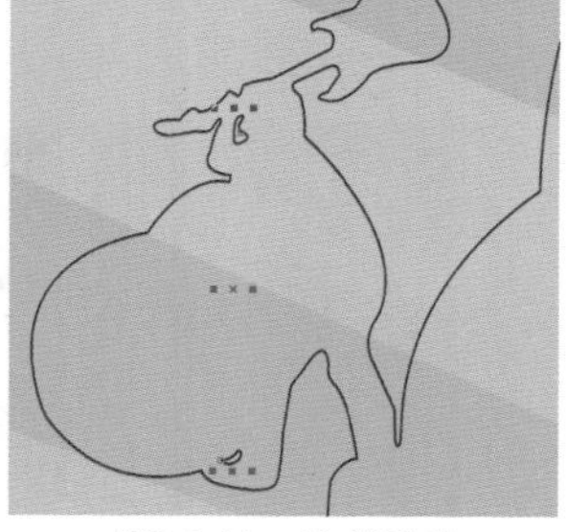
图8-3-10 绘制图形

11 选中绘制的图形，右击鼠标，在弹出的快捷菜单中执行“合并”命令，如图 8-3-11 所示，将选中的图形进行合并。

12 单击“椭圆形工具”，在如图 8-3-12 所示的位置上绘制 3 个大小不同的圆形。

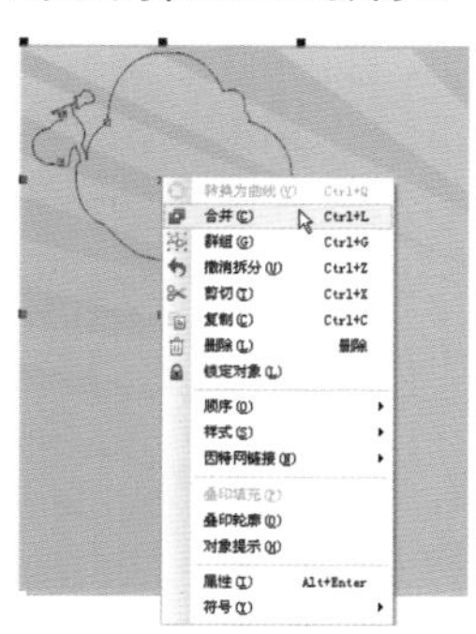
图8-3-11 选择“合并”命令

图8-3-12 设置参数

13 单击“矩形工具”，在如图 8-3-13 所示的位置上绘制矩形，并旋转矩形的角度。

14 选中所绘制的矩形，向下单击拖曳并单击右键进行复制，单击属性栏中的“锁定比例”按钮，设置“缩放因子”为 64.2，调整复制的位置，效果如图 8-3-14 所示。

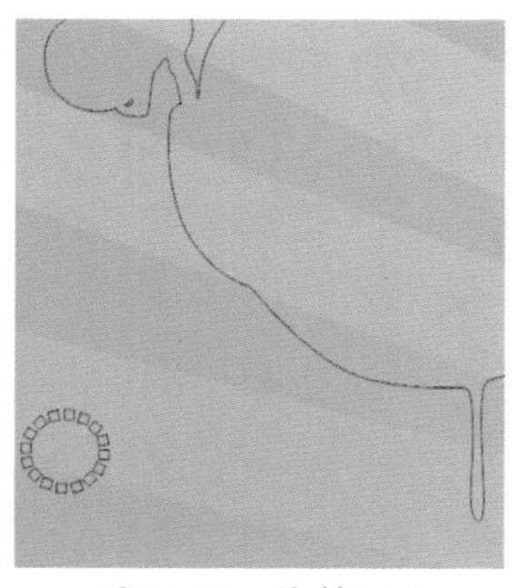

图8-3-13 绘制矩形

图8-3-14 复制矩形

15 使用同样的方法再对矩形进行复制，并调整其大小及位置，使用“选择工具”选择如图 8-3-15 所示的对象。按快捷键 Ctrl+G 将选中的对象成组。

16 按快捷键 Shift + F11 打开“均匀填充”对话框，设置颜色为深黄色（C:4，M:11，Y:95，K:0），如图 8-3-16 所示。

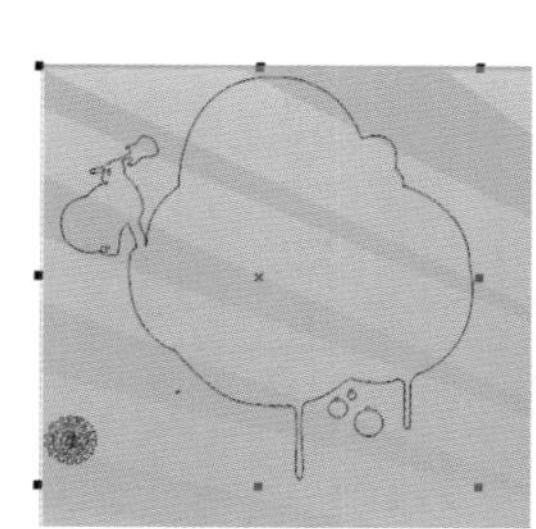
图8-3-15 选择对象

图8-3-16 设置填充颜色

17 单击“确定”按钮，填充颜色后，右键单击调色板上的“透明色”按钮⊠，取消轮廓颜色，效果如图 8-3-17 所示。

18 单击“矩形工具”，在属性栏中单击“圆角”按钮，设置“圆角半径”为 0.5mm，绘制一个圆角矩形，如图 8-3-18 所示。

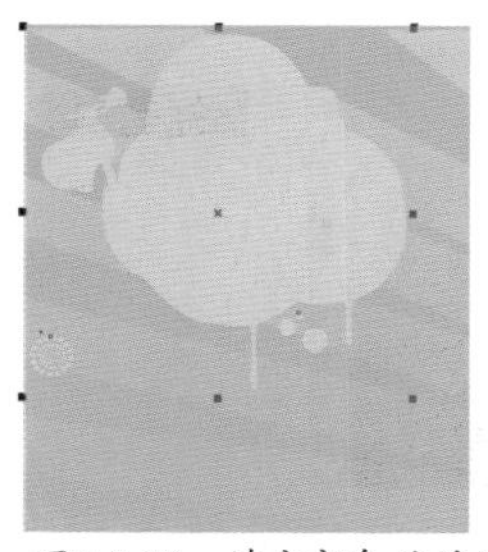
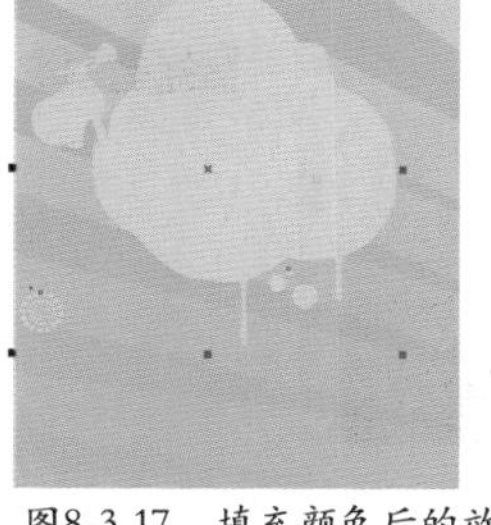
图8-3-17 填充颜色后的效果

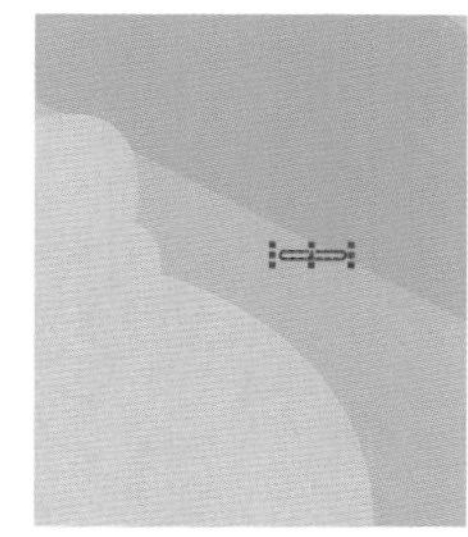
图8-3-18 绘制圆角矩形

19 确认绘制的圆角矩形处于选中的状态，在属性栏中设置“旋转角度”为 10.6，并对该圆角矩形进行复制，复制后的效果如图 8-3-19 所示。

20 单击“钢笔工具”，在圆角矩形的上方绘制如图 8-3-20 所示的图形。

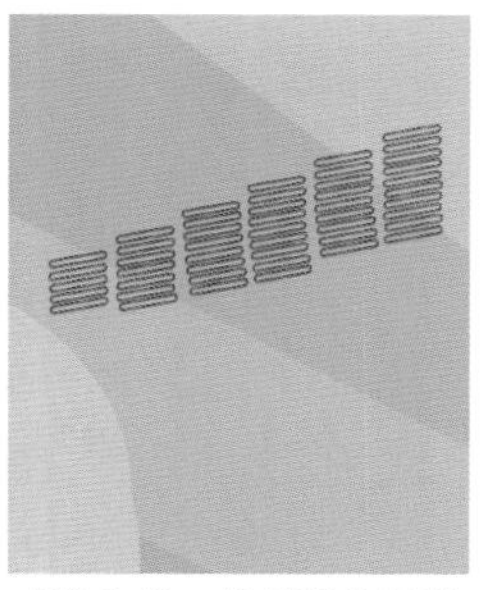

图8-3-19 复制圆角矩形

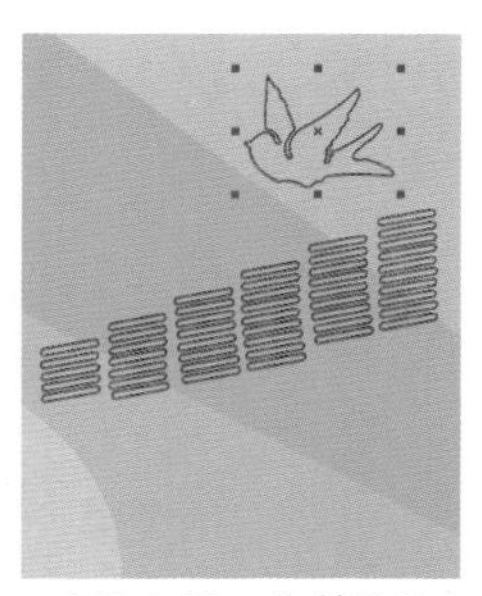
图8-3-20 绘制图形

21 单击“椭圆形工具”，在如图 8–3–21 所示的位置上绘制一个圆形。

22 选中绘制的圆形和小鸟，右击鼠标，在弹出的快捷菜单中执行“合并”命令，如图 8–3–22 所示。

图8-3-21　绘制圆形

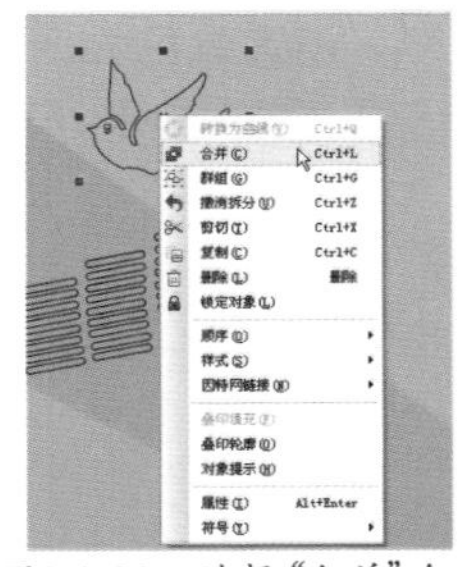

图8-3-22　选择“合并”命令

23 对合并后的图形进行复制，并使用“形状工具”对复制出的图形进行调整，调整后的效果如图 8–3–23 所示。

24 单击“选择工具”，选择所绘制的小鸟及所有的圆角矩形，按快捷键 Ctrl+G 将其成组，按快捷键 Shift + F11 打开“均匀填充”对话框，设置颜色为深黄色（C：4，M：11，Y：95，K：0），如图 8–3–24 所示。

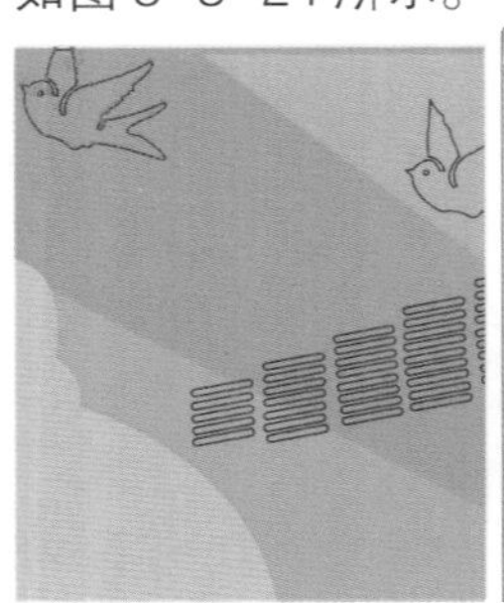

图8-3-23　复制图形

图8-3-24　设置填充颜色

25 单击“确定”按钮，填充颜色后，右键单击调色板上的“透明色”按钮☒，取消轮廓颜色，效果如图 8–3–25 所示。

26 单击“钢笔工具”，在圆角矩形的上方绘制如图 8–3–26 所示的图形。

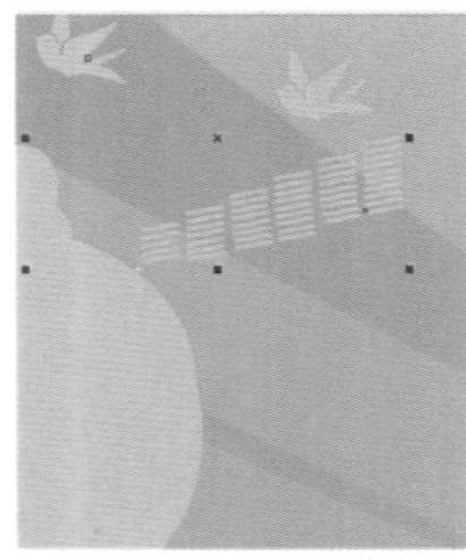

图8-3-25　填充颜色

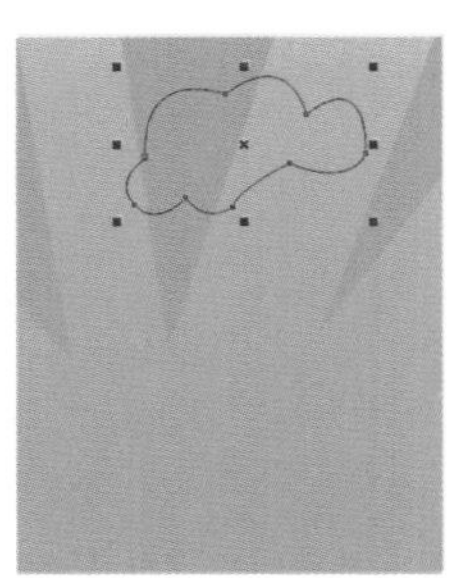

图8-3-26　绘制图形

27 为绘制的图形填充白色，右键单击调色板上的“透明色”按钮☒，取消轮廓颜色，效果如图 8–3–27 所示。

28 确认该图形处于选中状态，执行“位图”|“转换为位图”命令，在弹出的对话框中使用其默认设置，如图 8–3–28 所示。

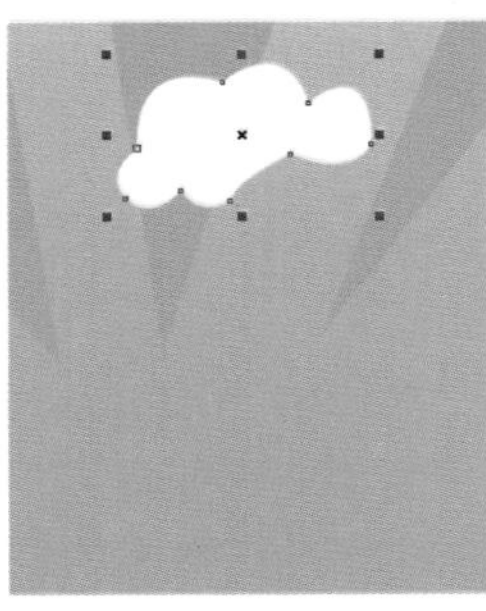

图8-3-27　填充颜色

转换为位图

分辨率(E): 300 dpi

颜色

颜色模式(C): CMYK 色（32 位）

递色处理的(D)

总是叠印黑色(Y)

选项

光滑处理(A)

透明背景(T)

未压缩的文件大小: 4.29 MB

确定　取消　帮助

图8-3-28　“转换为位图”对话框

29 单击“确定”按钮，执行“位图”|“模糊”|“高斯式模糊”命令，如图 8–3–29 所示。

30 在弹出的对话框中设置“半径”为 24，如图 8–3–30 所示。

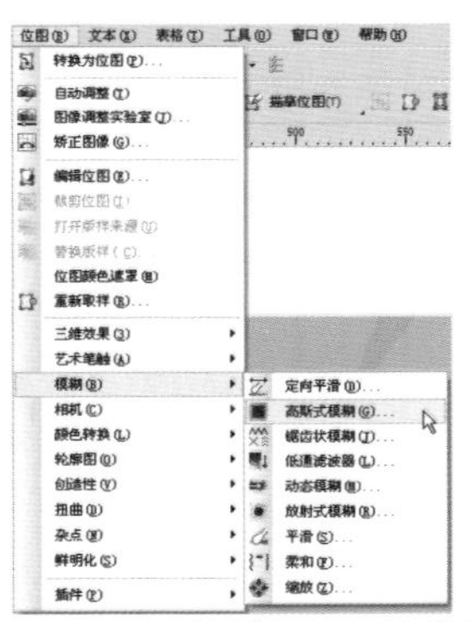

图8-3-29　选择“高斯式模糊”命令　图8-3-30　“高斯式模糊”对话框

31 设置完成后，单击“确定”按钮，即可为选中的对象添加高斯式模糊，效果如图 8–3–31 所示。

32 单击“透明度工具”，单击拖曳形成透明渐变效果，添加效果后图像效果如图 8–3–32 所示。

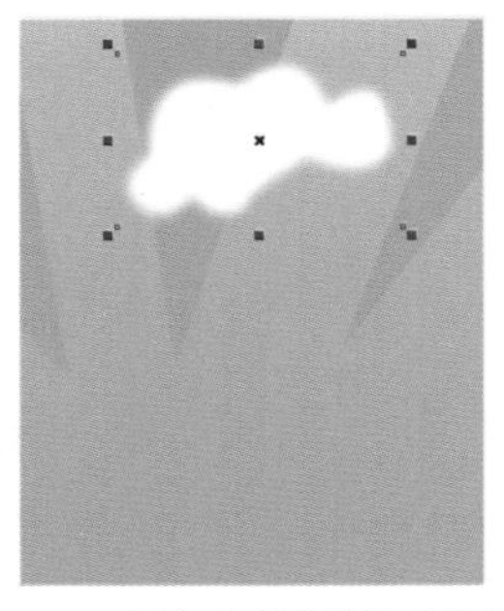

图8-3-31　添加高斯式模糊后的效果

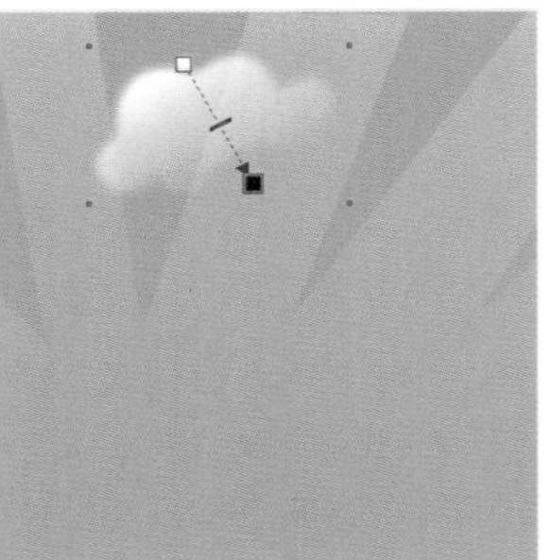

图8-3-32　添加透明度的效果

33 单击“选择工具”，对添加透明效果的云彩进行复制，并调整其大小及位置，效果如图 8-3-33 所示。

34 单击“文本工具”，在黄色图形上输入：音乐随身听，选择输入的文字，在属性栏上设置“字体”为长城新艺体，设置“字体大小”为 180pt，如图 8-3-34 所示。

图8-3-33 复制图形后的效果

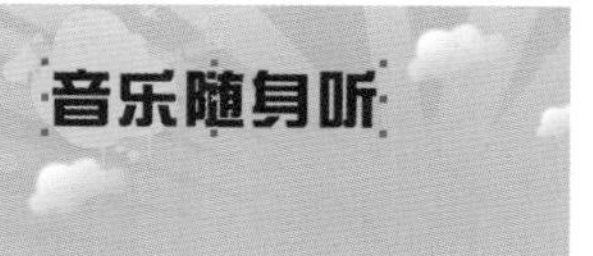

图8-3-34 输入文字

35 单击“选择工具”，在属性栏中设置“旋转角度”设置为 9.9，设置“对象大小”分别为 284mm、109mm，调整文字的位置，效果如图 8-3-35 所示。

36 按 F11 键打开“渐变填充”对话框，设置“类型”为线性，分别设置“从”颜色为霓虹粉（C:0;M:100;Y:60;K:0），“到”的颜色为橘黄色（C:9;M:56；Y：94；K：0），如图 8-3-36 所示，单击“确定”按钮。

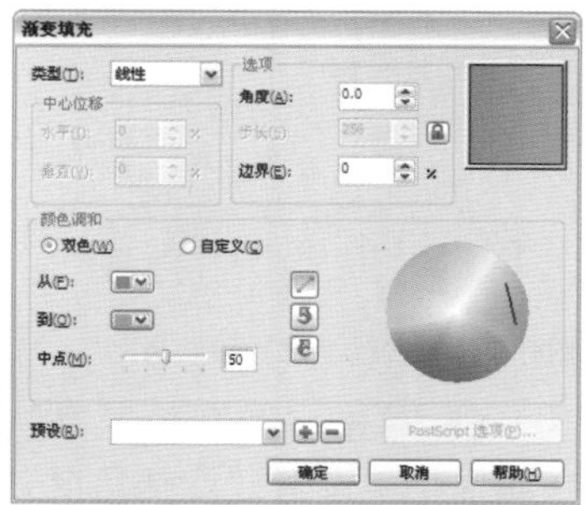

图8-3-35 旋转文字的角度

图8-3-36 设置渐变填充颜色

37 按 F12 键打开“轮廓笔”对话框，设置“颜色”为黑色，“宽度”为 8 mm，“角”为直角，“线条端头”为直线，勾选“后台填充”选项，其他参数保持默认，如图 8-3-37 所示，设置完成后单击“确定”按钮。

38 单击“钢笔工具”，在文字的上方绘制如图 8-3-38 所示的图形。

图8-3-37 设置轮廓笔后的效果

图8-3-38 绘制图形

39 再次使用“钢笔工具”在如图 8-3-39 所示的位置上绘制图形。

40 选中新绘制的图形，向右单击拖曳，在合适的位置上右击鼠标，对其进行复制，单击属性栏中的“水平镜像”按钮复制后的效果，如图 8-3-40 所示。

图8-3-39 绘制图形

图8-3-40 复制图形

41 单击“椭圆形工具”，绘制一个圆形，并调整圆形的位置，如图 8-3-41 所示。

42 单击“选择工具”，选择如图 8-3-42 所示的图形。

图8-3-41 绘制圆形

图8-3-42 选择图形

43 按快捷键 Shift + F11 打开“均匀填充”对话框，设置颜色为洋红色（C:9，M:100，Y:49，K:0），如图 8-3-43 所示。单击“确定”按钮。

44 填充颜色后，右键单击调色板上的“透明色”按钮☒，取消轮廓颜色，效果如图 8-3-44 所示。

图8-3-43 设置填充颜色

图8-3-44 填充颜色后的效果

45 单击“椭圆形工具”，绘制一个圆形。绘制后的效果，如图 8-3-45 所示。

46 为绘制的图形填充白色，右键单击调色板上的“透明色”按钮☒，取消轮廓颜色，效果如图 8–3–46 所示。

图8-3-45　绘制圆形

图8-3-46　填充颜色

47 执行“位图”|“转换为位图”命令，在弹出的对话框中使用其默认设置，单击“确定”按钮，再执行“位图”|“模糊”|“高斯式模糊”命令，在弹出的对话框中设置“半径”为 150，如图 8–3–47 所示。

48 设置完成后，单击“确定”按钮，即可为选中的对象添加高斯式模糊，调整该位图的位置，效果如图 8–3–48 所示。

图8-3-47　“高斯模糊”对话框

图8-3-48　添加高斯式模糊后的效果

49 单击“文本工具”字，在洋红色耳麦上输入：Music，选择输入的文字，在属性栏上设置“字体”为方正水柱简体，设置“字体大小”为 57pt，并为其填充白色，如图 8–3–49 所示。

50 单击“钢笔工具”，在如图 8–3–50 所示的位置上绘制图形。

图8-3-49　添加文字

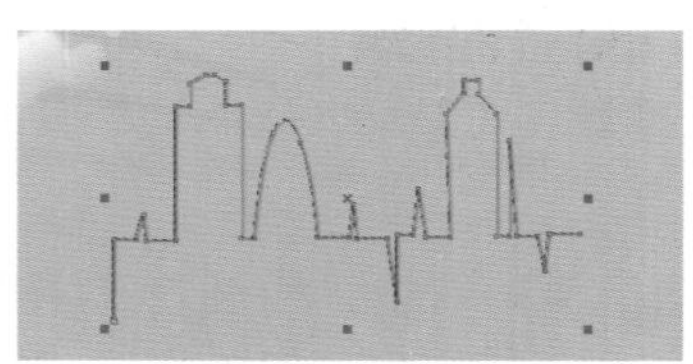

图8-3-50　绘制图形

51 再使用“钢笔工具”绘制如图 8–3–51 所示的图形。

52 单击“选择工具”，选择刚绘制的图形，按 F12 键打开“轮廓笔”对话框，设置“颜色”为白色，“宽度”为 0.75mm，其他参数保持默认，如图 8–3–52 所示。

图8-3-51　绘制其他图形

图8-3-52　设置参数

53 设置完成后，单击“确定”按钮，即可为选中的对象更改轮廓颜色，效果如图 8–3–53 所示。

54 单击“钢笔工具”，在如图 8–3–54 所示的位置上绘制图形。

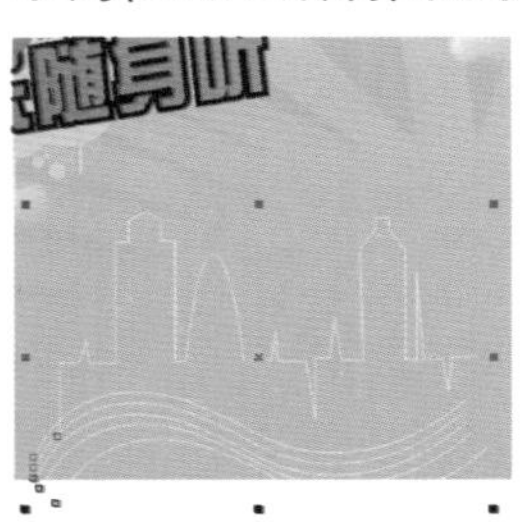

图8-3-53　更改颜色后的效果

图8-3-54　绘制图形

55 单击“椭圆形工具”，绘制一个椭圆形，在属性栏中设置“旋转角度”为 29.5，并调整椭圆形的角度，如图 8–3–55 所示。

56 使用“选择工具”选中所绘制的音符和椭圆，右击鼠标，在弹出的快捷菜单中执行“合并”命令，如图 8–3–56 所示。

图8-3-55　绘制椭圆形

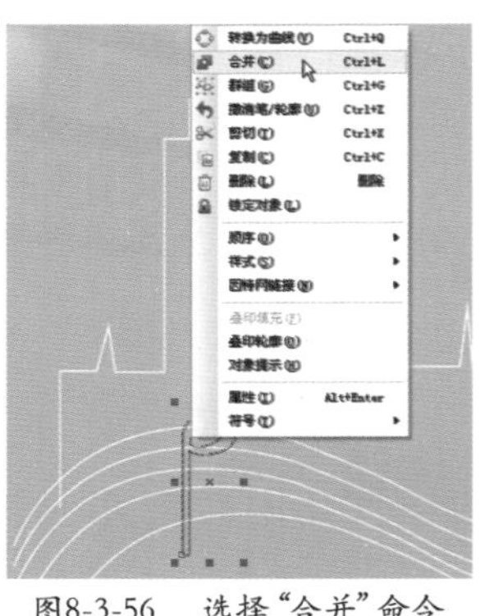

图8-3-56　选择“合并”命令

57 单击“钢笔工具”，绘制其他音符。绘制后的效果，如图 8–3–57 所示。

58 选中所绘制的音符，按快捷键 Shift + F11 打开“均匀填充”对话框，设置颜色为白色（C：0，M：0，Y：0，K：0），如图 8–3–58 所示。单击“确定”按钮。

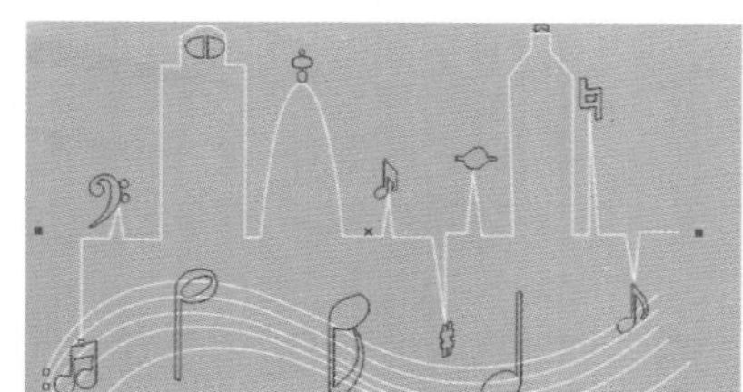

图8-3-57 绘制其他音符后的效果

图8-3-58 设置填充颜色

59 填充颜色后，右键单击调色板上的“透明色”按钮☒，取消轮廓颜色，效果如图 8–3–59 所示。

60 单击“钢笔工具”，绘制如图 8–3–60 所示的图形。

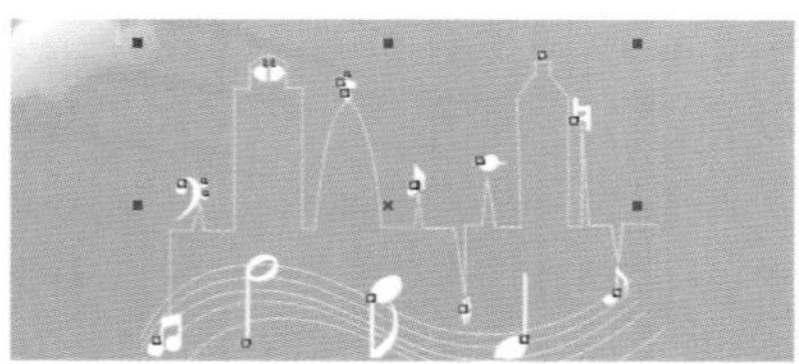

图8-3-59 轮廓图效果

图8-3-60 绘制图形

61 使用“钢笔工具”，在如图 8–3–61 所示的位置上绘制其他图形。

62 使用“选择工具”选中所绘制的图形，右击鼠标，在弹出的快捷菜单中执行“合并”命令，如图 8–3–62 所示。

图8-3-61 绘制其他图形　图8-3-62 选择“合并”命令

63 单击“椭圆形工具”，绘制一个椭圆形，选中绘制的椭圆及上面合并的图形，为其填充白色，右键单击调色板上的“透明色”按钮☒，取消轮廓颜色，效果如图 8–3–63 所示。

64 单击“钢笔工具”，绘制如图 8–3–64 所示的图形。

图8-3-63 填充颜色　图8-3-64 绘制图形

65 按快捷键 Shift + F11 打开“均匀填充”对话框，设置颜色为黄色（C：0；M：0；Y：100；K：0），如图 8–3–65 所示。单击“确定”按钮。

66 右键单击调色板上的“透明色”按钮☒，取消轮廓颜色，效果如图 8–3–66 所示。

图8-3-65 设置填充颜色

图8-3-66 填充颜色

67 单击“阴影工具”，设置属性栏上“预设列表”为小型辉光，“阴影的不透明度”为50，“阴影羽化”为5，“透明度操作”为乘，“阴影颜色”为黑色（C：100，M：100，Y：100，K：100），其余保持默认值。效果如图8-3-67所示。

68 单击“钢笔工具”，绘制如图8-3-68所示的图形。

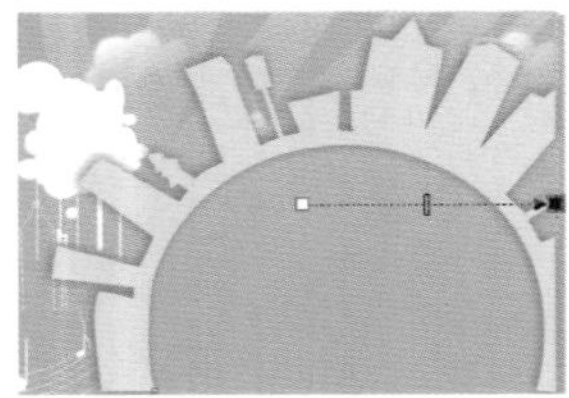

图8-3-67　添加阴影效果

图8-3-68　绘制图形

69 按快捷键Shift + F11打开“均匀填充”对话框，设置颜色为橘黄色（C：0；M：45；Y：98；K：0），如图8-3-69所示。单击“确定”按钮。

70 右键单击调色板上的“透明色”按钮☒，取消轮廓颜色，效果如图8-3-70所示。

图8-3-69　设置填充参数

图8-3-70　轮廓笔效果

71 确认填充颜色的图形处于选中状态，右击鼠标，在弹出的快捷菜单中执行“排序”|“向后一层”命令，如图8-3-71所示。

72 单击“矩形工具”，绘制一个矩形图形，在属性栏中设置“旋转角度”为350，如图8-3-72所示。

图8-3-71　选择“向后一层”命令

图8-3-72　绘制矩形

73 选中绘制矩形图形，为其填充白色，右键单击调色板上的“透明色”按钮☒，取消轮廓颜色，效果如图8-3-73所示。

74 对该矩形图形进行复制，并调整其位置及角度，调整后的效果如图8-3-74所示。

图8-3-73　填充颜色效果

图8-3-74　复制矩形图形后的效果

75 选中所有的白色矩形，按快捷键Ctrl+G将其成组，单击“钢笔工具”，绘制如图8-3-75所示的图形。

76 再次使用“钢笔工具”绘制如图8-3-76所示的图形。

图8-3-75　绘制图形

图8-3-76　绘制其他图形

77 单击“选择工具”，使用该工具框选上面所绘制的图形，右击鼠标，在弹出的快捷菜单中执行“合并”命令，如图8-3-77所示。

78 单击调色板上的黑色色块，为填充黑色。填充后的效果，如图8-3-78所示。

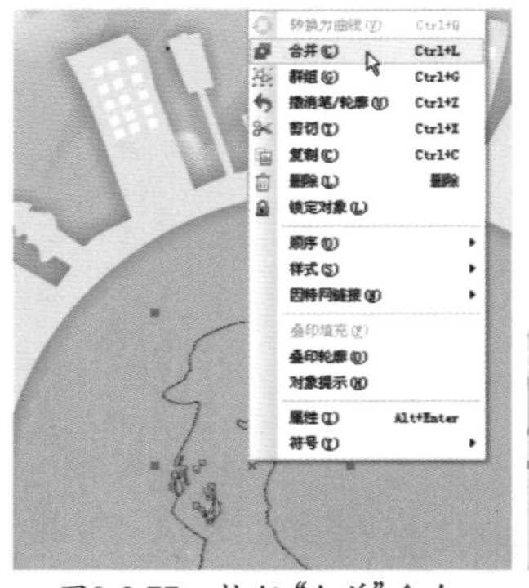

图8-3-77　执行“合并”命令

图8-3-78　填充颜色后的效果

79 单击“钢笔工具”，绘制如图 8-3-79 所示的图形。

80 选中所绘制的图形，按快捷键 Shift + F11 打开“均匀填充”对话框，设置颜色为粉红色（C:0；M:67；Y:10；K:0），如图 8-3-80 所示。单击“确定”按钮。

图8-3-79 绘制图形

图8-3-80 设置填充颜色

81 为其填充颜色后，右键单击调色板上的“透明色”按钮☒，取消轮廓颜色，并调整该图形的位置，效果如图 8-3-81 所示。

82 单击属性栏上的“导入”按钮，导入素材：mp3、耳机 .png，并调整素材大小及位置，效果如图 8-3-82 所示。

图8-3-81 填充颜色后的效果

图8-3-82 导入素材

83 单击“钢笔工具”，绘制如图 8-3-83 所示的图形。

84 再次使用“钢笔工具”，在如图 8-3-84 所示的位置上绘制音符。

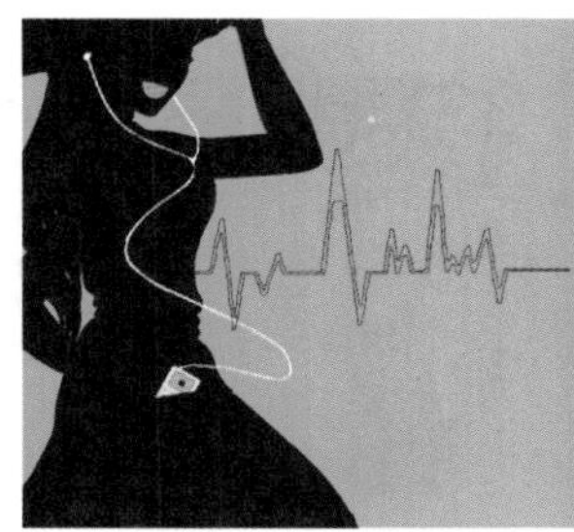
图8-3-83 绘制图形

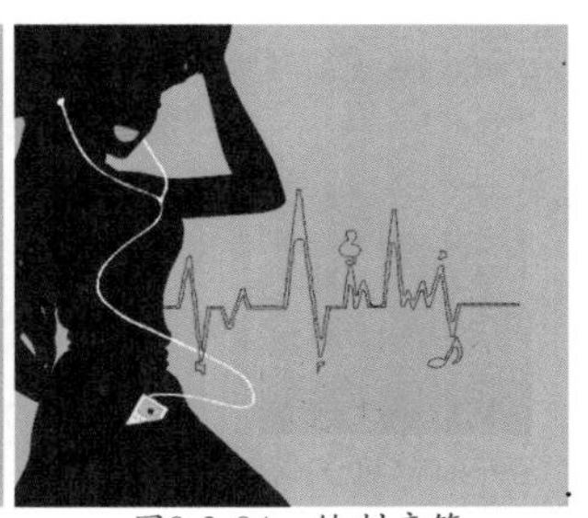
图8-3-84 绘制音符

85 单击“选择工具”，框选上面所绘制的图形，为图形填充白色，右键单击调色板上的“透明色”按钮☒，取消轮廓颜色，效果如图 8-3-85 所示。

86 单击属性栏上的“导入”按钮，导入素材：mp3.png，并调整素材大小及位置，效果如图 8-3-86 所示。

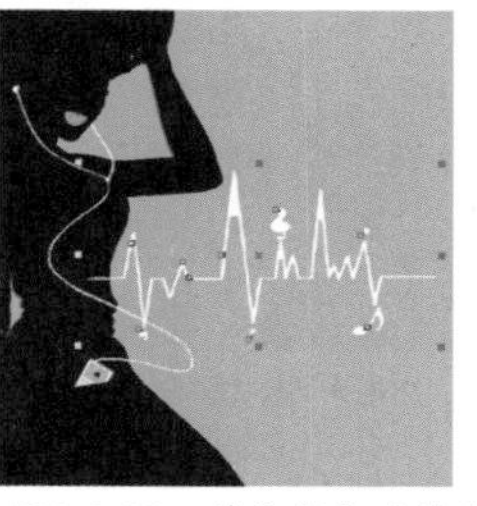
图8-3-85 填充颜色后的效果

图8-3-86 导入素材

87 选择“文本工具”，单击属性栏中的“将文本更改为垂直方向”按钮，输入文字：放胆听，选中输入的文字，在属性栏上设置“字体”为长城新艺体。设置“字体大小”为 150pt，按快捷键 Ctrl+Q 将文字转换为曲线，单击“形状工具”，调整文字的形状，设置后的效果如图 8-3-87 所示。

88 单击“钢笔工具”，绘制两个如图 8-3-88 所示的图形。

图8-3-87 调整文字后的效果

图8-3-88 绘制图形

89 单击“选择工具”，选中所绘制的图形，对其进行复制，并对其进行调整，效果如图 8-3-89 所示。

90 选中所绘制的图形及文字，按快捷键 Shift + F11 打开“均匀填充”对话框，设置颜色为深绿色（C:95；M:58；Y:100；K:36），如图 8-3-90 所示。单击“确定”按钮。

图8-3-89 复制图形后的效果

图8-3-90 设置填充颜色

91 填充颜色后，右键单击调色板上的“透明色”按钮☒，取消轮廓颜色，效果如图 8–3–91 所示。

92 单击“钢笔工具”，绘制如图 8–3–92 所示的图形。

图8-3-91　填充颜色后的效果

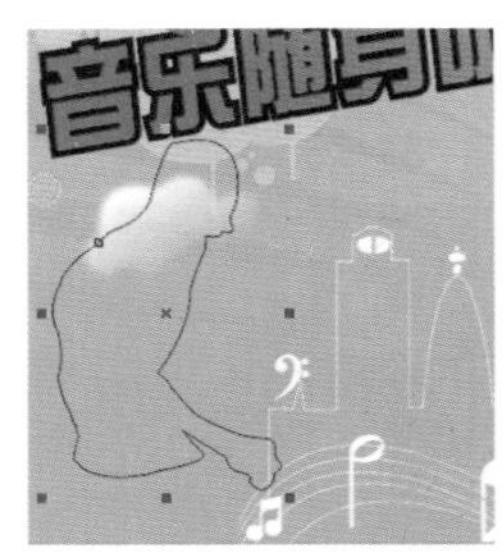

图8-3-92　绘制图形

93 选中所绘制的图形，按快捷键 Shift ＋ F11 打开“均匀填充”对话框，设置颜色为肉色（C：13；M：31；Y：49；K：0），如图 8–3–93 所示。单击“确定”按钮。

94 填充颜色后，按 F12 键打开“轮廓笔”对话框，设置“颜色”为褐色（C：55，M：76，Y：100，K29），“宽度”为 0.75mm，其他参数保持默认，如图 8–3–94 所示。

图8-3-93　设置填充颜色

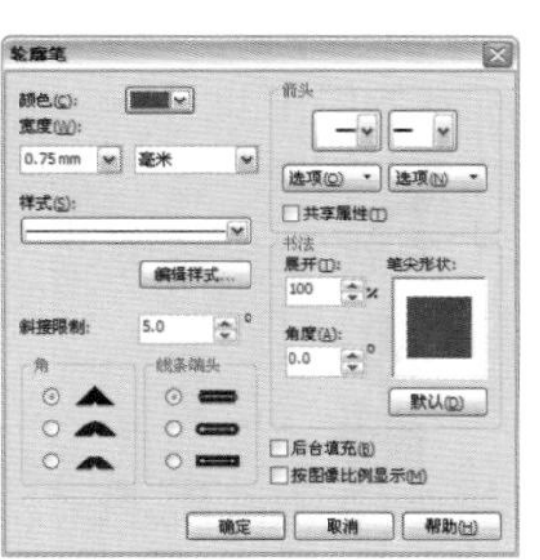
图8-3-94　设置轮廓笔

95 设置完成后，单击“确定”按钮，即可为选中的图形更改轮廓，效果如图 8–3–95 所示。

96 单击“钢笔工具”，绘制如图 8–3–96 所示的图形。

图8-3-95　更改轮廓后的效果

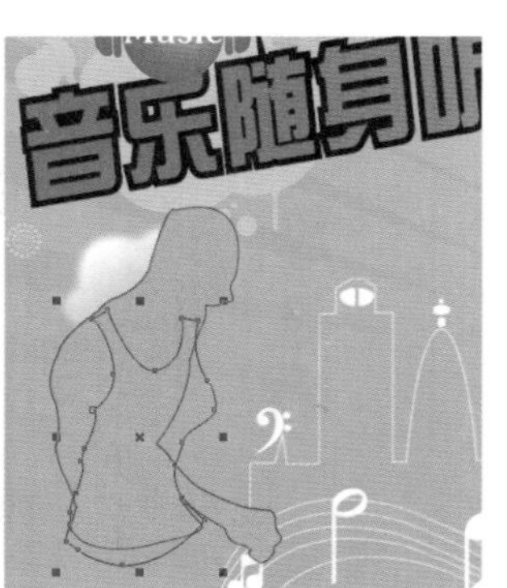

图8-3-96　绘制图形

97 按快捷键 Shift ＋ F11 打开“均匀填充”对话框，设置颜色为深灰色（C：71；M：64；Y：60；K：14），如图 8–3–97 所示。单击“确定”按钮。

98 填充颜色后，按 F12 键打开“轮廓笔”对话框，设置“颜色”为黑色（C：0，M：0，Y：0，K100），“宽度”为 2.5mm，“角”为圆角，“线条端头”为圆头，勾选“后台填充”选项，其他参数保持默认，如图 8–3–98 所示。

图8-3-97　设置填充颜色

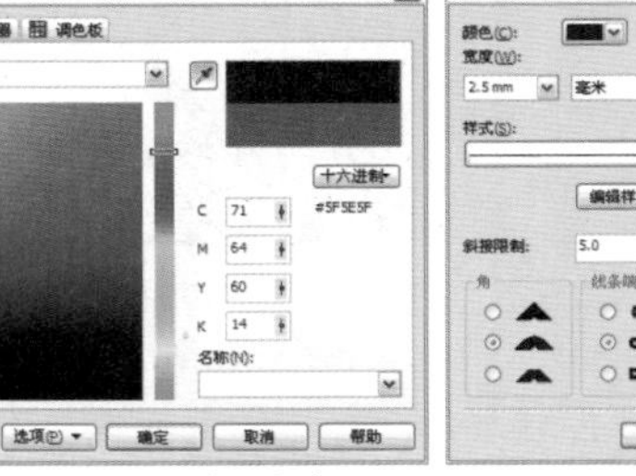
图8-3-98　设置轮廓

99 单击“确定”按钮，即可为选中的图形填充颜色及轮廓，效果如图 8–3–99 所示。

100 单击“钢笔工具”，绘制如图 8–3–100 所示的图形。

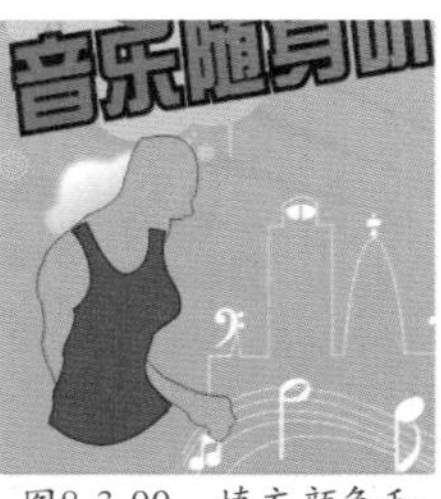

图8-3-99　填充颜色和设置轮廓后的效果

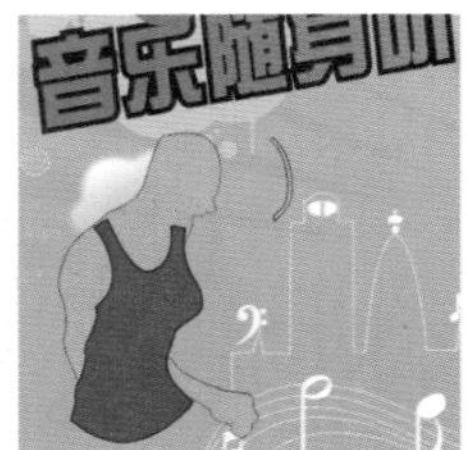

图 8-3-100　绘制图形

101 按快捷键 Shift ＋ F11 打开“均匀填充”对话框，设置颜色为浅灰色（C：11；M：10；Y：13；K：0），如图 8–3–101 所示。

102 单击“确定”按钮，即可为选中的图形填充颜色，效果如图 8–3–102 所示。

图8-3-101　设置填充颜色

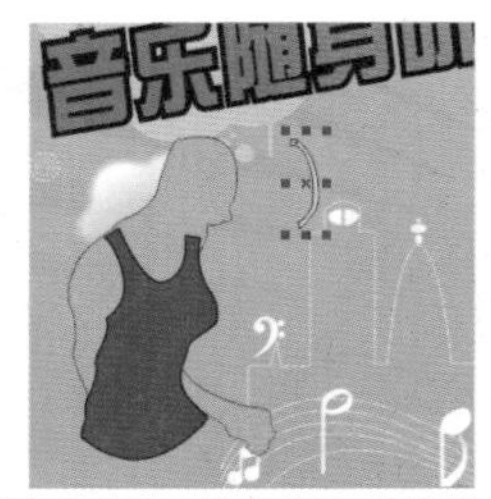

图8-3-102　填充颜色后的效果

103 使用同样的方法再绘制另外两个图形，并为其填充相同的颜色，调整其位置。调整后的效果，如图 8–3–103 所示。

104 单击“钢笔工具”，绘制如图 8–3–104 所示的图形。

图8-3-103　调整后的效果

图8-3-104　绘制图形

105 选中绘制的图形，按快捷键 Shift + F11 打开“均匀填充”对话框，设置颜色为肉色（C：13；M：31；Y：49；K：0），如图 8–3–105 所示。单击“确定”按钮。

106 填充颜色后，右键单击调色板上的“透明色”按钮☒，取消轮廓颜色，效果如图 8–3–106 所示。

图8-3-105　设置填充颜色

图8-3-106　填充颜色后的效果

107 单击“钢笔工具”，绘制如图 8–3–107 所示的图形。

108 使用“钢笔工具”在如图 8–3–108 所示的位置上绘制一个图形。

图8-3-107　绘制图形

图8-3-108　绘制图形

109 选中上面所绘制的两个图形，单击属性栏中的“简化”按钮，修剪对象中重叠的区域，效果如图 8–3–109 所示。

110 单击“钢笔工具”，绘制如图 8–3–110 所示的图形。

图8-3-109　修剪图形

图8-3-110　绘制图形

111 再次使用“钢笔工具”在如图 8–3–111 所示的位置上绘制其他图形。

112 选中上面所绘制的图形，右击鼠标，在弹出的快捷菜单中执行“合并”命令，如图 8–3–112 所示。

图8-3-111　绘制其他图形

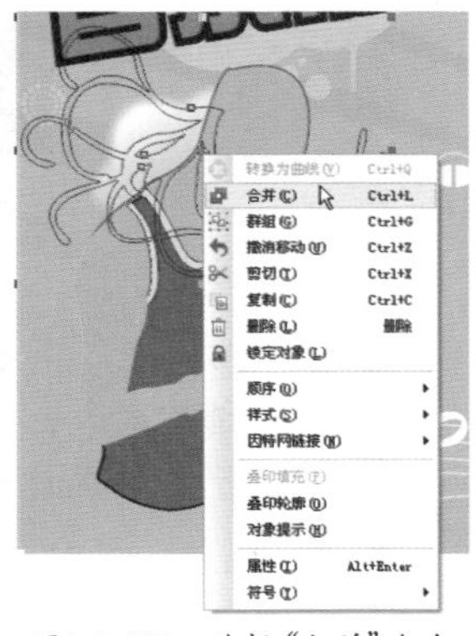

图8-3-112　选择“合并”命令

113 按 F11 键打开“渐变填充”对话框，设置“类型”为线性，在“颜色调和”选项区域中选择“自定义”选项，分别设置为：

位置：0%　颜色（C：71；M：91；Y：84；K：64）；

位置：36%　颜色（C：58；M：100；Y：100；K：51）；

位置：100%　颜色（C：25；M：53；Y：95；K：0）。

如图 8–3–113 所示。

114 设置完成后，单击“确定”按钮，即可为选中的图形设置渐变颜色，效果如图 8-3-114 所示。

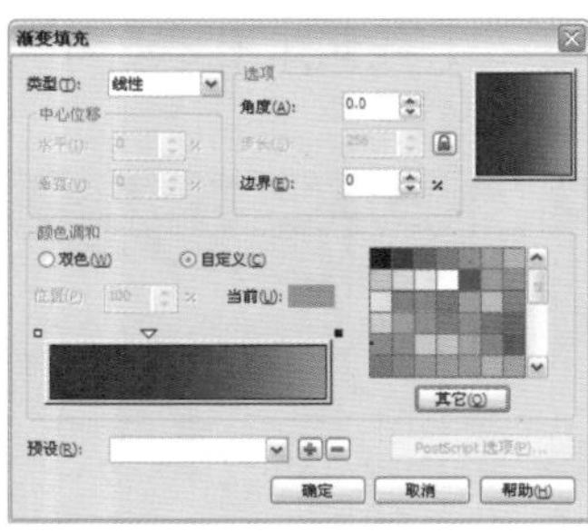

图8-3-113　设置渐变颜色

图8-3-114　填充渐变后的效果

115 单击“钢笔工具”，绘制如图 8-3-115 所示的图形。

116 按快捷键 Shift + F11 打开“均匀填充”对话框，设置颜色为天蓝色（C：100；M：20；Y：0；K：0），如图 8-3-116 所示。

图8-3-115　绘制图形

图8-3-116　设置填充颜色

117 设置完成后，单击“确定”按钮，为选中的对象添加填充颜色，效果如图 8-3-117 所示。

118 单击“钢笔工具”，绘制如图 8-3-118 所示的图形。

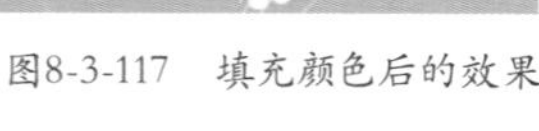

图8-3-117　填充颜色后的效果

图8-3-118　绘制图形

119 按快捷键 Shift + F11 打开“均匀填充”对话框，设置颜色为洋红色（C：0；M：100；Y：0；K：0），如图 8-3-119 所示。

120 设置完成后，单击“确定”按钮，为选中的对象添加填充颜色，效果如图 8-3-120 所示。

图8-3-119　设置填充颜色

图8-3-120　填充颜色后的效果

121 单击“钢笔工具”，绘制如图 8-3-121 所示的图形。

122 为该图形填充白色，右键单击调色板上的“透明色”按钮☒，取消轮廓颜色，效果如图 8-3-122 所示。

图8-3-121　绘制图形

图8-3-122　绘制图形

123 选择“透明度工具”，选择属性栏上的“透明度类型”为标准，拖曳“开始透明度”滑块为 82。效果如图 8-3-123 所示。

124 单击“钢笔工具”，绘制如图 8-3-124 所示的图形。

图8-3-123　添加透明度后的效果

图8-3-124　绘制图形

125 按快捷键 Shift + F11 打开“均匀填充”对话框，设置颜色为黄色（C：0；M：0；Y：100；K：0），如图 8-3-125 所示。单击“确定”按钮。

126 为该图形填充颜色，右键单击调色板上的“透明色”按钮☒，取消轮廓颜色，效果如图 8-3-126 所示。

图8-3-125 设置填充颜色

图8-3-126 填充颜色后的效果

127 选择“文本工具”，输入文字：m。选中输入的文字，在属性栏上设置“字体”为 Brush Script MT，设置“字体大小”为 103pt，单击调色板上的黄色色块，为其填充黄色，并对其调整，完成后的效果如图 8-3-127 所示。

128 单击“钢笔工具”，绘制如图 8-3-128 所示的图形。

图8-3-127 添加文字

图8-3-128 绘制图形

129 为该图形填充白色，右键单击调色板上的“透明色”按钮☒，取消轮廓颜色，效果如图 8-3-129 所示。

130 选择“透明度工具”，选择属性栏上的“透明度类型”为标准，拖曳“开始透明度”滑块为 53。效果如图 8-3-130 所示。

图8-3-129 填充颜色后的效果

图8-3-130 填充颜色后的效果

131 单击“钢笔工具”，绘制如图 8-3-131 所示的图形。

132 按快捷键 Shift + F11 打开“均匀填充”对话框，设置颜色为深灰色（C：73；M：67；Y：69；K：28），如图 8-3-132 所示。单击“确定”按钮。

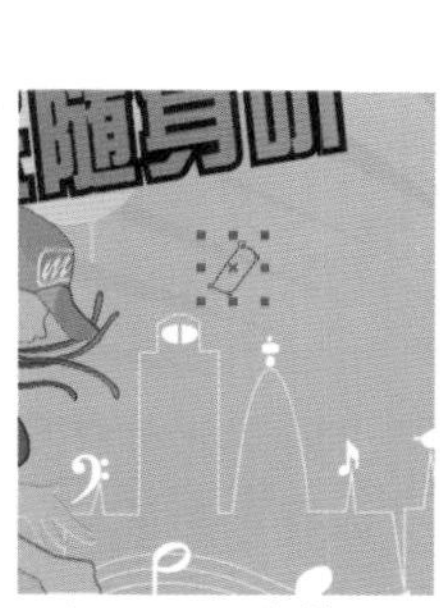

图8-3-131 绘制图形

图8-3-132 设置填充颜色

133 为该图形填充颜色后，右键单击调色板上的“透明色”按钮☒，取消轮廓颜色，效果如图 8-3-133 所示。

134 执行“位图”|“转换为位图”命令，如图 8-3-134 所示。

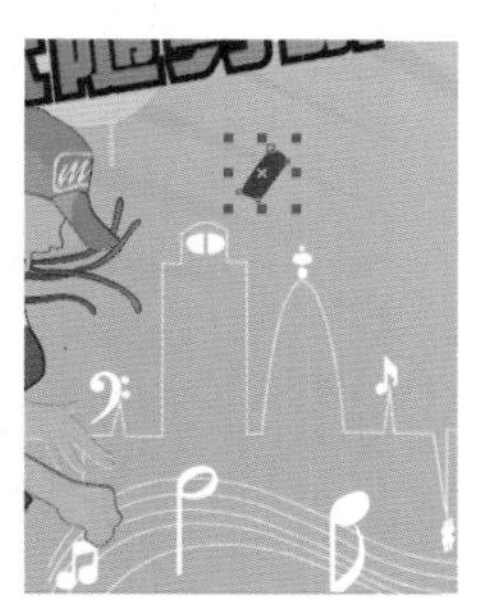

图8-3-133 填充颜色后的效果

图8-3-134 选择“转换为位图”命令

135 在弹出的对话框中使用其默认设置，单击“确定”按钮，执行“位图”|“模糊”|“高斯式模糊”命令，在弹出的对话框中设置“半径”为 11，如图 8-3-135 所示。

136 单击“钢笔工具”，绘制如图 8-3-136 所示的图形。

图8-3-135 设置模糊半径

图8-3-136 绘制图形

137 单击调色板上的黑色色块，为其填充黑色。填充颜色后的效果，如图 8–3–137 所示。

138 单击“钢笔工具”，绘制如图 8–3–138 所示的图形。

图8-3-137　填充颜色后的效果

图8-3-138　绘制图形

139 按 F11 键打开“渐变填充”对话框，在“选项”处设置“角度”为 75，设置“边界”为 4，分别设置“从”颜色为黑灰色（C：76；M：73；Y：69；K：38），“到”的颜色为白色（C：0；M：0；Y：0；K：0），如图 8–3–139 所示。单击“确定”按钮。

140 使用同样的方法绘制耳机支架上的其他图形，并为其填充不同的颜色，效果如图 8–3–140 所示。

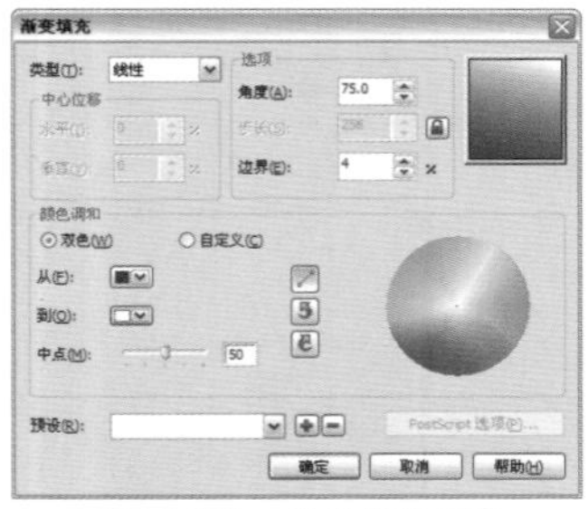

图8-3-139　设置渐变颜色

图8-3-140　绘制其他图形

141 单击“椭圆形工具”绘制一个圆形，为其填充黑色，右键单击调色板上的“透明色”按钮☒，取消轮廓颜色，效果如图 8–3–141 所示。

142 单击“钢笔工具”，绘制一个图形，设置其填充颜色为（C：80；M：70；Y：60；K：25），右键单击调色板上的“透明色”按钮☒，取消轮廓颜色，如图 8–3–142 所示。

图8-3-141　绘制圆形

图8-3-142　绘制图形并填充颜色

143 使用“钢笔工具”，绘制一个图形，设置其填充颜色为：浅灰色（C：50；M：40；Y：37；K：2），右键单击调色板上的“透明色”按钮☒，取消轮廓颜色，如图 8–3–143 所示。

144 使用同样的方法绘制其他图形，并为其填充不同的颜色，并调整图形的位置，效果如图 8–3–144 所示。

图8-3-143　绘制图形

图8-3-144　绘制其他图形后的效果

145 单击“钢笔工具”，绘制一个图形，按 F11 键打开“渐变填充”对话框，在“选项”处设置“角度”为 15，设置“边界”为 1，分别设置“从”颜色为灰色（C：76；M：73；Y：69；K：38），“到”的颜色为白色（C：0；M：0；Y：0；K：0），如图 8–3–145 所示。单击“确定”按钮。

146 使用同样的方法绘制其他图形，并为其填充不同的颜色，并调整其排放顺序，效果如图 8–3–146 所示。

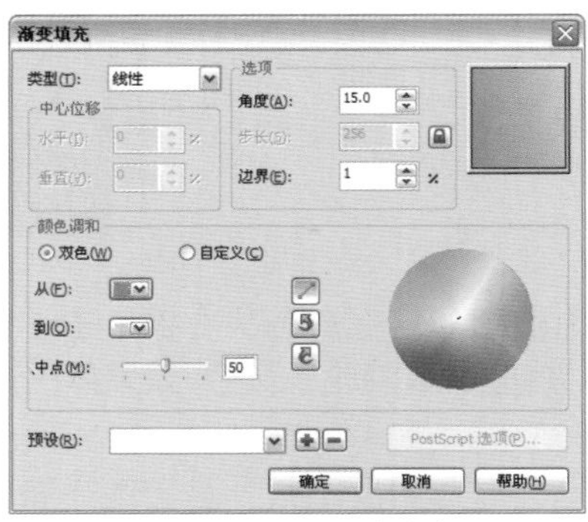

图8-3-145　设置渐变色

图8-3-146　绘制其他图形后的效果

147 单击“钢笔工具”，绘制一个图形，设置其填充颜色为土黄色（C：20；M：42；Y：62；K：0），右键单击调色板上的“透明色”按钮☒，取消轮廓颜色，如图 8-3-147 所示。

148 使用同样的方法绘制其他图形，并为其填充相同的颜色。效果如图 8-3-148 所示。

图8-3-147　绘制图形并填充颜色

图8-3-148　绘制其他图形

149 使用“钢笔工具”绘制眼睛和嘴，并为其填充颜色，效果如图 8-3-149 所示。

150 使用同样的方法绘制其他图形，并填充颜色，完成后的效果如图 8-3-150 所示。对完成后的场景进行保存即可。

图8-3-149　绘制眼睛和嘴

图8-3-150　绘制其他图形后的效果

本章小结：通过上面案例的学习，熟练地地应用前面所介绍的工具，了解并掌握了 CorelDRAW X5 绘制宣传单的设计技巧和绘制方法，从而制作出精美的宣传单。

第09章

商业包装设计

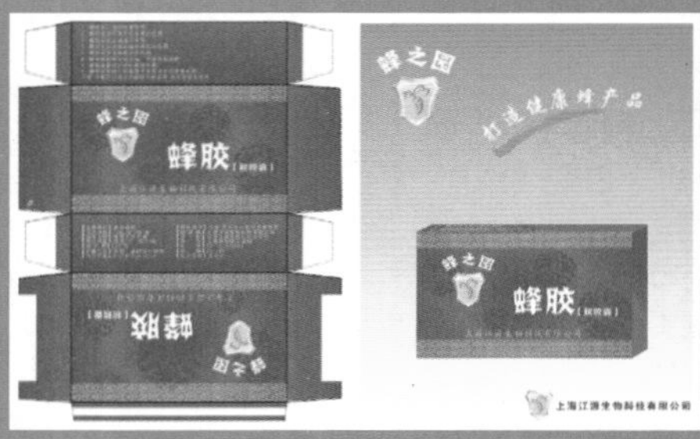

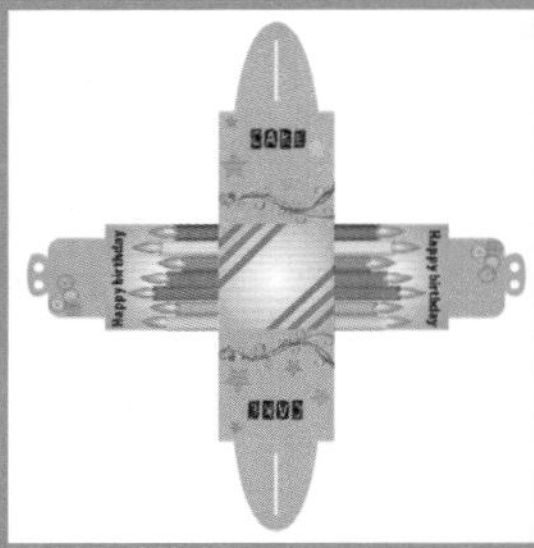

包装是产品和消费者最直接的接触方式，并且通过包装可以马上了解产品内容。随着经济全球化的发展，包装的无国界性已成为展示商品的重要手段。同时包装设计也是 CorelDRAW X5 的重要应用领域，本章将学习包装设计的制作流程，使读者掌握商业包装的制作方法。

9.1 制作蛋糕包装

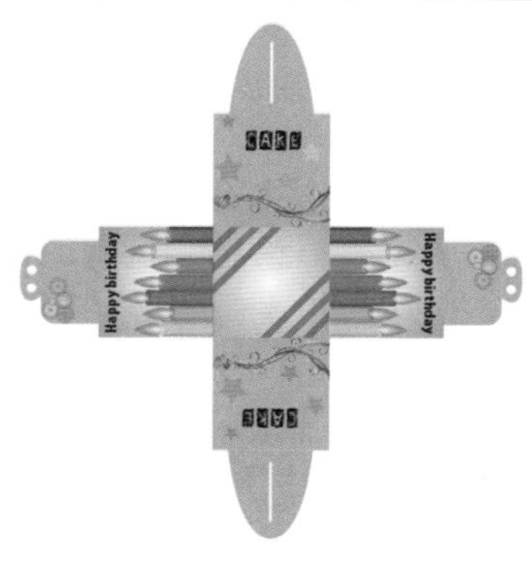

技能分析

本节主要讲解如何制作蛋糕包装，蛋糕包装盒不同于其他包装，在制作前首先需要分析其各个面展开后的结构，然后再进行绘制。本实例涉及的知识要点比较全面，包括图形的绘制及渐变颜色的填充，并为图像添加各种不同的效果，如阴影效果、调和效果等，最终达到所需的效果。

制作步骤

1 按快捷键 Ctrl + N 打开“创建新文档”对话框，设置“名称”为制作蛋糕包装，“宽度”为 297mm，“高度”为 210mm，如图 9–1–1 所示。单击“确定”按钮。

2 单击“矩形工具”，绘制矩形，如图 9–1–2 所示。

图9-1-1 设置“新建”参数

图9-1-2 绘制矩形

3 选择“渐变填充工具”，打开“渐变填充”对话框，将“类型”设为“辐射”，如图 9–1–3 所示。

4 设置“从”的颜色为橘红色（C：0；M：45；Y：98；K：0），如图 9–1–4 所示。

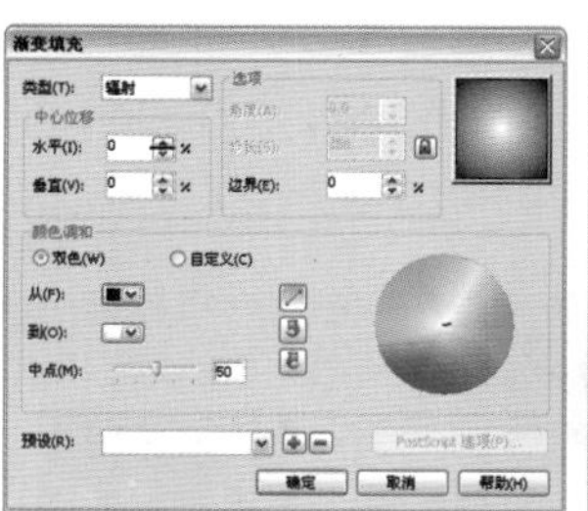

图9-1-3 “渐变填充”对话框

图9-1-4 设置“从”颜色

5 设置“到”的颜色为白色（C：0；M：0；Y：0；K：0），如图 9–1–5 所示。

6 设置完成后单击“确定”按钮返回到“渐变填充”对话框，设置“中点”为 41，如图 9–1–6 所示，单击“确定”按钮。

提示：

单击颜色块右侧的按钮，在弹出的下拉列表中也可以选择颜色。

图9-1-5 设置“到”颜色

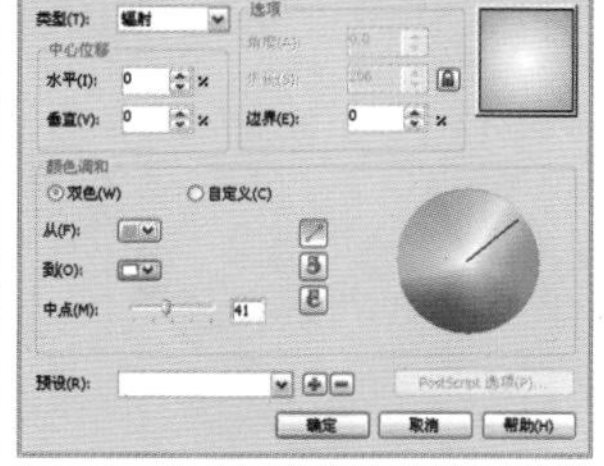

图9-1-6 设置“中点”

7 填充渐变色后的效果，如图 9–1–7 所示 .

8 填充渐变色后，右键单击调色板上的“透明色”按钮，取消轮廓颜色，效果如图 9–1–8 所示。

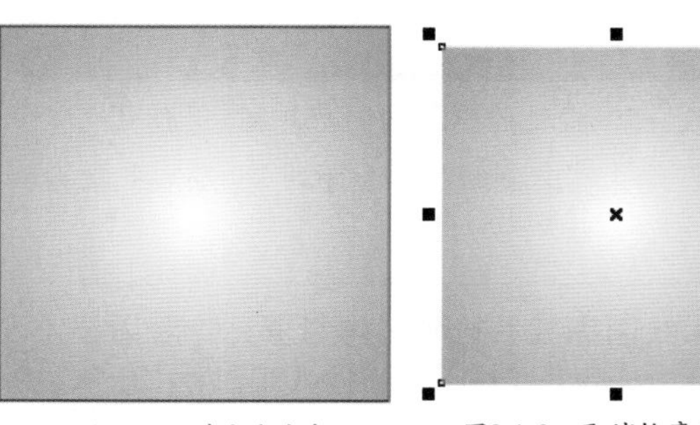

图9-1-7 填充渐变色　　图9-1-8 取消轮廓颜色

9 选择“钢笔工具”，绘制图形。绘制完成后使用“形状工具”对绘制的图形进行调整，效果如图 9–1–9 所示。

10 绘制并调整完成后，双击“填充颜色”右侧“无”按钮，打开“均匀填充”对话框，设置颜色为红色（C：0，M：100，Y：100，K：0），单击“确定”按钮，如图 9–1–10 所示。

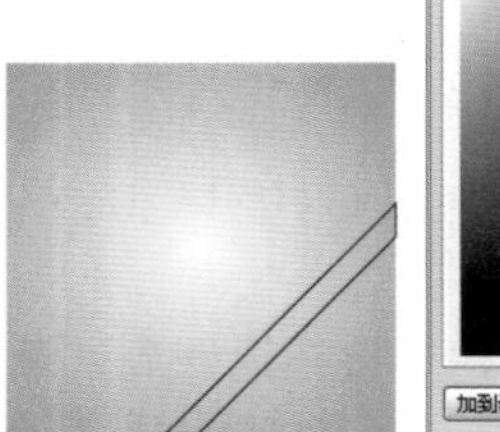
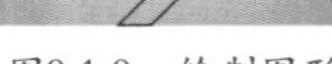
图9-1-9　绘制图形

图9-1-10　设置填充颜色

11 此时图形即可填充设置的颜色，如图 9–1–11 所示。

12 右键单击调色板上的“透明色”按钮，取消轮廓颜色，效果如图 9–1–12 所示。

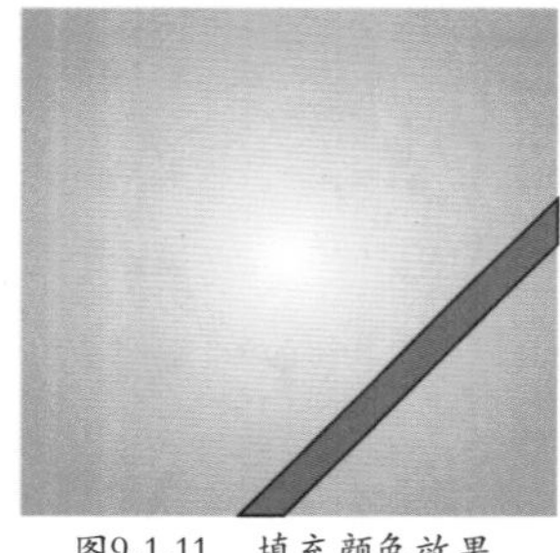
图9-1-11　填充颜色效果

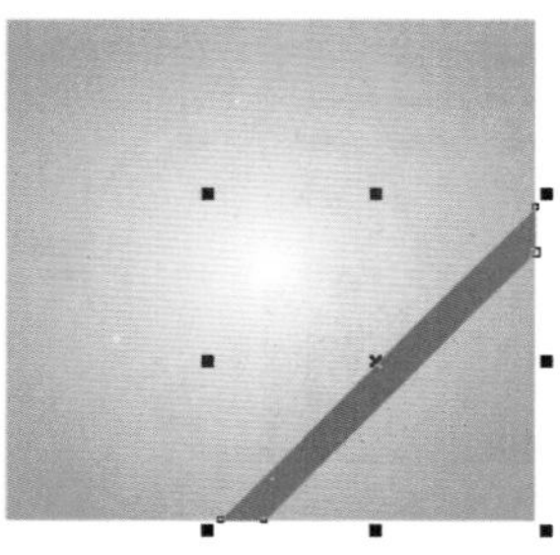
图9-1-12　取消轮廓颜色

13 继续使用“钢笔工具”绘制图形，如图 9–1–13 所示。

提示：

也可以将之前绘制的图形复制，并使用“形状工具”对复制的图形进行调整，最后更改其填充颜色。

14 绘制完成后打开“均匀填充”对话框，设置颜色为洋红色（C：0，M：100，Y：0，K：0），单击“确定”按钮，如图 9–1–14 所示。

图9-1-13　绘制图形

图9-1-14　设置填充颜色

15 颜色填充完成后，右键单击调色板上的“透明色”按钮，取消轮廓颜色，效果如图 9–1–15 所示。

16 使用相同的方法继续绘制图形，绘制完成后打开“均匀填充”对话框，设置颜色为淡紫色（C：24，M：82，Y：0，K：0），单击“确定”按钮，如图 9–1–16 所示。

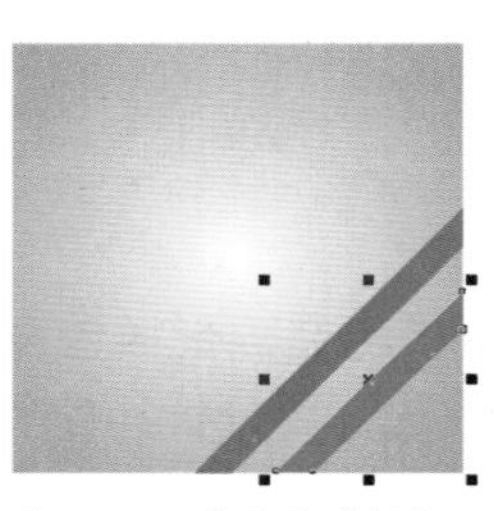
图9-1-15　取消轮廓颜色

图9-1-16　设置填充颜色

17 颜色填充完成后，右键单击调色板上的“透明色”按钮，取消轮廓颜色，效果如图 9–1–17 所示。

18 框选刚绘制的 3 个图形，如图 9–1–18 所示。

图9-1-17　取消轮廓颜色

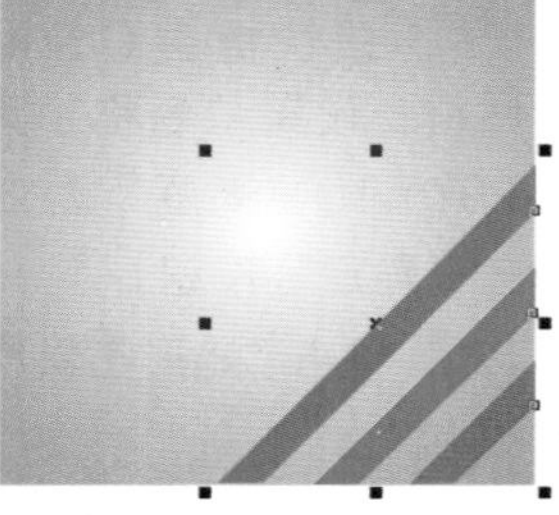
图9-1-18　选择图形

19 单击属性栏中“群组”按钮，将选中的图形群组，如图 9–1–19 所示。

提示：

利用快捷键Ctrl+G也可以执行群组操作。

20 按快捷键 Ctrl+C 对群组的图形进行复制，按快捷键 Ctrl+V 对群组的图形进行粘贴，并在属性栏中将复制后图形的“旋转角度”设为 180，如图 9–1–20 所示。

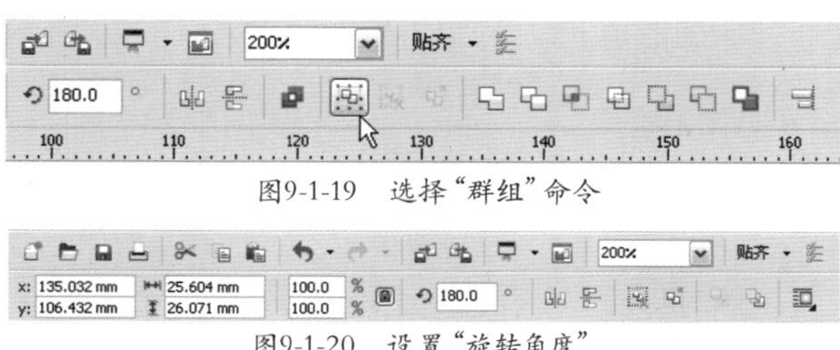

图9-1-19 选择“群组”命令

图9-1-20 设置“旋转角度”

21 复制并调整完成后调整图形位置，效果如图 9–1–21 所示。

提示：

使用键盘中光标键可以进行精确调整。

22 单击“矩形工具”，绘制矩形，如图 9–1–22 所示。

图9-1-21 调整图形 图9-1-22 绘制矩形

23 选择“渐变填充工具”，打开“渐变填充”对话框，将“类型”设为“辐射”，设置“从”的颜色为橘红色（C：0；M：60；Y：100；K：0），如图 9–1–23 所示。

24 设置“到”的颜色为白色（C：0；M：0；Y：0；K：0），如图 9–1–24 所示。

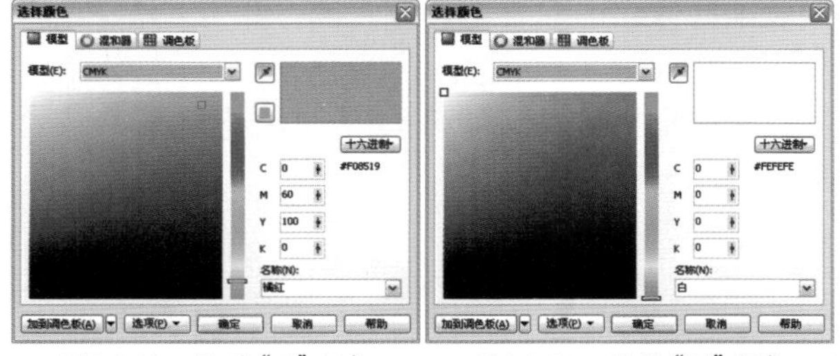

图9-1-23 设置“从”颜色 图9-1-24 设置“到”颜色

25 设置完成后单击“确定”按钮返回到“渐变填充”对话框，设置“中点”为 50，如图 9–1–25 所示，单击“确定”按钮。

26 填充渐变色后的效果，如图 9–1–26 所示。

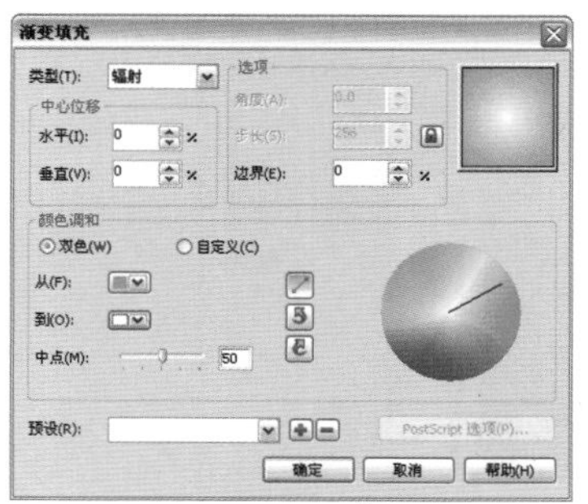

图9-1-25 设置“中点”

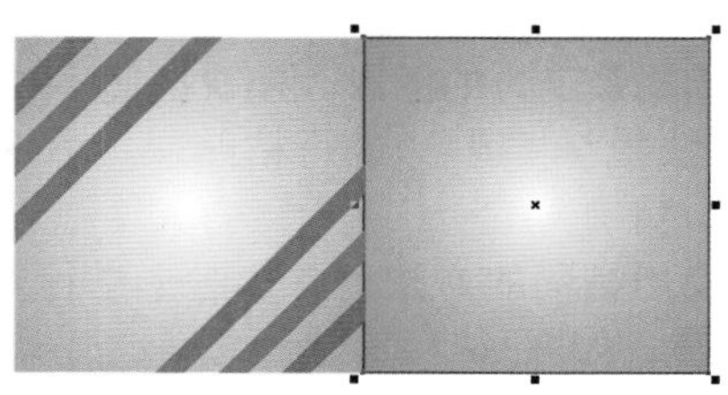

图9-1-26 填充渐变色

27 填充渐变色后，右键单击调色板上的“透明色”按钮☒，取消轮廓颜色，效果如图 9–1–27 所示。

28 单击“矩形工具”，绘制矩形，如图 9–1–28 所示。

图9-1-27 取消轮廓颜色

图9-1-28 绘制矩形

29 绘制完成后打开“均匀填充”对话框，设置颜色为橘红色（C：0，M：45，Y：98，K：0），单击“确定”按钮，如图 9–1–29 所示。

30 填充颜色后，右键单击调色板上的“透明色”按钮☒，取消轮廓颜色，效果如图 9-1-30 所示。

图9-1-29　设置填充颜色

图9-1-30　取消轮廓颜色

31 选择最上方的图形，按快捷键 Ctrl+C 进行复制，按快捷键 Ctrl+V 进行粘贴，然后调整位置，如图 9-1-31 所示。

32 使用相同的方法对右侧图形进行复制，然后调整位置，如图 9-1-32 所示。

提示：

移动图形时按住Ctrl键，可以垂直或水平移动。

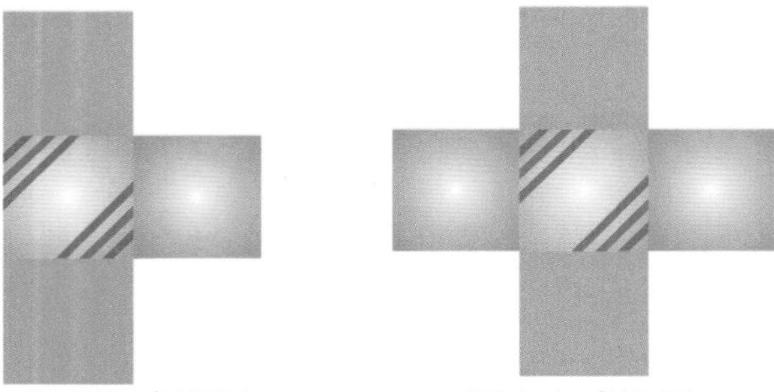

图9-1-31　复制图形　　图9-1-32　复制图形

33 单击“矩形工具”，绘制矩形，在属性栏中将“同时编辑所有角”取消锁定，将左侧两个角“圆角半径”都设为 5，如图 9-1-33 所示。

34 设置完成后的图形，如图 9-1-34 所示。

图9-1-33　设置“圆角半径”

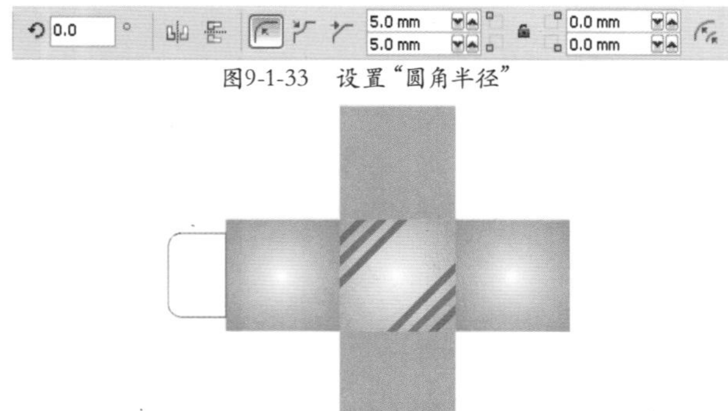

图9-1-34　圆角效果

35 绘制完成后，双击“填充颜色”右侧“无”按钮☒，打开“均匀填充”对话框，设置颜色为橘红色（C：0，M：45，Y：98，K：0），单击“确定”按钮，如图 9-1-35 所示。

36 图形填充颜色后的效果，如图 9-1-36 所示。

图9-1-35　设置填充颜色

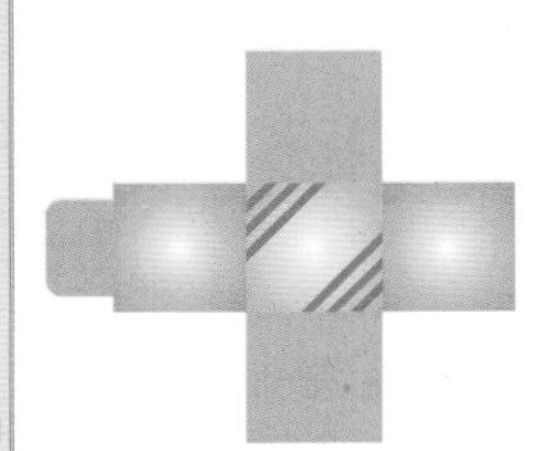

图9-1-36　颜色填充效果

37 选择“钢笔工具”，绘制图形。绘制完成后使用“形状工具”对绘制的图形进行调整，效果如图 9-1-37 所示。

38 绘制完成后，双击“填充颜色”右侧“无”按钮☒，打开“均匀填充”对话框，设置颜色为橘红色（C：0，M：45，Y：98，K：0），单击“确定”按钮，如图 9-1-38 所示。

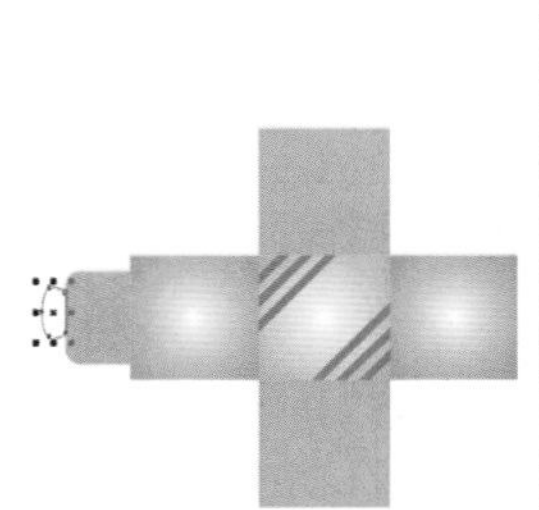

图9-1-37　绘制图形

图9-1-38　设置填充颜色

39 填充颜色后，右键单击调色板上的“透明色”按钮☒，取消轮廓颜色，单击“椭圆形工具”，在图像中按住 Ctrl+Shift 键绘制正圆，并为其填充白色，并取消轮廓颜色，如图 9-1-39 所示。

40 对绘制的圆形进行复制，并调整其位置，如图 9-1-40 所示。

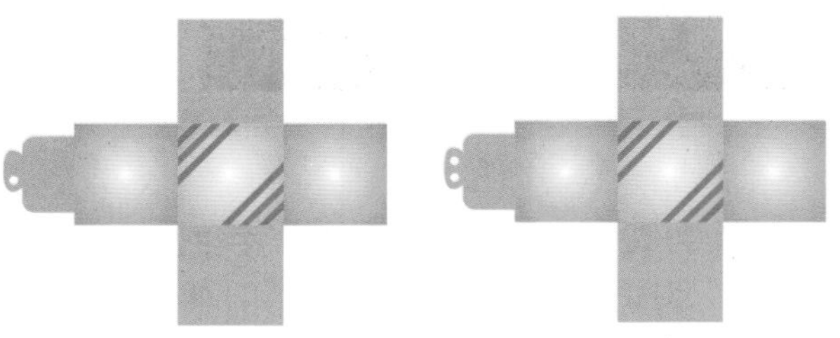

图9-1-39　创建圆形　　图9-1-40　复制图形

41 框选刚绘制的 4 个图形，并单击属性栏中“群组”按钮，按快捷键 Ctrl+C 对群组的图形进行复制，按快捷键 Ctrl+V 对群组的图形进行粘贴，并在属性栏中将复制后图形的“旋转角度”设为 180，如图 9–1–41 所示。

42 复制并调整完成后调整图形位置，效果如图 9–1–42 所示。

图9-1-41 设置“旋转角度”

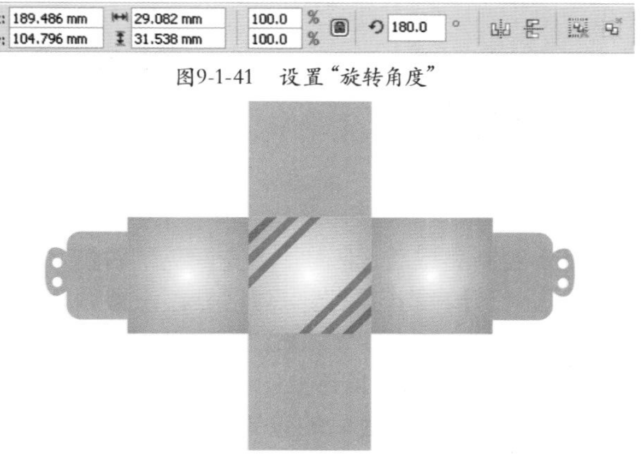

图9-1-42 复制图形

43 执行“文件”|“导入”命令，如图 9–1–43 所示。

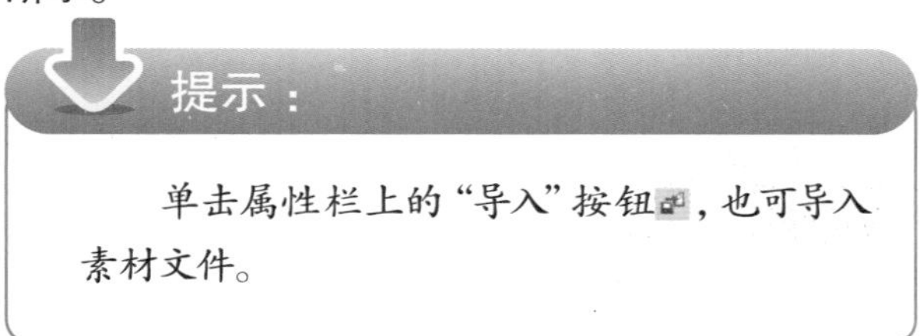

提示：

单击属性栏上的“导入”按钮，也可导入素材文件。

44 单击拖曳导入素材图片：花纹 .png，在属性栏中将“缩放因子”设为 8.9，如图 9–1–44 所示。

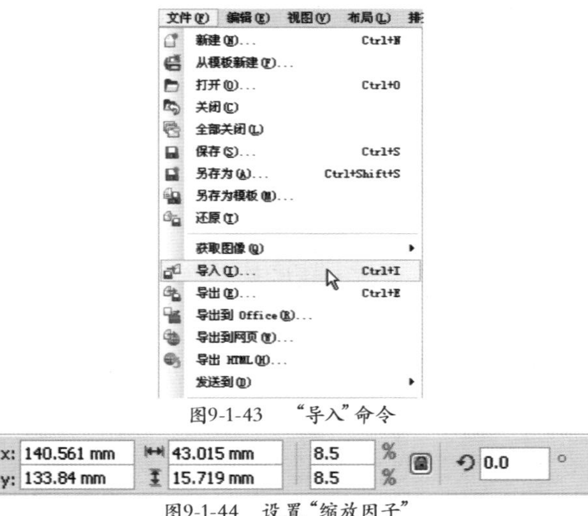

图9-1-43 “导入”命令

图9-1-44 设置“缩放因子”

45 调整素材位置和大小，效果如图 9–1–45 所示。

46 将导入的素材进行复制，并单击属性栏中“垂直镜像”按钮，如图 9–1–46 所示。

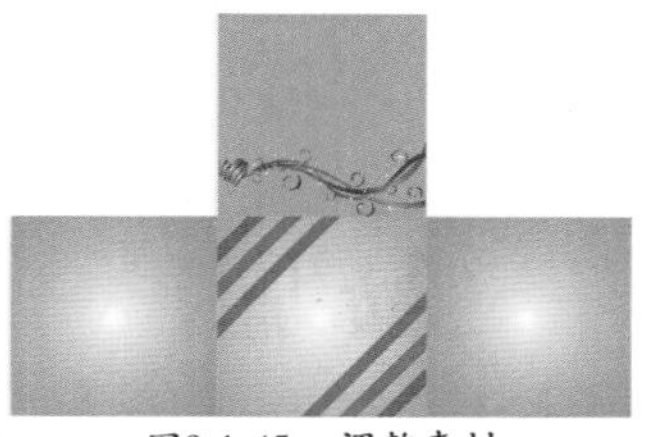

图9-1-45 调整素材

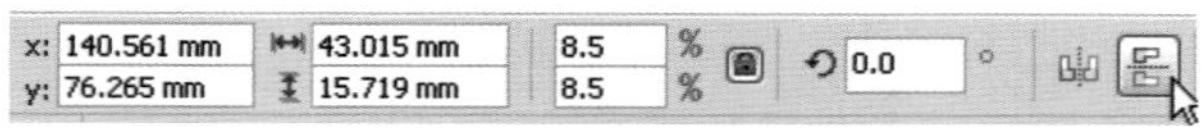

图9-1-46 垂直镜像素材

47 调整复制后图像的位置，效果如图 9–1–47 所示。

48 选择“文本工具”，在上方图形中输入文本。选中输入的文本，在属性栏上设置“字体”为 Lexographer。调整文字的大小和位置，如图 9–1–48 所示。

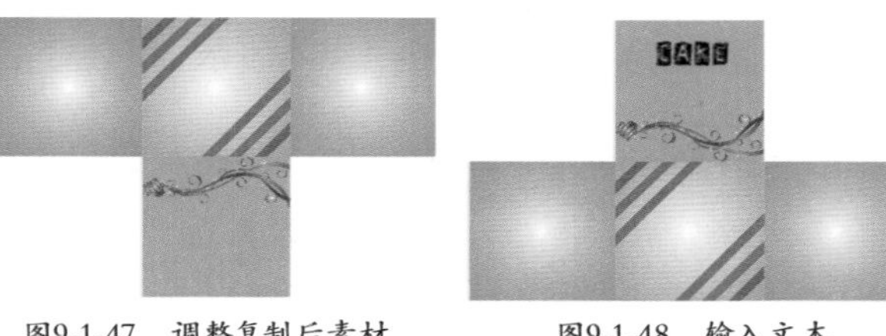

图9-1-47 调整复制后素材　　图9-1-48 输入文本

49 将输入的文本进行复制，在属性栏中将复制后文本的“旋转角度”设为 180，如图 9–1–49 所示。

50 复制完成后调整文本位置，如图 9–1–50 所示。

图9-1-49 设置文本“旋转角度”

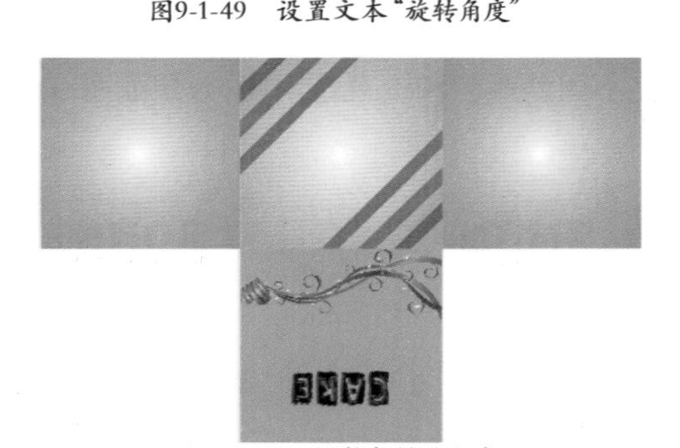

图9-1-50 调整复制后文本

51 选择“星形工具”，在属性栏中将“锐度”设为32，如图9-1-51所示。

52 按住Ctrl键绘制星形，如图9-1-52所示。

图9-1-51 设置“锐度”

图9-1-52 绘制星形

53 绘制完成后，双击“填充颜色”右侧“无”按钮☒，打开“均匀填充”对话框，设置颜色为红色（C：0，M：100，Y：100，K：0），单击“确定”按钮，如图9-1-53所示。

54 填充颜色后，选择“透明度工具”，选择属性栏上的“透明度类型”为标准，拖曳“开始透明度”滑块为62。如图9-1-54所示。

图9-1-53 设置填充颜色

图9-1-54 设置透明度

55 透明度效果，如图9-1-55所示。

56 使用相同的方式继续绘制其他星形，并分别填充不同的颜色和设置透明度，效果如图9-1-56所示。

图9-1-55 透明度效果

图9-1-56 绘制上方其他星形

57 继续在下方图形中绘制星形，效果如图9-1-57所示。

58 选择“钢笔工具”，绘制图形。绘制完成后使用“形状工具”对绘制的图形进行调整，效果如图9-1-58所示。

图9-1-57 绘制下方星形

图9-1-58 绘制图形

59 绘制完成后，双击“填充颜色”右侧“无”按钮☒，打开“均匀填充”对话框，设置颜色为橘红色（C：0，M：45，Y：98，K：0），单击“确定”按钮，如图9-1-59所示。

60 图形填充颜色后的效果，如图9-1-60所示。

图9-1-59 设置填充颜色

图9-1-60 颜色填充效果

61 单击“矩形工具”，绘制矩形，并为其填充白色，取消轮廓颜色，如图9-1-61所示。

62 将绘制的图形和矩形成组后复制，在属性栏中单击“垂直镜像”按钮，如图9-1-62所示。

图9-1-61 绘制矩形

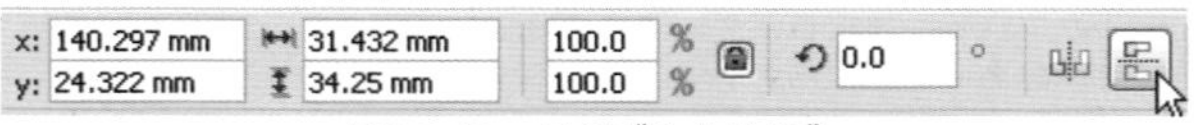

x: 140.297 mm　y: 24.322 mm　31.432 mm　34.25 mm　100.0 %　100.0 %　0.0 °

图9-1-62 设置“垂直镜像”

63 设置完成后调整图形位置，效果如图 9–1–63 所示。

64 单击“椭圆形工具”，在图像中按住 Ctrl+Shift 键绘制正圆，如图 9–1–64 所示。

图9-1-63 复制图形

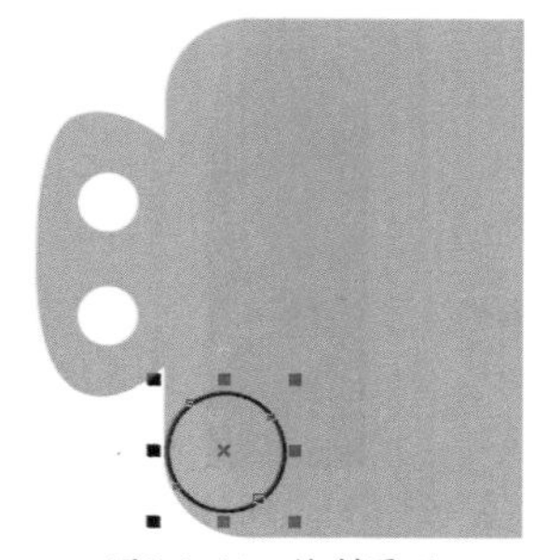

图9-1-64 绘制圆形

65 绘制完成后，双击“填充颜色”右侧“无”按钮，打开“均匀填充”对话框，设置颜色为红色（C：0，M：100，Y：100，K：0），单击“确定”按钮，如图 9–1–65 所示。

66 填充颜色后，选择“透明度工具”，选择属性栏上的“透明度类型”为标准，拖曳“开始透明度”滑块为 62。如图 9–1–66 所示。

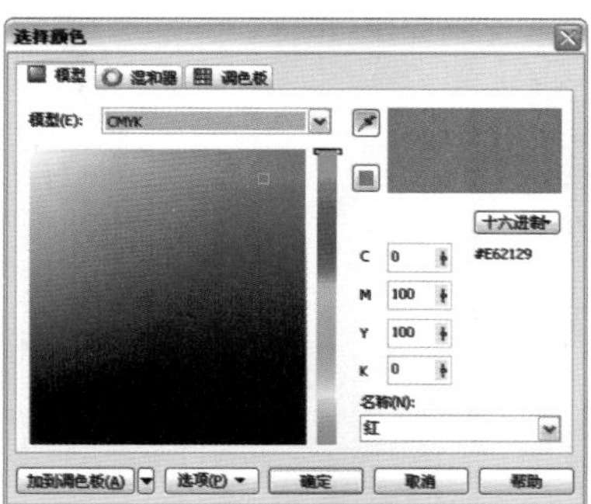

图9-1-65 设置填充颜色

图9-1-66 设置透明度

67 透明度效果，如图 9–1–67 所示。

68 使用相同的方法继续绘制其他圆形，完成后的效果，如图 9–1–68 所示。

图9-1-67 透明度效果

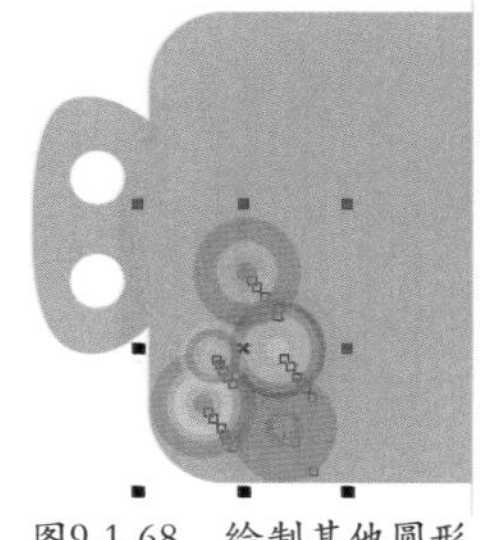

图9-1-68 绘制其他圆形

69 选择绘制完成后的圆形，单击属性栏中“群组”按钮进行群组，如图 9–1–69 所示。

70 对群组后的图形进行复制，并调整位置，如图 9–1–70 所示。

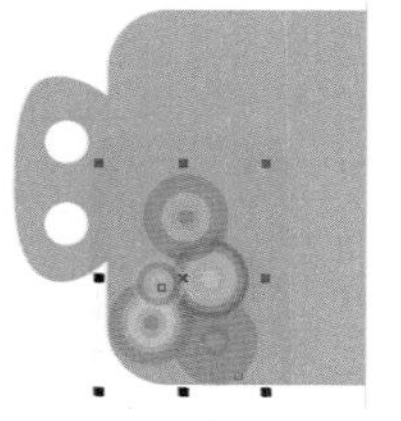

图9-1-69 将圆形群组

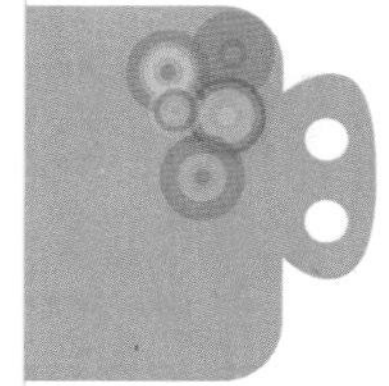

图9-1-70 复制图形

71 单击“矩形工具”，绘制矩形，如图 9–1–71 所示。

72 在属性栏中将“同时编辑所有角”取消锁定，将上方 2 个角“圆角半径”都设为 1.955，如图 9–1–72 所示。

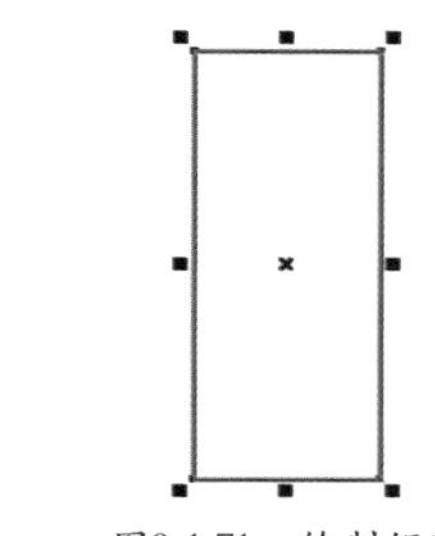

图9-1-71 绘制矩形

图9-1-72 设置“圆角半径”

73 选择“渐变填充工具”，打开“渐变填充”对话框，在“颜色调和”选项区域中选择“自定义”选项，在位置 0% 设置颜色（C：15；M：100；Y：100；K：60），如图 9–1–73 所示。

74 在位置 30% 添加色标，设置颜色（C：6；M：95；Y：100；K：0），如图 9–1–74 所示。

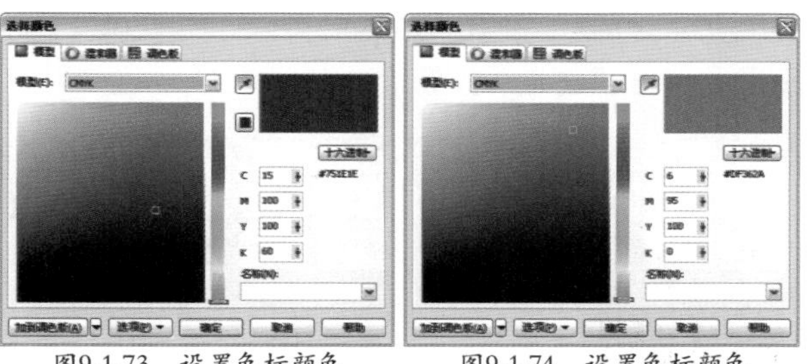

图9-1-73 设置色标颜色　　图9-1-74 设置色标颜色

75 使用相同的方法在位置 70% 处添加色标，颜色与位置 30% 处颜色相同，最后色标颜色与第一个色标颜色相同，如图 9–1–75 所示。然后单击“确定”按钮。

76 填充渐变色后的效果，如图 9–1–76 所示。

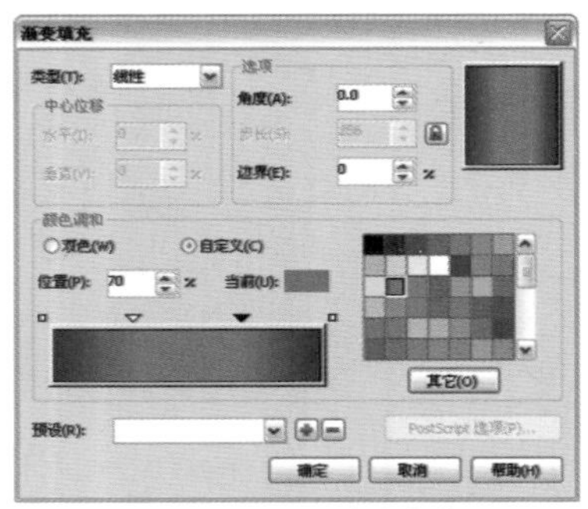
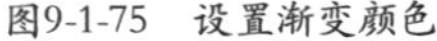
图9-1-75　设置渐变颜色

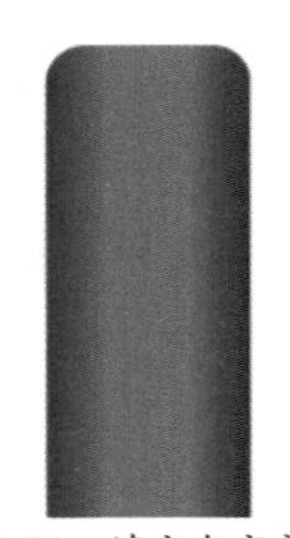
图9-1-76　填充渐变颜色

77 单击“椭圆形工具”，绘制椭圆图形，如图 9–1–77 所示。

78 选择“渐变填充工具”，打开“渐变填充”对话框，将“类型”设为“辐射”，设置“从”的颜色为红色（C：0；M：100；Y：100；K：0），如图 9–1–78 所示。

图9-1-77　绘制椭圆

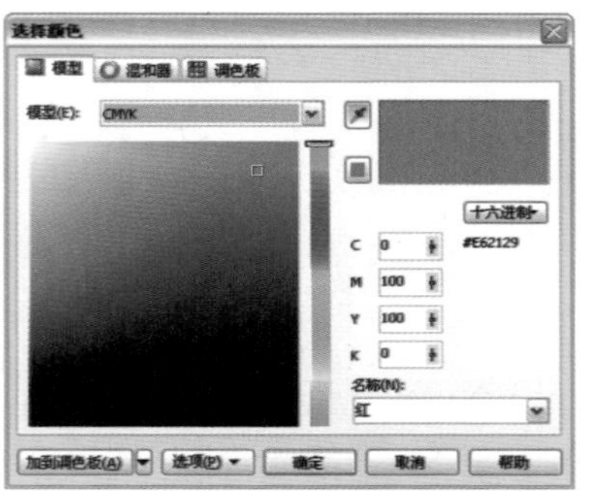
图9-1-78　设置色标颜色

79 设置“到”的颜色为黄色（C：0；M：0；Y：100；K：0），如图 9–1–79 所示。

80 设置完成后单击“确定”按钮返回到“渐变填充”对话框，设置“中点”为 65，如图 9–1–80 所示，单击“确定”按钮。

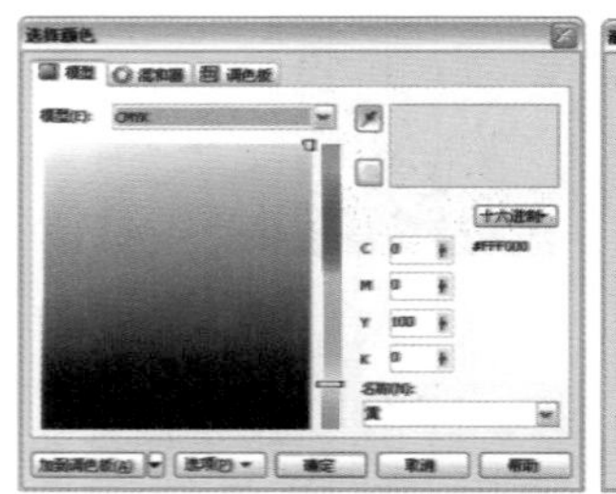
图9-1-79　设置渐变颜色

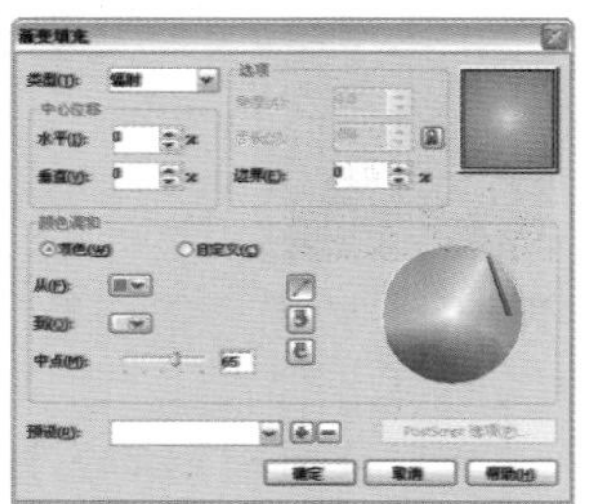
图9-1-80　填充渐变颜色

81 填充渐变色后的效果，如图 9–1–81 所示。

82 选择“钢笔工具”，绘制图形。绘制完成后使用“形状工具”对绘制的图形进行调整，效果如图 9–1–82 所示。

图9-1-81　绘制椭圆

图9-1-82　设置色标颜色

83 选择刚绘制的图形将其复制并缩小，如图 9–1–83 所示。

84 选择外侧火焰图形，单击调色板中红色（C：0；M：100；Y：100；K：0）按钮，为其填充颜色，右键单击调色板上的“透明色”按钮☒，取消轮廓颜色，如图 9–1–84 所示。

图9-1-83　设置渐变颜色

图9-1-84　填充渐变颜色

85 选择内侧火焰图形，单击调色板中黄色（C：0；M：0；Y：100；K：0）按钮，为其填充颜色，右键单击调色板上的“透明色”按钮☒，取消轮廓颜色，如图 9–1–85 所示。

86 选择“调和工具”，由内侧火焰向外侧火焰拖曳，如图 9–1–86 所示。

图9-1-85　绘制椭圆

图9-1-86　设置色标颜色

87 设置属性上的“调和对象”为8，如图9–1–87所示。

88 调和完成后的图像效果，如图9–1–88所示。

图9-1-87 设置渐变颜色

图9-1-88 填充渐变颜色

89 执行“位图”|“转换为位图”命令，如图9–1–89所示。

90 在打开的“转换为位图”对话框中将“分辨率”设为200，勾选“透明背景”选项，单击“确定”按钮，如图9–1–90所示。

图9-1-89 绘制椭圆

图9-1-90 设置渐变颜色

91 执行“位图”|“模糊”|“高斯式模糊”命令，在打开的“高斯式模糊”对话框中将“半径”设置为3，单击“确定”按钮，如图9–1–91所示。

在“高斯式模糊”对话框中，单击“预览”按钮可以预览对图形执行命令后的效果。需要恢复原状则单击“重置”按钮。

92 火焰模糊完成后的效果，如图9–1–92所示。

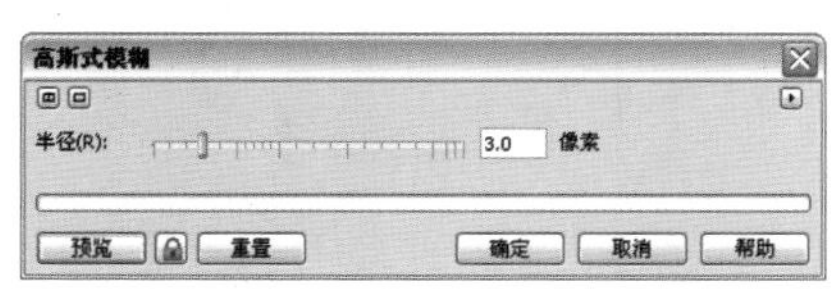

图9-1-91 填充渐变颜色

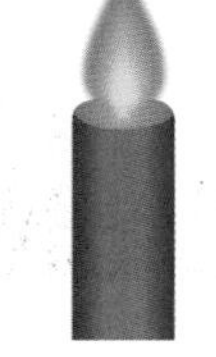

图9-1-92 绘制椭圆

93 将组成蜡烛的所有图形成组，并调整其角度和位置，效果如图9–1–93所示。

94 使用相同的方法继续制作其他蜡烛，并为烛身设置不同的渐变颜色，效果如图9–1–94所示。

图9-1-93 设置色标颜色

图9-1-94 设置渐变颜色

95 选择所有蜡烛后将其复制，单击属性栏中“水平镜像”按钮，如图9–1–95所示。

96 镜像完成后调整其位置，如图9–1–96所示。

图9-1-95 填充渐变颜色

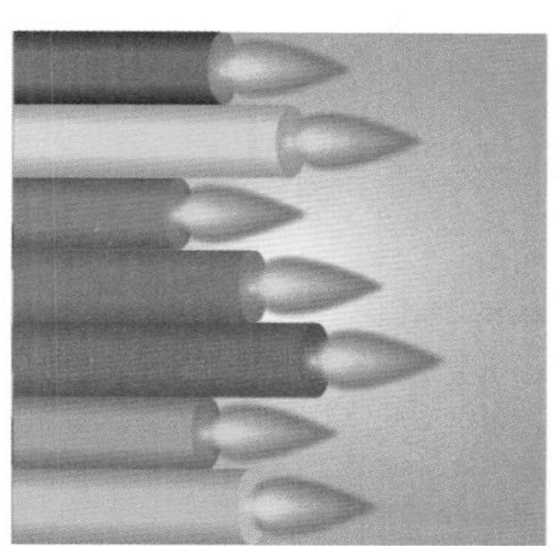

图9-1-96 绘制椭圆

97 选择“文本工具”，在图形中输入文字。选择输入的文字，在属性栏上设置“字体”为Kozuka Gothic Pro H。调整文字的大小和位置，如图9–1–97所示。

98 设置完成后将文本复制，并调整其位置与方向，如图9–1–98所示。

图9-1-97 设置渐变颜色

图9-1-98 填充渐变颜色

99 包装盒平面图最终效果，如图 9-1-99 所示。

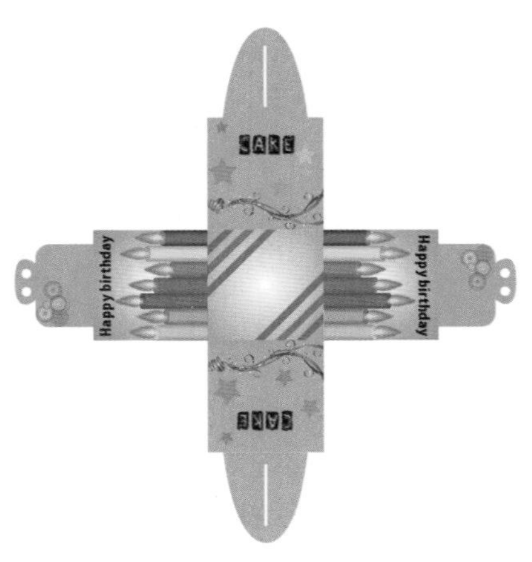

图9-1-99　最终效果

9.2　制作蜂胶包装

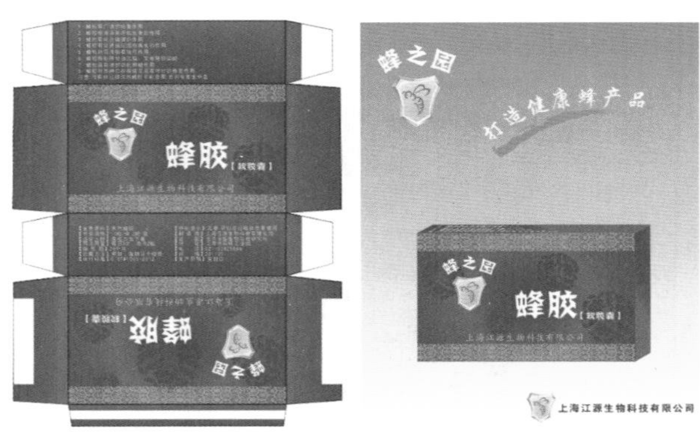

技能分析

制作本实例的主要目的是使读者了解并掌握如何在 CorelDRAW X5 软件中绘制立体包装盒，立体包装盒可以更好地展现包装的效果。在本案例中主要使用“矩形工具”进行包装盒轮廓的绘制，再使用“均匀填充”和“渐变填充”对包装盒进行填色处理，使用“钢笔工具”和“艺术笔工具”进行标志的绘制与美化，从而完成最终效果。

制作步骤

1 按快捷键 Ctrl + N 打开“创建新文档”对话框，设置“名称”为制作蜂胶包装，“宽度”为 297mm，“高度”为 210mm，如图 9-2-1 所示。单击“确定”按钮。

2 单击“矩形工具”，绘制矩形，如图 9-2-2 所示。

图9-2-1　设置“新建”参数　　图9-2-2　绘制矩形

3 选择“渐变填充工具”，打开“渐变填充”对话框，将“类型”设为“辐射”，在“颜色调和”选项区域中选择“自定义”选项，在位置 0% 设置颜色（C：26；M：100；Y：100；K：0），如图 9-2-3 所示。

4 在位置 50% 处添加色标，设置颜色（C：0；M：97；Y：87；K：0），如图 9-2-4 所示。

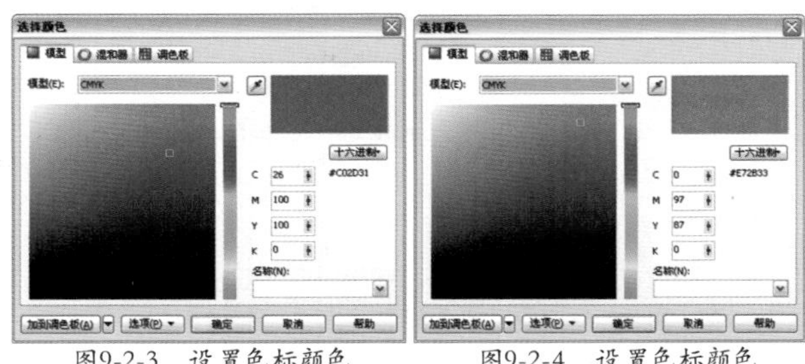

图9-2-3　设置色标颜色　　图9-2-4　设置色标颜色

5 在位置 100% 设置颜色（C：31；M：100；Y：100；K：2），如图 9-2-5 所示。

6 设置完成后单击“确定”按钮，返回“渐变填充”对话框，如图 9-2-6 所示，单击“确定”按钮。

图9-2-5　设置色标颜色

图9-2-6　“渐变填充”对话框

7 填充渐变色后的效果，如图 9-2-7 所示。

8 选择“钢笔工具”，绘制图形。绘制完成后使用“形状工具”对绘制的图形进行调整，效果如图 9-2-8 所示。

图9-2-7 填充渐变颜色

图9-2-8 绘制图形

9 选择“渐变填充工具”，打开“渐变填充”对话框，设置“从”的颜色为暗红色（C：26；M：100；Y：100；K：0），如图 9-2-9 所示。

10 设置“到”的颜色为红色（C:0;M:97;Y:87；K：0），如图 9-2-10 所示。

图9-2-9 设置“从”颜色

图9-2-10 设置“到”颜色

11 设置完成后单击“确定”按钮返回到“渐变填充”对话框，设置“中点”为 56，“角度”为 180，如图 9-2-11 所示，单击“确定”按钮。

12 填充渐变色后的效果，如图 9-2-12 所示。

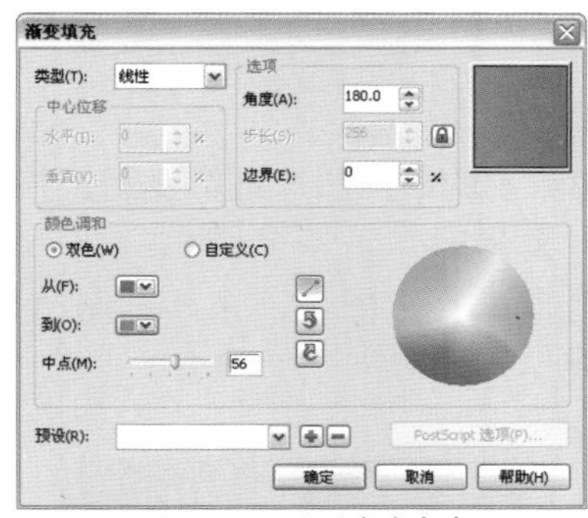
图9-2-11 设置渐变颜色

图9-2-12 填充渐变颜色

13 选择刚绘制的图形进行复制，在属性栏中单击“水平镜像”按钮，如图 9-2-13 所示。

14 设置完成后调整图形位置，效果如图 9-2-14 所示。

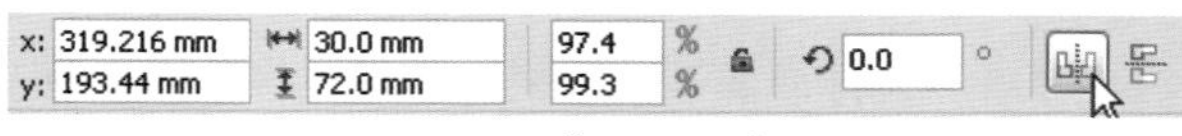

图9-2-13 “水平镜像”按钮

图9-2-14 复制图形

15 单击“矩形工具”，绘制矩形，如图 9-2-15 所示。

16 选择“渐变填充工具”，打开“渐变填充”对话框，设置“从”的颜色为暗红色（C：26；M：100;Y:100;K:0），设置“到”的颜色为红色（C：0；M：97；Y：87；K：0），“中点”为 50，“角度”为 90，如图 9-2-16 所示，单击“确定”按钮。

图9-2-15 绘制矩形

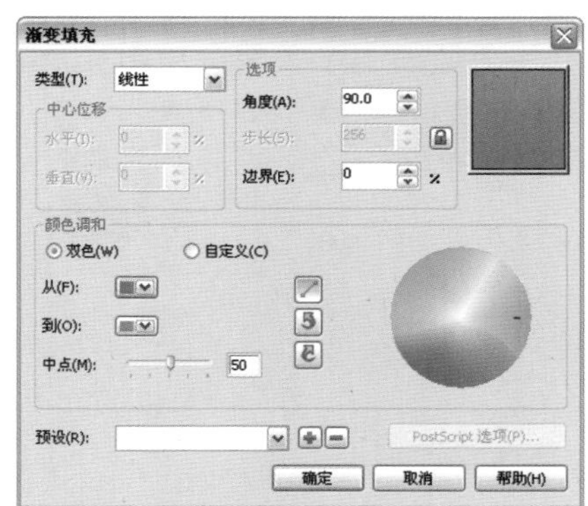
图9-2-16 设置渐变颜色

17 填充渐变色后的效果，如图 9-2-17 所示。

提示：

如果在图形中填充之前已填充的颜色，可以选择“属性滴管工具”，在创建的填充颜色中单击，此时鼠标变为油漆桶形状，在需要填充颜色的图形中再次单击即可。同时也可以对吸取后的颜色进行更改。

18 选择“钢笔工具”，绘制图形。绘制完成后使用“形状工具”对绘制的图形进行调整，效果如图 9-2-18 所示。

图9-2-17 填充渐变颜色

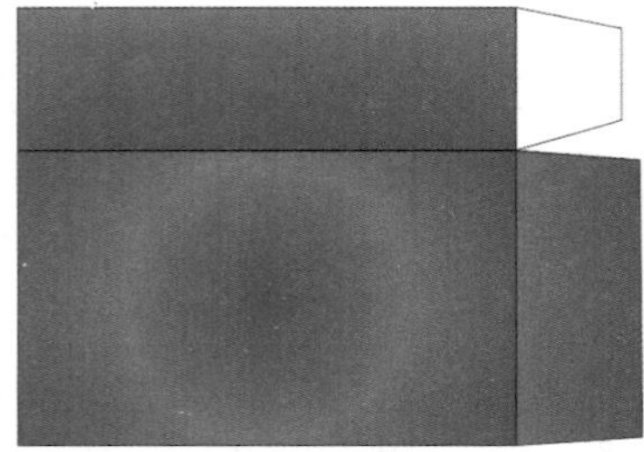
图9-2-18 绘制图形

19 选择“渐变填充工具”，打开“渐变填充”对话框，设置“从”的颜色为暗红色（C：26；M：100；Y：100；K：0），设置“到”的颜色为红色（C：0；M：97；Y：87；K：0），“中点”为 56，“角度”为 180，如图 9-2-19 所示，单击“确定”按钮。

20 填充渐变色后的效果，如图 9-2-20 所示。

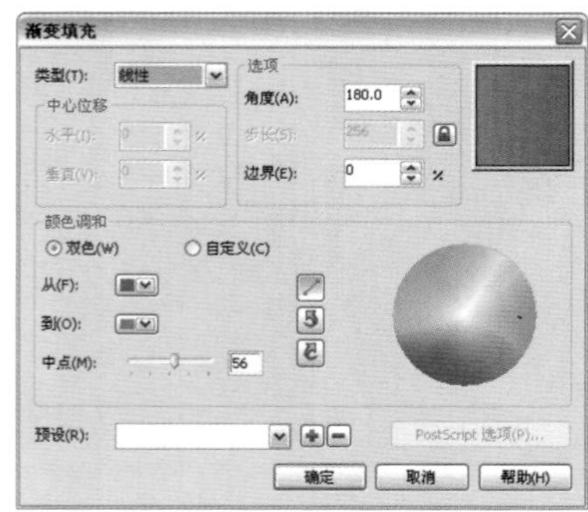

图9-2-19 设置渐变颜色

图9-2-20 填充渐变颜色

21 对刚绘制的图形进行复制，并进行“水平镜像”，并调整位置，效果如图 9-2-21 所示。

22 选择“钢笔工具”，绘制图形，单击调色板上的“白色”按钮，为其填充白色。效果如图 9-2-22 所示。

图9-2-21 复制图形

图9-2-22 创建白色填充图形

23 对绘制的白色图形进行复制，并调整其位置和方向，效果如图 9-2-23 所示。

24 选择最上方图形，将其复制并调整位置，效果如图 9-2-24 所示。

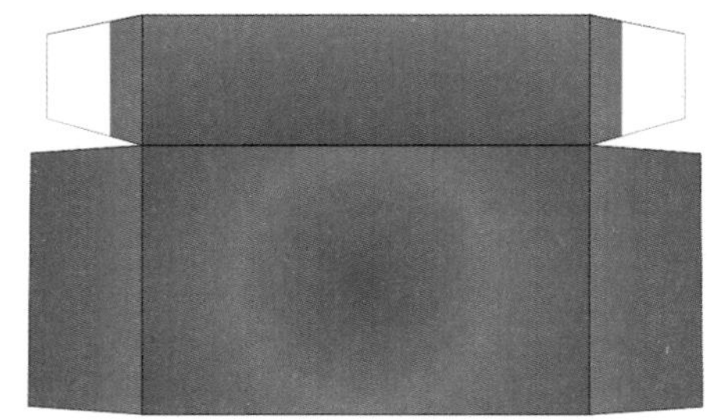
图9-2-23 复制图形

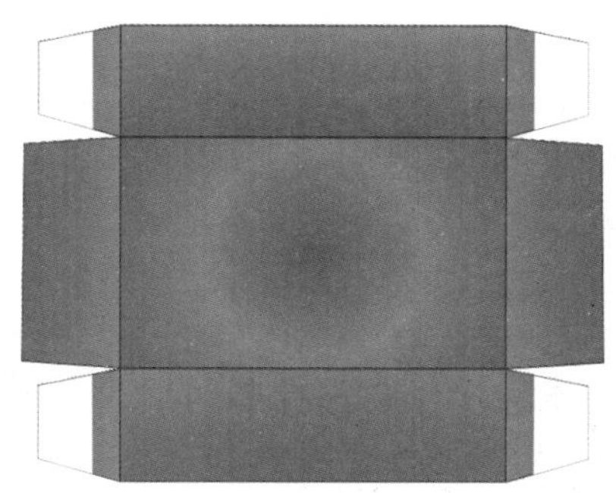

图9-2-24 复制调整图形

25 调整完成后使用相同的方法对其他图形进行复制调整，效果如图 9-2-25 所示。

26 单击“矩形工具”，绘制矩形，单击调色板上的“白色”按钮，为其填充白色。右键单击调色板上的“透明色”按钮☒，取消轮廓颜色，效果如图 9-2-26 所示。

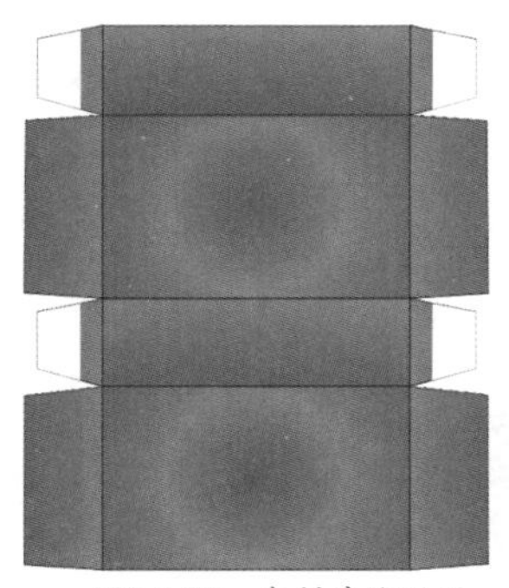

图9-2-25 复制其他图形

图9-2-26 创建白色填充图形

27 设置完成后对图形进行复制并调整位置，效果如图 9-2-27 所示。

28 选择“钢笔工具”，绘制图形。绘制完成后使用“形状工具”对绘制的图形进行调整，效果如图 9-2-28 所示。

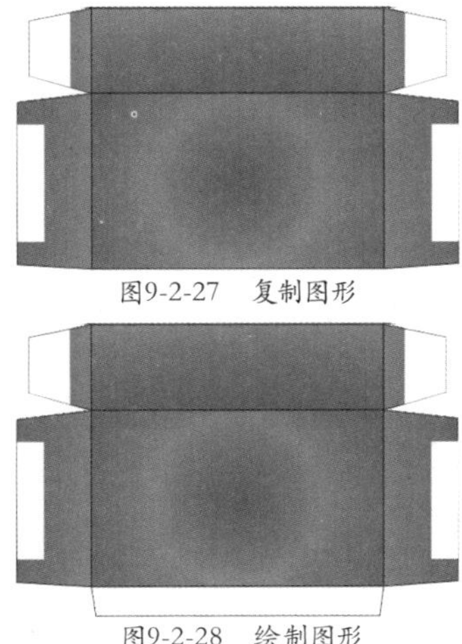

图9-2-27 复制图形

图9-2-28 绘制图形

29 选择“渐变填充工具”，打开“渐变填充”对话框，设置“从”的颜色为暗红色（C：26；M：100；Y：100；K：0），设置“到”的颜色为红色（C：0；M：97；Y：87；K：0），“中点”为 50，“角度”为 90，如图 9-2-29 所示，单击“确定”按钮。

30 填充渐变色后的效果，如图 9-2-30 所示。

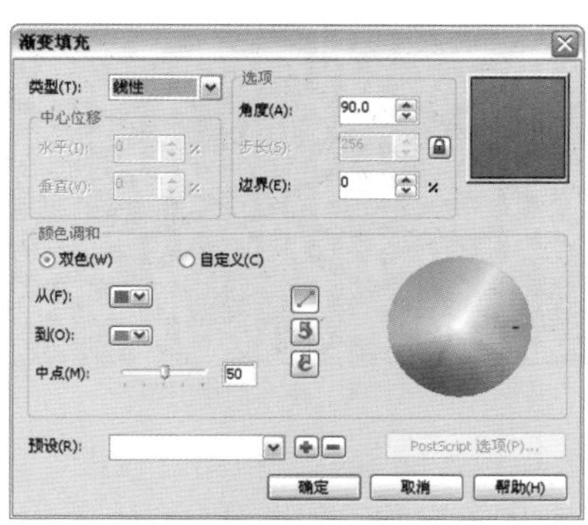

图9-2-29 设置渐变颜色

图9-2-30 填充渐变颜色

31 选择“钢笔工具”，绘制图形。单击调色板上的“白色”按钮，为其填充白色。右键单击调色板上的“透明色”按钮☒，取消轮廓颜色，效果如图 9-2-31 所示。

32 执行“文件”|“导入”命令，如图 9-2-32 所示。

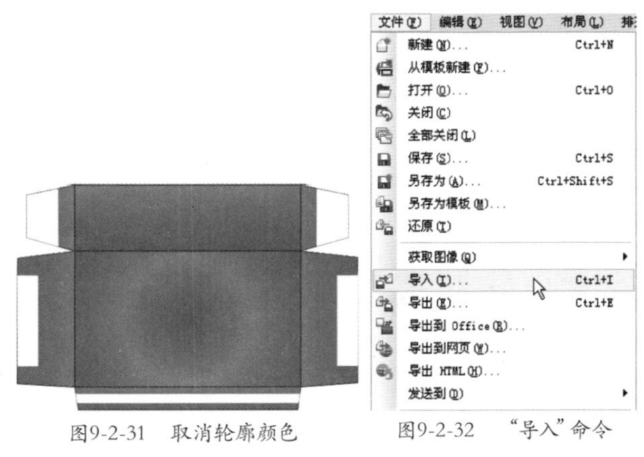

图9-2-31 取消轮廓颜色

图9-2-32 “导入”命令

33 拖动鼠标导入素材图片：古典花纹.tif，在属性栏中将“旋转角度”设为90，如图9-2-33所示。

34 设置完成后调整其缩放比例，完成后的效果如图9-2-34所示。

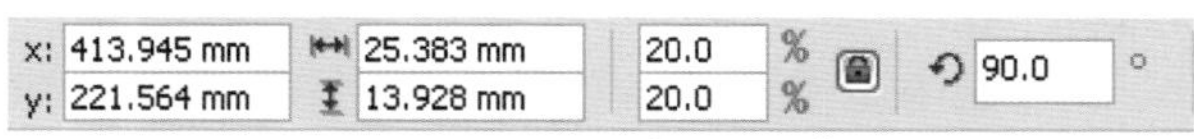

图9-2-33 设置“旋转角度”

图9-2-34 导入素材图形

35 选择导入的素材，执行“位图”|“轮廓描摹”|“线条图”命令，如图9-2-35所示。

提示：

“位图”菜单中的命令只针对为位图添加图像效果，矢量图无法使用该菜单中的效果。

36 在弹出的对话框中勾选“删除原始图像”选项，此时系统会自动进行处理，上方显示处理之前的图形，下方显示处理后的图形，在处理完成后的图形中看到白色背景已被删除，如图9-2-36所示。设置完成后单击“确定”按钮。

提示：

在对话框中单击“选项”按钮，可以在弹出的“选项”对话框中进行设置。如果对处理效果不满意，可以对右侧“设置”参数进行更改，重新进行处理。

图9-2-35 “线条图”命令

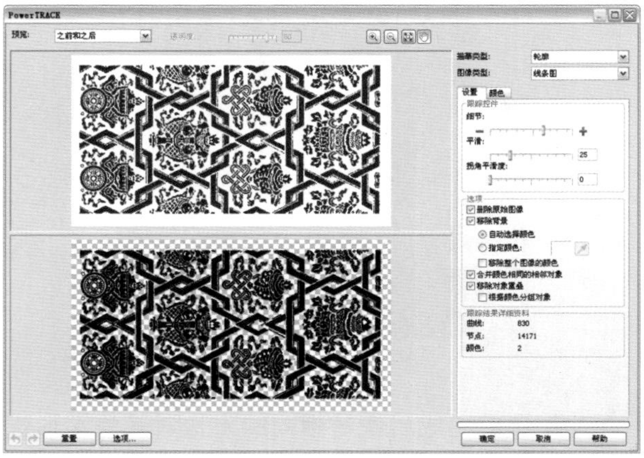

图9-2-36 设置线条图

37 选择删除背景后的图形，单击调色板上的“黄色”按钮（C：0；M：0；Y：100；K：0），为其填充黄色，如图9-2-37所示。

38 设置完成后调整其位置，效果如图9-2-38所示。

图9-2-37 填充黄色

图9-2-38 调整素材图形位置

39 对调整好的图形进行复制，并调整位置，重复该操作。完成后的效果，如图9-2-39所示。

40 选择复制完成后的图形，复制3次，分别调整其位置。完成后的效果，如图9-2-40所示。

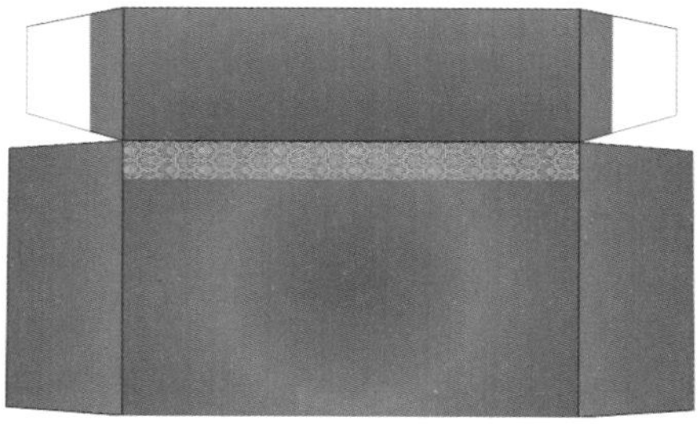

图9-2-39 复制图形

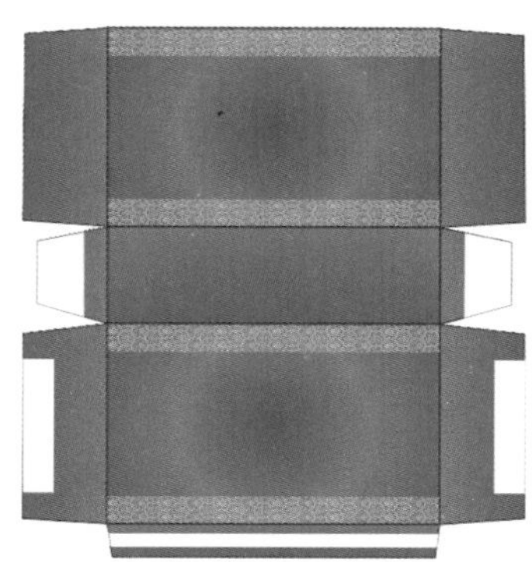

图9-2-40 多次复制

41 执行“文件”|“导入”命令，拖动鼠标导入素材图片：001.tif，如图 9-2-41 所示。

42 执行“位图”|“轮廓描摹”|“线条图”命令，在弹出的对话框中勾选“删除原始图像”选项，删除背景后的效果如图 9-2-42 所示。设置完成后单击“确定”按钮。

提示：

如不勾选“删除原始图像”选项，则原始图像会和处理后的图像同时存在。如果需要删除指定的颜色，可以勾选“指定颜色”选项，然后使用“吸管工具”在画面中选择需要删除的颜色即可。

图9-2-41 导入素材图形

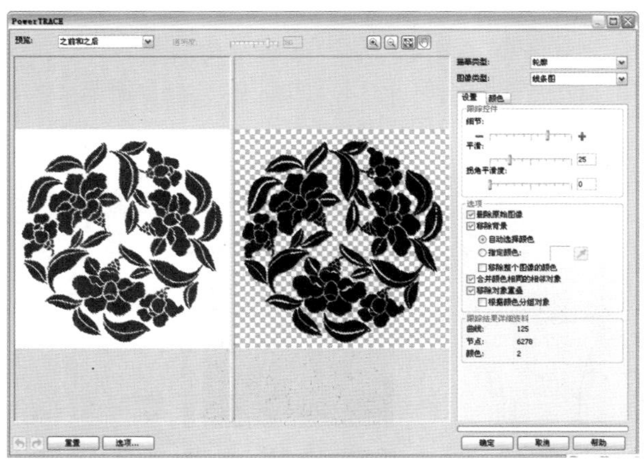

图9-2-42 设置线条图

43 选择调整后的图形，双击“填充颜色”右侧“无”按钮☒，打开“均匀填充”对话框，设置颜色为暗红色（C：28，M：100，Y：100，K：1），单击“确定”按钮，如图 9-2-43 所示。

44 此时图形即可填充设置的颜色，如图 9-2-44 所示。

图9-2-43 设置填充颜色

图9-2-44 填充颜色效果

45 设置完成后调整其位置和缩放比例，效果如图 9-2-45 所示。

46 调整完成后对图形进行多次复制，并调整位置，效果如图 9-2-46 所示。至此包装盒平面图就绘制完成，下面绘制标志并对包装盒进行完善制作。

图9-2-45 调整素材图形

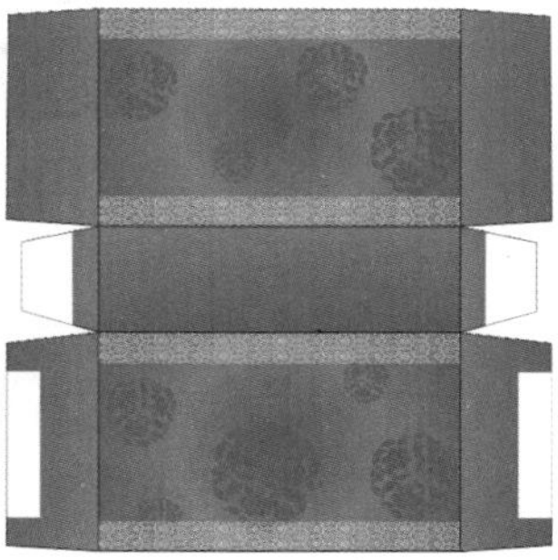

图9-2-46 多次复制

47 选择“钢笔工具”，绘制图形。绘制完成后使用“形状工具”对绘制的图形进行调整，效果如图 9-2-47 所示。

48 选择绘制的图形，双击“填充颜色”右侧“无”按钮☒，打开“均匀填充”对话框，设置颜色为橘红色（C：0，M：60，Y：100，K：0），单击“确定”按钮，如图 9-2-48 所示。

图9-2-47 绘制形状

图9-2-48　设置填充颜色

49 填充完成后右键单击调色板上的“透明色”按钮⊠，取消轮廓颜色，效果如图 9-2-49 所示。

50 设置完成后将图形进行复制，选择复制后的图形，打开“均匀填充”对话框，设置颜色为橘红色（C：12，M：0，Y：95，K：0），单击“确定”按钮，如图 9-2-50 所示。

图9-2-49　填充颜色效果

图9-2-50　设置填充颜色

51 选择“透明度工具”，单击拖曳形成透明渐变效果，效果如图 9-2-51 所示。

52 在属性栏中设置“透明度类型”为“线性”，如图 9-2-52 所示。

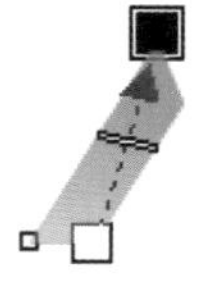

图9-2-51　创建透明渐变

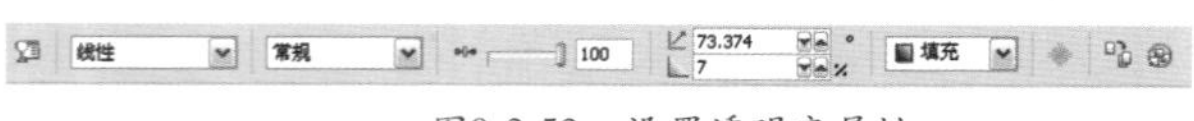

图9-2-52　设置透明度属性

53 设置完成后选择“钢笔工具”，绘制图形。绘制完成后使用“形状工具”对绘制的图形进行调整，单击调色板上的“橘红色”按钮（C：0；M：60；Y：100；K：0），为其填充橘红色，右键单击调色板上的“透明色”按钮⊠，取消轮廓颜色，效果如图 9-2-53 所示。

54 设置完成后使用相同的方法继续进行图形的绘制，完成后的效果如图 9-2-54 所示。

图9-2-53　绘制图形

图9-2-54　最终效果

55 选择“钢笔工具”，绘制图形。绘制完成后使用“形状工具”对绘制的图形进行调整，效果如图 9-2-55 所示。

56 选择新绘制的图形，单击调色板上的“白色”按钮，为其填充白色。右键单击调色板上的“透明色”按钮⊠，取消轮廓颜色，效果如图 9-2-56 所示。

图9-2-55　绘制图形

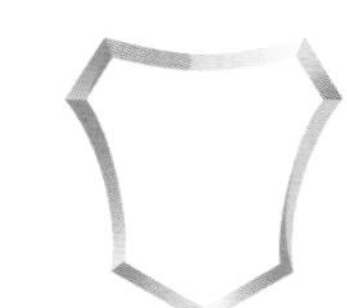

图9-2-56　填充白色

57 使用相同的方法绘制图形，如图 9-2-57 所示。

提示：

绘制该标志时，可以先绘制一侧，然后另一侧使用复制、镜像操作，最后在更改复制后图形的填充颜色。

58 选择“渐变填充工具”，打开“渐变填充”对话框，设置“从”的颜色为浅黄色（C：0；M：0；Y：60；K：0），如图 9-2-58 所示。

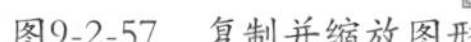

图9-2-57　复制并缩放图形

图9-2-58　设置“从”颜色

59 设置“到”的颜色为深黄色（C：0；M：20；Y：100；K：0），如图 9-2-59 所示，单击“确定”按钮。

60 设置完成后单击“确定”按钮返回到“渐变填充”对话框，设置“中点”为 50，“水平”为 18，“垂直”为 -23，“边界”为 13，如图 9-2-60 所示，单击“确定”按钮。

提示：

“渐变填充”对话框中“水平”和“垂直”分别用于设置渐变的中心在图形中的位置，将鼠标移至预览窗中，鼠标变为十字形状，单击拖曳可以对渐变中心位置进行移动。“边界”用于设置色彩之间过渡色的过渡量，参数越高，色彩之间的过渡量越少。

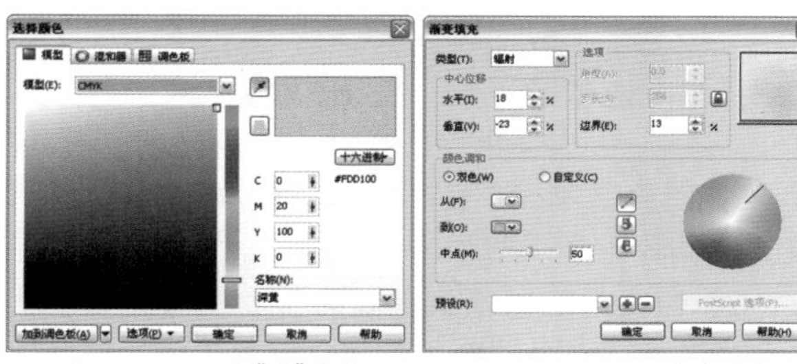

图9-2-59 设置“到”颜色　　图9-2-60 设置渐变填充

61 填充渐变色后，右键单击调色板上的“透明色”按钮☒，取消轮廓颜色，效果如图 9-2-61 所示。

62 选择“钢笔工具”，绘制图形。绘制完成后使用“形状工具”对绘制的图形进行调整，效果如图 9-2-62 所示。

提示：

使用“形状工具”进行调整时，选择节点后在属性栏中选择不同的节点样式可以对节点进行不同的调整。

图9-2-61 填充渐变颜色　　图9-2-62 绘制高光图形

63 单击调色板上的“白色”按钮，为其填充白色。右键单击调色板上的“透明色”按钮☒，取消轮廓颜色，效果如图 9-2-63 所示。

64 选择“透明度工具”，在属性栏中设置“透明度类型”为“线性”，如图 9-2-64 所示。

图9-2-63 取消轮廓颜色　　图9-2-64 设置透明度属性

65 单击拖曳形成透明渐变效果，如图 9-2-65 所示。

66 创建完成后的透明效果，如图 9-2-66 所示。

图9-2-65 创建透明渐变　　图9-2-66 透明度效果

67 将该图层进行复制，使透明效果更加强烈，如图 9-2-67 所示。

68 选择“钢笔工具”，绘制图形。绘制完成后使用“形状工具”对绘制的图形进行调整，效果如图 9-2-68 所示。

图9-2-67 复制图形　　图9-2-68 绘制蜜蜂翅膀

69 选择绘制的图形，双击“填充颜色”右侧“无”按钮☒，打开“均匀填充”对话框，设置颜色为土黄色（C：33，M：49，Y：100，K：0），单击“确定”按钮，如图 9-2-69 所示。

70 填充完成后右键单击调色板上的“透明色”按钮☒，取消轮廓颜色，效果如图 9-2-70 所示。

图9-2-69 设置填充颜色　　图9-2-70 颜色填充效果

71 使用相同的方法继续绘制蜜蜂的另外一个翅膀，效果如图 9-2-71 所示。

72 最后进行蜜蜂身体的绘制，效果如图 9-2-72 所示。

图9-2-71　绘制另一个翅膀

图9-2-72　完成蜜蜂绘制

73 将绘制的蜜蜂拖至标志中，并调整位置和缩放比例，效果如图 9-2-73 所示。

74 设置完成后将蜜蜂和标志成组，将其移动至包装盒图形中，并调整位置和缩放比例，效果如图 9-2-74 所示。

图9-2-73　标志最终效果

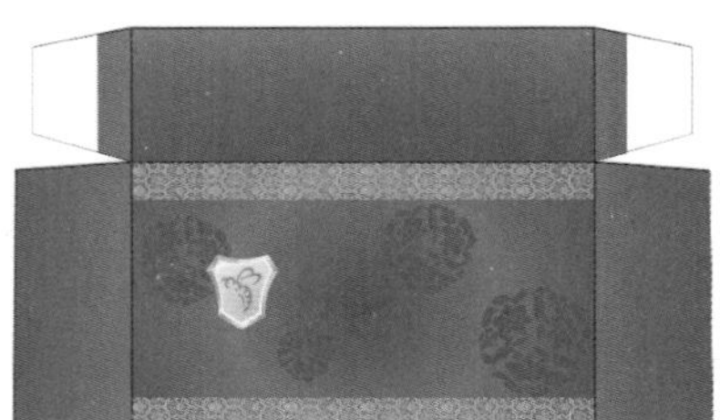

图9-2-74　调整标志

75 选择“文本工具”，在包装盒侧面输入文本。选择输入的文本，在属性栏上设置“字体”为黑体。单击调色板上的“白色”按钮，为其填充白色。调整文字的大小和位置，如图 9-2-75 所示。

76 输入完成后使用相同的方法在包装盒正面输入文本，单击调色板上的“白色”按钮，为其填充白色。并在属性栏中对文本进行设置，效果如图 9-2-76 所示。

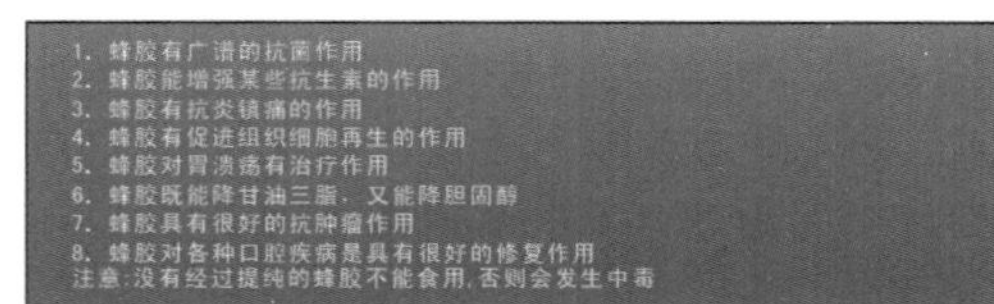

1. 蜂胶有广谱的抗菌作用
2. 蜂胶能增强某些抗生素的作用
3. 蜂胶有抗炎镇痛的作用
4. 蜂胶有促进组织细胞再生的作用
5. 蜂胶对胃溃疡有治疗作用
6. 蜂胶既能降甘油三脂，又能降胆固醇
7. 蜂胶具有很好的抗肿瘤作用
8. 蜂胶对各种口腔疾病是具有很好的修复作用
注意：没有经过提纯的蜂胶不能食用，否则会发生中毒

图9-2-75　输入侧面文本

图9-2-76　输入正面文本

77 选择“钢笔工具”绘制路径，效果如图 9-2-77 所示。

78 选择“文本工具”，在路径上方输入文本。选择输入的文本，单击调色板上的“白色”按钮，为其填充白色。在属性栏上设置“字体”为方正剪纸简体。调整文字的大小，如图 9-2-78 所示。

图9-2-77　绘制路径

图9-2-78　输入文本

79 选择文本，执行“文本”|“使文本适合路径”命令，如图 9-2-79 所示。

80 当光标变为箭头形状时移动到曲线路径上单击鼠标，并进行调整，最后双击曲线路径后选择曲线，按 Delete 键将其删除，如图 9-2-80 所示。

图9-2-79　“使文本适合路径”命令　图9-2-80　设置路径文本

81 使用和之前相同的操作继续在包装盒侧面和背面输入文本，如图 9-2-81 所示。

提示：

包装盒背面的文本和标志可以选择包装盒正面的进行复制移动，并分别执行属性栏中“垂直镜像”和“水平镜像”命令即可。

82 包装盒平面图完成后的效果，如图 9–2–82 所示。

图9-2-81　输入其他文本

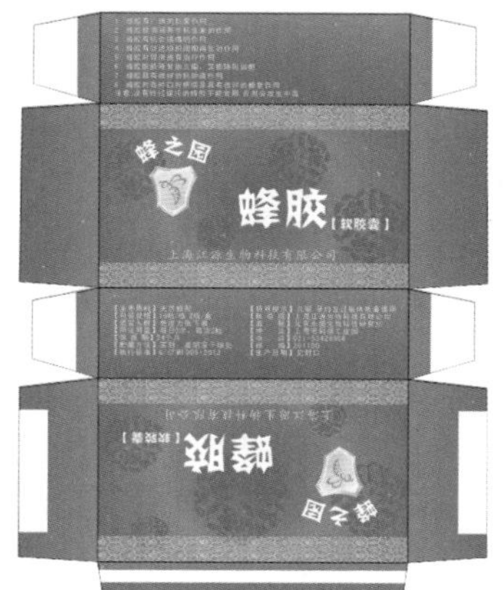

图9-2-82　包装盒平面图最终效果

83 选择包装盒正面所有图形，并将其复制后成组，如图 9–2–83 所示。

84 选择包装盒右侧矩形进行复制，并移动其位置，如图 9–2–84 所示。

图9-2-83　复制包装盒正面

图9-2-84　复制包装盒侧面

85 单击两次右侧矩形，将鼠标移至右侧箭头中，当鼠标变为双向箭头时向上拖曳鼠标，此时矩形形状将会改变，如图 9–2–85 所示。

86 使用相同的方法调整立体包装盒另外一个侧面，效果如图 9–2–86 所示。

图9-2-85　调整侧面形状

图9-2-86　立体包装盒效果

87 调整完成后单击“矩形工具”，绘制矩形，如图 9–2–87 所示。

88 选择“渐变填充工具”，打开“渐变填充”对话框，在“颜色调和”选项区域中选择“自定义”选项，在位置 0% 设置颜色（C：0；M：60；Y：80；K：0），如图 9–2–88 所示。

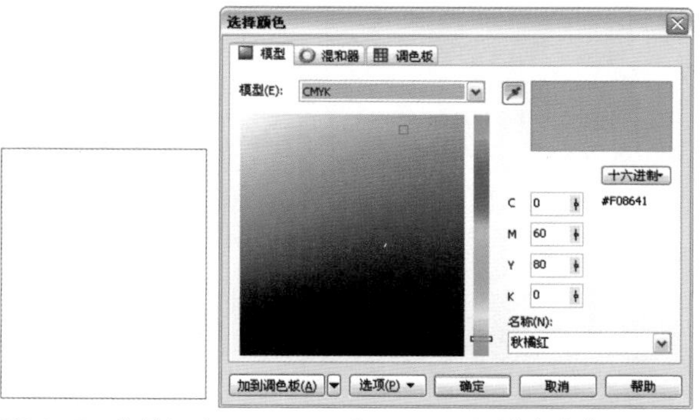

图9-2-87　绘制矩形　　图9-2-88　设置色标颜色

89 在位置 37% 添加色标，设置颜色（C：0；M：20；Y：100；K：0），如图 9–2–89 所示。

90 在位置 68% 添加色标，设置颜色（C：0；M：0；Y：40；K：0），如图 9-2-90 所示。

图9-2-89　设置色标颜色

图9-2-90　设置色标颜色

91 在位置 100% 设置颜色为白色（C：0；M：0；Y：80；K：0），如图 9-2-91 所示。

92 设置完成后单击“确定”按钮返回到“渐变填充”对话框，设置“角度”为 270，如图 9-2-92 所示，单击“确定”按钮。

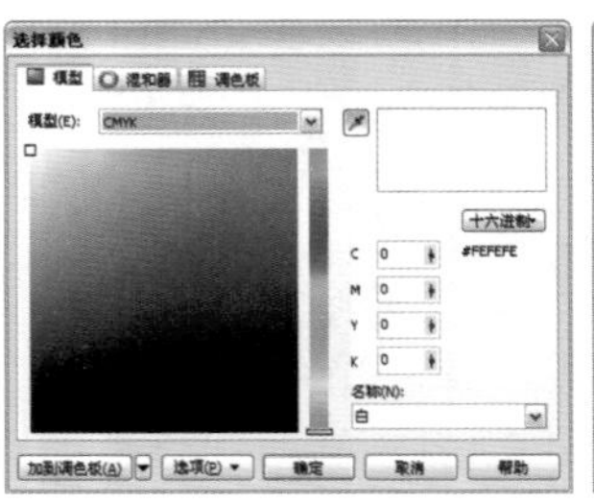
图9-2-91　设置色标颜色

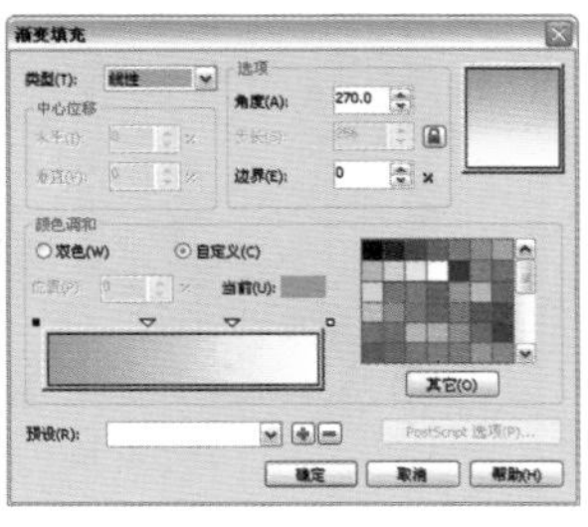
图9-2-92　设置渐变颜色

93 填充渐变色后的效果，如图 9-2-93 所示。

94 将制作完成的立体包装盒移至矩形中，如图 9-2-94 所示。

图9-2-93　填充渐变颜色

图9-2-94　调整立体包装盒

95 选择标志，将其复制后移至矩形左上角，并调整其缩放比例，如图 9-2-95 所示。

96 选择“钢笔工具”绘制路径，效果如图 9-2-96 所示。

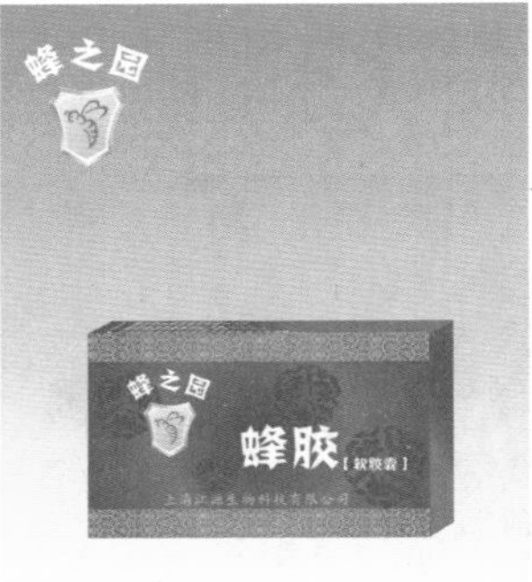

图9-2-95　复制标志

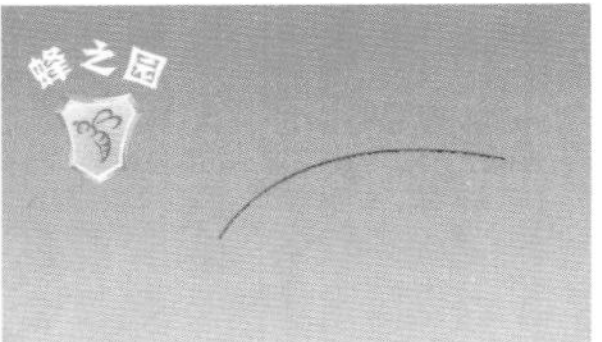

图9-2-96　创建路径

97 选择“文本工具”，在路径上方输入文本。选择输入的文本，在属性栏上设置“字体”为华文行楷。调整文字的大小，如图 9-2-97 所示。

98 使用和前面相同的方法将文本转换为路径文本，并将文本颜色设为白色，如图 9-2-98 所示。

图9-2-97　输入文本

图9-2-98　设置路径文本

99 选择“艺术笔工具”，在属性栏中将“类别”设为“底纹”，在右侧下拉列表中选择一种“笔刷笔触”样式，如图 9-2-99 所示。

提示：

在艺术笔属性栏中可以为艺术笔设置多种不同的样式，还可以设置平滑度和笔触宽度。

100 选择完成后进行绘制，绘制完成后使用“形状工具”对绘制的图形进行调整，单击调色板上的“橘红色”按钮，为其填充橘红色。效果如图 9-2-100 所示。

图9-2-99　设置艺术笔属性

图9-2-100　创建艺术笔

101 绘制完成后在矩形右下角输入厂家信息，如图 9-2-101 所示。

102 包装盒最终效果，如图 9-2-102 所示。

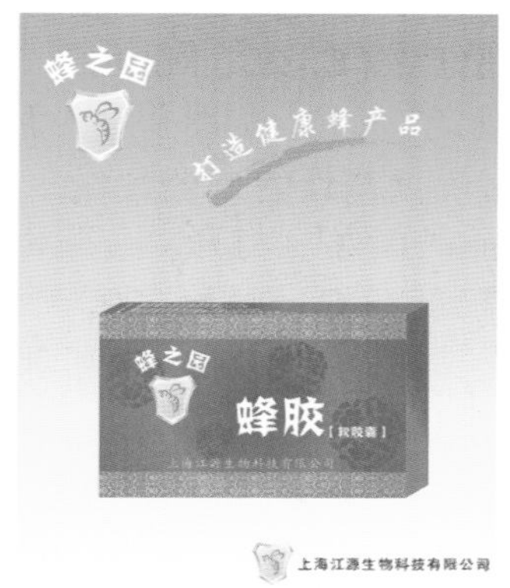

图9-2-101 输入厂家信息

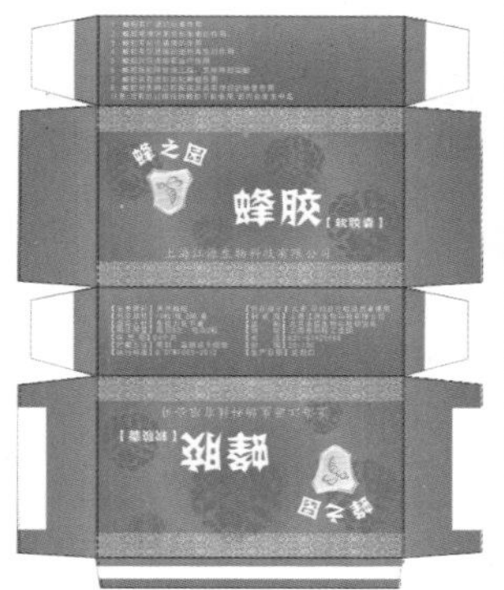

图9-2-102 最终效果

9.3 制作白酒包装

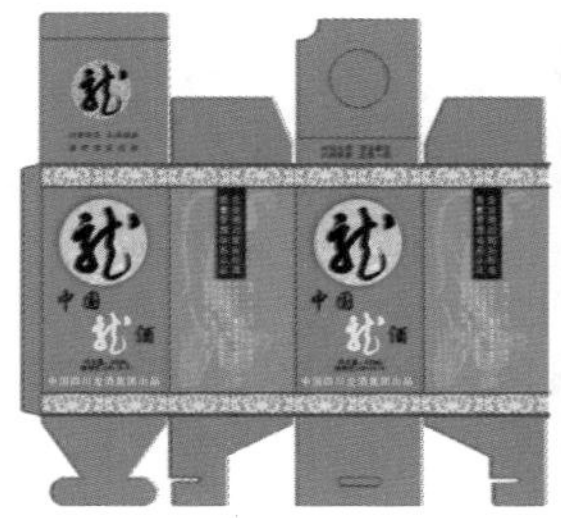

技能分析

制作本实例的主要目的是使读者了解并掌握如何在 CorelDRAW X5 软件中制作白酒包装平面图和立体图，涉及到导入素材并使用“阴影工具”、“线条图”、“高斯式模糊”等对绘制的图形及素材进行编辑调整，再使用“矩形工具”绘制背景图像，将制作完成的白酒立体包装图导入到背景图像中，最后制作出灯光和物体的阴影效果，完成最终效果。

制作步骤

1 按快捷键 Ctrl + N 打开“创建新文档”对话框，设置“名称”为制作白酒包装，“宽度”为 297mm，“高度”为 210mm，如图 9-3-1 所示。单击“确定”按钮。

2 单击“矩形工具”，绘制矩形图形。如图 9-3-2 所示。

图9-3-1 设置“新建”参数

图9-3-2 绘制矩形

3 选择“底纹填充工具”，打开“底纹填充”对话框，设置“底纹库”为样品，在“底纹列表”中选择：灰泥，如图 9-3-3 所示。

> **提示：**
>
> 在底纹列表中提供了多种不同的列表样式供我们选择。底纹填充功能强大，可以增强绘图的效果。但是，底纹填充还会增加文件大小及延长打印时间，因此建议适度使用。这里使用底纹主要用来模拟纸盒的纹路。

4 单击色调色块右侧的按钮，在弹出的下拉列表中选择“其他”，打开“选择颜色”对话框，设置颜色为暗红色（C：25，M：100，Y：100，K：0），单击“确定”按钮，如图 9-3-4 所示。

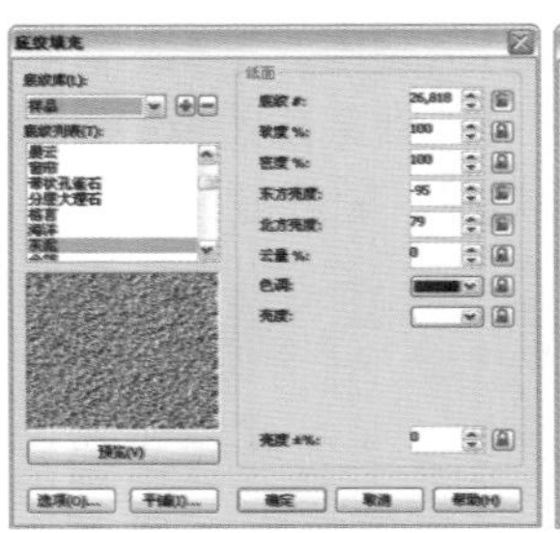

图9-3-3 “底纹填充”对话框　　图9-3-4 设置色调颜色

5 单击亮度色块右侧的按钮，在弹出的下拉列表中选择“其他”，打开“选择颜色”对话框，设置颜色为浅红色（C：19，M：91，Y：80，K：0），单击“确定”按钮，如图9-3-5所示。

6 返回到“底纹填充”对话框，设置“底纹”为10、“密度”为95、“东方亮度”为0、“北方亮度”为98，单击“确定”按钮，如图9-3-6所示。

提示：

底纹设置完成后可以单击“预览”按钮在预览窗口中观看效果。单击“平铺”按钮弹出“平铺”对话框，在该对话框中可以调整旋转、倾斜和平铺大小。

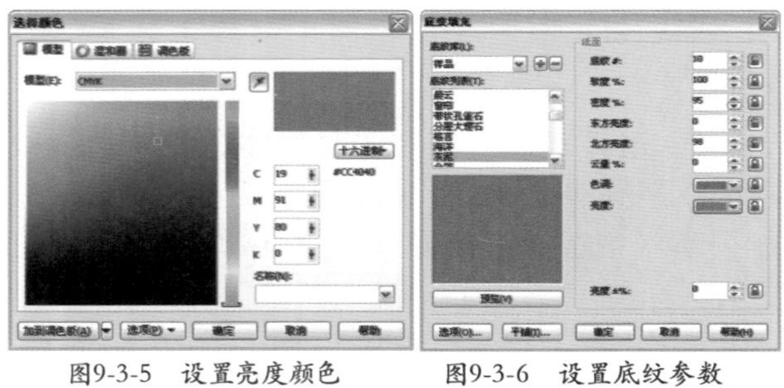

图9-3-5 设置亮度颜色　　图9-3-6 设置底纹参数

7 填充底纹后的效果，如图9-3-7所示。

8 单击“矩形工具”，绘制矩形图形。如图9-3-8所示。

图9-3-7 填充底纹

图9-3-8 绘制矩形

9 选择“底纹填充工具”，打开“底纹填充”对话框，设置“底纹库”为样品，在“底纹列表”中选择：灰泥，单击色调色块右侧的按钮，在弹出的下拉列表中选择“其他”，打开“选择颜色”对话框，设置颜色为暗红色（C：25，M：100，Y：100，K：0），单击“确定”按钮，如图9-3-9所示。

10 单击亮度色块右侧的按钮，在弹出的下拉列表中选择“其他”，打开“选择颜色”对话框，设置颜色为亮红色（C：0，M：89，Y：73，K：0），单击“确定”按钮，如图9-3-10所示。

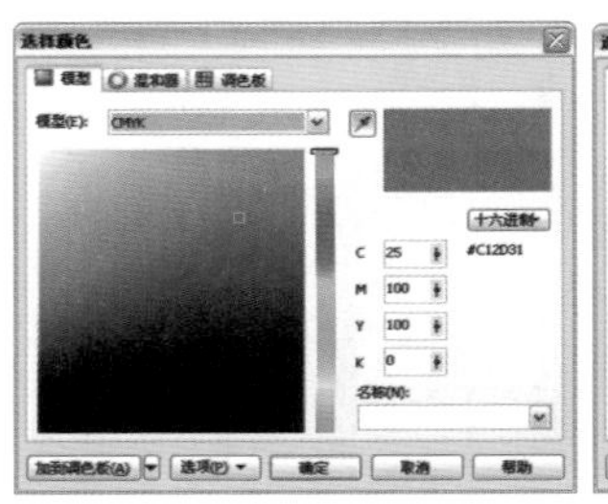

图9-3-9 设置色调颜色

图9-3-10 设置亮度颜色

11 返回到“底纹填充”对话框，设置“底纹”为10、“密度”为95、“东方亮度”为0、“北方亮度”为98，单击“确定”按钮，如图9-3-11所示。

12 填充底纹后的效果，如图9-3-12所示。

图9-3-11 设置底纹参数

图9-3-12 填充底纹

13 复制绘制的两个矩形，将其移动至如图9-3-13所示的位置。

14 选择“钢笔工具”，绘制图形，效果如图9-3-14所示。

图9-3-13 复制图形

图9-3-14 绘制图形

15 绘制完成后选择“属性滴管工具”，在创建的深色底纹样式中单击，此时鼠标变为油漆桶形状，在新绘制的图形中再次单击填充底纹，如图 9–3–15 所示。

16 单击“矩形工具”，绘制矩形图形。效果如图 9–3–16 所示。

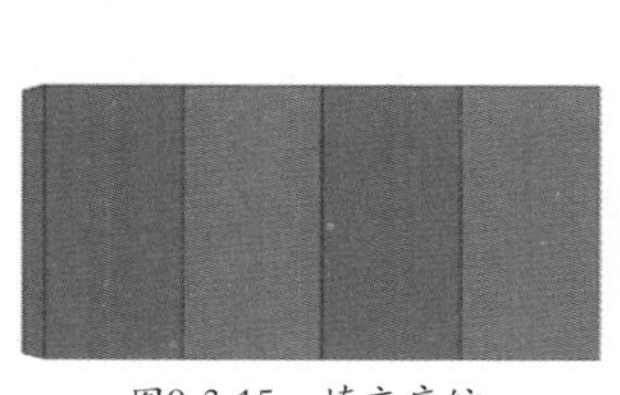
图9-3-15 填充底纹

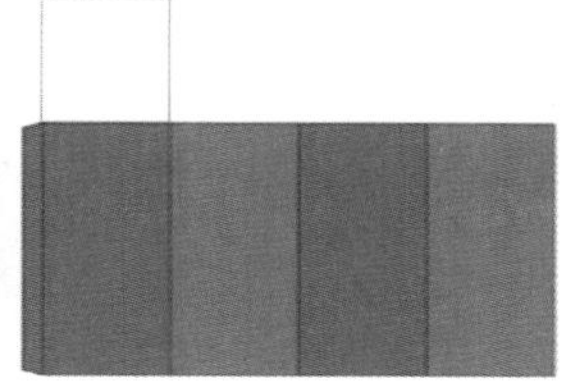
图9-3-16 绘制矩形

17 绘制完成后选择“属性滴管工具”，在创建的深色底纹样式中单击，在新绘制的图形中再次单击填充底纹，如图 9–3–17 所示。

18 单击“矩形工具”，绘制矩形图形。效果如图 9–3–18 所示。

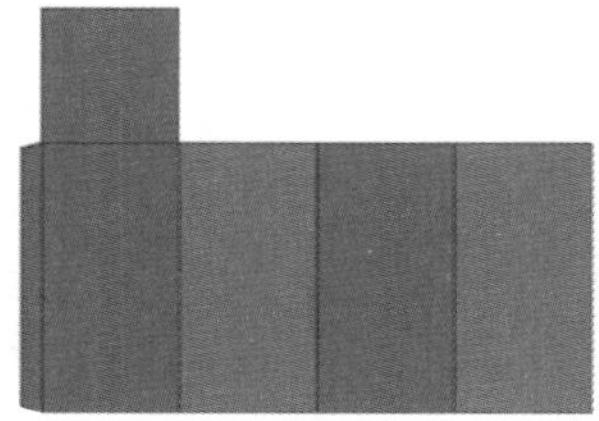
图9-3-17 填充底纹

图9-3-18 绘制矩形

19 选择新绘制的矩形，在属性栏中将“同时编辑所有角”取消锁定，将上方两个角“圆角半径”都设为 3.918，如图 9–3–19 所示。

20 设置完成后选择“属性滴管工具”，在创建的深色底纹样式中单击，在新绘制的图形中再次单击填充底纹，如图 9–3–20 所示。

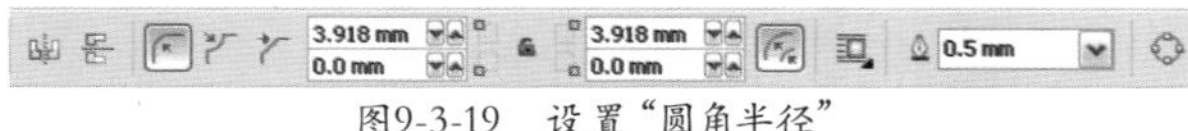

图9-3-19 设置“圆角半径”

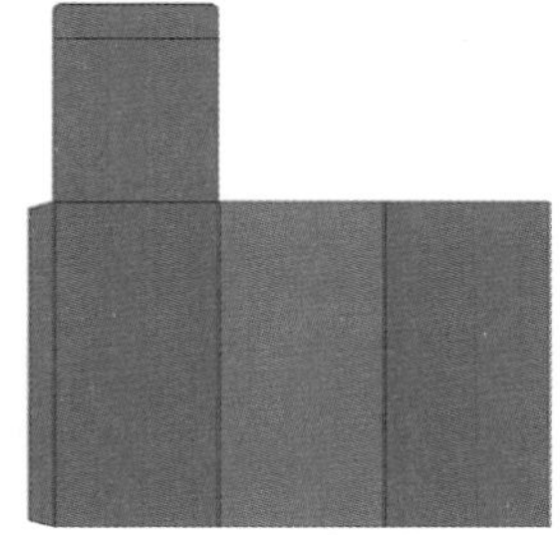
图9-3-20 填充底纹

21 选择“钢笔工具”，绘制图形，效果如图 9–3–21 所示。

22 绘制完成后选择“属性滴管工具”，在创建的深色底纹样式中单击，在新绘制的图形中再次单击填充底纹，如图 9–3–22 所示。

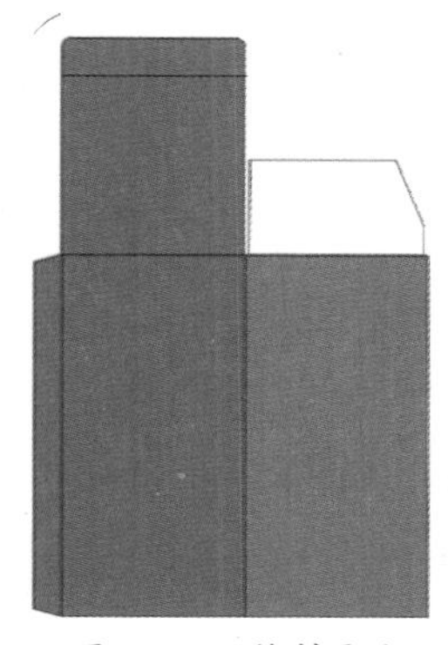
图 9-3-21 绘制图形

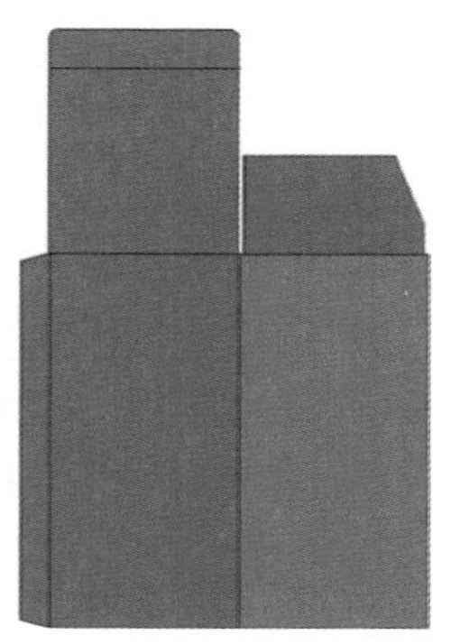
图9-3-22 填充底纹

23 选择“钢笔工具”，绘制图形，并为图形填充底纹样式，效果如图 9–3–23 所示。

提示：

该图形也可采用复制的方法，将图形镜像后使用“钢笔工具”添加节点，调整添加节点后的图形至图中样式。

24 绘制完成后使用“矩形工具”绘制矩形图形，并为图形填充底纹样式，效果如图 9–3–24 所示。

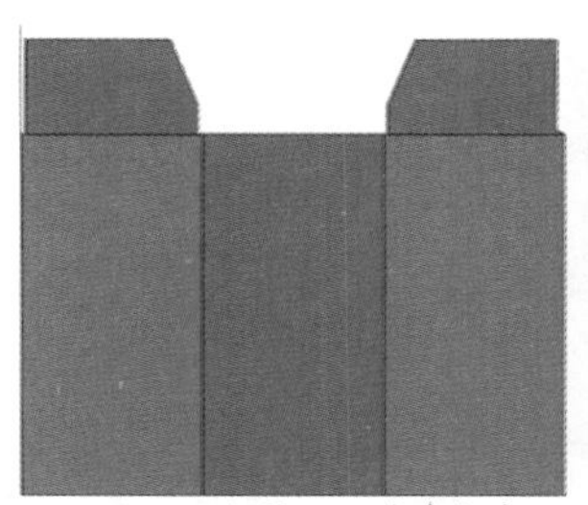
图9-3-23 绘制图形并填充底纹

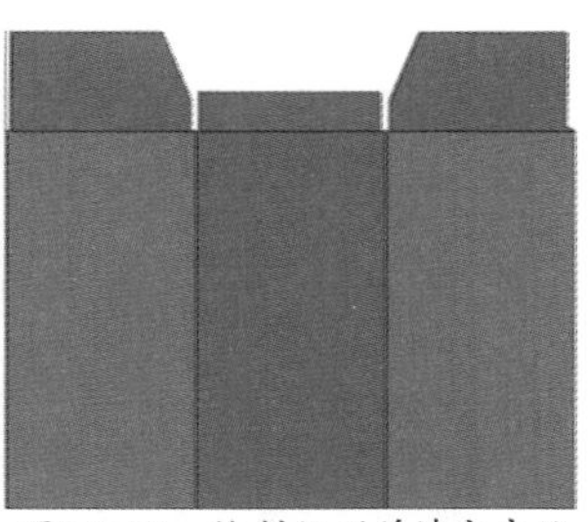
图9-3-24 绘制矩形并填充底纹

25 选择“钢笔工具”，绘制图形，绘制完成后使用“形状工具”对绘制的图形进行调整，并为图形填充底纹样式，效果如图 9–3–25 所示。

26 单击“椭圆形工具”，在图像中按住 Ctrl+Shift 键绘制正圆，如图 9-3-26 所示。

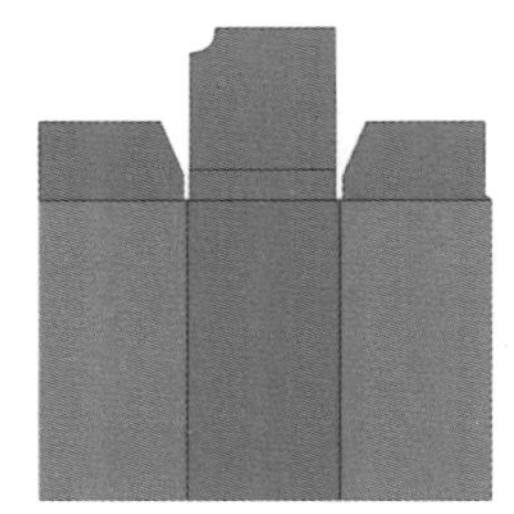

图9-3-25 绘制图形并填充底纹

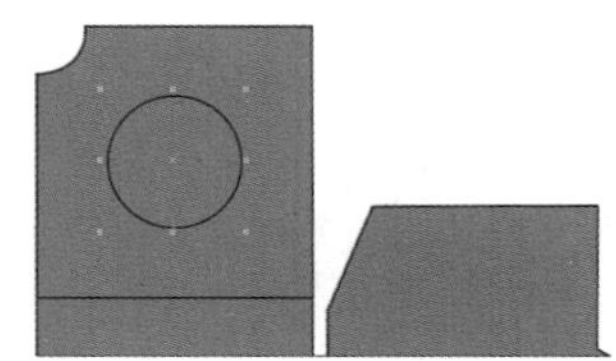

图9-3-26 绘制圆形

27 选择绘制的正圆，双击“笔触颜色”右侧的黑色色块，打开“轮廓笔”对话框，选择一种虚线样式，单击“确定”按钮，如图 9-3-27 所示。

提示：

通过更改“轮廓笔”对话框中的选项参数，可以更改线条和轮廓的外观。例如，可以指定线条和轮廓的颜色、宽度和样式。

28 此时更改笔触样式后的图形如图 9-3-28 所示。

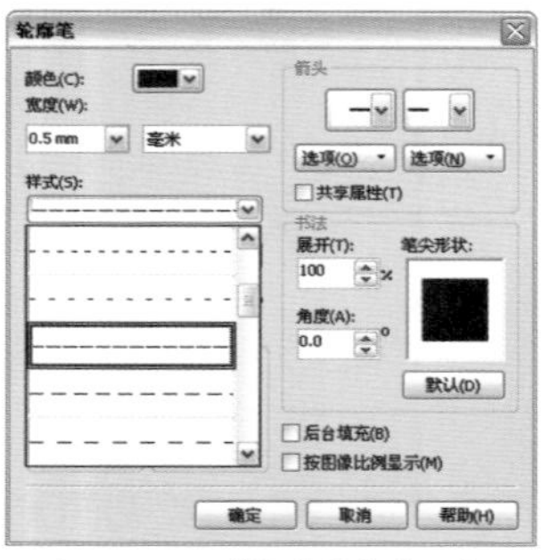

图9-3-27 “轮廓笔”对话框

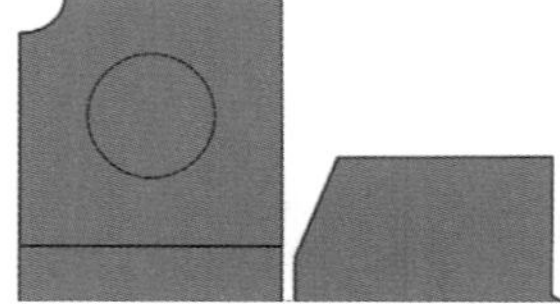

图9-3-28 更改笔触样式

29 选择“钢笔工具”，绘制图形，绘制完成后使用“形状工具”对绘制的图形进行调整，并为图形填充底纹样式，效果如图 9-3-29 示。

30 绘制完成后为图形填充底纹样式，效果如图 9-3-30 所示。

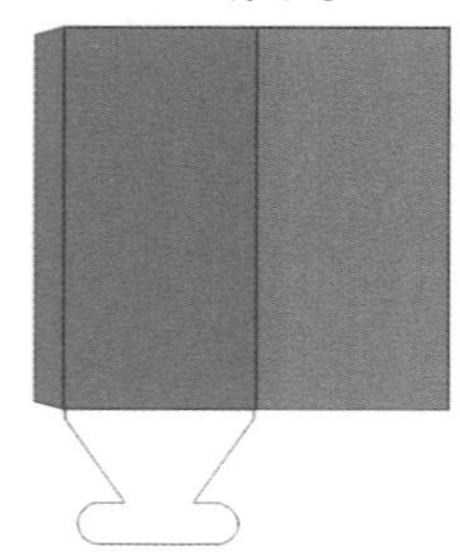

图9-3-29 绘制图形

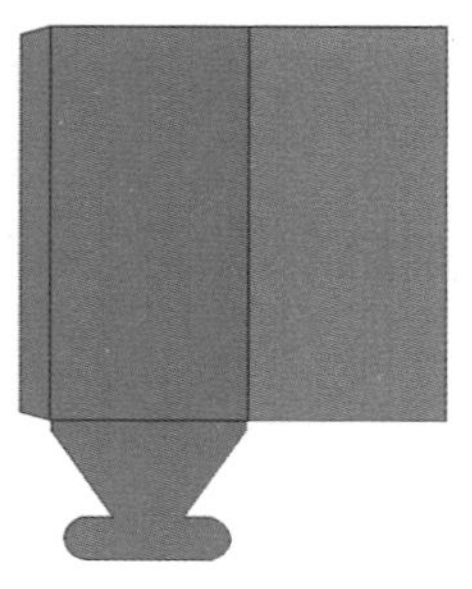

图9-3-30 填充底纹

31 使用相同的方法继续进行图形的绘制，并为绘制的图形填充底纹颜色，效果如图 9-3-31 所示。

32 单击“椭圆形工具”，绘制椭圆图形，如图 9-3-32 所示。

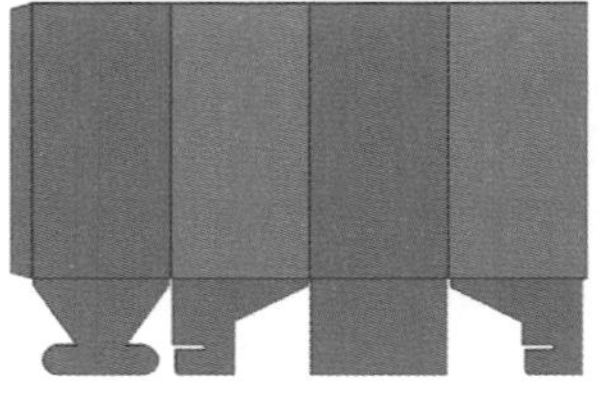

图9-3-31 绘制图形

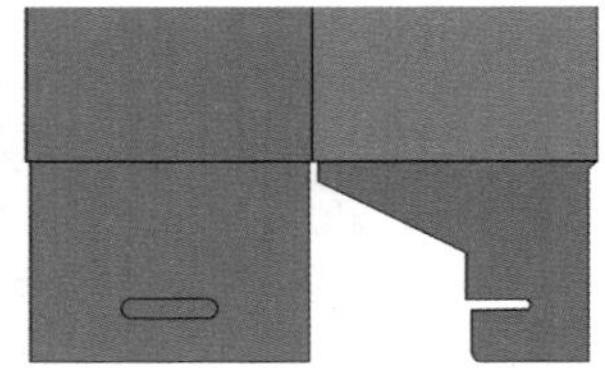

图9-3-32 绘制椭圆

33 选择绘制的椭圆，双击“笔触颜色”右侧黑色色块，打开“轮廓笔”对话框，选择一种虚线样式，单击“确定”按钮，如图 9-3-33 所示。

34 此时更改笔触样式后的图形，如图 9-3-34 所示。

图9-3-33 “轮廓笔”对话框

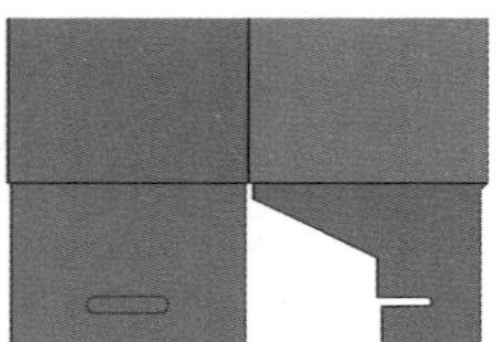

图9-3-34 更改笔触样式

35 单击“矩形工具”，绘制两个矩形图形。效果如图 9-3-35 所示。

36 绘制完成后为图形填充底纹颜色，效果如图 9-3-36 所示。

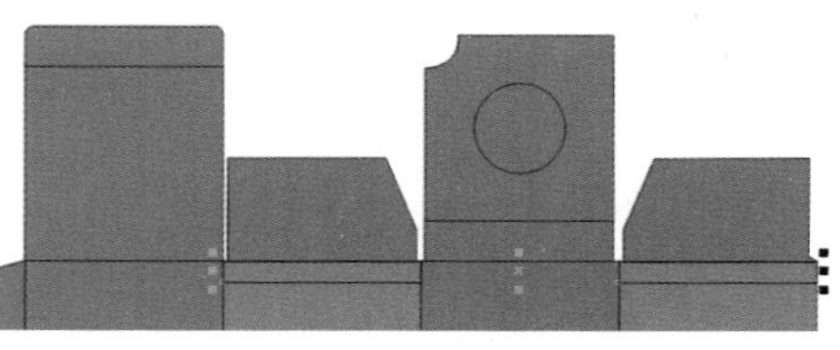

图9-3-35 绘制矩形

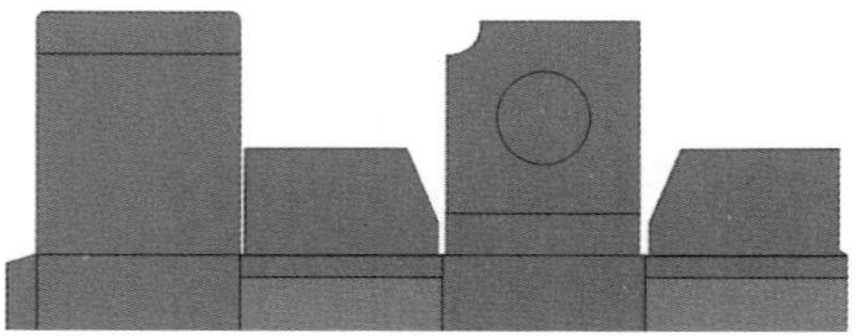

图9-3-36 填充底纹

37 使用相同的方法继续绘制矩形，并为其填充底纹颜色，效果如图 9–3–37 所示。

38 绘制完成后将绘制的 3 个矩形成组后复制，单击属性栏中“垂直镜像”按钮，效果如图 9–3–38 所示。

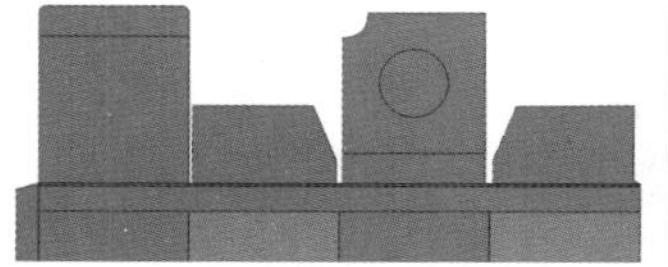

图9-3-37　绘制图形并填充底纹

图9-3-38　垂直镜像图形

39 执行“文件”|“导入”命令，如图 9–3–39 所示。

40 单击拖曳鼠标导入素材图片：1.jpg，设置完成后调整其缩放比例，如图 9–3–40 所示。

图9-3-39　“导入”命令

图9-3-40　导入素材

41 选择导入的素材，执行“位图”|“轮廓描摹”|“线条图”命令，如图 9–3–41 所示。

42 在弹出的对话框中勾选“删除原始图像”选项，此时系统会自动进行处理，上方显示处理之前的图形，下方显示处理后的图形，在处理完成后的图形中看到白色背景已被删除，如图 9–3–42 所示。设置完成后单击“确定”按钮。

图9-3-41　“线条图”命令

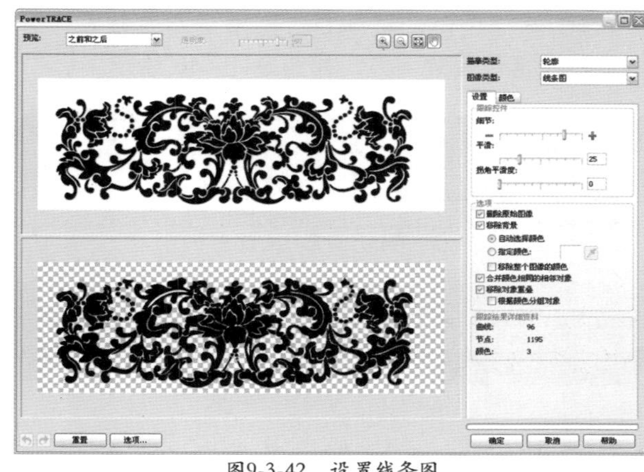

图9-3-42　设置线条图

43 选择删除背景后的图形，单击调色板上的“白色”按钮（C：0；M：0；Y：0；K：0），为其填充白色，设置完成后调整其位置，效果如图 9–3–43 所示。

44 调整完成后对白色花纹图形进行多次复制。完成后的效果，如图 9–3–44 所示。

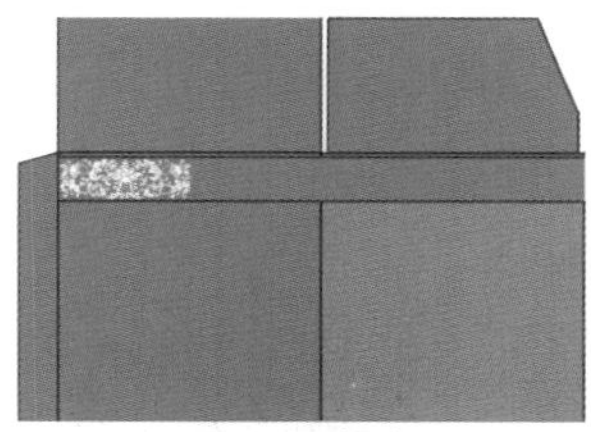

图9-3-43　白色填充效果

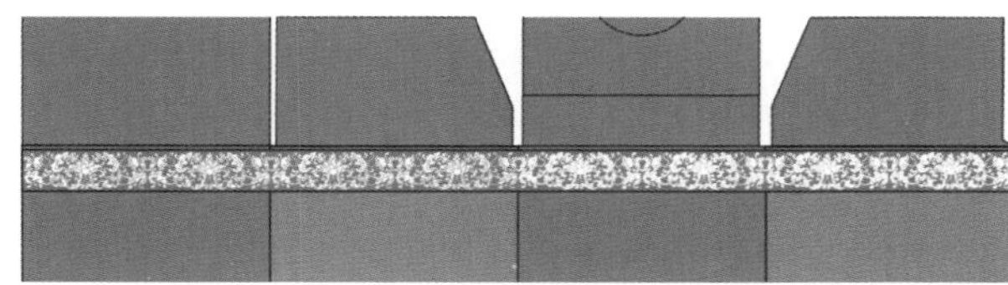

图9-3-44　复制花纹

45 选择所有白色花纹图形，将其复制，单击调色板上的“黄色”按钮（C：0；M：0；Y：100；K：0），为其填充黄色，并对其进行微调显示出下方白色图案，如图 9–3–45 所示。

提示：

此处进行设置可使花纹图案产生立体感，注意白色图案不要过多显示，否则会产生模糊效果。可以将画面放大显示，使用键盘中光标键进行调整。

46 选择白色和黄色花纹图案后将其复制，并将其移动至包装盒下方，如图 9–3–46 所示。

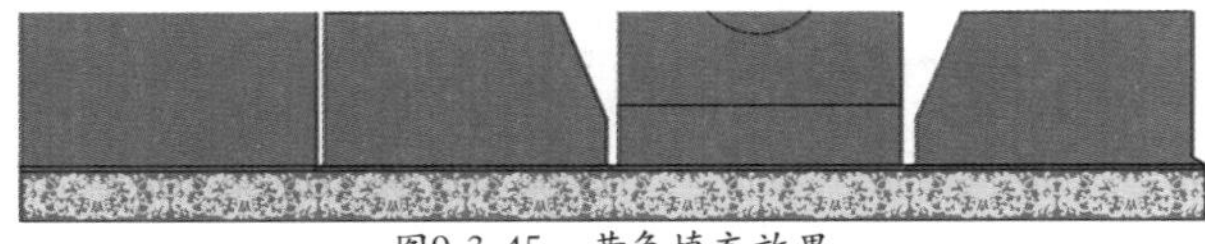
图9-3-45　黄色填充效果

图9-3-46　复制移动花纹

47 执行“文件”|“导入”命令，拖动鼠标导入素材文件：龙 .cdr，设置完成后调整其缩放比例，如图 9–3–47 所示。

48 选择导入的文件，双击“填充颜色”右侧的颜色按钮，打开“均匀填充”对话框，设置颜色为橘红色（C:0，M:51，Y:99，K:0），单击“确定”按钮，如图 9–3–48 所示。

图9-3-47　导入素材

图9-3-48　设置填充颜色

49 填充颜色后，右键单击调色板上的“透明色”按钮☒，取消轮廓颜色，效果如图 9–3–49 所示。

50 单击“椭圆形工具”，在图像中按住 Ctrl+Shift 键绘制正圆，如图 9–3–50 所示。

图9-3-49　取消轮廓颜色

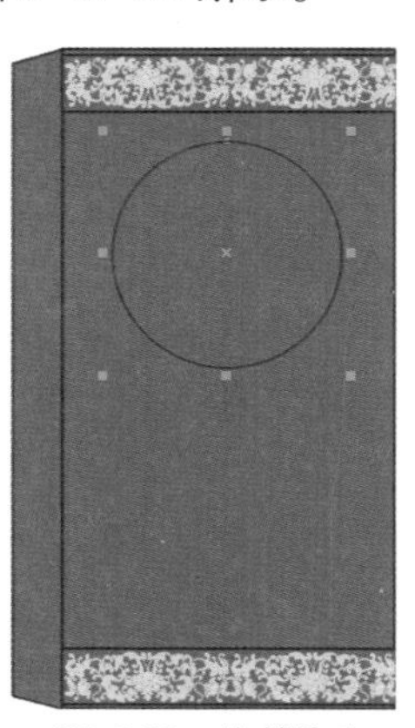
图9-3-50　绘制圆形

51 选择“渐变填充工具”，打开“渐变填充”对话框，将“类型”设为“辐射”，设置“从”的颜色为橘红色（C：0；M：47；Y：98；K：0），如图 9–3–51 所示。

52 设置完成后单击“确定”按钮返回到“渐变填充”对话框，设置“到”的颜色为白色（C:0；M：0；Y：0；K：0），“中点”为 50，“水平”为 1，“垂直”为 –24，如图 9–3–52 所示，单击“确定”按钮。

图9-3-51　设置“从”颜色

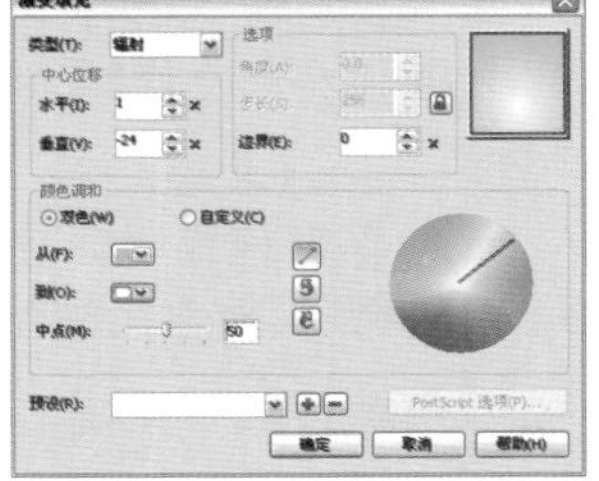
图9-3-52　设置渐变填充

53 填充渐变色后的效果，如图 9–3–53 所示。

54 选择之前调整好的龙图案，将其移动至创建的圆形中，并调整其缩放比例，如图 9–3–54 所示。

图9-3-53　填充渐变色

图9-3-54　调整图案位置

55 将龙图案和圆形成组，选择“阴影工具”，在图案中单击拖曳绘制阴影，如图 9–3–55 所示。

56 在阴影属性栏中设置“阴影的不透明度”为 50，“阴影羽化”为 15，如图 9–3–56 所示。

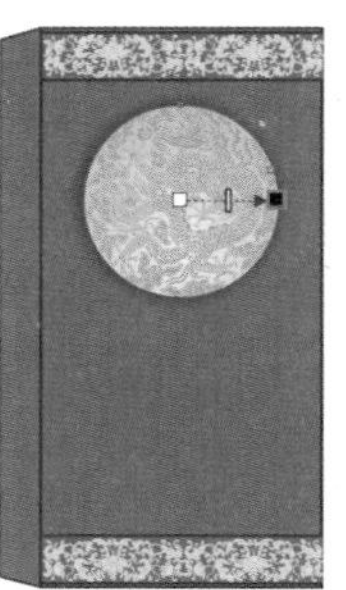
图9-3-55　绘制阴影

图9-3-56　设置阴影属性

57 执行“文件”|“导入”命令，单击拖曳导入素材文件：龙字书法.jpg，设置完成后调整其缩放比例，如图 9-3-57 所示。

58 执行“位图”|“轮廓描摹”|“线条图”命令，在弹出的对话框中勾选“删除原始图像”选项，删除背景后的效果如图 9-3-58 所示。设置完成后单击“确定”按钮。

图9-3-57 导入素材

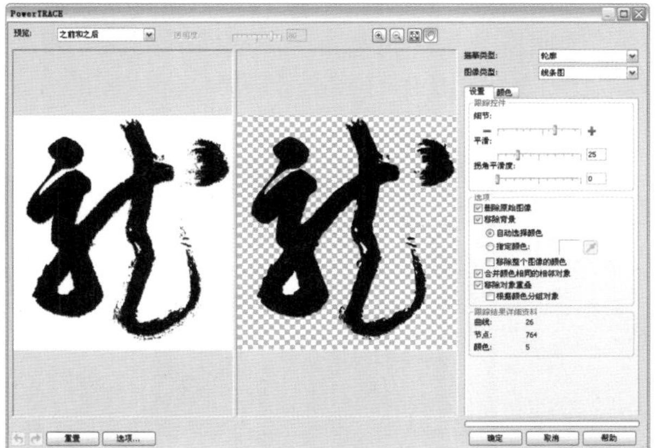

图9-3-58 设置线条图

59 设置完成后将龙字书法素材移动至龙图案上，并调整其缩放比例，如图 9-3-59 所示。

60 选择“文本工具”字，在包装盒正面输入文本。分别选择输入的文本，在属性栏上设置“字体”为方正行楷简体和黑体。选择最下方厂家信息文本，单击调色板上的“黄色”按钮，为其填充黄色。最后调整文字的大小和位置，如图 9-3-60 所示。

图9-3-59 调整素材位置

图9-3-60 输入文本

61 复制导入的龙字书法图形，设置其填充颜色为白色，调整其位置和缩放比例，如图 9-3-61 所示。

62 选择调整完成后的龙字书法图形进行复制，并将其填充为黄色后移动位置，制作立体效果，如图 9-3-62 所示。

图9-3-61 白色填充效果　　图9-3-62 黄色填充效果

63 将包装盒中的标志及文本信息进行复制，然后进行移动，效果如图 9-3-63 所示。

64 执行“文件”|“导入”命令，单击拖曳导入素材文件：龙图案.tif，设置完成后调整其缩放比例，如图 9-3-64 所示。

图9-3-63 复制图形　　图9-3-64 导入素材

65 执行“位图”|“轮廓描摹”|“线条图”命令，在弹出的对话框中勾选“删除原始图像”选项，删除背景后的效果如图 9-3-65 所示。设置完成后单击“确定”按钮。

66 设置完成后在属性栏中将“旋转角度”设为 90，如图 9-3-66 所示。

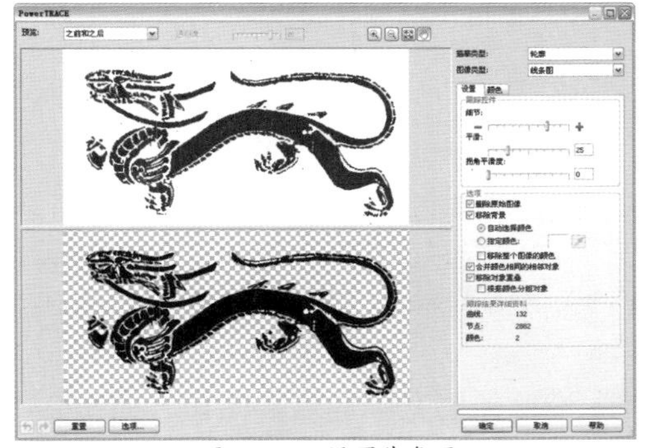

图9-3-65 设置线条图

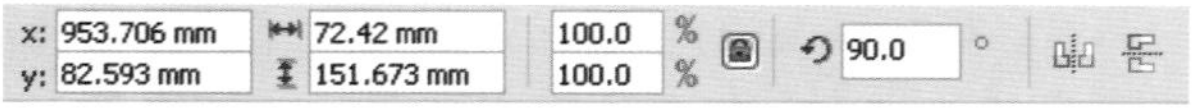

图9-3-66　设置"旋转角度"

67 调整旋转完成后图形的位置和缩放比例，如图 9-3-67 所示。单击调色板上的"白色"按钮（C：0；M：0；Y：0；K：0），为其填充白色。

68 选择"透明度工具" ，选择属性栏上的"透明度类型"为标准，拖曳"开始透明度"滑块为 80。如图 9-3-68 所示。

图9-3-67　调整图形

图9-3-68　设置透明度属性

69 透明度效果，如图 9-3-69 所示。

70 设置完成后对龙图案进行复制，在属性栏中拖曳"开始透明度"滑块为 90。如图 9-3-70 所示。

图9-3-69　透明度效果

图9-3-70设置"开始透明度"

71 双击"填充颜色"右侧颜色按钮，打开"均匀填充"对话框，设置颜色为橘红色（C：0，M：51，Y：99，K：0），单击"确定"按钮，如图 9-3-71 所示。

72 设置完填充颜色后的图形，如图 9-3-72 所示。

图9-3-71　设置填充颜色

图9-3-72　透明度效果

73 单击"矩形工具" ，绘制矩形图形。效果如图 9-3-73 所示。

74 选择绘制的矩形，单击调色板上的"黑色"按钮（C：0；M：0；Y：0；K：100），为其填充黑色，选择"透明度工具" ，选择属性栏上的"透明度类型"为标准，拖曳"开始透明度"滑块为 15。如图 9-3-74 所示。

图9-3-73　绘制矩形

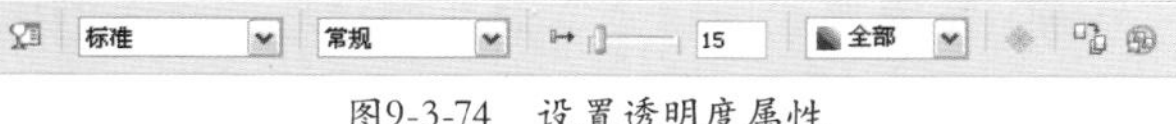

图9-3-74　设置透明度属性

75 透明度效果，如图 9-3-75 所示。

76 选择"文本工具" ，在包装盒侧面输入竖排文本。选择输入的文本，在属性栏上设置"字体"为黑体。如图 9-3-76 所示。

提示：

如果需要输入竖排文字，先选择"文本工具" ，在属性栏中单击"将文本更改为垂直方向" 按钮，即可输入竖排文字。文本输入完成后单击该按钮也可更改为竖排文字，单击"将文本更改为水平方向" 按钮，即可将竖排文本更改为水平文本。

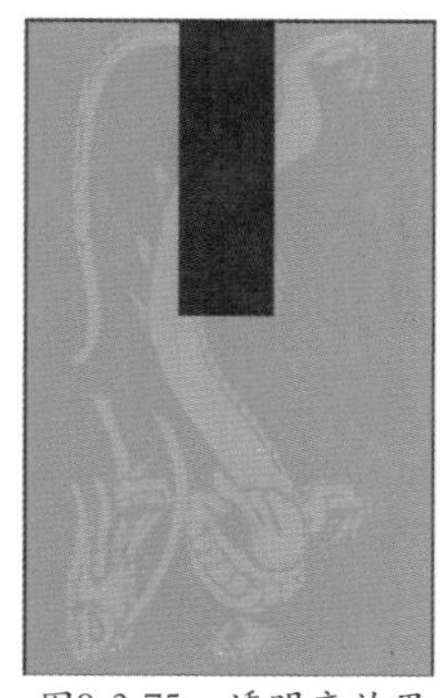

图9-3-75 透明度效果

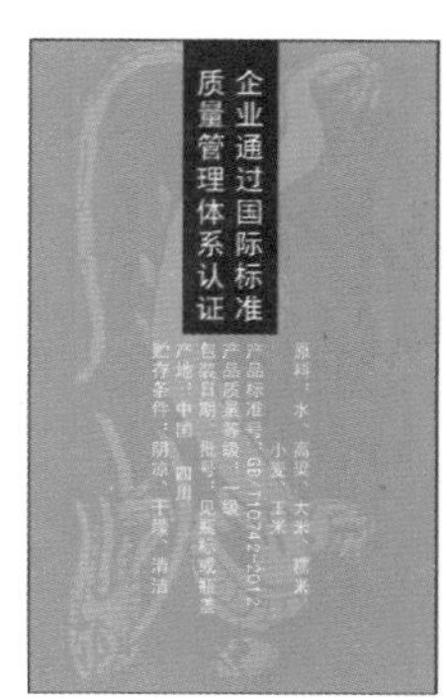

图9-3-76 输入文本

77 选择包装盒侧面图形和文本后复制并移动其位置，如图 9–3–77 所示。

78 导入素材文件：龙 .cdr，双击“填充颜色”右侧颜色按钮，打开“均匀填充”对话框，设置颜色为黄色（C：0，M：0，Y：100，K：0），单击“确定”按钮，如图 9–3–78 所示。

图9-3-77 复制包装盒

图9-3-78 设置填充颜色

79 填充颜色后，右键单击调色板上的“透明色”按钮⊠，取消轮廓颜色，效果如图 9–3–79 所示。

80 将龙字书法素材移动至龙图案上，并调整其缩放比例，如图 9–3–80 所示。

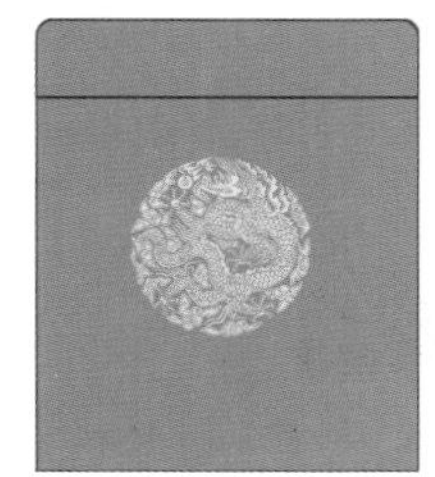
图9-3-79 取消轮廓颜色

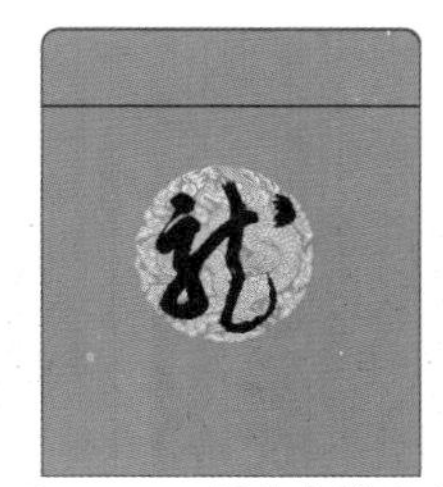
图9-3-80 调整素材图形

81 选择“文本工具”字，在包装盒上方输入文本。选择输入的文本，在属性栏上设置“字体”为黑体。如图 9–3–81 所示。

82 设置完成后将包装盒正面和侧面进行复制并移动位置，如图 9–3–82 所示。

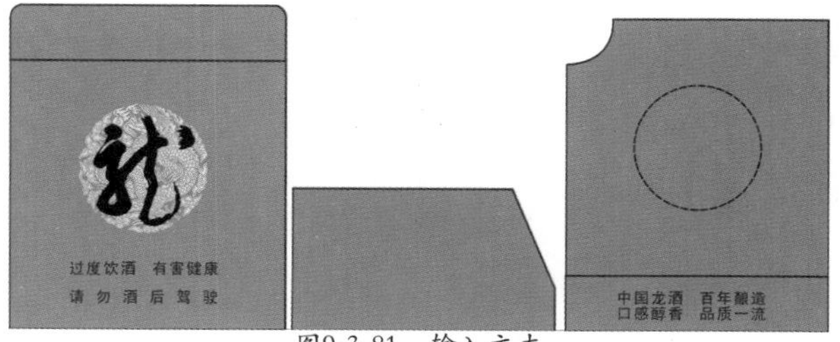

图9-3-81 输入文本

图9-3-82 复制包装盒

83 选择标志中阴影效果，在属性栏中单击“清除阴影”按钮，如图 9–3–83 所示。

84 阴影清除完成后的效果，如图 9–3–84 所示。

提示：

此处清除阴影的目的在于可以为包装盒正面应用“添加透视”命令。

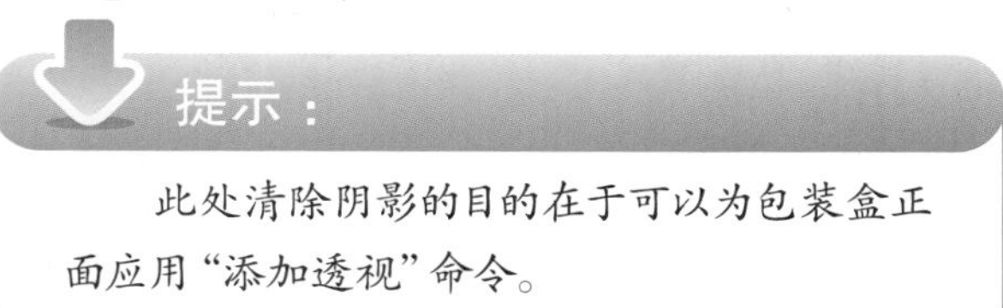

图9-3-83 单击“清除阴影”按钮

图9-3-84 清除阴影效果

85 选择包装盒正面，调整其位置，调整完成后将包装盒正面所有图形成组，如图 9–3–85 所示。

86 执行“效果”|“添加透视”命令，如图 9–3–86 所示。

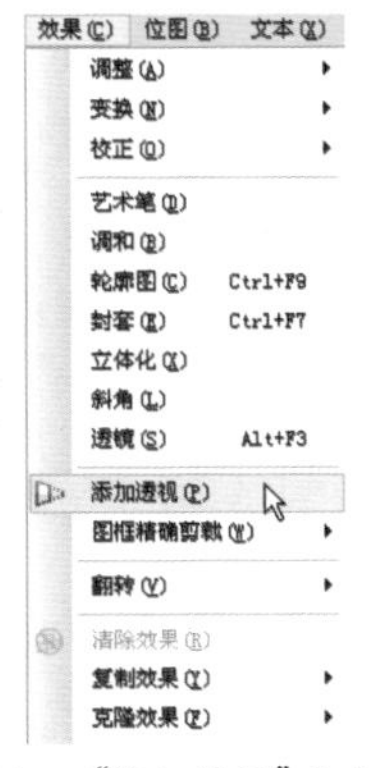

图9-3-85　成组图形　　图9-3-86　“添加透视”命令

87 拖曳 4 个节点对包装盒正面进行调整，包装盒即可产生透视效果，如图 9–3–87 所示。

88 使用相同的方法对包装盒侧面进行透视调整，效果如图 9–3–88 所示。

图9-3-87　调整节点

图9-3-88　包装盒立体效果

89 调整完成后选择“阴影工具”，为标志添加阴影效果，如图 9–3–89 所示。

90 将立体包装盒成组，选择“阴影工具”，在立体包装盒中单击拖曳绘制阴影，如图 9–3–90 所示。

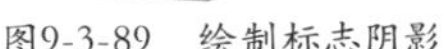

图9-3-89　绘制标志阴影

图9-3-90　绘制包装盒阴影

91 在阴影属性栏中单击预设右的按钮，在弹出的下拉列表中选择“透视右上”选项，设置“阴影角度”为 33、“阴影的不透明度”为 15、“阴影羽化”为 15，如图 9–3–91 所示。

92 单击“矩形工具”，绘制矩形图形。效果如图 9–3–92 所示。

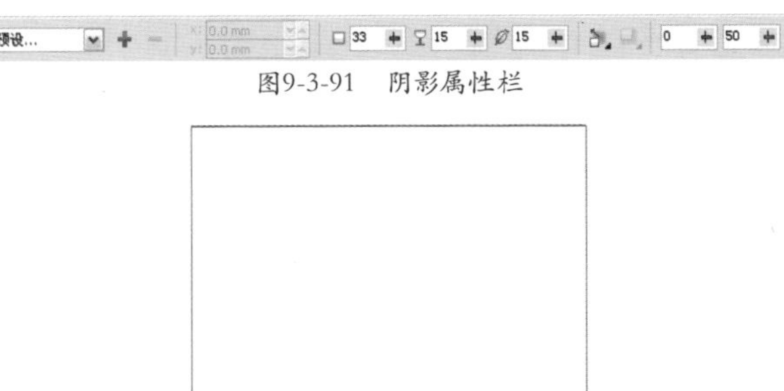

图9-3-91　阴影属性栏

图9-3-92　绘制矩形

93 选择绘制的矩形，单击调色板上的“黑色”按钮（C：0；M：0；Y：0；K：100），为其填充黑色，效果如图 9–3–93 所示。

94 单击“椭圆形工具”，绘制椭圆图形，双击“填充颜色”右侧“无”按钮，打开“均匀填充”对话框，设置颜色为灰色（C：27，M：17，Y：13，K：16），单击“确定”按钮，如图 9–3–94 所示。

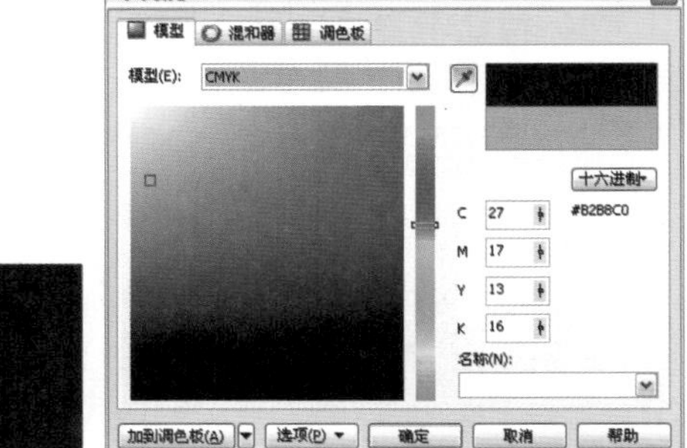

图9-3-93　黑色填充效果　　图9-3-94　设置填充颜色

95 填充颜色后,右键单击调色板上的“透明色”按钮☒，取消轮廓颜色，效果如图 9–3–95 所示。

96 选择绘制的椭圆形图形，执行“位图”|“转换为位图”命令，如图 9–3–96 所示。

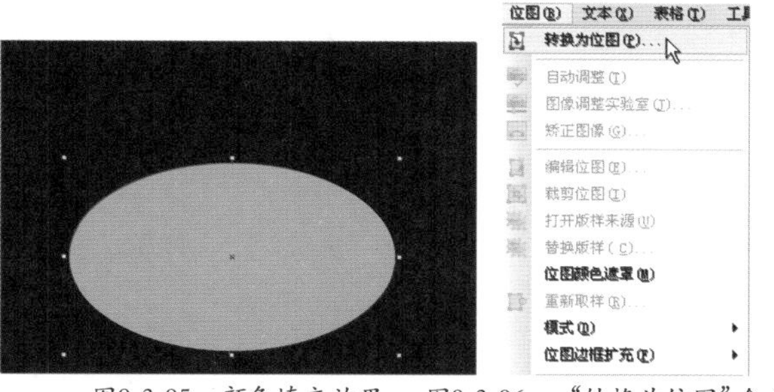

图9-3-95　颜色填充效果　图9-3-96　“转换为位图”命令

97 打开“转换为位图”对话框,设置“分辨率”为 200,勾选“透明背景”选项,单击“确定”按钮,如图 9–3–97 所示。

98 执行“位图”|“模糊”|“高斯式模糊”命令，如图 9–3–98 所示。

提示：

“位图”菜单中的命令,只针对为位图图像添加效果,如果是矢量图,则效果呈灰色显示无法应用,所以需要将矢量图转换为位图。

图9-3-97　“转换为位图”对话框　图9-3-98　“高斯式模糊”命令

99 弹出“高斯式模糊”对话框，将半径设为 150，单击“确定”按钮，如图 9–3–99 所示。

提示：

单击“重置”按钮可重置模糊值,单击“预览”按钮可对模糊效果进行预览。

100 高斯模糊效果，如图 9–3–100 所示。根据所绘制图形比例对模糊效果位置进行调整。

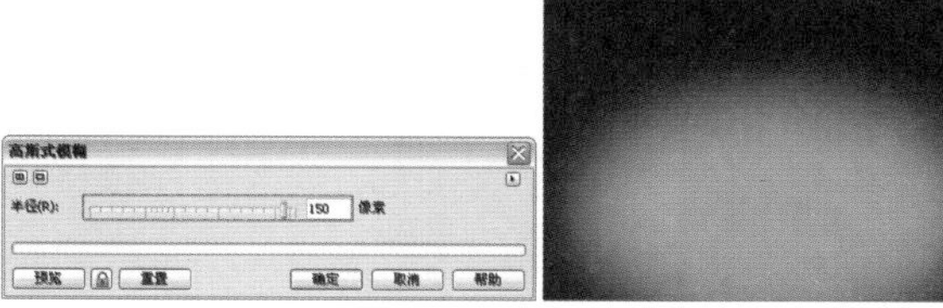

图9-3-99　“高斯式模糊”对话框　图9-3-100　高斯模糊效果

101 设置完成后将立体包装盒移至创建的背景中，如图 9–3–101 所示。

102 包装盒最终效果，如图 9–3–102 所示。

图9-3-101　调整立体包装盒位置

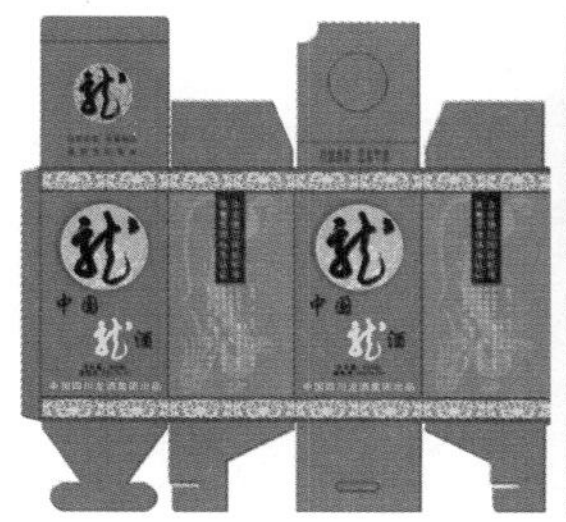

图9-3-102　最终效果

本章小结：通过对以上案例的学习，可以掌握和了解包装盒设计的技巧应用和操作方法，掌握本章中所讲解各种工具的使用方法和各种不同样式包装盒的绘制过程，了解立体包装盒的透视原理，可以在以后设计制作包装盒时大显身手。

第10章

宣传海报设计

海报是一种信息传递艺术，是一种大众化的宣传工具。使用 CorelDRAW X5 软件进行宣传海报设计，可以使画面的视觉中心更加强烈，能够更好地调动形象、色彩、构图、形式感等因素形成的强烈视觉效果，并且绘制出具有独特艺术风格和设计特点的作品。

10.1 演唱会海报设计

技能分析

制作本例的主要目的是使读者了解并掌握如何在 CorelDRAW X5 软件中绘制演唱会海报，先使用“色度 / 饱和度 / 亮度”、“亮度 / 对比度 / 强度”和“颜色平衡”等调色命令对导入的素材进行调整，再使用“椭圆工具”、“贝塞尔工具”、“文本工具”等制作出海报的主体，完成最终效果。

制作步骤

① 按快捷键 Ctrl + N 打开“创建新文档”对话框，设置“名称”为演唱会海报设计，“宽度”为 210mm，“高度”为 297mm，如图 10-1-1 所示。单击“确定”按钮。

② 单击属性栏上的“导入”按钮，导入素材图片：背景 .tif，调整素材位置和大小。如图 10-1-2 所示。

名称(N)：演唱会海报设计
预设目标(D)：自定义
大小(S)：A4
宽度(W)：210.0 mm 毫米
高度(H)：297.0 mm
原色模式(C) CMYK
渲染分辨率(R)：300 dpi
预览模式(P) 增强

图10-1-1 设置“新建”参数

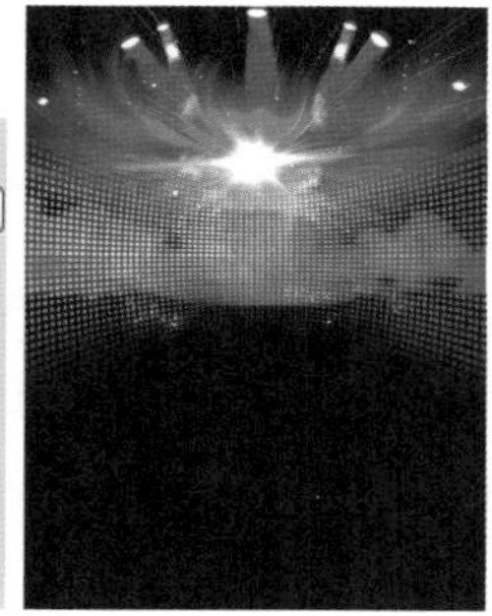

图10-1-2 导入素材

③ 执行“效果”|“调整”|“色度 / 饱和度 / 亮度”命令，打开“色度 / 饱和度 / 亮度”对话框，设置参数为 –30、10、0。如图 10-1-3 所示。单击“确定”按钮。

提示：

在“色度/饱和度/亮度”对话框的右下侧有“前面”、“后面”两个颜色框，在颜色框中可看到调整前和调整后的变化及颜色的对应关系。

④ 执行“色度 / 饱和度 / 亮度”命令后，图像效果如图 10-1-4 所示。

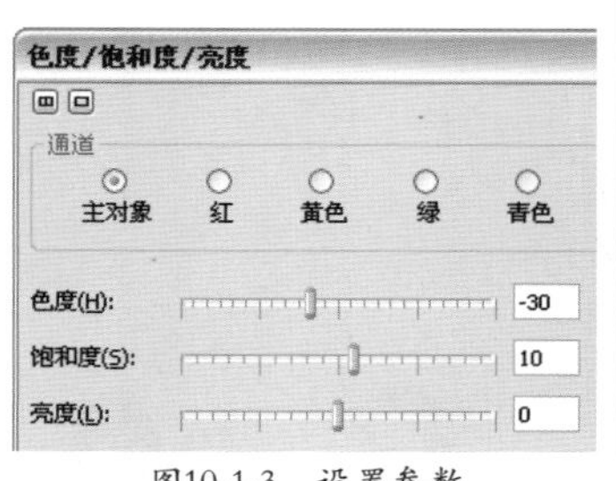

图10-1-3 设置参数

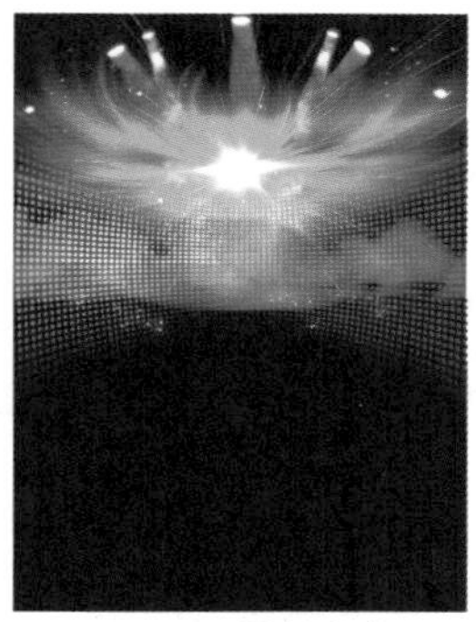

10-1-4 调色后效果

⑤ 执行“效果”|“调整”|“亮度 / 对比度 / 强度”命令，打开“亮度 / 对比度 / 强度”对话框，设置参数为 –20、–10、–10。如图 10-1-5 所示。单击“确定”按钮。

6 执行“亮度 / 对比度 / 强度”命令后，图像效果如图 10-1-6 所示。

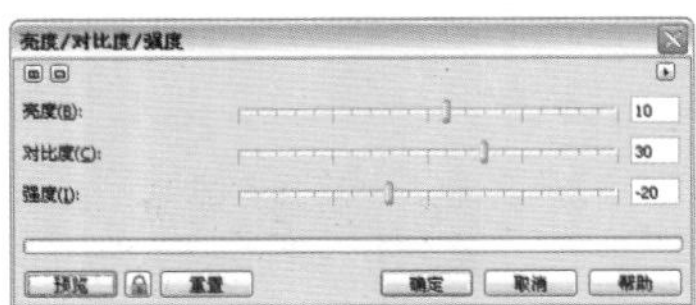

图10-1-5　设置参数

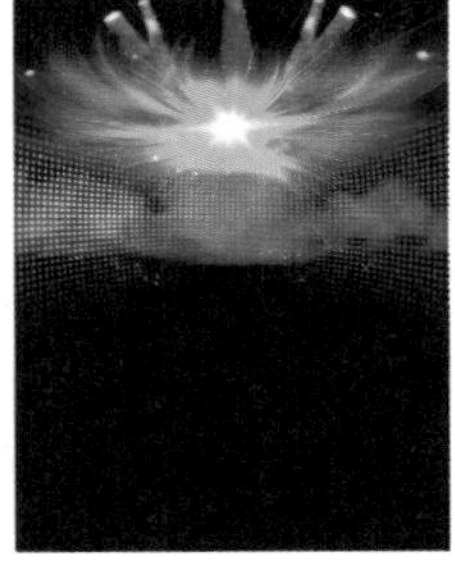

图10-1-6　调色后效果

7 单击“矩形工具”，在图像上绘制图形。如图 10-1-7 所示。

8 按快捷键 Shift + F11 打开“均匀填充”对话框，设置颜色为蓝色（C：100，M：60，Y：0，K：0），单击“确定”按钮。填充颜色后，右键单击调色板上的“透明色”按钮⊠，取消轮廓颜色，效果如图 10-1-8 所示。

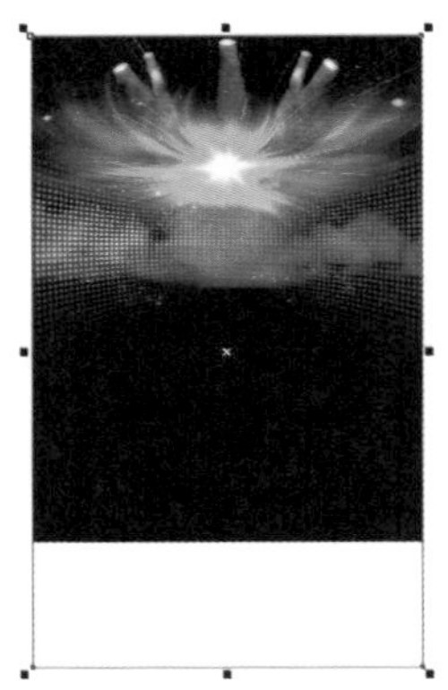

图10-1-7　绘制矩形

图10-1-8　填充颜色

9 选择“透明工具”，单击拖曳形成透明渐变效果。添加效果后图像效果，如图 10-1-9 所示。

10 单击属性栏上的“导入”按钮，导入素材图片：乐队 .tif，如图 10-1-10 所示。

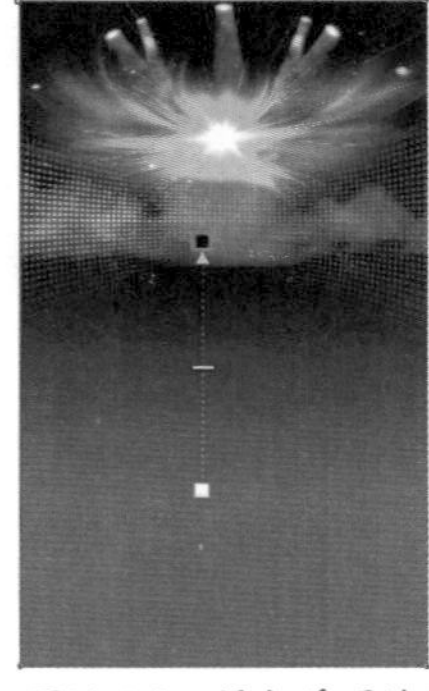

图10-1-9　添加透明效果

图10-1-10　导入素材

11 执行“效果”|“调整”|“颜色平衡”命令，打开“颜色平衡”对话框，设置参数为 -10、15、-20。如图 10-1-11 所示。单击“确定”按钮。

提示：

单击对话框左下角的“预览”按钮可在窗口中观看调整的效果，如果需要重新设置，单击“重置”按钮即可恢复到原状。

12 执行“颜色平衡”命令后，图像效果如图 10-1-12 所示。

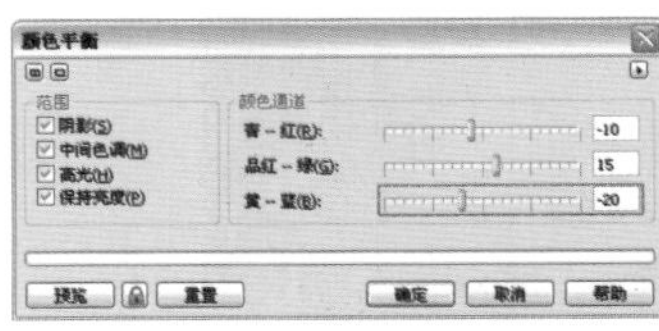

图10-1-11　设置参数

图10-1-12　“颜色平衡”效果

13 执行“效果”|“调整”|“色度 / 饱和度 / 亮度”命令，打开“色度 / 饱和度 / 亮度”对话框，设置参数为 -20、10、0。如图 10-1-13 所示。单击“确定”按钮。

14 执行“色度 / 饱和度 / 亮度”命令后，图像效果如图 10-1-14 所示。

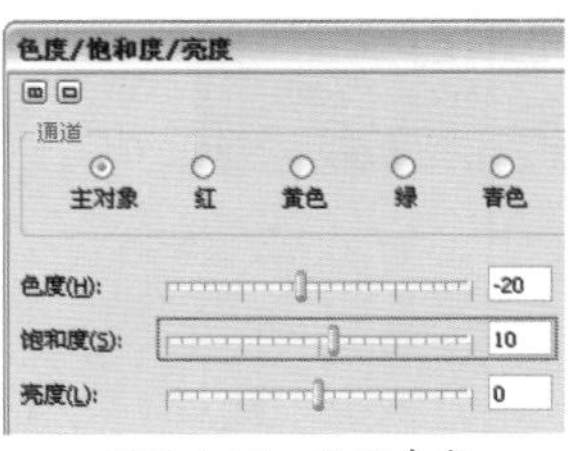

图10-1-13　设置参数

图10-1-14　调色后效果

15 将导入的乐队素材放置到图像上，调整素材位置和大小。如图 10-1-15 所示。

16 单击“椭圆工具”，在图像中按住 Ctrl+Shift 键绘制正圆，如图 10-1-16 所示。

图10-1-15　调整图像

图10-1-16　绘制正圆

17 按 F11 键打开“渐变填充”对话框，设置“类型”为辐射，“边界”为 13%，在“颜色调和”选项区域中选择“自定义”选项，分别设置为：

位置：0% 颜色（C：100；M：92；Y：38；K：1）；

位置：9% 颜色（C：58；M：58；Y：4；K：0）；

位置：26% 颜色（C：25；M：24；Y：2；K：0）；

位置：100% 颜色（C：0；M：0；Y：0；K：0）。

如图 10-1-17 所示。单击“确定”按钮。

18 填充渐变色后，右键单击调色板上的“透明色”按钮☒，取消轮廓颜色，效果如图 10-1-18 所示。

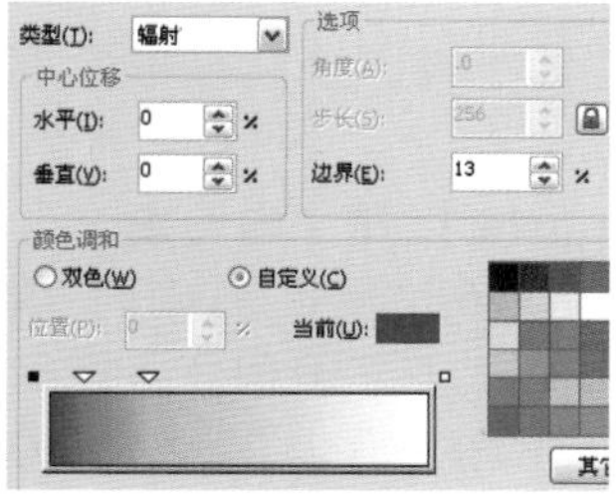

图10-1-17 设置渐变参数

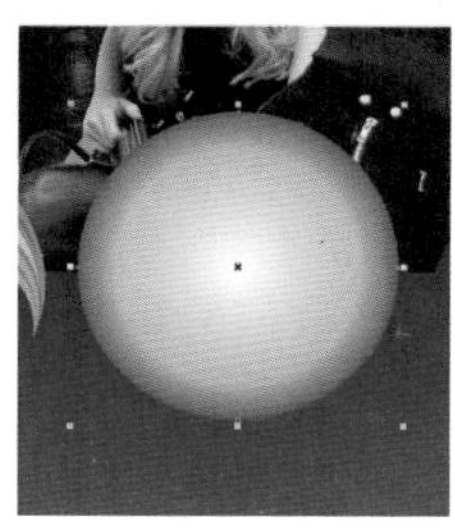

图10-1-18 填充渐变色

19 选择“椭圆工具”，在绘制的正圆中按住 Ctrl+Shift 键绘制一个正圆，如图 10-1-19 所示。

20 按 F11 键打开“渐变填充”对话框，设置“类型”为辐射，“边界”为 13%，在“颜色调和”选项区域中选择“自定义”选项，分别设置为：

位置：0% 颜色（C：73；M：100；Y：43；K：4）；

位置：9% 颜色（C：3；M：100；Y：13；K：0）；

位置：26% 颜色（C：2；M：89；Y：35；K：0）；

位置：100% 颜色（C：0；M：0；Y：0；K：0）。

如图 10-1-20 所示。单击“确定”按钮。

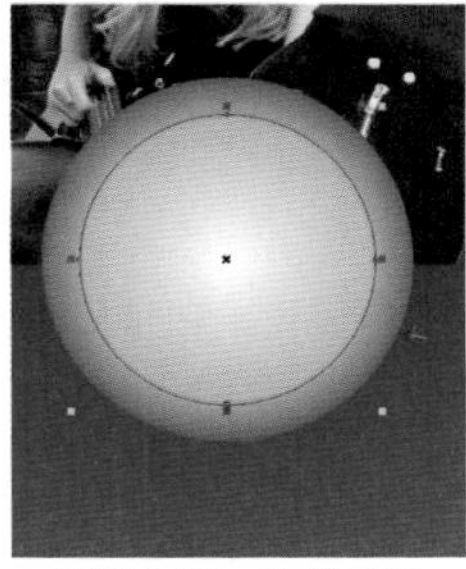

图10-1-19 绘制正圆

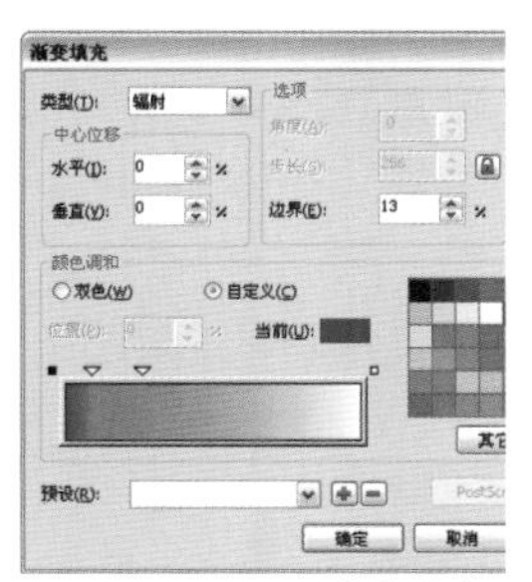

图10-1-20 设置渐变参数

21 填充渐变色后，右键单击调色板上的“透明色”按钮☒，取消轮廓颜色，效果如图 10-1-21 所示。

22 选择“椭圆工具”，在绘制的正圆中按住 Ctrl+Shift 键绘制一个正圆，如图 10-1-22 所示。

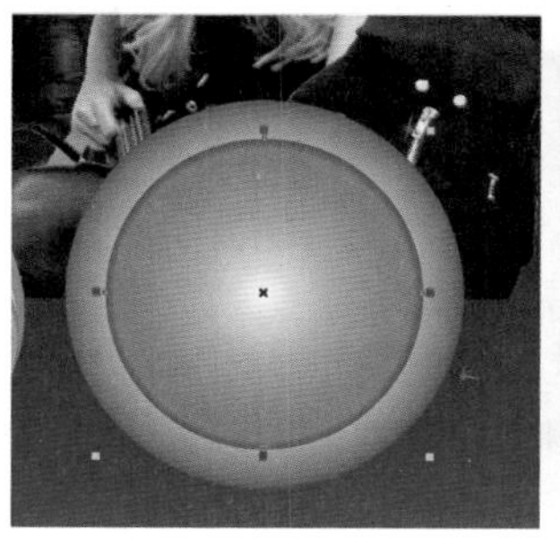

图10-1-21 填充渐变色　　图10-1-22 绘制正圆

23 按 F11 键打开“渐变填充”对话框，设置“类型”为辐射，“边界”为 13%，在“颜色调和”选项区域中选择“自定义”选项，分别设置为：

位置：0% 颜色（C：2；M：75；Y：100；K：0）；

位置：9% 颜色（C：0；M：21；Y：80；K：0）；

位置：26% 颜色（C：0；M：21；Y：80；K：0）；

位置：100% 颜色（C：0；M：0；Y：0；K：0）。

如图 10-1-23 所示。单击“确定”按钮。

24 填充渐变色后，右键单击调色板上的“透明色”按钮☒，取消轮廓颜色，效果如图 10-1-24 所示。

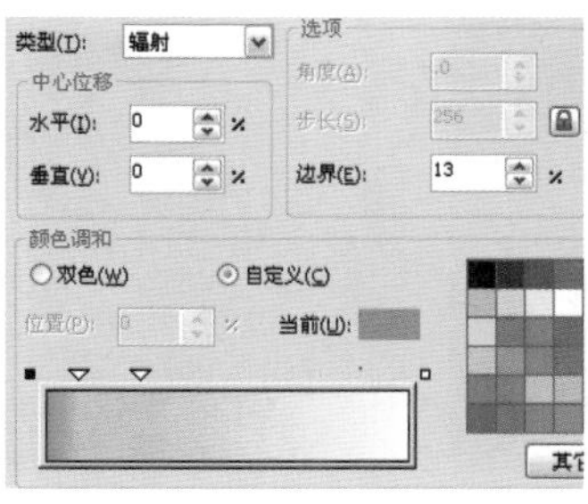

图10-1-23 设置渐变参数

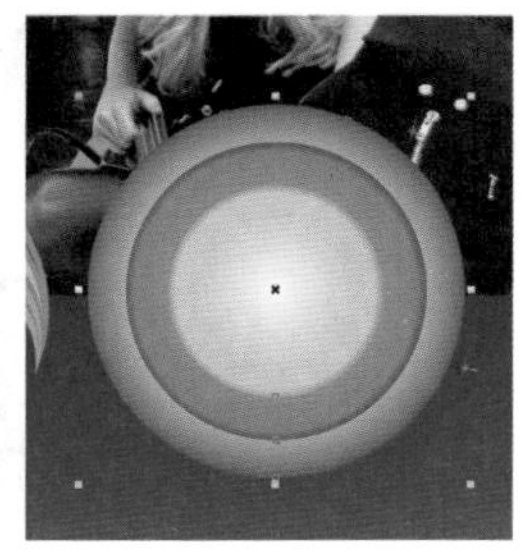

图10-1-24 填充渐变色

25 单击属性栏上的“导入”按钮，导入素材图片：装饰 1.tif，调整素材大小和位置，效果如图 10-1-25 所示。

26 选择“选择工具”框选绘制的正圆图形，按快捷键 Ctrl+G 进行群组。选择“贝塞尔工具”，在正圆上绘制图形。如图 10-1-26 所示。

图10-1-25　导入素材

图10-1-26　绘制图形

27 为绘制的图形填充不同的颜色。填充颜色后，选择“选择工具”框选绘制的图形，右键单击调色板上的“透明色”按钮☒，取消轮廓颜色，效果如图 10-1-27 所示。

28 选择之前群组的正圆图形，向下拖曳并单击右键进行复制。调整复制的正圆图形并移动位置，效果如图 10-1-28 所示。

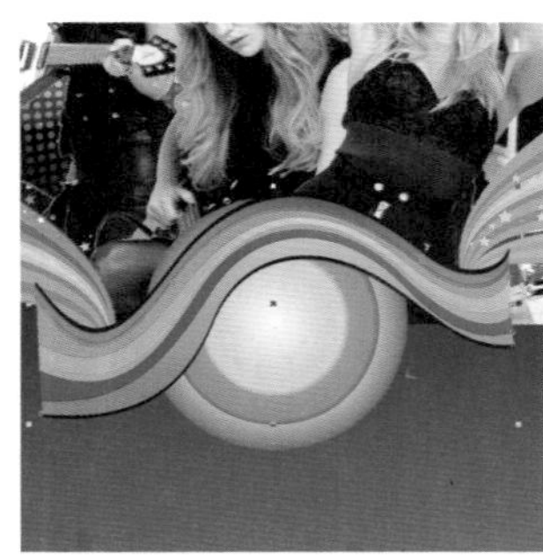
图10-1-27　填充颜色

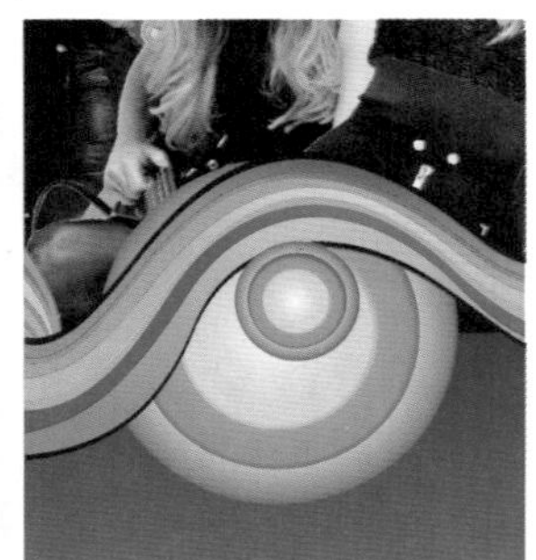
图10-1-28　调整图形

29 使用之前绘制渐变正圆的方法绘制其他不同大小和渐变的正圆，图像效果如图 10-1-29 所示。

30 选择“贝塞尔工具”，绘制多个图形，如图 10-1-30 所示。

图10-1-29　制作图形

图10-1-30　绘制图形

31 为绘制的图形填充不同的颜色，填充颜色后，选择“选择工具”框选绘制的图形，右键单击调色板上的“透明色”按钮☒，取消轮廓颜色，如图 10-1-31 所示。

32 使用同样的方法制作其他多个不同大小的图像，如图 10-1-32 所示。

图10-1-31　填充颜色

图10-1-32　绘制图形

33 选择“贝塞尔工具”，绘制星形轮廓，如图 10-1-33 所示。

34 按快捷键 Shift + F11 打开“均匀填充”对话框，设置颜色为黑色，单击“确定”按钮。填充颜色后，右键单击调色板上的“透明色”按钮☒，取消轮廓颜色。选择“贝塞尔工具”，在绘制的星形上再次绘制一个略小的星形轮廓，如图 10-1-34 所示。

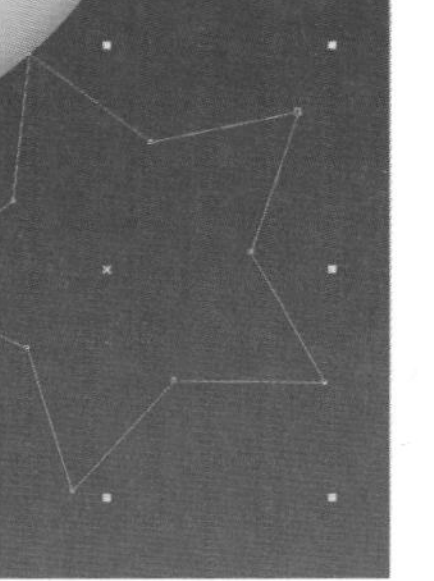
图10-1-33　绘制五星

图10-1-34　绘制图形

35 按 F11 键打开“渐变填充”对话框，设置“类型”为辐射，“水平”为 7%，“垂直”为 5%，在“颜色调和”选项区域中选择“自定义”选项，分别设置：

位置：0%　颜色（C：1；M：91；Y：73；K：0）；

位置：35%　颜色（C：0；M：46；Y：98；K：0）；

位置：49%　颜色（C：0；M：16；Y：94；K：0）；

位置：100%　颜色（C：0；M：0；Y：0；K：0）。

如图 10-1-35 所示。单击“确定”按钮。

36 填充渐变色后，右键单击调色板上的“透明色”按钮☒，取消轮廓颜色，效果如图 10–1–36 所示。

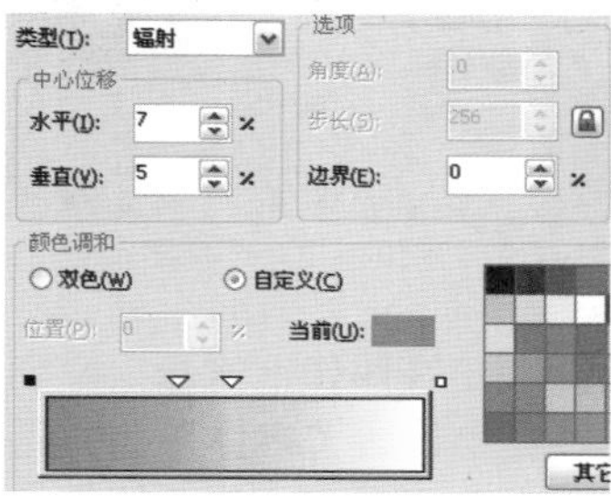
图10-1-35 设置渐变参数

图10-1-36 填充渐变色

37 再次选择“贝塞尔工具”，在绘制的星形上绘制一个略小的星形轮廓，按快捷键 Shift + F11 打开“均匀填充”对话框，设置颜色为桃红色（C：4；M：100；Y：17；K：0），单击“确定”按钮。填充颜色后，取消轮廓颜色。效果如图 10–1–37 所示。

38 在绘制的桃红色星形上绘制一个略小的星形轮廓，填充颜色为白色，取消轮廓色。再在白色星形上绘制图形，按快捷键 Shift + F11 打开“均匀填充”对话框，设置颜色为蓝色（C：100；M：91；Y：35；K：0），单击“确定”按钮。填充颜色后，取消轮廓颜色。效果如图 10–1–38 所示。

图10-1-37 绘制图形

图10-1-38 绘制图形

39 选择“选择工具”框选绘制的星形图形，按快捷键 Ctrl+G 进行群组。使用同样的方法绘制其他效果星形图形，效果如图 10–1–39 所示。

40 选择“贝塞尔工具”，绘制亮光图形轮廓，如图 10–1–40 所示。

图10-1-39 绘制装饰

图10-1-40 绘制图形

41 填充颜色为白色，取消轮廓色，效果如图 10–1–41 所示。

42 复制多个绘制的亮光图形进行调整位置和大小，图像效果如图 10–1–42 所示。

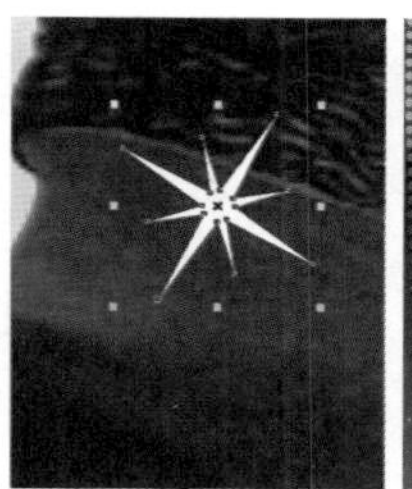
图10-1-41 填充颜色

图10-1-42 调整图形

43 单击属性栏上的“导入”按钮，导入素材图片：欢呼的人群 .tif，调整素材大小并将素材移动到图像下方，如图 10–1–43 所示。

44 选择“透明度工具”，选择属性栏上的“透明度类型”为标准，“透明度操作”为底纹化，拖曳“开始透明度”滑块为 70。效果如图 10–1–44 所示。

图10-1-43 导入素材

图10-1-44 添加透明度效果

45 单击属性栏上的“导入”按钮，导入素材图片：装饰 2.tif，调整素材大小和位置，如图 10–1–45 所示。

46 单击属性栏上的“导入”按钮，导入素材图片：亮光 .tif，调整素材大小和位置，如图 10–1–46 所示。

图10-1-45 导入素材

图10-1-46 导入素材

47 单击“文本工具”，在图像上方输入英文：ROCK GIRL。选择输入的英文，在属性栏上设置“字体”为方正粗倩简体。选择“选择工具”，在文字上单击切换到编辑模式，将光标移动到右侧的‡图标上向上单击拖曳，调整字体角度，如图 10–1–47 所示。

48 选择文字，向下单击拖曳，在拖曳的同时单击右键进行复制，并对文字填充颜色为白色，如图 10–1–48 所示。

图10-1-47　输入文字

图10-1-48　复制文字

49 选择黑色文字，填充颜色为白色。选择“轮廓图”，在属性栏上单击“外部轮廓”按钮，设置“轮廓图步长”为 1，“轮廓图偏移”为 10.0mm，按 Enter 键确定。图像效果如图 10–1–49 所示。

50 选择下方的白色文字，按 F11 键打开“渐变填充”对话框，设置“角度”为 95，“边界”为 14%，在“颜色调和”选项区域中选择“自定义”选项，分别设置为：

位置：0%　颜色（C：24；M：18；Y：17；K：0）；

位置：50%　颜色（C：0；M：0；Y：0；K：0）；

位置：100%　颜色（C：24；M：18；Y：17；K：0）。

如图 10–1–50 所示。单击“确定”按钮。

图10-1-49　轮廓图效果

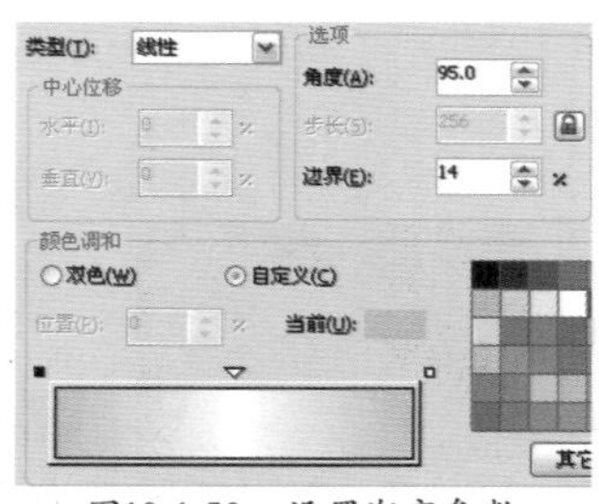

图10-1-50　设置渐变参数

51 填充渐变色后，效果如图 10–1–51 所示。

52 选择“选择工具”，先选择制作的渐变色文字，按住 Shift 键选择上方白色文字，按 E 键和 C 键进行对齐操作，效果如图 10–1–52 所示。

图10-1-51　填充渐变色

图10-1-52　对齐操作

53 选择“文本工具”，在图像上方输入文字。选择输入的文字，在属性栏上设置“字体”为方正综艺简体。调整文字的大小和位置，选择“选择工具”，在文字上单击切换到编辑模式，将光标移动到右侧的‡图标上向上单击拖曳，调整字体角度，如图 10–1–53 所示。

54 按 F12 键打开“轮廓笔”对话框，设置“颜色”为黑色，“宽度”为 20.0mm，“角”为圆角，“线条端头”为圆头，勾选“后台填充”和“按图像比例显示”选项，其他参数保持默认，如图 10–1–54 所示。单击“确定”按钮。

图10-1-53　输入文字

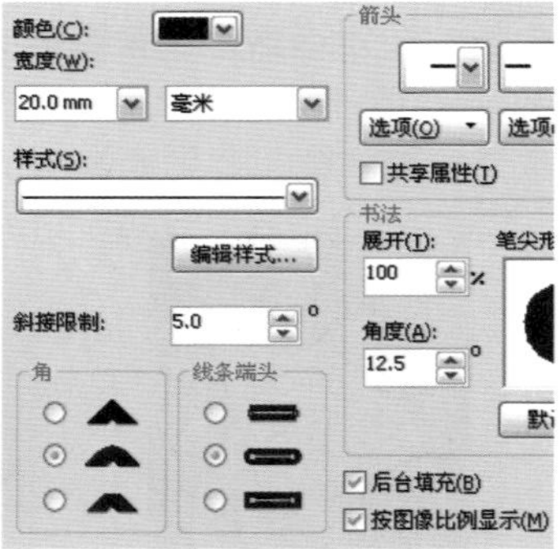

图10-1-54　设置参数

55 设置“轮廓笔”参数后，图像效果如图 10–1–55 所示。

56 按快捷键 Shift + F11 打开“均匀填充”对话框，设置颜色为黄色（C：0；M：0；Y：100；K：0），单击“确定”按钮。效果如图 10–1–56 所示。

图10-1-55　轮廓笔效果

图10-1-56　设置颜色

57 选择“选择工具”，选择制作的渐变色文字向下单击拖曳并单击右键进行复制，选择“轮廓图”，在属性栏上单击“外部轮廓”按钮，设置“轮廓图步长”为 1，“轮廓图偏移”为 9.0mm，按 Enter 键确定。效果如图 10-1-57 所示。

58 在轮廓图上单击右键，执行“拆分轮廓图群组”命令。选择制作的黄色文字向下移动并单击右键进行复制，取消轮廓色。框选复制的图形，填充颜色为黑色，按快捷键 Ctrl+Q 将对象转换为曲线。单击属性栏上的“合并”按钮，将图像进行焊接，效果如图 10-1-58 所示。

图10-1-57 轮廓图效果

图10-1-58 合并图像

59 按 F12 键打开“轮廓笔”对话框，设置“颜色”为黑色，“宽度”为 15.0mm，“角”为圆角，“线条端头”为圆头，勾选“后台填充”和“按图像比例显示”选项，其他参数保持默认，如图 10-1-59 所示。单击“确定”按钮。

60 设置“轮廓笔”参数后，图像效果如图 10-1-60 所示。

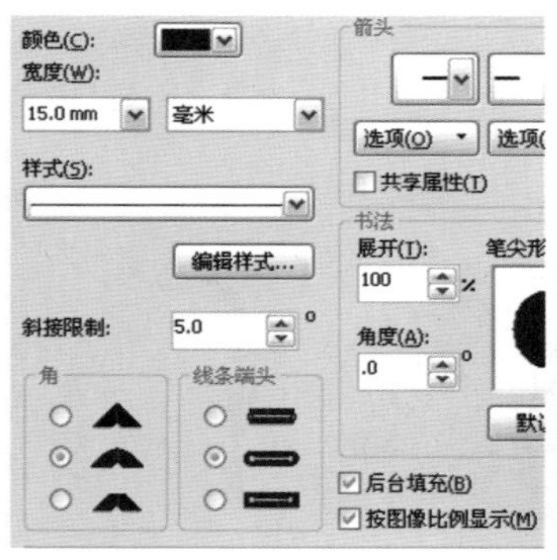

图10-1-59 设置参数

图10-1-60 轮廓笔效果

61 在图像上单击右键执行“顺序”|“置于此对象后”命令，将图像放置到文字图形下方并调整位置，图像效果如图 10-1-61 所示。

62 单击属性栏上的“导入”按钮，导入素材图片：装饰 3.tif，调整素材大小和将素材放置到图像左下方，如图 10-1-62 所示。

图10-1-61 调整图像

图10-1-62 导入素材

63 选择素材向右单击拖曳，在拖曳的同时单击右键进行复制，并对复制的图像进行调整，框选图像按快捷键 Ctrl+G 进行群组，效果如图 10-1-63 所示。

64 选择“透明度工具”，选择属性栏上的“透明度类型”为标准，“透明度操作”为添加，拖曳“开始透明度”滑块为 80。效果如图 10-1-64 所示。

图10-1-63 复制调整素材

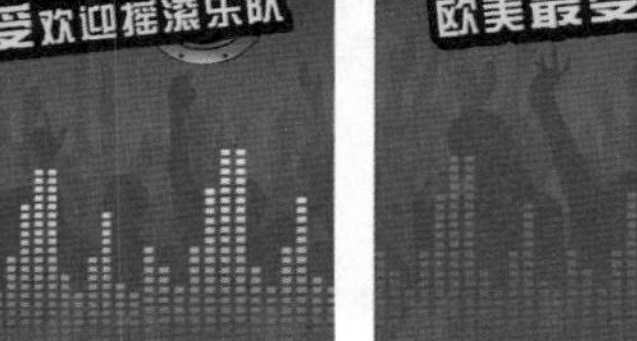

图10-1-64 添加透明度效果

65 选择“文本工具”，在图像上方输入文字：今夜唱响全城。选择输入的文字，在属性栏上设置“字体”为方正粗圆简体。选择“形状工具”，调整文字间距，选择“选择工具”，在文字上单击左键切换到编辑模式，将光标移动到右侧的‡图标上向上单击拖曳，调整字体角度，如图 10-1-65 所示。

66 按快捷键 Shift + F11 打开“均匀填充”对话框，设置颜色为洋红色（C：0；M：100；Y：0；K：0），单击“确定”按钮。效果如图 10-1-66 所示。

图10-1-65 制作文字

图10-1-66 填充颜色

67 按 F12 键打开“轮廓笔”对话框，设置“颜色”为白色，“宽度”为 8.5mm，“角”为圆角，“线条端头”为圆头，勾选“后台填充”和“按图像比例显示”选项，其他参数保持默认，如图 10–1–67 所示。单击“确定”按钮。

68 设置“轮廓笔”参数后，图像效果如图 10–1–68 所示。

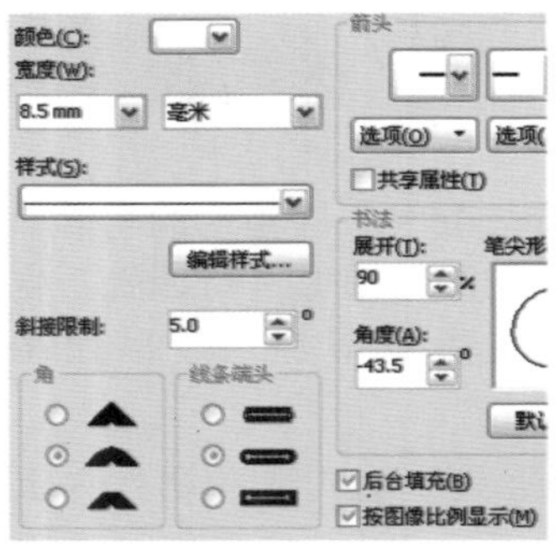

图10-1-67　设置参数　　图10-1-68　轮廓图效果

69 选择“文本工具”，在图像上方输入文字。选择输入的文字，在属性栏上设置“字体”为方正综艺简体。选择“形状工具”，调整文字间距，在属性栏的中输入参数为 5.9，按“Enter”键确定，效果如图 10–1–69 所示。

70 按 F12 键打开“轮廓笔”对话框，设置“颜色”为黄色（C：0；M：0；Y：100；K：0），“宽度”为 7.0mm，“角”为圆角，勾选“后台填充”和“按图像比例显示”选项，其他参数保持默认，如图 10–1–70 所示。单击“确定”按钮。

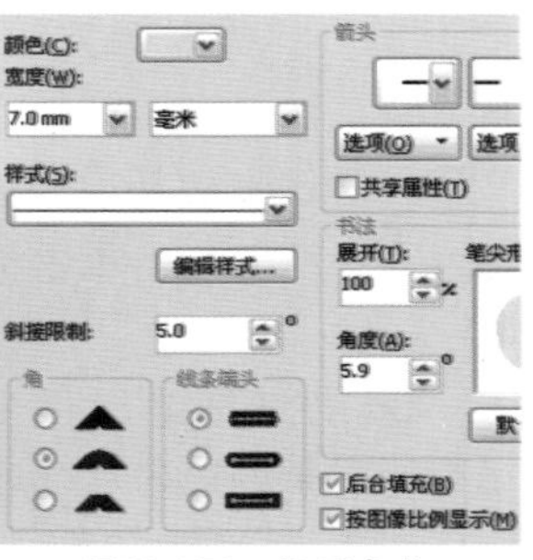

图10-1-69　制作文字　　图10-1-70　设置参数

71 设置“轮廓笔”参数后，填充字体颜色为橙色（C：7；M：75；Y：98；K：0），图像效果如图 10–1–71 所示。

72 选择“今夜唱响全城”文字，向下单击拖曳，在拖曳的同时单击右键进行复制，填充文字颜色和轮廓色为黑色。在文字上单击右键，执行“顺序”|“置于此对象后”命令，将其放置到原文字图形下方并调整位置，图像效果如图 10–1–72 所示。

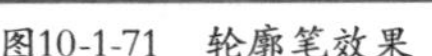

图10-1-71　轮廓笔效果　　图10-1-72　制作阴影

73 使用同样的方法为下方文字添加阴影效果，图像最终效果如图 10–1–73 所示。

图10-1-73　最终效果

10.2 舞蹈比赛海报设计

技能分析

制作本实例的主要目的是使读者了解并掌握如何在 CorelDRAW X5 软件中绘制舞蹈比赛海报设计，先导入各种素材并使用“透明度工具”、“高斯式模糊”等工具和命令制作出炫丽的背景效果，再使用“贝塞尔工具”、“立体化工具”等工具制作出图像主体效果，完成最终效果。

制作步骤

1 按快捷键 Ctrl + N 打开“创建新文档”对话框，设置“名称”为舞蹈比赛海报设计，“宽度”为 210mm，“高度”为 297mm，如图 10-2-1 所示。单击“确定”按钮。

2 单击属性栏上的“导入”按钮，导入素材图片：背景 .tif，调整素材大小。如图 10-2-2 所示。

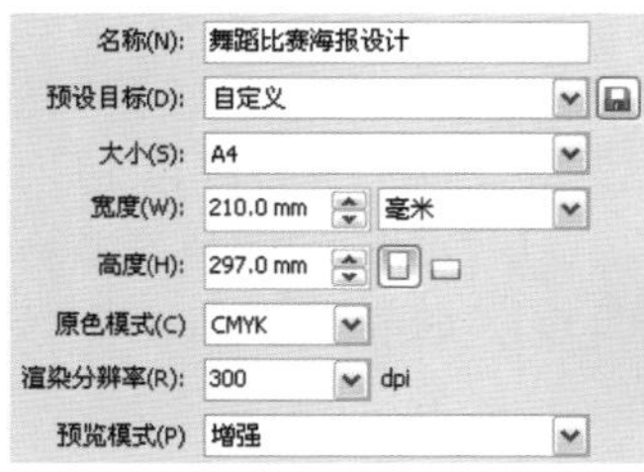

图10-2-1　设置“新建”参数

图10-2-2　导入素材

3 单击属性栏上的“导入”按钮，导入素材图片：音符 .tif，调整素材大小并将素材移动到图像左上方。如图 10-2-3 所示。

4 选择“透明度工具”，选择属性栏上的“透明度类型”为标准，拖曳“开始透明度”滑块为 50。效果如图 10-2-4 所示。

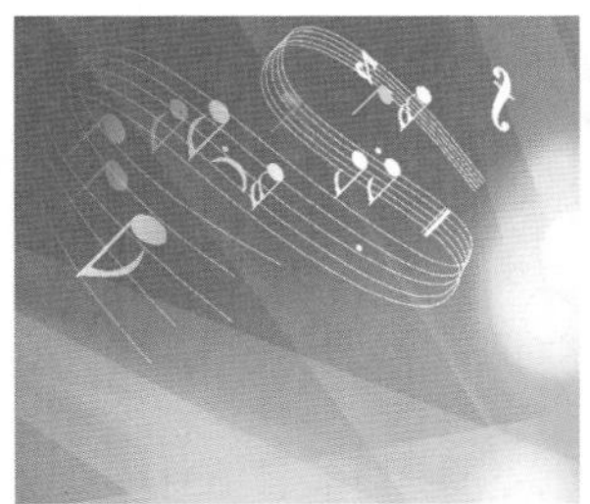
图10-2-3　导入素材

图10-2-4　添加透明度效果

5 将导入的音符图像向右单击拖曳，在拖曳的同时单击右键进行复制。单击属性栏上的“水平镜像”按钮，将图形进行翻转并调整图像位置。如图 10-2-5 所示。

6 选择“贝塞尔工具”，绘制多个图形轮廓，如图 10-2-6 所示。

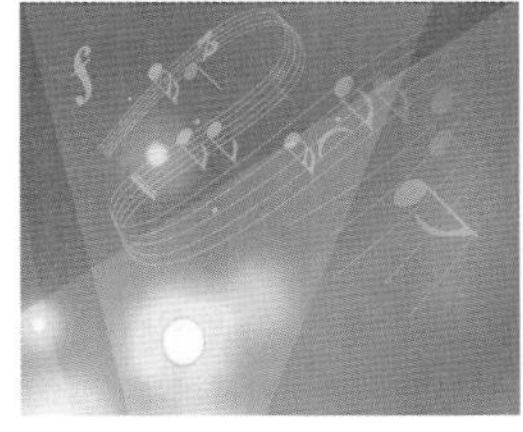

图10-2-5　复制调整图像

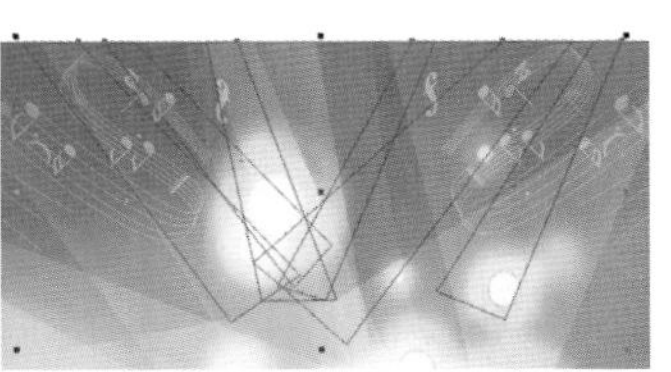
图10-2-6　绘制图形

7 选择“选择工具”，框选绘制的图形，按快捷键 Ctrl+G 群组图像，填充颜色为白色，取消轮廓色。效果如图 10-2-7 所示。

8 选择“透明工具”，单击拖曳形成透明渐变效果。选择白色色块，在属性栏上设置“透明中心点”为 75，按 Enter 键确定，效果如图 10-2-8 所示。

图10-2-7　填充颜色

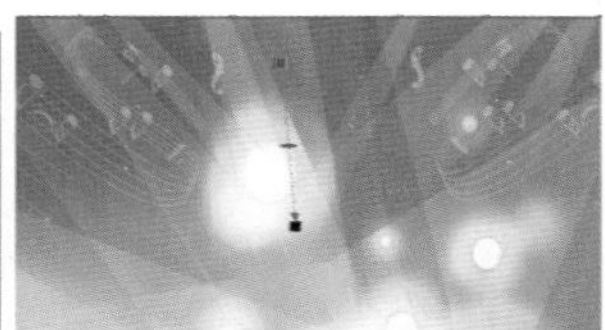
图10-2-8　添加透明度效果

9 选择“椭圆工具”，在图像中按住 Ctrl+Shift 键绘制正圆，填充颜色为白色，取消轮廓色，如图 10-2-9 所示。

10 执行“位图”|“转换为位图”命令，打开“转换为位图”对话框，设置“分辨率”为 100，勾选“光滑处理”和“透明背景”选项，如图 10-2-10 所示。单击“确定”按钮。

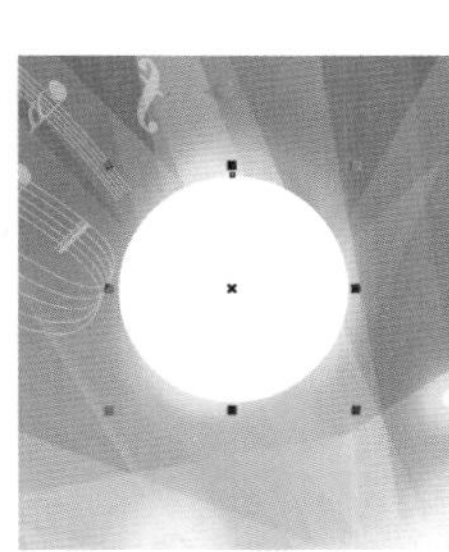
图10-2-9　绘制正圆

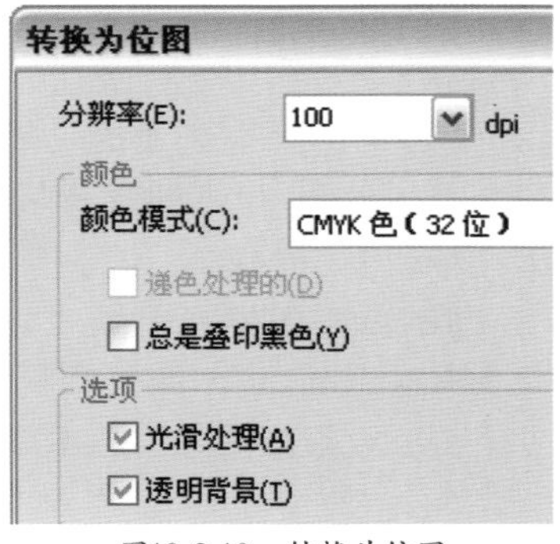

图10-2-10　转换为位图

11 执行“位图”|“模糊”|“高斯式模糊”命令，打开“高斯式模糊”对话框，设置“半径”为 150 像素，如图 10-2-11 所示。单击“确定”按钮。

12 执行“高斯式模糊”命令后，图像效果如图 10-2-12 所示。

提示：

单击对话框左上的和按钮即可打开预览效果框，再次单击可切换预览框的预览方式。在预览框打开的情况下，单击“预览”按钮只会在预览框中发生改变，而不会对窗口文件进行改变。

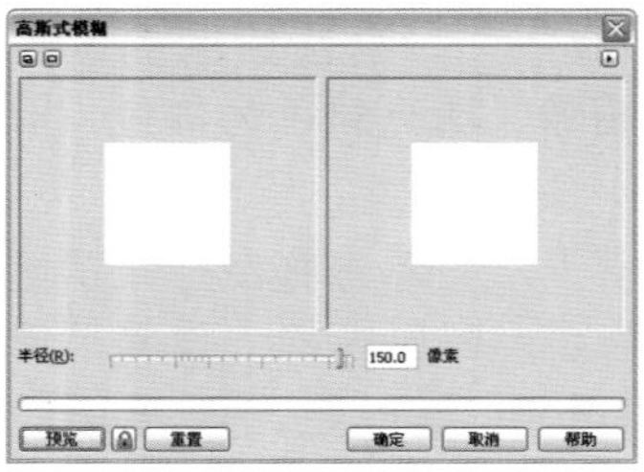

图10-2-11　设置参数

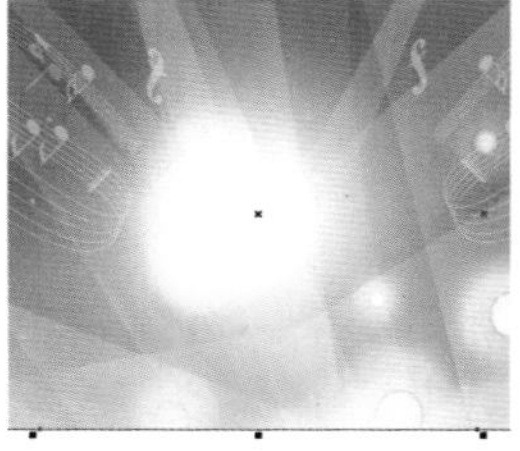

图10-2-12　高斯模糊效果

13 按住 Shift 键，等比例放大图像并调整位置。效果如图 10–2–13 所示。

14 选择“透明度工具”，选择属性栏上的“透明度类型”为标准，拖曳“开始透明度”滑块为 20。效果如图 10–2–14 所示。

图10-2-13　调整图像

图10-2-14　添加透明度效果

15 单击属性栏上的“导入”按钮，导入素材图片：翅膀 .tif，调整素材大小和位置。效果如图 10–2–15 所示。

16 单击属性栏上的“导入”按钮，导入素材图片：装饰 .tif，调整素材大小并将图像移动到左下侧。效果如图 10–2–16 所示。

图10-2-15　导入素材

图10-2-16　导入素材

17 将导入的音符图像向右单击拖曳，在拖曳的同时单击右键进行复制。单击属性栏上的“水平镜像”按钮，将图形进行翻转并调整图像位置。如图 10–2–17 所示。

18 选择“椭圆工具”，在图像中按住 Ctrl+Shift 键绘制两个正圆，框选绘制的正圆，在属性栏上单击“结合”按钮将图形进行结合，如图 10–2–18 所示。

图10-2-17　复制调整素材

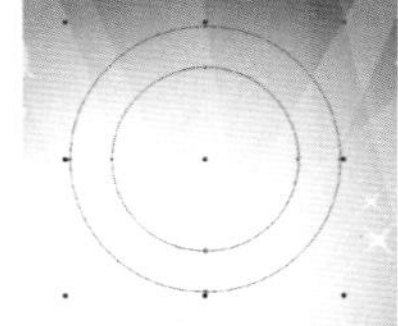

图10-2-18　绘制正圆

19 按 F11 键打开“渐变填充”对话框，设置“角度”为 –89.3，分别设置“从”颜色为桃红色（C：40；M：100；Y：0；K：0），“到”的颜色为白色（C：0；M：0；Y：0；K：0），如图 10–2–19 所示。单击“确定”按钮。

20 填充渐变色后，右键单击调色板上的“透明色”按钮☒，取消轮廓颜色，效果如图 10–2–20 所示。

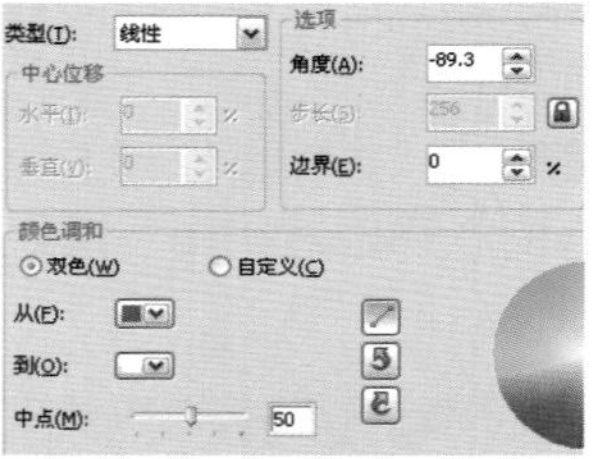

图10-2-19　设置渐变色参数

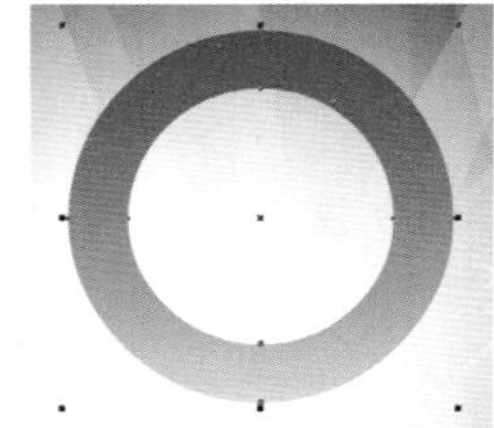

图10-2-20　填充渐变色

21 再次使用“椭圆工具”，绘制一个略小的圆环，如图 10–2–21 所示。

22 按 F11 键打开“渐变填充”对话框，设置“角度”为 –89.2，在“颜色调和”选项区域中选择“自定义”选项，分别设置为：

位置：0%　颜色（C：100；M：100；Y：0；K：0）；

位置：55%　颜色（C：0；M：100；Y：0；K：0）；

位置：100%　颜色（C：0；M：100；Y：0；K：0）。

如图 10–2–22 所示。单击“确定”按钮。

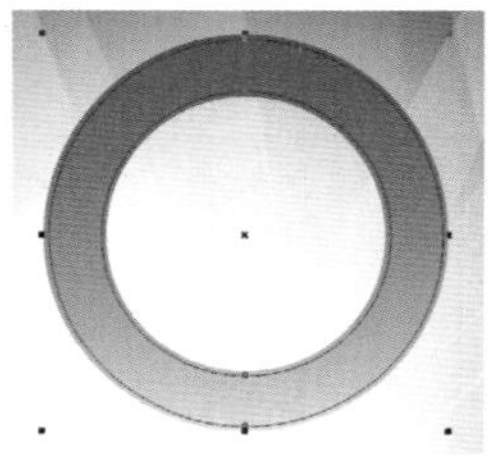

图10-2-21　绘制圆环

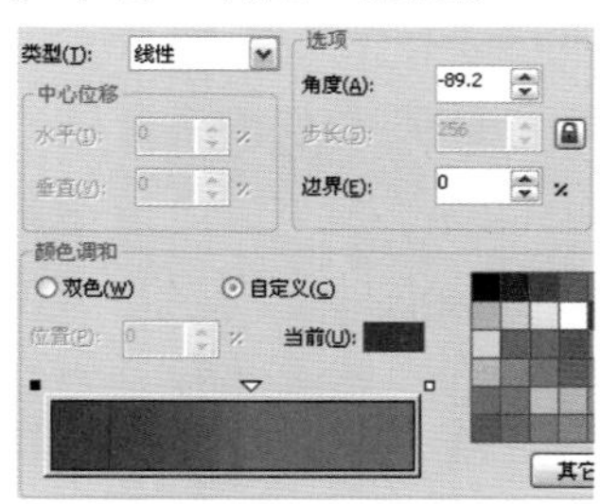

图10-2-22　设置渐变色

23 填充渐变色后，右键单击调色板上的“透明色”按钮⊠，取消轮廓颜色。使用“椭圆工具”绘制正圆，填充颜色为白色，取消轮廓色，如图 10–2–23 所示。

24 使用同样的方法绘制其他白色正圆，如图 10–2–24 所示。

图10-2-23　绘制正圆

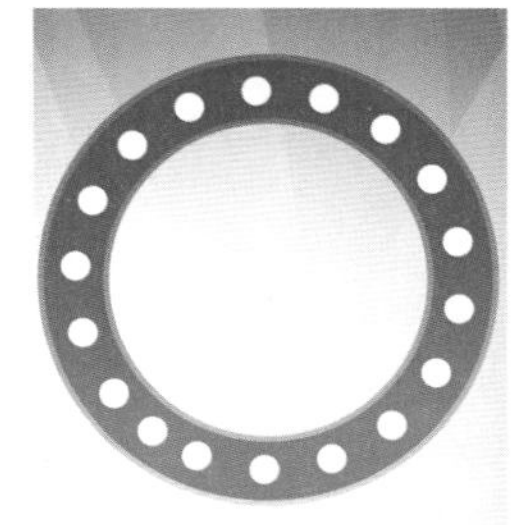

图10-2-24　复制调整图形

25 单击属性栏上的“导入”按钮，导入素材图片：剪影 .tif，调整素材大小并将图像移动到圆环中间。效果如图 10–2–25 所示。

26 选择“贝塞尔工具”，绘制文字图形，框选绘制的图像，在属性栏上单击“结合”按钮将图形进行结合，效果如图 10–2–26 所示。

图10-2-25　导入素材

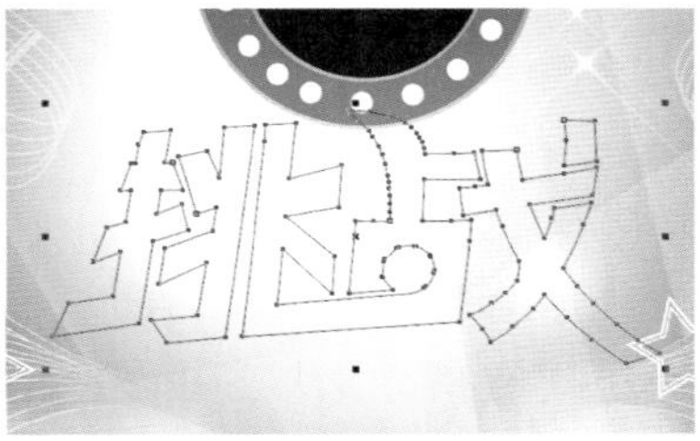

图10-2-26　绘制文字图形

27 按快捷键 Shift + F11 打开“均匀填充”对话框，设置颜色为洋红色（C：40，M：100，Y：0，K：0），单击“确定”按钮。取消轮廓色，效果如图 10–2–27 所示。

28 选择文字图形，单击“立体化工具”，单击拖曳该图形，如图 10–2–28 所示。

图10-2-27　填充颜色

图10-2-28　添加立体化效果

29 单击属性栏上的“立体化颜色”按钮，打开快捷面板，单击“使用递减的颜色”按钮，设置“从”颜色为黑色（C：100；M：100；Y：100；K：100），“到”的颜色为洋红色（C：40；M：100；Y：0；K：0），如图 10–2–29 所示。

30 设置立体化颜色后，图像效果如图 10–2–30 所示。

图10-2-29　设置参数

图10-2-30　设置后效果

31 选择文字图形，向下单击拖曳并单击右键进行复制，如图 10–2–31 所示。

32 按 F11 键打开“渐变填充”对话框，设置“角度”为 –47.3，“边界”为 21%，在“颜色调和”选项区域中选择“自定义”选项，分别设置为：

位置：0%　颜色（C：0；M：100；Y：0；K：0）；

位置：50%　颜色（C：0；M：60；Y：100；K：0）；

位置：100%　颜色（C：0；M：0；Y：100；K：0）。

如图 10–2–32 所示。单击“确定”按钮。

图10-2-31　复制图形

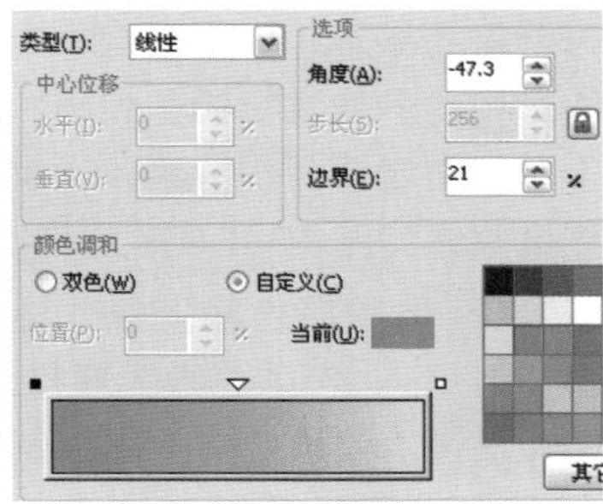

图10-2-32　设置渐变色

33 填充渐变色后，图像效果如图 10–2–33 所示。

34 按住 Shift 键不放，选择上方桃红色文字图形，按 E 键和 C 键进行对齐操作，效果如图 10–2–34 所示。

图10-2-33　填充渐变色

图10-2-34　调整图形

35 使用“椭圆工具”绘制正圆，并对绘制的正圆进行复制排列调整，效果如图 10-2-35 所示。

36 框选制作的正圆图形，按快捷键 Ctrl+G 进行群组，填充颜色为白色。选择“透明度工具”，选择属性栏上的“透明度类型”为辐射，单击黑色色块，在属性栏上设置“透明中心点”为 0，选择原白色色块，在属性栏上设置“透明中心点”为 100，按 Enter 键确定，效果如图 10-2-36 所示。

图10-2-35　绘制图形

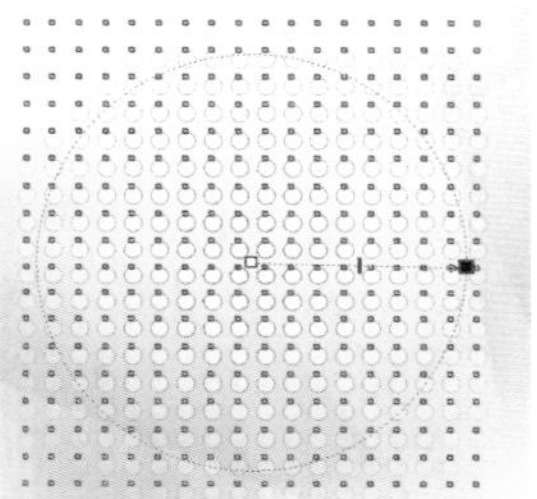

图10-2-36　添加透明度效果

37 为图像取消轮廓色，执行“效果”|“图框精确裁剪”|“放置在容器中”命令。出现黑色箭头图标后，单击文字图形。选择文字图形，单击右键打开快捷菜单，执行“编辑内容”命令，将放置到图形中的图像进行调整大小和位置，调整后在图像上单击右键打开快捷菜单，执行“结束编辑”命令，图像效果如图 10-2-37 所示。

38 单击属性栏上的“导入”按钮，导入素材图片：人物 .tif，调整素材大小并将素材移动到图像左侧。效果如图 10-2-38 所示。

图10-2-37　调整图像

图10-2-38　导入素材

39 将导入的人物图像向右单击拖曳，在拖曳的同时单击右键进行复制。单击属性栏上的“水平镜像”按钮，将图像进行翻转并调整图像位置。如图 10-2-39 所示。

40 单击属性栏上的“导入”按钮，导入素材图片：闪光 .tif，复制多个闪光素材进行调整大小、位置和方向等，效果如图 10-2-40 所示。

图10-2-39　调整素材

图10-2-40　导入素材

41 单击属性栏上的“导入”按钮，导入素材图片：星星 .tif，调整素材大小并将素材移动到文字上。如图 10-2-41 所示。

42 选择“文本工具”，在图像上分别输入文字：舞、林、巅、峰。框选输入的文字，调整文字大小并在属性栏上设置“字体”为方正大黑简体。将输入的文字进行排列，框选输入的文字，按快捷键 Ctrl+Q 将文字转换为曲线，单击属性栏上的“合并”按钮，将图像进行焊接，效果如图 10-2-42 所示。

图10-2-41　导入素材

舞林巅峰

图10-2-42　输入文字

43 按快捷键 Shift + F11 打开“均匀填充”对话框，设置颜色为洋红色（C:0，M:100，Y:0，K:0），单击“确定”按钮。效果如图 10-2-43 所示。

44 选择文字图形，单击“立体化工具”，单击拖曳该图形，如图 10-2-44 所示。

图10-2-43 填充颜色

图10-2-44 添加立体化效果

45 单击属性栏上的“立体化颜色”按钮，打开快捷面板，单击“使用递减的颜色”按钮，设置“从”颜色为黑色（C：100；M：100；Y：100；K：100），“到”的颜色为洋红色（C：40；M：100；Y：0；K：0），如图 10-2-45 所示。

46 设置立体化颜色后，图像效果如图 10-2-46 所示。

图10-2-45 设置参数

图10-2-46 设置后效果

47 选择文字图形，向下单击拖曳并单击右键进行复制，如图 10-2-47 所示。

48 按 F11 键打开“渐变填充”对话框，设置“角度”为 -90，“边界”为 10%，在“颜色调和”选项区域中选择“自定义”选项，分别设置为：

位置：0%　颜色（C：0；M：100；Y：0；K：0）；

位置：50%　颜色（C：0；M：15；Y：0；K：0）；

位置：100%　颜色（C：0；M：100；Y：0；K：0）。

如图 10-2-48 所示。单击“确定”按钮。

图10-2-47 复制图形

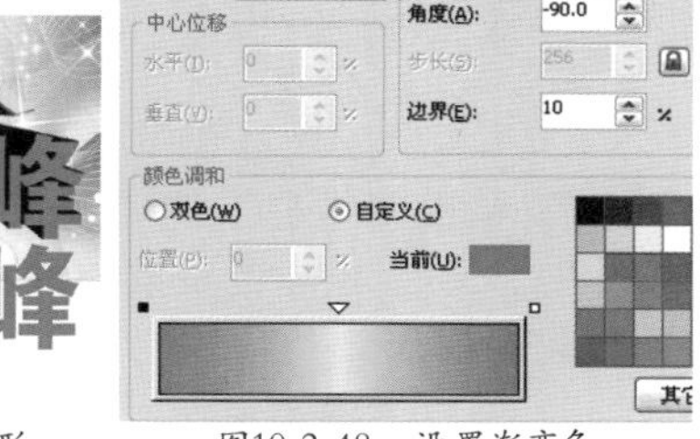

图10-2-48 设置渐变色

49 填充渐变色后，右键单击调色板上的“透明色”按钮，取消轮廓颜色。效果如图 10-2-49 所示。

50 按住 Shift 键，选择上方桃红色文字图形，按 E 键和 C 键进行对齐操作，效果如图 10-2-50 所示。

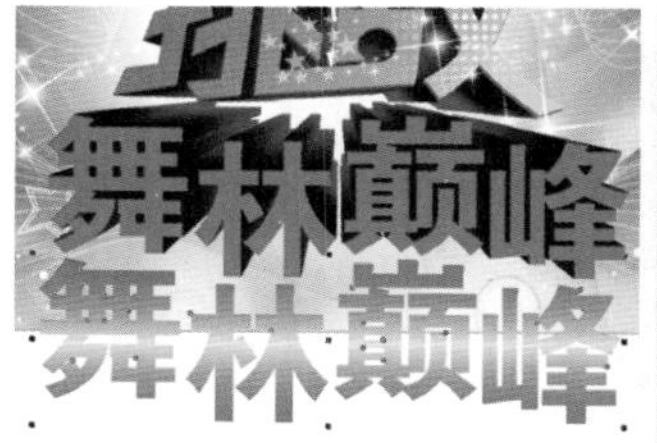

图10-2-49 填充渐变色

图10-2-50 调整文字位置

51 使用“椭圆工具”绘制正圆，并对绘制的正圆进行复制排列调整，框选制作的正圆图形，按快捷键 Ctrl+G 进行群组。如图 10-2-51 所示。

52 填充颜色为白色，取消轮廓色。选择“透明度工具”，选择属性栏上的“透明度类型”为标准，拖曳“开始透明度”滑块为 20。效果如图 10-2-52 所示。

图10-2-51 绘制图形

图10-2-52 制作图形

53 执行“效果”|“图框精确裁剪”|“放置在容器中”命令，出现黑色箭头图标后，单击文字图形，将正圆放置容器中。图像最终效果如图 10-2-53 所示。

图10-2-53 最终效果

10.3 环保广告海报设计

技能分析

制作本实例的主要目的是使读者了解并掌握如何在 CorelDRAW X5 软件中绘制环保广告海报，先使用绘制图形并导入素材，再使用“透明度工具”为素材添加效果，使用“轮廓图”、“轮廓笔”等为文字制作各种图形效果，完成最终效果的制作。

制作步骤

1 按快捷键 Ctrl + N 打开“创建新文档”对话框，设置“名称”为环保广告海报设计，“宽度”为 210mm，“高度”为 297mm，如图 10-3-1 所示。单击“确定”按钮。

2 单击“矩形工具”，绘制矩形图形。如图 10-3-2 所示。

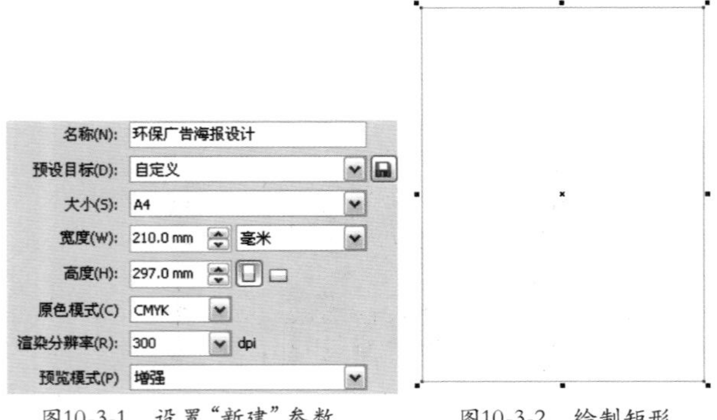

图10-3-1 设置“新建”参数　　图10-3-2 绘制矩形

3 再次使用“矩形工具”，在已绘制的矩形上绘制一个略小的矩形图形。如图 10-3-3 所示。

4 在属性栏上设置“圆角半径”为 10mm，按 Enter 键确定，效果如图 10-3-4 所示。

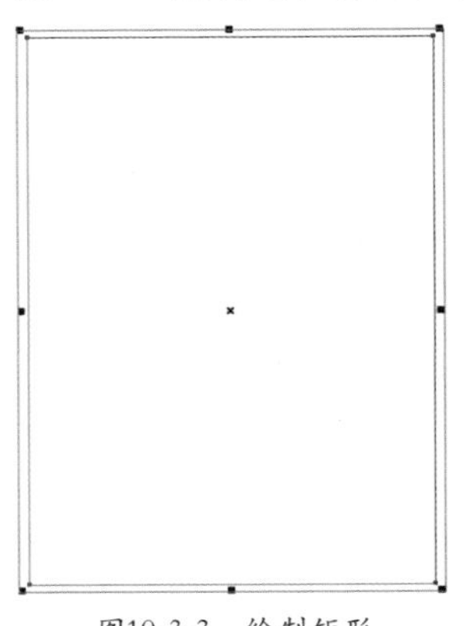

图10-3-3 绘制矩形

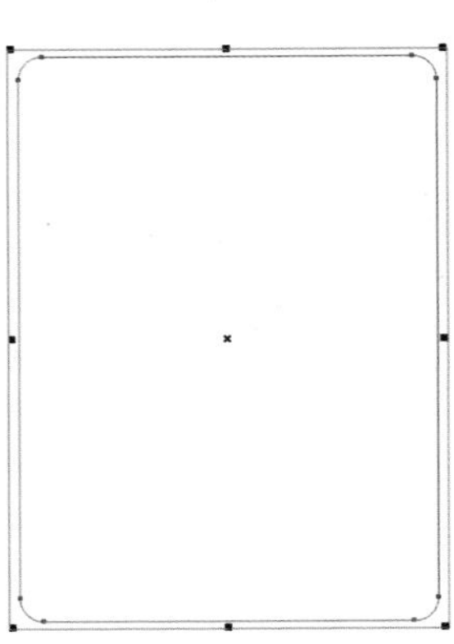

图10-3-4 设置圆角半径

5 按 F11 键打开“渐变填充”对话框，设置“角度”为 -90，在“颜色调和”选项区域中选择“自定义”选项，分别设置为：

位置：0% 颜色（C：40；M：0；Y：100；K：0）；

位置：63% 颜色（C：20；M：0；Y：100；K：0）；

位置：87% 颜色（C：10；M：0；Y：60；K：0）；

位置：100% 颜色（C：0；M：0；Y：20；K：0）。

如图 10-3-5 所示，单击“确定”按钮。

6 填充渐变色后，右键单击调色板上的“透明色”按钮☒，取消轮廓颜色，效果如图 10-3-6 所示。

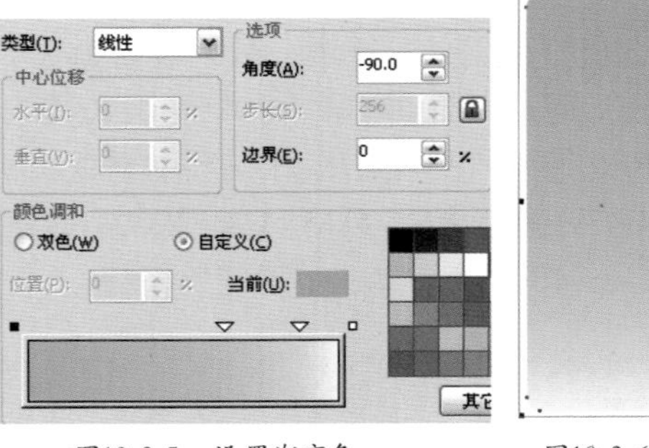

图10-3-5 设置渐变色

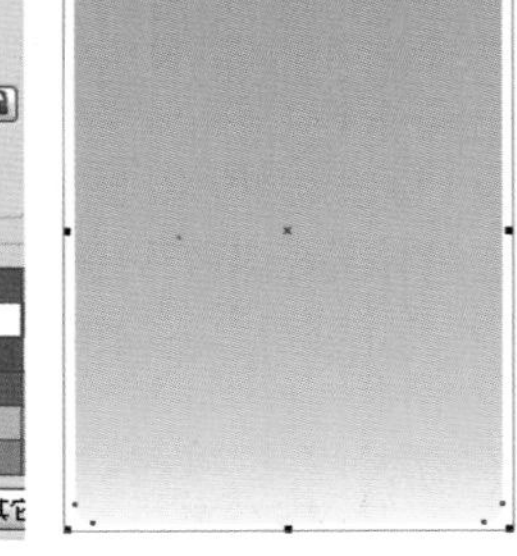

图10-3-6 填充渐变色

7 单击属性栏上的“导入”按钮，导入素材图片：云层.tif，调整素材大小和位置，效果如图 10-3-7 所示。

8 选择“透明度工具”，选择属性栏上的

"透明度类型"为标准，拖曳"开始透明度"滑块为30，按Enter键确定，效果如图10-3-8所示。

图10-3-7 导入素材

图10-3-8 添加透明度效果

9 单击属性栏上的"导入"按钮，导入素材图片：环保地球.tif，调整素材大小并将素材放置到图像右下角，如图10-3-9所示。

10 选择"透明度工具"，选择属性栏上的"透明度类型"为标准，拖曳"开始透明度"滑块为50，按Enter键确定，效果如图10-3-10所示。

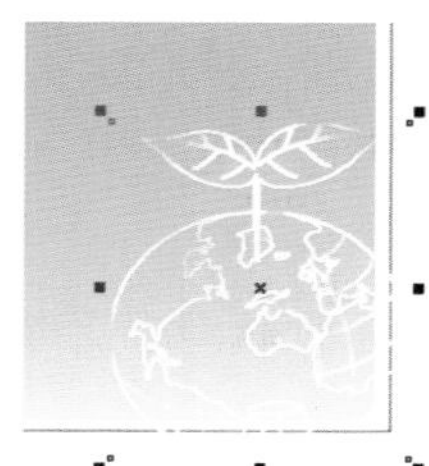
图10-3-9 导入素材

图10-3-10 添加透明度效果

11 单击属性栏上的"导入"按钮，导入素材图片：城市道路.tif，调整素材大小并将素材放置到图像下方，如图10-3-11所示。

12 选择"透明度工具"，选择属性栏上的"透明度类型"为标准，"透明度操作"为减少，拖曳"开始透明度"滑块为60，按Enter键确定，效果如图10-3-12所示。

图10-3-11 导入素材

图10-3-12 添加透明度效果

13 框选除矩形与圆角矩形以外的所有图形，按快捷键Ctrl+G进行群组。执行"效果"|"图框精确裁剪"|"放置在容器中"命令。出现黑色箭头图标后，单击圆角矩形，将框选的图像放置到圆角矩形中。选择圆角矩形，单击右键打开快捷菜单，执行"编辑内容"命令，将放置到图形中的图像进行调整，调整后在图像上单击右键打开快捷菜单，执行"结束编辑"命令，图像效果如图10-3-13所示。

14 单击属性栏上的"导入"按钮，导入素材图片：装饰圆.tif，调整素材大小并将素材放置到图像左上方，如图10-3-14所示。

图10-3-13 调整素材

图10-3-14 导入素材

15 选择"透明度工具"，选择属性栏上的"透明度类型"为标准，"透明度操作"为添加，拖曳"开始透明度"滑块为60，按Enter键确定。执行"效果"|"图框精确裁剪"|"放置在容器中"命令。出现黑色箭头图标后，单击圆角矩形，将框选的图像放置到圆角矩形中。选择圆角矩形，单击右键打开快捷菜单，执行"编辑内容"命令，将放置到图形中的图像进行调整，调整后在图像上单击右键打开快捷菜单，执行"结束编辑"命令，图像效果如图10-3-15所示。

16 单击属性栏上的"导入"按钮，导入素材图片：阳光.tif，调整素材大小并将素材放置到图像右上方，如图10-3-16所示。

图10-3-15 制作图像

图10-3-16 导入素材

17 选择“透明度工具”，选择属性栏上的“透明度类型”为标准，“透明度操作”为添加，拖曳“开始透明度”滑块为30，按Enter键确定。效果如图10-3-17所示。

18 选择“椭圆工具”，在图像上按住Ctrl+Shift键绘制3个不同大小的正圆，如图10-3-18所示。

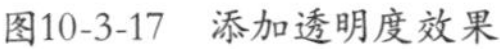

图10-3-17 添加透明度效果

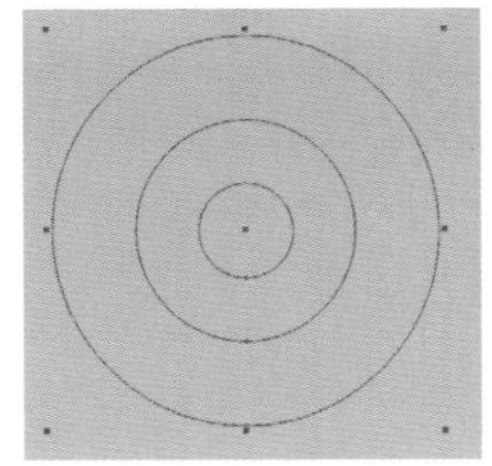

图10-3-18 绘制正圆

19 按F12键打开“轮廓笔”对话框，设置“颜色”为白色，“宽度”为0.5mm，勾选“后台填充”和“按图像比例显示”选项，其他参数保持默认，如图10-3-19所示。单击“确定”按钮。

20 设置“轮廓笔”参数后，图像效果如图10-3-20所示。

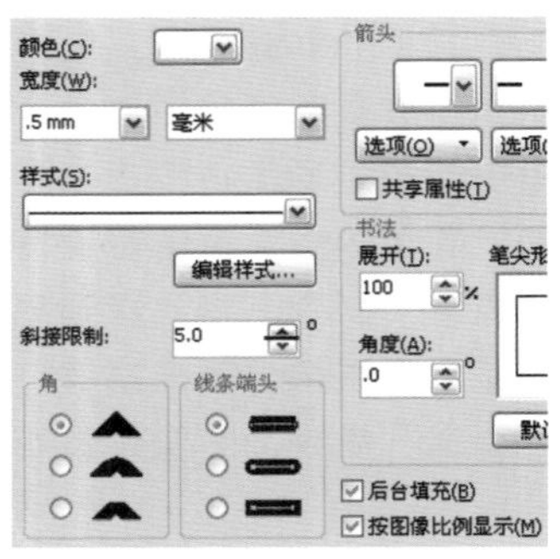

图10-3-19 设置参数

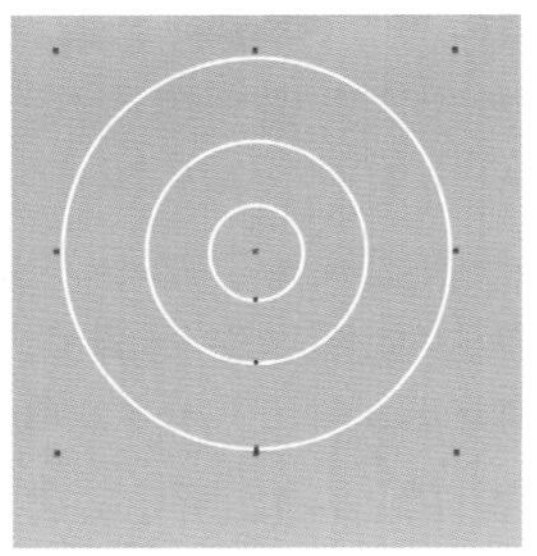

图10-3-20 轮廓笔效果

21 使用同样的方法绘制其他圆环线条，效果如图10-3-21所示。

22 选择“文本工具”，在图像上方输入文字。选择输入的文字，在属性栏上设置“字体”为方正综艺简体。调整文字大小和位置，效果如图10-3-22所示。

图10-3-21 绘制圆环

图10-3-22 输入文字

23 选择“选择工具”，框选输入的文字，按快捷键Ctrl+Q转换为曲线，按快捷键Ctrl+G群组文字，填充颜色为白色。在文字图形上单击切换到编辑模式，将光标移动到上方的图标上，向右单击拖曳，调整文字图形的角度。选择“轮廓图”，在属性栏上单击“外部轮廓”按钮，设置“轮廓图步长”为1，“轮廓图偏移”为4.5mm，按Enter键确定。效果如图10-3-23所示。

24 将光标移动到轮廓图上，单击右键执行“拆分轮廓图群组”命令。如图10-3-24所示。

图10-3-23 轮廓图效果

图10-3-24 选择命令

25 选择拆分后的轮廓图图形，向右单击拖曳。选择“贝塞尔工具”，在轮廓图图形上绘制图形，如图10-3-25所示。

26 选择“选择工具”，框选轮廓图图形和绘制的图形，单击属性栏上的“合并”按钮，将图像进行焊接，效果如图10-3-26所示。

图10-3-25 绘制图形

图10-3-26 合并图形

27 选择白色文字图形，将文字图形放置到图像上调整位置，按快捷键 Ctrl+U 取消群组，效果如图 10–3–27 所示。

28 选择上行文字，按 F11 键打开“渐变填充”对话框，设置“角度”为 90，分别设置“从”颜色为黄色（C：0；M：0；Y：100；K：0），“到”的颜色为白色（C：0；M：0；Y：0；K：0），如图 10–3–28 所示。单击“确定”按钮。

图10-3-27 调整文字图形

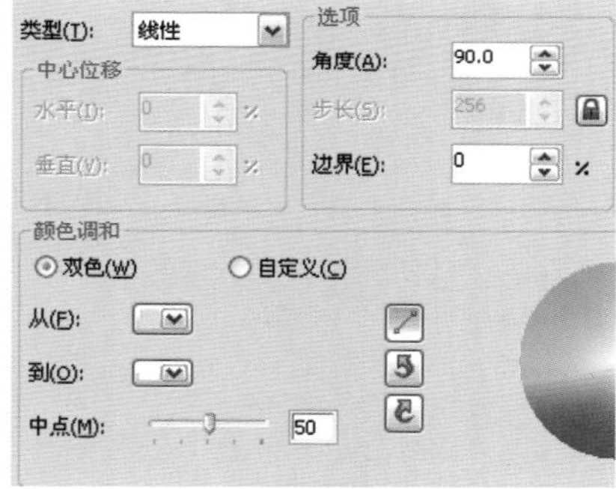
图10-3-28 设置渐变色

29 填充渐变色后，图像效果如图 10–3–29 所示。

30 选择渐变文字，按住右键将文字移动到下行文字上，如图 10–3–30 所示。

图10-3-29 填充渐变色

图10-3-30 复制操作

31 移动到下行文字后，释放右键打开快捷菜单，执行“填充”命令，复制渐变色，效果如图 10–3–31 所示。

32 框选制作的文字图形，按快捷键 Ctrl+G 进行群组。按 F12 键打开“轮廓笔”对话框，设置“颜色”为绿色（C：100；M：0；Y：100；K：0），“宽度”为 2.0mm，“角”为圆角，“线条端头”为圆头，勾选“后台填充”和“按图像比例显示”选项，其他参数保持默认，如图 10–3–32 所示。单击“确定”按钮。

图10-3-31 复制渐变色

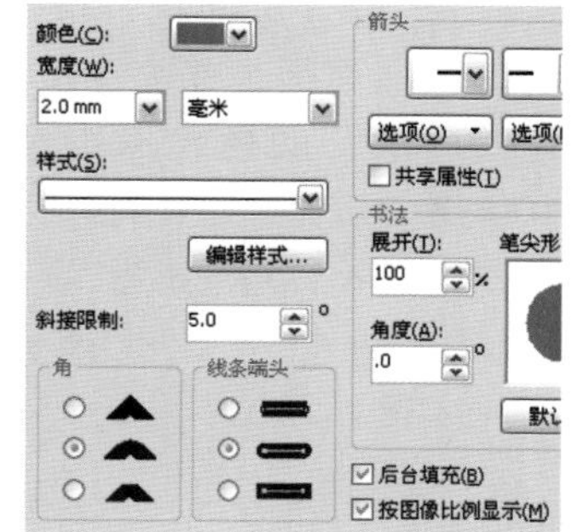
图10-3-32 设置参数

33 设置“轮廓笔”参数后，将文字图形向下单击拖曳并单击右键进行复制，设置填充色和轮廓色为 90% 的黑（C：0；M：0；Y：0；K：90），单击右键打开快捷菜单，执行“顺序”|“置于此对象后”命令，出现黑色箭头后，单击文字图形，将图像放置到图形下方并调整位置。框选制作的图像，按快捷键 Ctrl+G 进行群组，图像效果如图 10–3–33 所示。

34 选择之前制作的轮廓图图形，在图像上单击右键执行“顺序”|“置于此对象后”命令，出现黑色箭头后，单击文字图形，将图像放置到图形下方。选择“选择工具”，先选择制作的轮廓图形，按住 Shift 键选择上方渐变文字图形，按 E 键和 C 键进行对齐操作，效果如图 10–3–34 所示。

图10-3-33 制作阴影

图10-3-34 调整图形

35 选择黑色轮廓图图形，填充颜色为浅绿色（C：20；M：0；Y：60；K：0），如图 10–3–35 所示。

36 单击“立体化工具”，单击该图形并拖曳，如图 10–3–36 所示。

图10-3-35　填充颜色

图10-3-36　“轮廓笔”

37 单击属性栏上的“立体化颜色”按钮，打开快捷面板，单击“使用递减的颜色”按钮，设置“从”颜色为深绿色（C：100；M：0；Y：100；K：60），“到”的颜色为绿色（C：60；M：0；Y：100；K：0），如图 10-3-37 所示。

38 设置立体化颜色后，图像效果如图 10-3-38 所示。

图10-3-37　设置参数

图10-3-38　填充颜色

39 选择绿色图形，向下单击拖曳并单击右键进行复制，如图 10-3-39 所示。

40 按 F11 键打开“渐变填充”对话框，设置“角度”为 90，分别设置“从”颜色为绿色（C：40；M：0；Y：100；K：0），“到”的颜色为白色（C：0；M：0；Y：0；K：0），如图 10-3-40 所示。单击“确定”按钮。

图10-3-39　复制图形

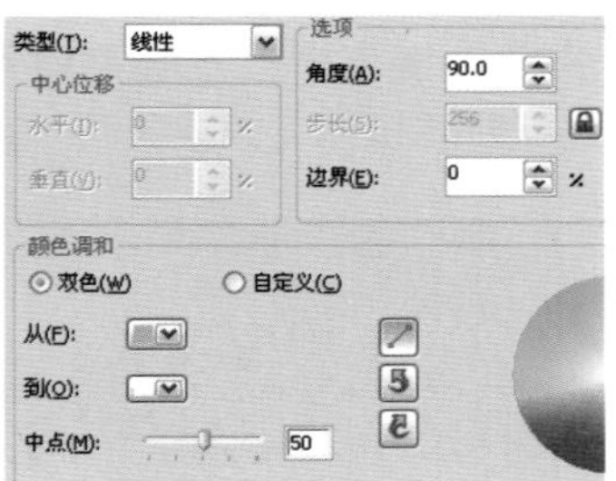

图10-3-40　设置渐变色

41 填充渐变色后，图像效果如图 10-3-41 所示。

42 单击右键打开快捷菜单，执行“顺序”|“置于此对象后”命令，出现黑色箭头后，单击文字图形，将图像放置到图形下方。按住 Shift 键，选择上方绿色图形，按 E 键和 C 键进行对齐操作，效果如图 10-3-42 所示。

图10-3-41　填充渐变色

图10-3-42　调整图形

43 选择“矩形工具”，绘制矩形图形。如图 10-3-43 所示。

44 按 F11 键打开“渐变填充”对话框，设置“角度”为 180，分别设置“从”颜色为绿色（C：40；M：0；Y：100；K：0），“到”的颜色为浅绿色（C：20；M：0；Y：60；K：0），如图 10-3-44 所示。单击“确定”按钮。

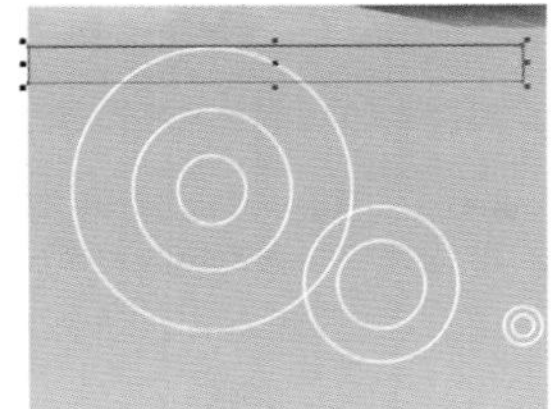

图10-3-43　绘制矩形

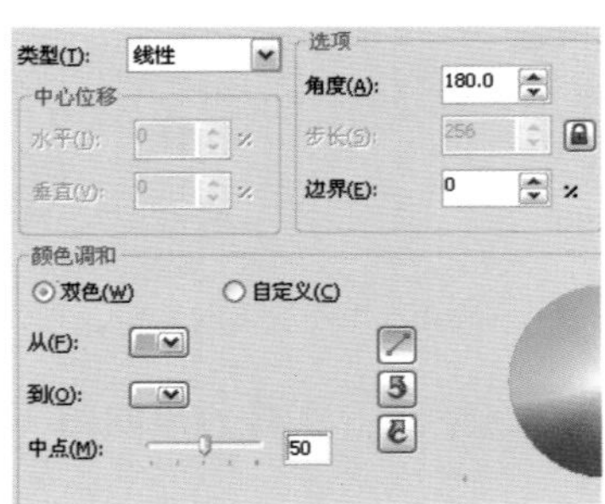

图10-3-44　设置渐变色

45 填充渐变色后，右键单击调色板上的“透明色”按钮☒，取消轮廓颜色，效果如图 10-3-45 所示。

46 选择“透明工具”，单击拖曳形成透明渐变效果。添加效果后图像效果，如图 10-3-46 所示。

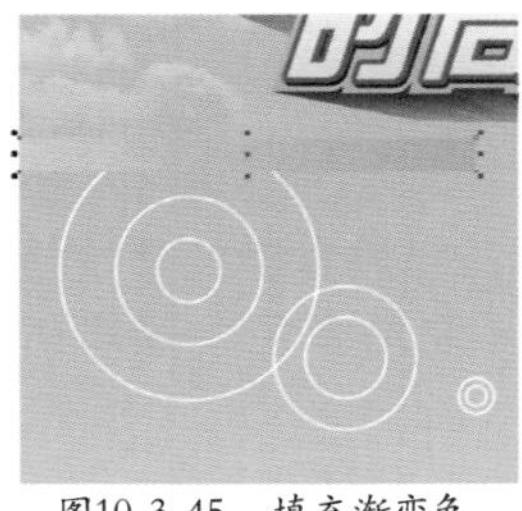

图10-3-45　填充渐变色

图10-3-46　添加透明度效果

47 选择“选择工具”，将光标移动到左侧中间的节点上，向右单击拖曳进行移动，单击右键进行复制，效果如图 10–3–47 所示。

48 选择“矩形工具”，绘制图形。如图 10–3–48 所示。

图10-3-47 复制图形

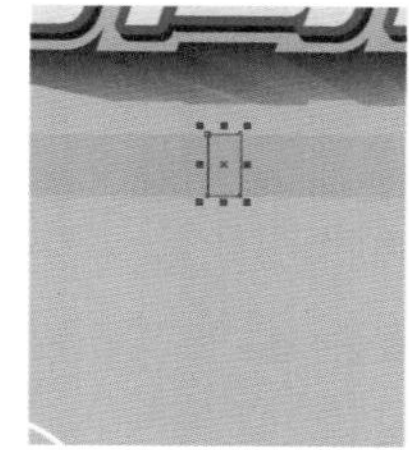
图10-3-48 绘制图形

49 按快捷键 Shift + F11 打开“均匀填充”对话框，设置颜色为绿色（C:40，M:0，Y:100，K:0），单击“确定”按钮。取消轮廓色，框选渐变图形按快捷键 Ctrl+G 进行群组，向下移动并单击右键进行复制，调整图像宽度，效果如图 10–3–49 所示。

50 选择“文本工具”，在图像上输入文字。选择输入的文字，在属性栏上设置“字体”为方正大黑简体。调整文字大小和间距，效果如图 10–3–50 所示。

图10-3-49 填充颜色

图10-3-50 输入文字

51 按 F11 键打开“渐变填充”对话框，设置“角度”为 90，分别设置“从”颜色为黄色（C:0;M:0;Y:100;K:0），“到”的颜色为浅黄色（C:0;M:0;Y:60;K:0），如图 10–3–51 所示。单击“确定”按钮。

52 填充渐变色后，效果如图 10–3–52 所示。

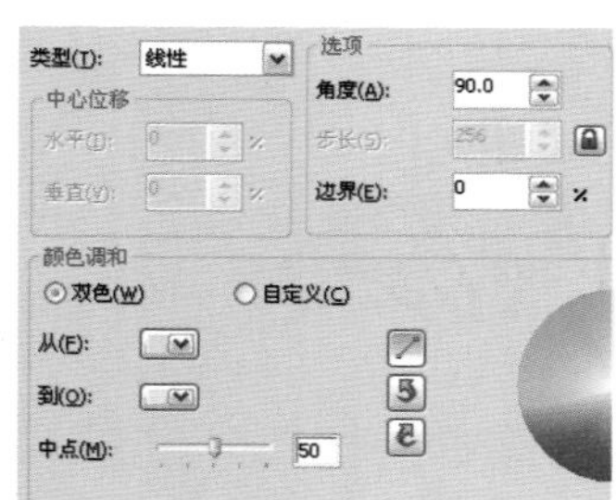

图10-3-51 设置渐变色

图10-3-52 填充渐变色

53 按 F12 键打开“轮廓笔”对话框，设置“颜色”为绿色（C:100;M:0;Y:100;K:0），“宽度”为 2.5mm，“线条端头”为圆头，勾选“后台填充”和“按图像比例显示”选项，其他参数保持默认，如图 10–3–53 所示。单击“确定”按钮。

54 设置“轮廓笔”参数后，图像效果如图 10–3–54 所示。

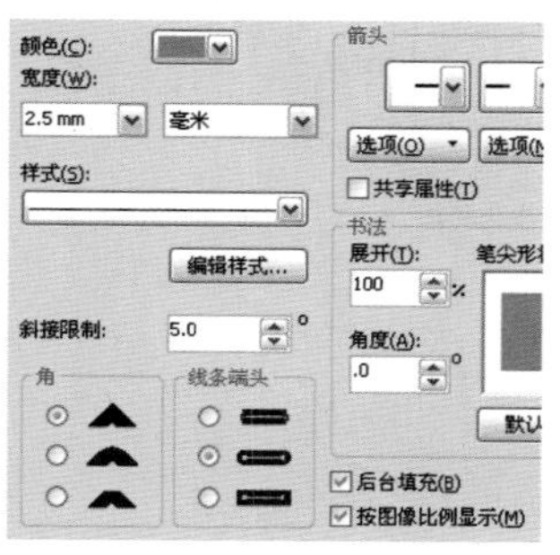

图10-3-53 设置参数

图10-3-54 轮廓笔效果

55 使用同样的方法制作下方对象，效果如图 10–3–55 所示。

56 选择“文本工具”，在图像上输入文字。选中输入的文字，在属性栏上设置“字体”为方正魏碑简体。调整文字大小和间距，填充颜色为白色，效果如图 10–3–56 所示。

图10-3-55 制作文字图形

图10-3-56 输入文字

57 单击属性栏上的“导入”按钮，导入素材图片：绿色汽车 .tif，调整素材大小和位置，效果如图 10–3–57 所示。

58 在属性栏的中输入参数为 6.4，按 Enter 键确定。旋转素材角度后图像最终效果，如图 10–3–58 所示。

图10-3-57 导入素材

图10-3-58 最终效果

10.4 春装上市海报设计

技能分析

制作本实例的主要目的是使读者了解并掌握如何在 CorelDRAW X5 软件中绘制春装上市海报，利用“矩形工具”、“贝塞尔工具”和“文本工具”绘制出背景及主体图形，利用“渐变填充”、“轮廓笔”、“阴影工具”等制作出各种效果，从而完成最终效果的制作。

制作步骤

1 按快捷键 Ctrl + N 打开“创建新文档”对话框，设置“名称”为绘制矢量元素风景插画，“宽度”为 210mm，“高度”为 297mm，如图 10-4-1 所示。单击“确定”按钮。

2 单击“矩形工具”，在文件窗口中绘制矩形。如图 10-4-2 所示。

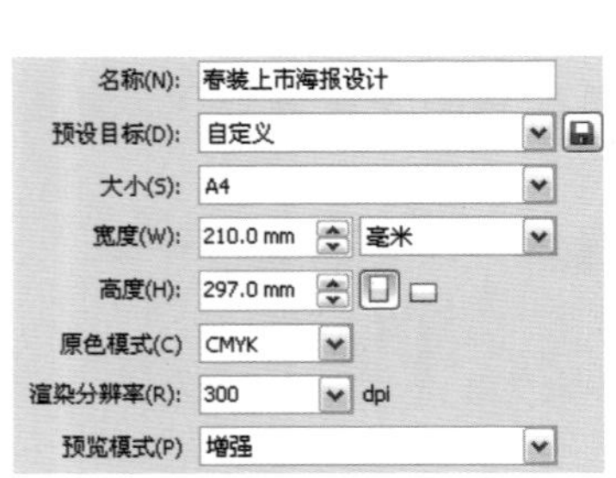

图10-4-1 设置“新建”参数

图10-4-2 绘制矩形

3 按 F11 键打开“渐变填充”对话框，设置“类型”为辐射，“边界”为 7%，在“中心位移”处设置“垂直”为 10%，在“颜色调和”选项区域中选择“自定义”选项，分别设置为：

位置：0% 颜色（C：20；M：0；Y：80；K：10）；

位置：100% 颜色（C：0；M：0；Y：0；K：0）。

如图 10-4-3 所示。单击“确定”按钮。

4 填充渐变色后，右键单击调色板上的“透明色”按钮☒，取消轮廓颜色，效果如图 10-4-4 所示。

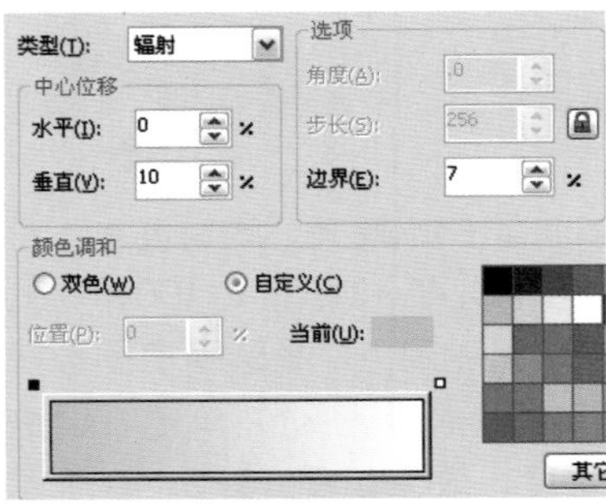

图10-4-3 设置渐变色

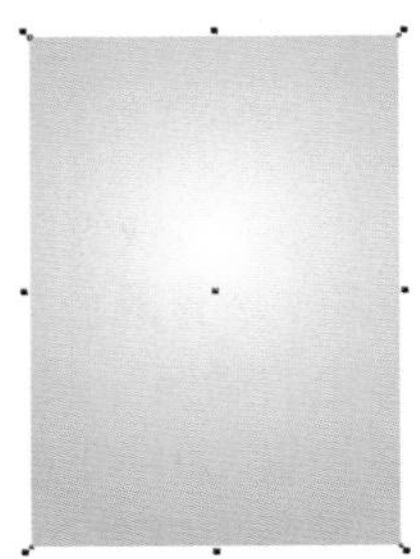

图10-4-4 填充渐变色

5 单击属性栏上的“导入”按钮，导入素材图片：树叶 .tif，如图 10-4-5 所示。

6 执行“效果”|“图框精确裁剪”|“放置在容器中”命令。出现黑色箭头图标后，单击矩形图形，将素材放置到矩形中。单击右键打开快捷菜单，执行“编辑内容”命令，将放置到图形中的素材进行调整，如图 10-4-6 所示。

图10-4-5 导入素材

图10-4-6 调整素材

7 拖曳素材向上进行移动，在移动的同时单击右键进行复制，单击属性栏上的“垂直镜像”按钮，将图像进行翻转。翻转后调整图像位置，效果如图 10–4–7 所示。

8 调整后在素材上单击右键打开快捷菜单，执行“结束编辑”命令，退出容器中的编辑模式，效果如图 10–4–8 所示。

图10-4-7 复制翻转素材　　图10-4-8 调整后效果

9 单击属性栏上的“导入”按钮，导入素材图片：底纹 .tif，调整素材大小和位置，效果如图 10–4–9 所示。

10 选择“贝塞尔工具”，在图像中绘制字母图形，选择“选择工具”，框选绘制的图形，单击属性栏上的“合并”按钮，将图像进行焊接。如图 10–4–10 所示。

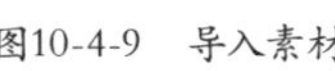
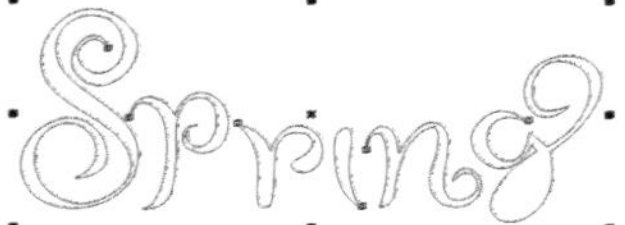

图10-4-9 导入素材　　图10-4-10 绘制图形

11 按快捷键 Shift + F11 打开“均匀填充”对话框，设置颜色为绿色（C:100，M:0，Y:100，K:0），单击“确定”按钮。填充颜色后，右键单击调色板上的“透明色”按钮，取消轮廓颜色，效果如图 10–4–11 所示。

12 再次选择“贝塞尔工具”，在字母图形上绘制图形。如图 10–4–12 所示。

图10-4-11 填充颜色　　图10-4-12 绘制图形

13 选择“选择工具”，先绘制的图形，再选择字母图形，单击属性栏上的“修剪”按钮，将图形的重叠部分进行删除。选择绘制的图形，按 Delete 键进行删除，效果如图 10–4–13 所示。

提示：

“修剪”命令是使用先选中的图像修剪后选中的图像。

14 选择“贝塞尔工具”绘制图形，填充颜色为绿色（C：100，M：0，Y：100，K：0），取消轮廓色，效果如图 10–4–14 所示。

图10-4-13 修剪图形　　图10-4-14 绘制图形

15 选择“贝塞尔工具”绘制树叶图形，填充颜色为绿色（C：100，M：0，Y：100，K：0），取消轮廓色，效果如图 10–4–15 所示。

16 选择“选择工具”，框选绘制的图形，单击属性栏上的“合并”按钮，将图像进行焊接。

在属性栏的 中输入参数为 160.3，按 Enter 键确定。调整图像位置和大小，效果如图 10-4-16 所示。

图10-4-15　绘制图形

图10-4-16　调整图形

17 复制一个文字图形先放置到一旁。选择原图形，按 F12 键打开“轮廓笔”对话框，设置“颜色”为绿色（C：40，M：0，Y：100，K：0），“宽度”为 2.5mm，“角”为圆角，“线条端头”为圆头，勾选“后台填充”和“按图像比例显示”选项，其他参数保持默认，如图 10-4-17 所示。单击“确定”按钮。

18 设置“轮廓笔”参数后，图像效果如图 10-4-18 所示。

图10-4-17　设置参数

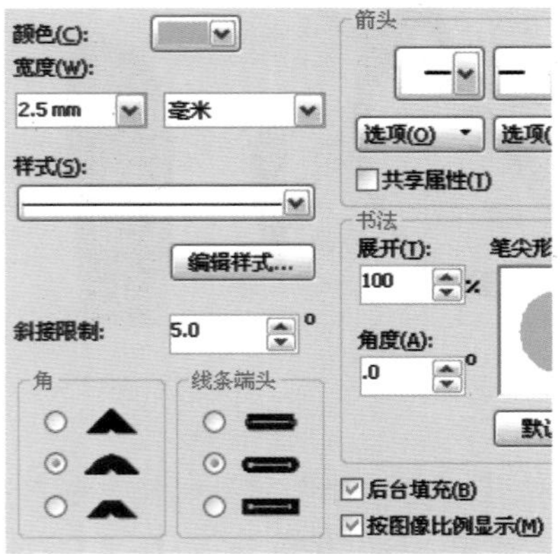

图10-4-18　轮廓笔效果

19 按快捷键 Shift + F11 打开“均匀填充”对话框，设置颜色为绿色（C:40，M:0，Y:100，K:0），单击“确定”按钮。效果如图 10-4-19 所示。

20 选择复制的图形，按 Shift 键选择修改后的图形，按 E 键和 C 键进行对齐操作，效果如图 10-4-20 所示。

图10-4-19　填充颜色

图10-4-20　调整图形

21 选择深绿色图形，按 F12 键打开“轮廓笔”对话框，设置“颜色”为白色，“宽度”为 2.5mm，“角”为圆角，“线条端头”为圆头，勾选“后台填充”和“按图像比例显示”选项，其他参数保持默认，如图 10-4-21 所示。单击“确定”按钮。

22 设置“轮廓笔”参数后，图像效果如图 10-4-22 所示。

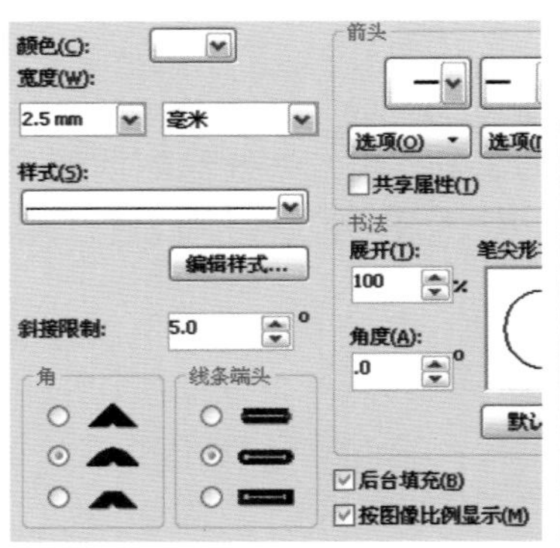

图10-4-21　设置参数

图10-4-22　轮廓笔效果

23 选择“文本工具” ，在图像上输入文字：春姿绽放。选择输入的文字，在属性栏上设置“字体”为方正准圆简体。调整文字大小和间距，如图 10-4-23 所示。

24 按快捷键 Ctrl+Q 将文字转换为曲线，选择“形状工具” ，框选绽字左下的图形节点，按 Delete 键进行删除，效果如图 10-4-24 所示。

春姿绽放

图10-4-23　输入文字

绽

图10-4-24　删除节点

25 选择“贝塞尔工具”，在“春”字左侧绘制图形，如图 10-4-25 所示。

26 填充图形颜色为黑色，取消轮廓色。框选绘制的图形，单击属性栏上的“合并”按钮，将图像进行焊接。效果如图 10-4-26 所示。

图10-4-25 绘制图形　　图10-4-26 合并图形

27 选择“贝塞尔工具”，在“姿”字左侧绘制图形，如图 10-4-27 所示。

28 填充图形颜色为黑色，取消轮廓色。框选绘制的图形，单击属性栏上的“合并”按钮，将图像进行焊接。效果如图 10-4-28 所示。

图10-4-27 绘制图形　　图10-4-28 合并图形

29 使用同样的方法绘制其他图形并与文字进行焊接，制作出异形文字，效果如图 10-4-29 所示。

30 选择“贝塞尔工具”，绘制花瓣轮廓，如图 10-4-30 所示。

图10-4-29 制作文字图形

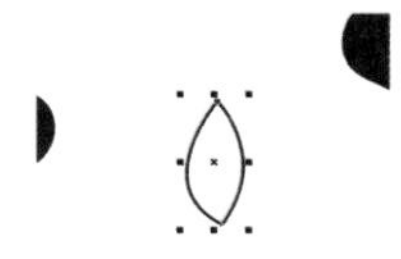

图10-4-30 绘制图形

31 填充图形颜色为黑色，取消轮廓色。选中绘制的黑色花瓣，进行旋转复制图形，效果如图 10-4-31 所示。

32 调整图像大小和位置，框选绘制的图形和异形文字，单击属性栏上的“合并”按钮，将图像进行焊接。效果如图 10-4-32 所示。

图10-4-31 绘制花瓣　　图10-4-32 合并图形

33 按 F12 键打开“轮廓笔”对话框，设置“颜色”为绿色（C：100，M：0，Y：100，K：40），“宽度”为 6.5mm，“角”为圆角，“线条端头”为圆头，勾选“后台填充”和“按图像比例显示”选项，其他参数保持默认，如图 10-4-33 所示。单击“确定”按钮。

34 设置“轮廓笔”参数后，图像效果如图 10-4-34 所示。

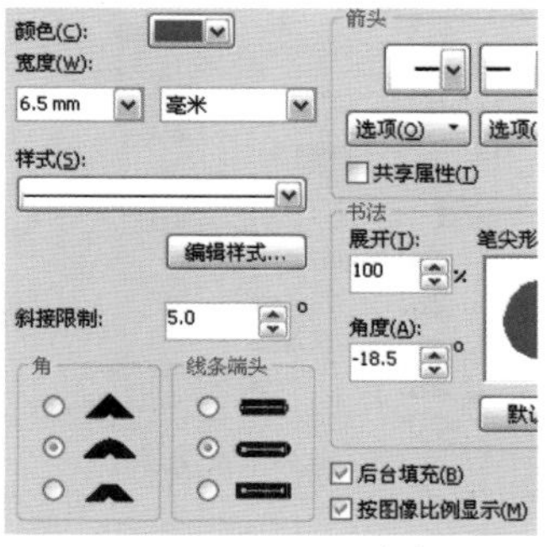

图10-4-33 设置参数　　图10-4-34 轮廓笔效果

35 按 F11 键打开“渐变填充”对话框，设置“角度”为 90，在“颜色调和”选项区域中选择“自定义”选项，分别设置为：

位置：0%　颜色（C：0；M：0；Y：0；K：0）；

位置：16%　颜色（C：0；M：0；Y：0；K：0）；

位置：39%　颜色（C：0；M：0；Y：11；K：0）；

位置：54%　颜色（C：15；M：0；Y：59；K：0）；

位置：55% 颜色（C：1；M：0；Y：3；K：0）；位置：100% 颜色（C：0；M：0；Y：0；K：0）。如图 10-4-35 所示。单击“确定”按钮。

36 填充渐变色后，图像效果如图 10-4-36 所示。

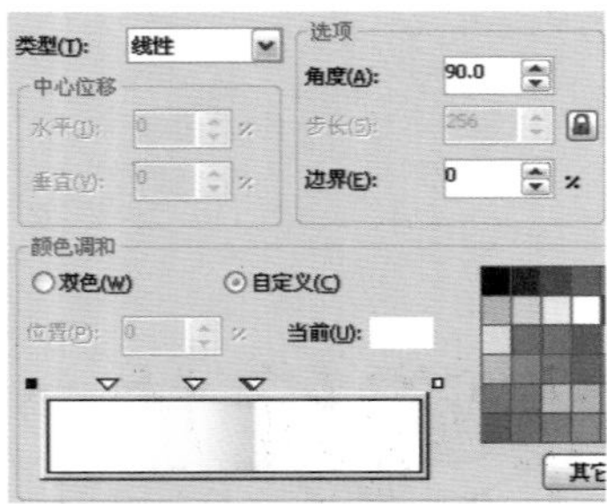

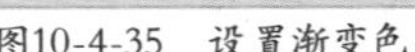
图10-4-35 设置渐变色　　图10-4-36 填充渐变色

37 选择制作的图形，向下单击拖曳进行移动，在移动时单击右键进行复制，效果如图 10-4-37 所示。

38 选择上方原来的图形，按 F12 键打开“轮廓笔”对话框，设置“颜色”为绿色（C：40，M：0，Y：100，K：0），“宽度”为 7.5mm，“角”为圆角，“线条端头”为圆头，勾选“后台填充”和“按图像比例显示”选项，其他参数保持默认，如图 10-4-38 所示。单击“确定”按钮。

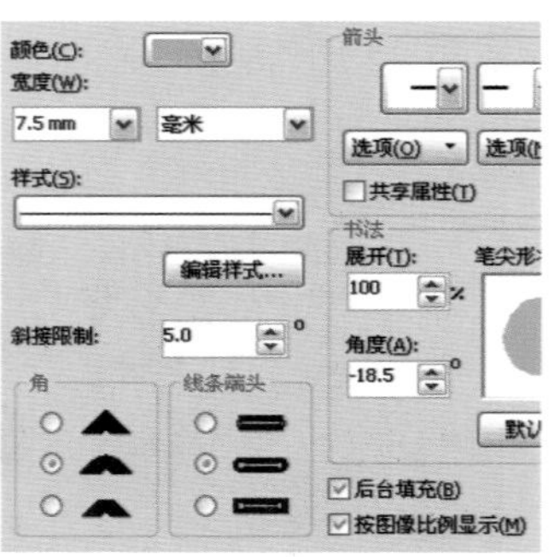

图10-4-37 复制图形　　图10-4-38 设置参数

39 设置“轮廓笔”参数后，图像效果如图 10-4-39 所示。

40 按快捷键 Shift + F11 打开“均匀填充”对话框，设置颜色为绿色（C:40，M:0，Y:100，K:0），单击“确定”按钮。效果如图 10-4-40 所示。

图10-4-39 轮廓笔效果　　图10-4-40 填充颜色

41 按住 Shift 键，选择复制的图形，按 E 键和 C 键进行对齐操作，选择上层图形向上轻微移动，效果如图 10-4-41 所示。

42 框选制作的图形，按快捷键 Ctrl+G 进行群组，在属性栏的中输入参数为 19.3，按 Enter 键确定。调整图形位置和大小，效果如图 10-4-42 所示。

图10-4-41 调整图像　　图10-4-42 调整图像

43 单击属性栏上的“导入”按钮，导入素材图片：蝴蝶 .tif，调整素材大小、位置和角度，效果如图 10-4-43 所示。

44 选择蝴蝶素材向右单击拖曳，在拖曳的同时单击右键进行复制，单击属性栏上的“水平镜像”按钮，将图像进行翻转，翻转后调整素材大小、位置和角度，效果如图 10-4-44 所示。

图10-4-43 导入素材　　图10-4-44 复制调整图像

45 框选制作的图形，按快捷键 Ctrl+G 进行群组，选择“阴影工具”，按住图形不放，向外拖移形成阴影后，设置属性栏上的“阴影的不透明度”为 90，“阴影羽化”为 5，“阴影颜色”为深绿色（C：100，M：0，Y：100，K：50），其余保持默认值。效果如图 10-4-45 所示。

46 选择“文本工具”，在图像上分别输入文字：新、装、上、市。框选输入的文字，调整文字大小，在属性栏上设置“字体”为方正大黑简体。效果如图 10-4-46 所示。

图10-4-45 添加阴影效果

图10-4-46 输入文字

47 将输入的文字进行排列，如图 10-4-47 所示。

48 选择文字“新”，选择“形状工具”，框选文字左侧节点，按住 Shift 键向左单击拖曳，如图 10-4-48 所示。

图10-4-47 排列文字

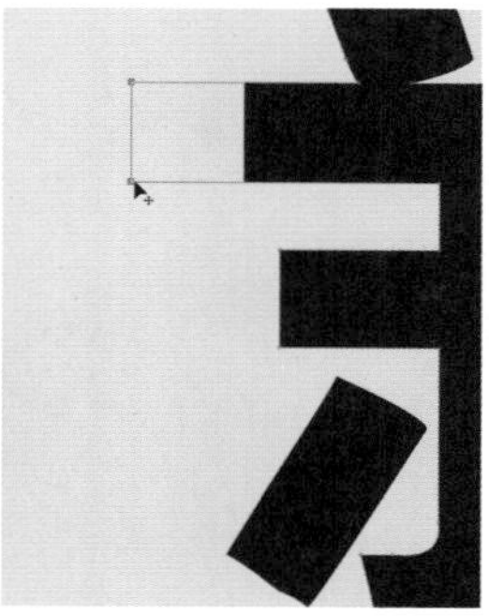

图10-4-48 调整节点

49 选择拖曳节点的上方节点，按住 Shift 键向右单击拖曳调整，效果如图 10-4-49 所示。

50 使用同样的方法对文字的节点进行调整变形文字，效果如图 10-4-50 所示。

图10-4-49 调整后效果

图10-4-50 变形文字

51 选择“文本工具”，在图像上分别输入英文：NEW。选择输入的英文，调整文字大小并在属性栏上设置“字体”为方正大黑简体。框选制作的文字图像，单击属性栏上的“合并”按钮，将图像进行焊接。如图 10-4-51 所示。

52 选择“轮廓图”，在属性栏上单击“外部轮廓”按钮，设置“轮廓图步长”为 1，“轮廓图偏移”为 3mm，按 Enter 键确定。效果如图 10-4-52 所示。

图10-4-51 输入文字

图10-4-52 轮廓图效果

53 将光标移动到轮廓图上，单击右键执行“拆分轮廓图群组”命令拆分轮廓图，选择轮廓图图形，设置颜色为绿色（C：100，M：0，Y：100，K：0）。如图 10-4-53 所示。

54 选择黑色文字图形，设置颜色为绿色（C：40，M：0，Y：100，K：0）。如图 10-4-54 所示。

图10-4-53 调整图形

图10-4-54 填充颜色

55 按 F12 键打开“轮廓笔”对话框，设置“颜色”为白色，“宽度”为 2.3mm，“线条端头”为圆头，勾选“后台填充”和“按图像比例显示”选项，其他参数保持默认，如图 10-4-55 所示。单击“确定”按钮。

56 设置“轮廓笔”参数后，图像最终效果如图 10-4-56 所示。

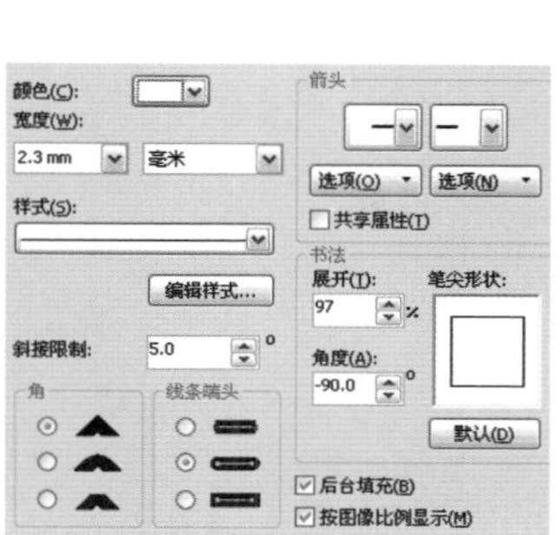

图10-4-55 设置参数

图10-4-56 最终效果

本章小结：通过上面案例的学习，了解并掌握了 CorelDRAW X5 绘制海报的设计技巧和绘制方法，在运用各种工具及命令时，需要灵活运用，开拓思维，熟练掌握如何能够更快地制作出各种图像的效果，从而为今后的设计道路打下坚实的基础。

第11章

商业网页设计

网页设计是一种艺术设计形式和宣传形式。使用 CorelDRAW X5 软件进行网页设计，可以非常方便地对网站进行布局。

11.1 宠物托运公司网页设计

技能分析

制作本实例的主要目的是使读者了解并掌握如何在 CorelDRAW X5 软件中绘制宠物托运公司网页，先使用“钢笔工具”和“矩形工具”绘制图形，并导入图片和使用“文本工具”输入文字，最后使用“矩形工具”沿绘图页绘制矩形，并为该矩形填充双色图样，将其作为网页的背景，从而完成最终效果的制作。

制作步骤

1 按快捷键 Ctrl + N 打开“创建新文档”对话框，设置“名称”为宠物托运公司网页设计，“宽度”为 280mm，“高度”为 300mm，如图 11-1-1 所示。单击“确定”按钮。

2 单击“钢笔工具”，绘制图形。如图 11-1-2 所示。

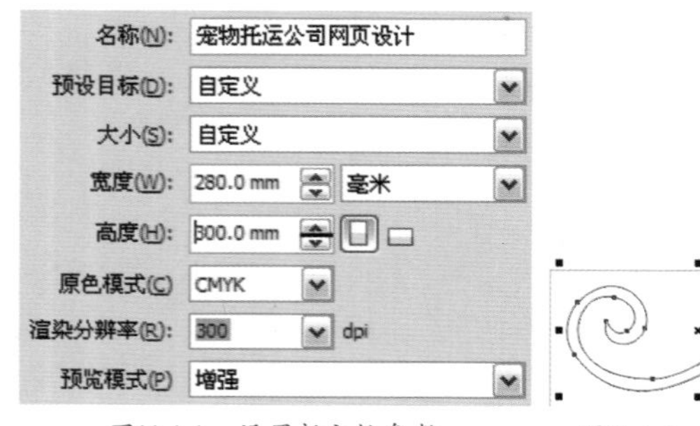

图11-1-1 设置新文档参数

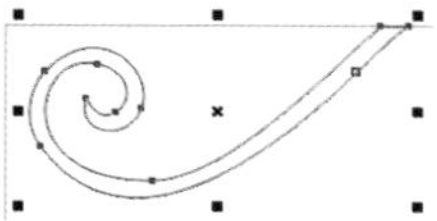

图11-1-2 绘制图形

3 按快捷键 Shift + F11 打开“均匀填充”对话框，设置颜色为绿色（C：100，M：0，Y：100，K：0），如图 11-1-3 所示，单击“确定”按钮。

4 填充颜色后，右键单击调色板上的“透明色”按钮☒，取消轮廓颜色，效果如图 11-1-4 所示。

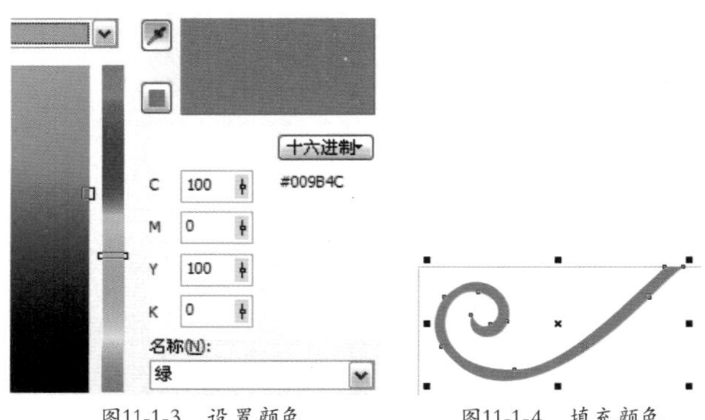

图11-1-3 设置颜色 图11-1-4 填充颜色

5 继续使用“钢笔工具”绘制其他图形。如图 11-1-5 所示。

6 然后为绘制的图形填充绿色，并在调色板上右键单击“透明色”按钮☒，取消轮廓颜色，效果如图 11-1-6 所示。

图11-1-5 填充渐变颜色

图11-1-6 填充颜色

7 单击“钢笔工具”，绘制曲线。如图 11-1-7 所示。

8 按 F12 键打开“轮廓笔”对话框，设置颜色为（C：87，M：31，Y：100，K：0），设置宽度为 0.75mm，如图 11-1-8 所示，单击“确定”按钮。

图11-1-7 绘制曲线

图11-1-8 设置颜色和宽度

9 设置曲线颜色和宽度后的效果，如图 11-1-9 所示。

10 继续使用“钢笔工具”绘制其他曲线。如图 11-1-10 所示。

图11-1-9 设置曲线后的效果　　图11-1-10 绘制曲线

11 将新绘制的曲线的颜色设置为（C：87，M：31，Y：100，K：0），宽度设置为 0.75mm，效果如图 11-1-11 所示。

12 单击“钢笔工具”，绘制图形。如图 11-1-12 所示。

图11-1-11 设置曲线后的效果　　图11-1-12 绘制图形

13 按 F12 键打开“轮廓笔”对话框，设置颜色为（C：87，M：31，Y：100，K：0），设置宽度为 0.75mm，单击“确定”按钮。设置轮廓颜色和宽度后的效果，如图 11-1-13 所示。

14 使用同样的方法，继续绘制图形，并为绘制的图形轮廓设置颜色和宽度，效果如图 11-1-14 所示。

图11-1-13 设置图形轮廓后的效果　　图11-1-14 绘制并设置图形

15 单击属性栏上的“导入”按钮，导入素材图片：兔.psd，并调整素材位置和大小。如图 11-1-15 所示。

16 单击“钢笔工具”，绘制曲线。如图 11-1-16 所示。

图11-1-15 导入素材　　图11-1-16 绘制曲线

17 按 F12 键打开“轮廓笔”对话框，设置颜色为（C：87，M：31，Y：100，K：0），设置宽度为 0.75mm，单击“确定”按钮。设置曲线颜色和宽度后的效果，如图 11-1-17 所示。

18 使用同样的方法，继续绘制曲线，并为绘制的曲线设置颜色和宽度，效果如图 11-1-18 所示。

图11-1-17 设置曲线颜色和宽度

图11-1-18 绘制并设置曲线

19 单击“钢笔工具”，绘制图形。如图 11-1-19 所示。

20 按 F12 键打开“轮廓笔”对话框，设置颜色为（C：87，M：31，Y：100，K：0），设置宽度为 0.75mm，单击“确定”按钮。设置轮廓颜色和宽度后的效果，如图 11-1-20 所示。

图11-1-19 绘制图形

图11-1-20 设置图形轮廓后的效果

21 使用同样的方法，继续绘制图形，并为绘制的图形轮廓设置颜色和宽度，效果如图 11–1–21 所示。

22 单击属性栏上的“导入”按钮，导入素材图片：猫.psd，并调整素材位置和大小。如图 11–1–22 所示。

图11-1-21　绘制并设置图形

图11-1-22　导入素材

23 单击“钢笔工具”，绘制曲线。如图 11–1–23 所示。

24 按 F12 键打开“轮廓笔”对话框，设置颜色为（C：87，M：31，Y：100，K：0），设置宽度为 0.5mm，如图 11–1–24 所示。单击“确定”按钮。

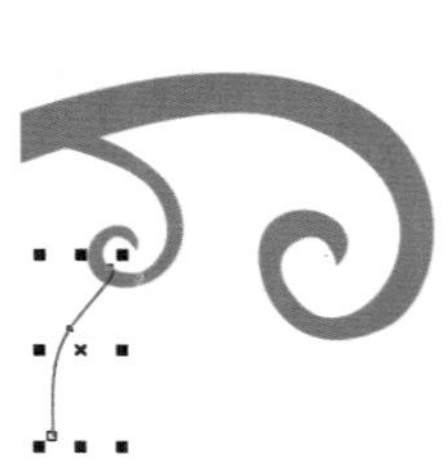

图11-1-23　绘制曲线

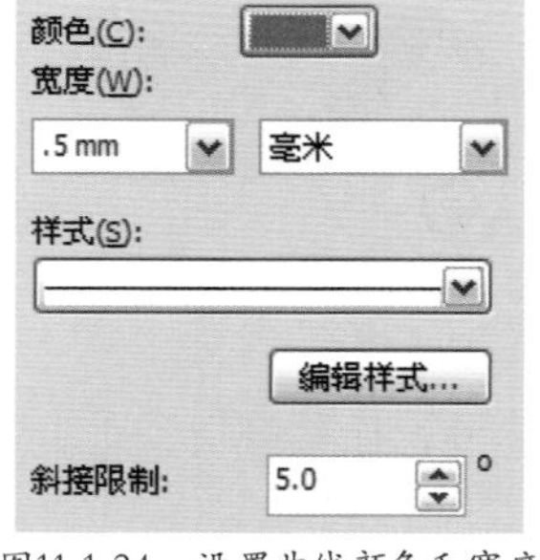

图11-1-24　设置曲线颜色和宽度

25 设置曲线颜色和宽度后的效果，如图 11–1–25 所示。

26 使用同样的方法，继续绘制曲线，并为绘制的曲线设置颜色和宽度，效果如图 11–1–26 所示。

图11-1-25　设置曲线后的效果

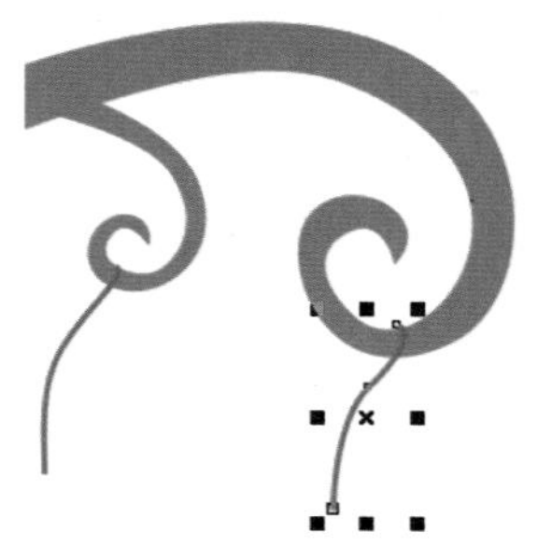
图11-1-26　绘制并设置曲线

27 单击“钢笔工具”，绘制图形。如图 11–1–27 所示。

28 按快捷键 Shift + F11 打开“均匀填充”对话框，设置颜色为（C：11，M：25，Y：62，K：0），如图 11–1–28 所示，单击“确定”按钮。

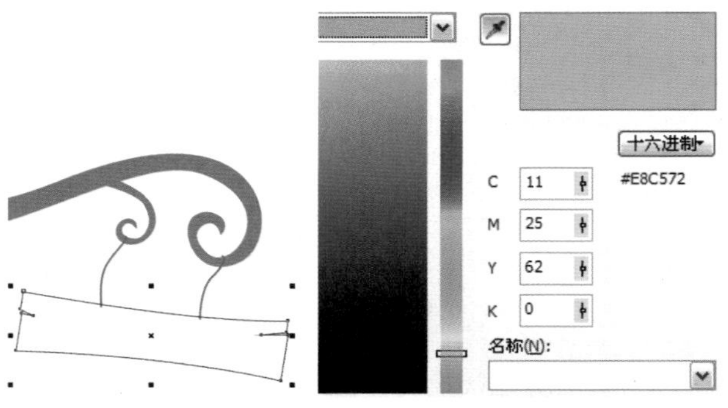

图11-1-27　绘制图形　　图11-1-28　设置颜色

29 按 F12 键打开“轮廓笔”对话框，设置颜色为（C：51，M：76，Y：100，K：20），设置宽度为 0.25mm，如图 11–1–29 所示，单击“确定”按钮。

30 为绘制的图形填充颜色后的效果，如图 11–1–30 所示。

图11-1-29　设置轮廓颜色

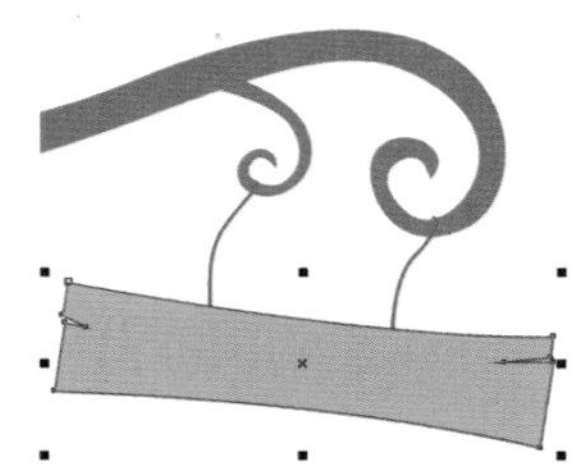
图11-1-30　填充颜色

31 单击“钢笔工具”，绘制图形。如图 11–1–31 所示。

32 按快捷键 Shift + F11 打开“均匀填充”对话框，设置颜色为（C：16，M：39，Y：93，K：0），如图 11–1–32 所示，单击“确定”按钮。

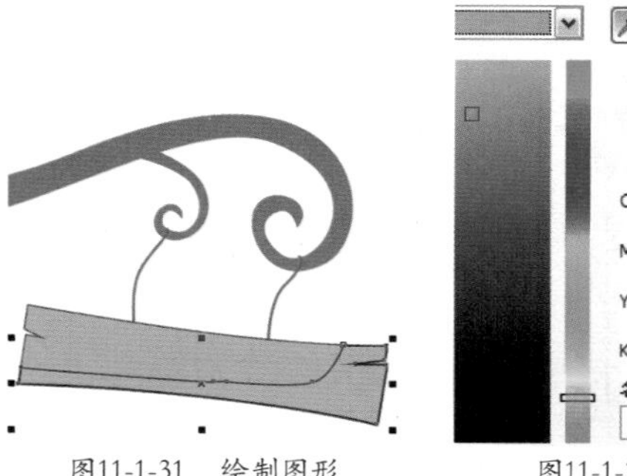
图11-1-31　绘制图形

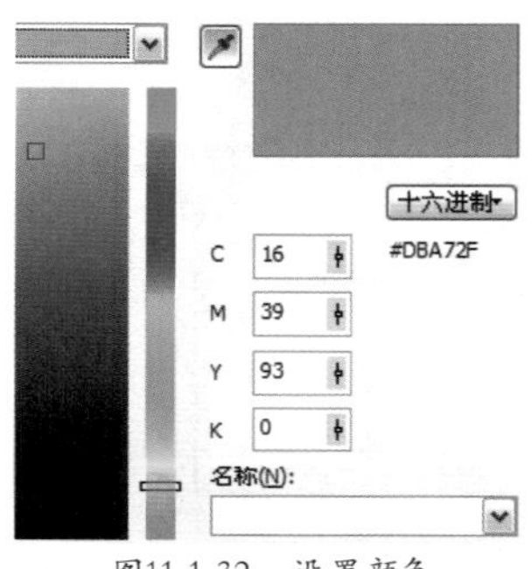

图11-1-32　设置颜色

33 填充颜色后，右键单击调色板上的“透明色”按钮☒，取消轮廓颜色，效果如图 11-1-33 所示。

34 单击“钢笔工具”，绘制曲线。如图 11-1-34 所示。

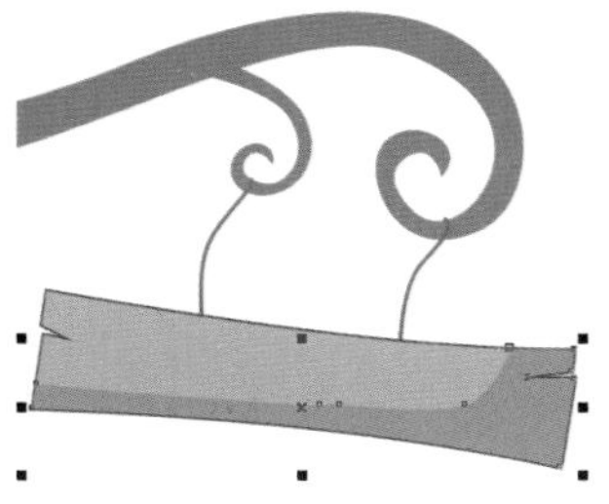

图11-1-33 填充颜色

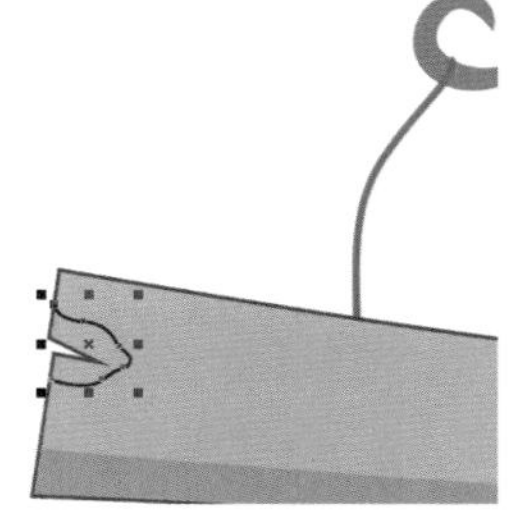

图11-1-34 绘制曲线

35 按小键盘上的 + 号键对绘制的曲线进行复制，按住 Shift 键调整曲线的大小，并调整其位置，效果如图 11-1-35 所示。

36 使用同样的方法，继续绘制其他曲线，并复制曲线，并调整曲线的大小和位置，效果如图 11-1-36 所示。

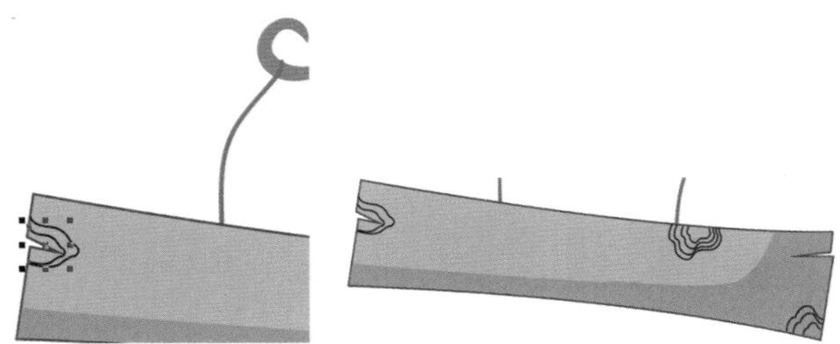

图11-1-35 复制并调整曲线　图11-1-36 绘制并复制曲线

37 使用“选择工具”，在按住 Shift 键的同时选择绘制的曲线，如图 11-1-37 所示。

38 按 F12 键打开“轮廓笔”对话框，设置颜色为（C：51，M：76，Y：100，K：20），设置宽度为 0.1mm，如图 11-1-38 所示，单击“确定”按钮。

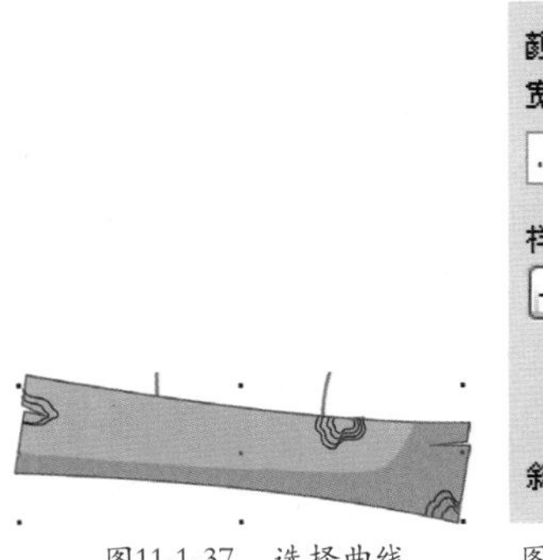

图11-1-37 选择曲线

图11-1-38 设置曲线颜色和宽度

39 设置曲线颜色和宽度后的效果，如图 11-1-39 所示。

40 选择所有组成木条的图形对象，在属性栏中单击“群组”按钮，群组选择的对象，如图 11-1-40 所示。

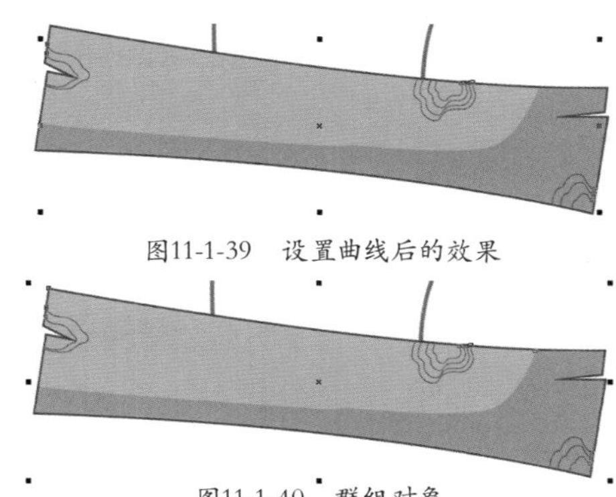

图11-1-39 设置曲线后的效果

图11-1-40 群组对象

41 选择“文本工具”，输入文字。选择输入的文字，在属性栏上设置“旋转角度”为 353.1°，“字体”为汉仪综艺体简，“字体大小”为 26pt，如图 11-1-41 所示。

42 选择群组后的木条对象，按小键盘上的 + 号键对其进行复制，并调整复制后的木条对象的旋转角度、大小和位置，效果如图 11-1-42 所示。

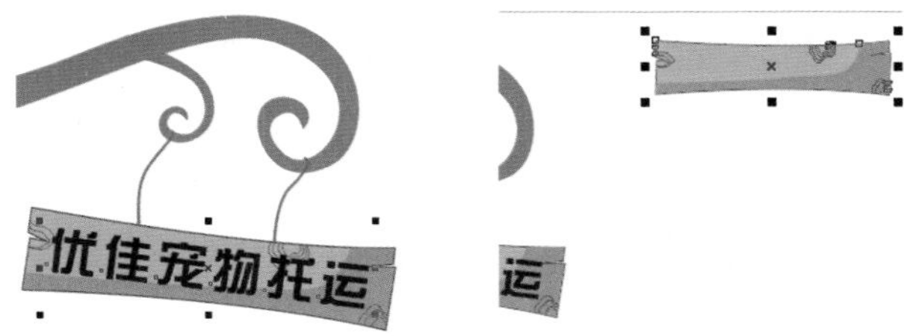

图11-1-41 输入并设置文字　图11-1-42 复制并调整对象

43 选择复制后的木条对象，按小键盘上的 + 号键对其进行复制，并调整其位置，如图 11-1-43 所示。

44 使用同样的方法，复制多个木条对象，并调整它们的位置，如图 11-1-44 所示。

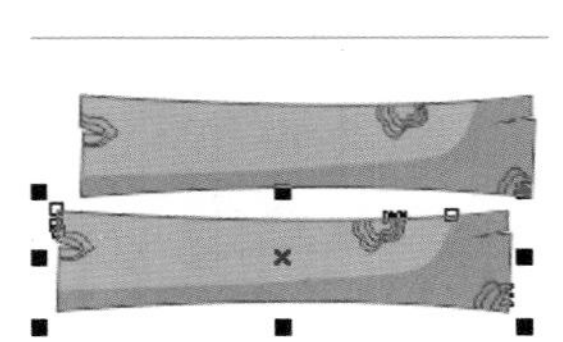

图11-1-43 复制对象

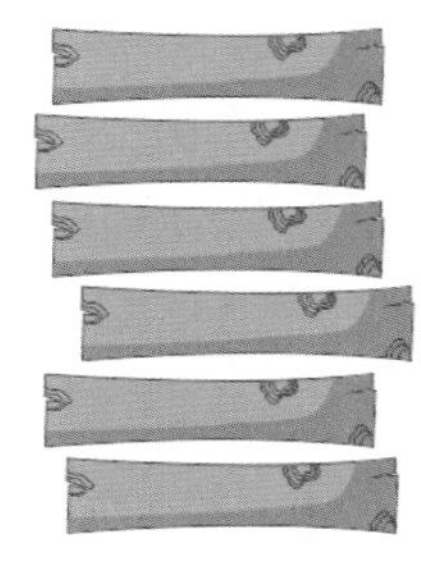

图11-1-44 复制多个对象

45 选择“文本工具”，输入文字。选择输入的文字，在属性栏上设置“字体”为黑体，“字体大小”为17pt，如图11-1-45所示。

46 使用同样的方法，输入其他的文字，效果如图11-1-46所示。

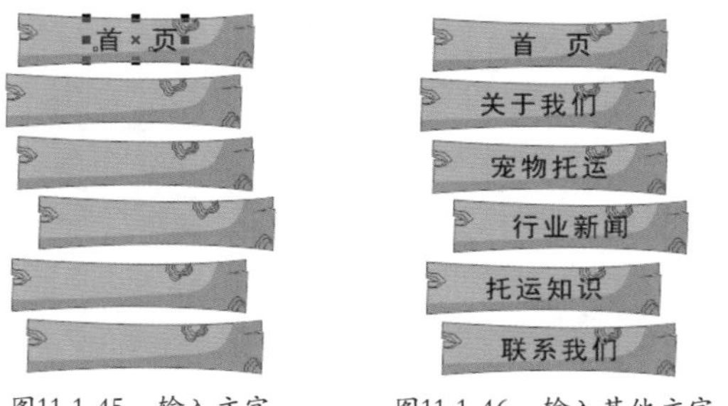

图11-1-45 输入文字　图11-1-46 输入其他文字

47 单击“钢笔工具”，绘制曲线。如图11-1-47所示。

48 按F12键打开“轮廓笔”对话框，设置颜色为（C：87，M：31，Y：100，K：0），设置宽度为0.75mm，如图11-1-48所示，单击“确定”按钮。

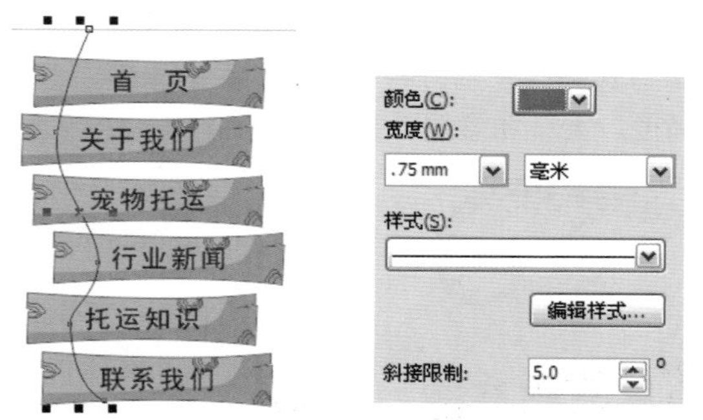

图11-1-47 绘制曲线　图11-1-48 设置曲线的颜色和宽度

49 设置曲线颜色和宽度后的效果，如图11-1-49所示。

50 然后按多次快捷键Ctrl+PageDown调整曲线的排列顺序，如图11-1-50所示。

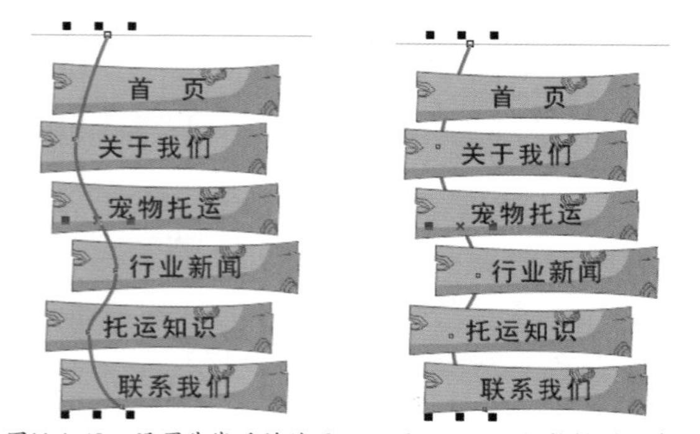

图11-1-49 设置曲线后的效果　图11-1-50 调整排列顺序

51 按小键盘上的+号键对绘制的曲线进行复制，然后调整其位置，效果如图11-1-51所示。

52 选择“矩形工具”，绘制矩形，并在属性栏中将“圆角半径”设置为5mm，如图11-1-52所示。

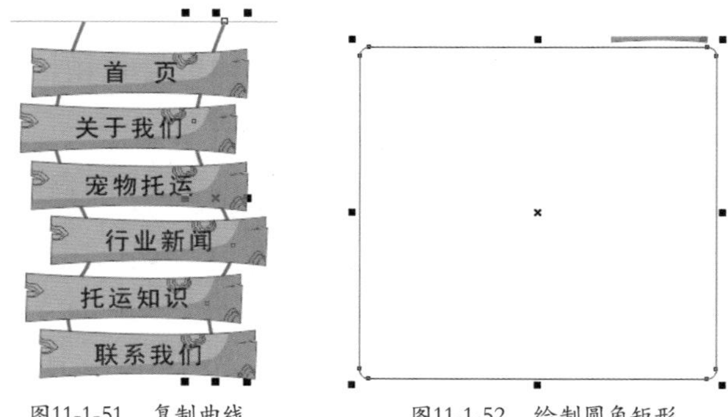

图11-1-51 复制曲线　图11-1-52 绘制圆角矩形

53 按F12键打开“轮廓笔”对话框，设置颜色为（C：87，M：31，Y：100，K：0），设置宽度为0.4mm，如图11-1-53所示，单击“确定”按钮。

54 设置矩形轮廓颜色和宽度后的效果，如图11-1-54所示。

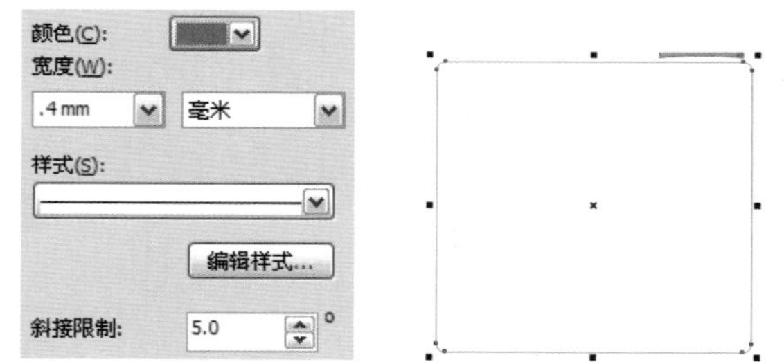

图11-1-53 设置轮廓颜色和宽度 图11-1-54 设置矩形轮廓后的效果

55 选择“矩形工具”，绘制矩形，在属性栏中将“圆角半径”设置为4mm，如图11-1-55所示。

56 按F12键打开“轮廓笔”对话框，设置颜色为（C：87，M：31，Y：100，K：0），设置宽度为0.75mm，选择如图11-1-56所示的轮廓样式，单击“确定”按钮。

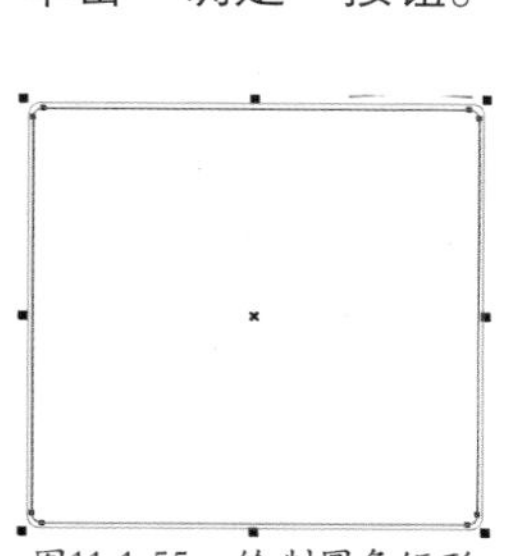

图11-1-55 绘制圆角矩形

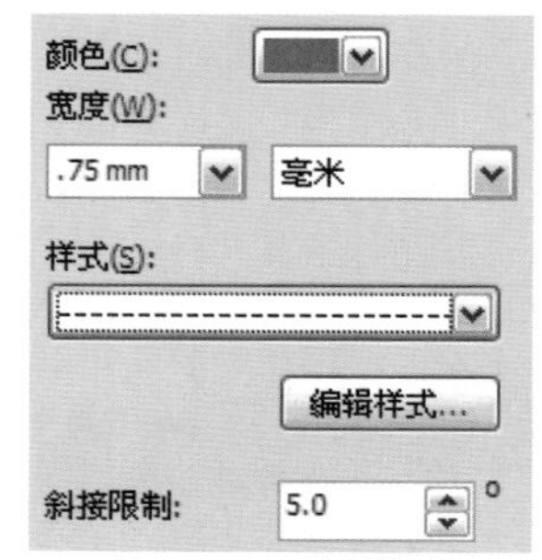

图11-1-56 设置轮廓

57 设置矩形轮廓后的效果，如图 11–1–57 所示。

58 选择“文本工具”字，输入文字。选择输入的文字，在属性栏上设置“字体”为黑体，“字体大小”为 17pt，如图 11–1–58 所示。

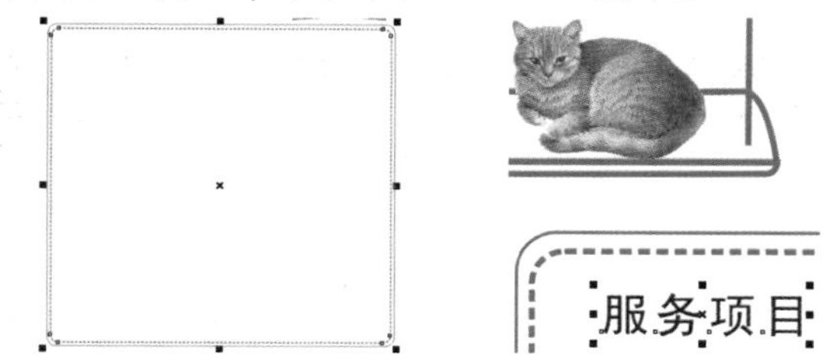

图11-1-57 设置矩形轮廓后的效果　图11-1-58 输入文字

59 按快捷键 Shift + F11 打开“均匀填充”对话框，设置颜色为（C：87，M：31，Y：100，K：0），如图 11–1–59 所示，单击“确定”按钮。

60 为选择的文字填充该颜色，效果如图 11–1–60 所示。

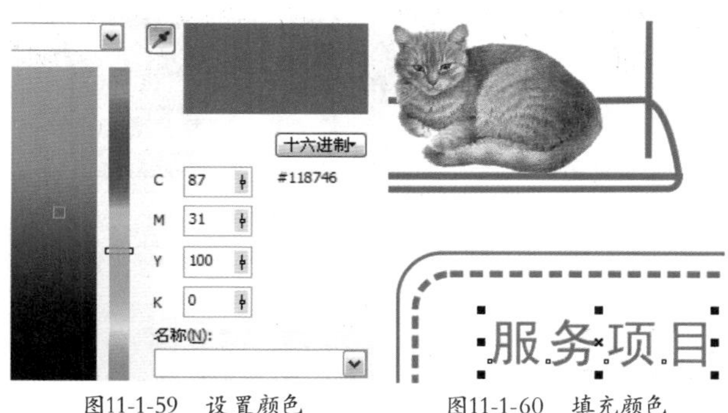

图11-1-59 设置颜色　图11-1-60 填充颜色

61 选择“矩形工具”，绘制矩形，如图 11–1–61 所示。

62 在调色板上右键单击绿色（C：100，M：0，Y：100，K：0）色块，将绘制的矩形的轮廓颜色填充为绿色，效果如图 11–1–62 所示。

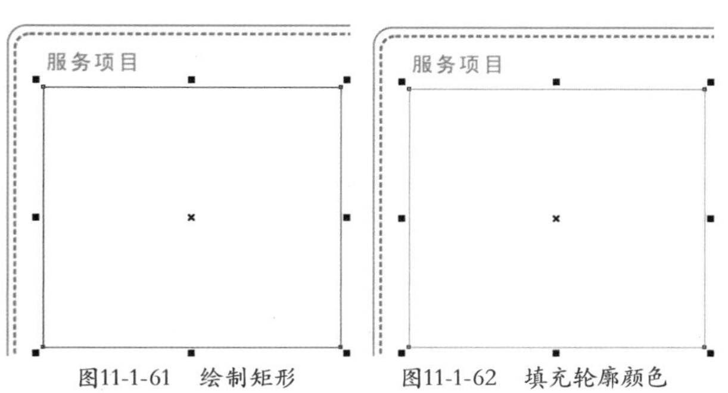

图11-1-61 绘制矩形　图11-1-62 填充轮廓颜色

63 按小键盘上的 + 号键对绘制的矩形进行复制，并调整其位置，效果如图 11–1–63 所示。

64 单击属性栏上的“导入”按钮，导入素材图片：狗 1.jpg，并调整素材位置和大小。如图 11–1–64 所示。

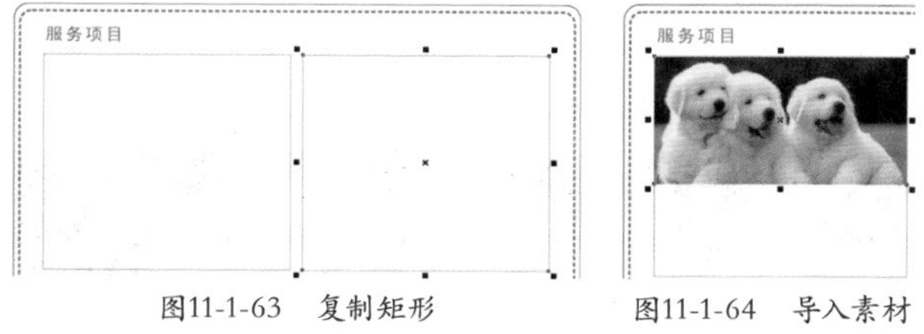

图11-1-63 复制矩形　图11-1-64 导入素材

65 使用同样的方法，导入素材图片：猫 1.jpg，并调整素材的位置和大小。如图 11–1–65 所示。

66 选择“文本工具”字，输入文字。选择输入的文字，在属性栏上设置“字体”为黑体，“字体大小”为 15pt，如图 11–1–66 所示。

图11-1-65 导入素材图片：猫1.jpg

图11-1-66 输入文字

67 按快捷键 Shift + F11 打开“均匀填充”对话框，设置颜色为橘红色（C：0，M：60，Y：100，K：0），如图 11–1–67 所示，单击“确定”按钮。

68 为选择的文字填充该颜色，效果如图 11–1–68 所示。

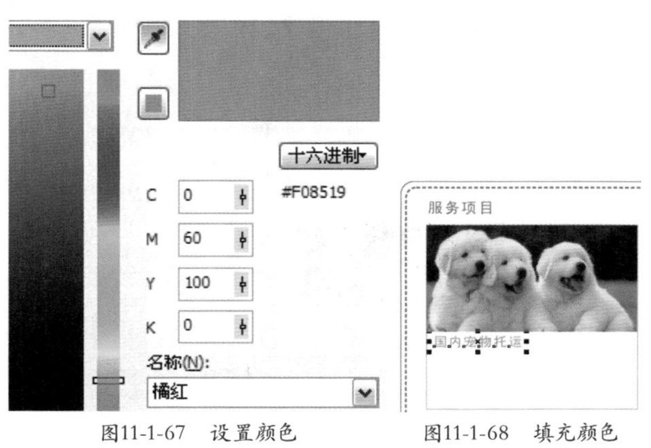

图11-1-67 设置颜色　图11-1-68 填充颜色

69 使用同样的方法输入文字：国际宠物进出口，并为输入的文字填充橘红色，效果如图 11–1–69 所示。

70 选择“文本工具”，输入文字。选择输入的文字，在属性栏上设置“字体”为黑体，“字体大小”为 14pt，如图 11–1–70 所示。

图11-1-69　输入并设置文字

图11-1-70　输入文字

71 使用同样的方法，输入其他文字，效果如图 11–1–71 所示。

72 单击“钢笔工具”，绘制多条曲线。如图 11–1–72 所示。

图11-1-71　输入其他文字

图11-1-72　绘制多条曲线

73 使用“选择工具”，在按住 Shift 键的同时选择绘制的多条曲线，如图 11–1–73 所示。

74 按 F12 键打开“轮廓笔”对话框，设置颜色为（C：87，M：31，Y：100，K：0），设置宽度为 0.75mm，如图 11–1–74 所示，单击“确定”按钮。

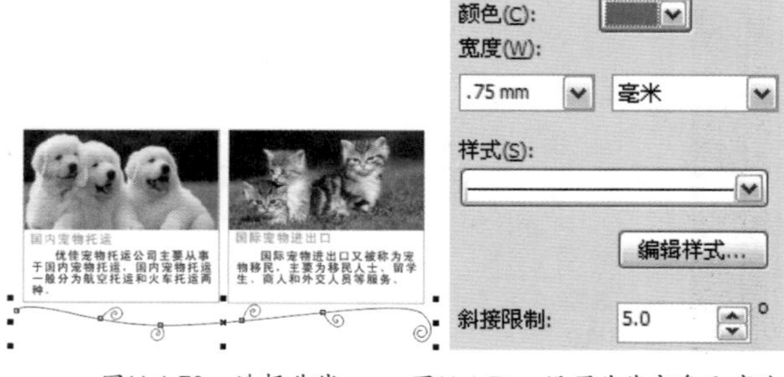

图11-1-73　选择曲线　　图11-1-74　设置曲线颜色和宽度

75 设置曲线颜色和宽度后的效果，如图 11–1–75 所示。

76 选择“文本工具”，输入文字。选择输入的文字，在属性栏上设置“字体”为黑体，“字体大小”为 17pt，如图 11–1–76 所示。

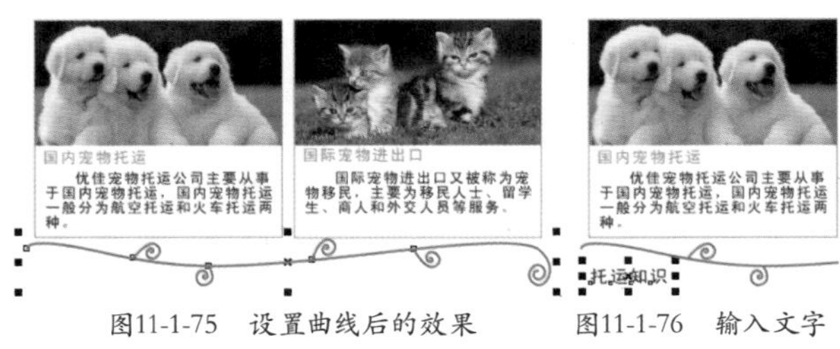

图11-1-75　设置曲线后的效果　　图11-1-76　输入文字

77 按快捷键 Shift + F11 打开“均匀填充”对话框，设置颜色为（C：87，M：31，Y：100，K：0），单击“确定”按钮，即可为选择的文字填充颜色。效果如图 11–1–77 所示。

78 使用同样的方法，输入其他文字，并为输入的文字填充颜色，效果如图 11–1–78 所示。

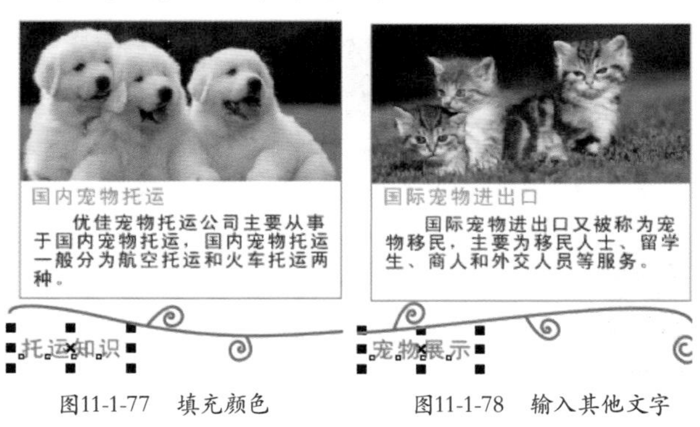

图11-1-77　填充颜色　　图11-1-78　输入其他文字

79 选择“矩形工具”，绘制矩形，如图 11–1–79 所示。

80 在调色板上右键单击绿色（C：100，M：0，Y：100，K：0）色块，将绘制的矩形的轮廓颜色填充为绿色，效果如图 11–1–80 所示。

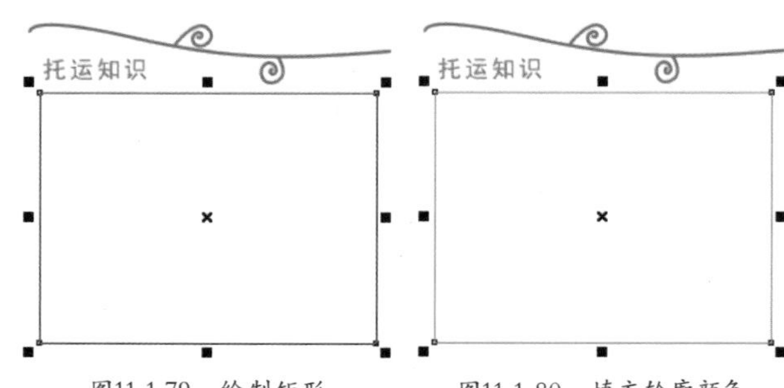

图11-1-79　绘制矩形　　图11-1-80　填充轮廓颜色

81 按小键盘上的 + 号键对绘制的矩形进行复制，并调整其位置，效果如图 11–1–81 所示。

82 选择“文本工具” ，并输入文字。选择输入的文字，在属性栏上设置“字体”为黑体，“字体大小”为 14pt，如图 11–1–82 所示。

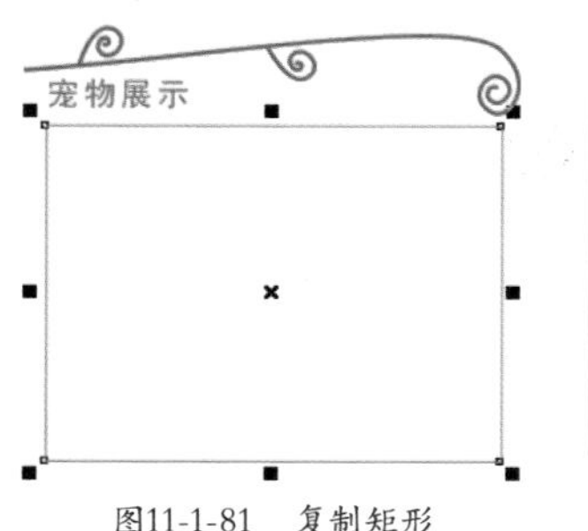

图11-1-81　复制矩形

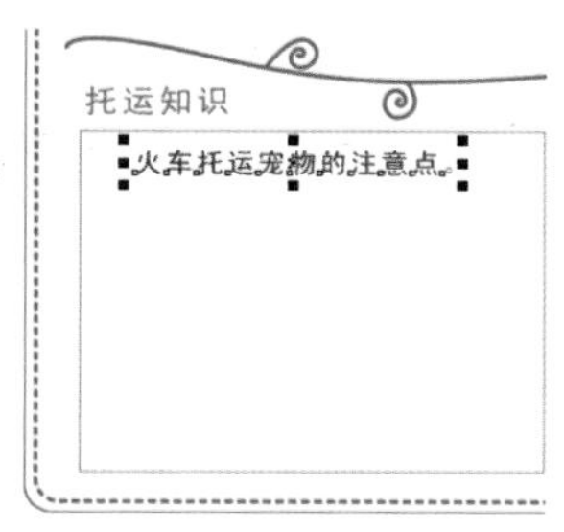

图11-1-82　输入文字

83 使用同样的方法，输入其他文字，效果如图 11–1–83 所示。

84 选择“椭圆形工具” ，按住 Ctrl 键绘制正圆，如图 11–1–84 所示。

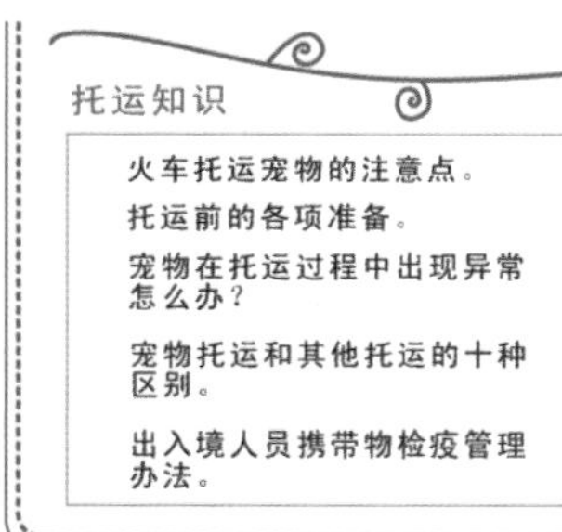

图11-1-83　输入其他文字

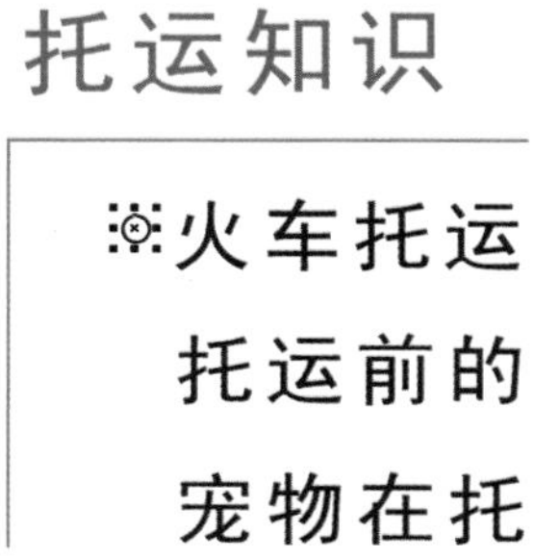

图11-1-84　绘制正圆

85 在调色板上单击绿色（C：100，M：0，Y：100，K：0）色块，为绘制的正圆填充绿色，右键单击“透明色”按钮☒，取消轮廓颜色，效果如图 11–1–85 所示。

86 按小键盘上的 + 号键复制多个正圆，并调整它们的位置，效果如图 11–1–86 所示。

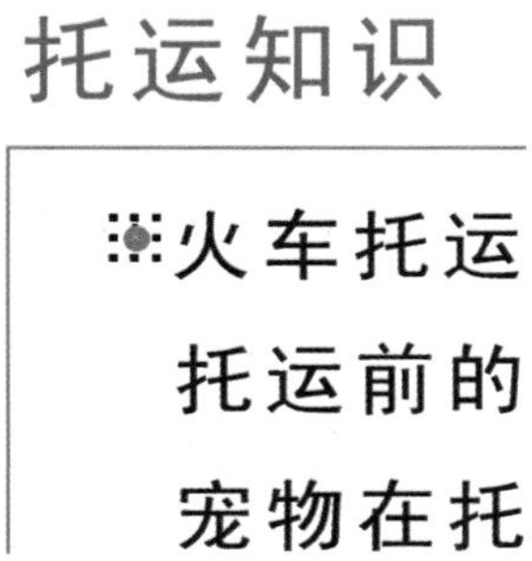

图11-1-85　填充颜色

图11-1-86　复制正圆

87 单击属性栏上的“导入”按钮 ，导入素材图片：猫 2.jpg，并调整素材位置和大小。如图 11–1–87 所示。

88 选择“矩形工具” ，绘制矩形，并在属性栏中将“圆角半径”设置为 5mm，如图 11–1–88 所示。

图11-1-87　导入素材

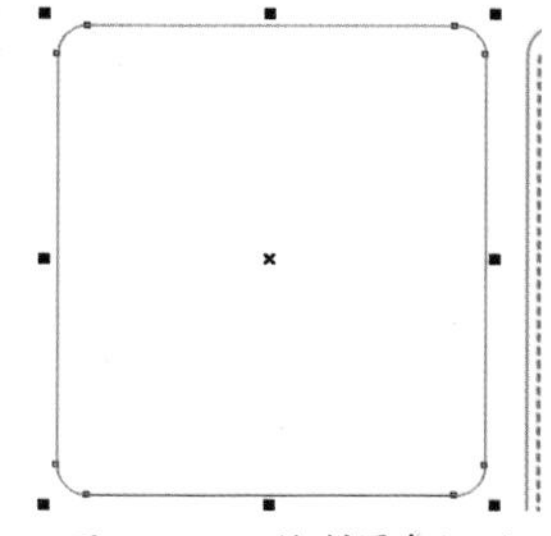

图11-1-88　绘制圆角矩形

89 按 F12 键打开“轮廓笔”对话框，设置颜色为（C：87，M：31，Y：100，K：0），设置宽度为 0.4mm，单击“确定”按钮。设置矩形轮廓颜色和宽度后的效果，如图 11–1–89 所示。

90 选择“矩形工具” ，绘制矩形，并在属性栏中将“圆角半径”设置为 4mm，如图 11–1–90 所示。

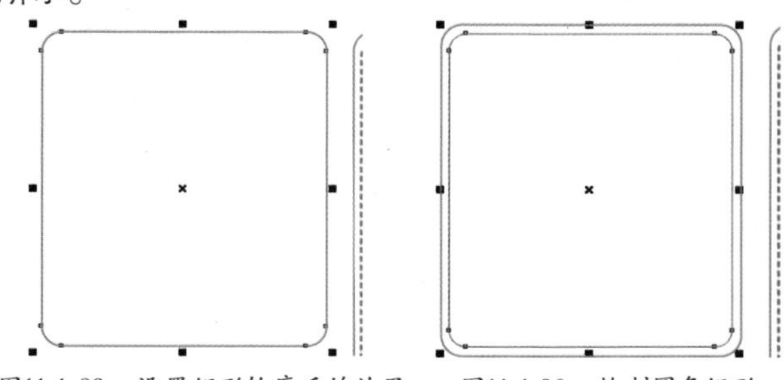

图11-1-89　设置矩形轮廓后的效果　　图11-1-90　绘制圆角矩形

91 按 F12 键打开“轮廓笔”对话框，设置颜色为（C：87，M：31，Y：100，K：0），设置宽度为 0.75mm。选择如图 11–1–91 所示的轮廓样式，单击“确定”按钮。

92 设置矩形轮廓后的效果，如图 11–1–92 所示。

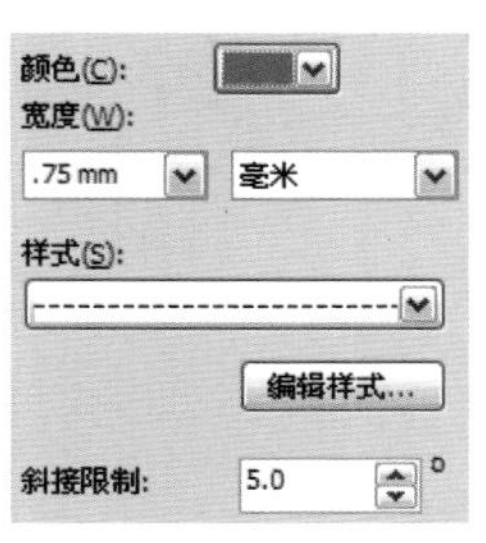

图11-1-91　设置轮廓

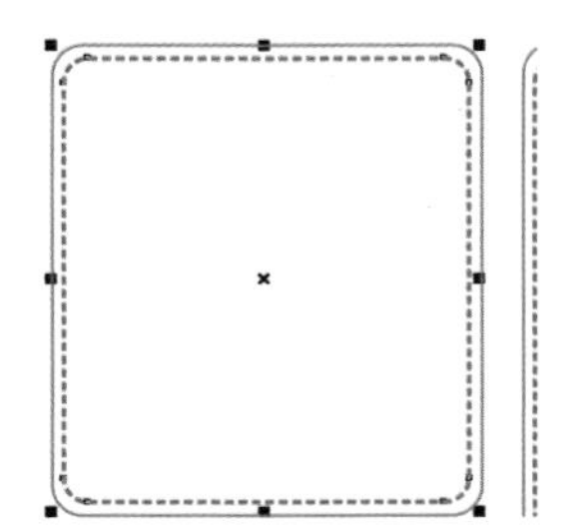

图11-1-92　设置矩形轮廓后的效果

93 选择新绘制的两个圆角矩形，按小键盘上的＋号键进行复制，并调整其位置，效果如图11-1-93所示。

94 单击“钢笔工具”，绘制两条曲线。如图11-1-94所示。

图11-1-93　复制矩形　　图11-1-94　绘制曲线

95 选择新绘制的两条曲线，按F12键打开“轮廓笔”对话框，设置颜色为（C：87，M：31，Y：100，K：0），设置宽度为0.5mm，单击“确定”按钮。设置曲线颜色和宽度后的效果，如图11-1-95所示。

96 使用“选择工具”，选择如图11-1-96所示的木条对象。

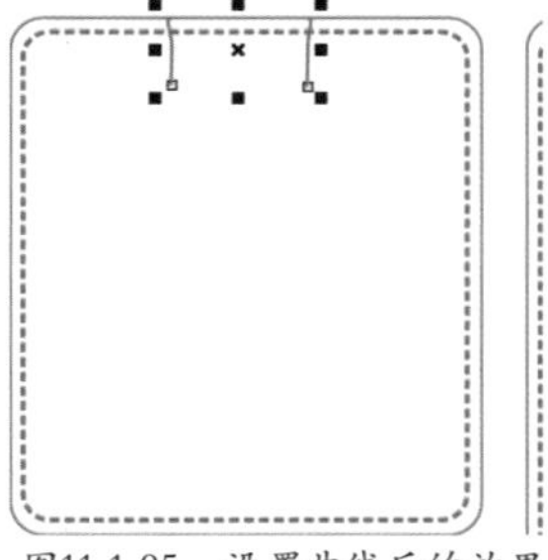

图11-1-95　设置曲线后的效果　　图11-1-96　选择木条对象

97 按小键盘上的＋号键对其进行复制，并调整复制后的木条对象的大小和位置，效果如图11-1-97所示。

98 使用“选择工具”，在按住Shift键的同时选择新绘制的两条曲线和木条对象，如图11-1-98所示。

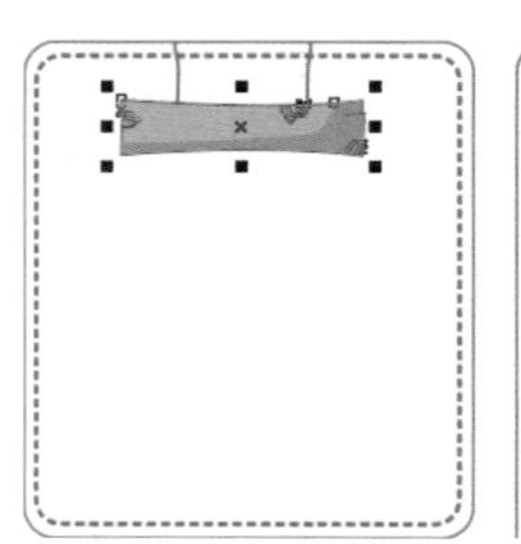

图11-1-97　复制木条对象

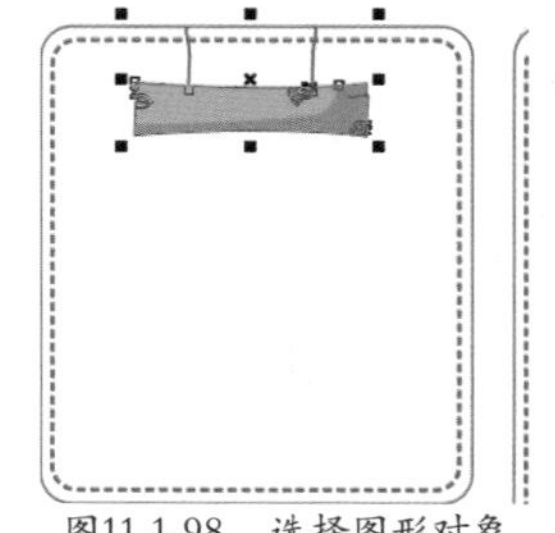

图11-1-98　选择图形对象

99 按小键盘上的＋号键对选择的对象进行复制，并调整复制后的对象的位置，效果如图11-1-99所示。

100 选择“文本工具”，输入文字。选择输入的文字，在属性栏上设置“字体”为黑体，“字体大小”为17pt，如图11-1-100所示。

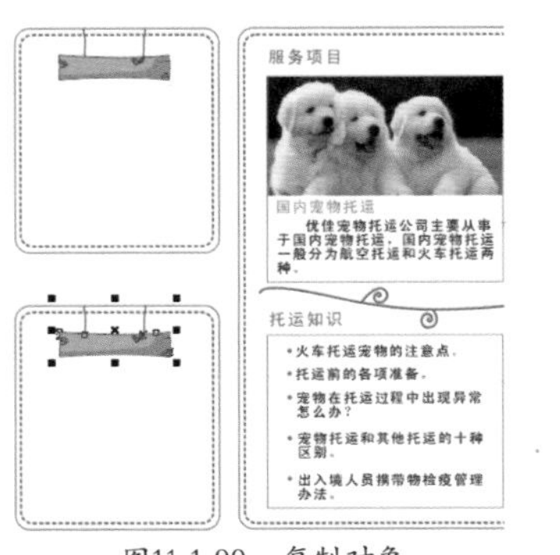

图11-1-99　复制对象

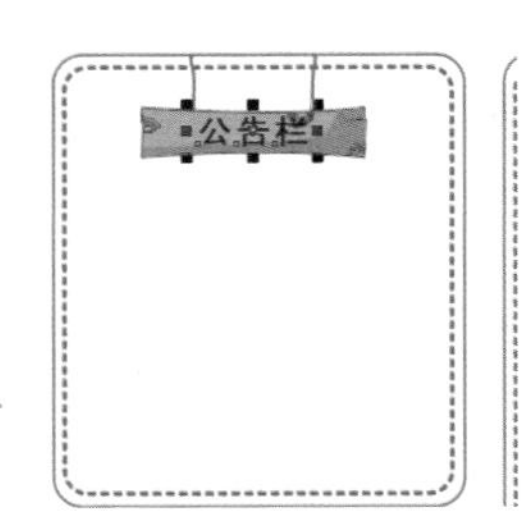

图11-1-100　输入文字

101 使用同样的方法，输入其他文字，效果如图11-1-101所示。

102 继续使用“文本工具”输入文字。选择输入的文字，在属性栏上设置“字体”为黑体，“字体大小”为14pt，如图11-1-102所示。

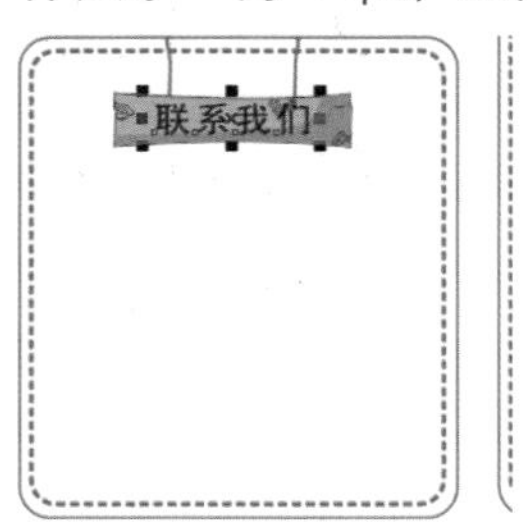

图11-1-101　输入其他文字

图11-1-102　输入文字

103 使用同样的方法，输入其他文字，效果如图11-1-103所示。

104 使用“选择工具”选择如图11-1-104所示的正圆。

图11-1-103　输入其他文字　　图11-1-104　选择正圆

105 按小键盘上的 + 号键复制多个正圆，并调整它们的位置，效果如图 11-1-105 所示。

106 选择“矩形工具”，绘制矩形，并在属性栏中将“圆角半径”设置为 2mm，如图 11-1-106 所示。

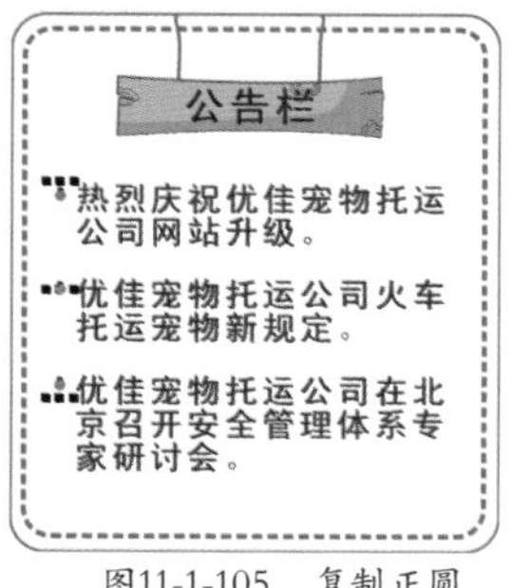

图11-1-105 复制正圆

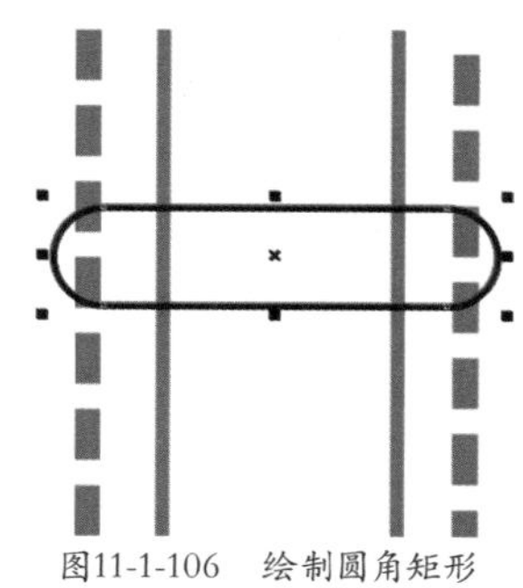
图11-1-106 绘制圆角矩形

107 在调色板上单击 70% 的黑（C：0，M：0，Y：0，K：70）色块，为绘制的圆角矩形填充颜色，右键单击“透明色”按钮☒，取消轮廓颜色，效果如图 11-1-107 所示。

108 选择“矩形工具”，绘制矩形，并在属性栏中将“圆角半径”设置为 0.75mm，如图 11-1-108 所示。

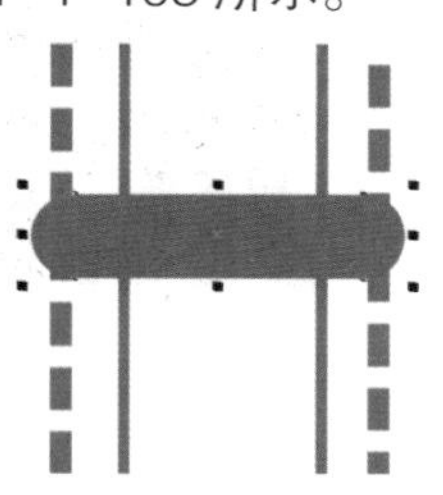
图11-1-107 填充颜色

图11-1-108 绘制圆角矩形

109 在调色板上单击 20% 的黑（C：0，M：0，Y：0，K：20）色块，为绘制的圆角矩形填充颜色，右键单击“透明色”按钮☒，取消轮廓颜色，效果如图 11-1-109 所示。

110 单击“调和工具”，选择小圆角矩形，单击拖曳到大圆角矩形上，在属性栏上设置“调和对象”为 20。图像最终效果，如图 11-1-110 所示。

图11-1-109 填充颜色

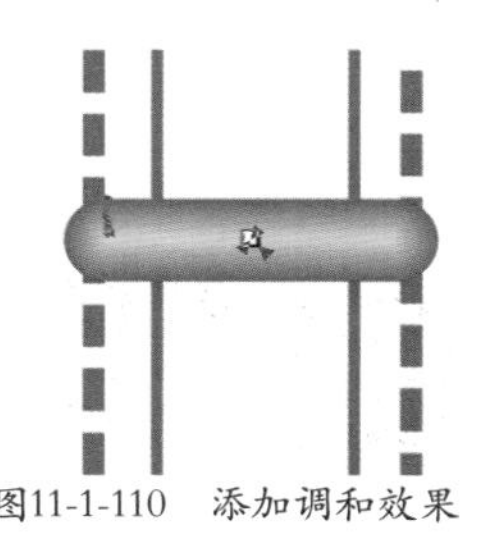
图11-1-110 添加调和效果

111 选择调和后的图形对象，按小键盘上的 + 号键复制多个调和对象，并调整它们的位置，效果如图 11-1-111 所示。

112 单击属性栏上的“导入”按钮，导入素材图片：兔 1.psd，并调整素材位置和大小。如图 11-1-112 所示。

图11-1-111 复制调和对象　图11-1-112 导入素材

113 单击“钢笔工具”，绘制两个图形对象。如图 11-1-113 所示。

114 选择新绘制的两个图形对象，在调色板上单击绿色（C：100，M：0，Y：100，K：0）色块，为绘制的图形填充绿色，右键单击“透明色”按钮☒，取消轮廓颜色，效果如图 11-1-114 所示。

图11-1-113 绘制图形

图11-1-114 填充颜色

115 选择“文本工具”，输入文字。选择输入的文字，在属性栏上设置“字体”为黑体，“字体大小”为 14pt，如图 11-1-115 所示。

116 选择“矩形工具”，并在绘图页中沿绘图页绘制矩形，如图 11-1-116 所示。

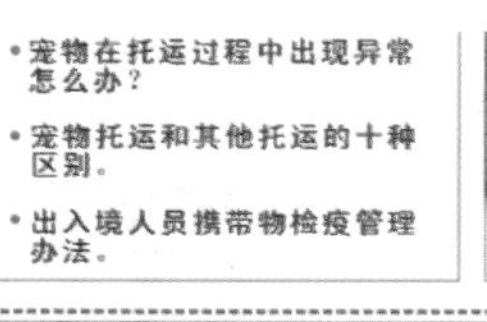

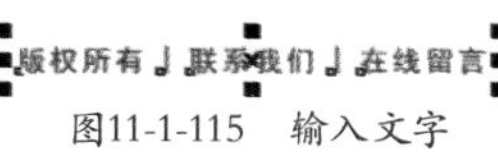

图11-1-115 输入文字

图11-1-116 绘制矩形

117 选择“图样填充工具”，打开“图样填充”对话框，选择“双色”单选框，单击按钮，在弹出的下拉列表中选择如图 11-1-117 所示的图样。

118 将“前部”颜色设置为白色（C:0,M:0,Y:0，K:0）;将“后部”颜色设置为（C:0，M:4，Y:19，K:0），在“大小”设置区中将“宽度”和“高度”设置为 30mm，如图 11-1-118 所示，单击“确定”按钮。

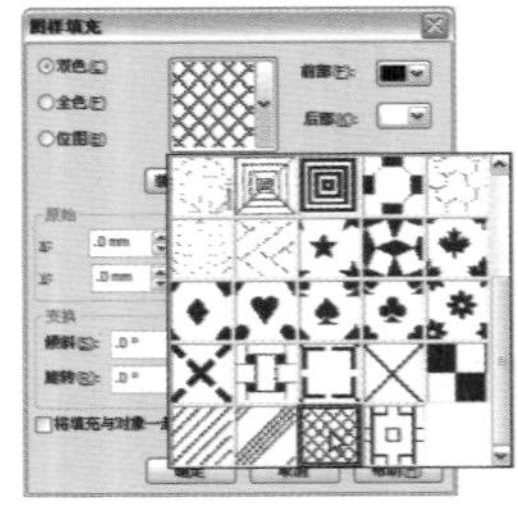

图11-1-117　选择图样

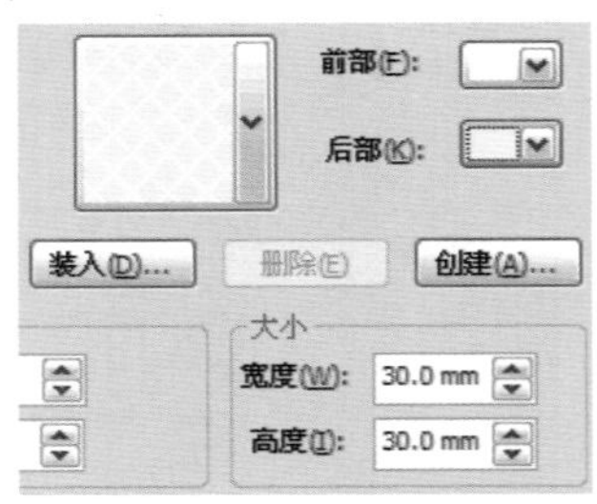

图11-1-118　设置参数

119 为绘制的矩形填充双色图样，右键单击调色板上的“透明色”按钮☒，取消轮廓颜色，效果如图 11-1-119 所示。

120 在矩形上单击右键，在弹出的快捷菜单中执行“顺序”|“到页面后面”命令，调整矩形的排列顺序，最终效果如图 11-1-120 所示。

图11-1-119　填充双色图样

图11-1-120　调整排列顺序

11.2 相机网页设计

技能分析

制作本实例的主要目的是使读者了解并掌握如何在 CorelDRAW X5 软件中绘制相机网页，先使用“矩形工具”和“钢笔工具”绘制图形，并导入图片和使用“文本工具”输入文字，最后再导入背景图片，从而完成最终效果的制作。

制作步骤

1 按快捷键 Ctrl + N 打开“创建新文档”对话框，设置“名称”为相机网页设计，“宽度”为 280mm，“高度”为 210mm，如图 11-2-1 所示。单击“确定”按钮。

2 选择“文本工具”，输入文字。选择输入的文字，在属性栏上设置“字体”为汉仪综艺体简，“字体大小”为 60pt，如图 11-2-2 所示。

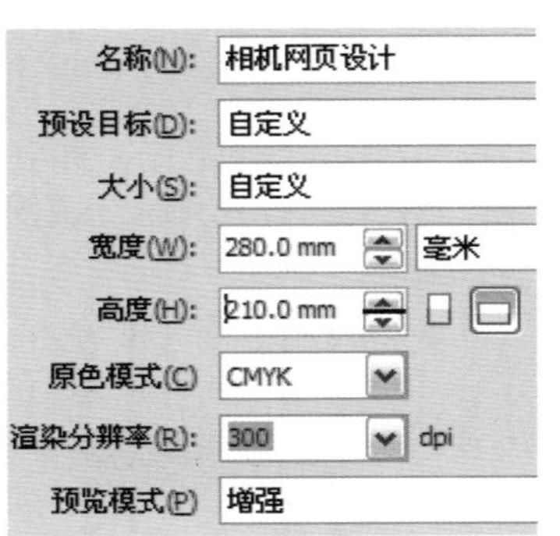

图11-2-1　设置新文档参数

图11-2-2　输入文字

3 使用同样的方法输入文字“佳”，如图 11-2-3 所示。

4 使用“选择工具”，在按住 Shift 键的同时选中输入的文字，单击鼠标右键，在弹出的快捷菜单中执行“转换为曲线”命令，如图 11-2-4 所示。

图11-2-3　输入文字“佳”

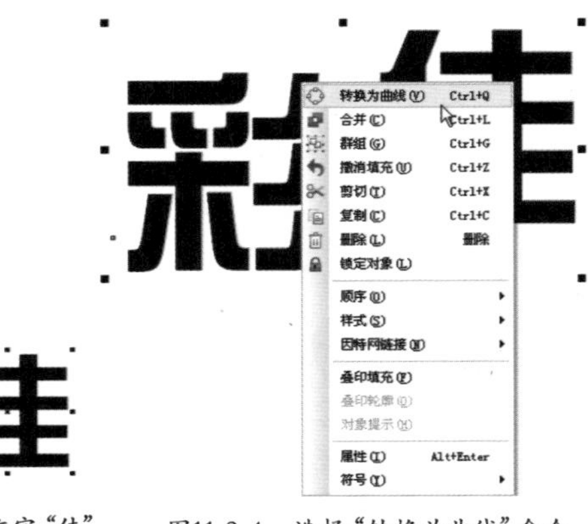

图11-2-4　选择“转换为曲线”命令

5 将选择的文字转换为曲线，并选择曲线“彩”，并单击鼠标右键，在弹出的快捷菜单中执行“拆分曲线”命令，如图 11-2-5 所示。

6 使用同样的方法，拆分曲线“佳”，如图 11-2-6 所示。

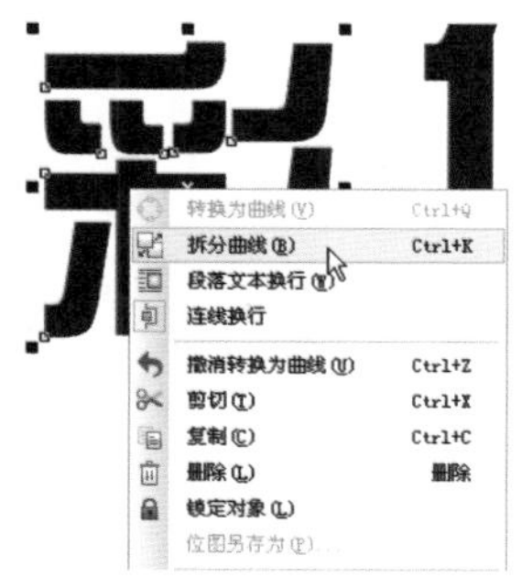

图11-2-5 选择“拆分曲线”命令

图11-2-6 拆分曲线“佳”

7 使用“形状工具”选择如图 11-2-7 所示的两个节点。

8 向左调整选中的 2 个节点，如图 11-2-8 所示。

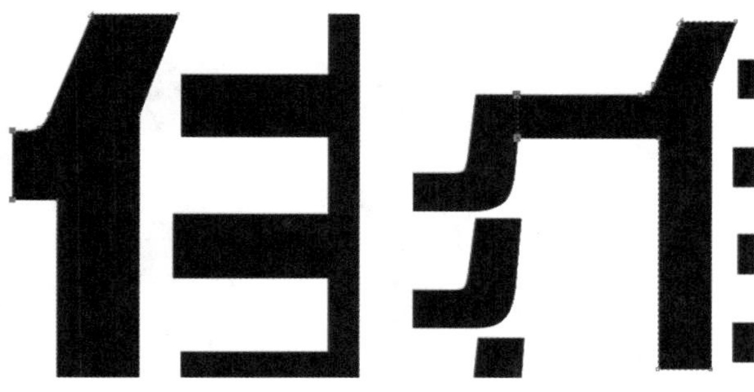

图11-2-7 选择节点　　图11-2-8 调整节点

9 使用“选择工具”，在按住 Shift 键的同时选择如图 11-2-9 所示的图形对象。

10 在调色板上单击洋红色（C:0，M:100，Y:0，K：0）色块，为选中的图形填充洋红色，效果如图 11-2-10 所示。

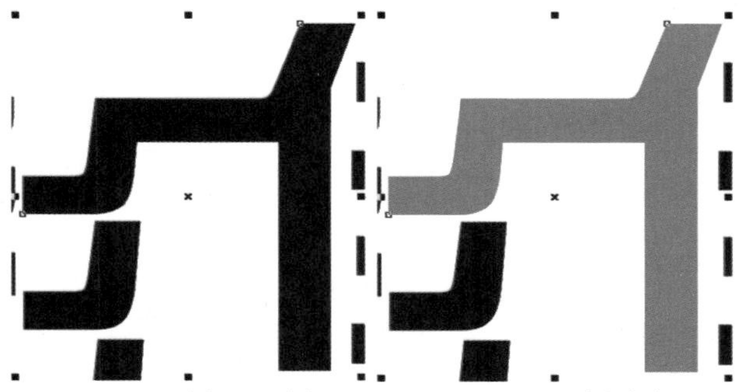

图11-2-9 选择图形对象　　图11-2-10 填充颜色

11 选择如图 11-2-11 所示的图形，在调色板上单击橘红色（C:0，M:60，Y:100，K:0）色块，为选中的图形填充橘红色。

12 选择如图 11-2-12 所示的图形，并在调色板上单击青色（C：100，M：0，Y：0，K：0）色块，为选中的图形填充青色。

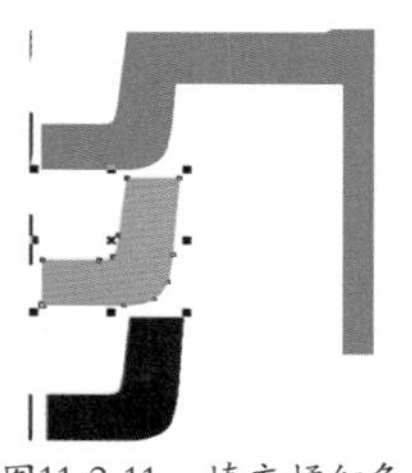

图11-2-11 填充橘红色　　图11-2-12 填充青色

13 选择“文本工具”，输入文字。选中输入的文字，在属性栏上设置“字体”为华文行楷，“字体大小”为 11pt，如图 11-2-13 所示。

14 选择“矩形工具”，绘制矩形，在属性栏中将“圆角半径”设置为 5.5mm，如图 11-2-14 所示。

图11-2-13 输入文字

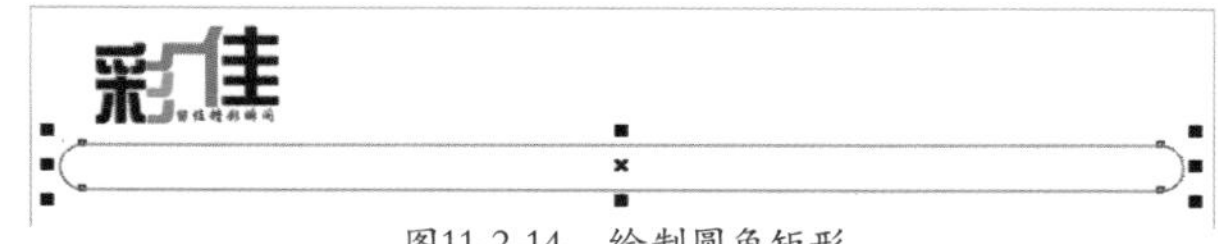

图11-2-14 绘制圆角矩形

15 按 F11 键打开“渐变填充”对话框，单击“预设”右侧的按钮，在弹出的下拉列表中选择“射线 - 彩虹色”选项。将“类型”设置为线性，如图 11-2-15 所示，单击“确定”按钮。

16 填充渐变色后，右键单击调色板上的“透明色”按钮，取消轮廓颜色，效果如图 11-2-16 所示。

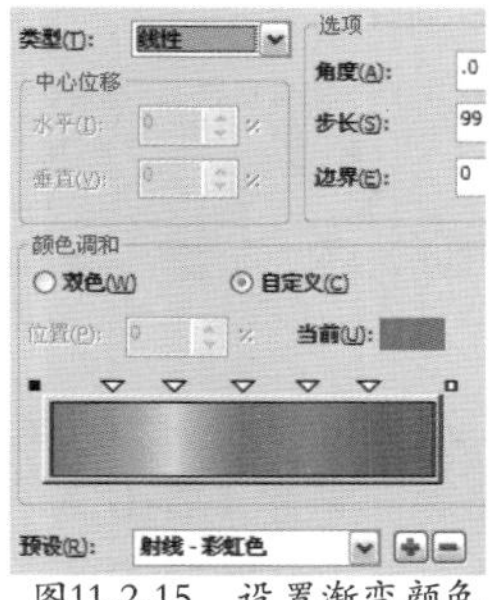

图11-2-15 设置渐变颜色

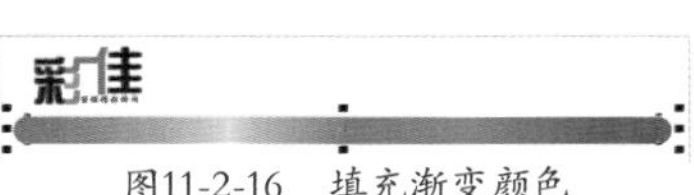

图11-2-16 填充渐变颜色

17 选择“透明度工具”，选择属性栏上的“透明度类型”为全色图样，并在如图 11-2-17 所示的列表框中选择一种图样。

18 为圆角矩形添加透明度，效果如图 11-2-18 所示。

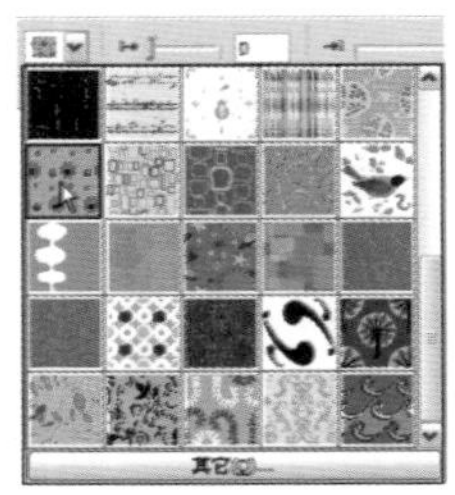

图11-2-17　选择图样

图11-2-18　添加透明度

19 选择“文本工具”，输入文字。选中输入的文字，在属性栏上设置“字体”为方正黑体简体，“字体大小”为 19pt，如图 11-2-19 所示。

20 选择“矩形工具”，绘制矩形，在属性栏中将“圆角半径”设置为 5.5mm，如图 11-2-20 所示。

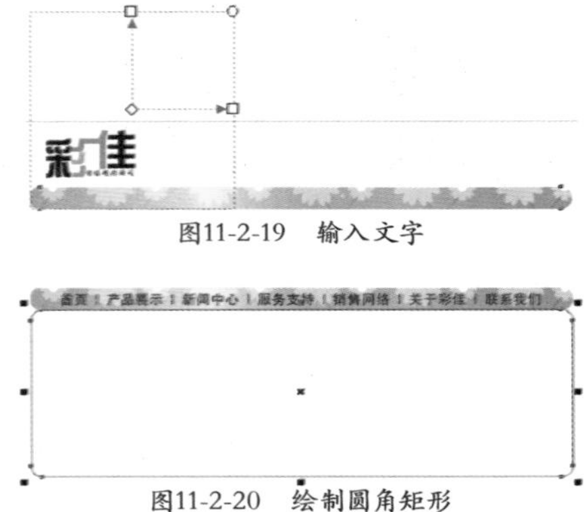

图11-2-19　输入文字

图11-2-20　绘制圆角矩形

21 在调色板上单击橘红色（C：0，M：60，Y：100，K：0）色块，为选中的圆角矩形填充橘红色，右键单击“透明色”按钮☒，取消轮廓颜色，效果如图 11-2-21 所示。

22 单击“钢笔工具”，绘制图形。如图 11-2-22 所示。

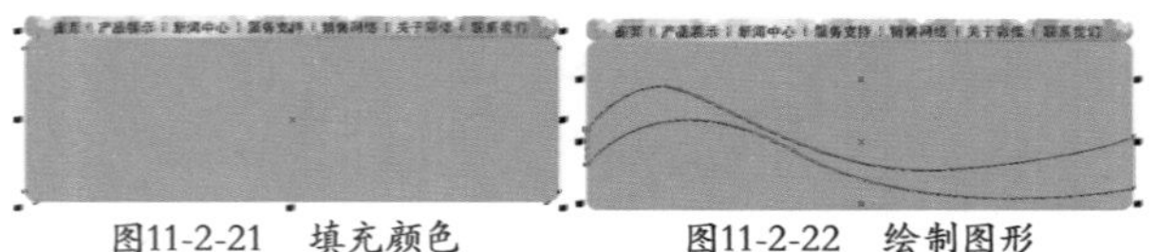

图11-2-21　填充颜色　　图11-2-22　绘制图形

23 按 F11 键打开“渐变填充”对话框，设置“类型”为辐射，分别设置“从”颜色为橘红色（C：0；M：60；Y：100；K：0），“到”的颜色为 10% 黑色（C：0；M：0；Y：0；K：10），如图 11-2-23 所示。单击“确定”按钮。

24 填充渐变色后，右键单击调色板上的“透明色”按钮☒，取消轮廓颜色，效果如图 11-2-24 所示。

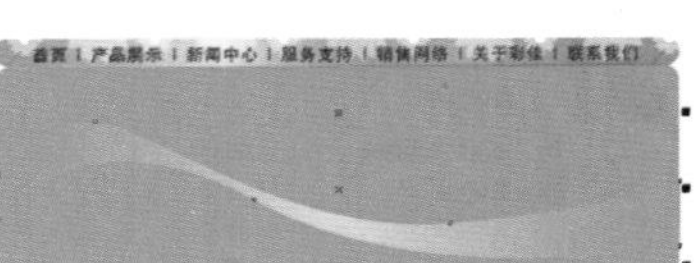

图11-2-23　设置渐变颜色　　图11-2-24　填充渐变颜色

25 选择“透明度工具”，选择属性栏上的“透明度类型”为标准，设置“开始透明度”为 60，效果如图 11-2-25 所示。

26 单击“钢笔工具”，绘制图形。如图 11-2-26 所示。

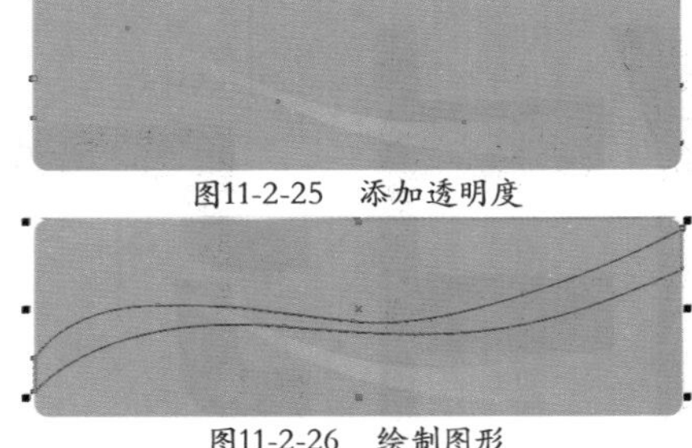

图11-2-25　添加透明度

图11-2-26　绘制图形

27 按 F11 键打开“渐变填充”对话框，设置“类型”为辐射，分别设置“从”颜色为橘红色（C：0；M：60；Y：100；K：0），“到”的颜色为 10% 黑色（C：0；M：0；Y：0；K：10），如图 11-2-27 所示。单击“确定”按钮。

28 填充渐变色后，右键单击调色板上的“透明色”按钮☒，取消轮廓颜色，效果如图 11-2-28 所示。

图11-2-27　设置渐变颜色

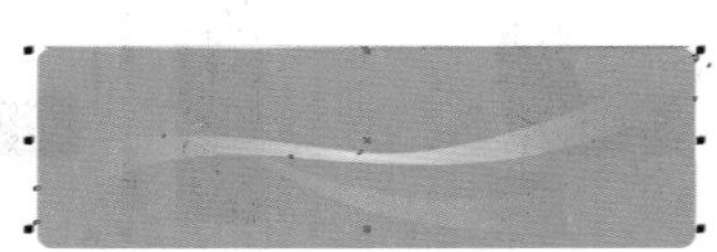

图11-2-28　填充渐变颜色

29 选择"透明度工具"，选中属性栏上的"透明度类型"为标准，设置"开始透明度"为 60，效果如图 11-2-29 所示。

30 单击属性栏上的"导入"按钮，导入素材图片：相机 1.psd，并调整素材位置和大小。如图 11-2-30 所示。

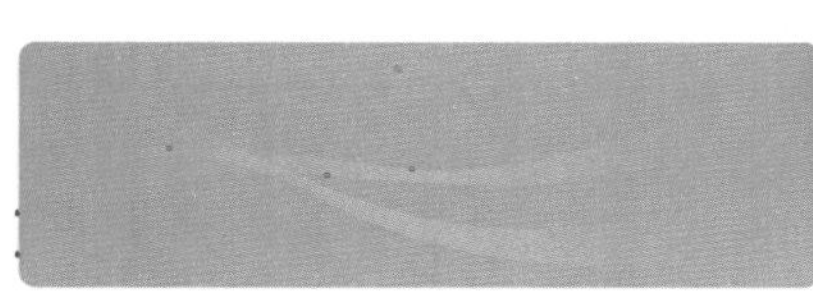

图11-2-29 添加透明度

图11-2-30 导入素材

31 确定导入的素材图片处于选中状态，按小键盘上的 + 号键进行复制，并在属性栏中单击"垂直镜像"按钮，调整复制后的图片的位置和角度，效果如图 11-2-31 所示。

32 选择"透明度工具"，单击拖曳形成透明渐变效果。图像效果如图 11-2-32 所示。

图11-2-31 复制并调整素材图片　　图11-2-32 添加透明度

33 选择"文本工具"，输入文字。选中输入的文字,在属性栏上设置"字体"为汉仪综艺体简，"字体大小"为 40pt，如图 11-2-33 所示。

34 在调色板上单击洋红色（C:0，M:100，Y:0，K：0）色块，为选择的文字填充洋红色，效果如图 11-2-34 所示。

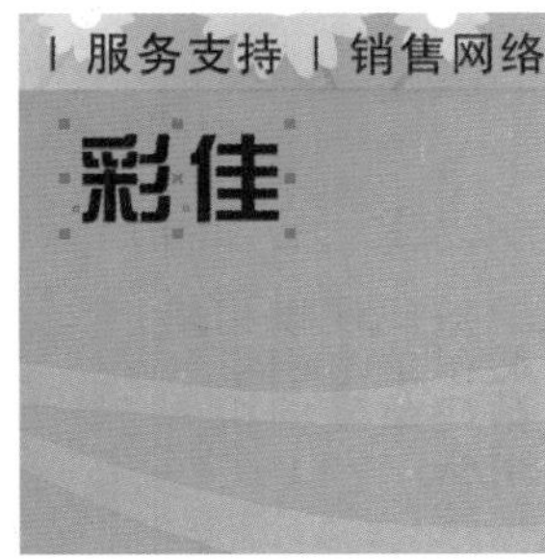

图11-2-33 输入文字

图11-2-34 填充颜色

35 选择"文本工具"，输入文字。选中输入的文字，在属性栏上设置"字体"为 Impact，"字体大小"为 28pt，如图 11-2-35 所示。

36 继续使用"文本工具"输入文字。选中输入的文字，在属性栏上设置"字体"为方正魏碑简体，"字体大小"为 17pt，如图 11-2-36 所示。

图11-2-35 输入文字

图11-2-36 继续输入文字

37 在调色板上单击白色（C：0，M：0，Y：0，K：0）色块，为选中的文字填充白色，效果如图 11-2-37 所示。

38 单击"钢笔工具"，绘制图形。如图 11-2-38 所示。

图11-2-37 填充颜色

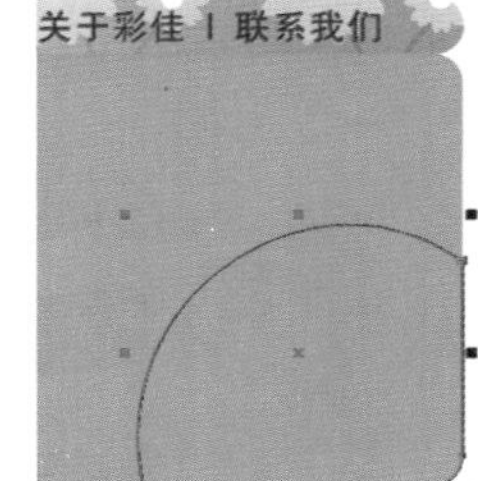

图11-2-38 绘制图形

39 在调色板上单击洋红色（C:0，M:100，Y:0，K：0）色块，为绘制的图形填充洋红色。右键单击"透明色"按钮，取消轮廓颜色，效果如图 11-2-39 所示。

40 单击属性栏上的"导入"按钮，导入素材图片：相机 2.psd，并调整素材位置和大小。如图 11-2-40 所示。

图11-2-39 填充颜色

图11-2-40 导入素材

41 选择“阴影工具”，将鼠标移至图片上，向外单击拖曳形成阴影后，设置属性栏上的“阴影的不透明度”为 22，“阴影羽化”为 5，其他参数使用默认设置。如图 11-2-41 所示。

42 选择“文本工具”，输入文字。选中输入的文字，在属性栏上设置“旋转角度”为 29.9°，“字体”为黑体，“字体大小”为 20pt，如图 11-2-42 所示。

图11-2-41 添加阴影

图11-2-42 输入文字

43 在调色板上单击白色（C：0，M：0，Y：0，K：0）色块，为选择的文字填充白色，效果如图 11-2-43 所示。

44 使用同样的方法输入其他文字，效果如图 11-2-44 所示。

图11-2-43 填充颜色

图11-2-44 输入其他文字

45 选择“椭圆形工具”，按住 Ctrl 键绘制正圆，如图 11-2-45 所示。

46 在调色板上单击橘红色（C：0，M：60，Y：100，K：0）色块，为绘制的图形填充橘红色，右键单击“透明色”按钮☒，取消轮廓颜色，效果如图 11-2-46 所示。

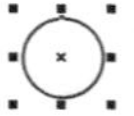

图11-2-45 绘制正圆

图11-2-46 填充颜色

47 选择“阴影工具”，将鼠标移至图形上向外单击拖曳形成阴影后，设置属性栏上“阴影的不透明度”为 22，“阴影羽化”为 2，其他参数使用默认设置。如图 11-2-47 所示。

48 选择“箭头形状工具”，在属性栏中选择如图 11-2-48 所示的形状。

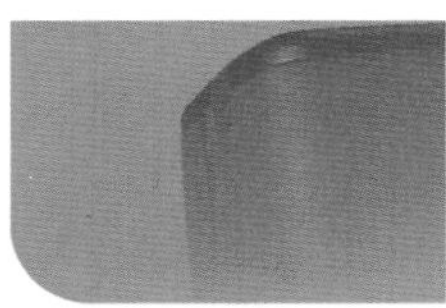

图11-2-47 添加阴影

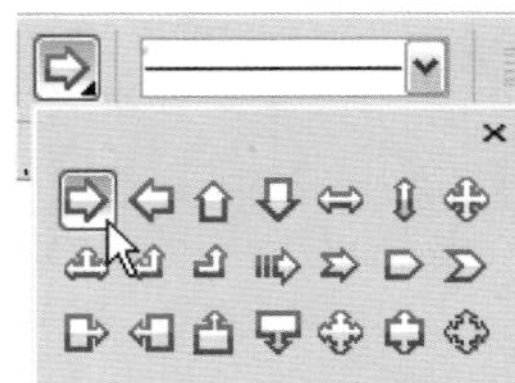

图11-2-48 选择形状

49 然后在绘制的正圆上绘制形状，效果如图 11-2-49 所示。

50 在调色板上单击白色（C：0，M：0，Y：0，K：0）色块，为绘制的形状填充白色，右键单击“透明色”按钮☒，取消轮廓颜色，效果如图 11-2-50 所示。

图11-2-49 绘制形状

图11-2-50 填充颜色

51 选择“文本工具”，输入文字。选择输入的文字，在属性栏上设置“字体”为黑体，“字体大小”为 19pt，如图 11-2-51 所示。

52 继续使用“文本工具”输入其他文字，如图 11-2-52 所示。

图11-2-51 输入文字

图11-2-52 输入其他文字

53 在调色板上单击 60% 的黑（C：0，M：0，Y：0，K：60）色块，为输入的文字填充颜色，效果如图 11–2–53 所示。

54 单击属性栏上的“导入”按钮，导入素材图片：相机 3.psd，并调整素材位置和大小。如图 11–2–54 所示。

图11-2-53 填充颜色

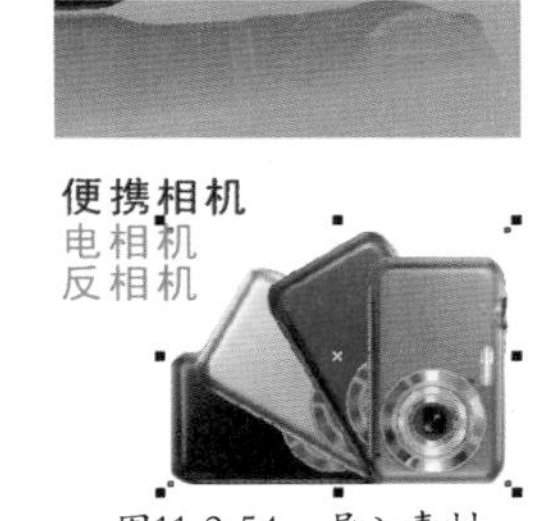

图11-2-54 导入素材

55 确定导入的素材图片处于选中状态，按小键盘上的 + 号键进行复制，在属性栏中单击“垂直镜像”按钮，并调整复制后的图片的位置，效果如图 11–2–55 所示。

56 选择“透明度工具”，单击拖曳形成透明渐变效果。图像效果如图 11–2–56 所示。

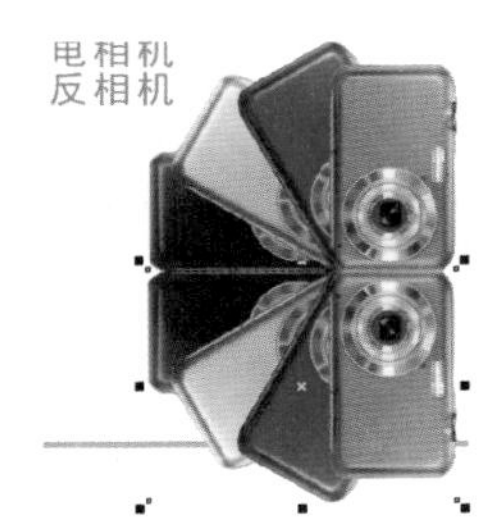

图11-2-55 复制并调整图片

图11-2-56 添加透明度

57 选择“矩形工具”，绘制矩形，在属性栏中将“圆角半径”设置为 4.197mm，如图 11–2–57 所示。

58 按 F12 键打开“轮廓笔”对话框，设置颜色为橘红色（C：0，M：60，Y：100，K：0），设置宽度为 0.5mm，如图 11–2–58 所示，单击“确定”按钮。

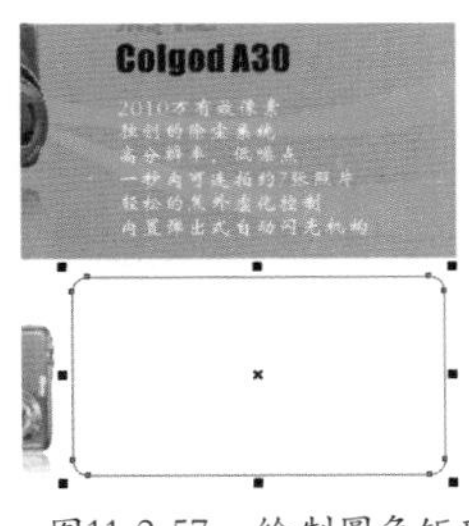

图11-2-57 绘制圆角矩形

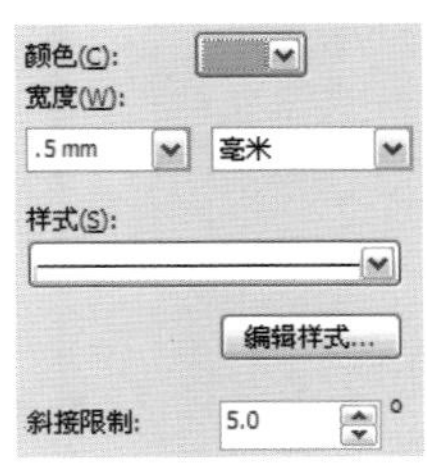

图11-2-58 设置轮廓

59 设置矩形轮廓后的效果，如图 11–2–59 所示。

60 选择“文本工具”，输入文字。选中输入的文字，在属性栏上设置“字体”为黑体，“字体大小”为 19pt，如图 11–2–60 所示。

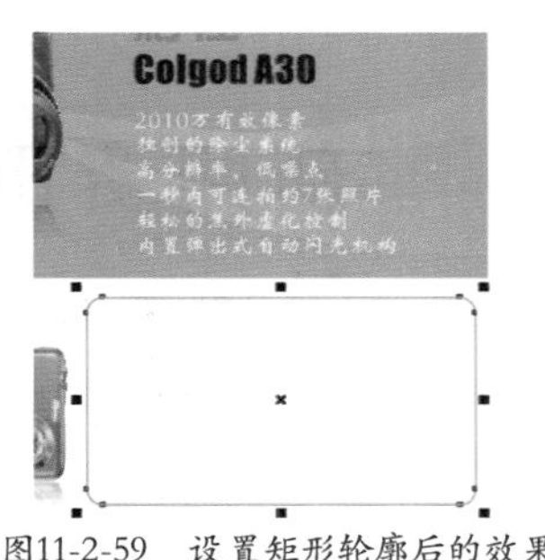

图11-2-59 设置矩形轮廓后的效果

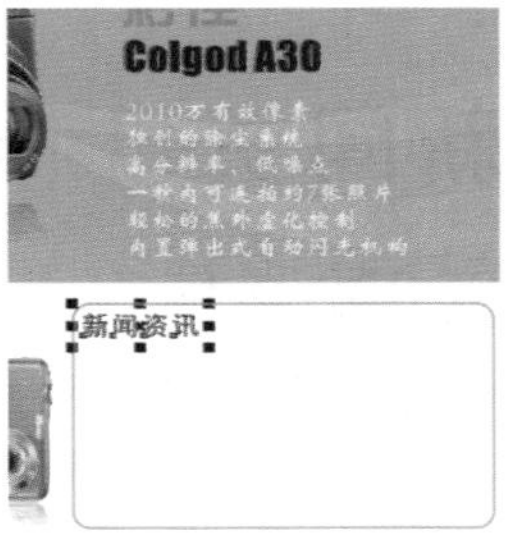

图11-2-60 输入文字

61 单击“2 点线工具”，绘制直线，在调色板上右键单击橘红色（C：0，M：60，Y：100，K：0）色块，效果如图 11–2–61 所示。

62 选择“文本工具”，输入文字。选中输入的文字，在属性栏上设置“字体”为黑体，“字体大小”为 14pt，如图 11–2–62 所示。

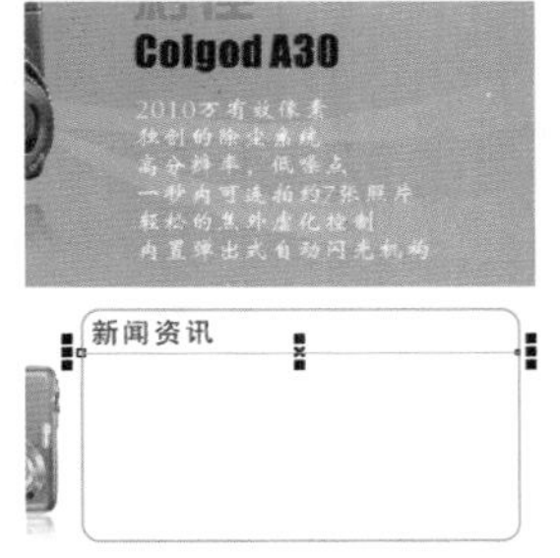

图11-2-61 绘制直线并填充颜色

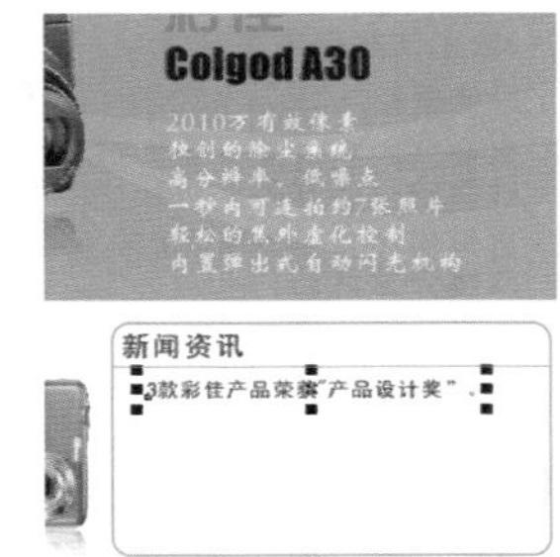

图11-2-62 输入文字

63 使用同样的方法输入其他文字，效果如图 11–2–63 说所示。

64 选择“基本形状工具”，在属性栏中选择如图 11–2–64 所示的形状。

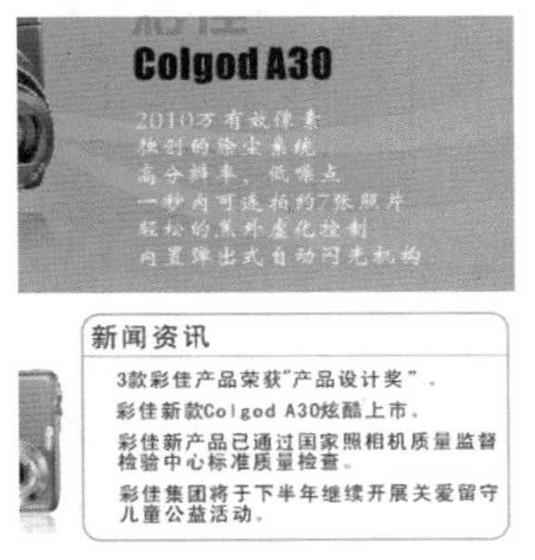

图11-2-63 输入其他文字

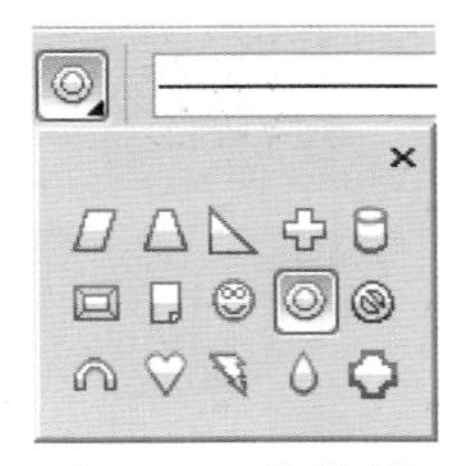

图11-2-64 绘制形状

65 在绘图页中绘制形状，效果如图 11–2–65 所示。

66 在调色板上单击橘红色（C：0，M：60，Y：100，K：0）色块，为绘制的形状填充橘红色，右键单击“透明色”按钮☒，取消轮廓颜色，效果如图 11–2–66 所示。

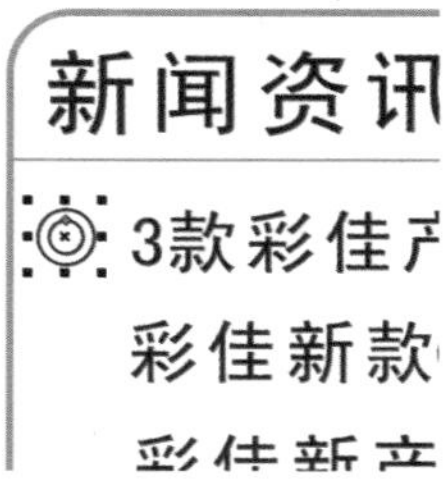

图11-2-65　绘制形状

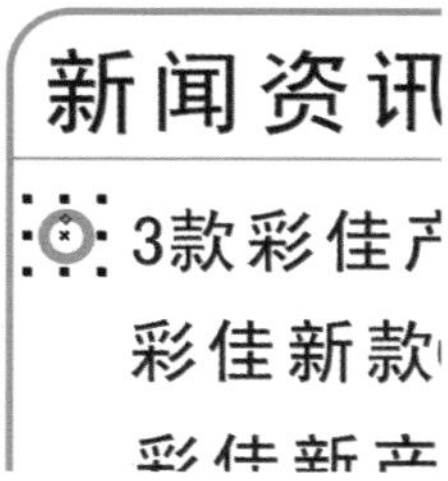

图11-2-66　填充颜色

67 按小键盘上的 + 号键复制多个形状，并调整它们的位置，效果如图 11–2–67 所示。

68 单击“钢笔工具”，绘制图形。如图 11–2–68 所示。

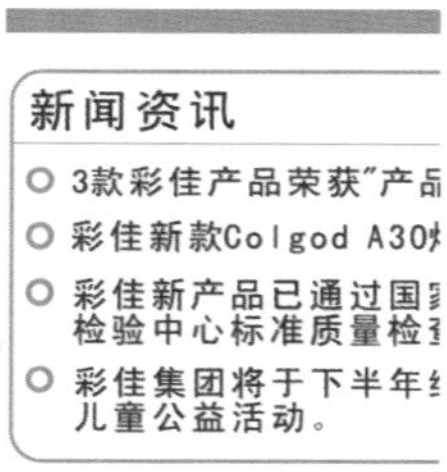

图11-2-67　复制形状

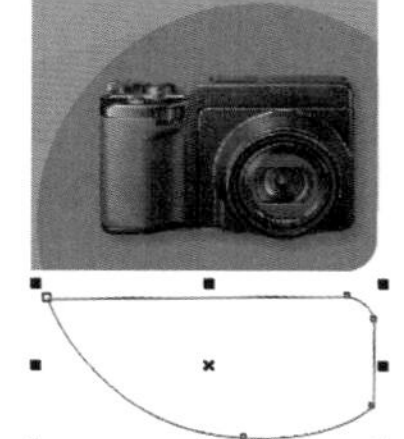

图11-2-68　绘制图形

69 在调色板上单击洋红色（C：0，M：100，Y：0，K：0）色块，为绘制的图形填充洋红色，右键单击“透明色”按钮☒，取消轮廓颜色，效果如图 11–2–69 所示。

70 选择“文本工具”，输入文字。选中输入的文字，在属性栏上设置“字体”为华文行楷，“字体大小”为 20pt，如图 11–2–70 所示。

图11-2-69　填充颜色

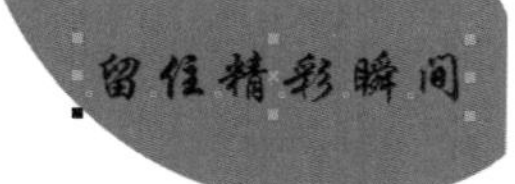

图11-2-70　输入文字

71 单击属性栏上的“导入”按钮，导入素材图片：电话 .psd，如图 11–2–71 所示。

72 选择“文本工具”，输入文字。选中输入的文字，在属性栏上设置“字体”为黑体，“字体大小”为 15pt，如图 11–2–72 所示。

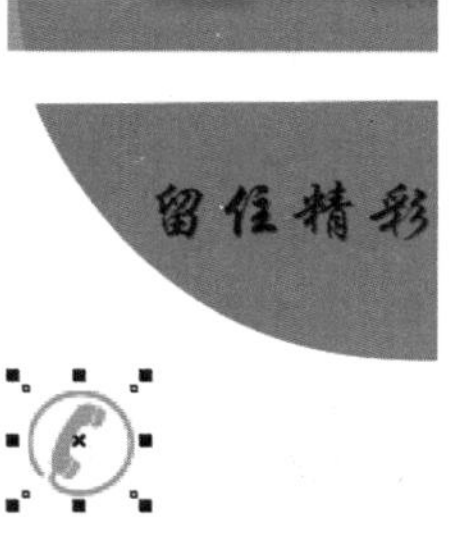

图11-2-71　导入素材

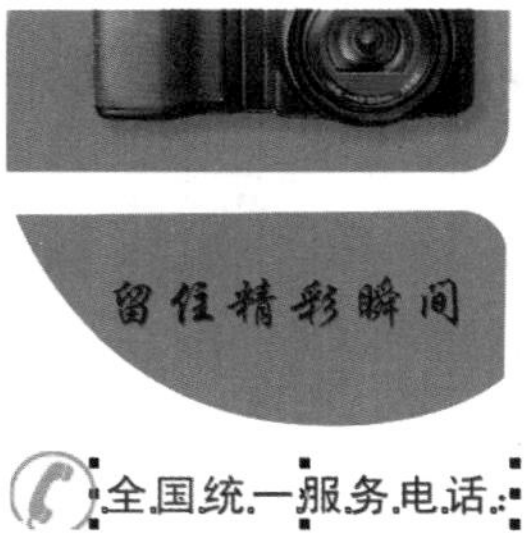

图11-2-72　输入文字

73 继续使用“文本工具”输入文字，选中输入的文字，在属性栏上设置“字体”为 Arial，“字体大小”为 24pt，并单击“斜体”按钮，效果如图 11–2–73 所示。

74 选择“文本工具”，并输入文字。选中输入的文字，在属性栏上设置“字体”为黑体，“字体大小”为 14pt，如图 11–2–74 所示。

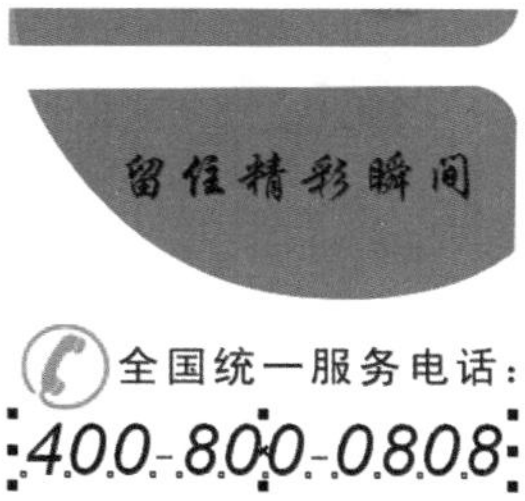

图11-2-73　输入并设置文字

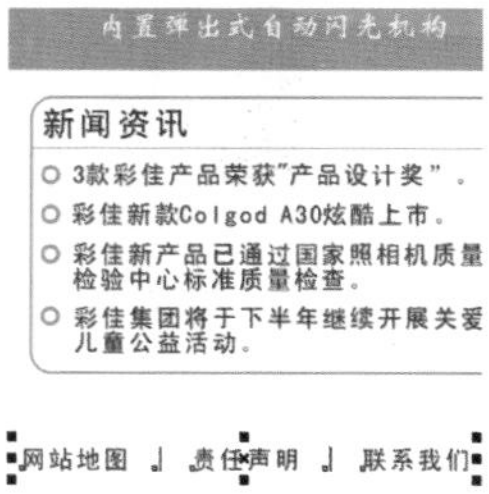

图11-2-74　输入文字

75 单击属性栏上的“导入”按钮，导入素材图片：背景图片 .jpg，如图 11–2–75 所示。

76 在导入的素材图片上单击右键，在弹出的快捷菜单中执行“顺序”|“到页面后面”命令，调整素材图片的排列顺序，如图 11–2–76 所示。

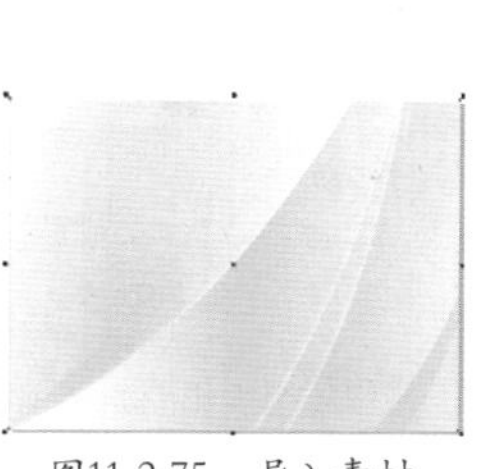

图11-2-75　导入素材

图11-2-76　调整排列顺序

77 单击属性栏上的“导入”按钮，导入素材图片：花边.psd，在属性栏上设置“旋转角度”为 90°，单击“垂直镜像”按钮，并调整素材图片的大小和位置，效果如图 11-2-77 所示。

78 确定导入的素材图片处于选中状态，选择“裁剪工具”，对导入的素材图片进行裁剪，裁剪后的效果，如图 11-2-78 所示。

图11-2-77 导入并调整素材图片

图11-2-78 裁剪素材

79 使用同样的方法，再次导入素材图片：花边.psd，设置其旋转角度和大小，并使用“裁剪工具”对其进行裁剪，最终效果如图 11-2-79 所示。

图11-2-79 导入并裁剪素材

11.3 化妆品网页设计

技能分析

制作本实例的主要目的是使读者了解并掌握如何在 CorelDRAW X5 软件中绘制化妆品网页，先使用“矩形工具”绘制背景，使用“钢笔工具”和“椭圆形工具”绘制图形，最后导入素材图片，并使用“文本工具”输入文字，从而完成最终效果的制作。

制作步骤

1 按快捷键 Ctrl + N 打开“创建新文档”对话框，设置“名称”为化妆品网页设计，“宽度”为 285mm，“高度”为 210mm，如图 11-3-1 所示。单击“确定”按钮。

2 选择“矩形工具”，沿绘图页绘制矩形，如图 11-3-2 所示。

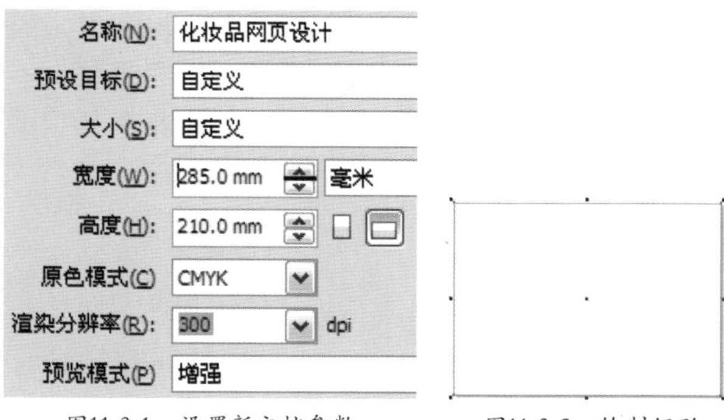

图11-3-1 设置新文档参数　　图11-3-2 绘制矩形

3 按 F11 键打开“渐变填充”对话框，设置“类型”为辐射，分别设置“从”颜色为（C：0；M：36；Y：0；K：0），“到”的颜色为（C：3；M：3；Y：4；K：0），如图 11-3-3 所示。单击“确定”按钮。

4 填充渐变色后，右键单击调色板上的“透明色”按钮，取消轮廓颜色，效果如图 11-3-4 所示。

图11-3-3 设置渐变颜色

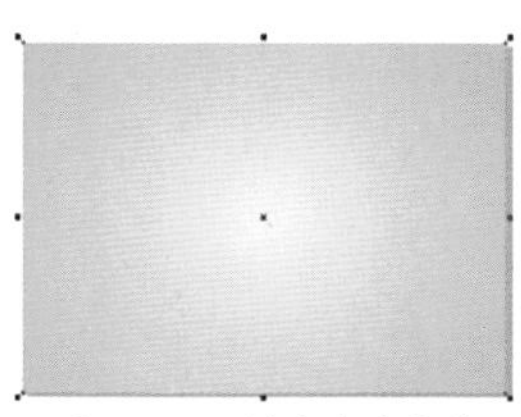
图11-3-4 填充渐变颜色

5 选择“文本工具”，在属性栏上单击“将文本更改为垂直方向”按钮，并输入文字。选择输入的文字，在属性栏上设置“字体”为方正粗倩简体，“字体大小”为 18pt，如图 11-3-5 所示。

6 在调色板上单击洋红色（C:0，M:100，Y:0，K:0）色块，为输入的文字填充颜色，效果如图 11-3-6 所示。

图11-3-5　输入文字

图11-3-6　填充颜色

7 按小键盘上的 + 号键对输入的文字进行复制，在属性栏中单击“垂直镜像”按钮，并调整复制后的文字的位置，效果如图 11-3-7 所示。

8 选择“透明度工具”，单击拖曳形成透明渐变效果。图像效果如图 11-3-8 所示。

图11-3-7　复制并调整文字

图11-3-8　添加透明度

9 选择“文本工具”，在属性栏上单击“将文本更改为水平方向”按钮，并输入文字。选中输入的文字，在属性栏上设置“字体”为创艺简老宋，“字体大小”为 80pt，并在调色板上单击洋红色（C:0，M:100，Y:0，K:0）色块，为输入的文字填充颜色，效果如图 11-3-9 所示。

10 按小键盘上的 + 号键对输入的文字进行复制，在属性栏中单击“垂直镜像”按钮，并调整复制后的文字的位置，效果如图 11-3-10 所示。

图11-3-9　输入并设置文字

图11-3-10　复制并调整文字

11 选择“透明度工具”，单击拖曳形成透明渐变效果。图像效果如图 11-3-11 所示。

12 选择“矩形工具”，绘制矩形，在属性栏中将矩形下方的两个“圆角半径”设置为 3mm，如图 11-3-12 所示。

图11-3-11　添加透明度

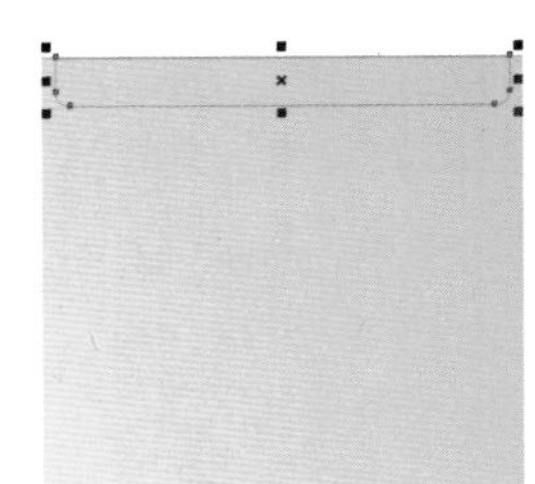
图11-3-12　绘制矩形

13 在调色板上单击洋红色（C:0，M:100，Y:0，K:0）色块，为绘制的矩形填充洋红色，右键单击“透明色”按钮，取消轮廓颜色，效果如图 11-3-13 所示。

14 选择“透明度工具”，选择属性栏上的“透明度类型”为标准，将“开始透明度”设置为 65，图像效果如图 12-3-14 所示。

图11-3-13　填充颜色

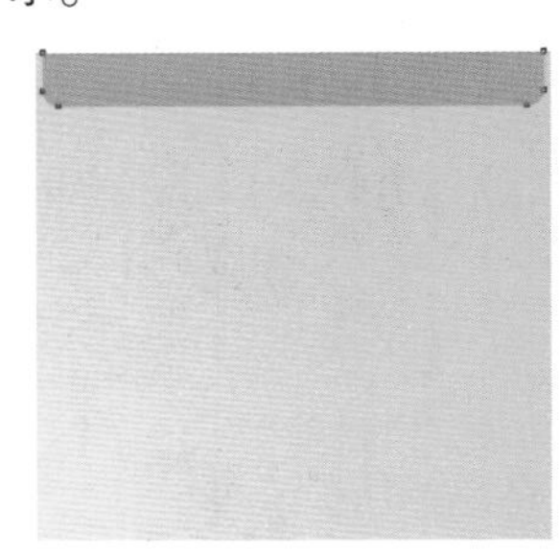
图11-3-14　添加透明度

15 选择“文本工具”，输入文字。选择输入的文字，在属性栏上设置“字体”为宋体，“字体大小”为 12pt，如图 11-3-15 所示。

16 在调色板上单击白色（C:0，M:0，Y:0，K:0）色块，为输入的文字填充白色，并右键单击白色（C:0，M:0，Y:0，K:0）色块，将文字的轮廓颜色填充为白色，效果如图 11-3-16 所示。

图11-3-15　输入文字

图11-3-16　填充颜色

17 选择“矩形工具”，绘制矩形，并在属性栏中将“圆角半径”设置为 8mm，如图 11-3-17 所示。

18 在调色板上单击洋红色（C:0，M:100，Y:0，K:0）色块，为绘制的矩形填充洋红色，右键单击“透明色”按钮☒，取消轮廓颜色，效果如图 11-3-18 所示。

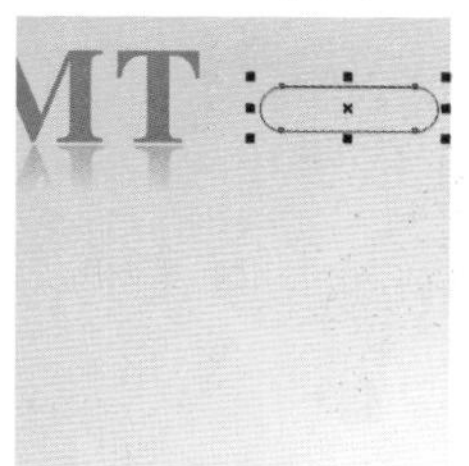

图11-3-17 绘制圆角矩形

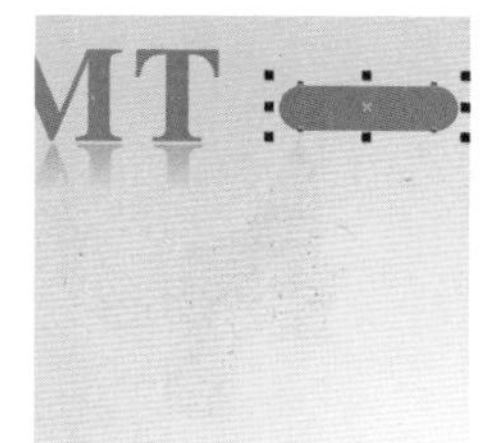

图11-3-18 填充颜色

19 按小键盘上的 + 号键复制多个圆角矩形，并为复制后的圆角矩形填充白色，效果如图 11-3-19 所示。

20 选择“文本工具”，输入文字。选中输入的文字，在属性栏上设置“字体”为方正大黑简体，“字体大小”为 18pt，并在调色板上单击白色（C:0，M:0，Y:0，K:0）色块，为输入的文字填充颜色，效果如图 11-3-20 所示。

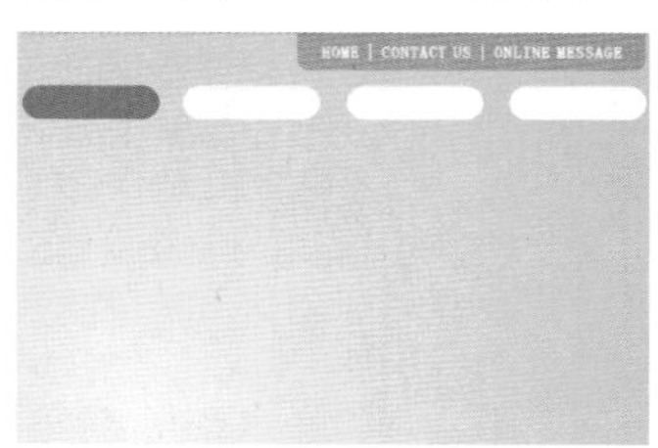

图11-3-19 复制矩形

图11-3-20 输入文字

21 继续使用“文本工具”输入文字，选中输入的文字，在属性栏上设置“字体”为方正大黑简体，“字体大小”为 18pt，并在调色板上单击深褐色（C:0，M:20，Y:20，K:60）色块，为输入的文字填充颜色，效果如图 11-3-21 所示。

22 使用同样的方法输入其他文字，效果如图 11-3-22 所示。

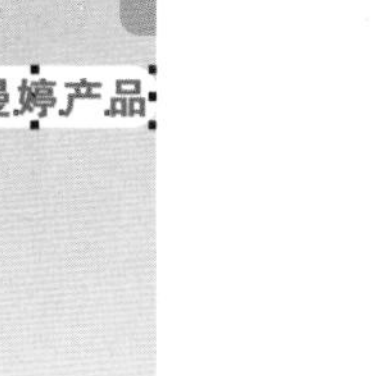

图11-3-21 输入并设置文字

图11-3-22 输入其他文字

23 单击“钢笔工具”，绘制人物的头型。如图 11-3-23 所示。

24 在调色板上单击黑色（C：0，M：0，Y：0，K：100）色块，为绘制的图形填充黑色，右键单击“透明色”按钮☒，取消轮廓颜色，效果如图 11-3-24 所示。

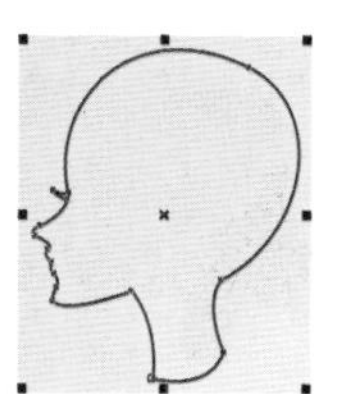
图11-3-23 绘制头型

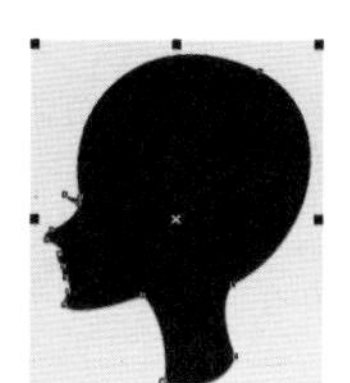
图11-3-24 填充颜色

25 使用“钢笔工具”绘制人物的头发，如图 11-3-25 所示。

26 按 F11 键打开“渐变填充”对话框，设置“类型”为线性，设置“角度”为 90，在“颜色调和”选项区域中选择“自定义”选项，分别设置为：

位置：0% 颜色（C：53；M：52；Y：88；K：3）；

位置：60% 颜色（C：29；M：33；Y：53；K：0）；

位置：100% 颜色（C：55；M：53；Y：90；K：4）。

如图 11-3-26 所示。单击“确定”按钮。

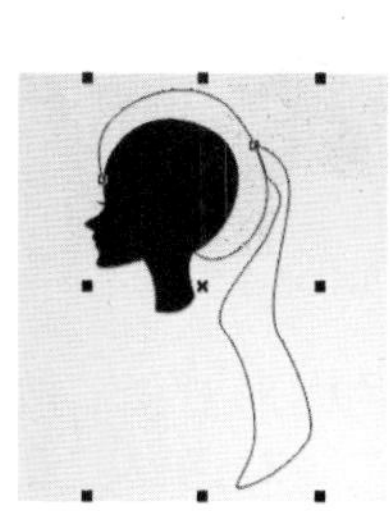
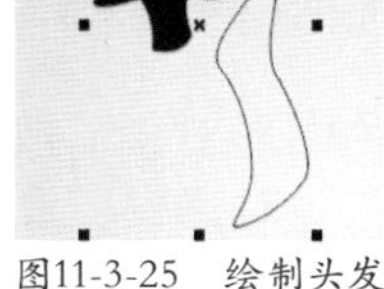
图11-3-25 绘制头发

图11-3-26 设置颜色

27 填充渐变色后，右键单击调色板上的“透明色”按钮☒，取消轮廓颜色，效果如图 11-3-27 所示。

28 使用“钢笔工具”绘制头发的发丝，效果如图 11-3-28 所示。

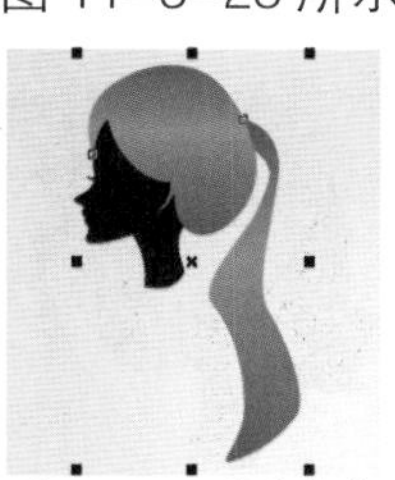

图11-3-27 填充颜色

图11-3-28 绘制发丝

29 选择绘制的发丝，按F12键打开“轮廓笔”对话框，设置颜色为（C:53，M:52，Y:88，K:3），设置宽度为0.2mm，如图11-3-29所示，单击“确定”按钮。

30 设置发丝颜色和宽度后的效果，如图11-3-30所示。

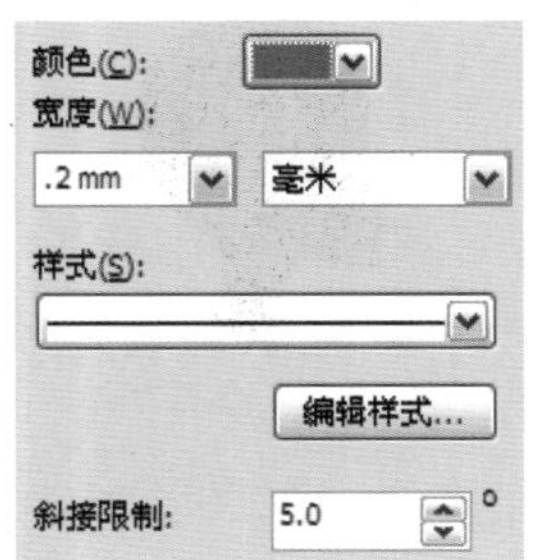

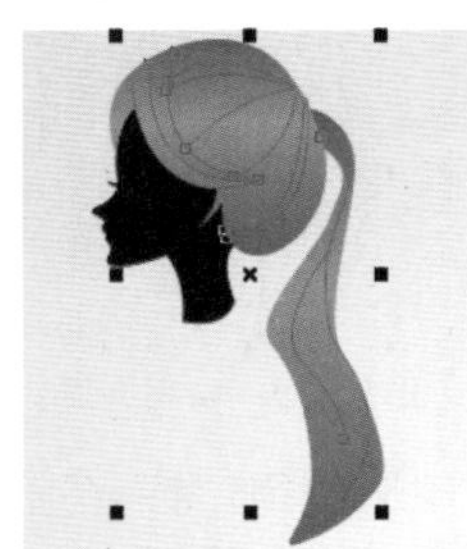

图11-3-29 设置发丝颜色和宽度 图11-3-30 设置发丝后的效果

31 使用“钢笔工具”绘制发带，如图11-3-31所示。

32 选中如图11-3-32所示的两个图形，在调色板上单击红色（C:0，M:100，Y:100，K:0）色块，为图形填充红色，右键单击“透明色”按钮☒，取消轮廓颜色，效果如图11-3-32所示。

图11-3-31 绘制发带

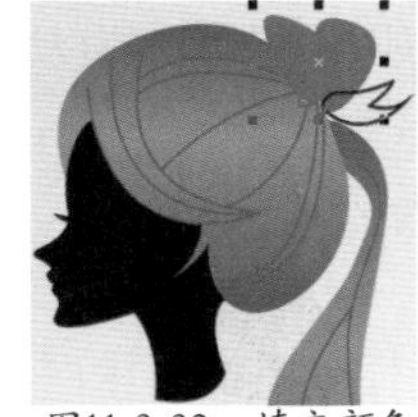

图11-3-32 填充颜色

33 选择另一个组成发带的图形对象，按快捷键Shift + F11打开“均匀填充”对话框，设置颜色为（C:39，M:100，Y:100，K:9），如图11-3-33所示，单击“确定”按钮。

34 填充颜色后，右键单击调色板上的“透明色”按钮☒，取消轮廓颜色，效果如图11-3-34所示。

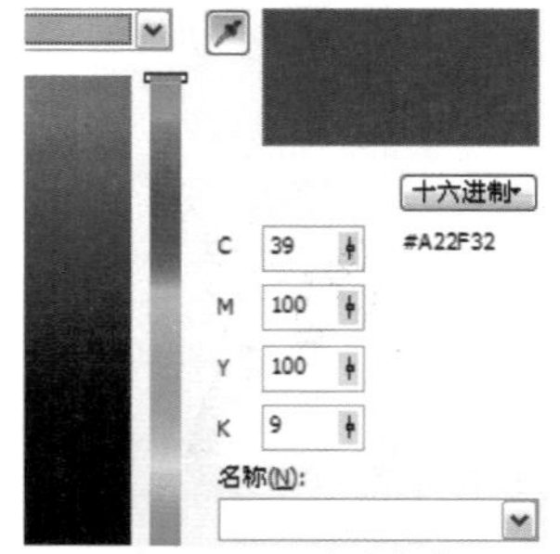

图11-3-33 设置颜色

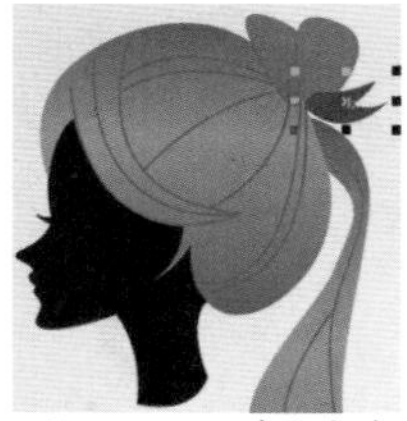

图11-3-34 填充颜色

35 选择“椭圆形工具”，绘制2个椭圆，并对椭圆的旋转角度进行调整，如图11-3-35所示。

36 选择新绘制的2个椭圆，按快捷键Shift + F11打开“均匀填充”对话框，设置颜色为（C:39，M:100，Y:100，K:9），单击“确定”按钮。右键单击调色板上的“透明色”按钮☒，取消轮廓颜色，效果如图11-3-36所示。

图11-3-35 绘制椭圆

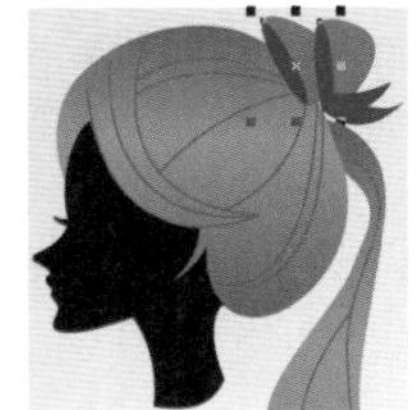

图11-3-36 填充颜色

37 使用“钢笔工具”绘制人物的衣服，效果如图11-3-37所示。

38 选择“图样填充工具”，打开“图样填充”对话框，选择“全色”选项，单击 按钮，在弹出的下拉列表中选择如图11-3-38所示的图案，单击“确定”按钮。

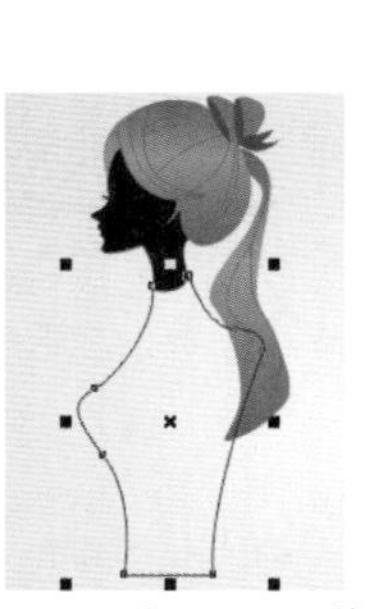

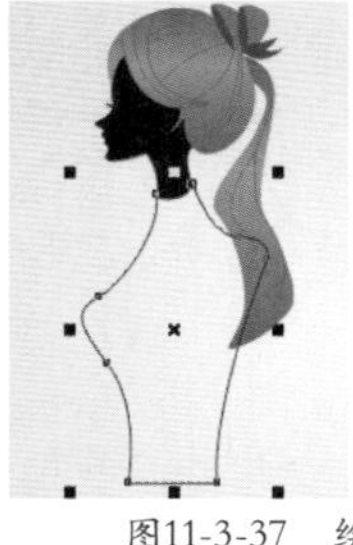

图11-3-37 绘制衣服

图11-3-38 选择图案

39 填充图样后，右键单击调色板上的“透明色”按钮☒，取消轮廓颜色，效果如图11-3-39所示。

40 使用“钢笔工具”绘制衣袖，效果如图11-3-40所示。

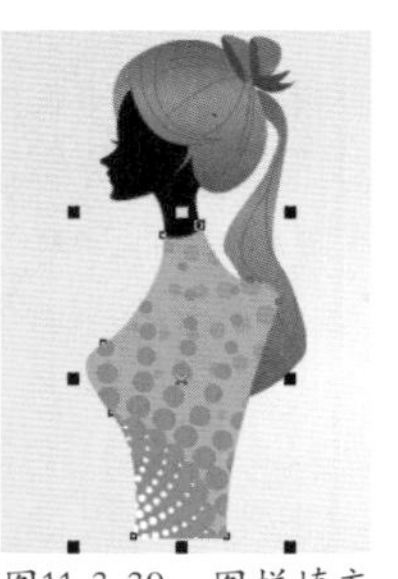

图11-3-39 图样填充

图11-3-40 绘制衣袖

41 选择绘制的衣袖，在调色板上单击红色（C:0，M:100，Y:100，K:0）色块，为衣袖填充红色，右键单击“透明色”按钮⊠，取消轮廓颜色，效果如图 11-3-41 所示。

42 选择左侧的衣袖，多次按快捷键 Ctrl + PageDown 将其移至衣服的下方，效果如图 11-3-42 所示。

图11-3-41 填充颜色

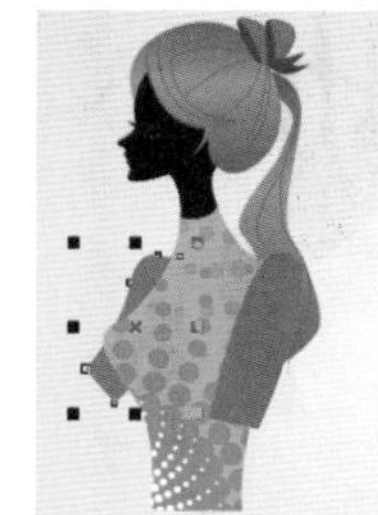
图11-3-42 调整排列顺序

43 使用“钢笔工具”绘制人物的胳膊，效果如图 11-3-43 所示。

44 选择绘制的胳膊，在调色板上单击黑色（C:0，M：0，Y：0，K：100）色块，为绘制的图形填充黑色，右键单击“透明色”按钮⊠，取消轮廓颜色，效果如图 11-3-44 所示。

图11-3-43 绘制胳膊

图11-3-44 填充颜色

45 选择“矩形工具”，绘制矩形，在属性栏中将“圆角半径”设置为 0.099mm，并调整矩形的旋转角度，效果如图 11-3-45 所示。

46 按 F11 键打开“渐变填充”对话框，设置“类型”为线性，设置“角度”为 –25.1，“边界”为 31%，在“颜色调和”选项区域中选择“自定义”选项，分别设置为：

位置：0% 颜色（C：0；M：0；Y：0；K：40）；

位置：19% 颜色（C：0；M：0；Y：0；K：80）；

位置：41% 颜色（C：0；M：0；Y：0；K：10）；

位置：67% 颜色（C：0；M：0；Y：0；K：80）；

位置：91% 颜色（C：0；M：0；Y：0；K：36）；

位置：100% 颜色（C：0；M：0；Y：0；K：80）。

如图 11-3-46 所示。单击“确定”按钮。

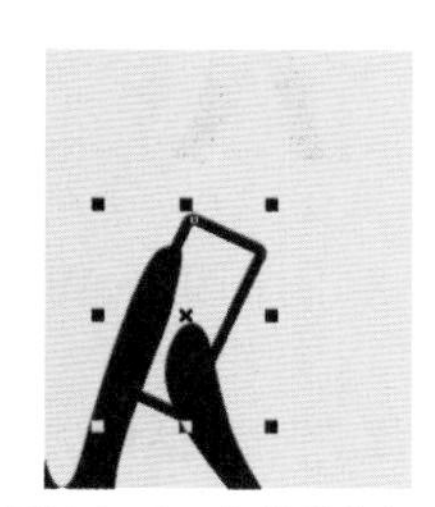
图11-3-45 绘制圆角矩形

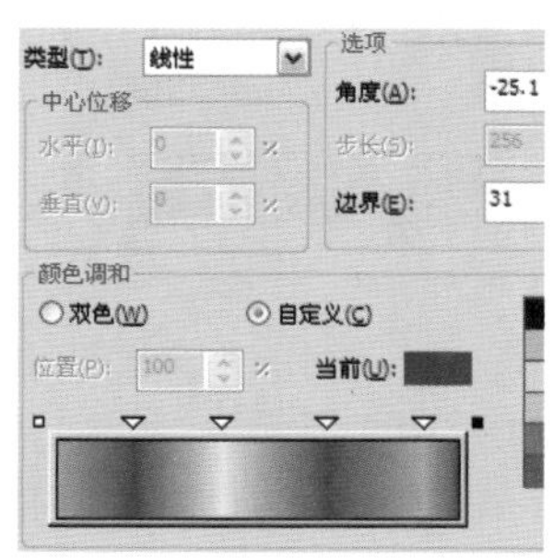

图11-3-46 设置渐变颜色

47 填充渐变色后，右键单击调色板上的“透明色”按钮⊠，取消轮廓颜色，效果如图 11-3-47 所示。

48 单击“钢笔工具”，绘制图形。如图 11-3-48 所示。

图11-3-47 填充颜色

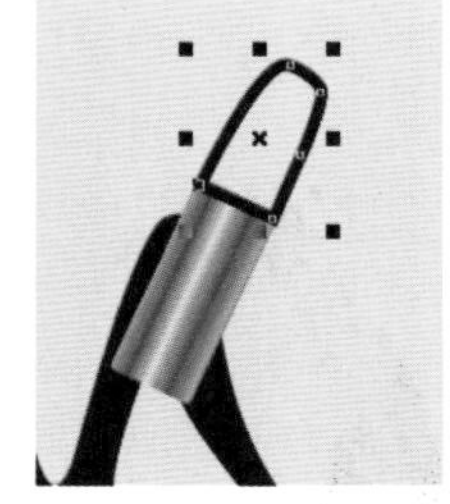
图11-3-48 绘制图形

49 按 F11 键打开“渐变填充”对话框，设置“类型”为线性，设置“角度”为 –25.1，“边界”为 29%，在“颜色调和”选项区域中选择“自定义”选项，分别设置为：

位置：0% 颜色（C：0；M：93；Y：91；K：0）；

位置：12% 颜色（C：0；M：100；Y：100；K：0）；

位置：23% 颜色（C：2；M：13；Y：8；K：0）；

位置：37% 颜色（C：11；M：98；Y：93；K：0）；

位置：48% 颜色（C：4；M：92；Y：85；K：0）；

位置：60% 颜色（C：3；M：86；Y：78；K：0）；

位置：100% 颜色（C：17；M：100；Y：97；K：0）。

如图 11-3-49 所示。单击“确定”按钮。

50 填充渐变色后，右键单击调色板上的“透明色”按钮☒，取消轮廓颜色，效果如图 11-3-50 所示。

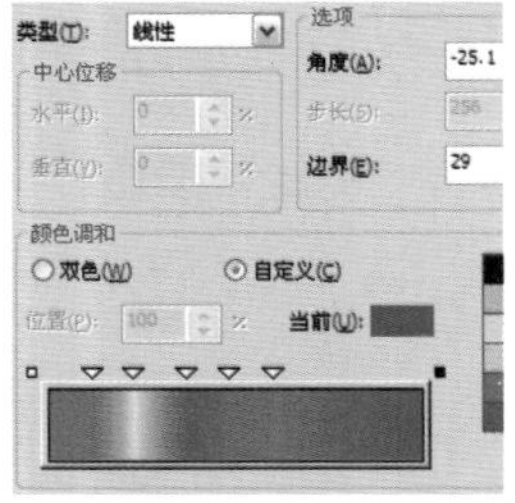

图11-3-49 设置渐变颜色

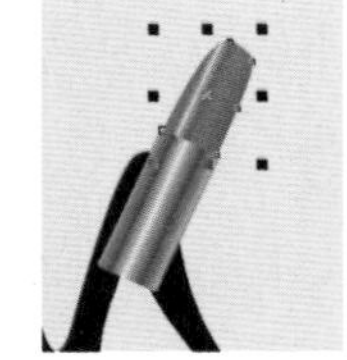

图11-3-50 填充颜色

51 单击“钢笔工具”，绘制图形。如图 11-3-51 所示。

52 按“F11”键打开“渐变填充”对话框，设置“类型”为辐射，设置“水平”为 -32%，“垂直”为 -40%，“边界”为 9%，在“颜色调和”选项区域中选择“自定义”选项，分别设置为：

位置：0% 颜色（C：0；M：100；Y：100；K：0）；

位置：100% 颜色（C：2；M：27；Y：16；K：0）。如图 11-3-52 所示。单击“确定”按钮。

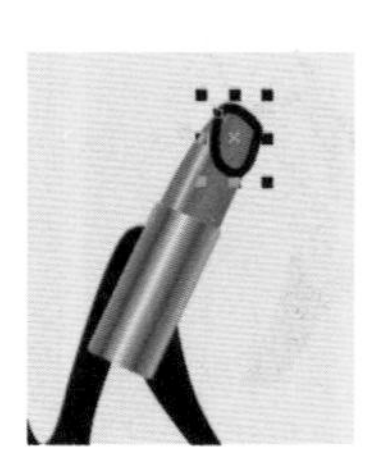

图11-3-51 绘制图形

图11-3-52 设置渐变颜色

53 填充渐变色后，右键单击调色板上的“透明色”按钮☒，取消轮廓颜色，效果如图 11-3-53 所示。

54 选择组成口红的图形对象，在属性栏上单击“群组”按钮，群组对象，多次按快捷键 Ctrl + PageDown，将群组对象移至手的下方，效果如图 11-3-54 所示。

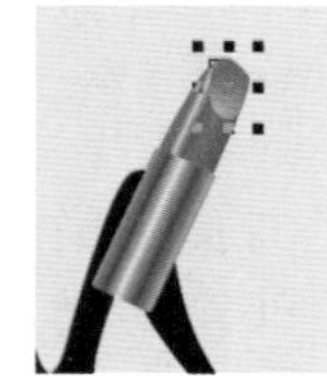

图11-3-53 填充颜色

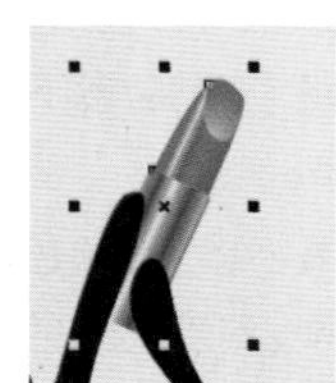

图11-3-54 群组对象并调整排列顺序

55 选择“椭圆形工具”，绘制椭圆，如图 11-3-55 所示。

56 按快捷键 Shift + F11 打开“均匀填充”对话框，设置颜色为（C：0，M：25，Y：20，K：0），如图 11-3-56 所示，单击“确定”按钮。

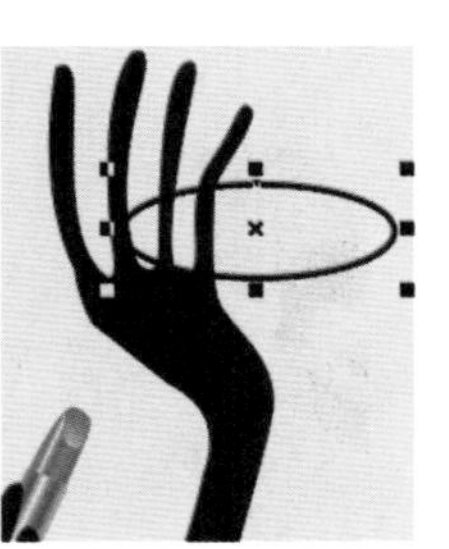

图11-3-55 绘制椭圆

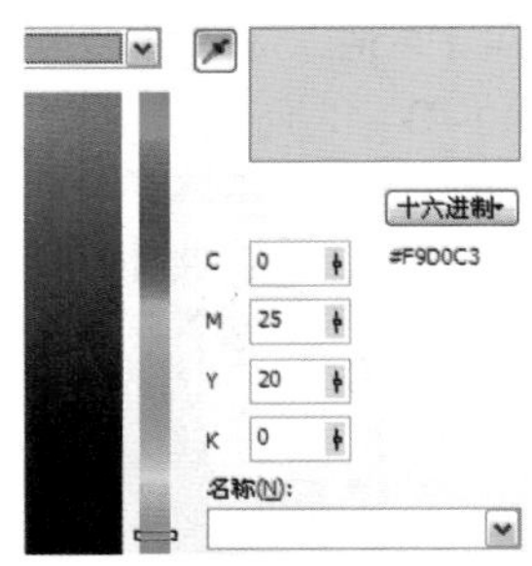

图11-3-56 设置颜色

57 按 F12 键打开“轮廓笔”对话框，设置颜色为白色（C：0，M：0，Y：0，K：0），设置宽度为 0.25mm，如图 11-3-57 所示，单击“确定”按钮。

58 填充颜色后的效果，如图 11-3-58 所示。

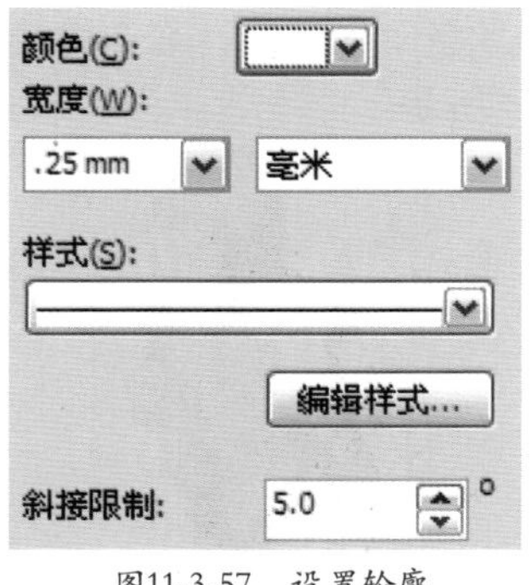

图11-3-57 设置轮廓

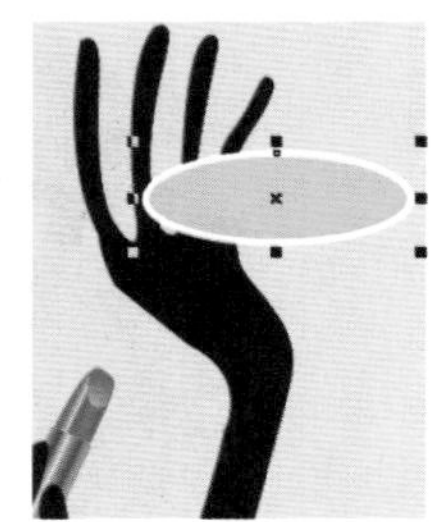

图11-3-58 填充颜色

59 单击“钢笔工具”，绘制图形。如图 11-3-59 所示。

60 在调色板上单击洋红色（C:0，M:100，Y:0，K：0）色块，为绘制的图形填充洋红色，右键单击“透明色”按钮☒，取消轮廓颜色，效果如图 11-3-60 所示。

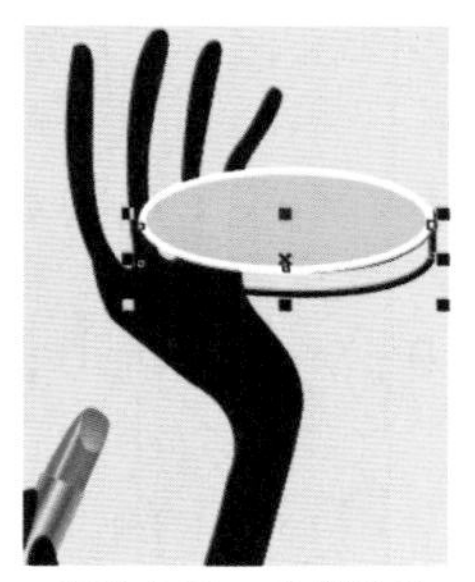

图11-3-59 绘制图形

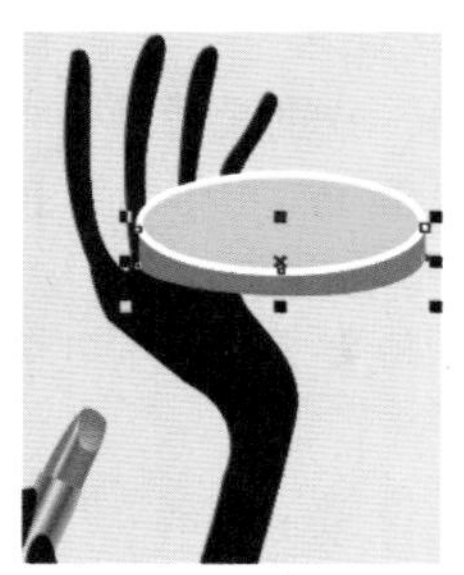

图11-3-60 填充颜色

61 选择“椭圆形工具”，绘制椭圆，在属性栏上将“旋转角度”设置为 14.6°，如图 11-3-61 所示。

62 在调色板上单击洋红色（C:0，M:100，Y:0，K:0）色块，为绘制的图形填充洋红色，右键单击“透明色”按钮☒，取消轮廓颜色，效果如图 11-3-62 所示。

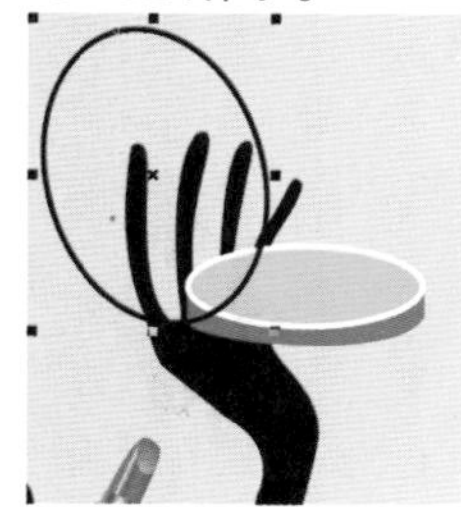
图11-3-61　绘制椭圆

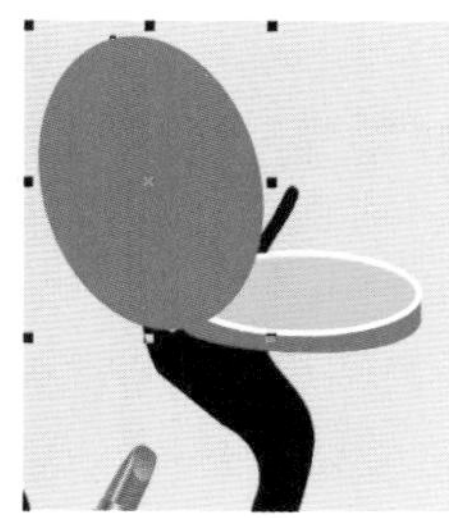
图11-3-62　填充颜色

63 单击“钢笔工具”，绘制图形。如图 11-3-63 所示。

64 在调色板上单击白色（C:0,M:0,Y:0,K:0）色块，为绘制的图形填充白色，右键单击“透明色”按钮☒，取消轮廓颜色，效果如图 11-3-64 所示。

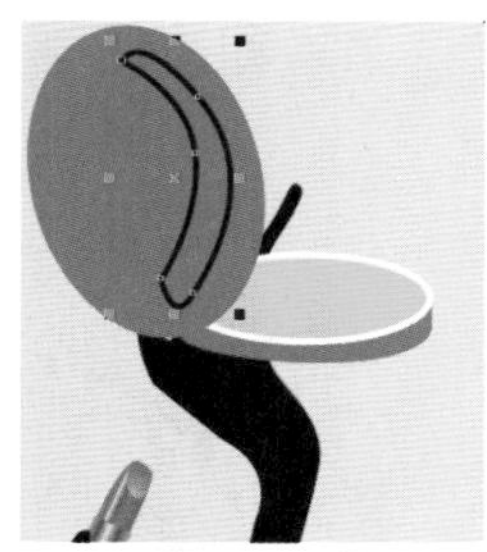
图11-3-63　绘制图形

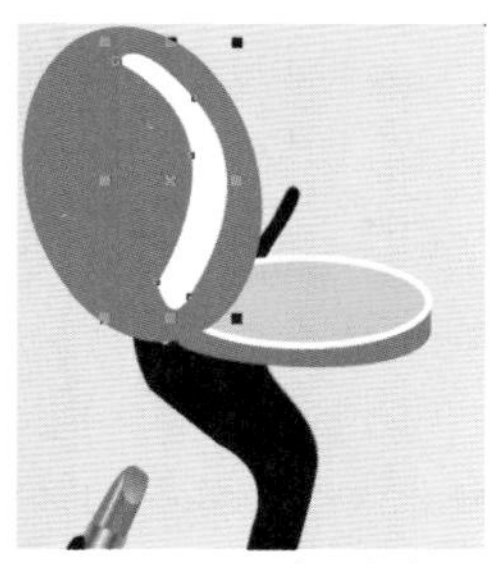
图11-3-64　填充颜色

65 选择“透明度工具”，单击拖曳形成透明渐变效果。图像效果如图 11-3-65 所示。

66 选择组成化妆盒的图形对象，在属性栏上单击“群组”按钮，群组对象，按快捷键 Ctrl + PageDown，将群组对象移至手的下方，效果如图 11-3-66 所示。

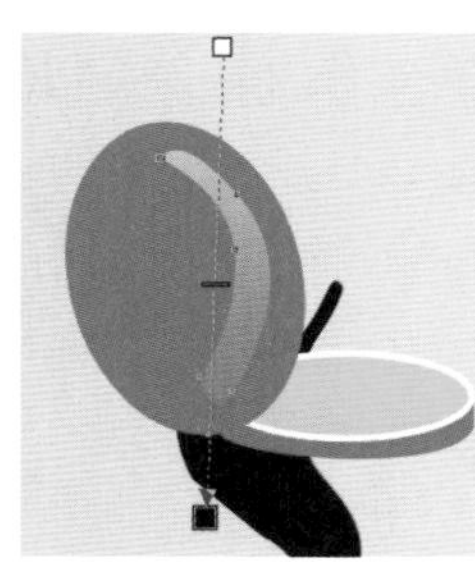
图11-3-65　添加透明度

图11-3-66　群组对象并调整排列顺序

67 选择组成人物的所有图像对象，在属性栏上单击“群组”按钮，群组对象，如图 11-3-67 所示。

68 单击属性栏上的“导入”按钮，导入素材图片：图案.jpg，并适当调整素材图片的大小，如图 11-3-68 所示。

图11-3-67　群组对象

图11-3-68　导入素材

69 执行“位图”|“轮廓描摹”|“线条图”命令，打开“PowerTRACE”对话框，在“选项”内选择“删除原始图像”复选框，如图 11-3-69 所示，单击“确定”按钮。

70 在属性栏中单击“取消群组”按钮，取消对象的群组，效果如图 11-3-70 所示。

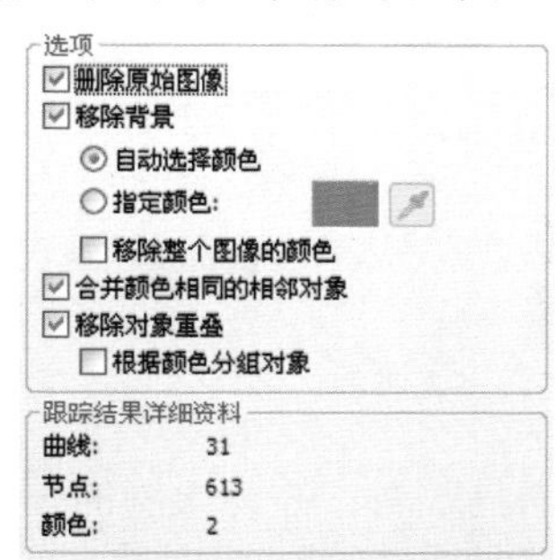

图11-3-69　选择“删除原始图像”复选框

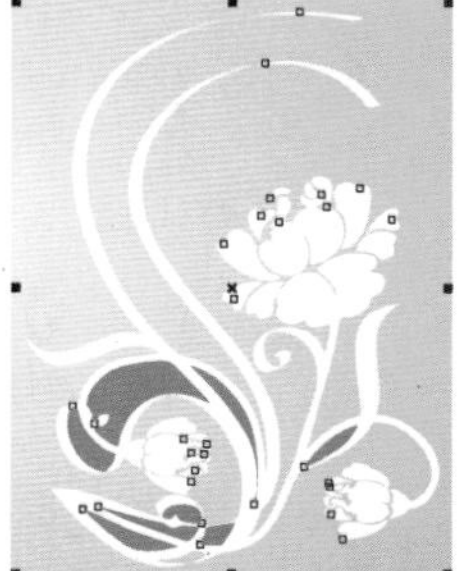
图11-3-70　取消群组

71 将不需要的蓝色图形删除，删除完成后，选中所有未被删除的白色图形，并在属性栏上单击“群组”按钮，群组选中的图形对象，如图 11-3-71 所示。

72 选择群组后的对象，调整群组对象的旋转角度、大小和位置，效果如图 11-3-72 所示。

图11-3-71　群组对象

图11-3-72　调整群组对象

73 多次按快捷键 Ctrl + PageDown，调整群组对象的排列顺序，效果如图 11–3–73 所示。

74 确定群组对象处于选中状态，按小键盘上的 + 号键对其进行复制，并调整复制后的群组对象的旋转角度、大小和位置，效果如图 11–3–74 所示。

图11-3-73　调整排列顺序

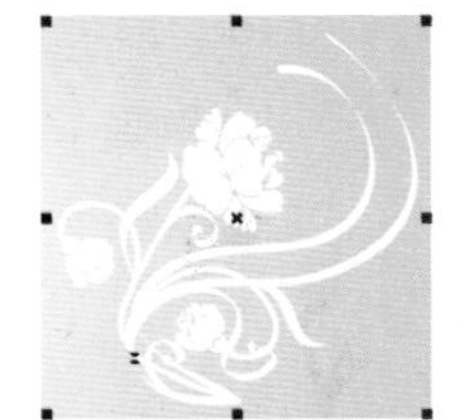
图11-3-74　复制并调整群组对象

75 选择“椭圆形工具”，按住 Ctrl 键绘制多个正圆，如图 11–3–75 所示。

76 为绘制的正圆填充不同的颜色，并取消轮廓线的填充，效果如图 11–3–76 所示。

图11-3-75　绘制正圆

图11-3-76　填充颜色

77 选择“透明度工具”，并为绘制的正圆设置不同的透明度效果，如图 11–3–77 所示。

78 选择“文本工具”，输入文字。选择输入的文字，在属性栏上设置“字体”为华文新魏，“字体大小”为 20pt，如图 11–3–78 所示。

图11-3-77　添加透明度

图11-3-78　输入文字

79 使用“文本工具”输入文字。选择输入的文字，在属性栏上设置“字体”为华文新魏，“字体大小”为 24pt，并在调色板上单击洋红色（C：0，M：100，Y：0，K：0）色块，为输入的文字填充颜色，效果如图 11–3–79 所示。

80 单击“钢笔工具”，绘制图形。如图 11–3–80 所示。

图11-3-79　输入文字并填充颜色

图11-3-80　绘制图形

81 按 F11 键打开“渐变填充”对话框，设置“类型”为线性，分别设置“从”颜色为（C：0；M：52；Y：0；K：0），“到”的颜色为洋红色（C：0；M：100；Y：0；K：0），如图 11–3–81 所示。单击“确定”按钮。

82 填充渐变色后，右键单击调色板上的“透明色”按钮☒，取消轮廓颜色，效果如图 11–3–82 所示。

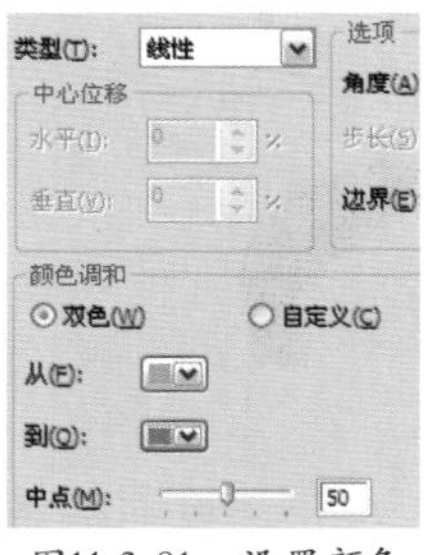

图11-3-81　设置颜色

图11-3-82　填充颜色

83 使用同样的方法，绘制其他图形，并为绘制的图形填充不同的颜色，效果如图 11–3–83 所示。

84 单击“钢笔工具”，绘制图形。在调色板上单击粉色（C：0，M：40，Y：20，K：0）色块，为绘制的图形填充粉色。右键单击“透明色”按钮☒，取消轮廓颜色，效果如图 11–3–84 所示。

图11-3-83　绘制图形并填充颜色

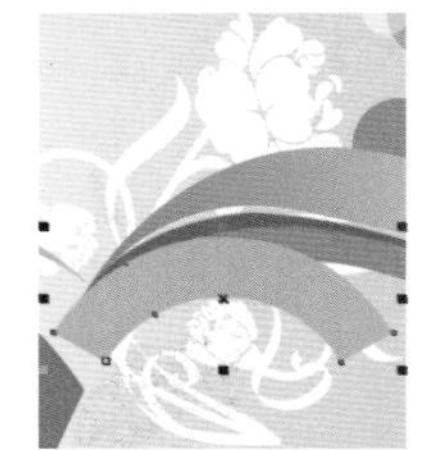
图11-3-84　绘制图形并填充颜色

85 单击“钢笔工具”，绘制图形。在调色板上单击白色（C：0，M：0，Y：0，K：0）色块，为绘制的图形填充白色。右键单击“透明色”按钮☒，取消轮廓颜色，效果如图 11–3–85 所示。

86 选择“透明度工具”，单击拖曳形成透明渐变效果。图像效果如图 11–3–86 所示。

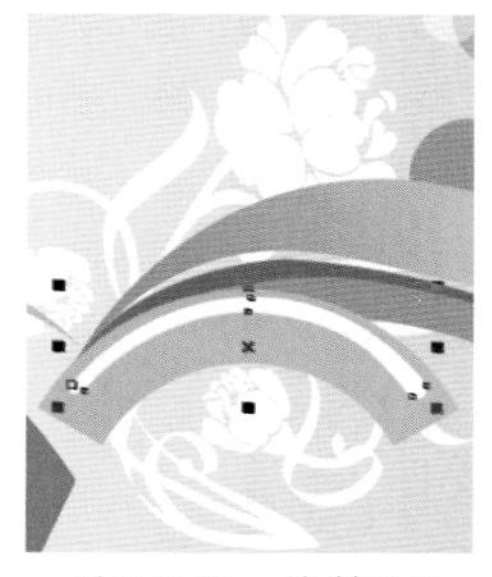
图11-3-85 绘制图形

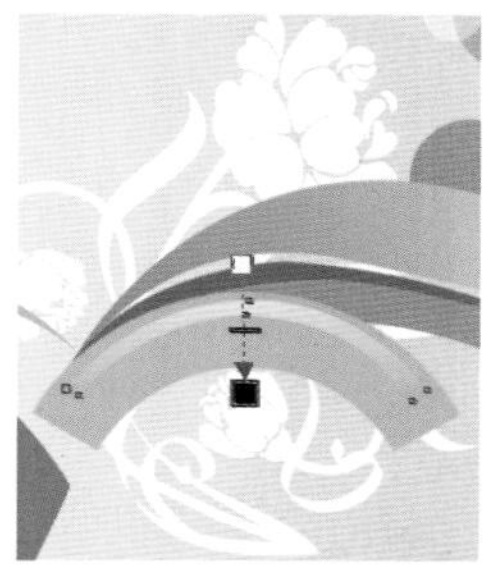
图11-3-86 添加透明度

87 使用同样的方法绘制其他的图形，效果如图 11–3–87 所示。

88 单击“钢笔工具”，绘制曲线。如图 11–3–88 所示。

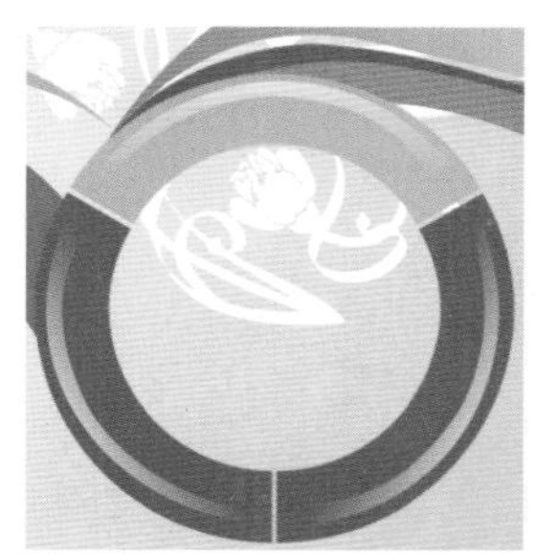
图11-3-87 绘制其他图形

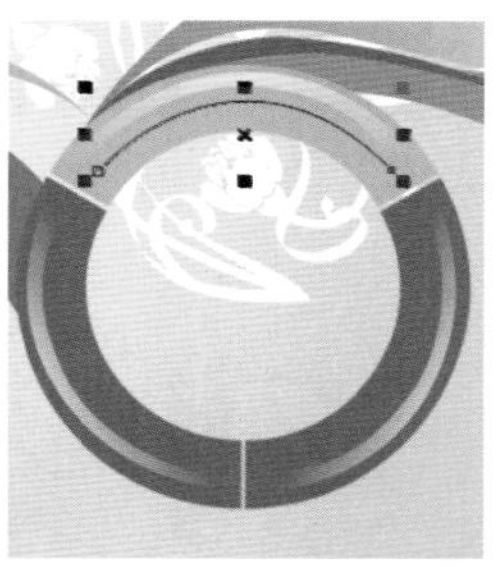
图11-3-88 绘制曲线

89 选择“文本工具”，将鼠标移至曲线的节点上，如图 11–3–89 所示。

90 单击并输入文字，选择输入的文字，在属性栏上将“与路径的距离”设置为 –2mm，将“偏移”设置为 4.249mm，将“字体”设置为黑体，将“字体大小”设置为 19pt，如图 11–3–90 所示。

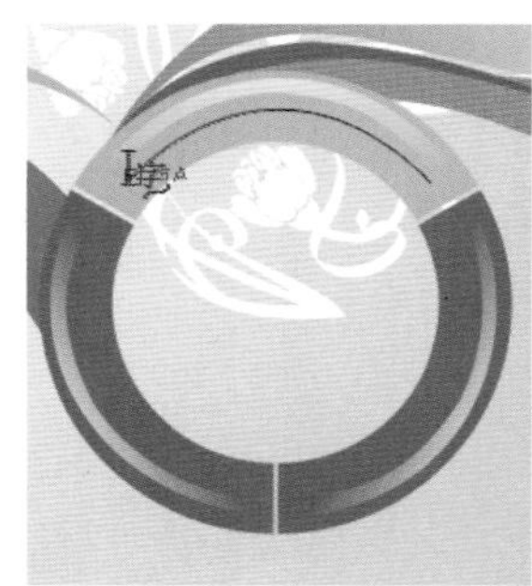
图11-3-89 移动鼠标

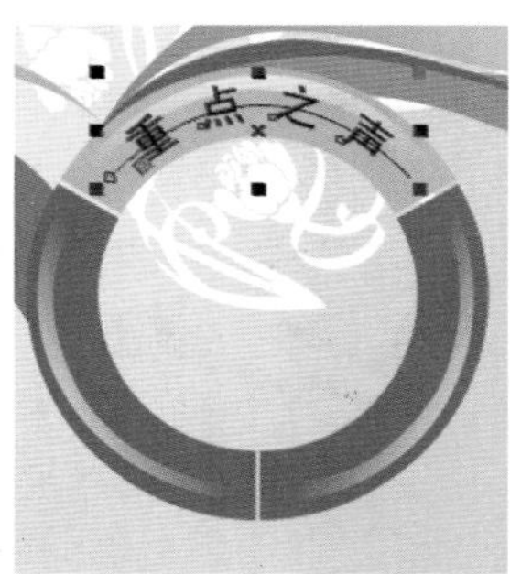

图11-3-90 输入文字

91 在调色板上右键单击“透明色”按钮☒，取消曲线的轮廓颜色，效果如图 11–3–91 所示。

92 使用同样的方法输入其他文字，并将输入的文字填充为白色，效果如图 11–3–92 所示。

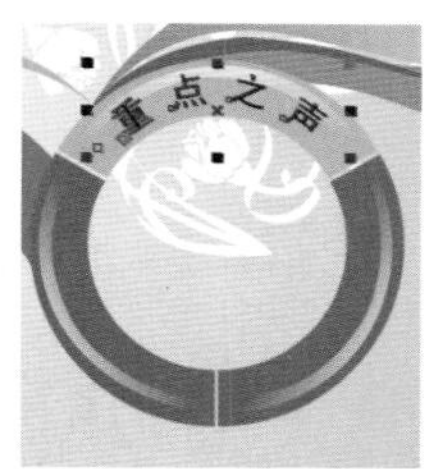

图11-3-91 取消轮廓颜色

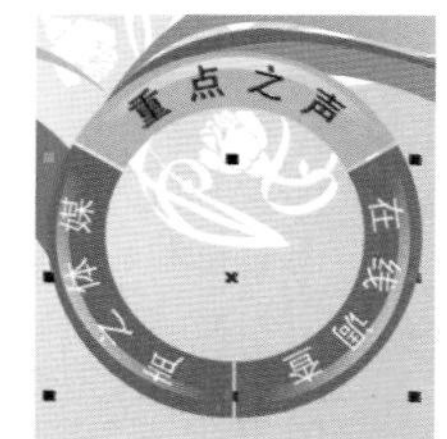

图11-3-92 输入其他文字

93 选择“椭圆形工具”，按住 Ctrl 键绘制正圆，并在调色板上单击白色（C：0，M：0，Y：0，K：0）色块，为绘制的正圆填充白色，如图 11–3–93 所示。

94 单击属性栏上的“导入”按钮，导入素材图片：化妆品 1.jpg，并调整素材图片的大小和位置，如图 11–3–94 所示。

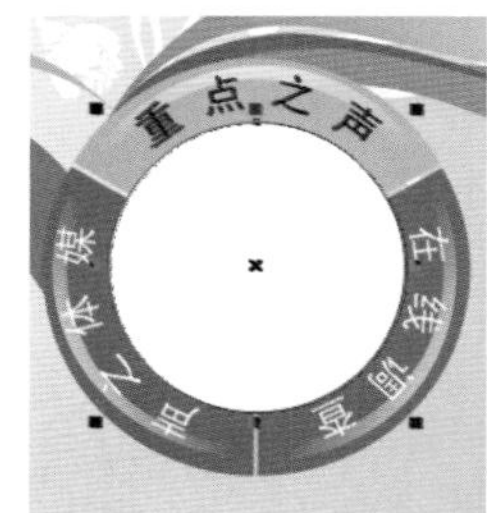

图11-3-93 绘制正圆

图11-3-94 导入素材图片

95 按快捷键 Ctrl + PageDown 将导入的素材图片移至正圆的下方，执行“效果”|“图框精确裁剪”|“放置在容器中”命令，并将鼠标移至正圆上，当鼠标变成➡样式时单击，即可裁剪素材图片，在调色板上右键单击“透明色”按钮☒，取消正圆的轮廓颜色，效果如图 11–3–95 所示。

96 选择“椭圆形工具”，按住 Ctrl 键绘制正圆，并在调色板上单击白色（C：0，M：0，Y：0，K：0）色块，为绘制的正圆填充白色，如图 11–3–96 所示。

图11-3-95 图框精确裁剪

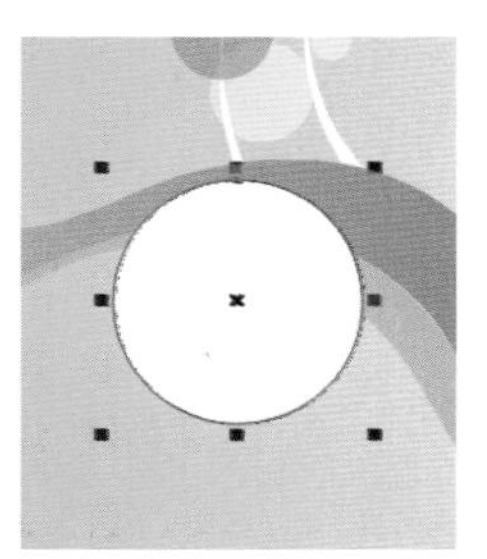
图11-3-96 绘制正圆

97 按F12键打开“轮廓笔”对话框，设置颜色为洋红色（C：0，M：100，Y：0，K：0），设置宽度为1mm，如图11-3-97所示，单击“确定”按钮。

98 设置正圆轮廓后的效果如图11-3-98所示。

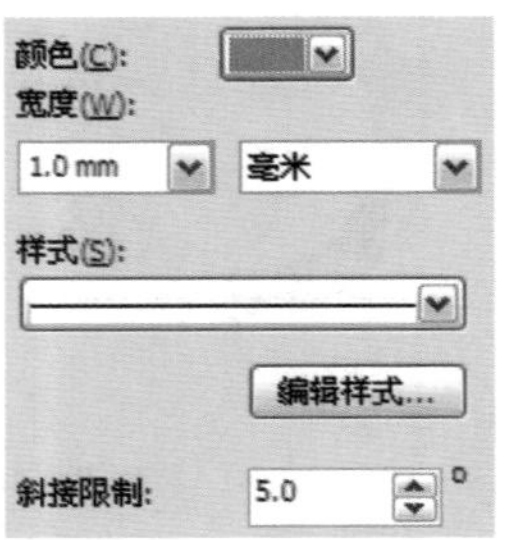

图11-3-97　设置轮廓

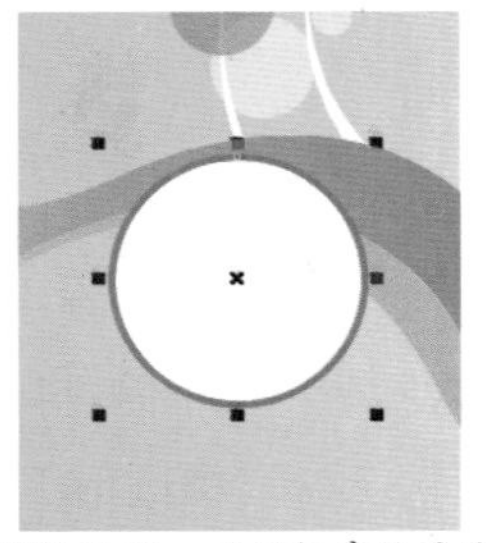
图11-3-98　设置轮廓后的效果

99 使用同样的方法，再绘制一个正圆，效果如图11-3-99所示。

100 单击属性栏上的“导入”按钮，导入素材图片：化妆品2.jpg，并调整素材图片的大小和位置，如图11-3-100所示。

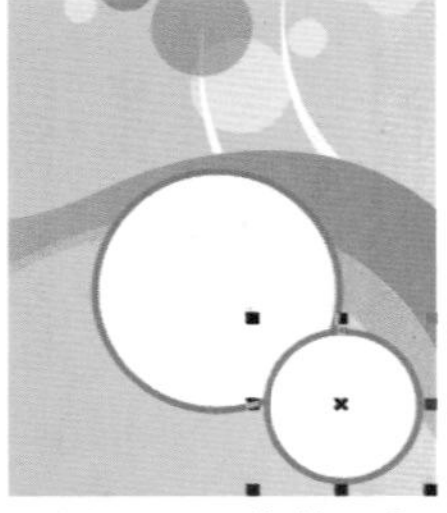
图11-3-99　绘制正圆

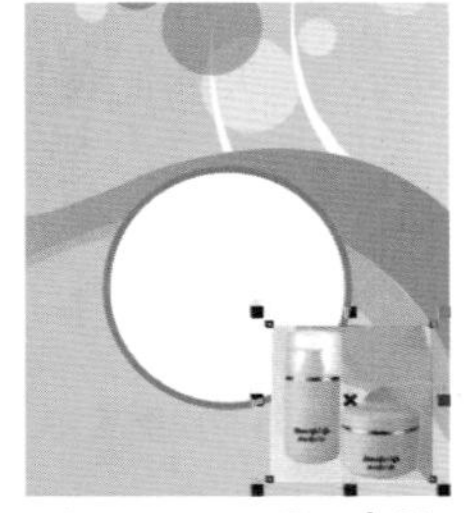
图11-3-100　导入素材

101 按快捷键Ctrl + PageDown将导入的素材图片移至小正圆的下方，执行“效果”|“图框精确裁剪”|“放置在容器中”命令，将鼠标移至小正圆上，当鼠标变成➡样式时单击，即可裁剪素材图片，效果如图11-3-101所示。

102 使用同样的方法，导入素材图片：化妆品3.jpg，将其裁剪到大正圆内，效果如图11-3-102所示。

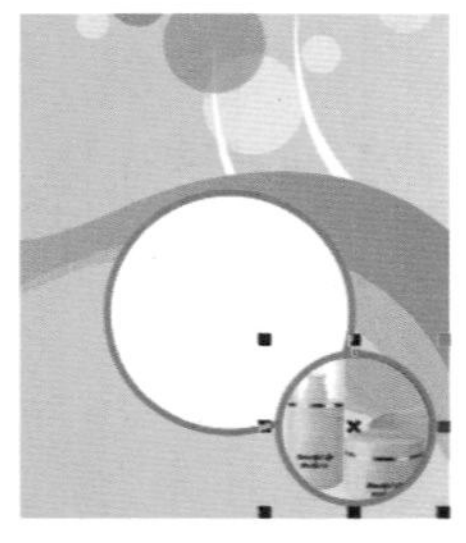
图11-3-101　图框精确裁剪

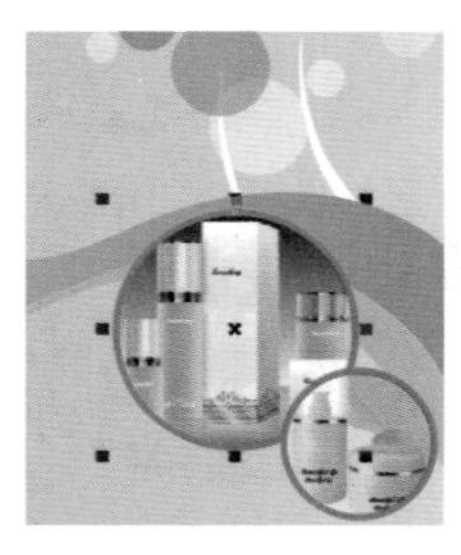
图11-3-102　裁剪素材图片

103 选择“文本工具”，输入文字。选中输入的文字，在属性栏上设置“字体”为黑体，“字体大小”为16pt，并在调色板上单击洋红色（C：0，M：100，Y：0，K：0）色块，为输入的文字填充颜色，效果如图11-3-103所示。

104 单击“2点线工具”，绘制直线，如图11-3-104所示。

图11-3-103　输入并设置文字

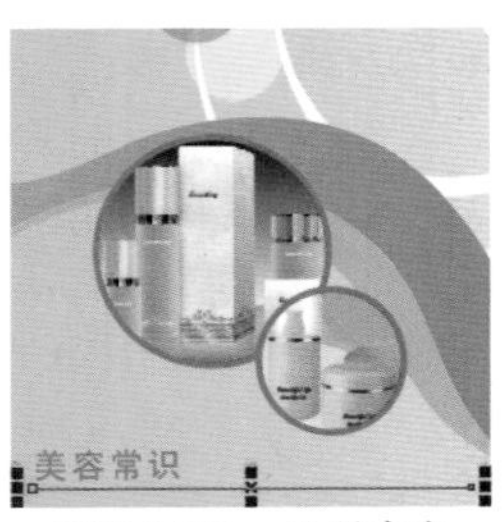

图11-3-104　绘制直线

105 按“F12”键打开“轮廓笔”对话框，设置颜色为洋红色（C：0，M：100，Y：0，K：0），设置宽度为0.25mm，单击“确定”按钮。设置直线颜色和宽度后的效果，如图11-3-105所示。

106 选择“文本工具”，输入文字。选择输入的文字，在属性栏上设置“字体”为黑体，“字体大小”为12pt，如图11-3-106所示。

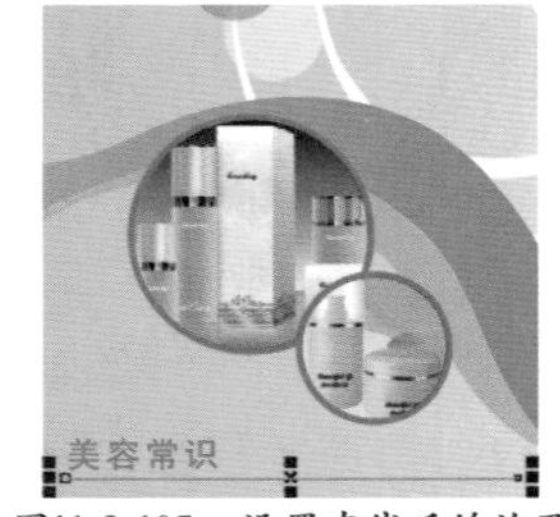

图11-3-105　设置直线后的效果

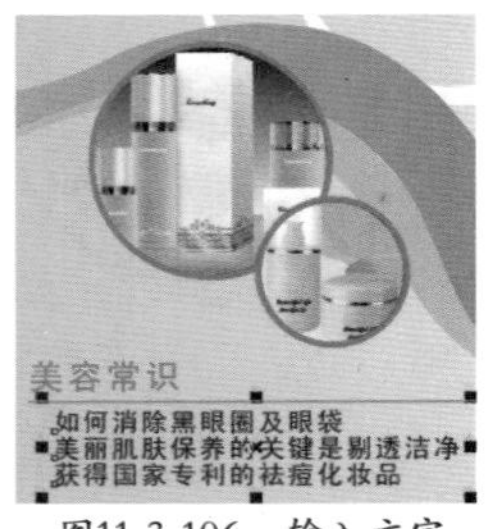

图11-3-106　输入文字

107 使用同样的方法输入其他文字，效果如图11-3-107所示。

108 选择“基本形状工具”，在属性栏中选择如图11-3-108所示的形状。

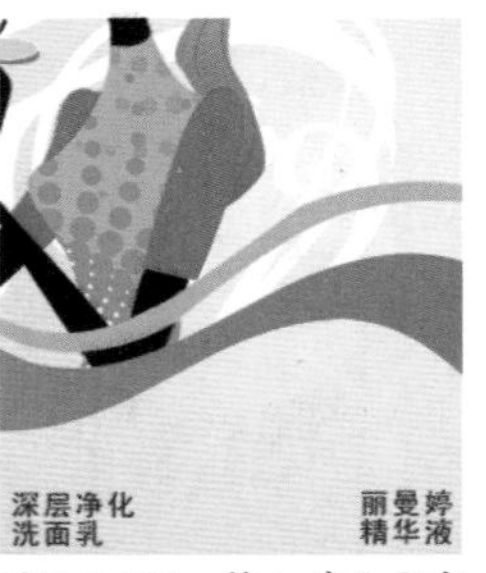

图11-3-107　输入其他文字

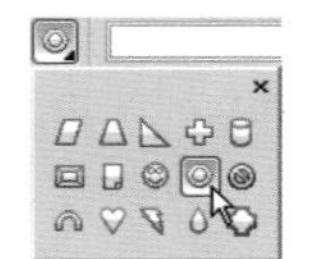
图11-3-108　选择形状

109 在绘图页中绘制形状，效果如图 11-3-109 所示。

110 在调色板上单击深褐色（C：0，M：20，Y：20，K：60）色块，为绘制的形状填充深褐色，右键单击“透明色”按钮☒，取消轮廓颜色，效果如图 11-3-110 所示。

图11-3-109 绘制形状

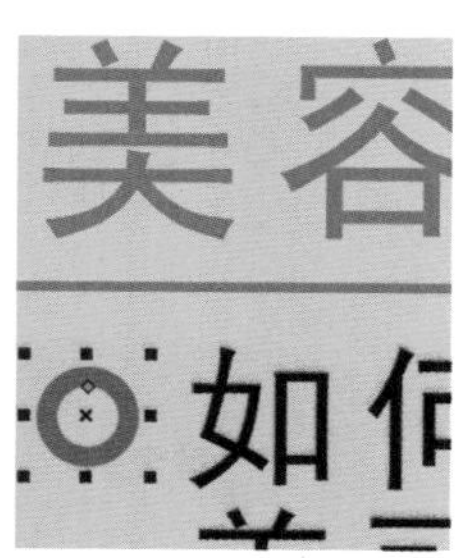

图11-3-110 填充颜色

111 按小键盘上的 + 号键复制多个形状，并调整它们的位置，效果如图 11-3-111 所示。

112 使用前面讲到的导入素材的方法，导入其他素材图片，效果如图 11-3-112 所示。

图11-3-111 复制形状

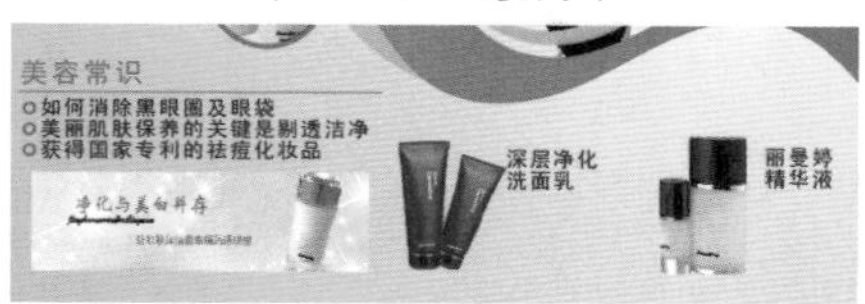

图11-3-112 导入素材图片

113 选择“文本工具”字，输入文字。选中输入的文字，在属性栏上设置“字体”为黑体，“字体大小”为 10pt，如图 11-3-113 所示。

114 使用同样的方法输入其他文字，效果如图 11-3-114 所示。

图11-3-113 输入文字

图11-3-114 输入其他文字

115 选择“矩形工具”，绘制矩形，在属性栏中将“圆角半径”设置为 2.568mm，如图 11-3-115 所示。

116 按 F11 键打开“渐变填充”对话框，设置“类型”为线性，设置“角度”为 -90，分别设置“从”颜色为（C：0；M：69；Y：0；K：0），“到”的颜色为白色（C：0；M：0；Y：0；K：0），如图 11-3-116 所示。单击“确定”按钮。

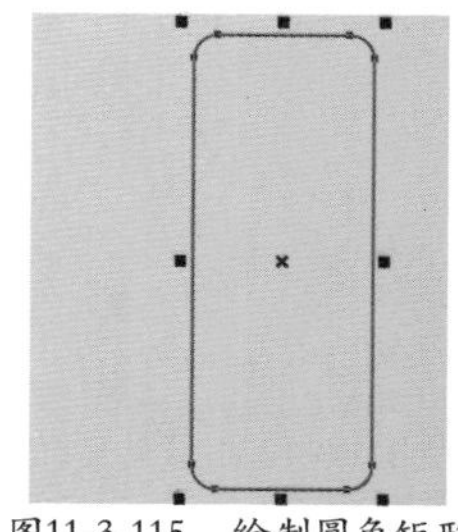

图11-3-115 绘制圆角矩形

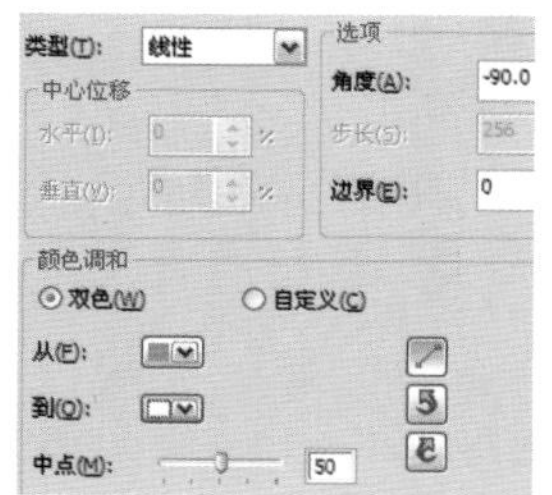

图11-3-116 设置渐变颜色

117 填充渐变色后，右键单击调色板上的“透明色”按钮☒，取消轮廓颜色，效果如图 11-3-117 所示。

118 选择“阴影工具”，将鼠标移至圆角矩形上，向外单击拖曳形成阴影后，设置属性栏上“阴影的不透明度”为 22，“阴影羽化”为 15，其他参数使用默认设置。如图 11-3-118 所示。

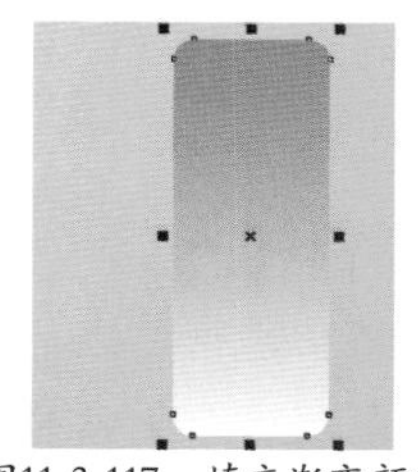

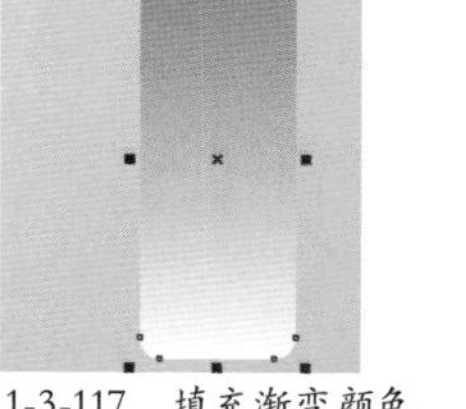

图11-3-117 填充渐变颜色

图11-3-118 添加阴影

119 选择“文本工具”字，输入文字。选中输入的文字，在属性栏上设置“字体”为方正大黑简体，“字体大小”为 7pt，并在调色板上单击深褐色（C：0，M：20，Y：20，K：60）色块，为输入的文字填充颜色，效果如图 11-3-119 所示。

120 单击“2 点线工具”，绘制直线，如图 11-3-120 所示。

图11-3-119 输入并设置文字

图11-3-120 绘制直线

121 按F12键打开"轮廓笔"对话框，设置颜色为白色（C：0，M：0，Y：0，K：0），设置宽度为0.25mm，单击"确定"按钮。设置直线颜色和宽度后的效果，如图11-3-121所示。

122 按小键盘上的+号键复制多条直线，并调整它们的位置，效果如图11-3-122所示。

图11-3-121 设置直线后的效果

图11-3-122 复制直线

123 选择"文本工具"，输入文字。选中输入的文字，在属性栏上设置"字体"为方正大黑简体，"字体大小"为9pt，并在调色板上单击深褐色（C：0，M：20，Y：20，K：60）色块，为输入的文字填充颜色，效果如图11-3-123所示。

124 使用同样的方法输入其他文字，效果如图11-3-124所示。

图11-3-123 输入并设置文字

图11-3-124 输入其他文字

125 选择"艺术笔工具"，在属性栏中单击"喷涂"按钮，设置"类别"为"对象"，选择如图11-3-125所示的喷射图样。

126 在绘图页中绘制图形，如图11-3-126所示。

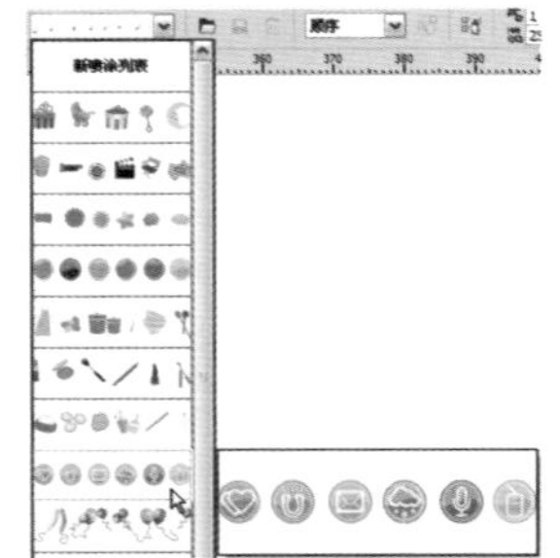
图11-3-125 选择喷射图样

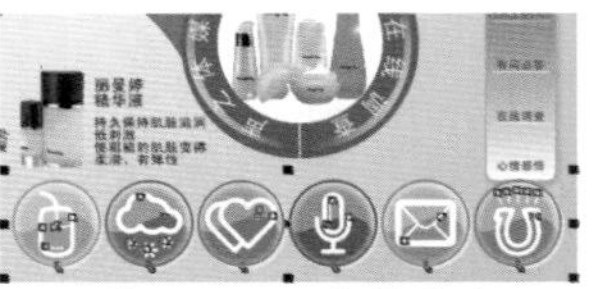
图11-3-126 绘制图形

127 按快捷键Ctrl+K拆分艺术笔群组，如图11-3-127所示。

128 选择黑色线条，按Delete键将其删除，如图11-3-128所示。

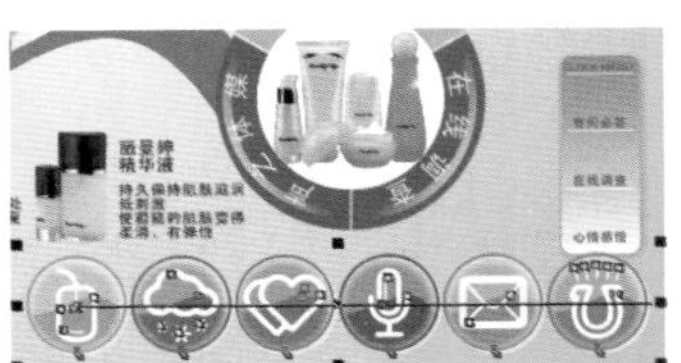
图11-3-127 拆分艺术笔群组

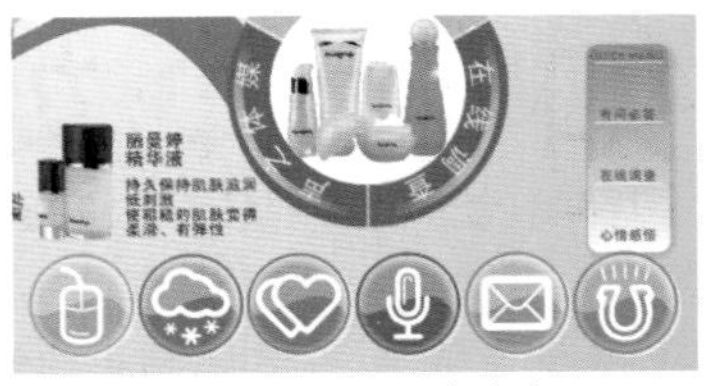
图11-3-128 删除线条

129 选择群组对象，在属性栏中单击"取消群组"按钮，并将不需要的图形对象删除，效果如图11-3-129所示。

130 调整未被删除的图形对象的大小和位置，如图11-3-130所示。

图11-3-129 取消群组并删除图形

图11-3-130 调整图形对象

131 选择"文本工具"，输入文字。选中输入的文字，在属性栏上设置"字体"为黑体，"字体大小"为11pt，如图11-3-131所示。

132 使用同样的方法输入其他文字，效果如图11-3-132所示。

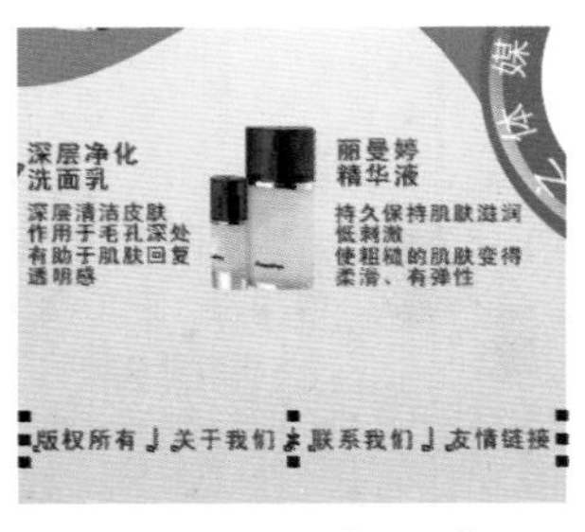

图11-3-131 输入文字

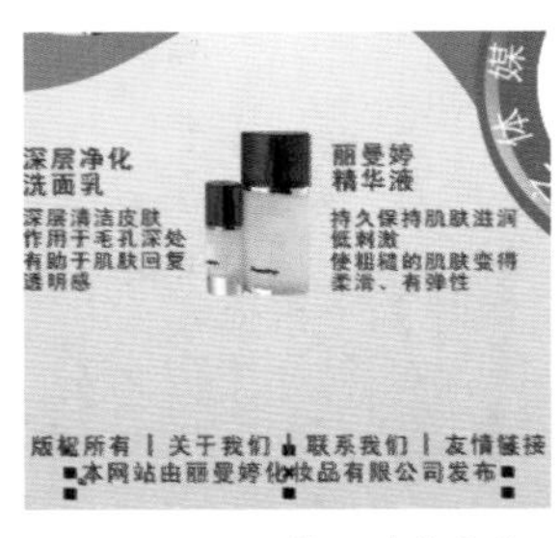

图11-3-132 输入其他文字

133 图像最终效果，如图 11-3-133 所示。

图11-3-133 最终效果

本章小结：通过对以上案例的学习，可以了解并掌握 CorelDRAW X5 绘制网页的技巧应用和操作，通过对“矩形工具”、“椭圆形工具”、“钢笔工具”、“2 点线工具”和“文本工具”等的使用，可以制作出图文并茂的网页。

第12章

户外广告设计

东城家园
专读品位 · 用心建筑
尊贵热线
1818181
开发商：上海市嘉庆房地产开发有限公司
东城生活新风尚
幸福升级
品质生活

所谓户外广告，指的是通过户外广告媒体进行广告传播的一种广告形式，是都市景观中相当重要的一部分，它不仅可以传播信息，还可以对周围的景观起到装饰和协调的作用。使用 CorelDRAW X5 软件进行户外广告设计，可以非常方便地设置对象的渐变颜色、轮廓颜色、透明度和阴影等效果，从而使创作的作品更加美观、形象和生动。

12.1 汽车户外广告设计

技能分析

制作本实例的主要目的是使读者了解并掌握如何在 CorelDRAW X5 软件中绘制汽车户外广告，使用“矩形工具”和“钢笔工具”绘制背景和图形，并使用“透明度工具”调整图形的透明度，并导入汽车图片，最后使用“文本工具”输入文字，完成最终效果的制作。

制作步骤

1 按快捷键 Ctrl + N 打开“创建新文档”对话框，设置“名称”为汽车户外广告设计，“宽度”为 350mm，“高度”为 140mm，如图 12-1-1 所示。单击“确定”按钮。

2 选择“矩形工具”，并在绘图页中沿绘图页绘制矩形，如图 12-1-2 所示。

图12-1-1 设置新文档参数　　图12-1-2 绘制矩形

3 选择“渐变填充工具”，打开“渐变填充”对话框，在“选项”处设置“角度”为 90，分别设置“从”颜色为白色（C：0；M：0；Y：0；K：0），“到”的颜色为（C：88；M：72；Y：71；K：43），如图 12-1-3 所示。单击“确定”按钮。

4 填充渐变色后，右键单击调色板上的“透明色”按钮☒，取消轮廓颜色，效果如图 12-1-4 所示。

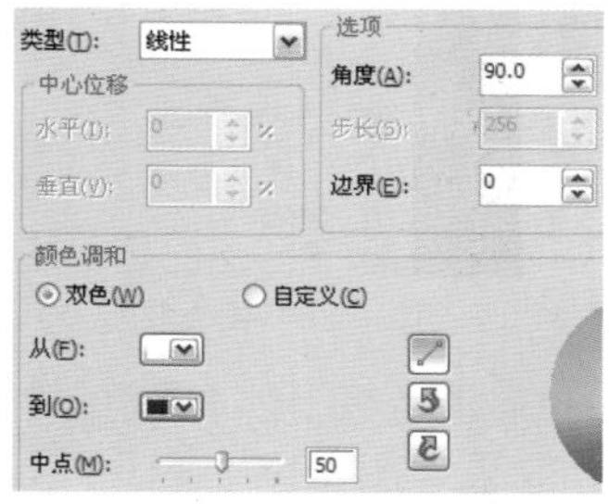

图12-1-3 设置渐变颜色　　图12-1-4 填充渐变颜色

5 单击“钢笔工具”，绘制图形。如图 12-1-5 所示。

6 按快捷键 Shift + F11 打开“均匀填充”对话框，设置颜色为洋红色（C:0，M:100，Y:0，K:0），如图 12-1-6 所示，单击“确定”按钮。

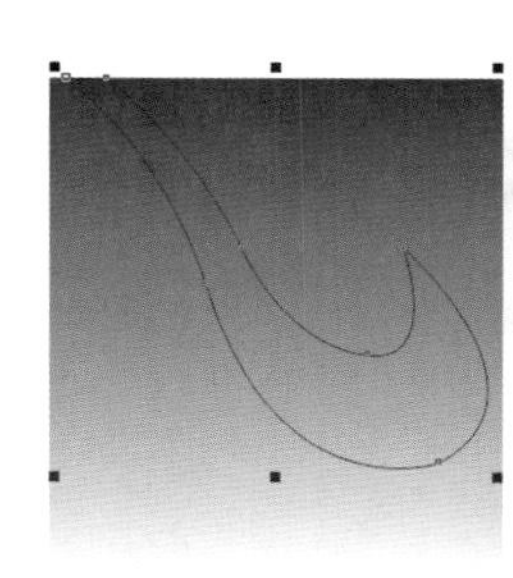

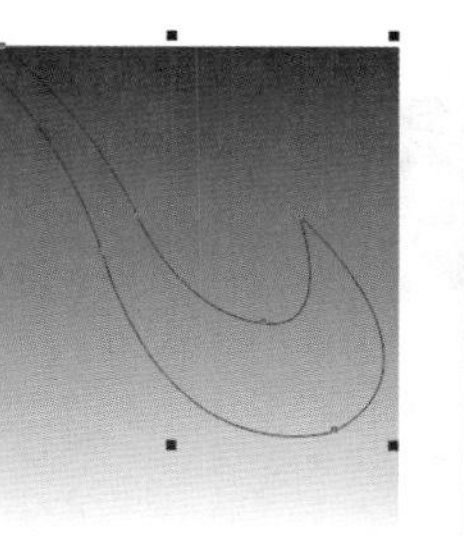

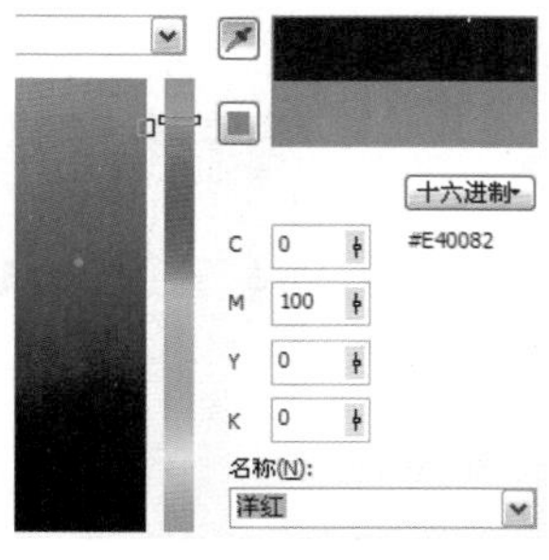

图12-1-5 绘制图形　　图12-1-6 设置颜色

7 填充颜色后，右键单击调色板上的“透明色”按钮☒，取消轮廓颜色，效果如图 12-1-7 所示。

8 选择“透明度工具”，单击拖曳形成透明渐变效果。图像效果如图 12-1-8 所示。

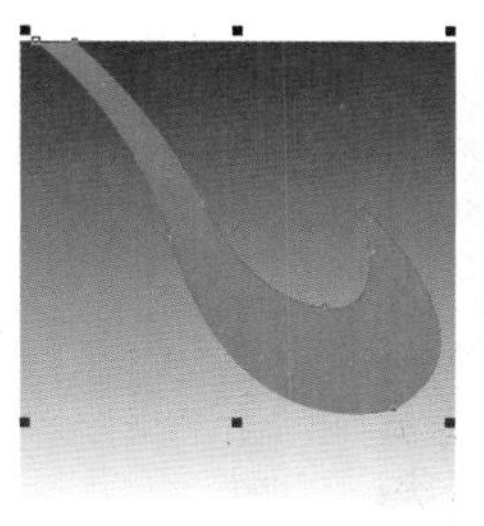

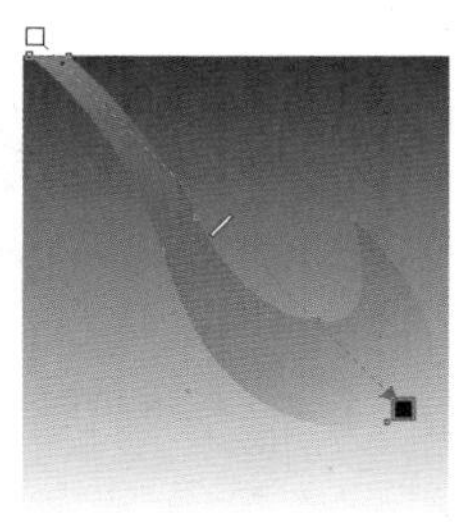

图12-1-7 填充颜色　　图12-1-8 添加透明度

9 单击“钢笔工具”，绘制图形。如图 12-1-9 所示。

10 按快捷键 Shift + F11 打开“均匀填充”对话框，设置颜色为柔和蓝色（C：40，M：40，Y：0，K：0），如图 12-1-10 所示，单击“确定”按钮。

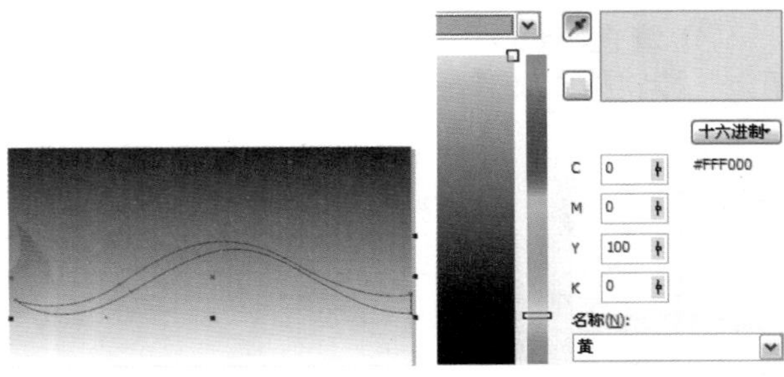

图12-1-9　绘制图形　　图12-1-10　设置颜色

11 填充颜色后，右键单击调色板上的“透明色”按钮☒，取消轮廓颜色，效果如图 12-1-11 所示。

12 选择“透明度工具”，单击拖曳形成透明渐变效果。图像效果如图 12-1-12 所示。

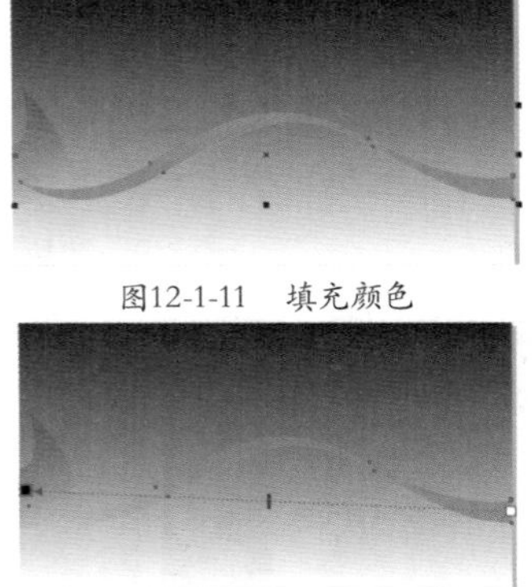

图12-1-11　填充颜色

图12-1-12　添加透明度

13 单击“钢笔工具”，绘制图形。如图 12-1-13 所示。

14 按快捷键 Shift + F11 打开“均匀填充”对话框，设置颜色为橘红色（C：0，M：60，Y：100，K：0），如图 12-1-14 所示，单击“确定”按钮。

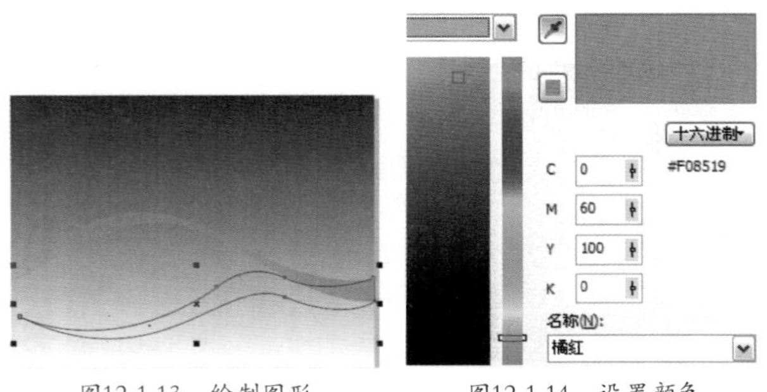

图12-1-13　绘制图形　　图12-1-14　设置颜色

15 填充颜色后，右键单击调色板上的“透明色”按钮☒，取消轮廓颜色，效果如图 12-1-15 所示。

16 选择“透明度工具”，单击拖曳形成透明渐变效果。图像效果如图 12-1-16 所示。

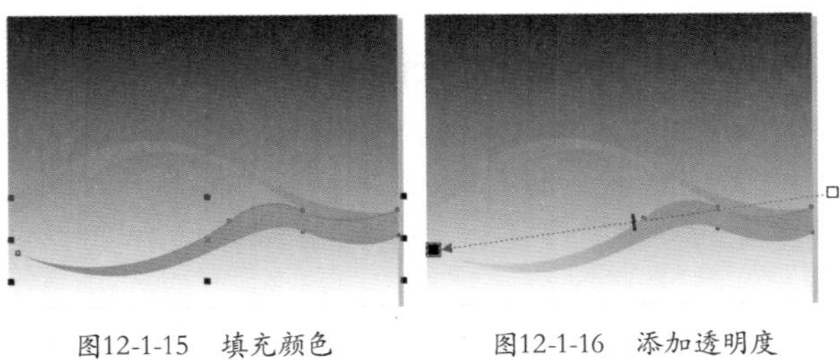

图12-1-15　填充颜色　　图12-1-16　添加透明度

17 单击“钢笔工具”，绘制图形。如图 12-1-17 所示。

18 按快捷键 Shift + F11 打开“均匀填充”对话框，设置颜色为黄色（C：0，M：0，Y：100，K：0），如图 12-1-18 所示，单击“确定”按钮。

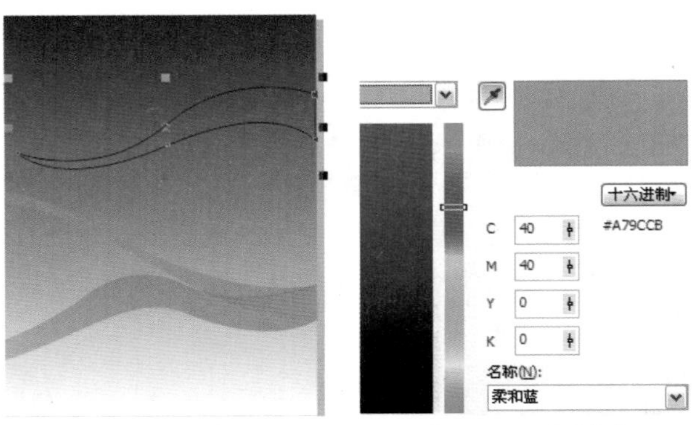

图12-1-17　绘制图形　　图12-1-18　设置颜色

19 填充颜色后，右键单击调色板上的“透明色”按钮☒，取消轮廓颜色，效果如图 12-1-19 所示。

20 选择“透明度工具”，单击拖曳形成透明渐变效果。图像效果如图 12-1-20 所示。

图12-1-19　填充颜色　　图12-1-20　添加透明度

21 单击属性栏上的“导入”按钮，导入素材图片：汽车 11.psd，并调整素材位置和大小。如图 12-1-21 所示。

22 多次按快捷键 Ctrl + PageDown 将导入的素材图片移至图形的下方，如图 12-1-22 所示。

图12-1-21 导入素材

图12-1-22 调整图片排列顺序

23 使用同样的方法，导入素材图片：汽车 22.psd，并调整素材的位置、大小和排列顺序。如图 12-1-23 所示。

24 选择“文本工具”，在图像上方输入文字。选择输入的文字，在属性栏上设置“字体”为方正大黑简体，“字体大小”为 45pt，如图 12-1-24 所示。

图12-1-23 导入并调整素材

图12-1-24 输入并设置文字

25 在调色板上单击白色（C:0，M:0，Y:0，K:0）色块，即可为文字填充白色，如图 12-1-25 所示。

26 在文字处于选中的状态下单击，使其进入旋转状态，将光标移动到上方的↔图标上，向右单击拖曳，如图 12-1-26 所示。

图12-1-25 为文字填充白色

图12-1-26 调整文字

27 适当调整一下文字的位置，选择“阴影工具”，将鼠标移至图形上，向外单击拖曳形成阴影后，设置属性栏上“阴影的不透明度”为 22，“阴影羽化”为 2，其他参数使用默认设置。如图 12-1-27 所示。

28 使用同样的方法输入并调整文字：别克君越 激扬上市。为文字制作阴影，效果如图 12-1-28 所示。

图12-1-27 制作阴影

图12-1-28 输入并调整文字

29 单击“2 点线工具”，绘制直线，如图 12-1-29 所示。

30 按 F12 键，打开“轮廓笔”对话框，设置“宽度”为 0.5mm，其他参数使用默认设置，如图 12-1-30 所示。单击“确定”按钮。

图 12-1-29 绘制直线

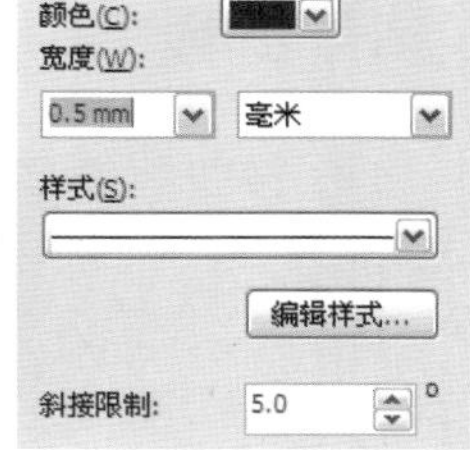

图12-1-30 设置直线宽度

31 设置直线宽度后，选择“文本工具”，输入文字。选择输入的文字，在属性栏上设置“字体”为黑体，“字体大小”为 20.5pt，如图 12-1-31 所示。

32 图像最终效果，如图 12-1-32 所示。

图12-1-31 输入文字

图12-1-32 最终效果

12.2 楼盘户外广告设计

技能分析

制作本实例的主要目的是使读者了解并掌握如何在 CorelDRAW X5 软件中绘制楼盘户外广告，先使用“矩形工具”绘制背景，导入图片，并使用“钢笔工具”绘制 Logo，使用“文本工具”输入内容，从而完成最终效果的制作。

制作步骤

1 按快捷键 Ctrl ＋ N 打开“创建新文档”对话框，设置“名称”为楼盘户外广告设计，“宽度”为 300mm，“高度”为 130mm，如图 12-2-1 所示。单击“确定”按钮。

2 选择“矩形工具”，并在绘图页中沿绘图页绘制矩形，如图 12-2-2 所示。

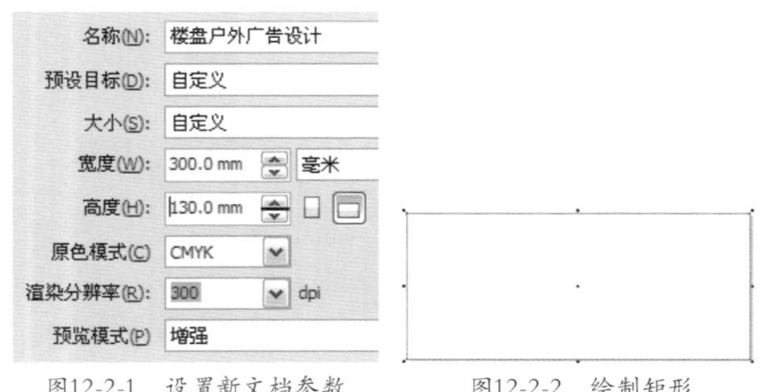

图12-2-1 设置新文档参数　　图12-2-2 绘制矩形

3 按快捷键 Shift ＋ F11 打开“均匀填充”对话框，设置颜色为（C：58，M：100，Y：100，K：52），如图 12-2-3 所示，单击“确定”按钮。

4 填充颜色后，右键单击调色板上的“透明色”按钮☒，取消轮廓颜色，效果如图 12-2-4 所示。

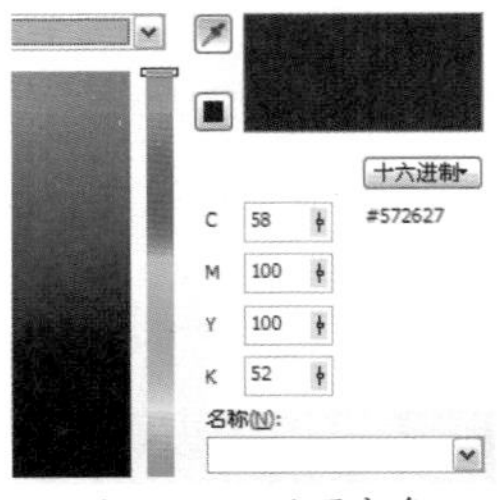

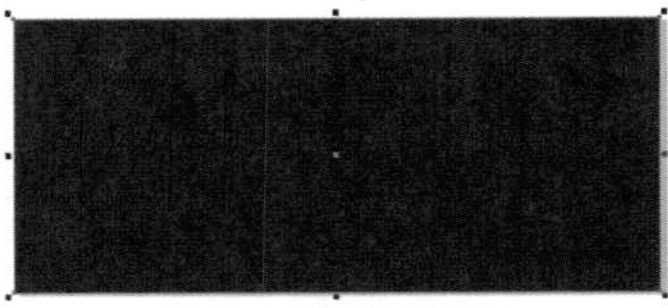

图12-2-3 设置颜色　　图12-2-4 填充颜色

5 单击属性栏上的“导入”按钮，导入素材图片：图片 .jpg，并调整素材位置和大小。如图 12-2-5 所示。

6 在属性栏上单击“水平镜像”按钮，图像效果如图 12-2-6 所示。

图12-2-5 导入素材

图12-2-6 水平镜像图片

7 单击“钢笔工具”，绘制图形。如图 12-2-7 所示。

8 使用“钢笔工具”，绘制其他图形，如图 12-2-8 所示。

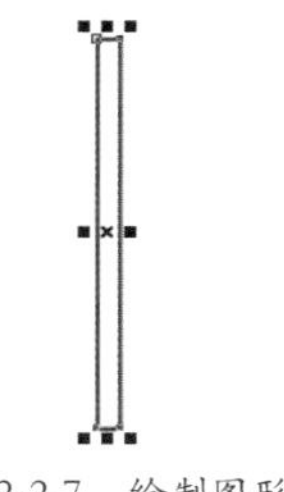

图12-2-7 绘制图形　　图12-2-8 绘制其他图形

9 选择新绘制的所有图形，在属性栏中单击“群组”按钮，群组选择的对象，如图 12-2-9 所示。

10 按 F11 键，打开“渐变填充”对话框，设置“角度”为 90，分别设置“从”颜色为（C：0；M：36；Y：95；K：0），“到”的颜色为（C：0；M：11；Y：35；K：0），如图 12-2-10 所示。单击“确定”按钮。

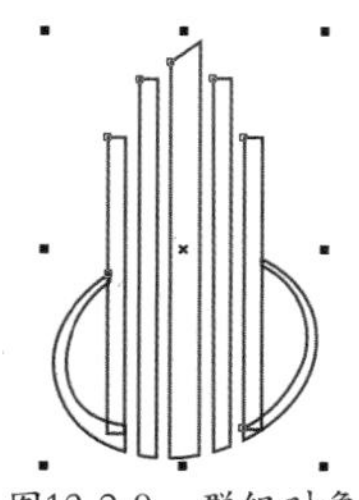

图12-2-9　群组对象

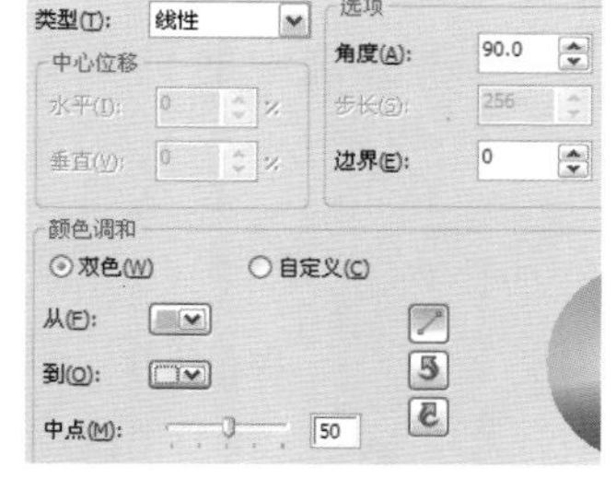

图12-2-10　设置渐变颜色

11 填充渐变色后，右键单击调色板上的“透明色”按钮，取消轮廓颜色，效果如图 12-2-11 所示。

12 使用“选择工具”调整群组对象的位置，如图 12-2-12 所示。

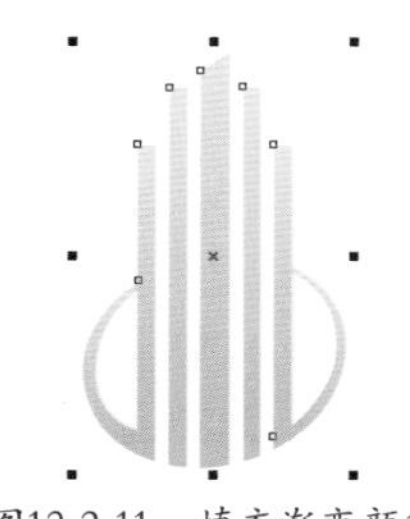

图12-2-11　填充渐变颜色

图12-2-12　调整对象位置

13 选择“文本工具”，输入文字。选择输入的文字，在属性栏上设置“字体”为创艺简老宋，“字体大小”为 38pt，如图 12-2-13 所示。

14 按 F11 键，打开“渐变填充”对话框，设置“角度”为 90，“边界”为 4，分别设置“从”颜色为（C：0；M：36；Y：96；K：0），“到”的颜色为（C：0；M：11；Y：47；K：0），如图 12-2-14 所示。单击“确定”按钮。

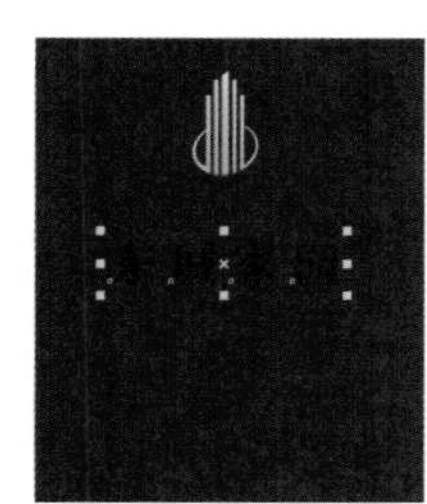

图12-2-13　输入并设置文字

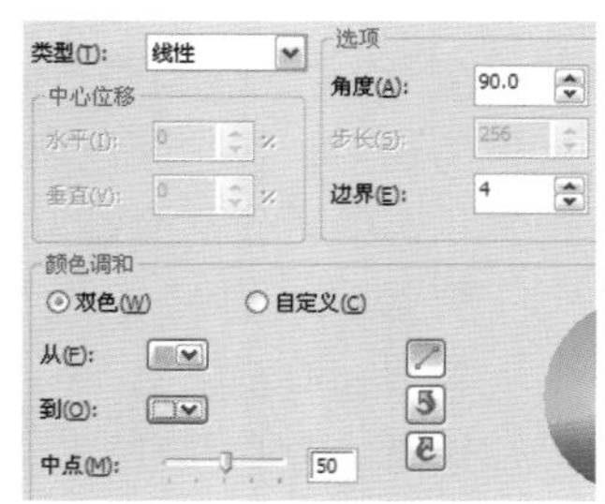

图12-2-14　设置渐变颜色

15 为选择的文字填充渐变颜色，效果如图 12-2-15 所示。

16 选择“文本工具”，输入文字。选择输入的文字，在属性栏上设置“字体”为汉仪中隶书简，“字体大小”为 17pt，如图 12-2-16 所示。

图12-2-15　填充渐变颜色

图12-2-16　输入并设置文字

17 按快捷键 Shift + F11 打开“均匀填充”对话框，设置颜色为（C：0，M：20，Y：75，K：0），如图 12-2-17 所示，单击“确定”按钮。

18 为选择的文字填充颜色，效果如图 12-2-18 所示。

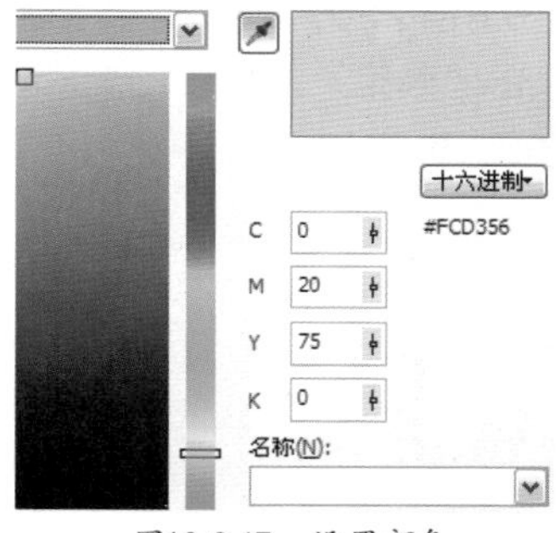

图12-2-17　设置颜色

图12-2-18　填充颜色

19 单击“钢笔工具”，绘制图形。如图 12-2-19 所示。

20 按 F11 键，打开“渐变填充”对话框，设置“角度”为 180，分别设置“从”颜色为（C：0；M：36；Y：96；K：0），“到”的颜色为（C：0；M：11；Y：47；K：0），如图 12-2-20 所示。单击“确定”按钮。

图12-2-19　绘制图形

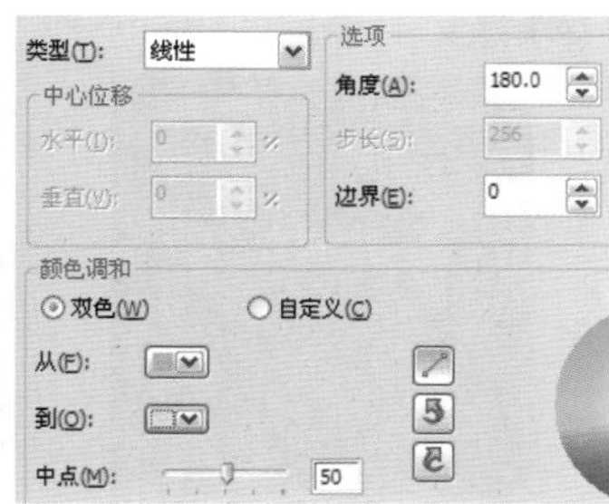

图12-2-20　设置渐变颜色

21 填充渐变色后，右键单击调色板上的“透明色”按钮☒，取消轮廓颜色，效果如图 12-2-21 所示。

22 确定新绘制的图形处于选中状态，按快捷键 Ctrl+C 复制，按快捷键 Ctrl+V 粘贴，在属性栏中单击“水平镜像”按钮，并调整复制后的图形的位置，效果如图 12-2-22 所示。

图12-2-21 填充渐变颜色

图12-2-22 复制并水平镜像图形

23 选择“文本工具”字，输入文字。选中输入的文字，在属性栏上设置“字体”为创艺简老宋，“字体大小”为 20pt，如图 12-2-23 所示。

24 按快捷键 Shift + F11 打开“均匀填充”对话框，设置颜色为（C：0，M：20，Y：75，K：0），如图 12-2-24 所示，单击“确定”按钮。

图12-2-23 输入并设置文字

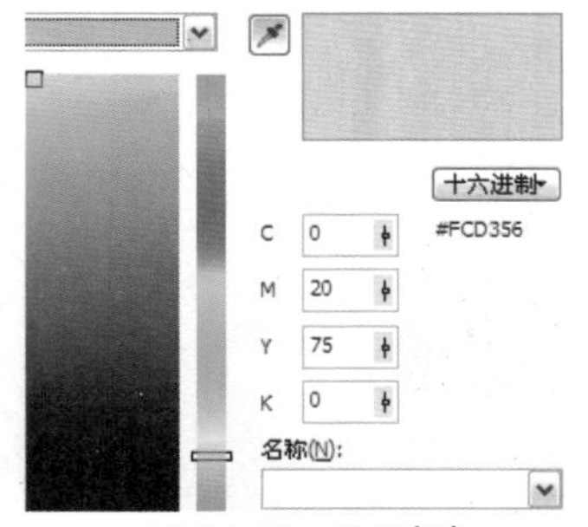

图12-2-24 设置颜色

25 为选中的文字填充颜色，效果如图 12-2-25 所示。

26 选择“文本工具”字，输入文字。选中输入的文字，在属性栏上设置“字体”为 Adobe Caslon Pro Bold，“字体大小”为 48pt，单击“斜体”按钮，如图 12-2-26 所示。

图12-2-25 填充颜色

图12-2-26 输入并设置文字

27 按 F11 键打开“渐变填充”对话框，设置“角度”为 90，“边界”为 33%，在“颜色调和”选项区域中选择“自定义”选项，分别设置为：

位置：0% 颜色（C：0；M：36；Y：96；K：0）；

位置：50% 颜色（C：0；M：11；Y：47；K：0）；

位置：100% 颜色（C：0；M：36；Y：96；K：0）。

如图 12-2-27 所示。单击“确定”按钮。

28 为选中的文字填充渐变颜色，效果如图 12-2-28 所示。

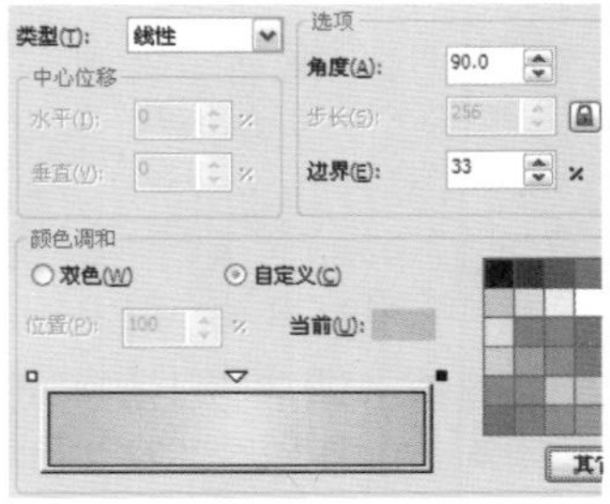

图12-2-27 设置渐变颜色

图12-2-28 填充渐变颜色

29 选择“文本工具”字，然后输入文字。选择输入的文字，在属性栏上设置“字体”为方正粗圆简体，“字体大小”为 14pt，并将字体颜色设置为（C：0，M：20，Y：75，K：0），如图 12-2-29 所示。

30 选择“文本工具”字，输入文字。选中输入的文字，在属性栏上设置“字体”为方正综艺简体，“字体大小”为 40pt，如图 12-2-30 所示。

图12-2-29 输入并设置文字

图12-2-30 输入文字

31 按 F11 键打开“渐变填充”对话框，设置“类型”为辐射，在“颜色调和”选项区域中选择“自定义”选项，分别设置为：

位置：0% 颜色（C：0；M：36；Y：94；K：0）；

位置：50% 颜色（C：0；M：15；Y：45；K：0）；

位置：100% 颜色（C：0；M：36；Y：93；K：0）。

如图 12-2-31 所示。单击“确定”按钮。

32 为选中的文字填充渐变颜色，效果如图 12-2-32 所示。

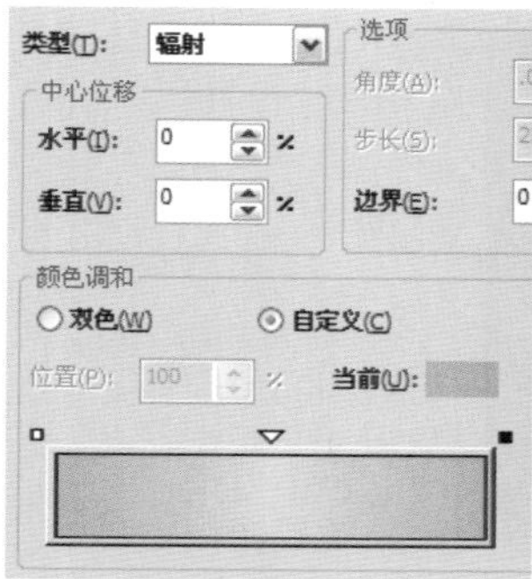

图12-2-31　设置渐变颜色

图12-2-32　填充渐变颜色

33 选择"阴影工具"，将鼠标移至文字上，向外单击拖曳形成阴影后，设置属性栏上"阴影的不透明度"为 70，"阴影羽化"为 2，其他参数使用默认设置。如图 12-2-33 所示。

34 选择"文本工具"，输入文字。选择输入的文字，在属性栏上设置"字体"为黑体，"字体大小"为 9.2pt，并将字体颜色设置为白色（C:0，M：0，Y：0，K：0），如图 12-2-34 所示。

图12-2-33　添加阴影

图12-2-34　输入并设置文字

35 单击"2 点线工具"，绘制直线，如图 12-2-35 所示。

36 按 F12 键打开"轮廓笔"对话框，设置颜色为（C：0，M：36，Y：93，K：0），设置宽度为 1mm，如图 12-2-36 所示，单击"确定"按钮。

图12-2-35　绘制直线

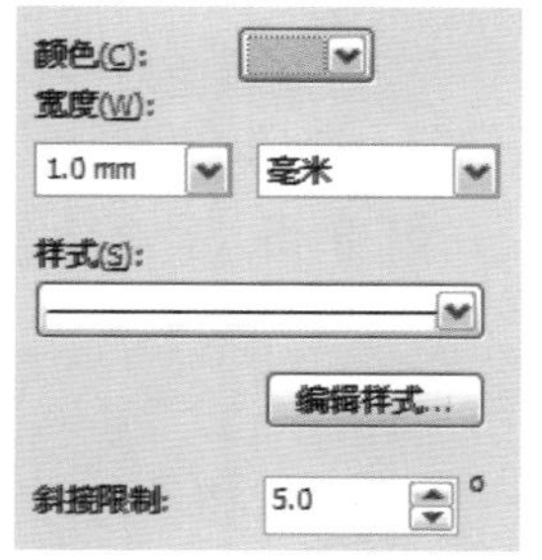

图12-2-36　设置直线颜色和宽度

37 设置直线颜色和宽度后的效果，如图 12-2-37 所示。

38 选择"文本工具"，输入文字。选择输入的文字，在属性栏上设置"字体"为方正超粗黑简体，"字体大小"为 30pt，并将字体颜色设置为白色（C：0，M：0，Y：0，K：0），如图 12-2-38 所示。

图12-2-37　设置直线后的效果

图12-2-38　输入并设置文字

39 选择"阴影工具"，将鼠标移至文字上，向外单击拖曳形成阴影后，设置属性栏上"阴影的不透明度"为 40，"阴影羽化"为 2，其他参数使用默认设置。如图 12-2-39 所示。

40 图像最终效果，如图 12-2-40 所示。

图12-2-39　添加阴影

图12-2-40　最终效果

12.3 美容美体中心户外广告设计

技能分析

制作本实例的主要目的是使读者了解并掌握如何在 CorelDRAW X5 软件中绘制美容美体中心户外广告，先使用“矩形工具”和“2 点线工具”绘制背景，使用“钢笔工具”绘制图案，最后使用“文本工具”输入内容，从而完成最终效果的制作。

制作步骤

1 按快捷键 Ctrl + N 打开“创建新文档”对话框，设置“名称”为美容美体中心户外广告设计，“宽度”为 360mm，“高度”为 150mm，如图 12–3–1 所示。单击“确定”按钮。

2 选择“矩形工具”，绘制矩形，如图 12–3–2 所示。

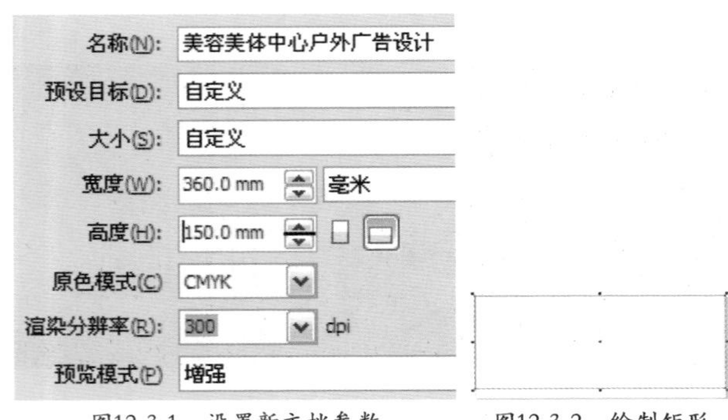

图12-3-1 设置新文档参数　　图12-3-2 绘制矩形

3 按 F11 键打开“渐变填充”对话框，设置“类型”为辐射，分别设置“从”颜色为（C：18；M：97；Y：32；K：0），“到”的颜色为（C：0；M：75；Y：0；K：0），如图 12–3–3 所示。单击“确定”按钮。

4 填充渐变色后，右键单击调色板上的“透明色”按钮☒，取消轮廓颜色，效果如图 12–3–4 所示。

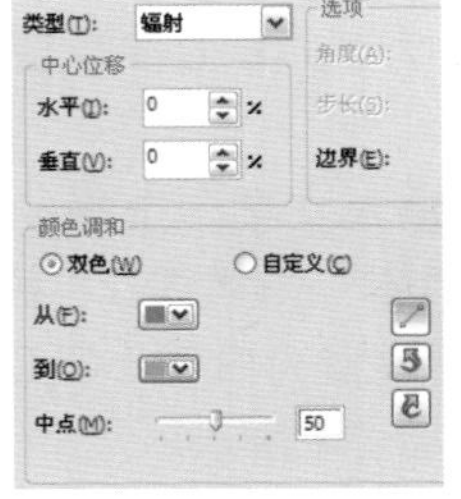

图12-3-3 设置颜色　　图12-3-4 填充渐变颜色

5 选择“矩形工具”，绘制矩形，如图 12–3–5 所示。

6 按快捷键 Shift + F11，打开“均匀填充”对话框，设置颜色为（C：24，M：92，Y：0，K：0），如图 12–3–6 所示，单击“确定”按钮。

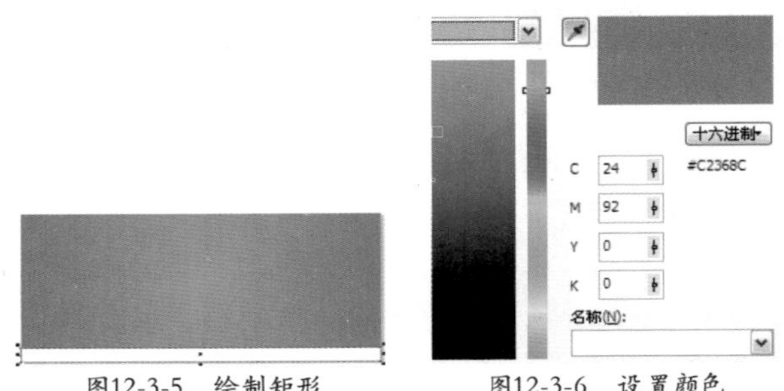

图12-3-5 绘制矩形　　图12-3-6 设置颜色

7 填充颜色后，右键单击调色板上的“透明色”按钮☒，取消轮廓颜色，效果如图 12–3–7 所示。

8 单击“2 点线工具”，绘制直线，如图 12–3–8 所示。

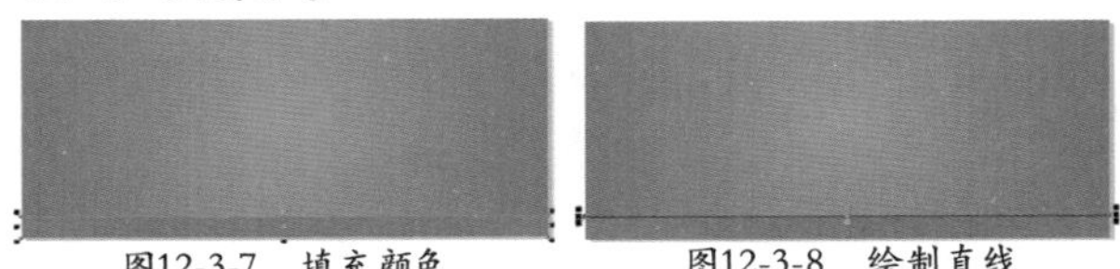

图12-3-7 填充颜色　　图12-3-8 绘制直线

9 按F12键打开“轮廓笔”对话框，设置颜色为白色（C：0，M：0，Y：0，K：0），设置宽度为0.75mm，如图12-3-9所示，单击“确定”按钮。

10 设置直线颜色和宽度后的效果，如图12-3-10所示。

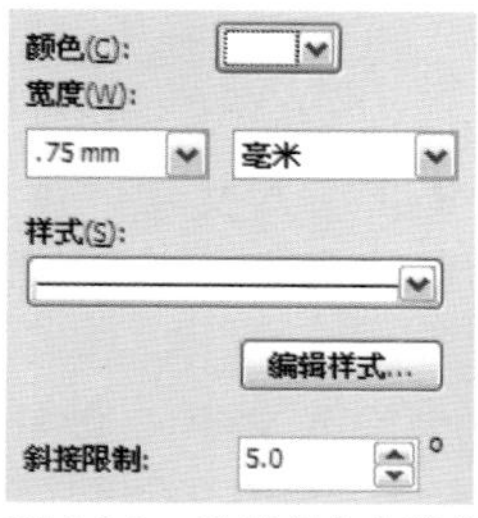

图12-3-9 设置颜色和宽度

图12-3-10 设置直线后的效果

11 使用同样的方法，绘制直线，并为绘制的直线设置颜色和宽度，如图12-3-11所示。

12 单击“钢笔工具”，绘制图形。如图12-3-12所示。

图12-3-11 绘制并设置直线

图12-3-12 绘制图形

13 在调色板上单击白色（C：0，M：0，Y：0，K:0）色块，为绘制的图形填充白色；右击“透明色”按钮☒，取消轮廓颜色，效果如图12-3-13所示。

14 选择“透明度工具”，选择属性栏上的“透明度类型”为标准，其他参数使用默认设置，图像效果如图12-3-14所示。

图12-3-13 填充颜色

图12-3-14 添加透明度

15 单击“钢笔工具”，绘制图形。如图12-3-15所示。

16 继续使用“钢笔工具”绘制其他图形，如图12-3-16所示。

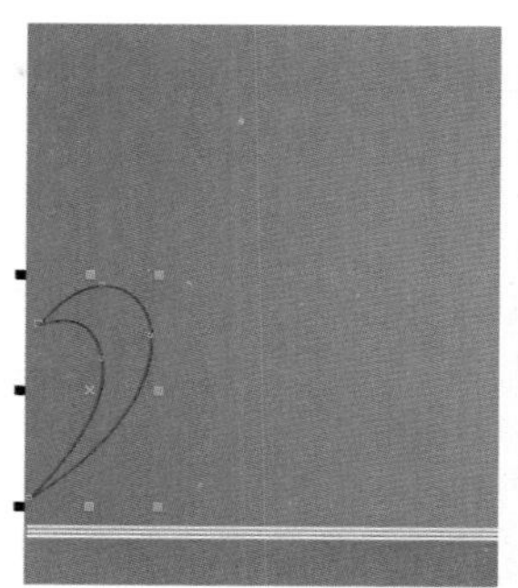
图12-3-15 绘制图形

图12-3-16 绘制其他图形

17 选择“椭圆形工具”，按住Ctrl键绘制正圆，如图12-3-17所示。

18 继续使用“椭圆形工具”绘制其他正圆，如图12-3-18所示。

图12-3-17 绘制正圆

图12-3-18 绘制其他正圆

19 框选绘制的图形对象，在属性栏中单击“群组”按钮，群组选中的对象，如图12-3-19所示。

20 在调色板上单击白色（C：0，M：0，Y：0，K：0）色块，为群组对象填充白色；右击“透明色”按钮☒，取消轮廓颜色，效果如图12-3-20所示。

图12-3-19 群组对象

图12-3-20 填充颜色

21 选择“透明度工具”，选择属性栏上的“透明度类型”为辐射，其他参数使用默认设置，图像效果如图 12-3-21 所示。

22 选择“文本工具”，输入文字。选择输入的文字，在属性栏上设置“字体”为方正综艺简体，“字体大小”为 48pt，并在调色板上单击白色（C:0，M:0，Y:0，K:0）色块，为输入的文字填充白色，效果如图 12-3-22 所示。

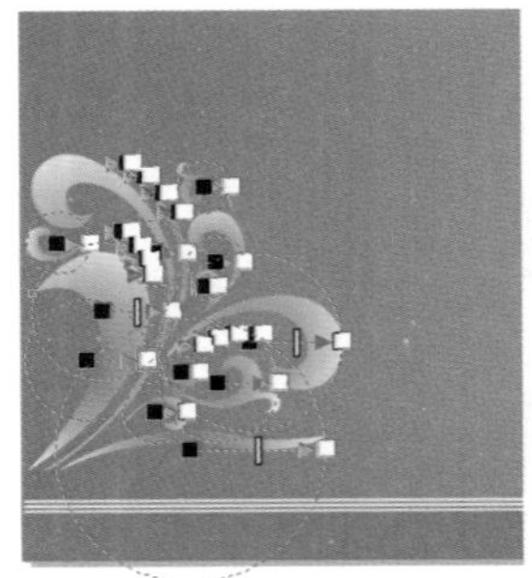
图12-3-21 添加透明度

图12-3-22 输入并设置文字

23 选择“阴影工具”，将鼠标移至图形上，向外单击拖曳形成阴影后，设置属性栏上“阴影的不透明度”为 50，“阴影羽化”为 15，其他参数使用默认设置。如图 12-3-23 所示。

24 选择“文本工具”，输入文字。选中输入的文字，在属性栏上设置“字体”为方正综艺简体，“字体大小”为 22pt，并在调色板上单击白色（C:0，M:0，Y:0，K:0）色块，为输入的文字填充白色，效果如图 12-3-24 所示。

图12-3-23 添加阴影

图12-3-24 输入并设置文字

25 选择“文本工具”，输入文字。选中输入的文字，在属性栏上设置“字体”为黑体，“字体大小”为 18pt，如图 12-3-25 所示。

26 在调色板上单击白色（C:0，M:0，Y:0，K:0）色块，为输入的文字填充白色。右击白色（C:0，M:0，Y:0，K:0）色块，将文字的轮廓颜色填充为白色，效果如图 12-3-26 所示。

图12-3-25 输入文字

图12-3-26 填充颜色

27 使用同样的方法，继续输入文字，并将文字的填充色和轮廓色都设置为白色，效果如图 12-3-27 所示。

28 选择“文本工具”，输入文字。选中输入的文字，在属性栏上设置“字体”为方正粗圆简体，“字体大小”为 78pt，如图 12-3-28 所示。

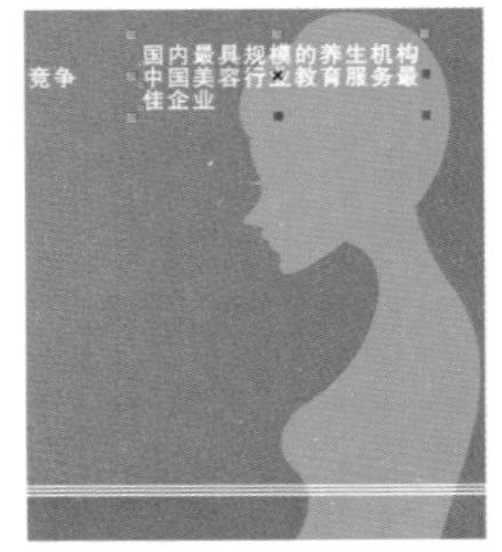

图12-3-27 输入并设置文字

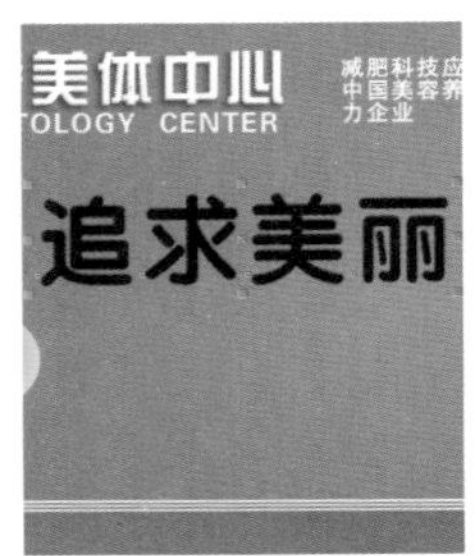

图12-3-28 输入文字

29 按快捷键 Shift + F11 打开“均匀填充”对话框，设置颜色为（C:17，M:96，Y:30，K:0），如图 12-3-29 所示，单击“确定”按钮。

30 为输入的文字填充该颜色，如图 12-3-30 所示。

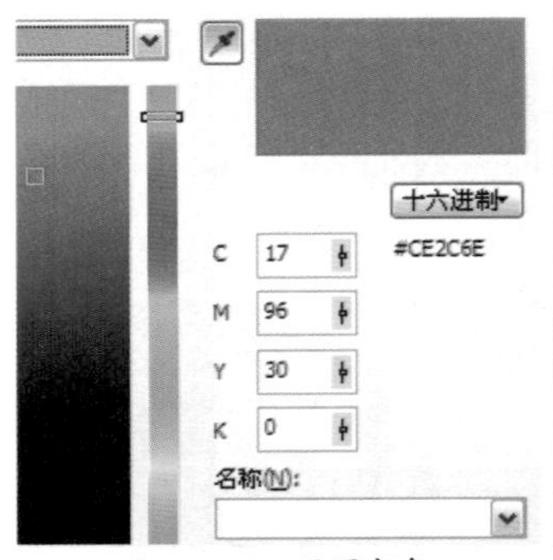

图12-3-29 设置颜色

图12-3-30 填充颜色

31 在文字处于选中的状态下单击，使其进入旋转状态，并将光标移动到上方的↔图标上，向右单击拖曳，如图 12-3-31 所示。

32 按小键盘上的 + 号键对文字进行复制，并在调色板上单击白色（C：0，M：0，Y：0，K：0）色块，为复制后的文字填充白色，如图 12-3-32 所示。

图12-3-31 调整文字

图12-3-32 填充颜色

33 按 F12 键打开“轮廓笔”对话框，设置颜色为白色（C：0，M：0，Y：0，K：0），设置宽度为 2.5mm，如图 12-3-33 所示，单击“确定”按钮。

34 按快捷键 Ctrl+PageDown 调整复制后的文字的排列顺序，如图 12-3-34 所示。

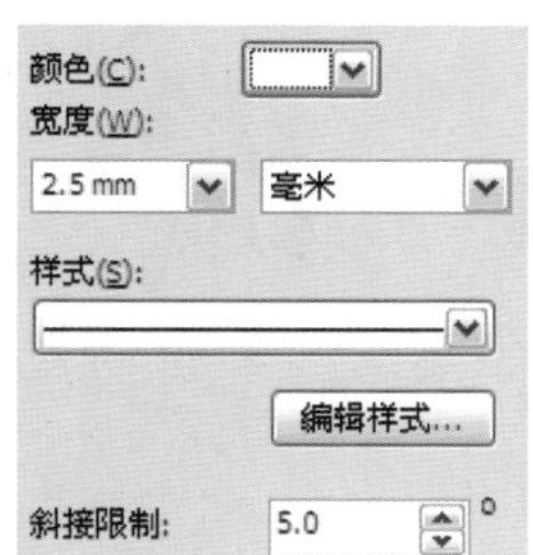

图12-3-33 设置轮廓颜色和宽度

图12-3-34 调整文字的排列顺序

35 选择“文本工具”字，输入文字。选中输入的文字，在属性栏上设置“字体”为方正粗圆简体，“字体大小”为 63pt，如图 12-3-35 所示。

36 按快捷键 Shift + F11 打开“均匀填充”对话框，设置颜色为（C：16，M：94，Y：28，K：0），如图 12-3-36 所示，单击“确定”按钮。

图12-3-35 输入文字

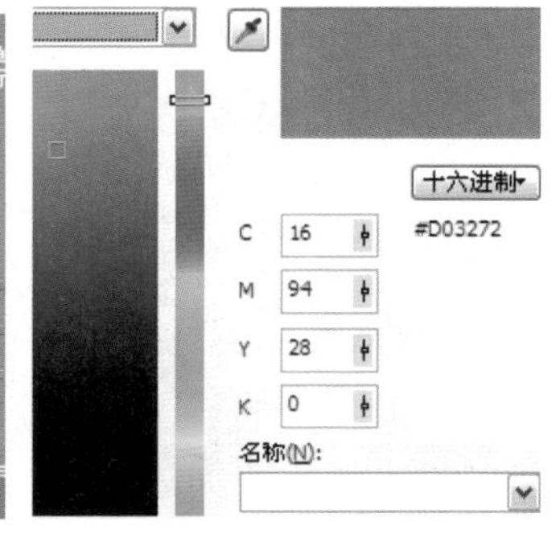

图12-3-36 设置颜色

37 为输入的文字填充该颜色，如图 12-3-37 所示。

38 在文字处于选中的状态下单击，使其进入旋转状态，并将光标移动到上方的↔图标上，向右单击拖曳，如图 12-3-38 所示。

图12-3-37 填充颜色

图12-3-38 调整文字

39 按小键盘上的 + 号键对文字进行复制，在调色板上单击白色（C：0，M：0，Y：0，K：0）色块，为复制后的文字填充白色，如图 12-3-39 所示。

40 按 F12 键打开“轮廓笔”对话框，设置颜色为白色（C：0，M：0，Y：0，K：0），设置宽度为 2.5mm，如图 12-3-40 所示，单击“确定”按钮。

图12-3-39 填充颜色

图12-3-40 设置轮廓的颜色和宽度

41 按快捷键 Ctrl+PageDown 调整复制后的文字的排列顺序，如图 12-3-41 所示。

42 选择“文本工具”字，输入文字。选中输入的文字，在属性栏上设置“字体”为方正综艺简体，“字体大小”为 120pt，如图 12-3-42 所示。

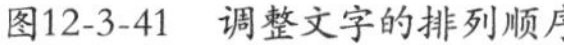
图12-3-41 调整文字的排列顺序

图12-3-42 输入文字

43 在属性栏中的“宽度”文本框中输入 54.599 mm，对文字的宽度进行调整，效果如图 12-3-43 所示。

44 按 F11 键，打开“渐变填充”对话框，设置“角度”为 90，分别设置“从”颜色为（C：18；M：97；Y：32；K：0），“到”的颜色为（C：1；M：76；Y：2；K：0），如图 12-3-44 所示。单击“确定”按钮。

图12-3-43 调整文字宽度

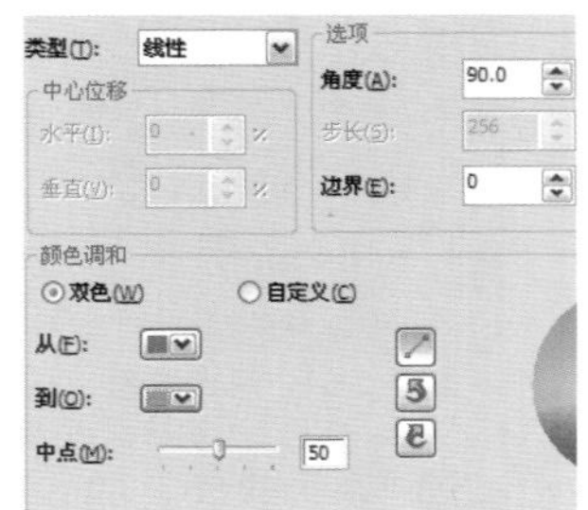

图12-3-44 设置渐变颜色

45 为输入的文字填充渐变颜色，如图 12-3-45 所示。

46 按小键盘上的 + 号键对文字进行复制，在调色板上单击白色（C：0，M：0，Y：0，K：0）色块，为复制后的文字填充白色，如图 12-3-46 所示。

图12-3-45 填充渐变颜色

图12-3-46 填充颜色

47 按 F12 键打开“轮廓笔”对话框，设置颜色为白色（C：0，M：0，Y：0，K：0），设置宽度为 2.5mm，如图 12-3-47 所示，单击“确定”按钮。

48 按快捷键 Ctrl+PageDown 调整复制后的文字的排列顺序，如图 12-3-48 所示。

图12-3-47 设置轮廓颜色和宽度

图12-3-48 调整文字的排列顺序

49 单击“钢笔工具”，绘制图形。如图 12-3-49 所示。

50 使用“钢笔工具”绘制其他图形，如图 12-3-50 所示。

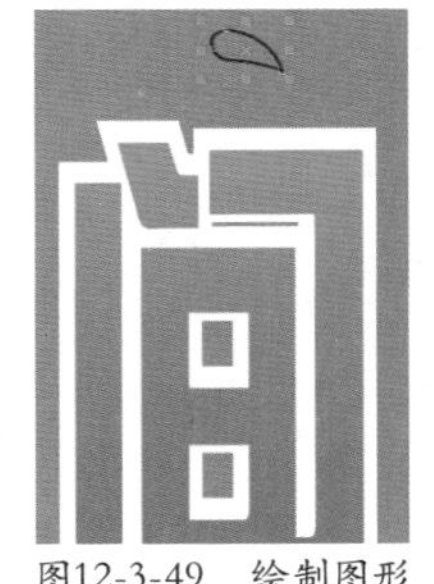
图12-3-49 绘制图形

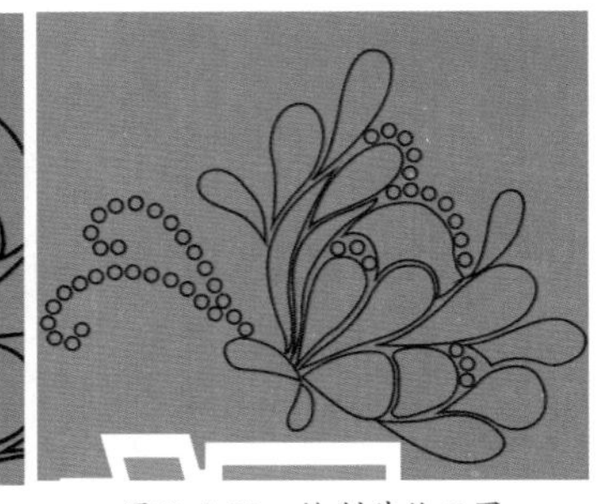
图12-3-50 绘制其他图形

51 选择“椭圆形工具”，按住 Ctrl 键绘制正圆，如图 12-3-51 所示。

52 使用“椭圆形工具”绘制其他正圆，如图 12-3-52 所示。

图12-3-51 绘制正圆

图12-3-52 绘制其他正圆

53 选中所有组成蝴蝶的图形对象，在属性栏中单击“群组”按钮，群组选中的对象，如图 12-3-53 所示。

54 在调色板上单击白色（C：0，M：0，Y：0，K：0）色块，为群组对象填充白色。右击“透明色”按钮，取消轮廓颜色，效果如图 12-3-54 所示。

图12-3-53 群组对象

图12-3-54 填充颜色

55 选择“透明度工具”，选择属性栏上的“透明度类型”为线性，其他参数使用默认设置，图像效果如图 12-3-55 所示。

56 选择“文本工具”，输入文字。选中输入的文字，在属性栏上设置“字体”为黑体，“字体大小”为 20pt，如图 12-3-56 所示。

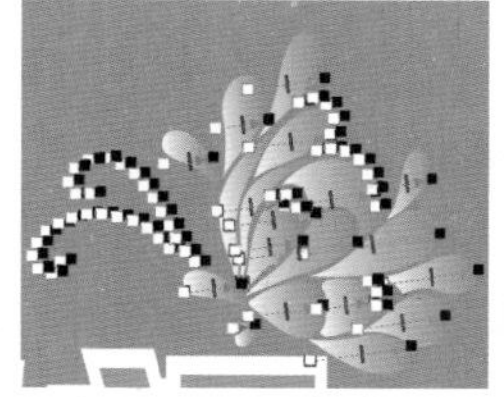

图12-3-55 添加透明度

图12-3-56 输入文字

57 在调色板上单击白色(C:0,M:0,Y:0,K:0)色块，为输入的文字填充白色。右击白色(C:0,M:0,Y:0,K:0)色块，将文字的轮廓颜色填充为白色，效果如图 12-3-57 所示。

58 使用同样的方法，继续输入文字，并将文字的填充色和轮廓色都设置为白色，效果如图 12-3-58 所示。

图12-3-57 填充颜色

图12-3-58 输入并设置文字

59 图像最终效果，如图 12-3-59 所示。

图12-3-59 最终效果

12.4 户外灯箱广告设计

技能分析

制作本实例的主要目的是使读者了解并掌握如何在 CorelDRAW X5 软件中绘制户外灯箱广告，先使用“矩形工具”绘制背景，并使用“钢笔工具”绘制图形并导入计算机图片，最后使用“文本工具”输入内容，从而完成最终效果的制作。

制作步骤

1 按快捷键 Ctrl + N 打开“创建新文档”对话框，设置“名称”为户外灯箱广告设计，“宽度”为 240mm，“高度”为 330mm，如图 12-4-1 所示。单击“确定”按钮。

2 选择“矩形工具”，绘制矩形，如图 12-4-2 所示。

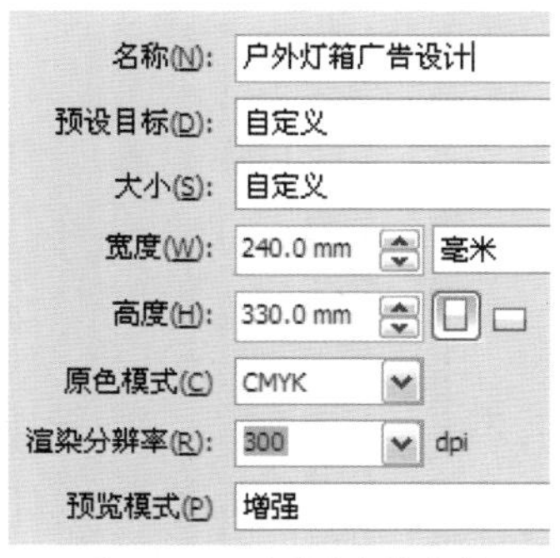

图12-4-1 设置新文档参数

图12-4-2 绘制矩形

3 按快捷键 Shift + F11，打开“均匀填充”对话框，设置颜色为：深紫色（C：52，M：100，Y：38，K：1），如图 12-4-3 所示，单击“确定”按钮。

4 填充颜色后，右键单击调色板上的“透明色”按钮☒，取消轮廓颜色，效果如图 12-4-4 所示。

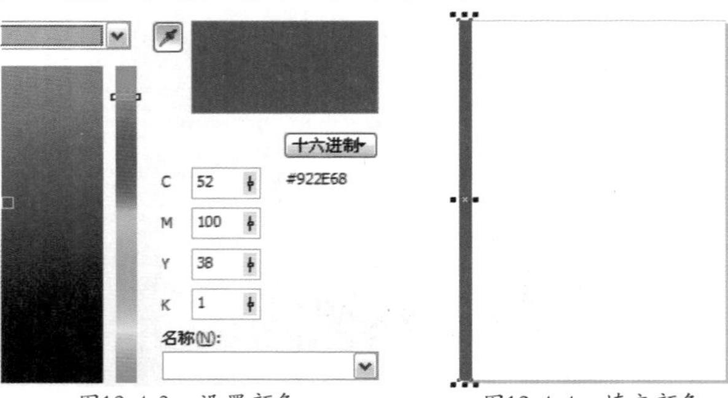

图12-4-3 设置颜色　　图12-4-4 填充颜色

5 继续使用“矩形工具”绘制矩形，如图 12-4-5 所示。

6 按快捷键 Shift + F11 打开“均匀填充”对话框，设置颜色为黄色（C：0，M：0，Y：100，K：0），如图 12-4-6 所示，单击“确定”按钮。

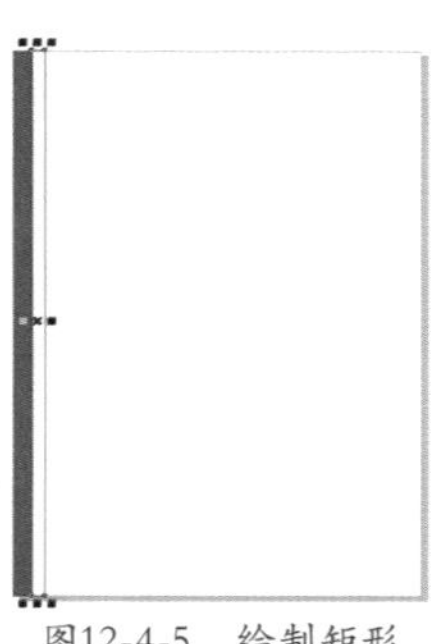

图12-4-5 绘制矩形

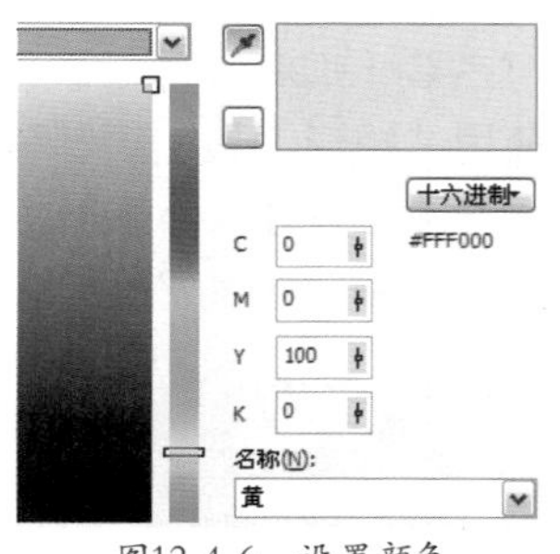

图12-4-6 设置颜色

7 填充颜色后，右键单击调色板上的“透明色”按钮☒，取消轮廓颜色，效果如图 12-4-7 所示。

8 使用同样的方法，继续绘制矩形，并为绘制的矩形填充不同的颜色，取消轮廓颜色，效果如图 12-4-8 所示。

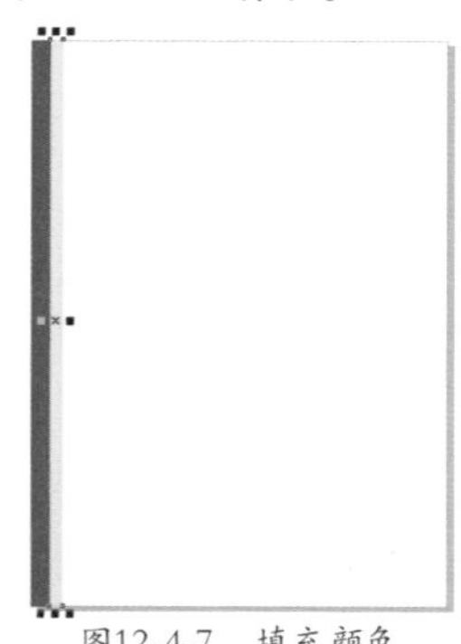

图12-4-7 填充颜色

图14-4-8 绘制矩形并填充颜色

9 选择“文本工具”字，输入文字。选中输入的文字，在属性栏上设置“旋转角度”为 356.1°，“字体”为方正琥珀简体，“字体大小”为 58pt，如图 12-4-9 所示。

10 按小键盘上的 + 号键对文字进行复制，在调色板上单击白色（C：0，M：0，Y：0，K：0）色块，为复制后的文字填充白色，如图 12-4-10 所示。

图12-4-9 输入并设置文字

图12-4-10 填充颜色

11 按 F12 键打开“轮廓笔”对话框，设置颜色为白色（C：0，M：0，Y：0，K：0），设置宽度为 3mm，如图 12-4-11 所示，单击“确定”按钮。

12 按快捷键 Ctrl+PageDown 调整复制后的文字的排列顺序，如图 12-4-12 所示。

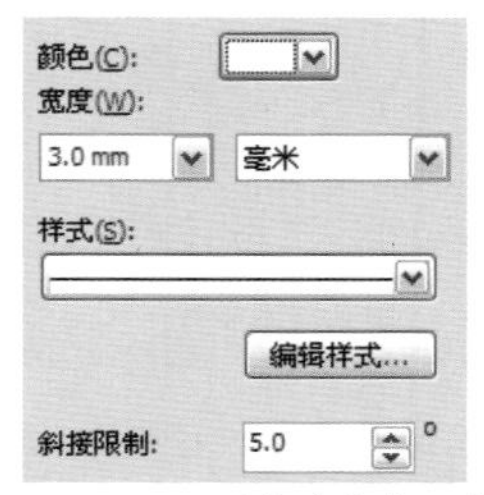

图12-4-11 设置轮廓颜色和宽度

图12-4-12 调整排列顺序

13 选择“文本工具”字，输入文字。选中输入的文字，在属性栏上设置“旋转角度”为 10.9°，“字体”为汉仪圆叠体简，“字体大小”为 90pt，如图 12-4-13 所示。

14 按快捷键 Shift + F11 打开“均匀填充”对话框，设置颜色为（C：97，M：67，Y：7，K：0），如图 12-4-14 所示，单击“确定”按钮。

图12-4-13 输入并设置文字

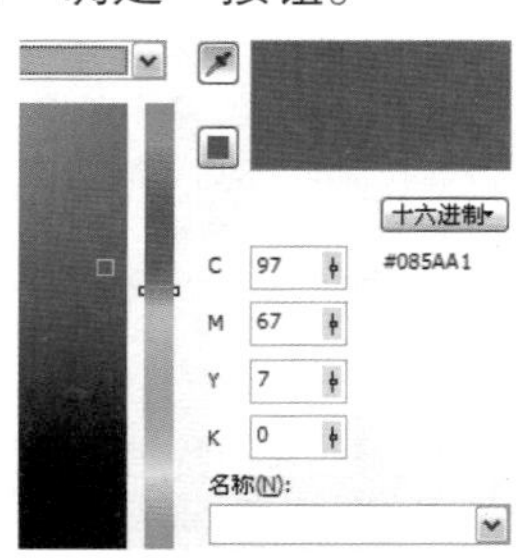

图12-4-14 设置颜色

15 为选中的文字填充颜色，效果如图 12-4-15 所示。

16 按小键盘上的 + 号键对文字进行复制，在调色板上单击白色（C：0，M：0，Y：0，K：0）色块，为复制后的文字填充白色，如图 12-4-16 所示。

图12-4-15 填充颜色

图12-4-16 复制文字

17 按 F12 键打开“轮廓笔”对话框，设置颜色为白色（C：0，M：0，Y：0，K：0），设置宽度为 3mm，如图 12-4-17 所示，单击“确定”按钮。

18 按快捷键 Ctrl+PageDown 调整复制后的文字的排列顺序，如图 12-4-18 所示。

图12-4-17 设置轮廓颜色和宽度

图12-4-18 调整排列顺序

19 选择“椭圆形工具”，绘制椭圆，如图 12-4-19 所示。

20 按快捷键 Shift + F11 打开“均匀填充”对话框，设置颜色为洋红色（C:0，M:100，Y:0，K:0），如图 12-4-20 所示，单击“确定”按钮。

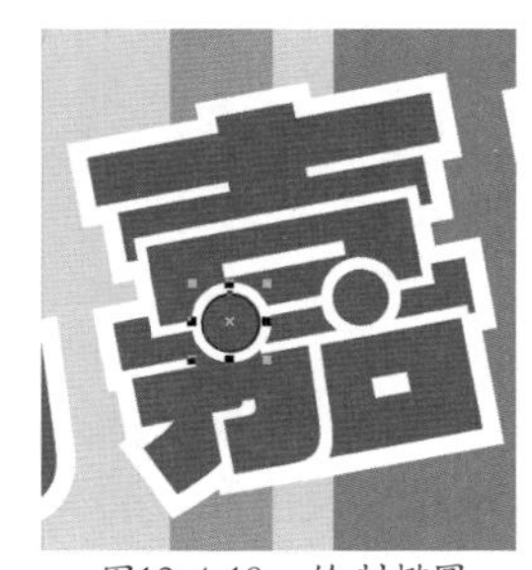
图12-4-19 绘制椭圆

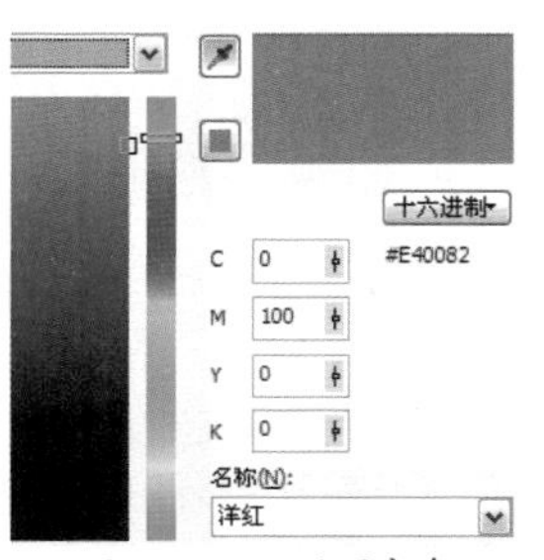

图12-4-20 设置颜色

21 填充颜色后，右键单击调色板上的“透明色”按钮☒，取消轮廓颜色，效果如图 12-4-21 所示。

22 使用同样的方法，绘制其他的椭圆，并为绘制的椭圆填充洋红色，取消轮廓颜色，效果如图 12-4-22 所示。

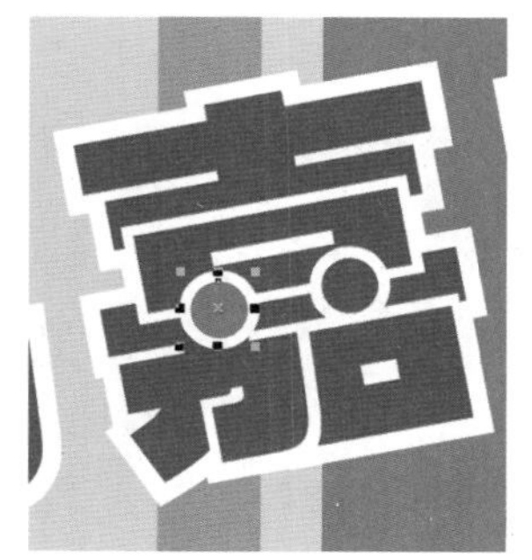
图12-4-21 填充颜色

图12-4-22 绘制其他椭圆

23 选择“钢笔工具”，绘制图形。如图 12-4-23 所示。

24 在调色板上单击白色（C：0，M：0，Y：0，K：0）色块，为绘制的图形填充白色；右击“透明色”按钮☒，取消轮廓颜色，效果如图 12-4-24 所示。

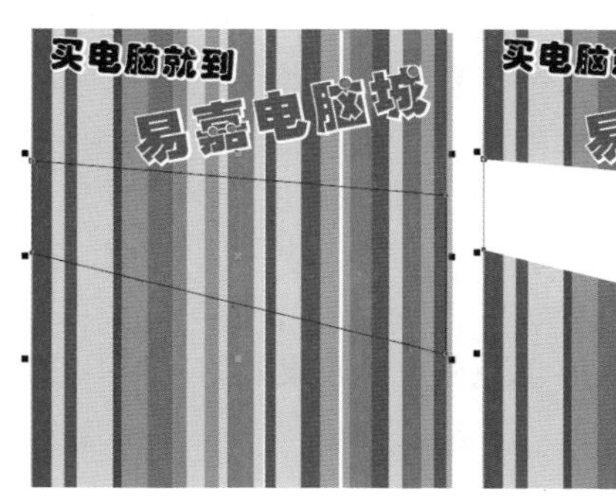

图12-4-23 绘制图形

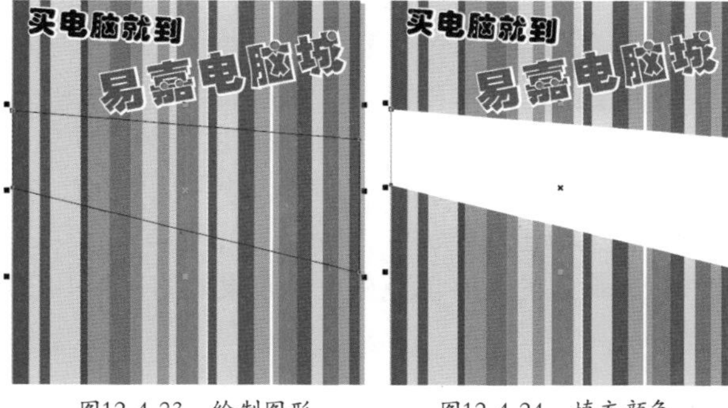

图12-4-24 填充颜色

25 选择“透明度工具”，单击拖曳形成透明渐变效果。图像效果如图 12-4-25 所示。

26 选择“钢笔工具”，绘制图形。如图 12-4-26 所示。

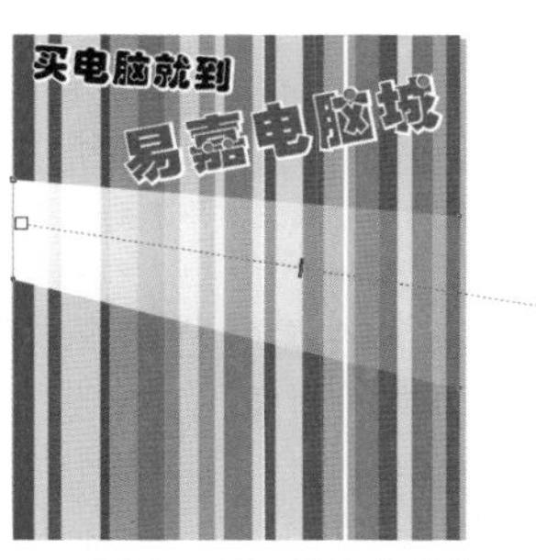

图12-4-25 添加透明度

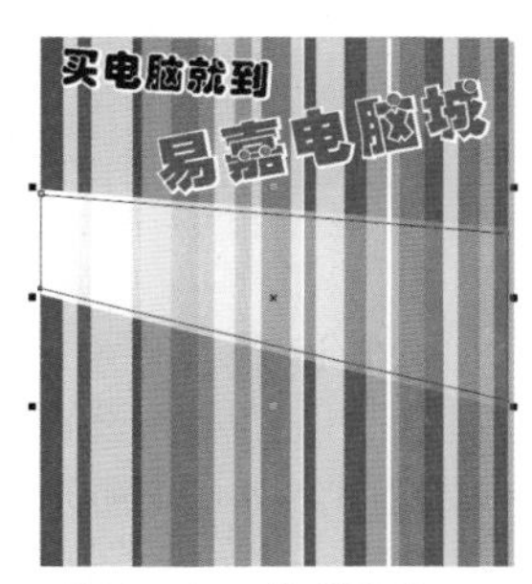

图12-4-26 绘制图形

27 按快捷键 Shift + F11 打开“均匀填充”对话框，设置颜色为（C：97，M：67，Y：7，K：0），如图 12-4-27 所示，单击“确定”按钮。

28 填充颜色后，右键单击调色板上的“透明色”按钮☒，取消轮廓颜色，效果如图 12-4-28 所示。

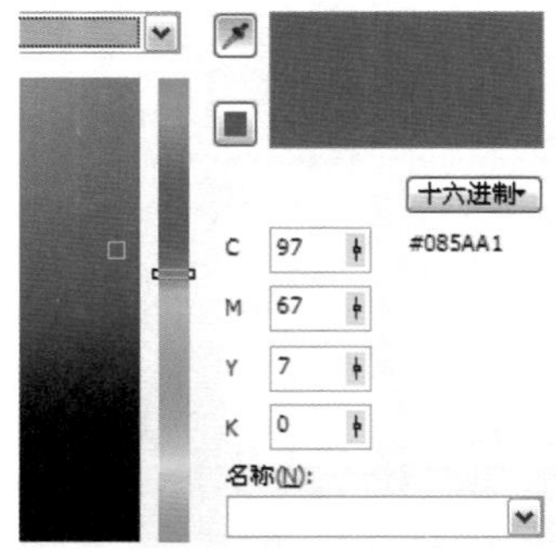

图12-4-27　设置颜色

图12-4-28　填充颜色

29 选择“文本工具”字，输入文字。选中输入的文字，在属性栏上设置“旋转角度”为 355.9°，“字体”为方正大黑简体，“字体大小”为 38pt，并在调色板上单击白色（C：0，M：0，Y：0，K：0）色块，为输入的文字填充白色，效果如图 12-4-29 所示。

30 使用“文本工具”字输入文字。选中输入的文字，在属性栏上设置“旋转角度”为 347.2°，“字体”为方正大黑简体，“字体大小”为 24pt，并在调色板上单击白色（C：0，M：0，Y：0，K：0）色块，为输入的文字填充白色，效果如图 12-4-30 所示。

图12-4-29　输入并设置文字　图12-4-30　输入文字并填充颜色

31 选择“艺术笔工具”，在属性栏中单击“喷涂”按钮，设置“类别”为“对象”，然后选择如图 12-4-31 所示的喷射图样。

32 在绘图页中绘制图形，如图 12-4-32 所示。

图12-4-31　选择喷射图样　　图12-4-32　绘制图形

33 按快捷键 Ctrl+K 拆分艺术笔群组，如图 12-4-33 所示。

34 选择黑色线条，按 Delete 键将其删除，如图 12-4-34 所示。

图12-4-33　拆分艺术笔群组　　图12-4-34　删除线条

35 选择群组对象，在属性栏中单击“取消全部群组”按钮，取消群组，如图 12-4-35 所示。

36 将不需要的图形对象删除，效果如图 12-4-36 所示。

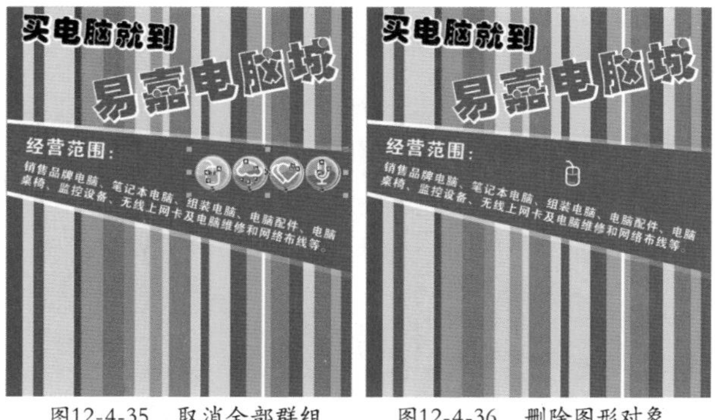

图12-4-35　取消全部群组　　图12-4-36　删除图形对象

37 选中未被删除的图形对象，使用“形状工具”调整其形状，调整图形对象的大小和旋转角度，效果如图 12-4-37 所示。

38 选择“透明度工具”，单击拖曳形成透明渐变效果。图像效果，如图 12-4-38 所示。

图12-4-37　调整图形对象　　图12-4-38　添加透明度

39 选择“钢笔工具”，绘制图形。如图 12-4-39 所示。

40 在调色板上单击白色（C：0，M：0，Y：0，K：0）色块，为绘制的图形填充白色；右击“透明色”按钮☒，取消轮廓颜色，效果如图 12-4-40 所示。

图12-4-39　绘制图形　　图12-4-40　填充颜色

41 选择“透明度工具”，单击拖曳形成透明渐变效果。图像效果如图 12-4-41 所示。

42 多次按快捷键 Ctrl+PageDown 调整图形的排列顺序，如图 12-4-42 所示。

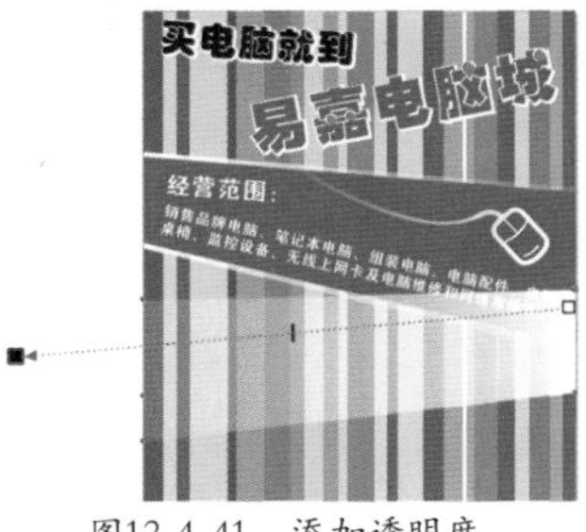

图12-4-41　添加透明度　　图12-4-42　调整图形排列顺序

43 选择“钢笔工具”，绘制图形。如图 12-4-43 所示。

44 按快捷键 Shift + F11 打开“均匀填充”对话框，设置颜色为橘红色（C：0，M：60，Y：100，K：0），如图 12-4-44 所示，单击“确定”按钮。

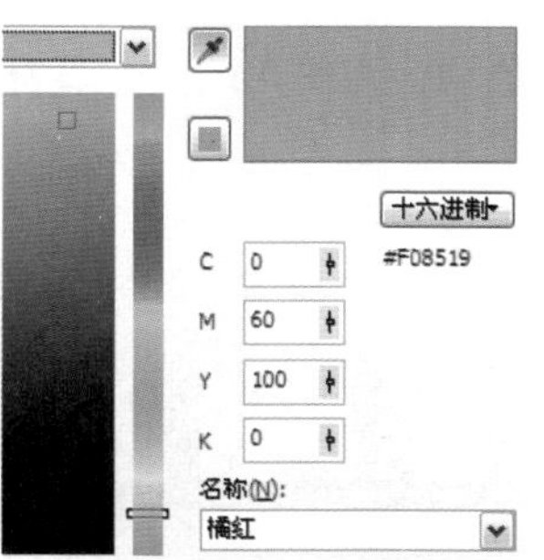

图12-4-43　绘制图形　　图12-4-44　设置颜色

45 填充颜色后，右键单击调色板上的“透明色”按钮☒，取消轮廓颜色，效果如图 12-4-45 所示。

46 多次按快捷键 Ctrl+PageDown 调整图形的排列顺序，如图 12-4-46 所示。

图12-4-45　填充颜色　　图12-4-46　调整图形排列顺序

47 单击属性栏上的“导入”按钮，导入素材图片：台式机 1.psd，并调整素材位置和大小。如图 12-4-47 所示。

48 使用同样的方法，导入素材图片：台式机 3.psd，并调整素材的位置和大小。如图 12-4-48 所示。

图12-4-47　导入素材　　图12-4-48　导入素材图片：台式机3.psd

49 选择“文本工具”，输入文字。选中输入的文字，在属性栏上设置“旋转角度”为7°，“字体”为方正大黑简体，“字体大小”为38pt，并在调色板上单击白色（C：0，M：0，Y：0，K：0）色块，为输入的文字填充白色，效果如图12-4-49所示。

50 选择“钢笔工具”，绘制图形。如图12-4-50所示。

图12-4-49 输入并设置文字

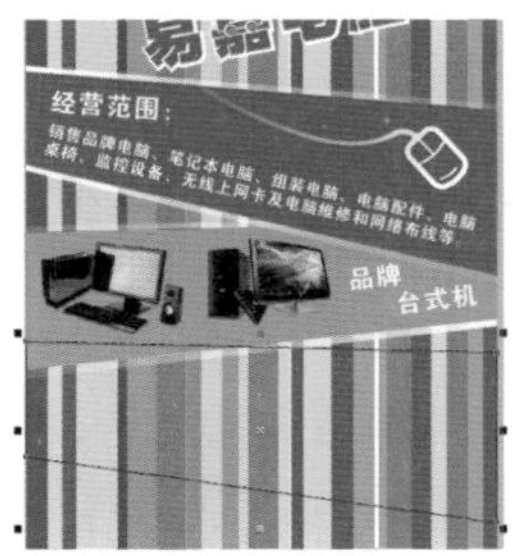
图12-4-50 绘制图形

51 在调色板上单击白色（C：0，M：0，Y：0，K：0）色块，为绘制的图形填充白色。右击“透明色”按钮⊠，取消轮廓颜色，效果如图12-4-51所示。

52 选择“透明度工具”，按快捷键形成透明渐变效果。图像效果如图12-4-52所示。

图12-4-51 填充颜色

图12-4-52 添加透明度

53 选择“钢笔工具”，绘制图形。如图12-4-53所示。

54 在调色板上单击洋红色（C:0，M:100，Y:0，K：0）色块，为绘制的图形填充洋红色。右击“透明色”按钮⊠，取消轮廓颜色，效果如图12-4-54所示。

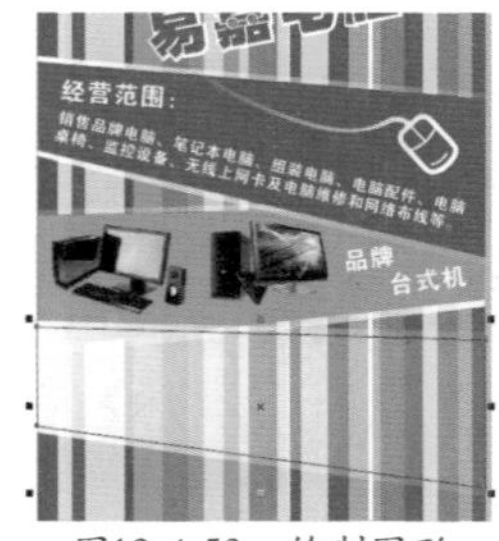
图12-4-53 绘制图形

图12-4-54 填充颜色

55 单击属性栏上的“导入”按钮，导入素材图片：笔记本2.psd，并调整素材位置和大小。如图12-4-55所示。

56 选择“阴影工具”，将鼠标移至图片上，向外单击拖曳形成阴影后，设置属性栏上“阴影的不透明度”为22，“阴影羽化”为2，其他参数使用默认设置。如图12-4-56所示。

图12-4-55 导入素材图片

图12-4-56 添加阴影

57 单击属性栏上的“导入”按钮，导入素材图片：笔记本1.psd，并调整素材位置和大小。如图12-4-57所示。

58 选择“阴影工具”，将鼠标移至图片上，向外单击拖曳形成阴影后，设置属性栏上“阴影的不透明度”为22，“阴影羽化”为2，其他参数使用默认设置。如图12-4-58所示。

图12-4-57 导入素材：笔记本1.psd

图12-4-58 添加阴影

59 单击属性栏上的“导入”按钮，导入素材图片：笔记本3.psd，并调整素材位置和大小。如图12-4-59所示。

60 选择“阴影工具”，将鼠标移至图片上，向外单击拖曳形成阴影后，设置属性栏上“阴影的不透明度”为22，“阴影羽化”为2，其他参数使用默认设置。如图12-4-60所示。

图12-4-59 导入素材：笔记本3.psd

图12-4-60 添加阴影

61 选择“文本工具” ，输入文字。选中输入的文字，在属性栏上设置“旋转角度”为 327°，“字体”为方正大黑简体，“字体大小”为 38pt，并在调色板上单击白色（C：0，M：0，Y：0，K：0）色块，为输入的文字填充白色，效果如图 12-4-61 所示。

62 选择“钢笔工具” ，绘制图形。如图 12-4-62 所示。

图12-4-61 输入并设置文字

图12-4-62 绘制图形

63 在调色板上单击白色（C：0，M：0，Y：0，K：0）色块，为绘制的图形填充白色；右击“透明色”按钮☒，取消轮廓颜色，效果如图 12-4-63 所示。

64 选择“透明度工具” ，单击拖曳形成透明渐变效果。图像效果如图 12-4-64 所示。

图12-4-63 填充颜色

图12-4-64 添加透明度

65 多次按快捷键 Ctrl+PageDown 调整图形的排列顺序，如图 12-4-65 所示。

66 选择“钢笔工具” ，绘制图形。如图 12-4-66 所示。

图12-4-65 调整图形排列顺序

图12-4-66 绘制图形

67 按快捷键 Shift + F11 打开“均匀填充”对话框，设置颜色为（C：97，M：67，Y：7，K：0），如图 12-4-67 所示，单击“确定”按钮。

68 填充颜色后，右键单击调色板上的“透明色”按钮☒，取消轮廓颜色，效果如图 12-4-68 所示。

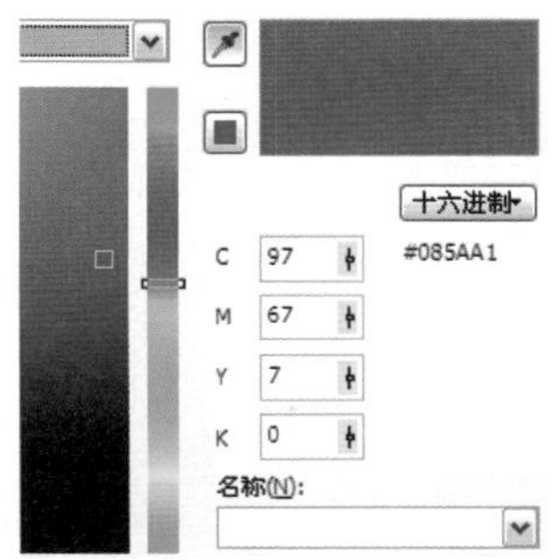

图12-4-67 设置颜色

图12-4-68 填充颜色

69 多次按快捷键 Ctrl+PageDown 调整图形的排列顺序，如图 12-4-69 所示。

70 选择“文本工具” ，输入文字。选中输入的文字，在属性栏上设置“字体”为方正大黑简体，“字体大小”为 30pt，并在调色板上单击白色（C：0，M：0，Y：0，K：0）色块，为输入的文字填充白色，效果如图 12-4-70 所示。

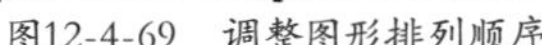
图12-4-69 调整图形排列顺序

图12-4-70 输入并设置文字

71 使用同样的方法，输入其他文字，并为输入的文字填充白色，如图 12-4-71 所示。

72 图像最终效果，如图 12-4-72 所示。

图12-4-71　输入文字

图12-4-72　最终效果

本章小结：通过对以上案例的学习，可以了解并掌握 CorelDRAW X5 绘制户外广告的技巧应用和操作，通过对“矩形工具”、“钢笔工具”、“文本工具”等工具和“导入”命令的使用，可以快速地制作出图案美观、内容丰富的各种户外广告。